NOUVELLES SUITES

À

BUFFON,

FORMANT,

avec les œuvres de cet auteur,

UN COURS COMPLET D'HISTOIRE NATURELLE,

Collection

accompagnée de Planches.

PARIS

A LA LIBRAIRIE ENCYCLOPÉDIQUE DE ROBET,

Rue Hautefeuille, N° 10 bis.

POURRAT frères, Rue des Petits Augustins, N° 5.

HISTOIRE NATURELLE

DES

VÉGÉTAUX.

—

PHANÉROGAMES.

IX.

IMPRIMERIE SCHNEIDER ET LANGRAND,

RUE D'ERFURTH, 1.

HISTOIRE NATURELLE

DES

VÉGÉTAUX.

PHANÉROGAMES.

Par M. Édouard SPACH,

AIDE-NATURALISTE AU MUSÉUM D'HISTOIRE NATURELLE, MEMBRE
DE PLUSIEURS SOCIÉTÉS SAVANTES.

TOME NEUVIÈME.

OUVRAGE ACCOMPAGNÉ DE PLANCHES.

PARIS.

LIBRAIRIE ENCYCLOPÉDIQUE DE RORET,
RUE HAUTEFEUILLE, N° 10 BIS.

AOUT 1840.

VÉGÉTAUX PHANÉROGAMES

DICOTYLÉDONES.

VEGETABILIA DICOTYLEDONEA.

VINGT-SEPTIÈME CLASSE.

LES CONTOURNÉES.

CONTORTÆ Bartl.

(SUITE.)

CENT TRENTIÈME FAMILLE.

LES GENTIANÉES. — *GENTIANEÆ.*

Gentianeœ, Juss. Gen. (excl. genn.) — R. Brown, Prodr. p. 449.—
Mart. Nov. Gen. et Spec. 1, p. 132. — Bartl. Ord. Nat. p. 199 (excl.
genn.) — Endl. Gen. Plant. I, p. 599. — Grisebach, *Gentianearum
Genera et Species* (1839). — *Contortœ*, tribus I : *Gentianeœ* Reichenb.
Syst. Nat. p. 209.

Les *Gentianées* sont caractérisées par une amertume
pure et souvent très-intense de toutes leurs parties : propriété qui fait employer quantité de ces végétaux à
titre de toniques et de fébrifuges. Beaucoup d'espèces
méritent d'être cultivées comme plantes d'ornement. Le
nombre des Gentianées décrites se monte à près de 400 ;
la plupart habitent les régions extra-tropicales de l'hémi·
sphère septentrional.

Caractères de la Famille.

Herbes annuelles ou vivaces; quelques espèces sont des *arbrisseaux* ou des *sous-arbrisseaux*. Tiges et rameaux cylindriques, ou comprimés, ou tétragones. Sucs-propres aqueux (par exception résineux).

Feuilles opposées ou rarement verticillées (très-rarement alternes), simples (excepté dans le *Menyanthes trifoliata*), très-entières, non-stipulées, sessiles, ou pé-tiolées, en général nerveuses.

Fleurs hermaphrodites, régulières (par exception irrégulières), solitaires, ou en grappes, ou en cymes, ou en fascicules, ou en panicules. Inflorescences axillaires ou terminales (rarement pétiolaires, ou oppositifoliées), le plus souvent centrifuges.

Calice persistant, inadhérent, plus ou moins profondément divisé en 4 ou 5 (rarement 6 à 12) lobes, ou denté, ou rarement spathacé; estivation valvaire ou contortive.

Corolle hypogyne, marcescente (souvent contournée après la floraison), ou rarement non-persistante (quelquefois éphémère), infondibuliforme, ou hypocratériforme, ou subcampanulée, ou rotacée (par exception bilabiée), 4-ou 5-lobée (rarement 6-12-lobée); lobes alternes avec ceux du calice, contournés ou moins souvent indupliqués en préfloraison, souvent alternes chacun avec un pli plus ou moins saillant; gorge nue, ou munie d'une couronne fimbriée, ou creusée de fovéoles glanduleuses opposées aux lobes.

Étamines en même nombre que les lobes de la corolle, interposées, insérées à la gorge ou au tube. Filets filiformes ou aplatis, isomètres, ou subisomètres, libres, ou rarement monadelphes par leur base, dressés en préfloraison. Anthères dressées, ou versatiles, basifixes, dithèques, après l'anthèse souvent contournées, ou spiralées, ou recourbées; bourses parallèles, séparées par un connectif étroit (rarement contiguës et sans connectif apparent), déhiscentes (soit antérieurement, soit latéralement) par une fente dans toute leur longueur, ou moins souvent seulement vers leur sommet, ou rarement par une ouverture apicilaire en forme de pore.

Disque nul (dans la plupart des espèces), ou annulaire, ou réduit à 5 glandules.

Pistil : Ovaire inadhérent, soit 1-loculaire, ou incomplétement 2-loculaire, ou incomplétement 4-loculaire, à 2 ou 4 placentaires suturaux (ou rarement soit pariétaux, soit intra-marginaux), soit complétement 2-loculaire à placentaire central. Ovules en nombre indéfini (en général très-nombreux), horizontaux, anatropes, 1-2-ou pluri-sériés sur chaque placentaire. Style (quelquefois nul) persistant ou non-persistant, terminal, continu avec l'ovaire, souvent très-court. Stigmates 2, terminaux (par exception 4, décurrents sur les sutures de l'ovaire), distincts, ou soudés en un seul.

Péricarpe (en général capsulaire 2-valve, rarement soit irrégulièrement ruptile, soit charnu et indéhiscent) 1-loculaire, ou incomplétement 2-ou 4-loculaire, ou complétement 2-loculaire, polysperme, ou rarement oligosperme, septicide (par exception soit loculicide, soit à la fois loculicide et septicide); placentaires suturaux ou intra-marginaux (lorsque le péricarpe est 1-loculaire), ou attachés aux bords des cloisons (lorsque le péricarpe est incomplétement 2-ou 4-loculaire), ou centraux (soit libres, soit soudés en un seul, lorsque le péricarpe est complétement 2-loculaire), après la déhiscence en général libres.

Graines lenticulaires, ou globuleuses, ou anguleuses, en général minimes, souvent ailées, le plus habituellement attachées sans l'intermédiaire d'un funicule ; tégument lisse, ou rugueux, ou aréolé, ou muriqué, en général mince et simple. Périsperme charnu, adhérent. Embryon petit, axile, rectiligne, cylindrique : cotylédons charnus, courts, contigus (rarement écartés), foliacés en germination ; radicule voisine du hile.

Dans sa monographie des Gentianées, M. Grisebach comprend dans cette famille les genres suivants :

Ire TRIBU. **LES GENTIANÉES VRAIES.** — *GENTIANEÆ VERÆ* Endl.

Lobes *de la corolle contournés en estivation. Feuilles opposées (par exception alternes).*

Section I. **CHIRONIÉES**. — *Chironieœ* Griseb,

Anthères sans connectif apparent; bourses contiguës, latéralement déhiscentes.

Chironia Linn. (Centaurium Burm. Valerandia Neck. Rœslinia Mœnch. Plocandra et Orphium E. Meyer.) — *Exacum* Linn. — *Dejanira* Cham. et Schlecht. (Callopisma Martius.)

Section II. **CHLORÉES**. — *Chloreœ* Griseb.

Anthères à connectif apparent. Corolle rotacée, marcescente. Style distinct, caduc. Inflorescence dichotome.

Chlora Linn. (Blackstonia Huds). — *Sabbatia* Adans. — *Schultesia* Martius. — *Slevogtia* Reichenb. (Ixanthus Gris.)

SECTION III. **HIPPIÉES.** — *Hippicæ* Griseb.

Graines attachées moyennant un funicule. Étamines monadelphes par la base. Inflorescence centripète.

Coutoubea Aubl. (Cutubea Mart. Picrium Schreb.) — *Hippion* Spreng. — *Enicostema* Blume.

SECTION IV. **ÉRYTHRÉINÉES.** — *Erythræaceæ* Griseb.

Anthères à connectif apparent. Corolle infondibuliforme, petite, marcescente, tordue après la floraison. Style distinct, caduc. Inflorescence dichotome.

Erythræa Renealm. — *Zygostigma* Griseb.— *Orthostemon* R. Br. — *Canscora* Lamk. (Pladera Soland. Hoppea Willd.) — *Cicendia* Adans. (Microcala Link. Franquevillia Gray. Hopea Vahl). — *Schubleria* Martius. (Curtia Cham. et Schlecht.) — *Apophragma* Griseb.— *Sebæa* R. Br. — *Belmontia* E. Meyer. — *Lagenias* E. Meyer.

SECTION. V. **LISYANTHÉES.** — *Lisyantheæ* Griseb.

Style persistant, distinct du stigmate.

Lisyanthus Aubl. (Lisianthus Linn. Fil. Helia Martius.)—*Irlbachia* Mart.—*Leianthus* Griseb. (Lisianthius P. Br. Lisianthus Linn. Mant.) — *Tachiadenus* Griseb. (Lisianthus Lamk. R. et S.) — *Tachia* Aubl. (Myrmecia Gmel. Syst.) — *Leiothamnus* Griseb. (Lisianthus Kunth.) — *Prepusa* Martius. — *Voyra* Aubl. (Vohiria Lamk. Lita Schreb. Leiphaimos Cham. et Schlecht. Humboldtia Necker.)

Section **VI. SWERTIÉES,** — *Swertieæ* Griseb.

Stigmates persistants, sessiles ; ou style court, persistant, confluent avec les stigmates.

Gentiana Tourn. (Subgenera : Asterias Renealm. — Cœlantha Frœl. Coilantha Borkh. — Pneumonanthe Bunge. Dasycephala Borkh. Thylacites Renealm.—Crossocephalum Frœl. Crossopetalum Roth. Urananthe Gaud. Gentianella Borkh. — Ericala Renealm. Calathiana Frœl. Hippion Schmidt. Ciminalis et Ericoila Borkh. — Chondrophyllum Bung. — Erithalia Bung. Tetrorhiza Renealm. — Endotriche Frœl. — Oreophilax Endl.) — *Crawfurdia* Wallich.—*Tripterospermum* Blum. — *Centaurella* Mich. (Centaurium Pers. non Cass. Bartonia Mühlg. non Sims. Andrewsia Spreng. non D. C.) — *Pleurogyne* Eschs. (Lomatogonium Al. Braun.) — *Anagallidium* Griseb. — *Ophelia* (Don) Griseb. (Ophelia et Agathodes Don.) — *Exadenus* Griseb. — *Halenia* Borkh. — *Frasera* Walt. — *Swertia* Linn.

IIe TRIBU. LES MÉNYANTHÉES. — *MENYANTHEÆ* Endl.

Lobes de la corolle indupliqués en préfloraison. Feuilles alternes. Graines à tégument dur.

Menyanthes Tourn. (Menonanthes Hall.) — *Villarsia* Vent. (Renealmia Houtt. Trachysperma Rafin. Cumada Jones.) — *Limnanthemum* S. G. Gmel. (Nymphoides Tourn. Waldschmidia Wigg. Schweyckerta C. C. Gmel. Villarsia et Nymphæanthe, Reichenb.)

GENRES VOISINS DES GENTIANÉES.

Mitrasacme Labill. (Mitragyne Labill.) (1). — *Mitreola* Linn. (Cynoctonum Gmel.) (2) — *Spigelia* Linn. (Canala Pohl.) (3)

Ire TRIBU. **LES GENTIANÉES VRAIES.** — *GENTIANEÆ VERÆ* Endl.

Lobes de la corolle contournés en estivation. Feuilles opposées (par exception alternes).

SECTION I. **CHIRONIÉES.** — *Chironieæ* Griseb.

Anthères sans connectif apparent; bourses contiguës, latéralement déhiscentes. — Inflorescence centrifuge. Corolle rotacée, inappendiculée; tube marcescent; limbe non-persistant. Anthères dressées. Style non-persistant.

Genre CHIRONIA. — *Chironia* Linn.

Calice 5-fide. Corolle à limbe subcampanulé, 5-parti. Etamines 5, insérées à la gorge ou au tube de la corolle; filets courts , déclinés; anthères rectilignes, ou spiralées après l'anthèse : bourses confluentes au sommet, déhiscen-

---

(1) Suivant M. Grisebach , ce genre (que M. R. Brown croit voisin des Loganiacées) appartient aux Scrophularinées.

(2) Ce genre, suivant M. Grisebach , est plus voisin des Rubiacées que des Gentianées.

(3) Ce genre, qui est très-voisin des Rubiacées , et qui s'éloigne des Gentianées surtout par des feuilles munies de stipules interpétiolaires, et par l'estivation valvaire de la corolle, a été considéré par M. de Martius comme type d'une famille distincte (les *Spigéliacées*).

tes soit dans toute leur longueur, soit par une courte fente apicilaire. Style en général décliné. Stigmate capitellé ou claviforme. Péricarpe capsulaire ou charnu, 1-loculaire, ou semi-biloculaire, ou semi-quadriloculaire, polysperme ; placentaires pariétaux. Graines minimes.

Herbes, ou sous-arbrisseaux. Rameaux épars. Fleurs en panicule terminale.

Ce genre est propre à l'Afrique australe ; M. Grisebach en décrit douze espèces ; les suivantes se cultivent comme plantes d'ornement de serre tempérée.

Section TRACHEANTHERA Griseb. (*Orphium* Meyer.)

Sous-arbrisseaux. Disque annulaire, très-apparent. Anthères spiralées après l'anthèse. Capsule semi-biloculaire.

Chironia frutescent. — *Chironia frutescens* Griseb. Mon. Gent. 1, p. 96. — *Orphium frutescens* E. Meyer, Comment. Plant. Afric.

—α : *Chironia frutescens* Linn. — Mill. Ic. tab. 63. — Bot. Mag. tab. 37. — *Chironia decussata* Vent. Hort. Cels. tab. 31. — Bot. Mag. tab. 707. — Reichenb. Ic. Exot. tab. 244.

—β : *Chironia caryophylloides* Linn. — *Chironia angustifolia* Bot. Mag. tab. 818. — *Chironia frutescens glabra* Schlecht. et Cham. in Linnæa, 1, p. 190.

—γ : *Chironia orthostylis* Reichenb. Ic. Exot. tab. 245.

Feuilles oblongues, ou oblongues-lancéolées, ou sublinéaires, pointues, ou subobtuses. Calice ovoïde, chartacé : lobes obtus, aussi longs que le tube ou plus longs. Corolle à tube grêle : lobes obovales, apiculés, 2 fois plus longs que le tube.

Arbuste touffu, haut d'un demi-pied à 4 pieds, en général fortement pubescent, quelquefois glabre. Rameaux diffus ou dressés, subfastigiés, obscurément tétragones. Feuilles innervées, longues d'environ 1 pouce, 2 fois plus longues que les

entre-nœuds. Fleurs en cymes pauciflores. Lobes calicinaux elliptiques-obovales. Corolle grande, d'un pourpre vif; tube ventru
à la base, évasé au sommet, un peu plus court que le calice ;
lobes crénelés. Filets blancs. Anthères non débordées par le
style. Graines minimes, noires, finement réticulées.

Section SILENOPHYLLUM Griseb.

Herbes simples ou peu rameuses, dressées. Sépales lancéolés, non-visqueux, libres presque dès leur base. Anthères rectilignes après l'anthèse. Capsule 1-loculaire,
ou semi-biloculaire, ou semi-quadriloculaire.

CHIRONIA PÉDONCULAIRE. — *Chironia peduncularis* Lindl.
Bot. Reg. tab. 1803. — Griseb. l. c. p. 100. — *Chironia
Barclayana* Hort. Berol.

Feuilles cordiformes-lancéolées, 5-nervées, scabres aux
bords, ponctuées. Lobes de la corolle elliptiques, cuspidés,
aussi longs que le tube. Capsule semi-quadriloculaire.

Tige grêle, haute de 1 pied à 2 pieds, presque simple, ascendante, ou débile; rameaux étalés; entre-nœuds longs de
1 pouce à 3 pouces. Feuilles longues de 1 pouce à 3 pouces,
acérées, ou subobtuses, horizontales, ou défléchies. Feurs en
cyme ou en panicule lâche; pédicelles ternés. Sépales longs de
6 à 8 lignes. Tnbe de la corolle cylindrique, aussi long que les
sépales. Capsule oblongue-lancéolée, plus longue que la corolle. Graines scrobiculées.

Section VISCARIA Griseb.

Sous-arbrisseaux dressés; rameaux épars. Feuilles coriaces, révolutées aux bords. Calice campanulé, caréné,
visqueux, en général collé au tube de la corolle. Capsule
visqueuse, 1-loculaire, ou semi-biloculaire. Style décliné. Stigmate capitellé. Anthères rectilignes.

CHIRONIA FAUX-JASMIN. — *Chironia jasminoides* Linn. —
Chironia uniflora Lamk.

Tige tétragone. Feuilles oblongues, subobtuses, mucronulées,

cartilagineuses et finement crénelées aux bords. Segments calicinaux lancéolés, acuminés, à peu près aussi longs que le tube
de la corolle. Lobes de la corolle elliptiques-oblongs, très-obtus, trois fois plus longs que le tube.

— β : *Chironia lychnoides* Linn.—Feuilles oblongues-linéaires.

Arbuste haut de 1 pied, ascendant, médiocrement rameux :
rameaux anisomètres, 1-flores. Feuilles longues de 6 à 9 lignes,
larges d'environ 6 lignes ou moins. Fleurs grandes, solitaires,
pourpres. Pédoncules longs de 2 à 3 pouces, épaissis au sommet. Capsule oblongue, semi-biloculaire.

Section LINOPHYLLUM Griseb.

Sous-arbrisseaux dressés, rameux dès la base; rameaux
  épars. Feuilles étroites, non-coriaces, non-révolutées
  aux bords. Fleurs petites. Calice très-court, non-visqueux. Style décliné au sommet. Stigmate capitellé. Anthères rectilignes. Capsule semi-biloculaire.

CHIRONIA FAUX-LIN. — *Chironia linoides* Linn. — Bot.
Mag. tab. 511. — *Chironia vulgaris* Chamiss. in Linnæa,
v. 6, p. 343.

Tige cylindrique. Feuilles subulées, ou linéaires-lancéolées,
piquantes, cartilagineuses aux bords. Lobes calicinaux ovales,
ou lancéolés, ou subulés, aussi longs que le tube. Corolle à tube
aussi long que le calice, trois fois plus court que le limbe;
lobes elliptiques ou obovales.

Arbuste haut de quelques pouces à 1 pied, feuillu. Feuilles
longues de 6 à 18 lignes, plus ou moins étroites : les inférieures
agrégées; les supérieures à peu près aussi longues que les entrenœuds. Fleurs larges de 6 à 8 lignes, subsolitaires, de couleur
pourpre. Calice court, ovoïde, étalé. Capsule ellipsoïde.

Section RŒSLINIA (Mœnch.) Griseb.

Arbustes bas, rameux. Feuilles coriaces, révolutées aux
  bords, divariquées. Fleurs de grandeur médiocre. Ca-

lice court, ovoïde, légèrement visqueux. Baie 1-loculaire ou semi-biloculaire, pulpeuse.

CHIRONIA BACCIFÈRE. — *Chironia baccifera* Linn. — Bot. Mag. tab. 233. — *Rœslinia tetragona* Mœnch, Meth.

Tige hexagone : rameaux divariqués. Feuilles linéaires, cuspidées, lisses aux bords. Lobes calicinaux ovales, obtus ou sub-obtus, aussi longs que le tube. Tube de la corolle aussi long que le calice, trois fois plus court que le limbe; lobes ovales, ou elliptiques-oblongs, obtus ou cuspidés. Style décliné au sommet. Stigmate capitellé. Baie 1-loculaire.

Arbuste diffus, raide, feuillu, multiflore, haut d'un demi-pied à 2 pieds. Rameaux étalés ou dressés. Feuilles longues de 6 lignes à 1 pouce, larges d'environ 1 ligne. Fleurs en cyme subfastigiée, rameuse; pédicelles courts, ascendants. Corolle large de 6 à 10 lignes. Filets à peu près aussi longs que les anthères, insérés à la gorge de la corolle. Baie globuleuse. Graines globuleuses, nidulantes, réticulées, très-grosses en proportion à celles des autres espèces du genre.

SECTION IV. **ÉRYTHRÉINÉES.** — *Erythrœaceœ* Griseb.

Anthères introrses, à bourses séparées par un connectif apparent. — Inflorescence centrifuge, en général dichotome. Corolle infondibuliforme (rarement bilabiée), inappendiculée, églanduleuse, marcescente (rarement caduque); tube finalement contourné. Filets linéaires. Anthères dressées. Style non-persistant.

Genre ÉRYTHRÉA. — *Erythrœa* Renealm.

Calice tubuleux, anguleux, 5-fide. Corolle infondibuliforme, marcescente, contournée après la floraison; tube cylindrique; limbe 5-parti. Étamines-6, insérées au tube de la corolle; anthères longitudinalement déhiscentes, spiralées après l'anthèse. Style rectiligne. Stigmate bilobé ou indivisé. Capsule 4-loculaire ou semi-biloculaire, 2 valve, polysperme. Graines minimes.

Herbes annuelles. Tige anguleuse. Feuilles sessiles, subobtuses. Inflorescence paniculée, ou fastigiée, ou rarement spiciforme. Fleurs petites. Corolle rose (par variation blanche), ou jaune. Anthères et stigmates saillants.

Les espèces de ce genre sont réparties entre presque toutes les contrées du globe. M. Grisebach en décrit 17.

Section EUERYTHRÆA Grisch.

Corolle rose ou blanche. Stigmate à 2 lobes elliptiques ou subglobuleux. Inflorescence dichotome, très-rameuse; fleurs pédicellées.

a) *Fleurs latérales non-éloignées des bractées.*

ÉRYTHRÉA CENTAURELLE. — *Erythrea Centaurium* Pers. — *Gentiana Centaurium* Linn. — Flor. Dan. tab. 617. — Bull. Herb. tab. 253. — *Chironia Centaurium* Smith, Engl. Bot. tab. 417. — *Centaurium vulgare* Schum. — *Hippocentaurca Centaurium* Schult.

— β : *Erythræa grandiflora* Bivon. — Reichenb. Ic. Crit. fig. 572.

— γ : *Erythræa major* Link et Hoff. Flor. Port. tab. 65.

Tige tétragone, rameuse vers le sommet. Feuilles 3- ou 5-nervées : les radicales roselées, obovales, ou spathulées; les caulinaires ovales, ou elliptiques, subfastigiées, oblongues, obtuses, ou subobtuses. Inflorescence cymeuse, assez dense. Tube de la corolle (lors de l'anthèse) à peu près 2 fois plus long que le calice; limbe à segments elliptiques, ou oblongs, ou obovales, arrondis, ou subobtus.

Racine pivotante, grêle, très-rameuse. Tige haute de 6 à 18 pouces, grêle, raïde, dressée, glabre comme toute la plante, dichotome au sommet. Feuilles longues d'environ 1 pouce, plus courtes que les entrenœuds. Bractées petites, linéaires. Fleurs

sessiles ou courtement pédicellées. Calice profondément 5-fide :
segments subulés, membraneux aux bords. Corolle rose ou
blanche. Capsule linéaire, plus longue que le calice, incomplétement biloculaire.

Cette espèce, connue sous les noms vulgaires de *Centaurelle* ou *Petite Centaurée*, croît dans toute l'Europe, dans les
pâturages secs et les bois ; elle fleurit en juillet, août et septembre. Toute la plante est très-amère ; l'infusion de ses sommités fleuries s'emploie fréquemment à titre de tonique, de stomachique, d'anthelmintique et de fébrifuge. Le docteur Loise-
leur Deslongchamps assure qu'en la prenant à forte dose, on la
substituerait avec succès au quinquina.

L'*Erythræa pulchella*, Fries (*Chironia ramosissima* Hoffm.
— *Chironia pulchella* Smith, Engl. Bot. tab. 458. — *Erythræa ramosissima* Pers.), espèce très-commune dans les prairies humides, participe, de même que toutes ses congénères,
aux propriétés médicales de la petite Centaurée, dont on la distingue facilement à sa tige très-rameuse (souvent dichotome dès
la base), à rameaux divariqués, et à ses fleurs disposées en panicule dichotome très-lâche.

SECTION VI. **SWERTIÉES**. — *Swertieæ* Griseb.

Anthères introrses ou rarement extrorses, à bourses séparées par un connectif apparent. — Inflorescence
centrifuge, en général racémiforme. Corolle appendiculée, ou glanduleuse, marcescente (rarement non-
persistante), en général ponctuée. Filets en général
linéaires, quelquefois monadelphes par leur base. Anthères non contournées après la floraison, en général
incombantes. Stigmates soit sessiles et persistants,
soit confluents avec un style court et persistant.

Genre GENTIANE. — *Gentiana* Tourn.

Calice 4-10-fide, ou 4-10-parti, ou rarement spathacé.

Corolle infondibuliforme, ou hypocratériforme , ou rotacée, ou campanulée, 4-ou 5-fide (rarement 10-fide , à lobes alternes très-courts) , dépourvue de fovéoles glanduleuses ; gorge nue ou couronnée d'appendices fimbriés.
Étamines 4 ou 5, insérées au tube de la corolle. Filets linéaires. Anthères longitudinalement déhiscentes. Style nul
ou très-court. Stigmates 2, révolutés (ou quelquefois soudés en forme d'entonnoir), obtus. Capsule 1-loculaire, 2-
valve, polysperme ; placentaires adnés. Graines minimes ,
comprimées, en général marginées.

Herbes annuelles ou vivaces, quelquefois acaules. Feuilles opposées, nerveuses ; subdécurrentes. Fleurs solitaires, ou en grappes, ou en panicules. Corolle bleue, ou
jaune, ou rougeâtre.

La plupart des Gentianes croissent dans les régions sub-
alpines ou alpines de l'Europe et de l'Asie; la monographie de M. Grisebach renferme 120 espèces de ce genre.

Sous-genre ASTERIAS Renealm. — Borkh.

Calice membranacé, spathacé. Corolle rotacée, dépourvue
de plis et de couronne. Stigmates 2, distincts. Anthères
libres. Capsule non-stipitée. Graines ailées (aile de
même couleur que le tégument). (*Griseb. Mon. Gent.*)

Gentiane jaune. — *Gentiana lutea* Linn. — Mill. Ic. tab.
139. — Lamk. Ill. tab. 109, fig. 7. — *Asterias lutea* Borkh.
— *Swertia lutea* Vest.

Tige élancée, dressée, multiflore, simple. Feuilles 5-ner-
vées : les radicales arrondies ou elliptiques , longuement pétiolées ; les caulinaires inférieures ovales ou ovales-oblongues ; les
florales cordiformes. Fleurs en cymes axillaires et terminales.
Calice ovoïde , irrégulièrement 2-ou 3-denté, plus court que la
corolle. Corolle 5-ou 6-partie : segments oblongs, ou oblongs-linéaires, pointus.

Racine grosse, cylindrique, brune à la surface, jaune en
dedans, atteignant plusieurs pieds de long. Tige haute de 2 à

6 pieds, fistuleuse, assez grosse, glabre comme toute la plante. Feuilles d'un vert gai en dessus, glauques en dessous, engaînantes, lisses : les radicales atteignant 1 pied de long ; les caulinaires distantes, graduellement plus courtes : les inférieures pétiolées, engaînantes, acuminées ; les supérieures sessiles, obtuses ; les florales pointues, à peine débordant les cymes. Cymes 3-10-flores, corymbiformes, opposées, accompagnées à leur base de 2 ou de 4 bractées ovales : les cymes inférieures pédonculées, les supérieures sessiles ou subsessiles. Pédicelles plus longs que les fleurs. Corolle large de 15 à 18 lignes, jaune (quelquefois rougeâtre en dessous), souvent ponctuée de brun ; tube 3 à 4 fois plus court que les segments ; limbe quelquefois 7-9-parti. Étamines à peu près aussi longues que la corolle ; filets très-étroits ; anthères sagittiformes-linéaires, dressées, plus courtes que les filets. Disque annulaire. Style court. Stigmates plats, oblongs, recourbés. Capsule subcoriace, elliptique, ou oblongue, acuminée, longue d'environ 6 lignes. Graines elliptiques ou suborbiculaires, brunes.

Cette espèce, connue sous les noms vulgaires de *Grande Gentiane*, ou *Gentiane* sans autre désignation spéciale, croît dans les pâturages secs des Pyrénées, des Alpes, et autres montagnes de l'Europe moyenne. Elle fleurit en été. Sa racine possède des vertus médicales très-prononcées, dues à son extrême amertume ; on l'emploie comme tonique et stomachique, comme vermifuge, et comme antiseptique ; avant la découverte du quinquina, on en faisait fréquemment usage comme fébrifuge. Dans les localités où elle abonde, on en prépare une boisson alcoolique très-forte, mais également amère.

La *Gentiane jaune* mérite d'être cultivée comme plante d'ornement.

Sous-genre CROSSOPETALUM Frœl. (*Gentianella* Column. — *Urananthe* Gaud. — *Spiragyne* Neck.)

Calice tubuleux. Corolle infondibuliforme ou hypocratériforme, sans plis, mais munie de glandes alternes avec la base des filets ; segments du limbe fimbriés ou crénelés ;

gorge inappendiculée. Stigmates 2, distincts, orbiculai-
res. Anthères libres. Capsule stipitée ou non-stipitée.
Graines ailées aux 2 bouts, ou finement squamelleuses.
(*Griseb. Mon. Gent.*)

GENTIANE CILIÉE.—*Gentiana ciliata* Linn.—Jacq. Austr.
tab. 113.—*Gentianella ciliata* Borkh. — *Crossopetalum gen-
tianoides* Roth.

Tige flexueusc, presque simple, pauciflore. Feuilles caulinaires linéaires ou linéaires-lancéolées, pointues. Fleurs terminales, solitaires, ou fastigiées. Calice 4-fide : segments ovales-lancéolés. Corolle subcampanulée, 4-fide ; lobes obovales-
oblongs, ou oblongs, obtus, dentelés vers le sommet, fimbriés
inférieurement. Graines lisses, subcylindriques, courtement ailées aux 2 bouts.

Racine vivace, grêle, pivotante, uni-caule, ou pluri-caule.
Tiges hautes de 3 à 18 pouces, grêles, débiles, dressées, ou
ascendantes, subtétragones, simples et 1-5-flores, ou moins souvent rameuses vers le sommet, 5-8-flores. Feuilles longues de
6 à 15 lignes, distantes, finement denticulées aux bords ; les
radicales obovales. Fleurs solitaires ou en cyme. Calice 1 fois
plus court que la corolle. Corolle d'un bleu de ciel plus ou
moins vif (rarement blanche), longue de 1 pouce à 2 pouces,
fendue jusque vers le milieu. Étamines aussi longues que l'o-
vaire ; filets barbus à la base. Ovaire ellipsoïde, longuement stipité. Stigmates sessiles.

Cette espèce, remarquable par la beauté de ses fleurs, croît
dans les prairies sèches ; elle fleurit en août et septembre.

Sous-genre CYCLOSTIGMA Griseb. (*Thyrophora* Neck. — *Calathiana*
Bung. — *Ericala* Rencalm.)

Calice tubuleux. Corolle tubuleuse, ou hypocratériforme,
ou infondibuliforme, non glanduleuse : segments du
limbe alternes chacun avec un pli arrondi ou bifide.
Stigmates plus ou moins soudés, horizontaux, en général
fimbriés. Anthères libres. Capsule stipitée ou non-stipi-

tée. Graines aptères (par exception ailées), réticulées.—
Fleurs 5-fides, d'un bleu vif. (*Griseb. Mon. Gent.*)

GENTIANE PRINTANIÈRE. — *Gentiana verna* Linn. —
Engl. Bot. tab. 493. — Bot. Mag. tab. 491. — Lodd. Bot.
Cab. tab. 62. — *Gentiana serrata* Lamk. Fl. Franç. — *Gentiana brachyphylla* Vill. — Reichenb. Plant. Crit. fig. 249.
— *Gentiana acutiflora* De Cand. Fl. Franç. — *Gentiana angulosa* Marsch. Bieb. — *Gentiana discolor* Reichenb. Flor.
Germ. Exc.; Plant. Crit. fig. 446, 447, 1115-1118.

Tiges touffues, 1-flores, garnies seulement d'une ou de deux
paires de feuilles. Feuilles ovales, ou oblongues, ou ovales-
lancéolées, lisses, ou scabres aux bords, pointues : les radicales roselées, plus grandes. Corolle hypocratériforme : lobes
elliptiques, ou ovales-lancéolés, ou ovales, obtus, ou pointus;
plis bifides, 4 à 6 fois plus courts que les lobes. Ovaire stipité. Stigmate infondibuliforme, fimbrié.

Racine grêle, vivace, pivotante, stolonifère : tiges anguleuses, souvent presque nulles, ordinairement plus courtes que la
fleur, quelquefois atteignant jusqu'à 6 pouces de long. Feuilles
subcoriaces : les caulinaires très-petites. Calice à 5 angles carénés, ou ailés; dents lancéolées, acuminées. Corolle à tube plus
long que le calice, blanchâtre; limbe large de ½ pouce à 1
pouce, violet en dessous, d'un bleu vif en dessus; plis ordinairement blancs. Stigmate indivisé ou diversement lobé.

Cette espèce, qui mérite d'être cultivée à cause de l'élégance
de ses fleurs, croît dans les pâturages des Pyrénées, des Alpes,
du Caucase, et de l'Altaï.

Sous-genre CYANE (Renealm.) Griseb.

Calice tubuleux ou rarement spathacé. Corolle claviforme,
ou obconique, inappendiculée et églanduleuse, mais munie de plis alternes avec les lobes. Stigmates distinct,
oblongs, très-entiers, finalement révolutés. Anthères
libres ou cohérentes. Capsule stipitée. Graines en général bordées d'une aile d'autre couleur que celle du tégu-

ment. — Plantes vivaces. Corolle plus ou moins macu-
lée. (*Griseb.* l. c.)

GENTIANE PNEUMONANTHE. — *Gentiana Pneumonanthe*
Linn.—Flor. Dan. tab. 169.—Engl. Bot. tab. 20.—Bot. Mag.
tab. 1101.—*Gentiana linearifolia* Lamk. — *Ciminalis Pneumonanthe* Borkh. —*Pneumonanthe vulgaris* Schmidt.

Tige dressée. Feuilles linéaires, ou oblongues, ou ovales-oblongues, obtuses, lisses aux bords. Fleurs axillaires et terminales, subsolitaires, pédonculées. Calice tubuleux, 5-denté. Corolle (d'un bleu vif; par variation blanche) claviforme-campanulée, 5-lobée : lobes ovales, pointus, mucronés, dressés,
alternes chacun avec un pli dentiforme-triangulaire. Anthères
cohérentes.

Racine composée d'une touffe de longues fibres blanches. Tiges solitaires ou peu nombreuses, hautes de ¹/₂ pied à 3 pieds,
simples, ou moins souvent rameuses, dressées, ou ascendantes,
grêles, tétragones, feuillues, glabres comme toute la plante.
Feuilles distantes, érigées, raides, discolores, révolutées aux
bords, 1-ou 3-nervées : les inférieures petites, squamiformes.
Fleurs alternes ou opposées : les terminales assez souvent ternées. Calice 2-bractéolé; dents lancéolées, séparées les unes des
autres par des sinus obtus. Corolle longue de 10 à 20 lignes,
marquée à la surface interne de 5 larges stries de couleur plus
claire, ponctuées de vert. Anthères linéaires. Filets légèrement
ailés par la décurrence des plis de la corolle. Ailes légèrement
ailées.

Cette espèce, remarquable par la beauté de ses fleurs, n'est
pas rare dans les prairies humides; elle fleurit en août et septembre; l'infusion des sommités de la plante s'emploie quelquefois en guise de la *Petite Centaurée.*

GENTIANE ASCLÉPIADE. — *Gentiana asclepiadea* Linn. —
Jacq. Flor. Austr. tab. 328. — Bot. Mag. tab. 1078. — *Da-
systephana asclepiadea* Borkh. — *Pneumonanthe asclepiadea* Schmidt.

Tiges droites, feuillues, très-simples. Feuilles cordiformes, ou ovales, ou ovales-lancéolées, acuminées, 5-nervées, scabres aux bords. Fleurs axillaires et terminales, opposées. Calice tubuleux, 5-denté. Corolle claviforme-campanulée, 5-lobée; lobes ovales, pointus, alternes chacun avec un pli pointu. Anthères cohérentes.

Racine fibreuse, jaunâtre, pluricaule. Tiges hautes de ½ pied à 3 pieds, dressées, ou ascendantes, ou rarement décombantes, cylindriques, multiflores, glabres comme toute la plante. Feuilles opposées-croisées, horizontales, ou quelquefois subunilatérales (accidentellement verticillées-ternées). Fleurs sessiles ou subsessiles. Fleurs axillaires solitaires, ou moins souvent ternées, sessiles, ou subsessiles. Calice anguleux, 3 fois plus court que la corolle; dents distantes, subulées. Corolle longue d'environ 18 lignes, d'un bleu vif (par variation blanche), ponctuée à la surface interne. Style assez long, filiforme. Graines ailées.

Cette espèce croît dans les pâturages et les bois des Alpes et des montagnes de l'Europe méridionale, ainsi qu'au Caucase; elle fleurit en été. On la cultive comme plante de parterre.

Gentiane Saponaire. — *Gentiana Saponaria* Linn. — Catesb. Car. 1, tab. 70. — Bot. Mag. tab. 1039. — *Gentiana fimbriata* Vahl. — *Gentiana linearis* Frœl. — *Gentiana Pneumonanthe* Mich.

Tige ascendante. Feuilles obovales, ou ovales-lancéolées, ou linéaires-lancéolées, scabres aux bords. Fleurs terminales, subsessiles, agrégées. Calice 5-fide. Corolle claviforme, 5-lobée : lobes ovales, obtus, connivents au sommet, alternes chacun avec un pli bifide 2 fois plus court. Anthères plus ou moins cohérentes.

Racine fasciculée. Tige haute de 1 pied à 4 pieds, en général un peu scabre. Feuilles aussi longues que les entre-nœuds. Fleurs en cyme solitaire tantôt sessile, tantôt pédonculée. Lobes caliciaux obovales-oblongs, foliacés, aussi longs que le tube, souvent inégaux. Corolle bleue, ou blanche, longue d'environ 15 lignes; plis quelquefois aussi longs que les lobes, blanchâtres. Style court. Graines elliptiques-oblongues , bordées d'une aile étroite.

Cette espèce, indigène des États-Unis , se cultive comme plante d'ornement ; elle fleurit en août et septembre.

GENTIANE D'ANDREWS. — *Gentiane Andrewsii* Griseb. Monogr. Gent. p. 288. — *Gentiana Saponaria* Frœl. Vahl. — *Gentiana Catesbæi* Andr. Bot. Rep. tab. 418.

Tige ascendante, élancée. Feuilles lancéolées, ou ovales-lancéolées, acuminées, scabres aux bords. Fleurs axillaires et terminales, subsessiles, agrégées. Calice courtement 5-lobé. Corolle claviforme, 5-lobée : lobes connivents au sommet, alternes chacun avec un pli bilobé plus long. Anthères cohérentes. Corolle bleue , longue d'environ 15 lignes.

Cette espèce, indigène des mêmes contrées que la précédente (avec laquelle on l'a souvent confondue), se cultive aussi comme plante d'ornement.

Sous-genre **THYLACITES** (Renealm.) Griseb. (*Megalanthe* Gaud.)

Calice tubuleux. Corolle infondibuliforme , églanduleuse, non couronnée, munie de plis alternes avec les lobes. Anthères ordinairement cohérentes. Stigmates fimbriolés, dilatés, horizontaux, d'abord cohérents , finalement distincts. Capsule rétrécie à la base. Graines aptères : tégument et périsperme rugueux. — Racine vivace. Tiges courtes, 1-flores. Corolle grande , d'un bleu vif, ponctuée. (*Griseb.* l. c.)

GENTIANE ACAULE. — *Gentiana acaulis* Linn. — Jacq. Flor. Austr. 2 , tab. 125. — Engl. Bot. tab. 1594. — Bot. Mag. tab. 52. — *Gentiana grandiflora* Lamk. — *Gentiana angustifolia* Villars (var.) — *Gentiana alpina* Vill. (var.)

Feuilles elliptiques, ou obovales, ou lancéolées, obtuses, ou pointues , subcoriaces , denticulées aux bords : les radicales roselées ; les caulinaires petites. Calice obconique, 5-lobé. Corolle à tube claviforme ou subcampanulé ; lobes ovales , obtus, en gé-

néral dressés ; plis triangulaires, obtus, au moins 3 fois plus
courts que les lobes.

Racine pivotante, tronquée, polycéphale. Tiges tantôt très-
courtes, tantôt atteignant jusqu'à 3 pouces de long, dressées,
ou ascendantes, très-simples, anguleuses, glabres comme toute
la plante, garnies de 1 à 3 paires de feuilles. Fleur longue de
1 pouce à 2 pouces. Calice 5-gone, 3 fois plus court que la
corolle : lobes aussi longs que le tube, ovales, ou ovales-lancéolés, acuminés. Corolle à tube muni à la surface interne de
5 larges bandes d'un bleu clair, ponctuées de vert.

Cette espèce, remarquable par l'élégance de ses fleurs, est
commune dans les pâturages secs et élevés des Alpes et des
Pyrénées; elle se retrouve au Caucase. On la cultive comme
plante d'ornement.

Sous-genre **CŒLANTHE** (Renealm.) Griseb.

Calice tubuleux, ou rarement spathacé. Corolle campanulée, églanduleuse, non couronnée, à 5 lobes alternes
chacun avec un pli. Stigmates distincts, très-entiers, finalement révolutés. Anthères cohérentes, extrorses.
Capsule non stipitée. Graines bordées d'une aile de même
couleur que le tégument. — Racine vivace. Corolle
ponctuée. Feurs axillaires et terminales, agrégées, bractéolées, grandes, jaunes, ou pourpres. Tiges solitaires,
robustes. (*Griseb.* l. c.)

GENTIANE POURPRE. — *Gentiana purpurea* Linn. — Flor.
Dan. tab. 50. — Plenck, Off. Pfl. tab. 159. — Andr. Bot. Rep.
tab. 117.

Feuilles elliptiques, ou ovales-oblongues, ou lancéolées-elliptiques, ou lancéolées, 5-nervées : les inférieures plus grandes,
pétiolées, acuminées. Calice spathacé. Corolle (ordinairement
pourpre à lobes obovales-orbiculaires, dressés, distants; plis
tronqués.

Racine grosse, longue, charnue. Tige dressée ou ascendante,
haute de ¹/₂ pied à 2 pieds. Feuilles glabres, subcoriaces,

lisses : les inférieures atteignant jusqu'à ¹/₂ pied de long; les
supérieures graduellement plus petites. Glomérules axillaires
pauciflores (souvent les fleurs axillaires sont solitaires). Cyme
terminale capituliforme, 5-8-flore. Chez des individus rabougris
la tige est uniflore ou pauciflore. Calice obtus, ou apiculé, 1 fois
plus court que la corolle. Corolle longue d'environ 18 lignes
(par variation blanche, ou jaune, ou rose), accidentellement
6-fide : tube strié, claviforme; lobes 3 fois plus courts que le
tube.

Cette espèce croît dans les pâturages des Alpes, ainsi que dans
les montagnes scandinaves et au Kamtchatka; elle mérite d'être
cultivée comme plante de parterre; dans les localités où elle
abonde, on recueille ses racines, qui participent aux propriétés
médicales des racines de la *Gentiane jaune.*

GENTIANE PONCTUÉE. — *Gentiana punctata* Linn. — Jacq.
Flor. Austr. app. tab. 28. — *Gentiana campanulata* Jacq. l.
c. tab. 29.

Feuilles elliptiques ou lancéolées-elliptiques, 5-nervées, pointues : les inférieures pétiolées, plus grandes. Calice scarieux,
tubuleux, inégalement 5-7-lobé. Corolle mince (d'un jaune très
pâle), à lobes ovales, ou ovales-oblongs, obtus, ou pointus, mutiques; plis suborbiculaires, apiculés; points épars sans ordre.

Racine grosse, charnue. Feuilles inférieures atteignant jusqu'à ¹/₂ pied de long. Cymes subquinquéflores, capituliformes.
Calice bleuâtre, 4 fois plus court que la corolle; lobes distants,
elliptiques, pointus, foliacés, un peu inégaux. Corolle longue
d'environ 15 lignes, quelquefois non-ponctuée, avant l'anthère
bleuâtre; points très-nombreux, d'un pourpre foncé; lobes 3 à
4 fois plus courts que le tube, subtronqués. Ovaire rétréci aux
2 bouts. Capsule elliptique. Graines largement ailées.

Cette espèce, assez semblable à la précédente, croît dans les
pâturages secs des Alpes; sa racine s'emploie aux mêmes usages
que celle de la *Gentiane jaune.*

Genre OPHÉLIA. — *Ophelia* (Don.) Griseb.

Calice 4-ou 5-parti. Corolle rotacée, 4-ou 5-fide, marcescente, dépourvue de plis et de couronne, mais munie à la base de chaque lobe de fovéoles glanduleuses soit nues, soit recouvertes d'une squamule. Étamines 4 ou 5, insérées à la gorge de la corolle; filets linéaires, ou élargis vers leur base et soudés en androphore annulaire. Ovaire ovoïde, en général rétréci en style. Stigmates 2, courts, révolutés et distincts, ou cohérents et dressés. Capsule 1-loculaire, 2-valve, polysperme. Graines minimes, attachées soit à des placentaires marginaux, soit à la surface des valves.

Herbes dressées, rameuses. Feuilles sessiles ou pétiolées, opposées, nerveuses. Inflorescence cymeuse (ombelliforme ou capituliforme), terminale, ou axillaire et terminale. Anthères nutantes.

Ce genre appartient à l'Inde. M. Grisebach en signale 15 espèces.

Ophélia Chirayta. — *Ophelia Chirata* Gris. Mon. Gent. p. 320. — *Gentiana Cherayta* Roxb. in Asiat. Res. v. 2, p. 167; Flor. Ind. ed. 2, vol. 2, p. 71. — *Agathotes Cherayta* Don.

Herbe vivace, haute de 2 à 3 pieds. Racine rameuse. Tige droite, raide, glabre, glauque, cylindrique, rameuse vers le haut : rameaux opposés-croisés, presque dressés. Feuilles longues de 1 pouce à 3 pouces, larges de 6 à 18 lignes, 3-ou 5-nervées, sessiles, amplexicaules, ovales, ou ovales-lancéolées, acuminées, glabres, souvent cordiformes à la base. Pédoncules axillaires et terminaux, pauciflores; cymes lâches, ombelliformes. Inflorescence générale formant une panicule allongée, de 1 pied et plus, feuillée. Calice 4-parti : segments ovales-lancéolés, ou linéaires-lancéolés, acuminés, presque 1 fois plus courts que la corolle. Corolle jaune : segments ovales-lancéolés, acuminés, longs de 3 à 4 lignes; fovéoles géminées, distinctes, oblongues, fimbriées aux bords, recouvertes chacune par une squamule longuement fimbriée. Filets dilatés vers leur base et soudés en androphore annulaire. Anthères vertes. Ovaire subglobuleux, rétréci au sommet. Stigmates minces, connés. Capsule ovale; placentaires suturaux. Graines minimes.

Cette plante, célèbre dans l'Inde à titre de remède tonique et fébrifuge, croît dans les montagnes du Népaul et du Bengale; en sanscrit, elle porte le nom de *Chirataka;* les médecins anglais la substituent avec succès au quinquina; on emploie la décoction ou l'infusion de toute la plante, arrachée avec sa racine avant la parfaite maturité des fruits.

IIe TRIBU. **LES MÉNYANTHÉES.** — *MENYANTHEÆ* Endl.

Lobes de la corolle indupliqués en préfloraison. Feuilles alternes. Graines à tégument dur.

Genre MÉNYANTHE. — *Menyanthes* Linn.

Calice 5-parti. Corolle non-persistante, un peu charnue, infondibuliforme, 5-fide, églanduleuse; lobes longitudinalement barbus au milieu (accidentellement imberbes). Étamines 5, insérées au tube de la corolle; filets linéaires. Anthères sagittiformes, introrses, dressées, longitudinalement déhiscentes. Cinq glandules hypogynes. Ovaire 1-loculaire; placentaires multi-ovulés; ovules 1-sériés. Style filiforme, persistant. Stigmate bilobé. Capsule 1-loculaire, polysperme, irrégulièrement ruptile en 2 valves seminifères au milieu; placentaires adnés. Graines oblongues, convexes, luisantes, très-lisses.

Herbe vivace. Rhizome rampant, articulé. Feuilles longuement pétiolées, digitées-trifoliolées; pétiole dilaté vers la base en gaîne amplexatile, auriculée; folioles subsinuolées ou crénelées. Hampe axillaire, solitaire; fleurs en grappe ; pédicelles 1-bractéolés à la base. Corolle blanche ou d'un rose très-pâle.

L'espèce que nous allons décrire est la seule admise aujourd'hui dans ce genre.

MENYANTHE TRÈFLE-D'EAU. — *Menyanthes trifoliata* Linn. — Blackw. Herb. tab. 474. — Flor. Dan. tab. 341. — Engl. Bot. tab. 495. — Bull. Herb. tab. 131.

Rhizome horizontal, fistuleux, simple, atteignant plusieurs pieds de long, blanchâtre, garni en dessous de longues fibres filiformes, et couvert, vers son extrémité antérieure, par les gaînes pétiolaires. Feuilles dressées, très-glabres de même que toutes les autres parties de la plante ; pétiole grêle, cylindrique, fistuleux, long de 6 à 18 pouces, à gaîne membraneuse ; folioles longues de 18 lignes à 3 pouces, d'un vert gai, minces, lisses, subsessiles, elliptiques, ou lancéolées-elliptiques, ou obovales, très-obtuses, ou rétuses, souvent mucronulées, plus ou moins distinctement sinuolées, avec une glandule (rougeâtre) au fond du sinus. Hampe grêle, dressée, semi-cylindrique, haute de ½ pied à 1 pied, terminée en grappe longue de 3 à 6 pouces, nue inférieurement. Pédicelles dressés, filiformes, épaissis au sommet, à l'époque de la floraison à peu près aussi longs que la corolle, puis accrescents : les inférieurs en général ternés ; les autres épars. Bractées ovales, ou ovales-lancéolées, ou lancéolées, subobtuses, persistantes, plus courtes que les pédicelles. Calice 3 fois plus court que la corolle, souvent rougeâtre : segments oblongs ou linéaires, obtus. Corolle longue de 4 à 6 lignes : barbes blanches ou violettes. Étamines presque aussi longues que la corolle : anthères petites, violettes. Style saillant, accrescent. Capsule globuleuse, du volume d'un pois.

Cette plante, connue sous le nom vulgaire de *Trèfle d'eau*, est commune dans les prairies marécageuses (surtout dans les terrains tourbeux) ; elle fleurit en mai et juin ; toutes ses parties ont une amertume très-prononcée ; elles jouissent de propriétés toniques, fébrifuges et diurétiques. Beaucoup de brasseurs ont coutume de substituer le Trèfle d'eau au Houblon.

LES TUBIFLORES.

TUBIFLORÆ Bartl.

CARACTÈRES.

Herbes, ou *sous-arbrisseaux*, ou *arbrisseaux*, ou rarement *arbres*. Tige et rameaux cylindriques ou irrégulièrement anguleux (par exception noueux avec articulation).

Feuilles éparses, ou rarement opposées, simples, entières, ou lobées, ou laciniées, ou pennatiparties, veineuses, non stipulées.

Fleurs hermaphrodites (par exception unisexuelles), en général régulières; inflorescence axillaire ou terminale, variée.

Calice inadhérent, herbacé (par exception coloré), en général persistant, 5-fide, ou 5-parti (rarement 4-parti ou 4-fide).

Corolle hypogyne, non-persistante, tubuleuse, ou campanulée, ou rotacée; limbe 5-fide (rarement 4-ou 6-10-fide): lobes alternes avec ceux du calice, contournés ou imbriqués en préfloraison.

Étamines en même nombre que les lobes de la corolle, interposées, libres, insérées au tube ou à la gorge. Anthères incombantes ou dressées, dithèques; bourses contiguës, parallèles, déhiscentes chacune soit par une fente longitudinale, soit par un pore terminal.

Pistil. Ovaire 2-3-ou 4-(rarement 8-) loculaire; loges 1- ou pluri-ovulées; ou bien 4 ovaires distincts (rarement connés 2 à 2), 1-loculaires, 1-ovulés. Style terminal (gynobasique lorsque les ovaires sont distincts), indivisé, ou moins souvent bifide; quelquefois 2 ou 3 styles distincts.

Péricarpe capsulaire, ou baccien, ou drupacé, ou composé de 2 ou 4 nucules distinctes.

Graines solitaires dans chaque loge ou nucule, ou en nombre soit défini, soit indéfini, inarillées. Périsperme nul ou charnu. Embyron rectiligne ou curviligne, en général homotrope; cotylédons planes ou plissés, foliacés en germination.

Cette classe se compose des *Borraginées*, des *Hydrophyllées*, des *Solanacées*, des *Cuscutées*, des *Convolvulacées*, des *Hydroléacées* et des *Polémoniacées*.

LES BORRAGINÉES. — *BORRAGINÉÆ*.

Borragineæ Juss. Gen. — R. Br. Prodr. — Bartl. Ord. Nat. p. 196.
— Don , in Edinb. Phil. Journ. 13 , p 259. — *Borragineæ* et *Heliotro-picæ* Schrad. in Comment. Gœtt. 4 , p. 157. — *Arguzieæ* et *Borragineæ* Link , Handb. — *Cordiaceæ , Ehretiaceæ , Heliotropiceæ* et *Asperifoliæ* Mart. Nov. gen. et spec. — *Cordiaceæ* et *Asperifoliæ* Endl. Gen. — *Cordiaceæ , Ehretiaceæ* et *Borraginaceæ* Lindl. Nat. Syst. ed. 2. — *As-perifoliaceæ* (exclusis capsularibus), Reichenb. Syst. Nat. p. 192.

Les *Borraginées* en général ne sont douées d'aucune propriété marquante, si ce n'est que plusieurs, à raison du mucilage qu'elles contiennent, s'emploient à titre de remèdes émollients et rafraîchissants ; toutefois quelques espèces sont vénéneuses ou du moins suspectes comme telles. Les Borraginées de la zône équatoriale sont la plupart ligneuses, tandis que, dans les climats tempérés, la famille n'est représentée, sauf quelques exceptions, que par des espèces herbacées.

Caractères de la Famille.

Arbres , ou *arbrisseaux,* ou *herbes ;* parties herbacées le plus souvent scabres ou hispides; pubescence simple ou moins souvent étoilée ; sucs-propres aqueux. Tiges et rameaux cylindriques ou irrégulièrement anguleux, inarticulés.

Feuilles simples, alternes (par exception subopposées, ou verticillées-ternées), non-stipulées, veineuses, indivisées (en général très-entières, rarement incisées).

Fleurs hermaphrodites (par exception unisexuelles par avortement), régulières, ou moins souvent irrégu-

lières, solitaires, ou plus souvent disposées en panicules,
ou en cymes, ou en grappes, ou en épis, ou en capitules; pédoncules axillaires ou terminaux; pédicelles le
plus souvent ébractéolés; inflorescences spiciformes, en
général recourbées en crosse avant la floraison, et unilatérales.

Calice inadhérent, persistant (en général accrescent),
4-ou 5-parti, ou 4-ou 5-fide, ou rarement tubuleux et
4-ou 5-denté, herbacé (par exception pétaloïde).

Corolle hypogyne, non persistante (quelquefois très-
caduque), infondibuliforme, ou subcampanulée, ou
rotacée, ou hypocratériforme, ou tubuleuse; gorge nue,
ou poilue, ou barbue, ou couronnée de squamules (ou
de glandules) opposées aux lobes du limbe (ou très-rarement alternes); limbe à 4 ou 5 segments (ou lobes, ou
dents) alternes avec les lobes du calice, imbriqués en
préfloraison (et, dans plusieurs espèces, en même temps
convolutés).

Étamines insérées au tube ou à la gorge de la corolle,
alternes avec les lobes du limbe et en même nombre
que ceux-ci (par exception en plus grand nombre).
Filets filiformes ou subulés, droits, isomètres, ou moins
souvent anisomètres. Anthères incombantes ou dressées,
introrses, dithèques, libres, ou cohérentes, souvent
appendiculées au sommet; bourses contiguës, longitudinalement déhiscentes.

Pistil (pour la plupart des espèces): Quatre ovaires
distincts (très-rarement accolés 2 à 2), 1-loculaires,
1-ovulés, attachés à un réceptacle disciforme, ou pyramidal, ou columnaire; ovules appendants ou suspendus
(anatropes?). Style gynobasique, indivisé, terminé par
un stigmate entier ou bilobé. — Moins souvent le pistil
est composé d'un ovaire 2-4-ou 8-loculaire, à style ter-

minal (soit indivisé, soit bifide au sommet, soit 2 fois bifurqué : chaque branche terminée par un stigmate indivisé ou bifide) ; loges 1-ovulées ; ovules suspendus ou appendants.

Péricarpe composé de 4 nucules (moins souvent drupes) distinctes, 1-loculaires, 1-spermes, ou rarement de 2 nucules ou drupes 2-loculaires, 2-spermes ; moins souvent drupe à 4 noyaux 1-spermes, ou à 2 noyaux 2-loculaires et 2-spermes, ou à noyau solitaire 4-8-loculaire et 4-8-sperme (quelquefois par avortement 1-3-loculaire et 1-3-sperme).

Graines solitaires dans chaque loge ou noyau, rectilignes, ou courbées, suspendues, ou appendantes ; tégument membranacé. Périsperme nul, ou mince et charnu. Embryon rectiligne, ou courbé conformément à la graine : cotylédons foliacés en germination, entiers (par exception bipartis), planes, ou rarement plissés ; radicule supère, ou rarement repliée vers l'extrémité inférieure de la graine.

La famille des Borraginées comprend les genres suivants :

Iʳᵉ TRIBU. **LES ASPÉRIFOLIÉES.** — *ASPERIFO-LIEÆ* Bartl.

Pistil à 4 (par exception à 2) ovaires distincts ou rarement cohérents 2 à 2. Style gynobasique. Péricarpe à 4 (par exception à 2) nucules distinctes ou rarement cohérentes 2 à 2. Embryon rectiligne : cotylédons planes.

Rochelia Reichenb. — *Echinospermum* Swartz. (Lappula et Echioides Mœnch. Rochelia Rœm. et Schult, nec Reichenb.) — *Asperugo* Tourn. — *Cynoglossum* Linn. — *Solenanthus* Ledeb. — *Mattia* Schult. — *Rin-*

dera Pallas. — *Omphalodes* Tourn. (Picotia Rœm. et Schult. Omphalium Roth.) — *Trichodesma* R. Br. (Pollichia Medic. nec Linn.) — *Borrago* Tourn. — *Caccinia* Savi. — *Trachystemon* Don. — *Symphitum* Linn. — *Stomatotechium* Lehm. — *Lobostemon* Lehm. — *Exarrhena* R. Br. — *Myosotis* Linn. — *Bothriospermum* Bunge. — *Eritrichium* Schrad. — *Plagiobotrys* Fisch. et Mey. — *Anchusa* Linn. — *Buglossum* Tausch. — *Oscampia* Mœnch. (Baphorhiza Link. Alkanna Tausch.) — *Lycopsis* Linn. — *Meneghinia* Endl. (Dioclea Spreng. nec Kunth.) — *Nonnea* Medic. (Echioides Desf.) — *Amsinkia* Lehm. — *Colsmannia* Lehm. — *Craniospermum* Lehm. — *Macromeria* Don. — *Lithospermum* Tourn. (Rhytispermum Link.) — *Margarospermum* Reichenb. — *Arnebia* Forsk. — *Batschia* Gmel. (Cyphorima Rafin.) — *Steenhammera* Reichenb. (Mertensia Roth, nec Willd. Casselia Dumort.) — *Pulmonaria* Tourn. (Bessera Schult.) — *Platynema* Schrad. — *Echiochilon* Desfont. — *Echium* Tourn. — *Echiopsis* Reichb. — *Moltkia* Lehm. — *Onosmodium* Mich. (Osmodium Rafin. Purshia Spreng.) — *Onosma* Linn. — *Cerinthe* Linn.

IIᵉ TRIBU. LES EHRÉTIÉES. — *EHRETIACEÆ* Endl.

Ovaire 4-loculaire (rarement 8-loculaire). Style terminal, quelquefois bifide. Péricarpe : drupe (sec ou charnu) à 4 noyaux 1-loculaires (rarement 2-loculaires), ou à 2 noyaux 2-loculaires. Embryon rectiligne, ou rarement arqué; cotylédons planes.

SECTION I. **HÉLIOTROPIÉES.** — *Heliotropieæ* Endl.

Graines apérispermées.

Tiaridium Lehm. — *Hieranthemum* Endl. — *Helio-*

tropium Linn. — *Orthostachys* R. Br. — *Schleidenia* Endl. (Preslea Martius, nec Opitz.)

SECTION II. **TOURNÉFORTIÉES**. — *Tournefortieæ* Endl.

Graines périspermées.

Coldenia Linn. — *Tiquilia* Pers. — *Messerschmidtia* Rœm. et Schult. (Pittonia Plum.) — *Tournefortia* R. Br. (Tournefortia et Messerchmidtia Linn. Arguzia Amman. Pittonia Plum.)— *Beurreria* Jacq. (Bourreria P. Br.)— *Grabowskia* Schlecht.— *Rhabdia* Martius.— *Ehretia* Linn. (Carmona Cavan.)

IIIᵉ TRIBU. **LES CORDIÉES**. — *CORDIACEÆ* R. Br.

Ovaire 4-8-loculaire. Style terminal, bifide , ou 2 fois bifurqué. Péricarpe : drupe charnu, à noyau solitaire, 4-8-loculaire. (Graines apérispermées.) Embryon rectiligne : cotylédons charnus, longitudinalement plissés.

Cordia R. Br. (Cordia et Varronia Linn. Sebestena Gærtn. Cerdana Ruiz et Pav. Gerascanthus P. Br.) — *Sacellium* Humb. et Bonpl.

GENRES INCOMPLÉTEMENT CONNUS.

Cordiopsis Desv. — *Patagonula* Linn. — *Menais* Linn.

Iʳᵉ TRIBU. **LES ASPÉRIFOLIÉES**. — *ASPERIFO-LIEÆ* Bartl.

Pistil à 4 (par exception à 2) ovaires distincts, ou rarement cohérents 2 à 2. Style gynobasique. Péricarpe à 4 (par exception à 2) nucules distinctes, ou rarement cohérentes 2 à 2. Embryon rectiligne. Cotylédons planes.

Genre CYNOGLOSSE. — *Cynoglossum* Linn.

Calice 5-parti. Corolle infondibuliforme ; gorge presque fermée par 5 squamules convexes, saillantes , dressées ; limbe 5-lobé. Étamines 5, incluses, insérées au tube de la corolle ; filets courts ; anthères oblongues. Style filiforme. Stigmate capitellé. Péricarpe de 4 nucules distinctes, aplaties , spinelleuses, adhérent par l'angle interne à la base (pyramidale) du style.

Herbes annuelles, ou bisannuelles, en général mollement pubescentes. Fleurs en grappes bractéolées ou non-bractéolées, axillaires et terminales ; pédicelles inclinés après la floraison.

CYNOGLOSSE OFFICINAL. — *Cynoglossum officinale* Linn. — Schk. Handb. tab. 3o. — Flor. Dan. tab. 1147. — Blackw. Herb. tab. 292. — Engl. Bot. tab. 921. — *Cynoglossum bicolor* Willd.

Plante bisannuelle, haute de 1 pied à 3 pieds, couverte d'une pubescence fine et molle. Racine brune, pivotante. Tige dressée, feuillue, rameuse supérieurement. Feuilles d'un vert glauque, très-entières, pointues, souvent ondulées aux bords : les radicales grandes, ovales, ou ovales-oblongues, rétrécies en long pétiole ; les caulinaires inférieures lancéolées, ou lancéolés-oblongues, courtement pétiolées ; les supérieures oblongues-lancéolées ou linéaires-lanceolées , subcordiformes à la base, semi-amplexicaules. Grappes terminales, solitaires, ébractéolées, unilatérales, révolutées avant la floraison. Pédicelles et calices cotonneux-incanes. Segments calicinaux oblongs, obtus , inégaux , dressés pendant la floraison, puis divergents ou divariqués. Corolle un peu plus longue que le calice ou à peine aussi longue : tube court, blanchâtre ; limbe subcampanulé, un peu plus long que le tube, d'un pourpre brunâtre, ou violet, ou blanc ; squamules d'un pourpre clair ou brunâtre , veloutées, très-obtuses. Nucules suborbiculaires, très-planes au dos, calleuses au bord, hérissées de spinelles coniques-subulées (barbellulées au sommet).

Cette espèce, nommée vulgairement *Langue de chien*, est commune dans les lieux découverts et pierreux ; elle se plaît dans les décombres et au voisinage des habitations ; elle fleurit en mai et en juin. Toute la plante a une odeur désagréable ; on lui attribue des propriétés légèrement narcotiques ; les feuilles et les racines, cuites dans l'eau, s'emploient parfois à faire des cataplasmes émollients.

Genre OMPHALODE. — *Omphalodes* Tourn.

Calice 5-parti. Corolle infondibuliforme, ou rotacée ; tube cylindrique ; gorge presque fermée par 5 squamules obtuses ; limbe 5-lobé. Étamines 5, insérées au tube de la corolle, incluses ; filets courts, filiformes ; anthères oblongues. Style filiforme. Stigmate capitellé, légèrement échancré. Péricarpe de 4 nucules distinctes , cupuliformes (concaves au dos , convexes antérieurement), marginées , adhérent au stylopode par l'angle interne ; rebord membraneux infléchi.

Herbes annuelles ou vivaces, pubescentes, ou hispidules. Grappes nues ou bractéolées, unilatérales, simples, ou bifurquées, terminales, solitaires ; pédicelles défléchis après la floraison.

A. *Plante vivace, stolonifère, touffue, finement pubérule, un peu scabre. Grappes terminales , monophylles à la base, nues supérieurement. Corolle bleu de ciel. Nucules à rebord entier.*

OMPHALODE PRINTANIÈRE. — *Omphalodes verna* Mœnch, Meth. — *Cynoglossum Omphalodes* Linn. — Scop. Carn. tab. 3. — *Omphalodes repens* Schrank. — *Picotia verna* Rœm. et Schult.

Racine rampante, brunâtre, garnie de quantité de fibres filiformes. Tiges touffues : les unes décombantes, radicantes, stériles, simples, flagelliformes; les autres dressées ou ascendantes, florifères, hautes de 2 à 4 pouces, tantôt simples, tantôt 1
ou 2 fois bifurquées, médiocrement feuillées. Feuilles cordiformes, ou ovales, ou ovales-lancéolées, acuminées, très-entières : les radicales et les caulinaires-inférieures longuement pétiolées, larges de 1 pouce à 3 pouces; pétiole presque plane,
ciliolé. Grappes très-lâches, ordinairement bifurquées, révolutées
avant la floraison. Pédicelles filiformes, accrescents, d'abord
très-courts. Segments calicinaux lancéolés, pointus. Corolle large
d'environ 3 lignes : squamules blanchâtres. Nucules lisses, à
rebord pubescent.

Cette espèce croît dans les montagnes de l'Europe méridionale; elle fleurit en avril et en mai; on la cultive fréquemment
comme plante de parterre.

B. *Plante annuelle, presque glabre. Grappes terminales ou
axillaires et terminales, aphylles, ébractéolées, souvent
bifurquées. Corolle blanche. Nucules à rebord dentelé.*

OMPHALODE A FEUILLES LINÉAIRES. — *Omphalodes linifolia*
Mœnch, Meth. — *Cynoglossum linifolium* L.

Racine grêle, pivotante, produisant en général plusieurs tiges. Tiges simples ou paniculées, dressées, glabres, lisses,
feuillues, hautes de 6 à 18 pouces. Feuilles d'un vert glauque, scabres (par de courtes sétules apprimées), ciliolées-
denticulées, à peine veinées : les radicales et les caulinaires
inférieures oblongues-spathulées, ou oblongues-obovales, très-
obtuses, rétrécies en long pétiole; les autres oblongues, ou linéaires-oblongues (quelquefois élargies à la base), sessiles, la
plupart pointues. Grappes multiflores, lâches; pédicelles grêles :
les fructifères distiques, en général plus longs que le calice. Segments calicinaux linéaires-lancéolés ou oblongs-lancéolés, pointus, ciliés, 1 fois plus courts que la corolle. Corolle large de 3

à 4 lignes : lobes obovales-orbiculaires. Nucules de 2 à 3 lignes de diamètre, carénées au dos.

Cette espèce, indigène de l'Europe méridionale, se cultive comme plante de parterre.

Genre BOURRACHE. — *Borrago* Tourn.

Calice 5-parti, étalé pendant la floraison, plus tard connivent. Corolle rotacée; gorge fermée par 5 squamules courtes, obtuses, échancrées; limbe 5-parti, étalé. Étamines 5, insérées à la gorge de la corolle, saillantes; filets courts, munis d'un appendice dorsal linéaire-subulé; anthères sagittiformes, acuminées, conniventes (en forme de cône). Style filiforme. Stigmate indivisé. Péricarpe de 4 nucules distinctes, turbinées, rugueuses, basifixes, calleuses aux bords, ombiliquées à la base; gynophore concave.

Herbes annuelles, strigueuses, hispides, succulentes. Grappes terminales, bractéolées, ordinairement bifurquées, avant la floraison révolutées; pédicelles recourbés après la floraison.

BOURRACHE OFFICINALE. — *Borrago officinalis* Linn. — Blackw. Herb. tab. 36. — Engl. Bot. tab. 36. — Schk. Handb. tab. 31.

Plante annuelle, haute de 1 pied à 3 pieds. Racine blanchâtre, pivotante. Tige dressée, rameuse, fistuleuse. Feuilles rugueuses, d'un vert glauque : les inférieures ovales, ou obovales, ou elliptiques, obtuses, rétrécies en long pétiole; les supérieures elliptiques ou oblongues, rétrécies en pétiole court, large, ailé, semi-amplexicaule. Grappes multiflores; bractées ovales, latérales; pédicelles plus longs que les calices. Segments-calicinaux linéaires, pointus, 3-nervés. Corolle bleu de ciel (par variation blanche ou rougeâtre); segments ovales, acuminés. Anthères noirâtres.

Cette plante, connue sous les noms vulgaires de *Bourache*

ou *Bourrache*, est originaire d'Orient, et fréquemment cultivée comme herbe potagère; elle passe d'ailleurs pour diurétique, apéritive et dépurative.

Genre CONSOUDE. — *Symphitum* Tourn.

Calice 5-parti, après la floraison connivent. Corolle infondibuliforme; tube pentagone; gorge fermée par 5 squamules subulées, conniventes; limbe campanulé, 5-fide, ou 5-denté. Étamines 5, alternes avec les squamules, insérées au tube de la corolle; filets courts, gros; anthères conniventes, sagittiformes-linéaires, pointues. Style filiforme (tantôt saillant, tantôt inclus). Stigmate petit, capitellé. Péricarpe de 4 nucules distinctes, subréticulées, ovoïdes, basifixes, ombiliquées et marginées à la base; rebord calleux.

Herbes vivaces, hispides, strigueuses, succulentes. Feuilles sessiles ou pétiolées. Grappes ébractéolées, multiflores, unilatérales, terminales, ordinairement bifurquées, avant la floraison révolutées; pédicelles fructifères dressés.

CONSOUDE OFFICINALE. — *Symphitum officinale* Linn. — Flor. Dan. tab. 664. — Engl. Bot. tab. 817. — Blackw. Herb. tab. 252. — Schk. Handb. tab. 30. — *Symphitum bohemicum* Schmidt. — *Symphitum patens* Sibth. Oxon.

Racine grosse, pivotante, charnue, rameuse, noirâtre à l'extérieur, blanche en dedans, polycéphale. Tiges hautes de 1 pied à 3 pieds, dressées, fistuleuses, rameuses, ailées par la décurrence des feuilles. Feuilles d'un vert foncé en dessus, d'un vert pâle en dessous, veineuses, rugueuses, scabres : les inférieures ovales ou ovales-oblongues, acuminées, rétrécies en pétiole canaliculé; les suivantes ovales-lancéolées, à pétiole court, ailé; les supérieures sessiles, lancéolées, acuminées aux 2 bouts. Fleurs un peu nutantes. Pédicelles un peu plus courts que le calice. Segments calicinaux acuminés, lancéolés, carénés au dos, tantôt dressés, tantôt plus ou moins divergents. Corolle d'un blanc jaunâtre, ou rose, ou pourpre, ou violette; limbe aussi long que le tube : dents triangulaires, plus ou moins recourbées ; squamules creuses, glanduleuses aux bords. Style tantôt débordant, tantôt débordé par la corolle. Nucules luisantes, finement réticulées.

Cette espèce, connue sous les noms vulgaires de *Grande-Consoude*, *Oreille d'âne*, ou *Herbe aux charpentiers*, est commune dans les prairies humides, ainsi qu'aux bords des bois, des ruisseaux et des rivières; elle fleurit en mai et en juin. Sa racine, fort préconisée jadis à titre de vulnéraire, est émolliente et astringente.

La *Consoude officinale*, ainsi que quelques autres espèces congénères, ont été recommandées comme d'excellents fourrages, et dont la culture serait très-profitable dans les terrains humides.

Genre MYOSOTIS. — *Myosotis* Linn.

Calice 5-fide ou 5-denté, tubuleux, ou campanulé, connivent après la floraison. Corolle infondibuliforme ou hypocratériforme; tube cylindrique; gorge couronnée de 5 squamules courtes, glabres, obtuses; limbe 5-lobé. Étamines 5, insérées au tube de la corolle, incluses; filets très-courts; anthères suborbiculaires. Style filiforme. Stigmate capitellé. Péricarpe de 4 nucules distinctes, basifixes, lisses, immarginées, non-ombiliquées, planes antérieurement.

Herbes vivaces ou annuelles, strigueuses. Feuilles très-entières : les radicales spathulées, pétiolées; les caulinaires la plupart sessiles. Grappes terminales, ébractéolées, en général bifurquées, unilatérales, avant la floraison révolutées. Pédicelles fructifères dressés ou rarement défléchis, distiques. Fleurs petites. Corolle en général bleue.

MYOSOTIS VIVACE. — *Myosotis perennis* Mœnch. — *Myosotis scorpioides :* β, Linn. — *Myosotis scorpioides* Willd. — Engl. Bot. tab. 1975. — *Myosotis palustris*. Wither. —

Myosotis sylvatica Ehrh. — *Myosotis montana* Bess. — *Myosotis decumbens* Host. — *Myosotis alpestris* Schmidt. — Hook. Flor. Lond. tab. 145. — *Myosotis rupicola* Smith, Engl. Bot. tab. 2559. — *Myosotis suaveolens* Kit. — *Myosotis lactea* Bœnningh. — *Myosotis lithospermifolia* Horn. — *Myosotis repens*, *M. strigulosa* et *M. laxiflora* Reichenb.

Plante vivace, haute de ¹/₂ à 1 ¹/₂ pied, tantôt glabre ou presque glabre, tantôt plus ou moins abondamment parsemée de sétules soit apprimées, soit horizontales. Rhizome subhorizontal, fibrilleux, quelquefois stolonifère, unicaule ou pluricaule. Tiges simples ou rameuses, dressées, ou ascendantes (quelquefois radicantes à la base), anguleuses, assez feuillues. Feuilles d'un vert gai ou plus ou moins foncé, en général scabres aux 2 faces : les radicales obovales ou-spathulées, obtuses ; les caulinaires oblongues, ou oblongues-liguliformes, ou oblongues-lancéolées, ou lancéolées-oblongues,.obtuses, ou pointues. Pédicelles fructifères rectilignes, plus ou moins divergents, ou subhorizontaux, en général deux fois plus longs que le calice. Calice campanulé, plus ou moins profondément 5-fide ; segments obtus ou pointus, inégaux, ovales, ou ovales-lancéolés, plus ou moins ouverts vers la maturité du fruit. Corolle large de 1 ligne à 3 lignes, d'un bleu de ciel vif (par variation blanche, ou rose) : lobes arrondis, en général échancrés ; squamules blanches, ou jaunâtres, ou rougeâtres.

Cette espèce, remarquable par l'élégance de ses fleurs, est commune dans les prairies humides ou marécageuses, ainsi que dans les bois humides, et aux bords des ruisseaux ; elle fleurit durant tout l'été.

Genre PULMONAIRE. — *Pulmonaria* Tourn.

Calice prismatique, 5-gone, 5-fide, subcampanulé, finalement bouffi, fermé. Corolle infondibuliforme ; tube tantôt cylindracé, tantôt évasé ; gorge inappendiculée, barbue entre les étamines ; limbe campanulé ou cyathiforme, 5-lobé. Étamines 5, incluses, insérées au tube de la corolle ;

filets filiformes ; anthères oblongues. Style filiforme. Stigmate capitellé, subbilobé. Péricarpe de 4 nucules distinctes, turbinées, basifixes, non-ombiliquées, lisses.

Herbes vivaces, hispides. Feuilles souvent maculées : les radicales longuement pétiolées, roselées au sommet des jeunes souches (nulles sur les souches florifères), plus tardives que les fleurs ; les caulinaires la plupart sessiles. Tiges simples, ou bifurquées au sommet. Grappes courtes, denses, multiflores, corymbiformes, unilatérales, terminales, feuillées à la base, nues supérieurement, souvent bifurquées, avant la floraison révolutées. Fleurs un peu inclinées, courtement pédicellées (excepté quelquefois les inférieures); pédicelles fructifères dressés ou presque dressés. Corolle d'abord rose ou rougeâtre, puis violette ou bleue. Étamines de longueur variable (dans la même espèce), insérées tantôt vers le sommet du tube, tantôt plus bas. Style tantôt saillant, tantôt inclus.

PULMONAIRE OFFICINALE. — *Pulmonaria officinalis* Linn. — Flor. Dan. tab. 482. — Blackw. Herb. tab. 376. — Schk. Handb. tab. 30. —Reichenb. Plant. Crit. 6 , Ic. 699.— *Pulmonaria saccharata* Mill. —Reichenb. l. c. Ic. 698. — *Pulmonaria oblongata* Schrad. — Reichenb. l. c. Ic. 697. — *Pulmonaria mollis* Wulf. — Bot. Mag. tab. 2422. — Reichenb. l. c. Ic. 696. — *Pulmonaria angustifolia* Linn. — Engl. Bot. tab. 1628. — Reichenb. l. c. Ic. 605. — *Pulmonaria azurea* Bess. — Reichenb. l. c. Ic. 694. — *Pulmonaria montana* Wulf. — *Pulmonaria Clusii* Baumg. — *Pulmonaria angustata* Schrad. — *Bessera azurea* Schult. — *Pulmonaria tuberosa* Schrank.

Rhizome polycéphale, garni de longues fibres charnues et quelquefois tuberculeuses. Tiges hautes de ¼ pied 1 ½ pied, dressées, feuillues, anguleuses ou ailées par la décurrence des feuilles, simples ou bifurquées au sommet, plus ou moins hispides, en outre garnies d'une pubescence glanduleuse (tantôt plus abondante que les soies, tantôt rare et éparse; il en est de même

de la pubescence des feuilles, des pédicelles et des calices).
Feuilles d'un vert foncé en dessus, d'un vert pâle en dessous,
très-entières, acuminées, ou pointues : les radicales cordiformes,
ou ovales, ou ovales-lancéolées, ou lancéolées-elliptiques, ou lancéolées-oblongues, ou lancéolées (la même forme est en général
assez constante sur le même individu), larges de ½ pouce à
4 pouces (elles n'ont atteint leur complet développement que
vers l'époque de la maturité des fruits), à pétiole canaliculé ou
ailé, tantôt assez court (surtout dans les variétés à feuilles allongées), tantôt plus ou moins allongé, souvent 2 à 3 fois plus
long que la lame. Feuilles-caulinaires inférieures lancéolées-spathulées, ou lancéolées, ou ovales ; les supérieures ovales ou ovales-oblongues, ou ovales-lancéolées, ou oblongues, ou lancéolées-
oblongues, ou linéaires-lancéolées, plus ou moins décurrentes,
souvent semi-amplexicaules. Bractées latérales, foliacées, assez
grandes, solitaires ou au nombre de deux à la base de chaque
grappe. Pédicelles ordinairement plus courts que le calice. Lobes calicinaux ovales ou ovales-lancéolés, courts, acuminés, ou
pointus, connivents après la floraison. Corolle de grandeur variable : lobes courts, obtus. Filets des étamines tantôt 1 fois
plus courts que les anthères (dans ce cas le tube de la corolle
est cylindracé, les étamines sont insérées vers le milieu du tube,
le style déborde le calice), tantôt aussi longs que les anthères
(alors le tube de la corolle est évasé, les étamines s'insèrent à
son sommet, le style est plus court que le calice). Nucules petites, recouvertes par le calice.

Cette plante, connue sous les noms vulgaires d'*Herbe aux
poumons, Grande Pulmonaire* (la variété à feuilles radicales
cordiformes), *Petite Pulmonaire* (la variété à feuilles radicales lancéolees), ou *Herbe de cœur*, croît dans les bois ; elle
fleurit en avril et en mai ; on la cultive dans les parterres comme
fleur printanière ; ses feuilles s'employaient jadis dans les tisa-
nes pectorales : dans plusieurs contrées de l'Europe on les mange
comme herbe potagère.

Genre STÉENHAMMÉRA. — *Steenhammera* Reichenb.

Calice petit, subcampanulé, profondément 5-fide, peu accrescent, non renflé après la floraison. Corolle infondibuliforme ; tube cylindrique ; gorge nue ; limbe cyathiforme, à 5 lobes à peine marqués. Étamines 5, incluses, insérées à la gorge de la corolle ; filets capillaires ; anthères elliptiques. Style filiforme. Stigmate capitellé. Péricarpe de 4 nucules distinctes, basifixes, non-ombiliquées, lisses, ovoïdes, trigones, un peu charnues.

Herbes vivaces, glauques, très-glabres, lisses, ou finement tuberculeuses. Feuilles très-entières : les radicales pétiolées ; les supérieures sessiles. Grappes terminales, ou axillaires et terminales, unilatérales, multiflores, inclinées pendant la floraison, bractéolées (du moins à leur base), ordinairement bifurquées, après la floraison allongées ; pédicelles filiformes : les fructifères longs, déclinés, courbés.

STÉENHAMMÉRA DE VIRGINIE. — *Steenhammera virginica* Reichenb. — *Pulmonaria virginica* Linn. — Bot. Mag. tab. 160. — *Mertensia pulmonarioides* Roth. — *Lithospermum pulchrum* Lehm.

Plante très-lisse, touffue, succulente, glauque, haute de ¼ pied à 2 pieds. Tiges simples, dressées, anguleuses, fistuleuses, assez feuillues. Feuilles obtuses, penniveinées : les radicales elliptiques ou elliptiques-oblongues, larges de 3 à 6 pouces, longuement pétiolées, plus tardives que les fleurs ; les caulinaires inférieures elliptiques, ou obovales, ou oblongues-spathulées, rétrécies à la base ; les supérieures ovales, ou conformes aux inférieures, sessiles. Grappes axillaires et terminales, bractéolées à la base, nues supérieurement, subcorymbiformes et très-denses durant la floraison, finalement un peu lâches et plus ou moins allongées. Bractées petites, ovales, foliacées, latérales. Calice plus petit que le tube de la corolle, profondément 5-fide : segments oblongs, obtus, dressés. Corolle bleue, longue d'environ 8 lignes : tube cylindracé, 2 fois plus long que le limbe. Étamines à peine débordées par la corolle. Style capillaire, presque aussi long que la corolle. Nucules petites, presque aussi longues que le calice fructifère.

Cette plante, originaire des États-Unis, et remarquable par l'élégance de ses fleurs, se cultive dans les parterres; elle fleurit en avril et en mai.

IIᵉ TRIBU. **LES EHRÉTIÉES.** — *EHRETIACEÆ* Endl.

Ovaire 4-loculaire (rarement 8-loculaire). Style terminal, quelquefois bifide. Péricarpe : drupe à 4 noyaux 1-loculaires (ou rarement 2-loculaires), ou à 2 noyaux 2-loculaires. Embryon rectiligne ou rarement arqué; cotylédons planes.

Genre HÉLIOTROPE. — *Heliotropium* Linn.

Calice tubuleux, 5-fide. Corolle hypocratériforme ou infondibuliforme; tube cylindrique; gorge inappendiculée, imberbe; limbe à 5 lobes alternes chacun avec un pli souvent dentiforme. Étamines 5, incluses, insérées au tube de la corolle; anthères ovales. Ovaire 4-loculaire; loges 1-ovulées; ovules suspendus. Style filiforme, ordinairement court. Stigmate pelté. Drupe sec, 4-lobé, 4-pyrène : noyaux 1-loculaires, 1-spermes, finalement séparables, triédres, carénés antérieurement. Graines apérispermées : embryon rectiligne.

Sous-arbrisseaux, ou herbes. Feuilles alternes, ou sub-opposées, ou ternées, très-entières, en général strigueuses. Épis dichotomes ou bifurqués, latéraux et terminaux, ébractéolés, denses, multiflores, unilatéraux, avant la floraison révolutés.

HÉLIOTROPE DU PÉROU.—*Heliotropium peruvianum* Linn. — Bot. Mag. tab. 141.

Arbuste haut de 2 à 3 pieds, couvert sur toutes ses parties herbacées d'une pubescence scabre, incane, plus ou moins couchée. Rameaux un peu flexueux. Feuilles lancéolées-elliptiques, ou lancéolées-oblongues, ou lancéolées-obovales, pointues, courtement pétiolées, rugueuses. Épis dichotomes, pédonculés. Fleurs blanchâtres ou d'un violet très-clair, très-odorantes.

Cette espèce, si fréquemment cultivée comme plante d'agrément, est originaire du Pérou; ses fleurs exhalent une odeur de Vanille.

IIIᵉ TRIBU. LES CORDIÉES — *CORDIACEÆ* R. Br.

Ovaire 4-8-loculaire. Style bifide, ou 2 fois bifurqué, terminal. Péricarpe : drupe charnu, à noyau solitaire, 4-8-loculaire. Graines apérispermées. Embryon rectiligne : cotylédons charnus, longitudinalement plissés.

Genre CORDIA. — *Cordia* (Linn.) R. Br.

Calice 5-denté ou 5-parti, tubuleux, lisse, ou à 10 stries. Corolle infondibuliforme ou campanulée; gorge glabre ou poilue; limbe 5-fide (rarement 4-ou 6-7-fide). Étamines en même nombre que les lobes de la corolle (rarement plus), insérées au tube. Ovaire 4-loculaire; loges 1-ovulées; ovules suspendus, anatropes. Style bifurqué : chaque branche terminée par 2 stigmates. Drupe charnu : noyau scrobiculé, 4-loculaire, ou par avortement 1-3-loculaire; loges 1-spermes. Graines à tégument membraneux; raphé filiforme, finalement libre; cotylédons épais ; radicule courte.

Arbres, ou arbrisseaux. Feuilles très-entières, ou dentées, ou incisées. Inflorescence paniculée, ou cymeuse, ou spiciforme, ébractéolée, terminale.

CORDIA MYXA. — *Cordia Myxa* Linn. — *Sebestana offici-nalis* Gærtn. Fruct. 1, tab. 76. —*Vida-marum* Hort. Malab. 4, tab. 37.

Arbre à tronc haut de 8 à 12 pieds, en général tortueux, de la grosseur du corps d'un homme. Écorce grise, rimeuse. Branches nombreuses, divergentes, vagues, formant une tête touffue. Feuilles longues de 2 à 3 pouces, larges de 1 ½ pouce à 2 pouces, éparses, pétiolées, ovales, ou elliptiques, ou obovales, sinuolées, ou dentées, glabres en dessus, un peu scabres en dessous; pétiole à peu près 2 fois plus court que la lame. Panicules terminales et latérales, globuleuses, dichotomes. Fleurs nombreuses, petites, blanches, polygames, la plupart stériles. Calice irrégulièrement 3-ou 5-fide, non-strié. Lobes de la corolle révolutés. Drupe globuleux, glabre, du volume d'une Cerise, jaune à la maturité : chair ferme, visqueuse; noyau cordiforme, bidenté et perforé aux 2 bouts, rugueux, sub-4-gone, quelquefois 4-loculaire. (*Roxburgh, Flor. Ind.* éd. 2, vol. 1, pag. 590.)

Cet arbre croît en Arabie, en Perse et dans l'Inde. Les Hindous mangent la chair du drupe, quoique sa saveur ne soit pas des plus agréables ; du reste, ce fruit contient beaucoup de mucilage, et s'emploie fréquemment, en Orient, à titre de remède émollient. Le bois est très-mou, et s'enflamme assez facilement par la friction.

CORDIA A LARGES FEUILLES. — *Cordia latifolia* Roxb. Flor. Ind. ed. 2, vol. 1, p. 588.

Arbre ayant le port du *Cordia Myxa*. Feuilles longues de 3 à 8 pouces, éparses, pétiolées, suborbiculaires, ou cordiformes, ou ovales, légèrement sinuolées, 3-nervées, fermes, glabres en dessus, scabres en dessous. Panicules terminales et latérales, courtes, arrondies, dichotomes, multiflores. Fleurs petites, blanches. Bractées petites, velues. Calice velu, campanulé, coriace, inégalement denté. Corolle à segments linéaires-oblongs. Filets aussi longs que les segments de la corolle. Style court. Stigmate 4-fide : lanières recourbées. Drupe obliquement globuleux, glabre, d'environ 1 pouce de diamètre, jaune à la maturité; chair

molle, visqueuse, épaisse; noyau subcirculaire, comprimé latéralement, rugueux, fovéolé aux 2 bouts, très-dur, 4-locu-
laire.

Cette espèce croît dans le nord de l'Inde; les habitants de
ces contrées mangent la chair de son fruit, lequel s'emploie
d'ailleurs aux mêmes usages médicaux que le fruit du *Cordia
Myxa.*

CENT TRENTE-DEUXIÈME FAMILLE.

LES HYDROPHYLLÉES. — *HYDROPHYLLEÆ*.

Hydrophylleæ, R. Br. Prodr. p. 492 (in adnot.) — Martius, Nov.
Gen. et Spec. 2, p. 158. — Link, Handb. I, p. 570. — Bartl. Ord.
Nat. p. 195. — Benth. in Linn. Trans. 17, p. 267. — Endl. Gen.
Plant. 1, p. 658. — *Hydrophyllaceæ* Lindl. Nat. Syst. ed. 2, p. 271.
— *Borragineæ*, tribus III : *Capsulares* Reichenb. Syst. Nat. p. 193.

Cette famille, qui peut-être ne mérite pas d'être séparée des Borraginées, n'est pas très-riche en espèces, et
propre à la flore américaine; presque toutes croissent
dans les contrées extra-tropicales, et plusieurs méritent
d'être cultivées comme plantes d'ornement.

Caractères de la Famille.

Herbes annuelles, ou bisannuelles, ou vivaces, souvent
succulentes. Tiges et rameaux anguleux. Sucs-propres
aqueux.

Feuilles alternes (les inférieures quelquefois opposées), simples, non-stipulées, le plus souvent pennatifides ou pennatiparties, rarement palmatifides, ou indivisées.

Fleurs hermaphrodites, régulières, solitaires, ou plus
souvent disposées en grappes ou épis (soit simples, soit
dichotomes) unilatéraux, ébracteolés, avant la floraison
révolutés. Pédoncules terminaux, ou oppositifoliés, ou
axillaires, solitaires.

Calice inadhérent, persistant (souvent accrescent),
herbacé, 5-fide; segments imbriqués en préfloraison;
sinus quelquefois prolongés en appendices réfléchis.

Corolle campanulée, ou infondibuliforme, ou rotacée, hypogyne, non-persistante (par exception persistante), 5-lobée; gorge nue, inappendiculée; tube souvent garni de squamules ou de lamelles pétaloïdes, solitaires de chaque côté de la base des filets; estivation imbricative.

Étamines 5, insérées vers la base du tube de la corolle, interposées, libres. Filets filiformes, égaux, infléchis en préfloraison, souvent barbus. Anthères introrses, dithéques, versatiles, supra-basifixes; bourses parallèles, contiguës, déhiscentes chacune par une fente longitudinale.

Disque hypogyne, annulaire, engaînant la base de l'ovaire.

Pistil : Ovaire inadhérent, soit 1-loculaire à 2 placentaires pariétaux linéaires, soit comme biloculaire par deux gros placentaires lamelliformes, attachés aux parois par leur axe dorsal, et ovulifères à leur surface antérieure, soit incomplétement 2-loculaire par deux cloisons placentifères au bord. Ovules en nombre défini ou en nombre indéfini sur chaque placentaire, amphitropes (suivant M. Endlicher), à micropyle soit vague, soit supère. Style terminal, allongé, 2-fide au sommet: chaque branche terminée par un stigmate capitellé ou ponctiforme.

Péricarpe capsulaire (par exception charnu), 1-loculaire, ou 2-loculaire, 2-valve, oligosperme, ou polysperme; placentaires attachés à l'axe des valves, ou au bord des cloisons, souvent libres à la maturité.

Graines subglobuleuses ou oblonguès, anguleuses; tégument crustacé, scrobiculé; hile excentral, quelquefois charnu. Périsperme gros, corné. Embryon excentral ou axile, rectiligne, souvent très-court: cotylédons courts, obtus; radicule vague ou supère, éloignée du hile.

La famille des Hydrophyllées comprend les genres suivants:

Hydrophyllum Tourn. — *Decemium* Rafin. — *Ellisia* Linn. (Nyctelæa Scopol.) — *Nemophila* Barton. — *Eutoca* R. Br. (Heteryta Rafin.) — *Phacelia* Juss. (Aldeæa Ruiz et Pavon. Eudiplus Rafin.) — *Cosmanthus* Nutt. — *Emmenanthe* Bentham.

Genre NÉMOPHILA. — *Nemophila* Bart.

Calice 5-parti : lobes alternes chacun avec un appendice réfléchi. Corolle 5-lobée, subrotacée : tube campanulé, nu en dedans, ou garni de 10 squamules; lobes étalés. Étamines 5, subincluses. Ovaire incomplétement biloculaire : placentaires médifixes, larges, lamelliformes, 4-12-ovulés; ovules attachés à la surface antérieure des placentaires, nidulants, ou bisériés. Style bifurqué au sommet. Capsule ovoïde ou subglobuleuse, chartacée, 1-loculaire, bivalve, par avortement oligosperme ou monosperme; placentaires refoulés par les graines, membraneux, conformes aux valves et restant adhérents. Graines subglobuleuses, anguleuses, assez grosses : hile subconique, pointu, discolore, terminal.

Plantes annuelles, hispidules, irrégulièrement dichotomes, en général diffuses, fragiles, succulentes. Feuilles pennatifides ou pennatiparties : les inférieures opposées ; les supérieures alternes. Pédoncules grêles, ou filiformes, 1-flores, défléchis après la floraison, tantôt axillaires, tantôt latéraux, tantôt oppositifoliés.

NÉMOPHILA FAUX-PHACÉLIA. — *Nemophila phacelioides* Bart. Flor. Amer. — Sweet, Brit. Flow. Gard. tab. 32. — Bot. Reg. tab. 740.

Tiges grêles, très-rameuses, diffuses, atteignant 1 1/2 pied de long. Feuilles d'un vert clair, courtement pétiolées, scabres aux 2 faces et aux bords (par de courtes sétules en général apprimées), irrégulièrement pennatifides ou pennatiparties : segments incisés-lobés ou profondément dentés au bord supérieur. Pédoncules aussi longs ou plus longs que les feuilles, grêles, hispidules, finalement glabres. Calice presque aussi long que la corolle, accrescent après la floraison ; segments ovales ou ovales-lancéolés, ciliés, acuminés ; appendices conformes aux segments mais 1 à 2 fois plus petits. Corolle large d'environ 6 lignes, d'un beau bleu ; lobes suborbiculaires, échancrés. Étamines 2 fois plus courtes que la corolle. Ovaire cotonneux : placentaires 4-ovulés. Style débordé par les étamines. Capsule suborbiculaire, comprimée, marginée, fortement bombée aux 2 faces, oligosperme, ou monosperme, échancrée au sommet, apiculée par les restes du style. Graines d'un brun jaunâtre, du volume de celles du Radis.

Cette espèce, indigène dans les provinces méridionales des États-Unis, se cultive comme plante d'ornement.

Genre EUTOCA. — *Eutoca* R. Br.

Calice 5-parti, inappendiculé. Corolle subcampanulée, 5-lobée : tube inappendiculé, ou garni de 10 squamules ; lobes étalés. Étamines 5, saillantes. Ovaire incomplétement 2-loculaire ; placentaires linéaires, adnés au bord des cloisons. Ovules très-nombreux, superposés. Style bifurqué. Stigmates ponctiformes. Capsule chartacée, incomplétement biloculaire, loculicide 2-valve, polysperme ; placentaires adnés. Graines minimes, oblongues, anguleuses, ou subcylindriques, profondément scrobiculées.

Herbes annuelles, rameuses, pubescentes. Feuilles très-entières, ou dentées, ou pennatifides, alternes, pétiolées. Inflorescences terminales et oppositifoliées, sessiles, ou pédonculées, racémiformes, ou cymeuses, unilatérales ; pédicelles non-recourbés après la floraison.

Eutoca visqueux. — *Eutoca viscida* Benth. — Bot. Reg. tab. 1808.

Tige haute de ½ pied à 2 pieds, dressée, irrégulièrement dichotome, couverte (de même que toutes les autres parties herbacées de la plante) d'un duvet roussâtre, visqueux, glandulifère. Feuilles ovales, ou ovales-rhomboïdales, ou ovales-orbiculaires, obtuses, inégalement incisées-dentées ou incisées-crénelées, subcordiformes ou cunéiformes à la base, larges de 1 pouce à 3 pouces ; pétiole presque plane, élargi à la base, marginé. Grappes simples, pédonculées, dressées : les fructifères lâches et atteignant jusqu'à 1 pied de long. Pédicelles en général plus courts que le calice, après la floraison plus ou moins divergents. Segments calicinaux linéaires, obtus, plus courts de moitié que la corolle, après la floraison connivents. Corolle large de 5 à 6 lignes, d'un bleu-foncé très-vif : lobes arrondis, très-entiers. Étamines un peu plus longues que la corolle ; filets capillaires ; anthères petites, jaunes. Style capillaire, 1 fois plus long que le calice. Capsule un peu plus courte que le calice, ellipsoïde, un peu comprimée ; valves ciliolées. Graines minimes, d'un brun noirâtre.

Cette espèce, originaire de la Californie, se cultive comme plante d'ornement.

Genre PHACÉLIA. — *Phacelia* Juss.

Calice 5-parti, inappendiculé. Corolle subcampanulée, ou infondibuliforme, 5-lobée ; tube garni en dedans de 10 squamules ; lobes dressés ou étalés. Étamines 5, saillantes. Ovaire incomplétement 2-loculaire ; placentaires linéaires, 4-ovulés, adnés au bord des cloisons ; ovules collatéraux, attachés vers le milieu des placentaires. Style capillaire, bifurqué. Stigmates ponctiformes. Capsule chartacée, incomplétement 2-loculaire, loculicide-bivalve, 4-sperme, ou par avortement 1-3-sperme ; placentaires adnés. Graines petites, trièdres, scrobiculées, pointues aux 2 bouts, oblongues, ou ovoïdes ; radicule supère.

Herbes annuelles ou vivaces, hispides, ou pubérules.

Feuilles très-entières, ou lobées, ou pennatiparties, alternes, pétiolées. Inflorescences axillaires (ou oppositifoliées, ou latérales) ét terminales, pédonculées, cymeuses : cymes composées de grappes simples ou bifurquées, très-denses, multiflores, unilatérales, droites après la floraison; pédicelles fructifères courts, subdistiques, dressés, rapprochés; pédoncules toujours dressés, solitaires.

PHACÉLIA DENSIFLORE. — *Phacelia congesta* Hook. Bot. Mag. tab. 3452.

Tige dressée, très-rameuse, irrégulièrement dichotome, pubérule et un peu scabre (de même que toutes les autres parties herbacées). Feuilles irrégulièrement lyrées : segments obtus, inégalement incisés-dentés ou incisés-crénelés. Cymes longuement pédonculées, la plupart oppositifoliées. Segments calicinaux velus, linéaires, obtus, un peu plus courts que le tube de la corolle. Corolle squamellifère, infondibuliforme; lobes arrondis, aussi longs que le tube. Étamines courtement saillantes. Capsule ellipsoïde, un peu comprimée.

Plante rameuse dès la base, fragile, haute d'environ 1 pied. Rameaux plus ou moins divergents. Feuilles d'un vert foncé; segments de forme et de grandeur très-variables : les inférieurs petits, pétiolulés. Grappes très-denses : les fructifères longues de 2 à 4 pouces. Corolle longue d'environ 3 lignes, d'un bleu vif. Capsule petite, un peu plus courte que le calice, apiculée par la partie inférieure du style. Graines d'un brun noirâtre, bisulquées d'un côté, convexes de l'autre, oblongues.

Cette espèce, originaire du Texas, se cultive comme plante d'ornement.

PHACÉLIA A FEUILLES DE TANAISIE. — *Phacelia tanacetifolia* Benth. in Trans. Hort. Soc. vol. 1. — Bot. Reg. tab. 1696.

Tige dressée, très-rameuse, irrégulièrement dichotome, plus ou moins scabre et hispide (surtout vers son sommet). Feuilles bipennatiparties, scabres; segments oblongs en contour; lobules oblongs ou triangulaires, dentés, obtus. Cymes longuement pédonculées, hispides. Segments calicinaux linéaires, pointus, très-hispides, aussi longs que le tube de la corolle. Corolle squamel-lifère, infondibuliforme : lobes arrondis, plus courts que le tube. Étamines longuement saillantes. Capsule ovoïde.

Plante annuelle, rameuse dès la base, haute de 1 pied à 2 pieds. Rameaux grêles, fragiles, presque dressés, ou plus ou moins divergents. Feuilles d'un vert un peu glauque, grandes, subtriangulaires en contour; segments inférieurs pétiolulés. Grappes oppositifoliées et terminales, très-denses, en général bifurquées : les fructifères longues de 2 à 4 pouces. Corolle lon-gue d'environ 3 lignes, d'un bleu très-pâle. Capsule petite, plus courte que lé calice. Graines semblables à celles de l'espèce pré-cédente.

Cette espèce est originaire de la Californie; de même que la précédente, elle a été introduite en Europe par Douglas; on la cultive aussi comme plante d'ornement; sa floraison dure tout l'été.

CENT TRENTE-TROISIÈME FAMILLE.

LES SOLANACÉES. — *SOLANACEÆ.*

Luridæ Linn. — *Solaneæ* Juss. Gen. p. 24; Annal. du Mus. v. 5 , p. 255. — R. Br. Prodr. p. 445. — *Solanaceæ* Bartl. Ord. Nat. p. 195. — Reichenb. Syst. Nat. p. 200 (excl. genn.) — Endl. Gen. Plant. 1, p. 662. — *Solanaceæ* et *Cestraceæ* Lindl. Nat. Syst. ed. 2 , p. 295 et 296.

Cette famille est l'une de celles qui renferment le plus de végétaux vénéneux, âcres et narcotiques; aussi la plupart des espèces doivent-elles être considérées comme très-suspectes; toutefois quelques-unes produisent des substances alimentaires, telles que les tubercules de Pomme de terre, les fruits de Mélongène, de Tomate, etc., quoique dans les espèces les plus dangereuses, les racines ou les fruits soient les parties les plus délétères. Les Solanées sont très-abondantes dans la zône torride, et elles diminuent en nombre des tropiques vers les pôles; les régions arctiques en offrent à peine quelques rares transfuges.

Caractères de la Famille.

Herbes, ou *arbrisseaux,* ou (peu d'espèces) *arbres.* Sucs-propres aqueux. Tige et rameaux cylindriques ou anguleux.

Feuilles alternes (les raméaires et les florales souvent géminées), simples, non-stipulées, sessiles, ou pétiolées, souvent irrégulièrement dentées, ou sinuées, ou lobées, ou pennatifides, quelquefois très-entières.

Fleurs régulières, en général hermaphrodites. Inflorescence variée. Pédoncules extra-axillaires, ou moins souvent axillaires, ou terminaux, en général ébractéolés de même que les pédicelles.

Calice inadhérent, persistant (souvent accrescent; par exception caduc par circoncission de la base), herbacé, plus ou moins profondément 5-fide (rarement 3-ou 4-ou 6-fide); segments égaux ou un peu inégaux.

Corolle hypogyne, non-persistante, plissée en estivation (par exception non-plissée), rotacée, ou campanulée, ou tubuleuse, à 5 (rarement à 3, ou 4, ou 6) lobes (ou segments, ou dents) alternes avec ceux du calice.

Étamines insérées au tube de la corolle, en même nombre que les divisions du limbe, interposées, isomètres, ou rarement anisomètres. Filets filiformes ou subulés, libres, tous anthérifères. Anthères dressées, ou incombantes, dithèques, introrses, ou latéralement déhiscentes, ou rarement subextrorses, souvent conniventes, quelquefois cohérentes; bourses parallèles, contiguës, déhiscentes chacune par une fente soit longitudinale, soit courte (poriforme) et apicilaire.

Pistil : Ovaire 2-loculaire (moins souvent 3-ou pluriloculaire); placentaires solitaires ou géminés dans chaque loge, axiles, adnés (soit seulement par l'axe dorsal, soit par toute leur surface postérieure), multi-ovulés, souvent gros et convexes. Ovules amphitropes, ou campylotropes (peut-être anatropes dans certaines espèces). Style terminal, continu, indivisé. Stigmate indivisé ou lobé.

Péricarpe 2-ou pluri-loculaire, capsulaire (rarement pyxidien), ou charnu, polysperme.

Graines réniformes (comprimées bilatéralement, à hile basilaire), ou subglobuleuses, ou ovales (comprimées dorsalement, à hile ventral), ou trigones; tégument crustacé, ou rarement membranacé, souvent scrobieulé ou fovéolé; funicule nul. Périsperme charnu. Embryon arqué, ou subcirculaire, ou spiralé, ou moins souvent rectiligne, inclus, souvent excentrique; cotylédons semicylindriques, ou foliacés, indivisés; radicule cylindrique, homotrope, ou moins souvent antitrope.

La famille des Solanées comprend les genres suivants :

Iʳᵉ TRIBU. **LES NICOTIANÉES**. — *NICOTIANEÆ* Endl.

Capsule 2-loculaire (par exception pluri-loculaire), septicide. Embryon rectiligne, ou plus ou moins arqué.

Fabiana Ruiz et Pavon. — *Nierembergia* Ruiz et Pavon. — *Petunia* Juss. — *Nicotiana* Tourn. (Nyctagella, Tabacum et Tabacina Reichenb. Tabacus Mœnch. Codylis Rafin.) — *Lehmannia* Spreng. — *Nectouxia* Kunth. — *Marckea* Rich. (Lamarkea Pers.)

IIᵉ TRIBU. **LES DATURÉES**. — *DATUREÆ* Endl.

Capsule (ou rarement baie) 4-loculaire jusqu'au delà du milieu, 2-loculaire supérieurement (par l'oblitération de 2 des cloisons, lesquelles sont plus étroites que les 2 autres), 4-valve, septifrage. Embryon plus ou moins arqué: cotylédons semi-cylindriques.

Datura Linn. (Stramonium Tourn. Stramonium et Dutra Bernh.) — *Ceratocaulos* Bernh. — *Brugmansia* Pers. — *Solandra* Swartz. (Swartzia Gmel.)

IIIᵉ TRIBU. **LES HYOSCYAMÉES.** — *HYOSCYA-MEÆ* Endl.

Capsule 2-loculaire, pyxidienne. Embryon plus ou moins arqué : cotylédons cylindriques.

Hyoscyamus Tourn. — *Physochlaina* Don. — *Anisodus* Link. (Whitleya Sweet.) — *Scopolia* Jacq. (Scopolina Schult.)

IVᵉ TRIBU. **LES SOLANÉES.** — *SOLANEÆ* Endl.

Baie 2-ou pluri-loculaire. Embryon plus ou moins arque : cotylédons semi-cylindriques.

Nicandra Adans. (Calydermos Ruiz et Pav.) — *Physalis* Linn. (Alkekengi Tourn.) — *Herschellia* Bowdich. — *Jaltomata* Schlecht. — *Margaranthus* Schlecht. — *Sarracha* Ruiz et Pav. (Bellinia Rœm. et Schult.) — *Witheringia* L'hérit. — *Capsicum* Tourn. — *Pseudocapsicum* Mœnch.—*Solanum* Linn. (Dulcamara Mœnch. Melongena Tourn.) — *Nycterium* Vent. (Androcera Nutt.) — *Bassovia* Aubl. — *Aquartia* Jacq. — *Lycopersicum* Tourn. (Psolanum Neck.) — *Atropa* Linn. (Belladonna Tourn.) — *Physaloides* Mœnch. (Withania Pauquy.) — *Mandragora* Tourn. — *Himeranthus* Endl. — *Jaborosa* Juss. — *Juanulloa* Ruiz et Pavon. (Ulloa Pers.) — *Lycium* Linn. (Jasminoides Tourn.) — *Acnistus* Schott.

Vᵉ TRIBU. **LES CÉSTRINÉES.** — *CESTRINEÆ* Endl.

Baie 2-loculaire. Embryon rectiligne, axile : cotylédons foliacés ; radicule infère.

Cestrum Linn. — *Freylinia* Spreng. — *Dunalia*

Kunth. (*Dierbachia* Spreng.) — *Habrothamnus* Endl.
(Meyenia Schlecht. non Nees.)

VIe TRIBU. **LES VESTIÉES**. — *VESTIEÆ* Endl.

Capsule 2-loculaire. Embryon rectiligne, axile : cotylé-
dons foliacés ; radicule infère.

Vestia Willd. — *Sessœa* Ruiz et Pav. -- *Metternichia*
Mikan.

GENRES RAPPORTÉS AVEC DOUTE AUX SOLANACÉES.

Cotylanthera Blum. — *Isanthera* Nees. — *Dartus*
Loureir. — *Dorœna* Thunb. — *Triguera* Cavan. —
Stigmatococca Willd. — *Desfontainea* Ruiz et Pav. —
Retzia Thunb. — *Lonchostoma* Wikstr. — *Aragoa*
Kunth. — *Xuaresia* R. et Pav.

Ire TRIBU. **LES NICOTIANÉES**. — *NICOTIANEÆ* Endl.

Capsule 2-loculaire (par exception pluri-loculaire), sep-
ticide. Embryon plus ou moins arqué, ou recti-
ligne.

Genre FABIANA. — *Fabiana* Ruiz et Pav.

Calice 5-fide ou 5-denté, tubuleux, ou campanulé. Corolle infondibuliforme ou claviforme, courtement 5-lobée,
plissée en préfloraison. Étamines 5, incluses, insérées à la
base du tube. Filets aplatis, anisomètres, courbés au sommet; anthères réniformes, mobiles, longitudinalement déhiscentes. Disque nul. Ovaire 2-loculaire; placentaires adnés. Style aplati, inclus, courbé au sommet : stigmate

oblique. Capsule 2-loculaire, 2-valve, polysperme : valves
2-fides au sommet; placentaire persistant, parallèle aux
valves. Graines subglobuleuses ou subcylindracées, ponctuées; tégument membranacé; hile facial; embryon dorsal, curviligne, parallèle au hile. (*Aug. Saint-Hil.* Hist. des
plantes Rem. du Brésil.)

Arbrisseaux ou sous-arbrisseaux visqueux ou résineux.
Feuilles alternes ou éparses, quelquefois imbriquées. Pédoncules axillaires, ou extra-axillaires, ou terminaux, 1-
flores, solitaires.

FABIANA IMBRIQUÉ. — *Fabiana imbricata* Ruiz et Pav.
Flor. Peruv. 2, p. 12, tab. 122.

Arbrisseau semblable à un *Tamarix* par le port, très-rameux,
touffu, dressé, atteignant 3 à 4 pieds de haut. Rameaux grêles,
effilés, cylindriques, garnis dans toute leur longueur de ramules
très-rapprochés (quelquefois imbriqués), feuillus, très-grêles,
ordinairement très-simples et courts (du moins les florifères).
Feuilles semblables à celles d'un *Érica*, petites, d'un vert glauque, un peu charnues, persistantes, subcoriaces, éparses, très-
rapprochées et recouvrantes, ou moins souvent plus ou moins
distantes, ovales, ou oblongues, obtuses, sessiles, ordinairement
imbriquées. Fleurs solitaires au sommet des ramules, courtement pédonculées, nutantes. Calice petit, campanulé, 5-denté,
5-gone. Corolle longue de 5 à 7 lignes, blanche, claviforme :
tube brusquement rétréci vers sa base; lobes très-courts, subovales, obtus, recourbés. Étamines un peu moins longues que le
style; anthères petites, jaunes. Style presque aussi long que la
corolle. Stigmate capitellé.

Cette espèce, originaire du Chili, se cultive comme arbuste
d'ornement.

Genre NIEREMBERGIA. — *Nierembergia* Ruiz et Pav.

Calice campanulé ou tubuleux, 5-fide : segments un peu
inégaux. Corolle hypocratériforme : tube grêle ou fili-

.forme, en général très-long; limbe cyathiforme, 5-lobé, 5-plissé. Étamines 5, subisomètres, insérées à la gorge de la corolle; filets dressés, connivents, quelquefois soudés par la base; anthères suborbiculaires, mobiles, latéralement déhiscentes. Ovaire 2-loculaire, inséré sur un disque cyathiforme; placentaires adnés. Style ancipité. Stigmate réniforme, bilamellé. Capsule 2-valve, polysperme, recouverte par le calice; valves finalement biparties; placentaire persistant, parallèle aux valves. Graines petites, anguleuses, convexes au dos. Embryon (suivant M. Aug. de Saint-Hilaire) dorsal, courbé; radicule parallèle au hile.

Herbes ou sous-arbrisseaux (habitant l'Amérique méridionale). Tiges procombantes ou radicantes. Feuilles alternes ou éparses, solitaires ou géminées, très-entières. Pédoncules oppositifoliés ou extra-axillaires, nus, solitaires, 1-flores, dressés.

NIEREMBERGIA GRÊLE. — *Nierembergia gracilis* D. Don, in Sweet, Brit. Flow. Gard. ser. 2, tab. 172. — Bot. Mag. tab. 3108.

Herbe vivace, diffuse, très-rameuse, glabre, ou finement pubérule. Rameaux très-grêles, ou filiformes, paniculés, flexueux, médiocrement feuillés. Feuilles éparses, sessiles, un peu pointues : les caulinaires linéaires ou linéaires-spathulées, longues d'environ 6 lignes; les raméaires et les ramulaires linéaires, longues de 2 à 4 lignes. Pédoncules longs de 2 à 6 lignes, dressés, ou plus ou moins divergents, oppositifoliés, filiformes. Calice à peu près aussi long que le tube de la corolle, cyathiforme, subcoriace, 10-nervé, fendu jusqu'au milieu en 5 lanières linéaires-lancéolées, carénées au dos, pointues, étalées pendant la floraison, puis dressées. Corolle à tube filiforme, long d'environ 6 lignes, blanchâtre ou violet; limbe aussi long que le tube, d'un blanc lavé de violet; gorge jaune, resserrée; lobes arrondis, très-courts. Étamines 2 fois plus courtes que le limbe; anthères petites, jaunes. Stigmate visqueux, débordant les anthères : lamelles conniventes.

Cette espèce, originaire des environs de Buénos-Ayres, se cultive comme plante d'ornement.

Genre PÉTUNIA. — *Petunia* Juss.

Calice infondibuliforme, profondément 5-fide : segments subspathulés. Corolle infondibuliforme ou hypocratériforme : tube cylindracé ou évasé; limbe légèrement 5-lobé, 5-plissé, étalé, un peu irrégulier. Étamines 5, anisomètres, incluses, insérées au-dessous du milieu du tube; filets capillaires; anthères réniformes, mobiles, latéralement déhiscentes. Ovaire 2-loculaire; placentaires adnés. Style indivisé, un peu décliné. Stigmate capitellé, subbilobé. Capsule chartacée, 2-loculaire, 2-valve, polysperme : valves indivisées; placentaire persistant, conique, parallèle aux valves. Graines subglobuleuses, finement réticulées; embryon rectiligne ou un peu arqué.

Herbes (indigènes de l'Amérique méridionale) annuelles, diffuses, couvertes d'une pubescence visqueuse. Feuilles sessiles ou courtement pétiolées, très-entières, éparses, ou tantôt éparses, et tantôt opposées ou subverticillées. Pédoncules solitaires ou géminés, 1-flores, dressés, ou ascendants, tantôt axillaires, tantôt dichotoméaires ou latéraux.

A. *Corolle à tube campanulé, brusquement rétréci vers la base. Embryon rectiligne.*

PÉTUNIA VIOLET. — *Petunia violacea* Sweet. — Bot. Reg. tab. 1626. — *Nierembergia phœnicea* Don, in Sweet, Brit. Flow. Gard. ser. 2, tab. 193. — *Salpiglossis integrifolia* Hook. Bot. Mag. tab. 3113.

Tiges diffuses ou procombantes, très-rameuses, cylindriques, flexueuses, longues de 1 pied à 3 pieds. Rameaux ascendants, paniculés. Feuilles ovales, ou elliptiques-oblongues, ou lancéolées-oblongues, obtuses, ou pointues, d'un vert glauque, un peu charnues. Pédoncules filiformes, ordinairement plus longs que

les feuilles. Fleurs grandes, un peu inclinées. Segments calicinaux linéaires-spathulés, mucronulés, presque étalés, réfléchis après la floraison ; tube calicinal court, turbiné, 5-nervé,
5-costé. Corolle d'un pourpre plus ou moins foncé (par variation
blanche), 3 fois plus longue que le calice ; limbe large de 12 à
18 lignes : lobes arrondis, mucronulés, les 3 inférieurs un peu
plus grands. Capsule ovoïde-conique, subobtuse, petite, à
moitié saillante hors du calice ; valves bidentées. Graines brunâtres, du volume de celles du Coquelicot.

B. *Corolle hypocratériforme ; tube grêle, peu évasé. Embryon
un peu arqué.*

PÉTUNIA A FLEURS DE NYCTAGE. — *Petunia nyctaginiflora*
Juss. in Ann. du Mus. 2, tab. 47. — *Nicotiana nyctaginiflora* Desfont. Cat. Hort. Par.

Plante semblable à l'espèce précédente, par le port, le feuillage, la pubescence, l'inflorescence et le calice. Corolle blanche :
tube claviforme, long de 18 lignes à 2 pouces ; limbe large de
1 pouce à 18 lignes : lobes arrondis, mutiques, souvent ondulés
aux bords : les 3 inférieurs un peu plus grands. Capsule et graines semblables à celles de l'espèce précédente.

Cette espèce et la précédente se cultivent comme plantes
d'ornement.

Genre NICOTIANE. — *Nicotiana* Tourn.

Calice campanulé ou tubuleux, 5-fide, ou 5-denté. Corolle infondibuliforme, ou hypocratériforme, ou subcampanulée, régulière ; limbe 5-lobé, 5-plissé. Étamines 5, incluses, isomètres, insérées au tube de la corolle ; anthères
longitudinalement déhiscentes, versatiles ; filets capillaires.
Ovaire 2-loculaire ; placentaires adnés, saillants. Style filiforme, indivisé. Stigmate capitellé, échancré. Capsule
chartacée, en partie recouverte par le calice, 2-loculaire,
septicide-bivalve au sommet, polysperme ; valves bifides ;
placentaire persistant, parallèle aux valves. Graines minimes, réticulées ; embryon axile, un peu arqué.

Herbes annuelles ou suffrutescentes, en général garnies d'une pubescence visqueuse glandulifère; quelques espèces forment de petits arbres. Feuilles sessiles ou pétiolées, alternes, très-entières. Inflorescences terminales, ou oppositifoliées et terminales, nues, ou bractéolées, paniculées, ou racémiformes. Pédicelles fructifères dressés ou recourbés.

A. *Corolle infondibuliforme, profondément lobée, de couleur pourpre ou rose ; lobes acuminés ; gorge très-évasée. Calice profondément 5-fide. Panicules terminales, bractéolées, subfastigiées. Pédicelles fructifères dressés.*

Nicotiane Tabac. — *Nicotiana Tabacum Linn.* — Schk. Handb. tab. 45. — Blackw. Herb. tab. 146. — Bull. Herb. tab. 285. — Turp. in Chaum. Flore Médic. Ic. — *Nicotiana havanica* Lagasca. — *Nicotiana decurrens* Agardh.

Tige anguleuse. Feuilles sessiles, oblongues, ou lancéolées-oblongues, ou lancéolées-elliptiques, longuement acuminées, finement pubérules (de même que les rameaux, pédoncules, calices et corolles), la plupart décurrentes. Panicules bractéolées, subfastigiées. Calice campanulé, 3 fois plus court que la corolle : segments linéaires-lancéolés, acuminés. Lobes de la corolle ovales, acuminés, étalés. Capsule ellipsoïde, pointue, un peu plus courte que le calice.

Plante suffrutescente dans les climats chauds, haute de 5 pieds et plus. Tige forte, dressée, paniculée vers le haut. Feuilles d'un vert gai: les inférieures (lorsque la plante est cultivée dans un sol fertile) atteignant jusqu'à 2 pieds de long. Panicule générale ample, lâche, multiflore, subpyramidale. Panicules partielles subcorymbiformes, composées de grappes simples ou rameuses. Pédicelles en général plus courts que le calice, filiformes, accompagnés chacun d'une bractée basilaire (latérale ou oppositiflore) subulée. Fleurs longues de près de 2 pouces. Corolle d'un rose plus ou moins vif; lobes étalés, 2 à 3 fois plus courts que la partie évasée du tube.

Cette espèce, originaire des Antilles, est celle qu'on désigne plus spécialement sous le nom vulgaire de *Tabac*, parce que, parmi ses congénères, on la cultive plus généralement en Europe, où elle a été introduite vers 1560.

Personne n'ignore l'emploi universel des feuilles de cette plante et de quelques espèces voisines, dont l'usage est répandu à peu près sur toutes les contrées habitables du globe. Ainsi que beaucoup d'autres Solanées, les Nicotianes ont des propriétés à la fois narcotiques et drastiques. Jadis l'usage médical du tabac avait été préconisé comme une sorte de panacée; de nos jours il a été abandonné assez généralement, comme étant plus dangereux qu'utile, excepté dans les cas d'asphyxie : la fumée du tabac, administrée aux noyés par le moyen d'un appareil convenable, devient souvent un stimulant très-efficace.

NICOTIANE A GRANDES FEUILLES. — *Nicotiana macrophylla* Spreng. Ind. Hort. Hal. — *Nicotiana latissima* Mill. — De Cand. Cat. Hort. Monsp.—*Nicotiana gigantea* Weinm. Enum. Hort. Dorp.

Cette plante ne diffère du *Nicotiana Tabacum*, que par des feuilles ovales, courtement acuminées, amplexicaules, auriculées, non-décurrentes; la corolle est à lobes arrondis, courtement acuminés.

Ce Tabac se cultive aux mêmes usages que le précédent.

NICOTIANE A FEUILLES ÉTROITES. — *Nicotiana angustifolia* Ruiz et Pavon. Flor. Peruv. 2, tab. 130, fig. A. — *Nicotiana fruticosa* Linn.

Cette espèce diffère des deux précédentes par des feuilles pétiolées, lancéolées, ou lancéolées-linéaires, étroites, très-longuement acuminées; les lobes de la corolle sont ovales-lancéolés, longuement acuminés; la capsule est ovoïde ou rétrécie aux 2 bouts, acuminée.

Cette espèce se cultive, aux mêmes usages que les deux précédentes, surtout dans l'Amérique méridionale, au cap de Bonne-Espérance, et en Chine.

B. *Corolle jaune, campanulée, courtement 5-lobée; gorge resserrée. Calice courtement 5-lobé, campanulé. Panicules terminales, bractéolées, subfastigiées. Pédicelles fructifères dressés.*

NICOTIANE RUSTIQUE. — *Nicotiana rustica* Linn. — Bull. Herb. tab. 289. — Blackw. Herb. tab. 237.

Tige subcylindrique. Feuilles ovales ou ovales-lancéolées, obtuses, ou pointues, pétiolées, finement pubérules et visqueuses (de même que les rameaux, pédoncules, calices et corolles). Calice 1 fois plus court que la corolle : lobes arrondis, mucronulés. Lobes de la corolle courts, arrondis. Capsule subglobuleuse.

Plante haute de 2 à 4 pieds. Tige dressée, paniculée supérieurement. Feuilles un peu charnues, d'un vert glauque, un peu ondulées aux bords : les inférieures grandes. Corolle longue d'environ 6 lignes, brusquement rétrécie vers la base, d'un jaune verdâtre.

Cette espèce, originaire de l'Amérique méridionale, se cultive (surtout en Orient) aux mêmes usages que les précédentes.

C. *Plante ligneuse, arborescente, très-glabre. Panicules oppositifoliées et terminales, non-fastigiées, ébractéolées. Corolle jaune, subhypocratériforme, très-courtement 5-lobée; gorge reserrée. Calice 5-denté. Pédicelles-fructifères recourbés.*

NICOTIANE GLAUQUE. — *Nicotiana glauca* Hook. Bot. Mag. tab. 2839.

Feuilles ovales, ou ovales-elliptiques, ou elliptiques-oblongues, glauques, pétiolées : les inférieures obtuses; les supérieures pointues. Calice campanulé, 3 à 4 fois plus court que la corolle : dents acuminées. Lobes de la corolle arrondis, mucronulés. Capsule subglobuleuse.

Arbrisseau atteignant une vingtaine de pieds de haut. Feuilles lisses, très-glauques, un peu charnues, longues de 4 pouces à 1 pied. Panicules très-lâches, composées de grappes pauciflores

longuement pédonculées; pédicelles grêles : les fructifères
épaissis au sommet, à peu près aussi longs que le calice. Corolle
longue d'environ 18 lignes, d'un jaune de citron : tube subclaviforme, brusquement rétréci vers sa base.

Cette espèce, originaire des environs de Buénos-Ayres, se
cultive comme arbuste d'ornement; elle fleurit pendant tout
l'été.

II⁰ TRIBU. **LES DATURÉES.** — *DATUREÆ* Endl.

*Capsule (ou rarement baie) 4-loculaire jusqu'au delà
du milieu, 2-loculaire vers le sommet (2 des cloisons,
alternes avec les 2 autres, étant plus courtes et plus
étroites), septifrage-quadrivalve. Embryon dorsal,
plus ou moins arqué; cotylédons semi-cylindriques.*

Genre DATURA. — *Datura* Linn.

Calice tubuleux, 5-gone, se détachant par circoncission
au-dessus de sa base; portion persistante subdisciforme,
finalement réfléchie. Corolle infondibuliforme, 5-10-den-
tée, 5-10-plissée; dents acuminées ou subulées, étalées.
Étamines 5, isomètres; filets filiformes; anthères versatiles, non-conniventes. Ovaire 4-loculaire; placentaires
solitaires dans chaque loge, adnés au milieu des cloisons
plus courtes. Style indivisé. Stigmate bilamellé. Capsule
tuberculeuse ou spinelleuse (rarement lisse), subcoriace,
septifrage - quadrivalve; cloisons chartacées, réticulées;
placentaires adnés, confluents par paires au sommet, polyspermes. Graines plurisériées, horizontalement superposées, comprimées; tégument coriace.

Herbes annuelles. Feuilles pétiolées, alternes, souvent
anguleuses. Pédoncules dichotoméaires et terminaux, solitaires, courts, 1-flores : les fructifères dressés ou recourbés. Corolle blanche ou violette, ample, éphémère.

A. *Pédoncules fructifères dressés. Graines scrobiculées, non-caronculées, subréniformes, écarénées, noires.*

Datura Stramoine. — *Datura Stramonium* Linn.— Bull. Herb. tab. 13. — Flor. Dan. tab. 436. — Jacq. Flor. Austr. tab. 309. — Schk. Handb. tab. 43. — *Datura Tatula* Linn. (var. flore violaceo). — Meerb. tab. 113.— *Stramonium vulgare* et *Stramonium Tatula* Mœnch.

Tige cylindrique. Feuilles ovales, ou ovales-oblongues, inégalement sinuées-dentées, acuminées (de même que les dents), glabres, pétiolées, à base cunéiforme ou subcordiforme. Corolle 5-cuspidée. Capsule ovoïde, échinée.

Racine assez grosse, blanchâtre, fibreuse. Tige dressée, dichotome, très-rameuse, haute de ½ pied à 3 pieds, glabre : rameaux divariqués, pubérules en dessus. Feuilles longues de 2 à 5 pouces, d'un vert foncé, minces. Calice 5-gone, à dents acuminées. Corolle blanche ou violette, longue de 2 à 3 pouces. Capsule du volume d'une noix, hérissée d'épines très-serrées, subulées.

Cette espèce, connue sous les noms vulgaires de *Pomme épineuse, Endormie, Herbe du diable, Herbe aux sorciers*, etc., n'est pas rare dans les décombres et autres localités incultes ; elle passe pour originaire d'Amérique. Toutes les parties de la plante ont une odeur vireuse et fétide ; prises à l'intérieur, elles sont un poison narcotique des plus dangereux, produisant des vertiges, du délire, une soif ardente, des convulsions, ou bien une sorte d'ivresse accompagnée de paralysie des membres, enfin la mort pour peu que la dose ait été forte, et que les secours ne soient pas arrivés à temps. Les remèdes à employer comme antidotes de la *Pomme épineuse*, sont, comme pour toutes les autres substances végétales narcotiques, de provoquer d'abord des vomissements abondants, puis de faire prendre au malade des boissons acidulées avec le vinaigre, le suc de limons, ou autres acides végétaux.

Malgré les propriétés délétères de la Stramoine, l'extrait de cette plante, administré avec les précautions convenables, a été préconisé par le célèbre Stœrck, comme un remède précieux contre la manie, l'épilepsie et autres maladies convulsives. Les porcs sont les seuls animaux qui broutent cette plante, et l'on assure qu'une petite dose de ses graines, donnée chaque jour à ces animaux, est un excellent moyen pour les faire engraisser promptement. Les maquignons, à ce qu'on dit, ont recours au même moyen pour faire reprendre de l'embonpoint aux chevaux amaigris. Du reste, la graine de *Stramoine* n'est pas moins dangereuse à l'homme, que les autres parties de la plante.

B. *Pédoncules fructifères réclinés. Graines lisses, d'un brun clair, caronculées, ovales-triangulaires, ou ovales-rhomboïdales, tricarénées au dos.*

DATURA FASTUEUX. — *Datura fastuosa* Linn. — Rumph. Amb. 5, tab. 243, fig. 2. — *Stramonium fastuosum* Mœnch, Meth.

Feuilles ovales, pointues, glabres, très-entières, ou inégalement sinuées-dentées ; base égale ou inégale, cunéiforme. Corolle 5-cuspidée. Capsule subglobuleuse, tuberculeuse, muriquée.

Tige dressée, dichotome, haute de 1 pied à 3 pieds, ordinairement violette : rameaux plus ou moins divariqués. Feuilles longues de 3 à 6 pouces, minces, d'un vert foncé. Fleurs très-grandes (ordinairement doubles dans les plantes cultivées). Calice 3 à 4 fois plus court que la corolle ; dents triangulaires, pointues, inégales. Corolle longue de 6 pouces et plus, violette, ou par variation blanche. Capsule du volume d'une noix.

Cette espèce, originaire de l'Inde, se cultive fréquemment comme plante d'ornement.

Genre CÉRATOCAULOS. — *Ceratocaulos* Bernh.

Calice tubuleux, spathacé, acuminé, subcylindrique, strié, non-persistant. Corolle infondibuliforme, 5-plissée, à bord obscurément 5-angulaire, 5-denté. Étamines 5, isomètres,

incluses; filets filiformes; anthères dressées, conniventes.
Pistil comme dans les *Datura*. Péricarpe charnu, irrégulièrement ruptile, lisse, polysperme, incomplétement 4-
loculaire. Graines nidulantes, comprimées, ovales : tégument mince, crustacé, finement ponctué; hile linéaire,
marginiforme, prolongé presque tout le long de l'un des
bords.

Herbe annuelle, charnue, succulente, très-glabre et lisse,
couverte d'une poussière glauque. Feuilles alternes ou subopposées, pétiolées, sinuées-dentées. Pédoncules latéraux
ou oppositifoliés, courts, solitaires, 1-flores, dressés pendant l'anthèse : les fructifères très-épaissis, turbinés, réclinés. Fleurs grandes, nocturnes, fugaces, odorantes.

L'espèce suivante constitue à elle seule le genre.

CÉRATOCAULOS FAUX-DATURA. — *Ceratocaulos daturoides.*
— *Datura Ceratocaula* Orteg. — Jacq. Hort. Schœnbr. tab.
309. — Bot. Reg. tab. 1031. — Bot. Mag. tab. 3352. — *Datura macrocaulis* Roth, Beytr.

Tige dichotome, haute de 1 pied à 2 pieds, souvent rougeâtre, dressée, cylindrique, plus ou moins renflée aux ramifications. Feuilles oblongues, ou ovales-oblongues, ou ovales-
lancéolées, sinuées-dentées, obtuses, ou pointues, cunéiformes
(en général inéquilatérales) à la base, d'un vert glauque en dessus,
très-glauques en dessous; dents obtuses ou pointues, inégales. Calice d'un blanc verdâtre, submembranacé, 1 à 2 fois plus court
que la corolle. Corolle longue d'environ 6 pouces, d'un blanc
carné; limbe large de 3 à 4 pouces; dents très-courtes, subobtuses. Étamines saillantes. Filets rougeâtres, filiformes. Anthères
jaunes, elliptiques. Style débordé par les étamines. Péricarpe
obové ou subglobuleux, glauque, du volume d'une petite noix.
Graines grisâtres, longues de 2 à 3 lignes.

Cette espèce, originaire de Cuba, se cultive fréquemment
comme plante de parterre.

Genre BRUGMANSIA. — *Brugmansia* Pers.

Ce genre ou sous-genre ne diffère des *Datura* que par des anthères cohérentes, par un stigmate claviforme, à 2 bourrelets latéraux, confluents au sommet, et par des graines trigones. Les tiges sont ligneuses; les fleurs très-grandes, pendantes, odorantes.

BRUGMANSIA ODORANT. — *Brugmansia suaveolens* Sweet, Hórt. Brit. — *Datura suaveolens* Willd. Enùm. — *Datura arborea* Hortor. (non Ruiz et Pavon.)

Arbrisseau touffu, très-rameux, haut de 3 à 5 pieds. Feuilles ovales, ou ovales-lancéolées, ou oblongues-lancéolées, acuminées, très-entières, pétiolées, inégalement cunéiformes à la base, minces, fortement penninervées, d'un vert gai, finement pubérules en dessous, souvent géminées; lóngues de 4 à 8 pouces. Pédoncules axillaires ou latéraux, plus ou moins inclinés, solitaires, uniflores, à peu près aussi longs que les pétioles, assez gros, épaissis au sommet. Calice subtubuleux, ventru, 5-gone, mince, verdâtre, non-persistant, 2 à 3 fois plus court que la corolle, inégalement 5-fide au sommet : lanières triangulaires, pointues. Corolle longue de 8 à 12 pouces, blanche, infondibuliforme, plissée : tube grêle; limbe très-ample, subcampanulé, à bord obscurément 5-angulé, courtement 5-cuspidé. Étamines presque aussi longues que la corolle. Anthères oblongues, dressées, d'un jaune pâle. Style débordant les anthères. Péricarpe oblong, lisse, glabre, pendant.

Cette espèce, originaire de l'Amérique méridionale, se cultive comme arbuste d'ornement.

BRUGMANSIA BICOLORE. — *Brugmansia bicolor* Pers. Ench. — Bot. Reg. tab. 1739. — *Brugmansia sanguinea* Don. — *Datura sanguinea* Ruiz et Pav. Flor. Peruv.

Cette espèce, indigène du Pérou, diffère de la précédente par des feuilles roselées, lancéolées, anguleuses; par des corolles à limbe rougeâtre, et à tube jaunâtre; le fruit, suivant Ruiz et Pavon, est lisse, oblong-cylindracé, pendant.

Cette plante n'est introduite en Europe que depuis quelques années; on la cultive aussi comme arbuste d'ornement.

Genre SOLANDRA. — *Solandra* Swartz.

Calice tubuleux, 3-ou 5-fide, persistant. Corolle infondibuliforme, ventrue, plissée, à 5 lobes ondulés. Étamines 5, ascendantes, insérées au tube de la corolle; anthères versatiles, longitudinalement déhiscentes. Ovaire biloculaire au sommet, 4-loculaire inférieurement. Style filiforme. Stigmate capitellé. Baie 4-loculaire, pulpeuse, polysperme, entourée du calice finalement fendu d'un côté. Graines réniformes; embryon arqué.

Arbrisseaux sarmenteux. Feuilles rapprochées à l'extrémité des ramules, alternes, très-entières, charnues. Fleurs terminales, solitaires, très-grandes.

SOLANDRA A LONGUES FLEURS. — *Solandra grandiflora* Swartz, Flor. Ind. Occid. — Jacq. Hort. Schœnbr. tab. 45. — *Solandra longiflora* Tussac, Flore des Antilles, v. 2, tab. 12.

Tiges radicantes, grimpantes, longues de 30 à 40 pieds. Feuilles grandes, ovales-oblongues, acuminées. Corolle d'un jaune lavé de vert, de blanc et de pourpre : tube long de près de 1 pied. Filets beaucoup plus courts que le style. Baie ovaleconique, acuminée, lisse, remplie d'une pulpe rougeâtre.

Cette espèce, indigène des Antilles, se cultive comme plante d'ornement de serre.

III⁰ TRIBU. **LES HYOSCYAMÉES.** — *HYOSCYA-MÉÆ* Endl.

Péricarpe bi-loculaire, pyxidien. Embryon plus ou moins arqué : cotylédons semi-cylindriques.

Génre JUSQUIAME. — *Hyoscyamus* Tourn.]

Calice tubuleuꞩ, urcéolé, ventru au-dessous du milieu, inégalement 5-denté. Corolle infondibuliforme, inégalement 5-lobée, plissée; tube court; lobes obtus, étalés. Étamines 5, déclinées, insérées au fond de la corolle. Filets anisomètres; anthères libres, longitudinalement déhiscentes. Style filiforme, plus ou moins décliné. Stigmate capitellé. Pyxide ovoïde, plus court que le calice, 2-loculaire, polysperme, s'ouvrant au-dessus du milieu par un opercule coriace, hémisphérique, caduc; partie inférieure membranacée, bipartible dans le sens de la cloison; placentaires pyramidaux, adnés, aplatis. Graines nidulantes, réniformes, comprimées; embryon périphérique, arqué.

Herbes annuelles, ou·bisannuelles, vireuses, en général couvertes d'une pubescence visqueuse. Feuilles dentées ou anguleuses, alternes : les florales souvent entières, géminées. Fleurs axillaires, solitaires, en général unilatérales.

JUSQUIAME NOIRE. — *Hyoscyamus niger* Linn. —Bull. Herb. tab. 98. — Engl. Bot. tab. 591. —Flor. Dan. tab. 1452. — Bot. Mag. tab. 2394. — *Hyoscyamus agrestis* et *Hyoscyamus pallidus* Kit.—*Hyoscyamus bohemicus* Schmidt. — *Hyoscyamus verviensis* Lejeune.

Feuilles ovales, ou ovales-oblongues, sinuées-dentées, ou sinuées-pennatifides: les inférieures pétiolées; les autres amplexicaules; les florales très-entières ou pauci-dentées. Fleurs subsessiles, subhorizontales, unilatérales, rapprochées en grappe

(révolutée avant la floraison). Calice très-velu, 10-nervé, réticulé : dents ovales, pointues, mucronées.

Plante tantôt annuelle, tantôt bisannuelle, haute de 1 pied à
3 pieds, couverte d'une pubescence visqueuse. Racine pivotante,
conique, blanchâtre. Tige simple ou rameuse, dressée, feuillue.
Feuilles molles, d'un vert terne, plus ou moins velues : les radicales longues de ½ pied à 1 pied, pennatifides, ou sinuées-dentées, ou rarement entières ; dents ou segments en général acuminés : grappes denses, très-allongées après la floraison. Corolle
d'un jaune livide, réticulée de veines d'un pourpre noirâtre.
Pyxide 2 fois plus court que le calice.

Cette plante, connue sous les noms vulgaires de *Potelée*, ou
Hannebane, croît dans les décombres, au bord des chemins et
dans d'autres localités incultes et découvertes ; elle fleurit tout
l'été.

Toutes les parties de la *Jusquiame noire* sont un poison narcotique non moins dangereux que la Stramoine ; les feuilles et
autres parties succulentes de la plante, ont une odeur vireuse
forte et très-désagréable ; du reste, la dessiccation ne leur fait
point perdre leurs propriétés délétères. L'usage médical de la
Jusquiame à été tenté, avec plus ou moins de succès, dans des cas
analogues à ceux auxquels on a essayé de remédier avec la Stramoine et autres plantes narcotiques. Les moutons, à ce qu'on assure, broutent impunément les feuilles de la Jusquiame.

JUSQUIAME BLANCHE. — *Hyoscyamus albus* Linn. — Bull.
Herb. tab. 99. — Blackw. Herb. tab. 111. — Flor. Græc. tab.
230.

Cette espèce diffère de la précédente par des feuilles toutes pétiolées, sinuées, à lobes très-obtus ; les inférieures sont cordiformes,
les supérieures ovales ou rhomboïdales ; la corolle est d'un jaune
très-pâle, non-réticulée, à gorge violette ; la racine annuelle.

La *Jusquiame blanche* est commune dans l'Europe méridionale ; ses propriétés sont les mêmes que celles de la *Jusquiame noire*.

IVᵉ TRIBU. **LES SOLANÉES.** — *SOLANEÆ* Endl.

Baie 2-ou pluri-loculaire, sèche, ou charnue, ou pulpeuse; placentaires axiles, polyspermes. Embryon plus ou moins arqué : cotylédons semi-cylindriques.

Genre PHYSALIS. — *Physalis* Linn.

Calice pentagone, 5-fide, accrescent. Corolle subrotacée: limbe plissé, 5-angulé. Étamines 5, isomètres, insérées à la gorge ou au tube de la corolle; filets courts, subulés; anthères dressées, conniventes, oblongues, longitudinalement déhiscentes. Ovaire 2-loculaire; placentaires subglobuleux, adnés. Style filiforme. Stigmate capitellé. Baie 2-loculaire, polysperme, recouverte par un calice vésiculeux fermé. Graines réniformes, comprimées : embryon subcirculaire.

Herbes ou arbustes. Feuilles alternes (souvent géminées), entières, ou lobées, ou anguleuses. Fleurs solitaires ou agrégées, latérales.

Physalis Coquerelle. — *Physalis Alkekengi* Linn. — Blackw. Herb. tab. 161. — Schk. Handb. tab. 45. — Flor. Græc. tab. 234.

Herbe vivace. Racine rampante. Tige haute de 1 pied à 2 pieds, dressée, anguleuse, plus ou moins velue, ordinairement rameuse. Feuilles solitaires ou géminées, pétiolées, ovales, acuminées, sinuolées, brusquement rétrécies vers leur base, pubescentes surtout en dessous. Pédoncules solitaires, 1-flores, axillaires, inclinés au sommet : les fructifères réfléchis. Fleurs nutantes. Corolle blanchâtre, à gorge velue; lobes triangulaires. Calice fructifère long de 15 à 18 lignes, ovoïde, acuminé, bouffi, réticulé, finalement d'un rouge de brique. Baie globuleuse, luisante, écarlate. Graines petites, minces, d'un jaune pâle.

Cette plante, nommée vulgairement *Coqueret*, *Coquerelle*, ou *Alkékenge*, croît dans les bois, les buissons, les vignes, etc.; elle aime les terrains pierreux; la floraison a lieu en mai et juin. Les baies sont acidules et mangeables, en ayant soin toutefois de les séparer du calice qui les recouvre, sans les froisser contre ce dernier, qui, dans ce cas leur communique une saveur amère; ces baies passent pour diurétiques et légèrement laxatives.

Genre JALTOMATA. — *Jaltomata* Schlecht.

Calice 5-lobé, accrescent, étalé après la floraison. Corolle rotacée : limbe 5-angulé. Étamines 5, distantes, isomètres; filets filiformes; anthères suborbiculaires, longitudinalement déhiscentes. Style indivisé. Stigmate capitellé. Baie globuleuse, déprimée, succulente, 2-loculaire, polysperme. Graines comprimées; embryon arqué.

Herbe à feuilles géminées, indivisées. Fleurs en ombelles axillaires.

JALTOMATA COMESTIBLE. — *Jaltomata edulis* Schlecht. Ind. Sem. Hort. Hal. 1838.

Plante ayant le port du *Solanum nigrum*. Feuilles pétiolées, ovales, acuminées, très-entières, ou sinuolées, décurrentes sur le pétiole. Pédoncules 3-6-flores, à peu près aussi longs que les feuilles. Corolle verdâtre, pubérule à la surface externe : lobes pointus. Baie noire, luisante, à chair verte.

Cette espèce croît au Mexique; son fruit est mangeable.

Genre CAPSICUM. — *Capsicum* Tourn.

Calice cyathiforme ou campanulé, sinuolé-5-denté, persistant. Corolle rotacée, 5-fide (accidentellement 4-ou 5-fide); limbe plissé, étalé. Étamines 5 (accidentellement 4 ou 6), isomètres, insérées à la gorge de la corolle; filets très-courts; anthères conniventes, longitudinalement déhiscentes. Ovaire 2-4-loculaire; placentaires adnés. Style subclaviforme, non-persistant. Stigmate obtus, obscurément 2-4-lobé. Baie sèche, 2-4-loculaire ; placentaires polyspermes, oblitérés vers le sommet (de même que les cloisons). Graines réniformes, comprimées ; embryon périphérique, subcirculaire.

Herbes ou sous-arbrisseaux. Feuilles alternes, solitaires, ou géminées, très-entières, ou sinuées, pétiolées. Pédoncules dichotoméaires ou latéraux, solitaires, ou géminés, ou ternés, 1-flores. Corolle blanchâtre ou jaunâtre, petite. Fruit polymorphe.

Les *Capsicum* se cultivent fréquemment à cause de leurs fruits, qui servent d'assaisonnement (surtout dans les climats chauds), et qui sont connus sous les noms vulgaires de *Poivre d'Espagne,* ou *Piment.*

CAPSICUM COMMUN. — *Capsicum annuum* Linn. — Gærtn. Fruct. tab. 132.—Schk. Handb. tab. 47.— *Capsicum longum* De Cand. — *Capsicum sphæricum* Willd. — *Capsicum cordiforme, Capsicum cerasiforme, Capsicum tetragonum.* et *Capsicum angulosum* Mill. Dict.

Plante annuelle, haute de 1 pied et plus. Tige glabre, dressée, dichotome, anguleuse. Feuilles glabres, très-entières, ovales, ou ovales-lancéolées, acuminées, longuement pétiolées, brusquement rétrécies vers leur base, décurrentes sur le pétiole. Pédoncules solitaires, ou géminés, plus ou moins allongés, les fructifères réclinés. Fleurs nutantes, petites, blanchâtres. Calice cupuliforme, peu accrescent, finalement disciforme. Corolle à segments ovales, acuminés, plus longue que les étamines. Fruit jaune ou rouge, de volume très-varié, ovoïde, ou conique, ou oblong, ou subglobuleux. Graines petites, minces, lisses, d'un jaune pâle.

Cette espèce paraît originaire des Antilles.

Genre **PSEUDOCAPSICUM**. — *Pseudocapsicum* Medic.

Calice profondément 5-fide, persistant, peu accrescent, étalé après la floraison. Corolle rotacée, profondément

5 fide : segments réfléchis. Étamines 5, isomètres, insérées au fond de la corolle ; anthères saillantes, dressées, conniventes, non-cohérentes, obtuses, débiscentes chacune par 2 courtes fentes apicilaires. Style filiforme, décliné. Stigmate obtus. Baie sèche, 1-loculaire, polysperme ; placentaire central, subpyramidal, anguleux, membranacé. Graines subréniformes, aplaties ; embryon subcirculaire.

Arbrisseaux inermes. Pédoncules solitaires, 1-3-flores, latéraux, déclinés pendant la floraison, puis dressés. Fleurs petites, blanches.

Pseudocapsicum ondulé. — *Pseudocapsicum undulatifolium* Mœnch, Meth. — *Solanum Pseudocapsicum* Linn. — Sabbat. Hort. Rom. tab. 59.

Arbuste très-rameux, haut de 2 à 4 pieds. Rameaux dressés, subcylindriques, irrégulièrement dichotomes. Feuilles lancéolées, ou lancéolées-oblongues, pointues, sinuolées, petiolées. Pédoncules courts : les florifères filiformes ; les fructifères épaissis. Fleurs longues d'environ 3 lignes ; segments calicinaux linéaires-lancéolés, pointus, 1 fois plus courts que la corolle. Lobes de la corolle oblongs, ou lancéolés-oblongs, pointus. Anthères jaunes. Style saillant. Baie du volume d'une petite cerise, globuleuse, d'un rouge de cinabre. Graines minces, jaunâtres.

Cet arbuste, indigène de Madère, se cultive comme plante d'ornement.

Genre SOLANUM. — *Solanum* Linn.

Calice 5-parti, ou 5-fide, ou 5-denté, persistant. Corolle rotacée, plissée, 5-fide, ou 5-partie. Étamines 5, isomètres, insérées à la gorge de la corolle ; anthères dressées, conniventes, souvent cohérentes, déhiscentes chacune par 2 courtes fentes subapicilaires. Ovaire 2-loculaire (accidentellement 3-ou 4-loculaire) ; placentaires adnés. Style filiforme. Stigmate obtus. Baie succulente ou charnue, 2-loculaire (accidentellement 3-ou 4-loculaire), polysperme, en gé-

néral globuleuse. Graines réniformes, ou **ovales**, comprimées; embryon périphérique, subcirculaire.

Herbes, ou arbustes, ou arbrisseaux, souvent armés
d'aiguillons. Feuilles solitaires, ou géminés, très-entières,
ou dentées, ou sinuées, ou pennatifides, ou pennées. Pédoncules latéraux, ou dichotoméaires, ou extra-axillaires,
ou rarement terminaux, solitaires, ou géminés, 1-flores,
ou plus souvent pluriflores. Fleurs en grappes, ou en
ombelles simples, ou en cymes, ou en corymbes, ou en
panicules, ou en fascicules. Corolle blanche, ou violette, ou
rarement jaune. Anthères saillantes.

A, *Plantes herbacées, inermes. Feuilles simples, souvent
très-entières, ordinairement géminées. Fleurs petites,
en cymes ombelliformes nutantes; pédicelles fructifères
réfléchis. Calice et corolle profondément 5-fides : segments
réfléchis. Style saillant, décliné. Baie globuleuse. Anthères cohérentes.*

SOLANUM MORELLE. — *Solanum nigrum* Linn. — Bull.
Herb. tab. 67. — Engl. Bot. tab. 566. — Flor. Dan. tab. 460.
— Schk. Handb. tab. 46. — *Solanum atriplicifolium* Desp. —
Solanum melanocerasum Willd. Enum. — *Solanum guineense*
Lamk. — Dill. Elth. tab. 274, fig. 354. — *Solanum humile*
Bernh. in Willd. Enum. — Reichb. Plant. Crit. vol. 9. Ic. —
Solanum villosum Lamk. — *Solanum luteum* Mill. — *Solanum
flavum* Kit. — *Solanum ochroleucum* Dunal. — *Solanum mi-
niatum* Bernh. — *Solanum rubrum* Mill.

Tige anguleuse de même que les rameaux. Feuilles ovales,
ou ovales-elliptiques, acuminées aux 2 bouts, très-entières, ou
anguleuses, ou sinuées-dentées, pétiolées. Cymes latérales, solitaires : les fructifères défléchies. Segments calicinaux oblongs,
subobtus, 2 à 3 fois plus courts que la corolle.

Plante annuelle, haute de ½ pied à 3 pieds, tantôt glabre,
tantôt plus ou moins pubescente ou velue. Racine grêle, pivotante, rameuse, unicaule, ou pluricaule. Tiges dressées, ou ascendantes, ou diffuses, rameuses en général dès la base. Ra-

meaux étalés, souvent marginés aux angles par la décurrence des feuilles. Feuilles minces, de grandeur très-variable. Cymes plus ou moins longuement pédonculées, 5-ou pluri-flores. Fleurs petites. Corolle blanche. Anthères jaunes. Baie noire, ou verdâtre, ou jaunâtre, ou rouge, luisante, du volume d'un pois, ou rarement plus grosse. Graines petites, ovales, jaunâtres.

Cette espèce, connue sous les noms vulgaires de *Morelle noire*, ou *Mourelle*, est commune, en Europe, dans les décombres et les champs. Elle fleurit tout l'été. Ses baies ne sont pas exemptes de propriétés narcotiques; mais ses feuilles, du moins étant cuites, constituent un aliment agréable et rafraîchissant, dont il se fait un usage très-fréquent aux Antilles ainsi qu'aux îles de France et de Bourbon, où la Morelle est également indigène.

B. *Plante suffrutescente, inerme. Feuilles simples, solitaires, souvent hastiformes-bi-auriculées à la base. Fleurs en cymes dichotomes ou trichotomes, latérales ou suboppositifoliées, défléchies après la floraison. Pédicelles fructifères défléchis. Calice campanulé, sinué-quinquédenté. Corolle violette, profondément 5-fide : segments réfléchis, bi-fovéolés à la base. Baie ovoïde. Anthères cohérentes.*

Solanum Douce-amère. — *Solanum Dulcamara* Linn. — Bull. Herb tab. 23.—Engl. Bot. tab. 565.—Flor. Dan. tab. 607. — *Solanum rupestre* Schmidt, Bohem. — *Solanum littorale* Raab, in Bot. Zeit.

Tiges diffuses ou grimpantes, frutescentes, flexueuses. Feuilles ovales ou cordiformes, acuminées, pétiolées, très-entières : les supérieures souvent bi-auriculées à la base. Cymes multiflores.

Tiges longues de 2 à 5 pieds : les adultes ligneuses, à écorce grisâtre. Rameaux et jeunes pousses anguleux, glabres ou poilus. Feuilles finement pubérules et d'un vert foncé, ou moins souvent pubescentes-incanes, longues de 1 pouce à 3 pouces. Cymes longuement pédonculées. Pédicelles grêles, épaissis au sommet, à peu près aussi longs que la fleur, en général unilatéraux. Dents calicinales triangulaires, pointues. Corolle longue d'environ 4 lignes : segments linéaires-lancéolés, pointus; un peu plus longs que les anthères. Style très-saillant. Baie rouge, du volume d'un gros pois. Graines petites, suborbiculaires, jaunes.

Cette espèce est commune dans les localités humides et ombragées; on la connaît sous les noms vulgaires de *Douce-amère*, ou *Vigne-vierge*. Ses parties ligneuses, lorsqu'on les mâche, ont une saveur d'abord douceâtre, puis amère. La décoction des rameaux d'un an s'emploie assez fréquemment à titre de remède dépuratif, sudorifique, et diurétique.

C. *Plante annuelle, plus ou moins abondamment garnie d'aiguillons. Feuilles simples, solitaires. Pédoncules oppositifoliés ou latéraux, géminés, ou solitaires, 1-flores. Calice campanulé, 5-fide. Corolle subcampanulée. Baie grosse, ovoïde, pendante. Anthères non-cohérentes.*

SOLANUM AUBERGINE. — *Solanum Melongena* Linn. — Blackw. Herb. tab. 149. — *Solanum esculentum* et *Solanum ovigerum* Dunal.

Tige dressée, rameuse, couverte (ainsi que les autres parties herbacées de la plante) d'une pubescence étoilée plus ou moins abondante, tantôt inerme, tantôt parsemée de petits aiguillons. Feuilles ovales, ou ovales-oblongues, ou oblongues, très-obtuses, sinueuses, ou sinuolées, longuement pétiolées : base inégale, semi-cordiforme; pétiole, côte et nervures tantôt inermes, tantôt parsemés de petits aiguillons. Pédoncules plus courts que les pétioles, assez gros, inclinés; spinelleux de même que le calice. Calice de moitié plus court que la corolle : segments linéaires-lancéolés, pointus. Corolle violette ou blanche, longue d'environ 6 lignes : lobes oblongs, obtus. Anthères jaunes, grosses. Baie blanche, ou violette, ou jaunâtre, en général du volume d'un œuf d'oie.

Cette plante, qui paraît originaire de l'Asie équatoriale, se cultive fréquemment, surtout dans les climats chauds, à cause de ses fruits, qui sont comestibles et connus sous le nom d'*aubergines*.

D. *Plante herbacée, inerme, à racine tubérifère. Feuilles so-litaires, interrupté-pennées. Cymes longuement pédoncu-lées, corymbiformes, oppositifoliées, multiflores, pendantes ou décombantes après la floraison. Calice campanulé, profondément 5-fide. Corolle à limbe sinué-quinquangulé. Anthères non-cohérentes.*

Solanum tubéreux.—*Solanum tuberosum* Linn.—Blackw. Herb. tab. 523 et 587. — *Lycopersicum tuberosum* Mill. Dict.

Tubercules de forme et de volume très-variables, à épiderme jaunâtre, ou rougeâtre, ou violet. Tiges ascendantes, souvent radicantes à la base, succulentes, anguleuses, rameuses. Feuilles d'un vert foncé, pétiolées, pubérules; folioles opposées, par paires alternativement sessiles (très-petites) et pétiolulées, sub-orbiculaires, ou ovales, ou ovales-lancéolées, ou oblongues-lancéolées, acuminées, en général cordiformes ou semicordifor-mes à la base; rachis en général marginé par la décurrence des petites folioles. Cymes dressées pendant la floraison. Pédi-celles articulés par la base, longs, filiformes, plus ou moins in-clinés. Corolle blanche ou violette. Anthères elliptiques, jaunes. Style longuement saillant. Baie globuleuse, du volumè d'une Cerise, d'un jaune verdâtre à la maturité.

Cette espèce, si universellement cultivée, et connue sous le nom vulgaire de *Pomme de terre*, est originaire de l'Amérique méridionale. Son introduction en Europe date de la fin du 16ᵉ siècle, mais ce n'est guère que depuis le commencement du 18ᵉ qu'on la cultive comme plante alimentaire.

Genre LYCOPERSICUM. — *Lycopersicum* Tourn.

Calice profondément 5-8-fide, persistant. Corolle rota-cée, 5-8-fide : segments linéaires-lancéolés, réfléchis. Éta-mines 5 à 8, saillantes, insérées à la gorge de la corolle; filets très-courts; anthères oblongues-coniques, conni-ventes, dressées, cohérentes, introrses, longitudinalement

déhiscentes, couronnées d'un appendice membraneux.
Ovaire 2-ou 3-loculaire ; placentaires adnés, saillants.
Style filiforme. Stigmate obtus. Baie 2-ou 3-loculaire, pul-
peuse, ombiliquée aux 2 bouts, polymorphe, polysperme.
Graines suborbiculaires, pubescentes ; embryon subcircu-
laire, périphérique.

Herbes annuelles, pubérules, succulentes, sentant le
musc. Feuilles interrupté-pennées, éparses. Fleurs en
cymes bifurquées ou dichotomes ; pédoncules solitaires,
latéraux ; pédicelles articulés sous la fleur : les fructifères
réfléchis. Corolle petite, jaune.

LYCOPERSICUM TOMATE. — *Lycopersicum pomum amoris*
Mœnch, Meth. — *Solanum Lycopersicum* Linn. — Blackw.
Herb. tab. 133. — *Lycopersicum esculentum* Dunal. — *Lycopersicum pyriforme* Dunal. Solan. tab. 26. — *Lycopersicum Humboldtii* Willd. Hort. Berol. 1, tab. 27. — *Lycopersicum cerasiforme* Rœm. et Schult. — *Solanum Pseudoly-
copersicum* Jacq. Hort. Vindob. 1, tab. 11.

Tiges longues de 2 à 3 pieds, ordinairement poilues, très-
rameuses, diffuses, ou ascendantes, anguleuses. Feuilles flasques, pétiolées, longues de 3 pouces à 1 pied ; folioles opposées :
les unes très-petites, subsessiles, ou sessiles, suborbiculaires,
très-entières ; les autres (alternant par paires avec les petites)
longues de 6 lignes à 2 pouces, pétiolulées, oblongues, ou oblongues-lancéolées, ou ovales-lancéolées, ou ovales, pointues, incisées-crénelées, ou pennatifides, cordiformes ou biauriculées
à la base. Cymes lâches, après la floraison pendantes. Pédoncule et pédicelles filiformes, poilus. Segments calicinaux linéaires-lancéolés ou linéaires, mucronés, de moitié plus courts
que la corolle. Corolle longue de 4 à 6 lignes. Baie globuleuse,
ou pyriforme, ou déprimée et profondément sillonnée, jaunâtre,
ou pourpre, ou d'un rouge de cinabre, de volume très-variable.

Cette espèce, connue sous les noms vulgaires de *Tomate* ou
Pomme d'amour, est originaire de l'Amérique équatoriale. On
la cultive pour l'emploi culinaire de ses fruits.

Genre ATROPA. — *Atropa* Linn.

Calice campanulé, 5-fide, accrescent. Corolle campanulée, plissée, 5-lobée. Étamines 5, isomètres, insérées au fond de la corolle. Filets filiformes, distants, arqués, déclinés, barbus à la base ; anthères longitudinalement déhiscentes. Ovaire 2-loculaire. Style filiforme, décliné. Stigmate pelté, disciforme. Baie biloculaire, pulpeuse, polysperme. Graines subréniformes, comprimées. Embryon périphérique, subcirculaire.

Herbe vivace. Feuilles géminées, très-entières. Pédoncules solitaires, axillaires, inclinés.

ATROPA BELLADONE. — *Atropa Belladona* Linn. — Bull. Herb. tab. 29. — Jacq. Flor. Austr. tab. 309. — Flor. Dan. tab. 758. — Engl. Bot. tab. 592. — Schk. Handb. tab. 45.— *Belladonna trichotoma* Mœnch, Meth. — *Belladonna baccifera* Lamk.

Racine grosse, blanchâtre, pivotante, rameuse. Tige haute de 2 à 5 pieds, dressée, cylindrique, roussâtre, dichotome ou trichotome vers le haut, garnie d'une pubescence fine et visqueuse. Feuilles minces, d'un vert sombre, pétiolées, ovales, ou elliptiques, acuminées aux 2 bouts, pubescentes en dessous. Pédoncules grêles. Fleurs nutantes. Segments calicinaux ovales, acuminés. Corolle longue de 1 pouce, d'un violet livide vers le sommet, d'un jaune livide inférieurement, brusquement rétrécie vers la base ; lobes ovales, étalés. Fruit du volume d'une petite Cerise, subglobuleux, noir, luisant, porté sur le calice étalé en forme d'étoile ; pulpe pourpre. Graines brunes.

Cette plante, connue sous le nom de *Belladone*, et fameuse par ses propriétés délétères, croît dans les clairières des bois ; elle fleurit en juin et en juillet. Toutes les parties de la Belladone sont extrêmement vénéneuses, et c'est surtout le fruit, à cause de sa saveur douceâtre, qui ne donne lieu que trop souvent à des empoisonnements mortels. Un très-petit nombre de ces fruits suffisent, à ce qu'il paraît, pour donner la mort, à moins que les secours n'aient été très-rapides. Les antidotes de la Belladone sont, comme pour les substances narcotiques en général, des vomitifs énergiques, et, après l'évacuation du poison, des boissons acidulées avec du vinaigre ou quelque autre acide végétal.

Administrée avec les précautions convenables, la Belladone devient un médicament très-efficace contre plusieurs maladies.

Genre MANDRAGORE. — *Mandragora* Tourn.

Calice turbiné, 5-fide, persistant. Corolle subcampanulée, plissée, profondément 5-fide. Étamines 5, isomètres, insérées vers la base de la corolle; filets filiformes, barbus à la base; anthères subcordiformes, versatiles, longitudinalement déhiscentes. Ovaire 2-loculaire, accompagné de deux grosses glandes charnues; placentaires gros, adnés, multi-ovulés. Style filiforme. Stigmate capitellé, subbilobé. Baie charnue, polysperme, 1-loculaire (par l'oblitération de la cloison), presque remplie par un gros placentaire central. Graines subréniformes ou ovales, comprimées; embryon subpériphérique, arqué, plus ou moins replié.

Herbes vivaces, subacaules. Feuilles grandes, agrégées, pétiolées, ondulées. Pédoncules longs, axillaires, 1-flores, subfasciculés, décombants après la floraison. Corolle violette, ou blanchâtre, ou livide.

A. *Floraison vernale. Baie grosse, globuleuse. Graines grandes, subréniformes, réticulées.*

MANDRAGORE VERNALE. — *Mandragora vernalis* Bertol. — *Atropa Mandragora* Linn. — *Atropa Mandragora mas* Bull. Herb. tab. 145. — *Mandragora officinalis* Mill. Dict.

Feuilles lancéolées-oblongues ou lancéolées-elliptiques, obtuses. Corolle (blanche ou d'un violet pâle) de moitié plus longue que le calice: segments oblongs ou elliptiques-oblongs, très-obtus.

Racine grosse, charnue, très-longue, subfusiforme, ou bifur-
quée, ou trifurquée, produisant 1 ou plusieurs souches très-simples, souterraines, ou peu élevées au-dessus du sol, couvertes
par les pétioles et les pédoncules. Feuilles adultes longues de ¹/₂
pied à 1 pied, étalées en rosette, d'un vert foncé, plus ou moins
crépues et bullées, glabres, ou pubescentes aux bords et en dessous sur la côte ainsi qu'aux nervures. Pédoncules glabres ou
pubescents, grêles, épaissis au sommet, longuement débordés
par les feuilles. Calice pubescent : segments linéaires-lancéolés.
Corolle longue de 6 à 8 lignes, pubérule à la surface externe.
Étamines à peu près aussi longues que le calice. Style débordant
les étamines, longuement débordé par la corolle. Baie jaunâtre,
du volume d'une petite Pomme. Graines d'un jaune pâle.

MANDRAGORE PRÉCOCE. — *Mandragora præcox* Sweet,
Brit. Flow. Gard. tab. 198.

Feuilles lancéolées-oblongues, ou lancéolées-obovales, subobtuses. Corolle (d'un jaune livide lavé de bleu) 1 à 2 fois plus
longue que le calice : segments lancéolés ou oblongs-lancéolés,
pointus.

Plante semblable à la précédente par le port et le feuillage.
Feuilles en général plus ou moins pubescentes de même que les
pédoncules. Calice plus ou moins laineux à l'époque de la floraison, plus tard glabrescent. Corolle longue de 8 à 10 lignes,
pubescente à la surface externe. Étamines un peu plus longues
que le calice. Style débordant les étamines, débordé par la corolle. Fruit semblable à celui du *Mandragora vernalis*. Graines grosses, d'un jaune roussâtre.

B. *Floraison automnale. Baie petite, ovoïde. Graines petites,
subovales, non-réticulées, à peine échancrées.*

MANDRAGORE AUTUMNALE. — *Mandragora autumnalis*
Bertol. — *Atropa Mandragora* Sibth. et Smith, Flor. Græc.
tab. 232. — *Atropa Mandragora fœmina* Bull. Herb. tab.
146.

Feuilles lancéolées, ou lancéolées-oblongues, ou lancéolées-elliptiques, pointues. Corolle 1 à 2 fois plus longue que le calice : segments lancéolés ou linéaires-lancéolés, pointus.

Plante semblable aux deux espèces précédentes par le port et par le feuillage. Feuilles ordinairement ciliées, pubescentes en dessous aux nervures. Segments calicinaux ciliolés, linéaires-lancéolés, pointus. Corolle longue de 10 à 15 lignes, violette, glabre, ou légèrement pubescente à la surface externe. Étamines un peu plus longues que le calice. Style débordant les étamines, longuement débordé par la corolle. Baie du volume d'un œuf de pigeon, rouge. Graines d'un jaune pâle, minces, longues d'environ 2 lignes.

Cette espèce et les 2 précédentes sont indigènes dans l'Europe méridionale, et connues sous le nom vulgaire de Mandragore. Ce sont des plantes très-vénéneuses, devenues célèbres par les usages superstitieux ou criminels auxquels s'employaient jadis leurs racines.

Genre LYCIUM. — *Lycium* Linn.

Calice 5-denté, ou irrégulièrement 2-6-fide, campanulé, ou spathacé, persistant, non-accrescent. Corolle infondibuliforme, 5-fide : lobes obtus, un peu inégaux. Étamines 5, anisomètres, un peu déclinées, insérées vers le milieu du tube de la corolle; filets filiformes, barbus à la base; anthères sagittiformes, obtuses, versatiles, longitudinalement déhiscentes. Ovaire 2-loculaire ; placentaires adnés, multi-ovulés. Style filiforme, décliné. Stigmate subcapitellé, obscurément bilobé. Baie charnue, 2-loculaire, polysperme. Graines subréniformes, comprimées. Embryon périphérique, subcirculaire.

Arbrisseaux, souvent armés d'épines axillaires. Feuilles éparses ou fasciculées, très-entières. Pédoncules solitaires ou fasciculés, uniflores, filiformes, plus ou moins inclinés, axillaires : les fructifères pendants, épaissis au sommet.

LYCIUM DE BARBARIE.—*Lycium barbarum* Linn. — Gærtn. Fruct. 2, tab. 132, fig. 2. — Watson, Dendr. Brit. tab. 9. — *Lycium chinense* Lamk. Enc. — Duham. ed. nov. 1, tab. 30.

— Wats. Dendr. Brit. tab. 8. — *Lycium turbinatum* Duham.
l. c. tab. 31. — *Lycium lanceolatum* Duham. l. c. tab. 32.

Rameaux réclinés ou diffus, effilés, souvent épineux. Feuilles
lancéolées, ou lancéolées-oblongues, ou lancéolées-obovales, ou
obovales, pointues, ou obtuses, courtement pétiolées. Pédoncules
fasciculés. Calice irrégulièrement 2-5-lobé. Lobes de la corolle
oblongs, ou ovales-oblongs, ou elliptiques, obtus, étalés, un peu
plus courts que les filets. Baie ellipsoïde, ou oblongue, ou oblongue-obovée, ou ovoïde.

Buisson très-rameux, touffu, haut de 3 à 5 pieds. Rameaux
anguleux, flexueux : écorce grisâtre. Feuilles non-persistantes,
d'un vert sombre, longues de 1 pouce à 3 pouces, glabres,
éparses sur les jeunes pousses, fasciculées sur les rameaux adultes. Pédoncules (naissant tant sur les jeunes pousses que sur
les rameaux adultes) en général plus courts.que les feuilles. Calice 4 fois plus court que la corolle, glabre, subcoriace, d'un
jaune verdâtre : lobes obtus ou pointus, subtriangulaires, plus
ou moins profonds. Corolle violette, longue d'environ 6 lignes,
quelquefois velue à la surface externe. Anthères petites, jaunes.
Style débordant les étamines. Baie ellipsoïde, écarlate. Graines
petites, jaunâtres, très-finement scrobiculées.

Cette espèce, indigène-dans la région méditerranéenne, se cultive fréquemment comme arbuste d'ornement; elle fleurit durant tout l'été.

Vᵉ TRIBU. LES CESTRINÉES. — *CESTRINEÆ*
Endl.

*Baie 2-loculaire. Embryon rectiligne, axile : cotylédons
foliacés; radicule infère.*

Genre CÉSTRUM. — *Cestrum* Linn.

Calice 5-fide ou 5-denté, campanulé, persistant. Corolle
infondibuliforme ou hypocratériforme, 5-fide. Étamines 5,

incluses, insérées vers le milieu du tube de la corolle ; filets filiformes ; anthères versatiles, longitudinalement déhiscentes. Ovaire 2-loculaire; placentaires subglobuleux, adnés, pauci-ou multi-ovulés. Style filiforme. Stigmate subcapitellé. Baie pulpeuse, oligosperme, ou polysperme. Graines irrégulièrement anguleuses : hile ventral.

Arbrisseaux. Feuilles solitaires ou géminées, très-entières, quelquefois bistipulées. Pédoncules axillaires et terminaux, pluriflores, souvent rapprochés en grappe ou en thyrse ; pédicelles en cyme, ou en grappe, ou en corymbe.

CÉSTRUM PARQUI. — *Cestrum Parqui* L'hérit. Stirp. tab. 36. — Bot. Mag. tab. 1770. — *Cestrum virgatum* Ruiz. et Pav. Flor. Peruv.

Arbrisseau dressé; glabre, haut de 3 à 5 pieds. Jeunes pousses effilées, feuillues, subcylindriques, florifères vers leur sommet. Feuilles fermes, d'un vert gai, un peu luisantes, lancéolées, ou lancéolées-oblongues, pointues, subsessiles : les jeunes accompagnées de 2 stipules subfalciformes, caduques. Inflorescence générale de chaque rameau formant un thyrse feuillé, en général assez dense. Pédoncules grêles, quelquefois paniculés, plus habituellement 3-7-flores au sommet. Pédicellés très-courts. Calice 4 à 5 fois plus court que la corolle, souvent violet, 5-denté : dents triangulaires, pointues, dressées, cotonneuses aux bords. Corolle longue de 6 à 8 lignes, d'un jaune brunâtre, infondibuliforme ; tube graduellement évasé; lobes ovales-oblongs, obtus, presque dressés, cotonneux aux bords, beaucoup plus courts que le tube. Filets renflés et pubérules à la base. Anthères petites, suborbiculaires. Style débordant les étamines. Stigmate gros, capitellé. Baie ellipsoïde, ou obovée, obtuse, d'un bleu noirâtre, stipitée, 3-12-sperme. Graines ellipsoïdes ou oblongues, obtuses aux 2 bouts, brunes.

Cette espèce, originaire du Chili, se cultive comme arbrisseau d'ornement.

—————

CENT TRENTE-QUATRIÈME FAMILLE.

LES CUSCUTÉES. — *CUSCUTEÆ*.

Convolvulacearum genn. Juss. — *Cuscuteæ* Presl. Flor. Cech. 1, p. 247. — Bartl. Ord. Nat. p. 247. — Endl. Gen. Plant. 1, p. 655. — *Cuscutineæ* Link, Handb. — *Cuscutaceæ* Lindl. nat. syst. ed. 2, p. 250. — *Phytolaccearum* genn. Reichenb. Syst. Nat. p. 259.

Ce petit groupe n'est fondé que sur le genre *Cuscuta* (Grammica Loureir. Cassuta Gray), rangé par beaucoup d'auteurs parmi les Convolvulacées (avec lesquelles il n'a d'ailleurs que peu d'affinités réelles), tandis que M. Reichenbach le comprend dans les Phytolaccées.

Genre CUSCUTA. — *Cuscuta* Linn.

Calice inadhérent, persistant, 4-ou 5-parti ; estivation imbricative. Corolle hypogyne, subglobuleuse, urcéolée, 4-ou 5-fide, régulière, marcescente, finalement circonscindée au-dessus de la base, ordinairement garnie en dedans de 4 ou 5 squamules alternes avec les lobes; lobes alternes avec les sépales, imbriqués en préfloraison, non contournés après la floraison. Étamines 4 ou 5, libres, incluses, insérées au tube de la corolle et alternes avec ses lobes. Anthères dressées, dithèques ; bourses parallèles, juxtaposées, déhiscentes chacune par une fente longitudinale. Ovaire 2-loculaire; loges 2-ovulées; ovules collatéraux, renversés, attachés au fond des loges. Style indivisé ou bifurqué. Stigmates 2 (ou rarement un seul), pointus, ou capitellés. Pyxide (circonscindé peu au-dessus de la base) 1-ou 2-loculaire, chartacé, 4-sperme, ou par avortement 1-3-sperme. Graines subglobuleuses; périsperme charnu ; embryon périphérique, filiforme, indivisé, acotylédoné, spiralé.

Herbes parasites, aphylles. Tiges filiformes, volubiles,
cylindriques, inarticulées, s'implantant aux végétaux vi-
vants moyennant de petits suçoirs papilliformes; la racine
originaire périt peu après la germination. Fleurs rougeâtres ou blanchâtres, hermaphrodites, régulières, disposées en capitules, ou en fascicules, ou en épis.

CUSCUTE COMMUNE. — *Cuscuta europæa* Linn. (exclus.
var. β.) — Flor. Dan. tab. 199. — Engl. Bot. tab. 378. —
Reichenb. Plant. Crit. 5, fig. 690. — Hook. Flor. Lond. tab.
67. — *Cuscuta tetrandra* Mœnch.—*Cuscuta major* De Cand.
— *Cuscuta vulgaris* Pers. — *Cuscuta tubulosa* Presl.

Fleurs capitellées, subsessiles, ordinairement 4-fides. Glomérules 1-bractéolés. Corolle à tube subcylindrique, squamulifère
sous les étamines : lobes ovales, acuminés; squamules dressées,
subpalmatifides. Étamines un peu saillantes. Style bifurqué :
branches divergentes, arquées.

Tige rougeâtre ou blanchâtre, longue, rameuse; rameaux solitaires ou géminés, semblables à la tige. Capitules 10-15-flores,
latéraux, solitaires; bractée rougeâtre, petite, squamuliforme,
ovale. Fleurs d'un rose pâle. Calice infondibuliforme, charnu,
confluent avec le pédicelle; segments ovales, pointus, de moitié
plus courts que la corolle. Squamules insérées vers la base de la
corolle, à peine aussi longues que le tube. Stigmates filiformes,
cylindriques, obtus.

Cette espèce, nommée (de même que quelques autres espèces
congénères) *goutte*, *teigne*, ou *cheveux de Vénus*, est commune
sur les Orties, le Chanvre, le Houblon, les Vesces, les jeunes
pousses de Saule, et autres plantes.

CUSCUTE ÉPITHYM. — *Cuscuta Epithymum* Smith, Engl.
Bot. tab. 55. — Flor. Dan. tab. 427.—Reichenb. Plant. Crit.
5, fig. 692. — *Cuscuta minor* De Cand.

Fleurs capitellées, sessiles, 5-fides. Glomérules 1-bractéolés.
Corolle à tube subcylindrique, squamulifère au-dessous des étamines; lobes ovales, acuminés, étalés. Étamines incluses, insérées
à la gorge de la corolle. Squamules suborbiculaires, bifides, fim-

briées, connivantes, fermant la gorge. Style bifurqué : branches divergentes, rectilignes, longuement saillantes.

Tiges presque capillaires, très-rameuses, de couleur pourpre, longues d'environ 1 pied. Fleurs roses, plus petites que celles de l'espèce précédente. Glomérules multiflores. Segments calicinaux acuminés.

Cette espèce croît de préférence sur le Serpolet, les Bruyères, et les Luzernes.

LES CONVOLVULACÉES. — *CONVOLVU-LACEÆ*.

Convolvuli Juss. Gen. '(exclus. genn.) — *Convolvulaceæ* Vent. Tabl. — R. Brown, Prodr. — Juss. in Ann. du Mus. 5, p. 257 ; et 15, p. 359. — Choisy, in Mém. de la Soc. d'Hist. Nat. de Genève, vol. 6, p. 585 ; et vol. 8 , p. 45. — Bartl. Ord. Nat. p. 190. — Lindl. Nat. Syst. ed. 2 , p. 251. — Endl. Gen. Plant. 1, p. 651. — *Convolvulaceæ,* tribus III : *Convolvuleæ* Reichenb. Syst. Nat. p. 194.

La plupart des Convolvulacées contiennent un suc laiteux purgatif, abondant surtout dans les racines. Beaucoup d'espèces se font remarquer par la beauté de leurs fleurs. Cette famille abonde dans les régions inter-tropicales, tandis que le nombre des espèces décroît considérablement des tropiques vers les pôles ; elles manquent presque entièrement dans la région arctique.

Caractères de la Famille.

Arbres (peu d'espèces), ou *arbrisseaux,* ou *arbustes,* ou *herbes.* Tiges et rameaux le plus souvent volubiles, inarticulés, cylindriques, ou irrégulièrement anguleux. Pubescence nulle ou simple. Sucs-propres le plus souvent laiteux.

Feuilles éparses, simples (indivisées, ou palmatilobées, ou rarement pennatiparties), non-stipulées.

Fleurs hermaphrodites, régulières. Inflorescence axillaire ou terminale. Pedoncules uniflores ou pluriflores ; pédicelles en général dibractéolés.

Calice inadhérent, persistant (ordinairement accres-

cent), 5-sépale (par exception 5-denté, ou 5-fide, ou
10-denté) : sépales 1-2-ou 3-sériés, imbriqués, en général anisomètres.

Corolle campanulée, ou cyathiforme, ou infondibuliforme, ou hypocratériforme, le plus souvent longitudinalement 5-plissée et plus ou moins distinctement 5-lo-
bée, hypogyne, non-persistante (en général éphémère),
en général contournée après l'anthèse; limbe contourné
en préfloraison (par exception imbriqué).

Étamines 5, insérées au fond de la corolle, interposées,
libres. Filets isomètres ou anisomètres, souvent dilatés à
la base, subulés au sommet. Anthères dressées ou incombantes, dithèques, souvent contournées après l'anthèse;
bourses parallèles, juxtaposées, déhiscentes chacune par
une fente longitudinale.

Pistil : Ovaire 2-4-loculaire (rarement 1-ou 5-locu-
laire), inséré sur un disque annulaire; loges 1-ou 2-ovu-
lées; ovules campylotropes, renversés, sessiles, attachés
au fond des loges (collatéraux lorsqu'il y en a 2 dans une
loge). Style indivisé ou bifurqué. Stigmates filiformes,
ou lamelliformes, ou capitellés. Quelques espèces offrent
un pistil de 2 ovaires distincts, soit 1-loculaires et 2-ovu-
lés, soit biloculaires à loges 1-ovulées; l'attache des
ovules est comme dans le pistil normal de la famille;
chaque ovaire est muni d'un style basilaire.

Péricarpe 1-4-loculaire, en général 2-ou 4-valve,
moins souvent indéhiscent (soit sec, soit charnu), rarement pyxidien; valves septifrages; cloisons parallèles aux
valves, persistantes, en général bordées d'une nervure
filiforme; lorsque le fruit est à 3 ou 4 loges, les cloisons confluent au centre de la cavité, mais sans former
d'axe distinct; loges 1-ou 2-spermes.

Graines trigones ou anguleuses, convexes au dos,

sessiles, attachées à la base de l'angle interne des loges, ou (lorsque le péricarpe est uniloculaire) au fond de la loge; tégument coriace ou membranacé, souvent velouté; hile basilaire, en général large, arrondi, un peu concave. Périsperme mucilagineux, en général mince. Embryon plus ou moins courbé, central : cotylédons foliacés, irrégulièrement plissés et chiffonnés, souvent condupliqués; radicule repliée, infère.

Cette famille comprend les genres suivants :

Ire TRIBU. **LES DICHONDRÉES.** — *DICHONDREÆ* Endl.

Pistil de 2 ou 4 ovaires distincts; styles basilaires.

Dichondra Forst. (Steripha Gærtn. Demidofia Gmel.) — *Falkia* Linn.

IIe TRIBU. **LES CONVOLVULÉES.** — *CONVOLVULEÆ* Endl.

Ovaire 1-4-loculaire; style terminal.

Wilsonia R. Br. — *Evolvulus* Linn. — *Cladostyles* Humb. et Bonpl. — *Stylismus* Rafin. — *Cressa* Linn. — *Breweria* R. Br. — *Dufourea* Kunth. (Prevostea Chois. Dethardingia Nees. Reinwardtia Spreng.) — *Bonamia* Petit-Thou. — *Neuropeltis* Wallich. — *Porana* Burm. (Dinetus Sweet.) — *Duperreya* Gaudich. — *Palmia* Endl. (Shuteria Chois. nec Wight. Skinneria Chois. nec Forst.) — *Polymeria* R. Br. — *Convolvulus* Linn. (Calystegia R. Br. Aniseia Chois. Jacquemontia Chois. Exogonium Chois. Batatas Chois. Pharbitis Chois. Convolvuloides Mœnch. Ipomœa Linn.) — *Bonanox* Rafin. (Calonyction Chois.) — *Quamoclit* Tourn. (Macrostema Pers. Mina Llav. et Lexarz. Morena Llav. et

Lexarz.) — *Lepistemon* Blum. — *Rivea* Chois. — *Argyreia* Lour. (Lettsomia Roxb.) — *Blinkworthia* Chois. — *Humbertia* Commers. (Thouinia Smith. Smithia Gmel. Endrachium Juss.) — *Moorcroftia* Chois. — *Maripa* Aubl. — *Erycibe* Roxb. (Erimatalia Rœm. et Schult.)

GENRE ANOMALE : *Nolana* Linn. (1). (Walkeria Ehret. Zwingera Hofer. Teganium Schmidel. Neudorffia Adans.)

Genre PORANA. — *Porana* Burm.

Calice 5-sépale, accrescent, finalement scarieux. Corolle campanulée ou infondibuliforme, 5-lobée, non-plissée. Étamines 5, insérées au fond de la corolle. Ovaire 1-loculaire, 2-4-ovulé. Style indivisé ou semi-bifide. Stigmates 2, capitellés. Péricarpe membranacé, évalve, 1-loculaire, par avortement 1-sperme.

Herbes ou arbustes volubiles. Feuilles alternes. Fleurs en panicules.

PORANA PANICULÉ. — *Porana paniculata* Roxb. Flor. Ind. ed. 2, vol. 1, p. 464 ; Plant. Corom. 3, tab. 235. — *Dinetus paniculatus* Sweet, Hort. Brit.

Tige ligneuse, très-rameuse. Sarments volubiles, ligneux, réclinés au sommet, s'étendant au delà du sommet des arbres les plus élevés. Écorce adulte grisâtre, raboteuse. Jeunes pousses pubescentes. Feuilles longues et larges de 1 pouce à 4 pouces, cordiformes, entières, pointues, velues aux 2 faces. Panicules

---

(1) M. Bartling met ce genre à la suite des Solanacées ; M. Reichenbach le place au commencement des Solanacées, comme tribu distincte ; M. Choisy le comprend dans les Convolvulacées-Dichondrées : groupe que M. Lindley établit comme famille distincte et qu'il appelle *Nolanacées.*

terminales et axillaires, pendantes, ou réclinées. Fleurs très-nombreuses, petites, d'un blanc pur. Calice cotonneux, beaucoup plus court que la corolle. Corolle à bord légèrement 5-lobé. Anthères linéaires, semi-incluses. Style indivisé, court. Stigmate à 2 gros lobes globuleux. Péricarpe ovoïde, membranacé, velu, du volume d'un petit Pois. Calice-fructifère à sépales très-anisomètres : les 2 extérieurs petits; les 3 intérieurs lancéolés, beaucoup plus longs que le péricarpe.

Cette espèce, remarquable par l'élégance de son inflorescence, croît au Bengale.

PORANA VOLUBILE. — *Porana volubilis* Linn. — Burm. Ind. tab. 21, fig. 1. — Roxb. Flor. Ind. ed. 2, vol. 1, p. 465.

Tige et branches ligneuses, volubiles, très-longues, grimpantes. Feuilles longues de 2 à 3 pouces, larges de 1 pouce à 2 pouces, cordiformes, entières, glabres, pointues. Panicules axillaires et terminales, inclinées, pubescentes. Fleurs petites, nombreuses, blanches, inodores. Sépales oblongs, scarieux, presque aussi longs que la corolle. Corolle à 5 lobes oblongs, obtus. Style bifide. Stigmate capitellé, subbilobé. Filets presque aussi longs que la corolle. Péricarpe globuleux, lisse, brun, du volume d'un Pois; calice-fructifère à sépales isomètres.

Cette espèce croît dans l'Inde; son inflorescence est très-élégante.

Genre CONVOLVULUS. — *Convolvulus* Linn.

Calice 5-sépale, persistant. Corolle cyathiforme, plissée, obscurément 5-lobée ou 5-angulée. Étamines 5, insérées au fond de la corolle. Ovaire 2-4-loculaire; loges 1-ou 2-ovulées. Style indivisé. Stigmate bifurqué, ou bilamellé, ou capitellé. Capsule 1-4-loculaire, 2-4-valve, 4-8-sperme, chartacée, subglobuleuse.

Herbes, ou arbustes. Tiges dressées, ou décombantes, ou volubiles. Feuilles entières, ou lobées, ou anguleuses, alternes. Pédoncules uniflores ou pluriflores, axillaires, ou axillaires et terminaux.

Sous-genre CALYSTEGIA R. Br.

Tiges volubiles, herbacées. Pédoncules axillaires, solitaires, 1-flores, longs, grêles, défléchis après la floraison. Feuilles sagittiformes ou cordiformes. Calice recouvert par 2 bractées insérées immédiatement sous sa base ; sépales inégaux. Étamines incluses. Ovaire 2-loculaire : loges 2-ovulées. Stigmate bifurqué. Capsule 1-loculaire, 4-sperme, 2-valve : valves bifides.

CONVOLVULUS DES HAIES. — *Convolvulus sepium* Linn. — Blackw. Herb. tab. 38. — Flor. Dan. tab. 453. — Engl. Bot. tab. 313. — *Calystegia sepium* R. Br.

Feuilles sagittiformes ou sagittiformes-ovales, mucronées, longuement pétiolées : lobes-basilaires obtus ou pointus, sinués-dentés, ou sinuolés, ou tronqués. Pédoncules tétragones, plus longs que les pétioles. Bractées ovales, ou elliptiques, ou cordiformes, obtuses. Calice beaucoup plus court que la corolle.

Plante vivace, glabre, lactescente. Racine rampante. Tiges longues, grêles, tétragones, rameuses. Feuilles minces, lisses, d'un vert gai : pétiole très-grêle, dressé, à peu près de moitié plus court que la lame; lame longue de 2 à 4 pouces, réfléchie. Corolle longue de près de 2 pouces, d'un blanc pur, ou rarement rose. Lobes arrondis, très-courts, mucronulés. Graines assez grosses, subturbinées, noires, anguleuses.

Cette espèce, connue sous les noms vulgaires de *Liset* ou *Grand Liseron*, est commune dans les haies et les buissons; elle fleurit en juillet et août. Toute la plante est purgative.

Sous-genre SCAMMONIA Spach.

Tiges volubiles, herbacées. Pédoncules axillaires, solitaires, longs, grêles, défléchis après la floraison, 2-7-flores, dichotomes, paniculés; pédicelles 1-ou 2-bractéolés à la base ou vers le milieu. Feuilles sagittiformes. Sé-

pales inégaux. Étamines incluses. Ovaire 2-loculaire. Stigmate bifurqué. Capsule 1-loculaire, 4-sperme, 2-valve : valves bifides.

CONVOLVULUS SCAMMONÉE. — *Convolvulus Scammonia* Linn.—Woodw. Med. Bot. 1, tab. 5.—Sibth. et Smith, Flor. Græc. tab. 192.—Sweet, Brit. Flow. Gard. ser. 2, tab. 173.

Feuilles sagittiformes, acuminées, pétiolées ; lobes-basilaires acuminés, subtriangulaires, dentés. Pédoncules cylindriques, grêles, 3-7-flores, beaucoup plus longs que les feuilles. Sépales inégaux, tronqués, mucronés, beaucoup plus courts que la corolle : les deux extérieurs plus larges et plus courts que les intérieurs.

Plante vivace, lactescente, glabre. Racine subfusiforme, blanchâtre, charnue. Tiges longues de 6 à 15 pieds, nombreuses, grêles, rameuses, cylindriques. Feuilles longues d'environ 2 pouces, minces, lisses, d'un vert foncé ; pétiole à peu près 1 fois plus court que la lame. Pédoncules subfiliformes, dichotomes au sommet. Fleurs en cymules ou en panicules lâches. Pédicelles courts, épaissis au sommet. Bractées oblongues ou obovales, acuminées, petites. Sépales elliptiques, minces, finalement subscarieux. Corolle blanche, de la grandeur de celle du *Convolvulus sepium*. Étamines conniventes, 3 à 4 fois plus courtes que la corolle. Style à peu près aussi long que les étamines. Capsule presque recouverte par le calice. Graines assez grosses, anguleuses, turbinées, noires, lisses.

Cette espèce croît en Syrie et dans l'Archipel. On en prépare un extrait purgatif, connu sous le nom de *Scammonée.*

Sous-genre EUCONVOLVULUS Spach.   •

Pédoncules axillaires, solitaires, grêles, 1-flores (accidentellement 2-ou 3-flores), défléchis après la floraison, dibractéolés vers le milieu ou au-dessous du sommet. Étamines incluses. Stigmate bifurqué. Capsule 2-loculaire, 4-sperme.

A. *Tiges décombantes ou volubiles. Feuilles sagittiformes* *ou hastiformes, pétiolées. Sépales tronqués, mucronulés. Racine vivace, traçante.*

CONVOLVULUS AGRESTE. — *Convolvulus arvensis* Linn. — Flor. Dan. tab. 459. — Engl. Bot. tab. 312. — Bull. Herb. tab. 269. — *Convolvulus chinensis* Bot. Reg. tab. 322.

Feuilles sagittiformes ou hastiformes, obtuses, ou pointues, très-entières : auricules arrondies ou pointues. Pédoncules (quelquefois biflores) filiformes, plus longs que les feuilles, ordinairement flexueux, dibractéolés vers le milieu. Sépales subisomètres, ovales, beaucoup plus courts que la corolle.

Plante glabre ou moins souvent pubescente, lactescente. Tiges longues de 1 à 2 pieds, très-grêles, anguleuses, décombantes, ou grimpantes. Feuilles minces, d'un vert foncé, ordinairement glabres ; pétiole filiforme, tantôt aussi long ou plus long que la lame, tantôt plus court. Bractées linéaires-subulées. Fleurs odorantes, longues d'environ 1 pouce. Corolle rose ou blanche. Étamines de moitié plus courtes que la corolle ; anthères violettes. Style capillaire, débordant les étamines. Capsule presque recouverte par le calice ; graines noires, anguleuses, subturbinées.

Cette espèce, nommée vulgairement *petit Liseron*, *petit Liset*, *Campanelle*, *Clochette*, ou *Vrillée*, est commune dans les champs et autres localités découvertes.

B. *Tiges ascendantes, non-volubiles. Feuilles sessiles, rétrécies vers leur base. Sépales acuminés. Racine annuelle, fibreuse.*

CONVOLVULUS TRICOLORE. — *Convolvulus tricolor* Linn. — Bot. Mag. tab. 27.

Feuilles oblongues, ou spathulées-oblongues, ou obovales, obtuses. Pédoncules filiformes, plus longs que les feuilles, dibractéolés au-dessus du milieu. Sépales oblongs, 4 fois plus courts que la corolle.

Plante poilue, haute de ½ pied à 2 pieds. Tiges simples ou rameuses, subcylindriques, feuillues. Bractées petites, subulées.

Corolle longue d'environ 1 pouce, panachée de blanc, de violet et de bleu, ou (par variation) blanche. Étamines à peu près aussi longues que le calice. Capsule du volume d'un gros Pois, en partie recouverte par le calice. Graines du volume d'un grain de Moutarde, brunes, scrobiculées, subglobuleuses, anguleuses.

Cette espèce, connue sous le nom vulgaire de *Belle de jour*, est originaire de l'Europe méridionale, et fréquemment cultivée comme plante de parterre.

Sous-genre BATATAS Choisy.

Étamines incluses. Stigmate capitellé, bilobé. Capsule 3-ou 4-loculaire, 3-ou 4-valve, 3-ou 4-sperme.

CONVOLVULUS PATATE. — *Convolvulus Batatas* Linn. — Hort. Malab. 7, tab. 50. — *Ipomœa Batatas* Rœm. et Schult.

Tiges volubiles ou décombantes, herbacées. Feuilles hastiformes, ou subpalmatifides, ou deltoïdes, acuminées, longuement pétiolées. Pédoncules axillaires, pluriflores, subpaniculés, anguleux, plus longs que les feuilles. Sépales oblongs, mucronés : les 2 extérieurs plus petits.

Plante vivace, glabre. Racine tubéreuse. Tiges feuillues, anguleuses. Feuilles longues de 2 à 4 pouces, minces, d'un vert foncé, souvent plus courtes que leur pétiole. Corolle longue d'environ 2 pouces, d'un pourpre pâle.

Cette espèce, indigène de l'Inde, et dont les racines sont connues sous le nom de *patates*, se cultive fréquemment comme plante alimentaire.

Sous-genre CONVOLVULOIDES Mœnch. (*Pharbitis* Choisy.)

Étamines incluses. Stigmate capitellé, indivisé. Capsule 3-ou 4-loculaire (accidentellement 2-loculaire), 3-ou 4-valve ; loges 2-spermes. — Herbes volubiles. Pédoncules uniflores ou pluriflores, axillaires.

CONVOLVULUS POURPRE. — *Convolvulus purpureus* Linn.

— Bot. Mag. tab. 113, 1005 et 1682. — *Ipomœa purpurea* Rœm. et Schult.

Feuilles indivisées ou trilobées, cordiformes, acuminées, longuement pétiolées. Pédoncules 2-5-flores, défléchis après la floraison, ordinairement plus longs que les feuilles; pédicelles nus, anguleux, recourbés après la floraison, disposés en ombelle. Sépales linéaires-lancéolés ou oblongs-lancéolés, acuminés, beaucoup plus courts que la corolle, à peu près aussi longs que la capsule.

Tiges grêles, très-longues, rameuses, anguleuses, ordinairement velues. Feuilles larges de 2 à 4 pouces, minces, d'un vert foncé, légèrement pubescentes : pétiole grêle, poilu. Fleurs de la grandeur de celles du *Convolvulus sepium*. Pédicelles 2 à 4 fois plus longs que le calice, velus (de même que le pédoncule), accompagnés chacun à sa base d'une ou de deux bractéoles linéaires non-persistantes. Calice velu. Corolle bleue, ou pourpre, ou violette, ou blanche, ou panachée. Capsule glabre, lisse, du volume d'un gros Pois. Graines obovées, trigones, noires, lisses.

Cette espèce, indigène de l'Inde, se cultive fréquemment comme plante d'ornement.

Genre QUAMOCLIT. — *Quamoclit* Tourn.

Calice pentasépale, persistant. Corolle hypocratériforme : limbe 5-parti ou 5-lobé, étalé. Étamines 5, saillantes, insérées au fond de la corolle. Filets épaissis à la base. Ovaire 4-loculaire; loges 2-ovulées. Style filiforme, indivisé. Stigmate capitellé, indivisé, ou subbilobé. Capsule subglobuleuse, chartacée, 4-loculaire, 4-valve, 8-sperme.

Herbes volubiles. Feuilles indivisées, ou lobées, ou pennatiparties, alternes. Pédoncules 1-flores, ou pluriflores, solitaires, axillaires.

QUAMOCLIT PECTINÉ. — *Quamoclit pectinata* Spach. — *Ipomœa Quamoclit* Linn. — Bot. Mag. tab. 244.

Feuilles pennatiparties, courtement pétiolées : segments linéaires-filiformes, rapprochés : les basilaires souvent bifurqués. Pédoncules 1-3-flores, filiformes, plus longs que les feuilles, défléchis ; pédicelles épaissis, anguleux. Tube de la corolle claviforme ; limbe 5-parti : segments ovales, acuminés.

Plante annuelle, glabre. Tiges grêles, anguleuses, rameuses, longues de 2 à 4 pieds. Pédicelles 2 à 3 fois plus longs que le calice, bractéolés à la base : bractéoles minimes, subulées. Calice 3 à 4 fois plus court que la corolle; sépales inégaux, subcoriaces, concaves, obtus, mucronulés : les 2 extérieurs plus petits, oblongs, 3-nervés ; les 3 intérieurs ovales-oblongs, 1-nervés. Corolle écarlate ou blanche, longue d'environ 18 lignes. Graines brunes, veloutées, subturbinées, trigones.

Cette espèce, indigène de l'Inde, se cultive comme plante d'ornement.

Genre ARGYRÉIA. — *Argyreia* Loureir.

Calice 5-sépale. Corolle 5-fide ou 5-plissée, subcampanulée. Étamines 5, incluses, ou saillantes, insérées au fond de la corolle. Ovaire 2-loculaire; loges 2-ovulées. Style filiforme, indivisé. Stigmate capitellé, subbilobé. Baie subéreuse ou charnue, 2-loculaire, 4-sperme, ou par avortement 1-3-sperme.

Arbustes volubiles. Feuilles cotonneuses ou satinées, grandes, entières, alternes, le plus souvent cordiformes. Pédoncules axillaires et terminaux, uniflores, ou pluriflores.

ARGYRÉIA BRILLANT. — *Argyreia splendens* Sweet. — *Lettsomia splendens* Roxb. Flor. Ind. ed. 2, vol. 1, p. 487. — *Ipomœa splendens* Bot. Mag. tab. 2628.

Feuilles cordiformes-oblongues, paralléli-veinées, soyeuses en dessous. Corymbes axillaires. Baie colorée, en partie recouverte par le calice.

Cette espèce croît dans l'Inde. On la cultive comme plante d'ornement de serre.

ARGYRÉIA NERVEUX. — *Lettsomia nervosa* Roxb. l. c. p.

488. — *Convolvulus nervosus* Burm. Ind. tab. 20, fig. 1. —
Ipomea speciosa Bot. Mag. tab. 2446.

Feuilles cordiformes, soyeuses en dessous, paralléli-veinées.
Pédoncules ombellifères, plus longs que les pétioles. Stigmate à
2 lobes globuleux. Péricarpe sec.

Sarments ligneux, très-longs. Jeunes pousses soyeuses. Feuilles longues et larges de 4 à 12 pouces. Pétioles plus courts que
les feuilles, biglanduleux au sommet. Ombelles dressées. Fleurs
grandes, d'un rose foncé. Bractées grandes, elliptiques, blanches, caduques.

Cette espèce, qu'on cultive dans les collections de serre, croît
dans l'Inde.

ARGYRÉIA A FEUILLES CUNÉIFORMES. — *Lettsomia cuneata*
Roxb. l. c. p. 491. — *Argyreia cuneata* Bot. Reg. tab. 661.
— *Ipomea atrosanguinea* Bot. Mag. tab. 2170.

Feuilles cunéiformes, échancrées, velues en dessous. Pédoncules 3-flores, beaucoup plus courts que les feuilles.

Sarments ligneux, très-longs. Écorce lisse, d'un gris foncé.
Jeunes pousses pubérules. Feuilles courtement pétiolées, longues
d'environ 2 pouces. Pédoncules solitaires, axillaires, velus, longs
d'environ 8 lignes. Pédicelles ternés : les latéraux recourbés.
Bractées linéaires. Sépales ovales, un peu velus. Corolle grande,
d'un pourpre brillant ; lobes échancrés. Filets larges, poilus à
la base. Péricarpe sec, oblong, indéhiscent.

Cette espèce croît au Mysore ; au témoignage de Roxburgh,
c'est l'une des plus élégantes de la famille ; on la cultive dans
les collections de serre.

CENT TRENTE-SIXIÈME FAMILLE.

LES HYDROLÉACÉES. — *HYDROLEACEÆ*.

Hydroleaceæ R. Br. in Tuck. Cong. p. 451. — Kunth, in Humb. et Bonpl. Nov. Gen. et Spec. 3, p. 125; Syn. 2, p. 254. — Bartl. Ord. Nat. p. 189. — Choisy, in Mém. de la Soc. d'Hist. Nat. de Genève, 11, p. 95 ; et in Ann. des Sciences Nat. v. 50, p. 225. — Lindl. Nat. Syst. ed. 2, p. 254. — Endl. Gen. Plant. 1, p. 660. — *Convolvulaceæ*, tribus II : *Hydroleeæ* Reichenb. Syst. Nat. p. 194. — *Convolvulacearum* genn. Juss.

Cette famille, qui peut-être est plus voisine des Hydrophyllées, que des Convolvulacées et des Polémoniacées, ne comprend qu'un petit nombre d'espèces, toutes exotiques, et la plupart indigènes de l'Amérique équatoriale ; ces végétaux sont d'un intérêt purement scientifique.

CARACTÈRES DE LA FAMILLE.

Herbes annuelles ou suffrutescentes. Tige et rameaux cylindriques, inarticulés, quelquefois armés d'épines axillaires. Sucs-propres aqueux.

Feuilles éparses, simples, indivisées, non-stipulées.

Fleurs régulières, hermaphrodites, axillaires, ou terminales, solitaires, ou agrégées, ou disposées en épis révolutés avant la floraison.

Calice inadhérent, persistant, herbacé., 5-parti, ou 5-fide : estivation imbricative ou distante.

Corolle infondibuliforme, ou subcampanulée, ou rotacée, 5-lobée, non-plissée, hypogyne, non-persistante; estivation imbricative.

Étamines 5 , insérées au tube de la corolle, interposées, libres. Filets quelquefois pétaloïdes à la base. Anthères incombantes, dithèques : bourses juxtaposées, parallèles, déhiscentes chacune par une fente longitudinale.

Pistil : Ovaire soit 2-loculaire, à placentaires adnés au milieu de la cloison; soit 3-loculaire, à placentaires axiles; soit incomplétement 2-loculaire, à placentaires adnés aux bords des cloisons; ovules horizontaux ou suspendus, anatropes, en nombre indéfini. Styles 2 ou 3, terminaux. Stigmates tronqués ou capitellés.

Péricarpe pyxidien, ou capsulaire (septifrage ou loculicide), 2-ou 3-loculaire, polysperme.

Graines minimes, anguleuses; tégument aréolé ou strié, membranacé. Périsperme mince, charnu. Embryon rectiligne, axile; cotylédons planes; radicule appointante.

La famille des Hydroléacées renferme les genres suivants :

Hydrolea Linn. (Steris Burm. Sagonea Aubl. Reichelia Schreb.) — *Hydrolia* Petit-Thou. — *Wigandia* Kunth. — *Nama* Linn.

Genres anomales, ou rapportés avec doute à cette famille : *Romanzoffia* Chamiss. — *Codon* Royen. — *Cervia* Lagasc.

CENT TRENTE-SEPTIÈME FAMILLE.

LES POLÉMONIACÉES. — *POLEMONIACEÆ.*

Polemonia Juss. Gen. ; Ann. du Mus. vol. 5 , p. 259 ; vol. 15, p. 541.
— *Polemoniaceæ* Vent. Tabl. 2 , p. 598. — Bartl. Ord. Nat. p. 188. —
Lindl. Nat. Syst. 2, p. 252. — Benth. in Bot. Reg. 1622. — Endl.
Gen. Plant. 1, p. 656. — *Polemoniaceæ* et *Cobæaceæ* Don, in Edinb.
Phil. Journ. 7, p. 286, et 10 , p. 111. — *Convolvulaceæ*, tribus I :
Polemoniariæ Reichenb. Syst. Nat. p. 194.

La plupart des Polémoniacées habitent l'Amérique,
et surtout les contrées extra-tropicales de ce continent;
quelques espèces seulement croissent dans le nord de
l'ancien continent. Beaucoup d'espèces sont remarquables par la beauté de leurs fleurs, mais du reste ces végétaux n'ont aucune propriété marquée.

Caractères de la Famille.

Herbes, ou rarement *arbustes.* Tige et rameaux
noueux avec articulation, ou inarticulés. Sucs-propres
aqueux.

Feuilles alternes ou opposées, simples (très-entières,
ou dentées, ou palmatisectées, ou pennatisectées), non-
stipulées.

Fleurs régulières ou subrégulières, hermaphrodites,
en général terminales. Inflorescences paniculées, ou cymeuses, ou gloméruliformes, ou rarement racémiformes,
bractéolées, ou involucrées.

Calice inadhérent, persistant, herbacé, ou submembranacé, 5-parti, ou 5-fide, ou 5-denté, souvent prismatique, par exception 3-ou 4-parti.

Corolle hypogyne, non-persistante, non-plissée, tubuleuse (rarement campanulée), 5-lobée; lobes égaux ou inégaux, imbriqués et plus ou moins contournés en préfloraison.

Étamines 5, insérées au tube ou à la gorge de la corolle, interposées, isomètres, ou anisomètres, libres. Anthères dithèques, incombantes : bourses juxtaposées, parallèles, déhiscentes chacune par une fente longitudinale; pollen souvent bleu.

Pistil : Ovaire 3-loculaire (rarement 2-ou 5-loculaire), inséré sur un disque annulaire ou cupuliforme ; ovules solitaires, ou en nombre défini, ou en nombre indéfini, anatropes, ou amphitropes, attachés à l'angle interne des loges, appendants, ou renversés. Style indivisé, terminé par un stigmate trifurqué (rarement bifurqué, ou 5-fide).

Péricarpe capsulaire, 3-loculaire (rarement 1-2-ou 5-loculaire), loculicide (par exception septicide); cloisons étroites, opposées aux angles d'un placentaire central (en général membranacé, triptère), dont elles se détachent lors de la déhiscence ; loges monospermes, ou oligospermes, ou polyspermes.

Graines comprimées, ou anguleuses, ou plano-convexes, quelquefois ailées; tégument crustacé ou membraneux (se convertissant, dans beaucoup d'espèces, par la madéfaction, en un mucilage copieux rempli de petits vaisseaux spiraux déroulés); hile ventral, ou situé à l'extrémité inférieure de la graine. Périsperme corné ou charnu. Embryon rectiligne, axile, en général aussi long que le périsperme; cotylédons planes, ou plano-convexes, foliacés, ordinairement ovales ou elliptiques; radicule infère, subcylindrique, courte, ou plus ou moins allongée.

.La famille des Polémoniacées comprend les genres suivants :

Section I. **PHLOGINÉES** Reichenb.

Ovaire à loges 1-ovulées Graines plano-convexes; tégument ne devenant point mucilagineux par la madéfaction.
Phlox Linn.

Section II. **GILIÉES** Reichenb.

Ovaire à loges 1-ovulées ou pluri-ovulées. Graines à tégument mucilagineux par madéfaction.

Caldasia Willd. (non Lagasca.) (Bonplandia Cavan.) — *Collomia* Nuttall. — *Courtoisia* Reichenb. — *Gilia* Ruiz et Pavon. — *Navarretia* Ruiz et Pav.—*Ægochloa* Benth. — *Dactylophyllum* Benth. — *Welwitschia* Reichenb. (Hügelia Benth. non Reichenb.) — *Leptosiphon* Benth. — *Fentzlia* Benth. (non Endl.) — *Linanthus* Benth.—*Ipomopsis* Michx. (Ipomeria Nutt. Brickellia Rafin.) — *Lœselia* Linn. — *Hoitzia* Juss. — *Cantua* Juss. (Periphragmos Ruiz et Pav. excl. sp.)

Section III. **POLÉMONIÉES**. Reichenb.

Ovaire à loges bi-ou pluri-ovulées. Graines à tégument non-mucilagineux par madéfaction.

Polemonium Tourn.
Genre anomale : *Cobœa* Cavan.
Genre douteux : *Cyananthus* Wallich.

Genre PHLOX. — *Phlox* Linn.

Calice profondément 5-denté, 5-costé, subprismatique, campanulé, ou tubuleux. Corolle hypocratériforme ; tube plus ou moins courbé ; limbe 5-parti. Étamines 5, ordinairement incluses, insérées (à hauteur inégale) au tube ou à la gorge de la corolle ; filets courts, capillaires, anisomètres ; anthères oblongues ou ovales, sagittiformes ou échancrées à la base. Ovaire 3-loculaire ; loges 1-ovulées ; ovules amphitropes, renversés, attachés vers le milieu de l'angle interne des loges. Style filiforme, saillant. Stigmate 3-parti : lanières filiformes. Capsule 3-loculaire, 3-sperme (quelquefois par avortement 1-loculaire et 1-sperme, ou 2-loculaire et 2-sperme), loculicide-trivalve du sommet jusqu'à la base ; valves cymbiformes, caduques. Graines plano-convexes ou lenticulaires, obtuses aux 2 bouts ; tégument lisse, crustacé ; raphé ventral, nerviforme ; radicule infère, plus longue que les cotylédons.

Herbes vivaces. Tiges (perennes et suffrutescentes dans quelques espèces) plus ou moins distinctement articulées. Feuilles sessiles on courtement pétiolées, très-entières, soit toutes opposées-croisées, soit les inférieures opposées et les supérieures alternes. Inflorescence cymeuse, ou thyrsiforme, ou corymboïde, ou paniculée, centrifuge. Pédoncules terminaux, ou axillaires et terminaux, 1-flores, ou pauciflores, ou pluriflores ; pédicelles fasciculés, ou en cymules, ou en corymbes, tantôt nus, tantôt 1-bractéolés à la base. Fleurs odorantes, ordinairement grandes. Corolle blanche, ou rose, ou pourpre, ou violette, ou bleue. Anthères jaunes.

Toutes les espèces de ce genre (à l'exception d'une seule, indigène de Sibérie) habitent l'Amérique septentrionale. Tous les *Phlox* méritent d'être cultivés comme plantes d'ornement ; nous ne décrirons que celles qu'on rencontre le plus fréquemment dans les jardins.

A. *Tiges simples, ou rameuses vers le haut, dressées, non-perennes. Inflorescences axillaires et terminales : celles de chaque tige rapprochées en cyme ou en thyrse, ou disposées en panicule lâche. Plante florifère dépourvue de feuilles radicales.*

a.) *Feuilles non-coriaces, non-luisantes, scabres (du moins aux bords), toutes très-courtement pétiolées : les inférieures à peu près semblables aux supérieures.*

PHLOX PANICULÉ. — *Phlox paniculata* Linn.

Tiges paniculées au sommet, obscurément tétragones. Inflorescence-générale pyramidale ou subcymeuse, dense, multiflore. Pédicelles fasciculés, à peu près aussi longs que le calice. Dents calicinales subulées, presque aussi longues que le tube. Tube de la corolle 2 à 3 fois plus long que le calice : lobes obovales, ou obovales-orbiculaires.

—α : A FEUILLES ÉTROITES. (*angustifolia.*) — *Phlox paniculata* auctor. plerr. — Dill. Hort. Elth. tab. 166, fig. 203. — Mill. Ic. tab. 205. — *Phlox scabra* Sweet, Brit. Flow. Gard. tab. 248. — *Phlox Sickmanni* Lehm. in Nov. Act. Nat. Cur. vol. 14, pars 2, tab. 46. — *Phlox corymbosa* Sweet, Brit. Flow. Gard. ser. 2, tab. 114. — *Phlox cordata* Elliott. Carol.— Sweet, Brit. Flow. Gard. ser. 2, tab. 13. — *Phlox undulata* Hort. Kew. — Feuilles lancéolées, ou lancéolées-oblongues, ou oblongues.

— β : A LARGES FEUILLES (*latifolia*).—*Phlox latifolia* Hortor. (non Michx.) — *Phlox decussata* Hortor. — *Phlox acuminata* Pursh. —Bot. Mag. tab. 1880. — Feuilles lancéolées-elliptiques.

Tiges glabres ou pubérules, raides, feuillues, hautes de 2 à 3 pieds, garnies vers le haut de ramules-florifères axillaires, plus ou moins divergents, médiocrement feuillés, en général simples et très-grêles; sur les individus très-robustes, les rameaux sont plus forts et eux-mêmes paniculés. Feuilles d'un vert foncé en

dessus; d'un vert pâle en dessous, glabres, ou pubérules aux 2
faces, acuminées, acérées, souvent cordiformes à la base, souvent ondulées aux bords, ordinairement horizontales. Ramules
en général multiflores : les inférieurs allongés ; les suivants graduellement plus courts. Fleurs serrées. Bractées subulées. Corolle rose, ou carnée, ou blanche : tube grêle, subclaviforme,
souvent pubérule à la surface externe, 2 à 3 fois plus long que
les lobes. Anthères oblongues : les supérieures quelquefois un
peu saillantes. Capsule ellipsoïde, obtuse, un peu plus longue
que le calice. Graines longues d'environ 2 lignes, elliptiques,
ou elliptiques-oblongues, d'un brun noirâtre.

b.) *Feuilles coriaces ou subcoriaces, luisantes, lisses, toutes sessiles ou
très-courtement pétiolées : les inférieures beaucoup plus étroites que
les supérieures.*

PHLOX ODORANT.—*Phlox suaveolens* Linn. — Jaume Saint-
Hil. Flor. et Pom. tab. 405. — *Phlox maculata* Linn.—
Jacq. Hort. Vind. 2, tab. 127. — Jaume Saint-Hil. Flore et
Pom. tab. 402. — *Phlox pyramidalis* Smith, Exot. Bot. tab.
87. — Sweet, Brit. Flow. Gard. tab. 233.— *Phlox longiflora*
Sweet, Brit. Flow. Gard. ser. 2, tab. 31.

Tiges simples, ou paniculées au sommet, obscurément tétragones. Feuilles sessiles ou subsessiles, acuminées, acérées : les
inférieures linéaires, ou linéaires-lancéolées, ou lancéolées-linéaires ; les supérieures oblongues-lancéolées, ou ovales-lancéolées, ordinairement cordiformes à la base. Pédicelles courts.
Dents calicinales ovales-lancéolées, ou oblongues-lancéolées,
courtement aristées. Fleurs en thyrse allongé, ou subpyramidal.
Tube de la corolle 2 à 3 fois plus long que le calice; lobes obovales ou suborbiculaires.

Tiges touffues, raides, glabres, ou pubérules, hautes de 1 pied
à 3 pieds, feuillues, simples, ou garnies vers le haut de ramules
florifères subaphylles, très-grêles. Feuilles glabres ou rarement
pubérules, horizontales, ou réfléchies, les supérieures quelquefois subverticillées. Thyrse dense, multiflore. Pédoncules ou
ramules-florifères 5-ou pluri-flores (les inférieurs quelquefois

3-flores). Pédicelles plus courts que le calice. Fleurs serrées. Corolle rose, ou carnée, ou blanche. Anthères oblongues, incluses.

PHLOX A FLEURS LACHES.—*Phlox laxiflora* Spach.—*Phlox glaberrima* Linn. — Dill. Hort. Elth. tab. 166, fig. 202. — Sweet, Brit. Flow. Gard. ser. 2, tab. 36. —*Phlox triflora* Michx. —Sweet, Brit. Flow. Gard. tab. 29. — *Phlox carnea* Bot. Mag. tab. 2155.

Tiges simples ou paniculées, obscurément tétragones. Feuilles sessiles ou subsessiles, pointues : les inférieures linéaires, ou linéaires-lancéolées, ou lancéolées-linéaires ; les supérieures oblongues, ou oblongues-lancéolées, ou ovales-lancéolées, ou ovales, souvent cordiformes à la base. Fleurs en panicule corymbiforme ou diffuse, lâche. Pédicelles allongés ou courts. Dents calicinales ovales-lancéolées, acérées. Tube de la corolle 2 à 3 fois plus long que le calice ; lobes obovales ou suborbiculaires.

Tiges hautes de 1 pied à 2 pieds, glabres, ou pubérules, raides, touffues, en général beaucoup moins feuillues que celles de l'espèce précédente, trichotomes au sommet, tantôt très-simples inférieurement, tantôt ramulifères aux aisselles supérieures ou dès leur milieu. Feuilles glabres, d'un vert gai : les supérieures souvent plus courtes que les entre-nœuds. Ramules florifères en général aphylles ou subaphylles, tantôt trichotomes au sommet, tantôt simples, 3-9-flores. Inflorescences-partielles lâches, corymbiformes. Pédicelles grêles, tantôt plus longs que le calice, tantôt plus courts. Corolle blanche, ou rose, ou violette, ou lilas, ou carnée : tube subclaviforme, 1 à 2 fois plus long que les lobes. Anthères oblongues : celles des 2 ou 3 étamines supérieures ordinairement un peu saillantes.

PHLOX SUFFRUTESCENT.—*Phlox suffruticosa* Willd. Enum. — Bot. Reg. tab. 68.—Jaume Saint-Hil. Flore et Pom. Franç. tab. 404.

Tiges cylindriques, paniculées vers le haut, suffrutescentes à la base. Feuilles sessiles ou subsessiles, acuminées : les inférieures lancéolées, ou lancéolées-linéaires; les supérieures oblongues, ou oblongues-lancéolées, ou ovales-lancéolées, ou ovales, en général cordiformes à la base. Panicule-générale diffuse ou subfastigiée. Inflorescences-partielles subcymeuses, denses, multiflores. Pédicelles courts. Dents calicinales linéaires-lancéolées, acérées. Tube de la corolle 2 à 3 fois plus long que le calice; lobes obovales ou suborbiculaires.

Plante touffue, très-glabre. Tiges hautes de 1 pied à 2 pieds, luisantes, raides, feuillues, en général rameuses à partir du milieu; rameaux subaphylles ou médiocrement feuillés, grêles, plus ou moins divergents, quelquefois bifurqués, tantôt subfastigiés ou débordants, tantôt les inférieurs plus courts que les supérieurs. Feuilles coriaces, luisantes, d'un vert foncé. Pédicelles fasciculés, en général plus courts que le calice. Corolle d'un pourpre violet; tube subclaviforme, 2 à 3 fois plus long que les lobes. Anthères oblongues : celles des 2 étamines supérieures ordinairement un peu saillantes.

B. *Tige stolonifère à la base, simple, dressée, munie d'une rosette de feuilles-radicales. Fleurs subterminales, disposées en cyme dichotome, ou en corymbe. Étamines insérées à la gorge de la corolle.*

PHLOX STOLONIFÈRE. — *Phlox stolonifera* Sims, Bot. Mag. tab. 563. — *Phlox reptans* Mich. Flor. Amer. Bor. — Vent. Malm. tab. 107. — *Phlox prostrata* Hort. Kew.

Feuilles obtuses : les caulinaires linéaires ou linéaires-oblongues, subsessiles; les radicales et celles des stolons pétiolées, spathulées-obovales, ou lancéolées-spathulées. Cyme lâche, 5-12-flore. Pédicelles filiformes, ordinairement plus longs que le calice. Dents calicinales subulées. Tube de la corolle 2 à 3 fois plus long que le calice; lobes obovales.

Tige haute de 3 à 6 pouces, grêle, médiocrement feuillée. Stolons simples ou rameux, filiformes, radicants, nombreux, atteignant jusqu'à 1 pied de long. Feuilles glabres, ou légèrement pubérules aux bords, lisses : les radicales et celles des stolons

subperennes, subcoriaces, luisantes, longues de 6 lignes à 1
pouce ; les caulinaires minces, longues de 3 à 6 lignes. Bractées
subulées. Calice ordinairement pubérule. Corolle bleue, longue
d'environ 1 pouce; tube grêle, subcylindrique, 2 fois plus long
que les lobes.

C. *Tiges procombantes, grêles, très-rameuses, perennes, suffrutescentes; rameaux florifères ascendants. Fleurs terminales ou subterminales, fasciculées, ou en panicule lâche.*

a.) *Feuilles assez grandes : les ramulaires-inférieures planes, non-rose-
lées, subcoriaces.*

PHLOX DIVARIQUÉ. — *Phlox divaricata* Linn. — Bot. Mag.
tab. 163. — *Phlox canadensis* Sweet, Brit. Flow. Gard. tab.
221.

Rameaux florifères simples, ou trichotomes au sommet.
Feuilles subsessiles, obtuses, ou subobtuses, ordinairement pubérules : les raméaires oblongues, ou elliptiques-oblongues, ou
ovales-oblongues, ou ovales-lancéolées ; les supérieures ordinairement cordiformes à la base ; les inférieures petites. Panicules lâches, subtrichotomes, ordinairement multiflores. Pédicelles
à peu près aussi longs que le calice ou plus courts. Dents calicinales subulées. Tube de la corolle à peu près 1 fois plus long
que le calice; lobes cunéiformes-obovales, échancrés, à peu près
aussi longs que le tube.

Tiges grêles, très-rameuses, pubérules de même que les rameaux. Rameaux longs de 4 pouces à 1 pied : les uns florifères, médiocrement feuillés ; les autres stériles, feuillus. Feuilles
longues de 6 à 15 lignes. Pédicelles solitaires ou subfasciculés,
pubérules de même que le calice. Corolle d'un bleu pâle, pubérule à la surface externe; tube courbé; limbe large de 6 à 10
lignes. Anthères toutes incluses.

b.) *Feuilles coriaces, persistantes, petites : les ramulaires-inférieures roselées, plus ou moins pliées en carène : côte très-saillante en dessous.*

PHLOX PROCOMBANT. — *Phlox procumbens* Lehm. Ind. Sem.

Hort. Hamburg. 1829. — Sweet , Brit. Flow. Gard. ser. 2,
tab. 7.

Rameaux-florifères paniculés. Feuilles lancéolées , ou lancéolées-linéaires, pointues , mucronées , sessiles , souvent ciliolées.
Pédoncules terminaux ou axillaires et terminaux, 1-3-flores, en
général plus courts que le calice. Dents calicinales linéaires-subulées. Tube de la corolle à peu près 1 fois plus long que le calice ; lobes obcordiformes, 1 fois plus courts que le tube.

Tiges très-grêles , radicantes, couvertes de ramules : les uns
stériles , très-feuillus , raccourcis , simples ; les autres florifères ,
paniculés; médiocrement feuillés vers le haut. Feuilles longues
de 3 à 6 lignes , luisantes, glabres (excepté aux bords). Pédicelles pubérules de même que les calices et les ramules. Corolle
de couleur lilas ; tube grêle ; limbe large d'environ 6 lignes :
chaque segment marqué à sa base d'une tache bleuâtre, bifur-
quée. Anthères sagittiformes-oblongues : celles des 2 ou 3 étamines supérieures un peu saillantes.

PHLOX SUBULÉ. — *Phlox subulata* Linn. — Pluck. Alm.
tab. 98, fig, 2. — Bot. Mag. tab. 411.

Ramules-florifères simples, ou trifurqués au sommet. Feuilles
sessiles, mucronées, ciliolées : celles des rosettes (aussi larges ou
plus larges que les autres) linéaires-lancéolées ; les supérieures
sublinéaires. Pédicelles terminaux, ternés, en général plus longs
que le calice. Dents calicinales linéaires-subulées. Tube de la
corolle 1 fois plus long que le calice ; lobes obcordiformes, à peu
près 1 fois plus courts que le tube.

Tiges très-grêles , touffues, couvertes dans toute leur longueur de ramules la plupart florifères, très-rapprochés, longs
de 3 à 6 pouces. Feuilles longues de 5 à 6 lignes, luisantes, d'un
vert foncé, glabres et lisses excepté aux bords ; côte large,
blanchâtre. Pédicelles filiformes, subfastigiés, longs de 3 à 6
lignes, finement pubérules de même que les ramules et les calices. Corolle rose, glabre ; tube grêle, subclaviforme ; limbe
large d'environ 6 lignes. Étamines toutes incluses.

PHLOX SÉTACÉ. —*Phlox setacea* Linn.—Bot. Mag. tab. 415.

Ramules-florifères simples, ou trifurqués au sommet. Feuilles sessiles, mucronées, ciliolées : celles des rosettes (notablement plus étroites que les autres) linéaires-subulées; les supérieures linéaires, ou linéaires-lancéolées. Pédicelles terminaux, fasciculés (au nombre de 2 à 5), ou rarement solitaires, en général plus longs que le calice. Dents calicinales linéaires-subulées. Tube de la corolle 1 fois plus long que le calice; lobes obcordiformes, 1 fois plus courts que le tube.

Plante semblable à la précédente par le port et par les fleurs. Feuilles longues de 3 à 6 lignes, glabres (excepté aux bords), d'un vert gai, luisantes : celles des rosettes très-étroites, souvent filiformes; côte large, blanchâtre. Pédicelles longs de 3 lignes à 1 pouce, filiformes, pubérules de même que les ramules et les calices, ordinairement subfastigiés; quelquefois les ramules produisent, outre le fascicule terminal, une paire de fleurs aux aisselles de l'avant-dernière paire de feuilles. Corolle rose, glabre : tube grêle, peu évasé; limbe large de 6 à 9 lignes. Étamines toutes incluses.

Genre GILIA. — *Gilia* Ruiz et Pav.

Calice campanulé, 5-fide, accrescent. Corolle infondibuliforme, 5-fide (quelquefois 6-11-fide). Étamines 5, (quelquefois 6 ou 7), subisomètres, insérées à la gorge de la corolle. Filets capillaires. Anthères sagittiformes-elliptiques. Ovaire 3-loculaire; loges 6-ou pluri-ovulées; ovules appendants, amphitropes, attachés à l'angle interne des loges, bisériés. Style filiforme. Stigmate 3-parti : lanières filiformes. Capsule ovoïde ou oblongue, chartacée, 3-loculaire, polysperme, loculicide-trivalve du sommet jusque vers le milieu. Graines anguleuses; angles légèrement ailés; tégument crustacé, mucilagineux par madéfaction; hile ponctiforme, ventral; radicule infère, plus longue que les cotylédons.

Herbes annuelles. Feuilles pennatifides ou pennatiparties, alternes. Fleurs subsolitaires, ou fasciculées, ou capi-

tellées, terminales, dressées, ébractéolées. Dents calicinales non-spinescentes, égales, dressées, membraneuses
aux bords. Corolle bleue ou violette : tube en général à
peine aussi long que le calice. Capsule persistant après
la déhiscence.

A. *Fleurs subsessiles, agrégées en capitules tres-denses. Co-*
rolle d'un bleu-pâle (par variation blanche), ordinaire-
ment 6-9-fide ; tube grêle, peu évasé ; lobes sublinéai-
res, un peu inégaux. Étamines (souvent au nombre de 6
ou 7) un peu plus longues que les lobes de la corolle.

GILIA A FLEURS CAPITELLÉES. — *Gilia capitata* Douglas. —
Sweet, Brit. Flow. Gard. tab. 287. — Bot. Mag. tab. 2698.
— Bot. Reg. tab. 1170. — Jaume Saint-Hil. Flor. et Pom.
Franç. tab. 447.

Feuilles bi- ou tri-pennatiparties : segments sublinéaires,
pointus. Capitules ovoïdes ou subglobuleux, pédonculés. Segments calicinaux linéaires-lancéolés, mucronés, carénés au dos.
Tube de la corolle un peu plus long que le calice ; lobes obtus,
un peu plus courts que le tube. Style un peu plus court que la
corolle. Capsule obovée, trisulquée, de moitié plus longue que
le calice.

Plante haute de 1 pied à 2 pieds, en général très-rameuse dès
la base. Rameaux ascendants, paniculés, finement pubérules, ou
moins souvent glabres, feuillus inférieurement, nus vers le haut ;
ramules aphylles ou subaphylles. Feuilles d'un vert gai, minces, glabres, ou légèrement pubérules : les inférieures longues
de 3 à 6 pouces, oblongues ou subtriangulaires en contour ; les
ramulaires petites, en général simplement pennatiparties, à
segments courts, filiformes. Capitules solitaires à l'extrémité
des rameaux et des ramules, ou moins souvent fasciculés : ceux
qui terminent les principaux rameaux 3 à 4 fois plus gros que
les autres. Calice glabre. Corolle longue de 3 à 4 lignes. Capsule lisse, obtuse, mucronulée, du volume d'un grain de moutarde. Graines petites, roussâtres.

Cette espèce, originaire de la Nouvelle-Californie, se cultive comme plante d'ornement.

B. *Fleurs plus ou moins longuement pédicellées, disposées en panicules très-lâches, ou en corymbes. Corolle d'un bleu violet, ou panachée de violet ; tube très-évasé ; lobes ovales ou obovales, plus longs que les étamines.*

GILIA TRICOLORE. — *Gilia tricolor* Benth. — Bot. Reg. tab. 1704. — Bot. Mag. tab. 3463.

Feuilles bi- ou tri-pennatiparties : segments linéaires ou linéaires-subulés, pointus. Corymbes lâches ou paniculés, 2-7-flores. Dents calicinales linéaires-lancéolées, 3-nervées, mucronées. Corolle presque 2 fois plus longue que le calice. Lobes obovales, acuminulés, à peu près de moitié plus courts que le tube, 1 à 2 fois plus longs que les étamines. Capsule oblongue, trigone, légèrement trisulquée, à peine plus courte que le calice.

Plante en général multicaule, haute de $^1/_2$ pied à 1 pied $^1/_2$, finement pubérule, ou moins souvent glabre. Tiges ascendantes, rameuses dès la base. Rameaux effilés, paniculés, grêles, cylindriques, feuillés. Ramules aphylles ou subaphylles. Feuilles minces, d'un vert gai : les raméaires longues de 1 pouce à 3 pouces ; les ramulaires très-petites. Pédicelles tantôt aussi longs ou plus longs que le calice, tantôt plus courts, subfiliformes, dressés. Calice pubérule. Corolle longue de 4 à 6 lignes : tube violet à sa partie évasée, jaune inférieurement ; lobes d'un bleu plus ou moins vif. Capsule longue d'environ 3 lignes. Graines petites, roussâtres.

Cette espèce, originaire de la Nouvelle-Californie, se cultive comme plante d'ornement.

Genre IPOMOPSIS. — *Ipomopsis* Michx.

Calice campanulé, inégalement 5-fide, accrescent. Corolle hypocratériforme, 5-lobée ; tube long, peu évasé ;

lobes un peu inégaux. Étamines 5, saillantes, déclinées, insérées (à hauteur égale) vers le sommet du tube de la corolle; filets capillaires, anisomètres; anthères sagittiformes-elliptiques, obtuses. Ovaire 3-loculaire (accidentellement 4-loculaire); loges 10-12-ovulées; ovules appendants, amphitropes, superposés, bisériés dans chaque loge. Style filiforme, décliné. Stigmate 3-parti : lanières filiformes. Capsule chartacée, trigone, 3-loculaire, loculicide-trivalve au sommet, polysperme. Graines anguleuses, bisériées dans chaque loge; tégument crustacé, mucilagineux par madéfaction ; angles légèrement ailés ; hile ponctiforme, ventral ; radicule infère, plus longue que les cotylédons.

Herbes bisannuelles. Feuilles pennatiparties, éparses. Pédoncules axillaires, 1-5-flores, solitaires ; pédicelles nus, ou uni-bractéolés à la base, disposés en grappe, ou en corymbe, ou en cymule. Fleurs grandes, plus ou moins déclinées. Corolle écarlate ; anthères jaunes. Capsule persistant après la déhiscence.

Ipomopsis élégant. — *Ipomopsis elegans* Michx. Flor. Amer. Bor. — Smith, Exot. Bot. tab. 13. — *Cantua coronopifolia* Willd. — *Cantua picta* Hort. Par. — *Gilia coronopifolia* Pers. Syn. — *Polemonium rubrum* Linn.

Tige haute de 2 à 4 pieds, dressée, raide, effilée, cylindrique, feuillue dans toute sa longueur, pubérule, en général rameuse vers le haut. Rameaux dressés, ou presque dressés, effilés, feuillus, tantôt très-simples, tantôt garnis supérieurement de courts ramules axillaires. Feuilles d'un vert gai : les radicales longues de 3 à 6 pouces, roselées, courtement pétiolées, plus ou moins abondamment couvertes (surtout le long du rachis) de poils blancs crépus; les caulinaires et les raméaires sessiles, graduellement plus courtes; les florales plus courtes que les fleurs. Segments mucronés : ceux des feuilles radicales linéaires, plus larges et plus courts que ceux des autres feuilles, dont les segments sont linéaires-filiformes. Inflorescence-générale formant une longue panicule, tantôt dense et racémiforme (lorsque la tige est peu rameuse), tantôt subpyramidale, composée de panicules ou de grappes terminant chaque rameau. Pédoncules très-rapprochés, pubérules de même que les pédicelles, en général courts. Calice 3 à 4 fois plus court que le tube de la corolle, 5-costé, membranacé entre les côtes, laineux ou pubérule, partagé jusqu'au-delà du milieu en segments linéaires-subulés. Corolle finement pubérule à la surface externe; tube long de près de 1 pouce; lobes ovales, ou ovales-elliptiques, ou elliptiques-oblongs, obtus, ou acuminulés, subdenticulés, 1 à 2 fois plus courts que le tube, étalés, marbrés de pourpre en dessus. Étamines majeures à peu près aussi longues que les lobes de la corolle; les 2 ou 3 autres étamines à peu près de moitié plus courtes; filets pourpres; anthères jaunes. Style pourpre, un peu débordé par les étamines. Capsule ellipsoïde, obtuse, à peine plus longue que le calice; valves légèrement 1-sulquées au dos. Pédicelles fructifères dressés. Graines petites, roussâtres.

Cette plante, remarquable par l'élégance de ses fleurs, et indigène des provinces méridionales des États-Unis, se cultive dans les jardins. Elle fleurit en été, durant 2 à 3 mois.

Genre POLÉMONIUM. — *Polemonium* Tourn.

Calice campanulé, profondément 5-fide, accrescent. Corolle subinfondibuliforme, profondément 5-lobée. Étamines 5, ascendantes, insérées au tube de la corolle; filets anisomètres, capillaires, dilatés et barbus à la base; anthères sagittiformes-elliptiques (suborbiculaires après la déhiscence), obtuses. Ovaire 3-loculaire; loges 2-6-ovulées; ovules appendants, amphitropes, bisériés. Style filiforme, décliné. Stigmate 3-parti : lanières filiformes, obtuses. Capsule chartacée, ovale, trigone, 3-loculaire, loculicide-trivalve du sommet jusque vers le milieu; loges 4-6 spermes, ou par avortement 1-spermes. Graines trièdres ou irrégulièrement anguleuses; hile linéaire ou ponctiforme, ventral; tégument crustacé, non-mucilagineux

par madéfaction; angles marginés. Radicule infère, à
peine plus longue que les cotylédons.

Herbes annuelles ou vivaces. Feuilles alternes, imparipennées, pétiolées (du moins les inférieures); folioles
tantôt opposées, tantôt alternes, très-entières ou pennatiparties. Pédoncules terminaux, ou axillaires et terminaux,
bi-ou pluri-flores, solitaires; pédicelles fasciculés, ou en
corymbe. Corolle bleue ou blanche. Capsule persistant
après la déhiscence.

A. *Plante vivace, non-stolonifère. Panicules denses, multiflores. Pédicelles fructifères dressés, en général plus courts
que le calice. Tube de la corolle court. Capsule à loges 4-à
6-spermes. Étamines insérées au-dessus du milieu du tube.*

POLÉMONIUM COMMUN. — *Polemonium cœruleum* Linn.—
Engl. Bot. tab. 214. — Flor. Dan. tab. 255. — Schk. Handb.
tab. 38. — *Polemonium gracile* Willd..Enum. — *Polemonium pulchellum* Ledeb. Ic. tab. 18.

Folioles ovales, ou ovales-lancéolées, ou oblongues-lancéolées,
pointues, sessiles, ou subsessiles. Fleurs subverticales. Segments calicinaux oblongs ou triangulaires-oblongs, obtus. Corolle 1 à 2 fois plus longue que le calice ; lobes ovales-orbiculaires, ou obovales, ou ovales, très-obtus, ou acuminulés, environ 4 fois plus longs que le tube, à peu près aussi longs que les
étamines.

— *β* : A FOLIOLES INCISÉES. — *Polemonium sibiricum* Sweet,
Brit. Flow. Gard. tab. 182.—*Polemonium dissectum* Reichenb. Ic. Plant. Crit. tab. 463. — *Polemonium lacteum*
Lehm. Ind. Sem. Hort. Hamb. — Folioles (du moins celles
des feuilles radicales) biparties, ou triparties, ou pennatiparties : segments sublinéaires.

Racine polycéphale, rameuse. Tiges hautes de 1 pied à 3
pieds, touffues, dressées, fistuleuses, cannelées, feuillues, pubé-.

rules (moins souvent glabres), tantôt simples, tantôt seulement ramulifères vers le sommet, tantôt paniculées. Rameaux subfastigiés ou disposés en panicule allongée, en général simples, ou garnis seulement de courts ramules florifères. Feuilles minces, en général pubescentes aux bords et au rachis, moins souvent très-glabres : les radicales atteignant jusqu'à 1 pied de long; les caulinaires et les raméaires graduellement plus courtes; les ramulaires petites, ordinairement trifoliolées et sessiles; folioles minces, d'un vert foncé, souvent inéquilatérales, en général graduellement décrescentes. Inflorescence-générale de la tige ou de chaque rameau formant une panicule tantôt subfastigiée, tantôt thyrsiforme ou racémiforme. Pédoncules, pédicelles et calices couverts d'une pubescence glandulifère, et quelquefois en outre parsemés de poils blancs plus longs. Pédicelles tantôt fasciculés, tantôt en grappes corymbiformes. Calice herbacé, réticulé : segments 1-nervés, planes, droits. Corolle d'un bleu plus ou moins vif, ou blanche; limbe large d'environ 6 lignes. Anthères d'un jaune orange, répandant une odeur très-forte et peu agréable. Style en général un peu plus long que la corolle. Capsule presque de moitié plus courte que le calice. Graines petites, noires, lisses, subtriédres, ou irrégulièrement anguleuses, oblongues, ou acuminées au bout inférieur, subobtuses à l'autre bout; angles submembraneux.

Cette espèce, qui se cultive fréquemment comme plante de parterre, et connue sous le nom vulgaire de *Polémoine*, croît dans le nord de l'Europe, ainsi qu'en Sibérie et au Canada.

B. *Plante vivace. Racine traçante. Panicules lâches, pauciflores. Pédicelles fructifères plus ou moins inclinés, plus longs que le calice. Tube de la corolle presque aussi long que les lobes. Étamines insérées au-dessous du milieu du tube. Capsule à loges 1-spermes.*

Polémonium rampant. — *Polemonium reptans* Linn. — Bot. Mag. tab. 1887.

Folioles ovales, ou ovales-oblongues, ou elliptiques-oblongues, ou ovales-lancéolées, ou oblongues-lancéolées, pointues, sessiles, ou subsessiles. Fleurs nutantes. Corolle 1 fois plus longue que le calice. Lobes obovales ou suborbiculaires, très-obtus, non débordés par les étamines.

Tiges hautes d'environ 1 pied, dressées, ou ascendantes, glabres, ou pubérules, rameuses en général dès la base. Rameaux simples ou moins souvent paniculés au sommet, axillaires : les inférieurs médiocrement feuillés; les supérieurs subaphylles. Feuilles glabres, ou pubérules au rachis : les inférieures longuement pétiolées, 9-15-foliolées ; les supérieures graduellement plus courtes; les florales en général pauci-foliolées, ou simples, subsessiles. Folioles d'un vert foncé, semblables à celles du *Polemonium cœruleum*. Pédoncules 2-5-flores, tantôt subfastigiés, tantôt disposés en grappe, en général plus longs que les feuilles florales ; pédicelles fasciculés, ou en grappe corymbiforme, ébractéolés, pubérules de même que les calices et les pédoncules. Calice herbacé, réticulé : segments calicinaux triangulaires ou triangulaires - oblongs, pointus, dressés, 1-nervés. Corolle d'un bleu plus ou moins vif, ou blanche ; tube à peu près aussi long que le calice ; limbe large d'environ 5 lignes. Anthères d'un jaune orange. Style plus long que la corolle. Capsule à peu près de moitié plus courte que le calice. Graines noirâtres, minces, presque aussi longues que les loges.

Cette espèce, indigène des États-Unis, se cultive comme plante d'ornement.

Genre COBÉA. — *Cobæa* Cavan.

Calice campaniforme, profondément 5-lobé : lobes bisériés, ovales-elliptiques. Corolle campanulée, 5-lobée. Étamines 5, saillantes, isomètres, insérées au fond de la corolle; filets déclinés, contournés après l'anthèse ; anthères oblongues, comprimées. Ovaire 3-ou 5-loculaire; loges multi-ovulées; ovules bisériés, amphitropes. Style indivisé, décliné. Stigmate 3-ou 5-fide. Capsule un peu charnue, 3-ou-5-loculaire, 3-ou 5-valve (1); placentaire 3-ou 5-gone, gros, finalement libre; loges oligospermes. Graines bisériées et imbriquées dans chaque loge, elliptiques, comprimées, veloutées, ailées au bord; tégument mucilagineux; aile membraneuse; hile ventral, supra-basilaire, linéaire. Périsperme mince, charnu. Cotylédons cordiformes, obtus, planes; radicule très-courte, infère.

Arbuste sarmenteux. Feuilles alternes, sessiles, paripennées : rachis anguleux, cirrifère au sommet. Pédoncules longs, axillaires, solitaires, uniflores, dibractéolés au-dessous du milieu. Fleurs grandes, inclinées. Corolle versicolore.

Cobéa grimpant. — *Cobœa scandens* Cavan. Ic. tab. 16. — Andr. Bot. Rep. tab. 342. — Bot. Mag. tab. 85o.

Tiges très-longues, flexibles, suffrutescentes, très-rameuses. Rameaux grêles, diffus, ou réclinés. Feuilles ordinairement 6-foliolées; folioles longues de 2 à 5 pouces, opposées, pétiolulées, d'un vert gai un peu glauque, glabres, très-entières, mucronées, penninervées, subcoriaces, réticulées : les 2 basilaires sessiles ou subsessiles, oblongues, ou ovales-oblongues, cordiformes à la base; les 4 autres autres elliptiques, ou elliptiques-oblongues, acuminées aux 2 bouts. Vrilles dichotomes, spiralées, courtes. Pédoncules beaucoup plus longs que les feuilles. Calice 1 fois plus court que la corolle : segments elliptiques, ondulés, mucronés, subréticulés, munis d'une très-longue côte brusquement rétrécie vers le sommet. Corolle longue de 2 pouces, et à peu près d'autant de diamètre, d'un jaune pâle quand elle commence à s'ouvrir, puis violette; tube large; lobes courts, arrondis, ouverts, réfléchis. Étamines à peu près aussi longues que la corolle. Style saillant, résupiné au sommet. Capsule oblongue.

---

(1) Loculicide suivant M. Endlicher; septicide suivant M. Don. Suivant M. Bartling, les cloisons s'oblitèrent avant la déhiscence.

Graines brunâtres, semblables au fruit de l'*Orme commun*; aile brune, luisante, chartacée, étroite.

Cette espèce, originaire du Mexique, se cultive comme arbuste d'ornement ; elle pousse avec une rapidité étonnante, de sorte qu'elle est très-propre à garnir des berceaux, des murs, etc.; ses jets, dans l'espace de 4 mois, peuvent atteindre la longueur de 3o à 4o pieds ; les fleurs se succèdent depuis le milieu de l'été jusqu'à l'entrée de l'hiver, mais la plante ne résiste pas à un froid de plus de 4 ou 5 degrés R.

LES LABIATIFLORES.

LABIATIFLORÆ Bartl.

CARACTÈRES.

Herbes, ou *sous-arbrisseaux*, ou *arbrisseaux*, ou *arbres*. Sucs-propres non-laiteux. Tiges et rameaux cylindriques ou tétragones, souvent noueux avec articulation.

Feuilles éparses, ou opposées, ou verticillées, simples (rarement digitées ou pennées), non-stipulées.

Fleurs irrégulières (par exception subrégulières), en général hermaphrodites. Inflorescences axillaires ou terminales.

Calice inadhérent (par exception adhérent), en général persistant, plus ou moins profondément 4-ou 5-fide, ou denté, ou bilabié.

Corolle hypogyne (par exception périgyne), non persistante, le plus souvent bilabiée (la lèvre supérieure bilobée ou bipartie, la lèvre inférieure 3-lobée ou 3-partie), rarement à 4 ou 5 lobes presque égaux; lobes alternes avec les divisions calicinales.

Étamines (rarement isomètres et en même nombre que les lobes de la corolle) insérées au tube de la corolle, interposées, en général au nombre de 4 (didynames, la place d'une 5.ᵉ restant vide entre les 2 lobes supérieurs de la corolle), ou seulement au nombre de 2 (les 3 supérieurs manquant). Anthères dithèques ou monothèques : bourses souvent divariquées, déhiscentes par une fente soit transversale, soit longitudinale.

Pistil : Ovaire en général 2-ou 4-loculaire ; ou bien 2 ou 4 ovaires distincts, 1-ou 2-loculaires, 1-ou 2-ovulés ; placentaires axiles, ou pariétaux, ou basilaires. Un seul style (gynobasique lorsque le pistil se compose d'ovaires distincts), en général terminé en stigmate bilobé ou bifurqué.

Péricarpe capsulaire, ou drupacé, ou baccien, ou composé de 2 ou 4 nucules distinctes.

Graines périspermées ou apérispermées. Embryon ordinairement rectiligne ; radicule infère, ou supère, ou vague.

Cette classe renferme les *Bignoniacées*, les *Acanthacées*, les *Labiées*, les *Verbénacées*, les *Sélaginées*, les *Myoporinées*, les *Sésamées*, les *Gésnériées*, les *Orobanchées*, les *Scrophularinées*, et les *Lentibulariées*.

LES BIGNONIACÉES. — *BIGNONIACEÆ*.

Bignoniarum sect. II. Juss. Gen. — *Bignoniaceæ* R. Br. Prodr.
p. 470. — Don, in Edinb. Phil. Journ. 9, p. 264. — Bartl. Ord. Nat.
p. 185. — Lindl. Nat. Syst. ed. 2, p. 282. — Endl. Gen. Plant. 1,
p. 708. — *Scrophulariearum* sectio, Link. Handb. — *Personatæ*, tribus II : *Bignoniareæ* (excl. genn.) Reichenb. Syst. Nat. p. 128.

La plupart des Bignoniacées habitent les contrées intertropicales, et l'Amérique en nourrit un plus grand
nombre que l'ancien continent; aucune n'est indigène
d'Europe ; beaucoup d'espèces produisent des fleurs
très-élégantes.

CARACTÈRES DE LA FAMILLE.

Arbres, ou *arbrisseaux*, ou (peu d'espèces) *herbes*,
souvent volubiles ou grimpants.

Feuilles opposées (rarement alternes, ou verticillées-
ternées), simples, ou composées, ou décomposées, non-
stipulées; folioles en général très-entières; pétiole souvent terminé en vrille simple ou rameuse.

Fleurs hermaphrodites, en général irrégulières, tèr-
minales, ou moins souvent soit axillaires, soit oppositifoliées, soit dichotoméaires, le plus souvent disposées en
panicules.

Calice persistant ou caduc, inadhérent, 4-fide, ou spathacé, ou tronqué, ou biparti, ou bilabié.

Corolle hypogyne, non-persistante, 4-ou 5-lobée, en
général bilabiée (à lèvre supérieure indivisée ou bilobée, à lèvre inférieure trilobée).

Étamines insérées au tube de la corolle, interposées, libres, anisomètres, en général au nombre de 5 (dont ordinairement la supérieure stérile, courte, et les 4 inférieures longues, didynames, fertiles ; ou rarement les 3 supérieures stériles, courtes, et les 2 inférieures fertiles, longues ; ou, par exception, toutes fertiles), ou rarement au nombre de 4 (soit toutes fertiles, soit seulement les 2 inférieures fertiles). Filets filiformes, plus ou moins élargis à la base. Anthères dithèques, mobiles : bourses divariquées ou défléchies (rarement contiguës), isomètres, longitudinalement déhiscentes.

Pistil : Ovaire 2-loculaire (par exception 1-ou 4-loculaire), accompagné d'un disque hypogyne annulaire ; loges multi-ovulées. Ovules anatropes, horizontaux (par exception suspendus), attachés aux bords ou peu en deçà des bords de la cloison. Style indivisé. Stigmate bilamellé ou bifurqué (par exception indivisé ou trifurqué).

Péricarpe polysperme, capsulaire, souvent siliquiforme et comprimé, en général 2-loculaire (par un placentaire septiforme soit parallèle, soit contraire aux valves, libre après la déhiscence), ou rarement 1-loculaire à 2 valves placentifères au milieu.

Graines attachées aux bords ou un peu en deçà des bords du placentaire, ou rarement pariétales, aplaties, ailées, ou rarement aptères, en général horizontales ; tégument membraneux ou rarement coriace. Périsperme nul. Embryon rectiligne : cotylédons foliacés, ordinairement réniformes ou cordiformes ; radicule (centrifuge lorsque les graines sont horizontales) cylindrique, appointante.

La famille des Bignoniacées comprend les genres suivants :

Section I. **ÉCCRÉMOCARPÉES.**— *Eccremocarpeæ* Endl.

Capsule 1-ou 2-loculaire, à 2-valves sémi-septifères ou placentifères au milieu. Graines horizontales, ailées.

Calampelis Don. — *Eccremocarpus* Ruiz et Pav. — *Fridericia* Martius.

Section II. **INCARVILLÉES.** — *Incarvilleæ* Endl.

Capsule siliquiforme, 2-loculaire, déhiscente par une seule fente longitudinale; placentaire contraire, séminifère en deçà des bords. Graines suspendues, ailées : radicule supère.

Amphicome Róyl. — *Incarvillea* Juss. (Campsis Loureir.)

Section III. **TOURRÉTIÉES.** — *Tourretieæ* Endl.

Capsule 4-loculaire, 2-valve; cloisons (confluant en axe central) séminifères en deçà des bords. Graines sùspendues, ailées.

Tourretia Juss.

Section IV. **BIGNONIÉES.** — *Bignonieæ* Endl.

Capsule 2-loculaire, 2-valve; placentaire séminifère aux bords, contraire ou parallèle aux valves. Graines horizontales, ailées (par exception aptères).

Argylia Don. — *Catalpa* Juss. — *Tecoma* Juss. — *Jacaranda* Juss. — *Zeyheria* Mart. (Chasmia Schott.) — *Chilopsis* Don. — *Spathodea* Palis. Beauv. — *Dolichandra* Chamiss. — *Calosanthes* Blume. — *Haplolophium* Chamiss. — *Amphilophium* Kunth. — *Delostoma*

Don. — *Astianthus* Don. — *Bignonia* (Linn.) Juss. — *Millingtonia* Linn. fil. — *Oroxylum* Vent. — *Stenolobium* Don. — *Fieldia* Cunningh.

GENRES ANOMALES OU DE CLASSIFICATION DOUTEUSE.

Wightia Wallich. — *Metternichia* Mikan. — *Ferdinandusa* Pohl. (Ferdinandea Pohl.) — *Platycarpum* Humb. et Bonpl. — *Schrebera* Roxb. — *Stereospermum* Chamiss. — *Gelsemium* Juss. — *Oxera* Labill. (Oncoma Spreng.) — *Rhizogum* Burch.

Genre CALAMPÉLIS. — *Calampelis* Don.

Calice court, herbacé, marcescent, campanulé, inégalement 5-fide : les 2 lanières inférieures plus grandes. Corolle subclaviforme, ventrue en dessous, 5-dentée ; gorge resserrée ; dents révolutées. Étamines 5, insérées au-dessus de la base de la corolle : la supérieure abortive ; les 4 autres fertiles, didynames ; filets ascendants ; anthères à bourses divariquées à la base, contiguës supérieurement. Ovaire 1-loculaire ; placentaires 2, pariétaux, charnus, nerviformes, multi-ovulés ; ovules nidulants. Style filiforme. Stigmate bilamellé. Capsule subcoriace, stipitée, ventrue, rugueuse, 1-loculaire, 2-valve, polysperme : valves placentifères au milieu. Graines nidulantes, subhorizontales, imbriquées, comprimées, subovales, bordées d'une large aile membranacée, suborbiculaire, striée ; radicule centrifuge.

Arbustes grimpants. Feuilles opposées, pétiolées, bipennées : rachis terminé en vrille spiralée, très-rameuse ; pennules ordinairement bijuguées, 3-5-foliolées ; folioles opposées ou alternes, pétiolulées, incisées-dentées. Fleurs en grappes oppositifoliées. Pédoncules solitaires : les fructifères pendants ; pédicelles subunilatéraux, filiformes, 1-bractéolés à la base. Corolle d'un rouge orange.

CALAMPÉLIS SCABRE. — *Calampelis scabra* D. Don. — Sweet, Brit. Flow. Gard. ser. 2, tab. 3o. — *Eccremocarpus scaber* Ruiz et Pavon. — Bot. Reg. tab. 939. — Jaume Saint-Hil. Flor. et Pom. Franç. tab. 3o9.

Tige suffrutescente à la base, très-rameuse. Rameaux très-longs, grêles, grimpants, anguleux, poilus étant jeunes, finalement glabres. Feuilles flasques, ordinairement pubérules ; folioles petites, ovales, ou ovales-lancéolées, obliquement cordiformes à la base, obtuses, ou pointues, inégalement dentées. Grappes lâches, 7-15-flores, plus longues que les feuilles, en général ascendantes. Pédicelles plus longs que les fleurs. Calice long d'environ 3 lignes, d'un vert jaunâtre, pentagone, pubescent : segments ovales-triangulaires, pointus, dressés. Corolle longue de près de 1 pouce, pubescente à la surface externe, brusquement rétrécie vers la base ; dents suborbiculaires, acuminulées. Étamines incluses. Disque cupuliforme. Style débordé par les étamines. Lamelles stigmatiques courtes, obtuses, conniventes. Capsule longue d'environ 1 pouce, ovale-oblongue, brusquement rétrécie en forme de stipe vers la base, couronnée d'un mamelon obtus ; placentaires étroits, lamelliformes. Graines petites, noires, luisantes ; aile plus large que l'amande, échancrée au hile, brunâtre, subdiaphane.

Cette espèce, originaire du Chili, se cultive comme arbuste d'ornement.

Genre CATALPA. — *Catalpa* Juss.

Calice non-persistant, membranacé, profondément bilabié : lèvres entières, concaves. Corolle subcampanulée, bilabiée ; tube ventru, courbé, rétréci à la base ; lèvre supérieure plus courte, bilobée ; lèvre inférieure trilobée. Étamines 4, insérées au fond de la corolle : les 2 supérieures courtes, stériles ; les 2 inférieures fertiles, ascendantes. Anthères à bourses divariquées. Ovaire 2-loculaire ; ovules horizontaux, nidulants, attachés aux bords du placentaire. Style filiforme. Stigmate bilamellé. Cap-

sule longue, siliquiforme, cylindracée, tétragone-àncipi-
tée, 1-loculaire, 2-valve, polysperme; placentaire central,
fongueux, assez gros, comprimé. Graines comprimées, imbriquées, prolongées aux deux bouts en longue aile chartacée, terminée aux extrémités en aigrette soyeuse.

Arbres. Feuilles verticillées-ternées, longuement pétiolées, simples, très-entières; penninervées. Inflorescences
terminales, solitaires, aphylles, paniculées, pédonculées.
Fleurs inclinées. Capsule pendante.

CATALPA A FEUILLES CORDIFORMES. — *Catalpa cordifolia*
Mœnch, Meth. — Duham. ed. nov. vol. 2, tab. 5.—*Bignonia
Catalpa* Linn. — Catesb. Carol. 1, tab. 39. —*Catalpa syrin-
gæfolia* Hort. Kew. — Bot. Mag. tab. 1094.

Arbre atteignant 30 à 40 pieds de haut; bois cassant; moelle
ample. Écorce mince, grisâtre. Branches nombreuses, très-rameuses, subhorizontales, formant une tête touffue, ample, subhémisphérique. Jeunes pousses lisses, vertes, cylindriques.
Feuilles larges de 4 à 8 pouces, longues de 5 pouces à 1 pied
(le pétiole non-compris), non-persistantes, très-minces, d'un
vert gai et glabres en dessus, d'un vert pâle et pubérules en dessous (du moins à la côte et aux nervures), cordiformes, acuminées-cuspidées : pointe en général très-acérée; pétiole long de 4
à 8 pouces, grêle, cylindrique, souvent d'un brun violet (de
même que la côte et les nervures); à l'aisselle des nervures, à la
face inférieure, se trouvent des agrégations de petites glandes
cupuliformes sessiles. Panicules longues de ¹/₂ pied à 1 pied,
pyramidales, lâches, multiflores; ramules verticillés-ternés,
plus ou moins divergents, dichotomes ou trichotomes au sommet; pédicelles filiformes, dressés, en général plus courts que
la fleur : les latéraux 2-ou-3-bractéolés au sommet. Boutons
turbinés. Calice petit, d'un brun violet : lobes obtus, mucronés.
Corolle longue d'environ 1 pouce, d'un blanc vif : tube ponctué
à la surface interne de points pourpres ou violets, et en outre
marqué de 2 larges bandes jaunes; lobes arrondis. Étamines un
peu plus courtes que le tube de la corolle. Capsule longue de ¹/₂

pied à 1 pied, grêle, subcoriace, rétrécie au sommet, subobtuse, un peu comprimée en sens contraire du placentaire; valves larges de 3 à 5 lignes. Graines blanchâtres, oblongues, longues d'environ 6 lignes (y compris l'aile).

Cet arbre, connu sous le nom de *Catalpa*, et indigène dans les provinces méridionales des États-Unis, se cultive fréquemment dans les plantations d'agrément. Son accroissement est très-rapide. Il se plaît dans les terrains frais et fertiles. Le bois, nouvellement coupé, a une teinte verdâtre; il prend une couleur brunâtre par la dessiccation.

Genre TÉCOMA. — *Tecoma* Juss.

Calice coriace, persistant, campanulé, 5-fide. Corolle tubuleuse ou subcampanulée, 5-lobée : les 2 lobes supérieurs un peu plus courts. Étamines 5, insérées au tube de la corolle : la supérieure courte, sans anthère; les 4 autres didynames, fertiles. Anthères à bourses divariquées. Ovaire 2-loculaire; ovules horizontaux, nidulants, marginaux. Style filiforme. Stigmate bilamellé. Capsule siliquiforme, coriace, ancipitée, acuminée, comme stipitée, 2-loculaire, 2-valve, polysperme; placentaire septiforme, subéreux, comprimé en sens contraire des valves, finalement libre. Graines imbriquées, aplaties, prolongées aux deux bouts en aile diaphane.

Arbrisseaux grimpants, subvolubiles; sarments, radicants aux articulations. Feuilles non-persistantes, imparipennées, opposées; folioles dentelées. Inflorescences terminales, paniculées, aphylles. Fleurs inclinées. Fruits pendants.

A. *Panicules denses, subfastigiées. Calice coriace, coloré, fendu jusqu'au tiers. Tube de la corolle évasé en forme de cône renversé.*

Técoma de Virginie. — *Tecoma radicans* Mœnch, Meth. —Duham. ed. nov. vol. 2, tab. 3.—*Bignonia radicans* Linn.

—Bot. Mag. tab. 485. — Catesb. Corol. ı, tab. 65.—Guimp.
et Hayn. Fremd. Holz. tab. 90.

Feuilles 7-11-foliolées; rachis marginé; folioles ovales, ou
ovales-lancéolées, sessiles, ou subsessiles, acuminées, ou cuspidées, ordinairement pubérules en dessous. Calice 3 à 4 fois
plus court que la corolle : segments triangulaires, ou ovales-
triangulaires, acérés. Lobes de la corolle arrondis, étalés. Étamines majeures presque aussi longues que le tube.

Tige grimpante, ou diffuse, ou rarement dressée, atteignant
la grosseur de la jambe d'un homme. Sarments nombreux, cylindriques, subvolubiles, rameux, grêles, très-longs : écorce mince,
grisâtre, lisse. Bourgeons supra-axillaires, très-petits durant
l'hiver. Feuilles longues de 4 pouces à 1 pied; folioles d'un beau
vert, finement penninervées, profondément dentelées, inéquilatérales, cunéiformes ou arrondies à la base. Rameaux-florifères
plus ou moins allongés, non-volubiles, simples, ordinairement
réclinés. Panicule corymbiforme, multiflore, subsessile; pédoncules secondaires très-courts, opposés, ordinairement triflores;
pédicelles épais, à peu près aussi longs que le calice. Calice
glabre, coriace, long de 6 à 8 lignes, d'un rouge plus ou moins
foncé. Corolle longue de 2 à 3 pouces, écarlate; tube brusquement rétréci vers la base. Anthères jaunes. Style un peu débordé
par les étamines majeures. Lamelles stigmatiques ovales, obtuses.
Capsule longue de 5 à 8 pouces; valves naviculaires, non-caré-
nées, fortement marginées, larges d'environ 1 pouce. Graines
longues de 3 à 4 lignes (y compris l'aile), elliptiques-oblongues :
amande subcordiforme, très-mince; aile subdiaphane, luisante,
irrégulièrement crénelée.

Cette espèce, nommée vulgairement *Bignone radicante*, ou
Bignone grimpante, ou *Jasmin de Virginie*, se cultive fréquemment dans les jardins; elle est indigène des États-Unis. La
floraison a lieu en juillet et août.

B. *Panicules un peu lâches, allongées. Calice subfoliacé,
    verdâtre, fendu jusqu'au delà du milieu. Tube de la co-
    rolle évasé en forme de cloche.*

TÉCOMA DE CHINE. — *Tecoma sinensis* Lamk. (sub *Bigno-*

nia.) — *Bignonia grandiflora* Thuub. Flor. Jap.—Bot. Mag. tab. 1398. — Jaume Saint-Hil. Flor. et Pom. tab. 329.—*Tecoma grandiflora* Sweet, Hort. Brit. — *Incarvillea grandiflora* Spreng. Syst.

Feuilles 7-11-foliolées; rachis immarginé. Folioles ovales, ou ovales-lancéolées, acuminées, ou cuspidées, pétiolulées, glabres. Calice 2 fois plus court que la corolle : segments oblongs-lancéolés, acérés. Lobes de la corolle arrondis, étalés. Étamines majeures presque aussi longues que le tube.

Arbrisseau très-semblable à l'espèce précédente par le port et le feuillage. Panicule subracémiforme, atteignant jusqu'à 1 pied de long. Corolle d'un rouge de cinabre, presque campanulée : limbe large d'environ 2 pouces.

Cette espèce, originaire de Chine, se cultive comme arbrisseau d'ornement; elle résiste en plein air aux hivers du nord de la France, mais elle n'y produit pas de fruits.

Genre PANDORÉA. — *Pandorea* Endl.

Calice petit, cupuliforme, 5-lobé. Corolle subinfondibuliforme, 5-lobée : les 2 lobes supérieurs plus courts. Étamines 5, insérées au tube de la corolle : la supérieure très-courte, sans anthère; les 4 autres didynames, fertiles; anthères à bourses divariquées. Ovaire 2-loculaire; ovules nidulants, horizontaux. Style filiforme. Stigmate bilamellé. (Péricarpe inconnu.)

Arbrisseau sarmenteux, non-radicant. Feuilles opposées, imparipennées. Inflorescences axillaires et terminales, paniculées, aphylles.

PANDORÉA AUSTRAL. — *Pandorea australis* R. Br. (sub *Tecoma.*) — *Bignonia pandorana* Andr. Bot. Rep. tab. 86. — Bot. Mag. tab. 865.

Sarments subcylindriques, cannelés. Feuilles 7-11-foliolées, persistantes, glabres de même que toutes les autres parties de la plante; rachis marginé, anguleux; folioles coriaces, luisantes, lancéolées-elliptiques, ou lancéolées-oblongues, ou oblongues-lancéolées , acuminées , subobtuses , sessiles , très-entières , ou moins souvent sinuolées , ou inégalement crénelées , finement penninervées, longues de 6 à 18 lignes. Panicules multiflores , subpyramidales, plus ou moins rameuses, lâches : les axillaires souvent géminées , en général plus courtes que la feuille. Pédicelles longs de 1 ligne à 3 lignes , souvent ternés. Calice submembranacé , long d'environ 1 ligne. Corolle longue de 6 à 9 lignes, d'un violet pâle; tube obconique; lobes courts, ovales, obtus. Étamines incluses.

Cette espèce, indigène de la Nouvelle-Hollande , se cultive dans les collections d'orangerie.

Genre TÉCOMARIA. — *Tecomaria* Endl.

Calice petit, campanulé, 5-denté. Corolle tubuleuse, bilabiée , ringente ; tube long , courbé , évasé ; lèvre supérieure plus courte, presque dressée, bilobée ; lèvre inférieure tripartie. Étamines 5, insérées au-dessous du milieu du tube de la corolle : la supérieure très-courte, sans anthère ; les 4 autres didynames, fertiles, saillantes. Anthères à bourses divariquées. Ovaire 2-loculaire; ovules nidulants, horizontaux. Style filiforme, saillant, décliné. Stigmate bilamellé. (Péricarpe inconnu.)

Arbrisseau non-grimpant. Feuilles opposées, imparipennées; folioles dentelées. Panicules dichotoméaires et terminales , corymbiformes , solitaires , pédonculées. Corolle grande, écarlate.

Técomaria du Cap. — *Tecomaria capensis* Lindl. Bot. Reg. tab. 1117 (sub *Tecoma*). — *Bignonia capensis* Thunb. Prodr. — Jaume Saint-Hil. Flor. et Pom. Franc. tab. 330.

Arbrisseau à rameaux dressés, dichotomes, cylindriques. Feuilles longues de 2 à 4 pouces, persistantes, glabres, 7-11-foliolées; rachis grêle, anguleux, canaliculé en dessus. Folioles longues de 6 à 15 lignes, coriacès, d'un vert foncé en dessus, d'un vert pâle en dessous, courtement pétiolulées, ovales, ou elliptiques, ou suborbiculaires, acuminées, ou moins souvent obtuses, arrondies ou cunéiformes. à la base, souvent inéquilatérales. Panicules denses, multiflores, garnies de bractées subfoliacées, petites, caduques ; pédoncules secondaires 1-3-flores ; pédicelles courts, dressés. Calice coriace, long de 2 à 3 lignes : dents pointues, dressées. Corolle longue d'environ 20 lignes ; limbe 4 fois plus court que le tube ; lobes obtus : ceux de la lèvre inférieure ovales-oblongs, réfléchis ; lèvre supérieure un peu débordée par les 2 filets les plus longs. Style pourpre, débordant les étamines. Lamelles stigmatiques courtes, obtuses.

Cette espèce, indigène au Cap de Bonne-Espérance, se cultive comme arbrisseau d'ornement.

Genre BIGNONIA. — *Bignonia* (Linn.) Juss.

Calice campanulé, 3-5-denté, ou tronqué. Corolle subcampanulée, rétrécie en court tube à la base, subbilabiée, 5-lobée : les 2 lobes supérieurs plus courts. Étamines 5, insérées au tube de la corolle : la supérieure très-courte, sans anthère ; les 4 autres didynames, fertiles. Anthères à bourses divariquées. Ovaire 2-loculaire ; ovules nidulants, horizontaux. Style filiforme. Stigmate bilamellé. Capsule siliquiforme, linéaire, 2-loculaire, 2-valve, polysperme ; placentaire septiforme, parallèle aux valves, libre après la déhiscence. Graines horizontales, aplaties, bordées d'une aile membraneuse.

Arbrisseaux sarmenteux. Feuilles bifoliolées, bistipulées ; pétiole court, terminé en vrille rameuse ; stipules axillaires, persistantes, foliacées. Pédoncules axillaires (sur les ramules de l'année précédente), solitaires, ou géminés, ou ternés, 1-flores, pendants.

BIGNONIA CAPRÉOLÉ. — *Bignonia capreolata* Linn.— Jacq. Hort. Schœnbr. tab. 363. — Bot. Mag. tab. 864. — Jaume Saint-Hil. Flor. et Pom. Franç. tab. 331.

Sarments très-longs, grêles, carnelés, subvolubiles, non-radi-

cants, rameux, glabres de même que toutes les autres parties de
la plante. Feuilles courtement pétiolées; vrille courte Folioles
longues de 2 à 6 pouces, coriaces, luisantes, courtement pétiolulées; oblongues, ou elliptiques-oblongües, ou oblongues-lancéolées, acuminées, ou moins souvent arrondies au sommet, ordinairement cordiformes et souvent inéquilatérales à la base,
finement penninervées, subréticulées. Stipules ovales, ou elliptiques, ou cordiformes, plus courtes que le pétiole. Pédoncules
(naissant de bourgeons écailleux aphylles) longs de 1 pouce à 2
pouces, en général géminés, moins souvent solitaires ou subfasciculés, épaissis au sommet. Calice subcoriace, irrégulièrement
3-5-lobé, ou subsinuolé, brunâtre, long d'environ 4 lignes. Co-
rollè longue de 1 $\frac{1}{2}$ pouce à 2 pouces, violette, plus ou moins
courbée, rétrécie en forme de tube jusqu'à la hauteur du calice,
graduellement évasée supérieurement, d'environ 1 pouc de diamètre au sommet; lobes 4 à 5 fois plus courts que le tube,
ovales, ou ovales-elliptiques, obtus, inégaux. Étamines et style
inclus.

Cette espèce, indigène des provinces méridionales des États-
Unis, se cultive comme arbuste d'ornement. Elle fleurit en
été.

Genre SCHRÉBÉRA. — *Schrebera* Roxb.

Calice tubuleux, bilabié : lèvres presque égales, échancrées, ou tridenticulées. Corolle hypocratériforme : limbe
5-7-parti. Étamines 2, incluses, insérées au-dessous du
milieu du tube de la corolle; anthères oblongues. Style
filiforme, saillant. Stigmate bifide. Capsule ligneuse, pyriforme, biloculaire, 2-valve au sommet; loges 4-spermes.
Graines comprimées, irrégulièrement oblongues, prolongées supérieurement en longue aile membraneuse.

Arbre. Feuilles opposées, imparipennées; folioles subopposées, très-entières. Inflorescences terminales, trichotomes, paniculées.

Schrébéra Faux-Swieténia. — *Schrebera swietenioides*
Roxb. Corom. 2, tab. 101 ; Flor. Ind. ed. 2, vol 1, p. 109.

Grand arbre. Tronc droit ; écorce scabre ; branches nombreuses, vagues, divergentes, formant une tête ample et touffue. Feuilles pétiolées, longues d'environ 1 pied, 3-ou 4-ju-
guées. Folioles longues de 3 à 4 pouces, courtement pétiolulées,
obliquement ovales ou cordiformes (les supérieures graduellement plus étroites), très-entières, pointues, glabres ; pétiole cylindrique. Panicules lâches, multiflores. Bractées petites, caduques. Fleurs de grandeur médiocre, panachées de blanc et de
brun, très-odorantes durant la nuit. Corolle à tube 3 fois plus
long que le calice ; limbe 5-7-parti, étalé : segments cunéiformes, tronqués. Style un peu plus long que le tube de la corolle.
Capsule du volume d'un œuf de poule, scabre, très-dure.

Cet arbre croît dans les montagnes de l'Inde ; son bois est de
couleur grisâtre, d'un grain très-serré, pesant et durable ; il
est peu hygrométrique et par conséquent très-propre à beaucoup
d'usages ; on l'emploie fréquemment aux constructions.

LES ACANTHACÉES. — *ACANTHACEÆ*.

Acanthi Juss. Gen. ; Ann. du Mus. vol. 5 , p. 251, et vol. 9, p. 500.
— *Acanthaceæ* R. Br. Prodr. p. 29. — Bartl. Ord. Nat. p. 185. — C.
G. Nees, in Wallich, Plant. Asiat. Rar. 3, p. 70 (*Monographia Acan-
thacearum*). — Endl. Gen. Plant. 4, p. 696. — Lindl. Nat. Syst. 4,
p. 284. — *Personatarum* sectio, Link. Handb. 4, p. 500. — *Labiatæ*,
tribus III : *Angiocarpicæ*, sectio III : *Acanthariæ* Reichenb. Syst. Nat.
p. 490.

Les Acanthacées abondent dans la zône équatoriale, et
leur nombre diminue des tropiques vers les pôles; quelques espèces seulement appartiennent à la région méditerranéenne, et l'on n'en trouve aucune dans les contrées
plus septentrionales de l'Europe. La plupart des Acanthacées se font remarquer par la beauté des fleurs; plusieurs
espèces paraissent posséder des propriétés médicales
assez efficaces.

CARACTÈRES DE LA FAMILLE.

Herbes, ou *sous-arbrisseaux*, ou *arbrisseaux*, quelquefois volubiles. Tige et rameaux le plus souvent noueux
avec articulation.

Feuilles opposées, ou quelquefois verticillées (l'une
de chaque paire souvent petite ou abortive), simples,
très-entières, ou dentelées, ou crénelées, ou rarement
sinuées, non-stipulées, penninervées.

Fleurs axillaires ou terminales, irrégulières, hermaphrodites, solitaires, ou fasciculées, ou en panicules,
ou en grappes, ou en épis. Pédoncules le plus souvent

opposés et tribractéolés : l'une des bractées basilaire ; les deux autres supérieures, opposées, plus petites.

Calice inadhérent, persistant, régulier, ou irrégulier, 5-fide, ou 5-parti (1 des segments supérieur, en général plus grand, 2 latéraux, et 2 inférieurs), ou 4-fide, ou 4-parti, ou rarement minime et soit très-entier, soit irrégulièrement pluri-denté ; lobes imbriqués en préfloraison.

Corolle hypogyne, non-persistante, ordinairement bilabiée (rarement presque régulièrement 5-lobée) : lèvre supérieure bilobée ou bipartie (quelquefois tronquée et presque inapparente) ; lèvre inférieure trilobée ou tripartie, plus grande que la supérieure ; estivation imbricative.

Étamines en général au nombre de 4 (didynames : les 2 inférieures plus courtes) soit toutes fertiles, soit les 2 supérieures seules fertiles, ou moins souvent au nombre de 2 (alternes avec les lobes inférieurs de la corolle), ou quelquefois au nombre de 5 (dont l'une, supérieure, rudimentaire), insérées au tube ou à la gorge de la corolle, interposées. Filets filiformes ou subulés, quelquefois soudés deux à deux par la base. Anthères monothèques, ou dithèques, longitudinalement déhiscentes, quelquefois cohérentes par paires ; bourses (des anthères dithèques) soit parallèles et isomètres ou anisomètres, soit superposées ou divariquées et insérées obliquement à hauteur inégale.

Pistil : Ovaire inadhérent, biloculaire, ou incomplétement biloculaire, accompagné d'un disque hypogyne annulaire ; logés 1-4-ovulées, ou moins souvent pluriovulées ; placentaires nerviformes, géminés dans chaque loge, centraux, ou (lorsque les loges sont incomplètes) adnés au bord intérieur des cloisons. Ovules amphitropes ou campylotropes. Style terminal, filiforme, indivisé. Stigmate bifide ou moins souvent entier.

Péricarpe capsulaire, ordinairement biloculaire (quelquefois incomplétement), loculicide-2-valve (avec élasticité); cloison (étant complète) ruptile au milieu : chaque moitié ou restant adnée à la valve, ou s'en séparant avec élasticité; placentaires restant adnés au bord intérieur des cloisons; valves indivisées, ou finalement bifides. Par exception le péricarpe est 1-loculaire par avortement et indéhiscent.

Graines solitaires dans chaque loge, ou géminées, ou en nombre indéfini, aptères, souvent comprimées, elliptiques, ou suborbiculaires, le plus souvent attachées à des funicules dentiformes, ou subulés, ascendants, coriaces, continus avec le placentaire, persistants. Tégument coriâce, où fibreux, ou lâche et spongieux, ordinairement chagriné, quelquefois poilu. Périsperme nul. Embryon courbé ou moins souvent rectiligne : cotylédons suborbiculaires, grands, plano-convexes, foliacés en germination, quelquefois chiffonnés; radicule courbée ou rectiligne, descendante, ou centripète, ou rarement supère.

M. C. G. Nees d'Esenbeck, dans son excellente monographie des Acanthacées, classe les genres de cette famille comme suit :

Iᵗᵉ TRIBU. **LES THUNBERGIÉES.** — *THUNBER-GIEÆ* Neès.

Graines attachées immédiatement par un hile cupuliforme, corné.

Thunbergia Linn. (Diplocalymma Spreng.) —

Meyenia Nees. — *Hexacentris* Nees. — *Mendozia* Velloz.

I⁰ TRIBU. **LES NELSONIÉES.** — *NELSONIEÆ* Nees.

Funicules pupilliformes.

Elytraria Vahl. — *Nelsonia* R. Br. — *Adenosma* R. Br. — *Ebermeyera* Nees. — *Erythracanthus* Nees. — *Gymnacanthus* Nees.

IIIᵉ TRIBU. **LES ECHMATACANTHÉES.** — *ECH-MATACANTHI* Nees.

Funicules oncinés, ascendants.

SECTION I. **HYGROPHILÉES.** — *Hygrophileæ* Nees.

Corolle ringente. Étamines 4 ou 2; anthères dithèques : bourses parallèles, mutiques. Capsule polysperme. Funicules courts.

Hemiadelphis Nees. — *Physichilus* Nees. — *Hygrophila* R. Br. — *Nomaphila* Blum.

SECTION II. **RUÉLLIÉES.** — *Ruellieæ* Nees.

Corolle à limbe régulier ou subbilabié. Étamines 4 (par exception 2); anthères dithèques : bourses en général parallèles. Capsule 2-4-ou poly-sperme.

Dyschoriste Nees.—*Chœtacanthus* Nees. — *Dipteracanthus* Nees. — *Aphragmia* Nees. — *Petalidium* Nees. — *Calophanes* Don. — *Ruellia* Linn. — *Phlebophyllum* Nees. — *Buterœa* Nees. — *Adenacanthus* Nees. — *Stephanophysum* Pohl. — *Stenosiphonium* Nees. — *Strobilanthes* Blum. — *Stenandrium* Nees. — *Æchmanthera*

Nees. — *Goldfussia* Nees. — *Asystasia* Blum. — *Echinacanthus* Nees. — *Leptacanthus* Nees.

Section III. **BARLÉRIÉES.** — *Barleriœ* Nees.

Calice 4-parti (ou rarement bilabié) : le segment supérieur et le segment inférieur plus grands; les 2 segments latéraux intérieurs. Corolle infondibuliforme ou bilabiée. Étamines 4 : l'une des paires très-courte; anthères dithèques. Capsule 2-ou 4-sperme.

Asteracantha Nees. — *Barleria* — Linn. — *Lophostachys* Pohl. — *Ætheilema* R. Br. — *Geissomeria* Lindl· — *Lepidagathis* Willd. — *Neuracanthus* Nees. — *Corythacanthus* Nees.

Section IV. **ACANTHÉES.** — *Acantheœ* Nees.

Calice 4-parti : le segment supérieur et le segment inférieur plus grands. Corolle unilabiée, cartilagineuse à la base. Étamines 4, subdidynames. Capsule 2-ou 4-sperme.

Blepharia Juss. — *Dilivaria* Juss. — *Cheilopsis* Moq. — *Blepharacanthus* Nees. — *Acanthus* Tourn. — *Acanthodium* Delile.

Section. V. **JUSTICIÉES.** — *Justicieœ* Nees.

Calice 5-fide ou rarement 4-fide : le segment supérieur souvent plus court. Corolle bilabiée, ou ringente, ou rarement régulière. Étamines 2, à anthères dithèques; ou bien 4 étamines à anthères soit toutes monothèques, soit seulement celles des étamines plus courtes. Capsule 4-sperme ou polysperme.

A. APHÉLANDRÉES Nees. — *Étamines 2 ou moins souvent 4; anthères à bourses parallèles. Capsule 4-sperme, ou polysperme, non stipitée.*

Crossandra Salisb. (Harrachia Jacq. fil.) — *Aphelandra* R. Br. (Synandra Schrad.) — *Endopogon* Nees. — *Loxanthus* Nees. — *Phlogacanthus* Nees. — *Cryptophragmium* Nees.

B. GENDARUSSÉES Nees. — *Étamines 2, ou rarement 4; anthères à bourses parallèles ou divergentes. Capsule stipitée, 4-sperme.*

Rostellaria Nees. — *Hemichoriste* Wallich. — *Graptophyllum* Nees. — *Beloperone* Nees. — *Gendarussa* Nees. — *Adhatoda* Nees. — *Rhytiglossa* Nees. — *Leptostachya* Nees. — *Gymnostechium* Nees.

C. ÉRANTHÉMÉES Nees. — *Étamines 2; anthères dithèques : bourses parallèles ou superposées. Capsule longuement stipitée, 2-ou 4-sperme.*

Eranthemum R. Br. — *Chameranthemum* Nees. — *Justicia* Nees. — *Rhinacanthus* Nees.

Section **VI. DICLIPTÉRÉES**. — *Dicliptereæ* Nees.

Calice 5-parti, régulier. Corolle bilabiée, souvent résupinée. Étamines 2 ou 4; anthères monothèques ou dithèques. Capsule 4-8-sperme.

Blechum P. Br. — *Rungia* Nees. — *Dicliptera* Juss. (Dianthera Soland.) — *Amphiscopia* Nees. — *Peristrophe* Nees. — *Sautiera* Decaisne. — *Hypoestes* Soland. (Micranthus Wendl. Phailopsis Willd.) — *Rhaphidospora* Nees.

Section VII. **ANDROGRAPHIDÉES.** — *Andrographideæ* Nees.

Calice 5-fide. Corolle bilabiée ou ringente, le plus souvent résupinée. Étamines 2 ou 4; anthères monothèques, ou dithèques : bourse inférieure barbue. Capsule non-stipitée, pléiosperme.

Erianthera Nees. — *Haplanthus* Nees. — *Andrographis* Wallich.

Genres douteux.

Clistax Martius. — *Staurogyne* Wallich. — *Brillantaisia* Pal. Beauv. — *Bunjolea* Bowd.

Genre THUNBERGIA. — *Thunbergia* Linn.

Calice tronqué ou pluridenté, court, cupuliforme, accompagné d'un grand calicule de 2 bractées foliacées. Corolle subcampanulée, ou hypocratériforme, ou infondibuliforme, plus ou moins courbée, inégalement 5-lobée : lobes étalés; gorge plus ou moins renflée. Étamines 4, didynames, insérées peu au-dessus de la base de la corolle; filets comprimés; anthères conniventes, dithèques : bourses parallèles, barbues aux bords, anisomètres, aristées à la base (du moins la bourse la plus courte). Ovaire 2-loculaire; loges 2-ovulées. Style indivisé. Stigmate tranversalement 2-labié. Capsule globuleuse, 2-loculaire, élastiquement bivalve, terminée en long bec comprimé et bipartible; loges 2-spermes ou par avortement 1-spermes; valves septifères au milieu; placentaire contraire, septiforme, membranacé, libre après la déhiscence. Graines subglobuleuses ou turbinées, sessiles, calleuses autour du hile; hile profondément creusé; tégument fovéolé, coriace; cotylédons foliacés, condupliqués; radicule très-courte, infère.

Arbustes volubiles. Feuilles opposées, pétiolées, anguleuses, cordiformes à la base, pétiolées, palmati-nervées. Pédoncules 1-flores ou pluriflores, solitaires ou géminés, axillaires et terminaux. Corolle jaune, ou bleue, ou blanche.

La plupart des *Thunbergia* croissent dans l'Asie équatoriale. Les espèces suivantes se cultivent comme plantes d'ornement.

A. *Corolle subcampanulée, bleue. Calice minime, annuliforme.*

THUNBERGIA A GRANDES FLEURS. — *Thunbergia grandiflora* Roxb. Flor. Ind. ed. 2, vol. 3, p. 33; Plant. Corom. tab. 67. — Bot. Reg. tab. 495. — Bot. Mag. tab. 2366.

Feuilles triangulaires, ou hastiformes-triangulaires, inégalement sinuolées, acuminées, 5-ou 7-nervées, scabres et pubérules aux 2 faces; pétiole immarginé. Pédoncules axillaires, solitaires ou géminés, 1-flores, à peu près aussi longs que les pétioles. Fleurs terminales en grappe. Bractées-caliculaires oblongues, quelquefois soudées, à peu près aussi longues que le tube de la corolle. Lobes de la corolle suborbiculaires, presque aussi longs que le tube.

Sarments très-longs, finalement ligneux. Jeunes pousses pubérules, obscurément tétragones. Feuilles longues de 2 à 4 pouces (le pétiole non compris, qui est souvent aussi long que la lame). Corolle de 2 à 4 pouces de diamètre; tube resserré à la base, renflé au dos vers le sommet; les deux lobes supérieurs dressés, plus courts, les 3 inférieurs étalés. Étamines presque aussi longues que le tube : filets rugueux, larges, les 2 plus longs arqués; anthères subclaviformes. Style rectiligne, à peu près aussi long que les étamines.

Cette espèce croît au Bengale.

B. *Calice fimbrié. Corolle hypocratériforme, jaune.*

THUNBERGIA AILÉ. — *Thunbergia alata* Hook. Exot. Flor. tab. 177. — Bot. Mag. tab. 2591.

Feuilles subsagittiformes, 5-nervées, mucronées, irrégulièrement dentées ou sinuolées, scabres et pubérules en dessus, veloutées en dessous ; pétiole ailé. Pédoncules solitaires ou géminés, axillaires, 1-flores, ordinairement plus courts que les pétioles. Bractées-caliculaires ovales , ou ovales-lancéolées, ou oblongues-lancéolées, pointues, souvent subcordiformes à la base, à peu près aussi longues que le tube de la corolle. Lobes de la corolle flabelliformes, arrondis, presque aussi longs que le tube.

Sarments suffrutescents. Jeunes pousses très-grêles , pubescentes, anguleuses. Feuilles longues de 1 pouce à 4 pouces (y compris le pétiole, qui est en général à peu près aussi long que la lame, comprimé, largement marginé par la décurrence de la lame). Corolle à limbe large de 12 à 20 lignes, d'un jaune orange ; tube infondibuliforme, d'un pourpre violet. Étamines plus courtes que le tube de la corolle. Style à peu près aussi long que le tube de la corolle.

Cette espèce est originaire de la côte de Zanzébar.

Genre GOLDFUSSIA. — *Goldfussia* Nees.

Calice 5-parti, subrégulier. Corolle infondibuliforme, presque également 5-lobée. Étamines 4, incluses, didynames, insérées au tube de la corolle : les 2 inférieures souvent très-courtes ; filets capillaires ; anthères nutantes, dithèques, mutiques : connectif onciné, glanduleux ; bourses membranacées, ovales, isomètres, obliques. Ovaire 2-loculaire ; loges 2-ovulées. Style indivisé. Stigmate subulé. Capsule hexagone, 2-loculaire, 4-sperme, loculicide-bivalve : valves se séparant de la cloison. Graines suborbiculaires, comprimées ; funicule subulé, onciné, ascendant, sustendant la graine.

Arbustes. Feuilles opposées, penninervées. Fleurs axillaires et terminales, subfasciculées, ou en épis. Pédicelles 2-bractéolés au sommet. Bractées caduques.

GOLDFUSSIA ANISOPHYLLE.— *Goldfussia anisophylla* Nees,

in Wallich, Plant. Asiat. Rar. 3, p. 87. — Hook. Exot. Flor. tab. 191. — *Ruellia persicifolia* Lindl. Bot. Reg. tab. 955.

Sous-arbrisseau touffu, haut de 2 à 3 pieds. Rameaux tétra-gones, articulés, paniculés; ramules axillaires, grêles, courts, feuillés, en général simples. Feuilles finement pubérules et vis-queuses (de même que les jeunes pousses), subcoriaces, subses-siles, oblongues-lancéolées, ou ovales-lancéolées, longuement acuminées, acérées, rétrécies en court pétiole : l'une de chaque paire beaucoup plus grande (longue de 1 à 4 pouces) que l'autre (longue de 2 à 6 lignes). Pédoncules axillaires et terminaux, simples, ou bifurqués, tétragones, pauciflores, tantôt plus longs que la feuille, tantôt plus courts. Pédicelles géminés, ou ternés, ou solitaires, très-courts, terminaux. Bractées calicinales très-petites. Calice long de 2 à 3 lignes, pubérule, visqueux : seg-ments linéaires, obtus, dressés, l'un un peu plus long. Corolle longue de 9 à 12 lignes, d'un bleu violet; tube infondibuli-forme, géniculé à l'insertion des étamines; lobes courts, ar-rondis.

Cette espèce, originaire du Népaul, se cultive comme plante d'ornement de serre.

Genre ACANTHE. — *Acanthus* Tourn.

Calice 4-sépale; sépales bisériés, imbriqués : 2 exté-rieurs, grands, dissemblables (l'un supérieur, cuculli-forme; l'autre inférieur, subspathulé), dentelés ou incisés vers le sommet, foliacés; 2 intérieurs (latéraux), petits, coriaces, très-entiers, conformes, isomètres. Corolle 1-la-biée (par avortement de la lèvre supérieure), cartilagi-neuse jusqu'au delà du milieu; tube très-court, à bord supérieur tronqué (et quelquefois bi-auriculé); lèvre dé-clinée, longuement onguiculée, large, trilobée : lobes égaux; onglet large, tricaréné en dessus. Étamines 4, sub-didynames, saillantes, insérées peu au-dessus de la base de la corolle; filets larges, comprimés, ascendants, géniculés et barbus à la base : les 2 inférieurs bigéniculés au sommet ; les 2 supérieurs légèrement infléchis au sommet ; anthères monothèques, médifixes, verticales, conniventes, oblongues, comprimées, barbues : connectif nul. Ovaire 2-loculaire ; loges bi-ovulées. Style filiforme. Stigmate court, bifurqué. Capsule chartacée, ovale, comprimée, 2-loculaire, élastiquement bivalve ; cloison contraire, coriace, bipartible ; valves semi-septifères ; loges 1-ou 2-spermes. Funicules épais, obtus, subrectilignes, sustendant les graines. Graines dressées, lenticulaires, immarginées ; tégument lisse ou tuberculeux ; chartacé ; embryon antitrope ; cotylédons grands, charnus, plano-convexes ; radicule petite, conique, obtuse, recouverte par les cotylédons.

Herbes vivaces, ou sous-arbrisseaux. Feuilles incisées-dentées, sinuées-pennatifides, ou bipennatifides, opposées (du moins les inférieures) : dents en général spinescentes. Fleurs tribractéolées, grandes, sessiles, disposées en épi terminal ; la bractée extérieure large, grande, bordée de cils raides, ou découpée en dents spinescentes ; les deux bractées intérieures (alternes avec les 2 sépales extérieurs) beaucoup plus étroites, spinescentes, apprimées. Corolle bleue ou blanchâtre.

Ce genre, dont on connaît environ 12 espèces, toutes indigènes de l'ancien continent, est le seul représentant de sa famille en Europe.

ACANTHE ÉPINEUX.—*Acanthus spinosus* Linn.— Bot. Mag. tab. 1808.

Feuilles profondément sinuées-pennatifides ; segments suboblongs, sinués-denticulés ; dents spinescentes. Bractées coriaces, spinescentes : les extérieures sinuées-dentées ; 3-5-nervées ; dents courtement aristées.

Herbe vivace. Tige dressée, simple, médiocrement feuillée, haute de 2 à 3 pieds, florifère dès le milieu ou quelquefois dès le tiers de sa longueur, finement pubérule, grêle, cylindrique. Feuilles radicales longues de 1 pied et plus, étalées, pétiolées, pubérules sur la côte et les nervures; veines peu saillantes, brusquement épaissies vers l'extrémité des dents en courtes spinules subulées. Feuilles caulinaires presque toutes alternes, beaucoup plus petites que les feuilles-radicales, mais d'ailleurs semblables à celles-ci. Épi solitaire, assez dense, multiflore, atteignant jusqu'à 2 pieds de long. Fleurs alternes. Bractées sessiles : les extérieures ovales ou ovales-lancéolées, acuminées, à l'époque de la floraison plus courtes que le calice ; les intérieures linéaires ou linéaires-lancéolées, subulées au sommet, presque aussi longues que les extérieures. Sépale supérieur spathulé-cuculliforme, incisé-denté au sommet, à l'époque de la floraison long d'environ 18 lignes. Sépale inférieur long d'environ 1 pouce, très-entier, ou crénelé au sommet, cochléariforme dans sa moitié supérieure, élargi vers la base. Sépales intérieurs suborbiculaires, concaves, longs d'environ 3 lignes. Corolle blanche, longue d'environ 2 pouces ; lèvre large de près de 18 lignes ; lobes arrondis. Étamines un peu plus longues que l'onglet de la lèvre. Style décliné, débordant les étamines. Graines obliquement ovales ou elliptiques, arrondies aux 2 bouts, lisses, brunes, larges de 4 à 5 lignes.

Cette espèce croît dans l'Europe méridionale ; on la cultive comme plante de parterre ; elle fleurit en juillet et août.

ACANTHE A FEUILLES INERMES. — *Acanthus mollis* Linn. — Blackw. Herb. tab. 89.

Feuilles profondément sinuées-pennatifides : segments larges, irrégulièrement sinués-lobés et dentés; dents mucronulées, non-spinescentes. Bractées subcoriaces, spinescentes : les extérieures 3-5-nervées, sinuées-dentées : dents longuement aristées.

Herbe vivace, semblable à l'espèce précédente par le port. Feuilles minces, pubérules : les radicales étalées, longues de 1 pied et plus. Épi solitaire, assez dense, multiflore, atteignant jusqu'à 2 pieds de long. Fleurs alternes. Bractées sessiles : les extérieures ovales, ou ovales-lancéolées, acuminées, tantôt presque aussi longues que le calice, tantôt jusqu'à 1 fois plus courtes ; les intérieures lancéolées ou linéaires-lancéolées, subfalci-

formes, aristées, en général presque aussi longues que les extérieures. Sépale supérieur spathulé - cuculliforme, 3 - nervé ,
incisé-denté au sommet, à l'époque de la floraison long de 18
lignes à 2 pouces. Sépale inférieur en général presque aussi
long que le sépale supérieur, élargi à la base, spathulé supérieurement, 3-nervé, ordinairement bifide au sommet. Sépales
intérieurs elliptiques ou suborbiculaires, concaves, longs de 2
à 3 lignes. Corolle longue d'environ 2 pouces, blanche, semblable (ainsi que les étamines) à celle de l'espèce précédente.

Cette espèce, nommée vulgairement *Acanthe*, ou *Branc-Ursine*, n'est pas rare dans l'Europe méridionale; on la cultive
comme plante de parterre; ses feuilles et ses racines étaient
jadis en vogue à titre de remède émollient.

Genre APHÉLANDRA. — *Aphelandra* R. Br.

Calice 5-sépale, irrégulier. Corolle tubuleuse, bilabiée,
ringente : tube long, décliné, subclaviforme; lèvre supérieure dressée, bifide; lèvre inférieure indivisée (quelquefois 2-auriculée à la base), défléchie. Étamines 4, didynames, insérées peu au-dessus de la base de la corolle;
filets capillaires; anthères monothèques, linéaires, acuminées à la base, supra-basifixes. Ovaire 2-loculaire; loges
2-ovulées. Style filiforme. Stigmate bifide. Capsule subcylindracée, non-stipitée, 2-loculaire, 4-sperme, loculicide-bivalve; valves septifères au milieu. Funicules oncinés, sustendants. Graines comprimées.

Arbrisseaux. Feuilles opposées. Épis axillaires et terminaux, aphylles, très-denses; fleurs imbriquées sur 4 rangs,
tribractéolées : la bractée externe plus grande, naviculaire, carénée au dos, recouvrant presque le calice; les
2 bractées internes petites, apprimées, étroites. Corolle
grande, pourpre.

Aphélandra écarlate.— *Aphelandra cristata* Hort. Kew.
— Bot. Reg. tab. 1477. — Bot. Mag. tab. 1578. — *Ruellia*

cristata Andr. Bot. Rep. tab. 5o6. — *Justicia cristata* Jacq. Hort. Schœnbr. tab. 32o.

Feuilles lancéolées-oblongues ou lancéolées-elliptiques, obtuses, subsinuolées, pétiolées, glabres, subcoriaces, penninervées, longues de 5 à 6 pouces. Épis multiflores, courtement pédonculés, longs de 2 à 4 pouces. Bractées longues d'environ 4 lignes, imbriquées, ovales, mucronées, cotonneuses aux bords. Bractéoles linéaires, cotonneuses, presque aussi longues que les bractées. Sépales longs de 4 à 5 lignes, inégaux, linéaires-lancéolés, cotonneux aux bords. Corolle longue de 2 ½ pouces, écarlate : tube grêle, urcéolé à la base ; lèvre supérieure 3 à 4 fois plus courte que le tube, à 2 lobes ovales-lancéolés, acuminés ; lèvre inférieure de moitié plus longue que la supérieure, ovale-lancéolée, acuminée, inappendiculée. Étamines saillantes, un peu débordées par la lèvre supérieure ; filets capillaires, rouges ; anthères jaunes, conniventes, longues d'environ 2 lignes. Style rouge, débordant les étamines. Stigmate minime.

Cette espèce, indigène des Antilles, se cultive comme plante d'ornement de serre.

Genre ADHATODA. — *Adhatoda* Nees.

Calice 5-parti, régulier. Corolle courtement tubuleuse, bilabiée, ringente ; lèvre supérieure voûtée, arquée, déclinée ; lèvre inférieure trifide, défléchie. Étamines 4, insérées à la gorge de la corolle ; anthères dithèques : connectif large ; bourses anisomètres, obliquement superposées, semi-ovales, l'inférieure souvent éperonnée ; filets comprimés, arqués, déclinés. Ovaire 2-loculaire ; loges 2-ovulées. Style filiforme, décliné. Stigmate subulé. Capsule stipitée, 2-loculaire, 4-sperme, loculicide-bivalve ; valves septifères. Funicules oncinés, sustendants.

Herbes, ou sous-arbrisseaux, ou arbrisseaux. Feuilles opposées. Épis axillaires. Fleurs opposées, 3-bractéolées : la bractée extérieure grande, persistante, recouvrant le calice ; les 2 bractées intérieures petites.

ADHATODA ARBORESCENT. — *Adhatoda arborescens*. — *Justicia Adhatoda* Linn. — Bot. Mag. tab. 861.

Arbrisseau ou petit arbre. Tronc droit. Branches presque dressées. Écorce assez lisse, d'un gris cendré. Feuilles longues de 5 à 6 pouces, larges de 12 à 18 lignes, glabres, courtement pétiolées, lancéolées-elliptiques, ou lancéolées-oblongues, ou ovales-lancéolées, acuminées, pubescentes en dessous. Épis solitaires, longuement pédonculés, rapprochés en panicule feuillée. Bractées grandes : les extérieures ovales, persistantes. Fleurs grandes. Corolle blanche : tube court, à gorge très-évasée ; lèvre supérieure voûtée, échancrée ; lèvre inférieure large, tripartie ; l'une et l'autre lèvres striées de pourpre. Filets longs, contenus dans la cavité de la lèvre supérieure. (*Roxburgh, Flora Indica*, ed. 2, vol. 5, p. 127.)

Cette espèce est commune dans toute l'Inde. Son bois est tendre et excellent pour la composition de la poudre à tirer.

Genre GENDARUSSA. — *Gendarussa* Nees.

Ce genre ne paraît différer essentiellement du précédent que par des bractées caduques.

GENDARUSSA COMMUN. — *Gendarussa vulgaris* Nees. — *Justicia Gandarussa* Linn. — Jacq. Hort. Schœnbr. tab. 3. — Bot. Reg. tab. 635.

Arbuste à tiges diffuses, longues, nombreuses, glabres de même que toute la plante. Écorce des jeunes pousses très-lisse, d'un pourpre foncé. Feuilles longues de 3 à 6 pouces, larges de 4 à 12 lignes, coriaces, très-lisses, courtement pétiolées, lancéolées, subobtuses : côte et nervures en général d'un pourpre noirâtre. Épis terminaux, dressés, subternés, multiflores, un peu lâches. Fleurs subverticillées. Bractées minimes, subulées. Calice petit ; sépales subulés. Corolle blanche, longue de 6 lignes : tube grêle, évasé au sommet ; lèvre supérieure 2 ou 3 fois plus courte que le tube, rectiligne, dressée, échancrée ; lèvre inférieure trilobée, de moitié plus longue que la lèvre supérieure. Étamines un peu débordées par la lèvre supérieure; anthères mucronées à la base.

Cette espèce, indigène des Moluques, se cultive fréquemment, dans toute l'Inde, comme plante d'ornement.

Genre ÉRANTHÈME. — *Eranthemum* R. Br.

Calice tubuleux, 5-fide, régulier. Corolle hypocratériforme, subrégulière ; tube grêle; limbe 5-parti, étalé. Étamines 2, insérées à la gorge de la corolle ; anthères saillantes, dithèques : bourses mutiques, parallèles; 2 filets stériles, très-courts, inclus. Ovaire 2-loculaire; loges 2-ovulées. Style filiforme. Stigmate bifide. Capsule stipitée, biloculaire, 4-sperme, loculicide-bivalve; valves septifères. Funicules oncinés, sustendants. Graines suborbiculaires, comprimées.

Herbes, ou arbrisseaux. Feuilles opposées, très-entières. Fleurs solitaires-axillaires et 2-bractéolées, ou en épis (soit axillaires et terminaux, soit terminaux) et 3-bractéolées : la bractée extérieure grande, foliacée ; les 2 bractées intérieures petites.

A. *Épis axillaires et terminaux, courts, très-denses; bractées imbriquées.*

ÉRANTHÈME ÉLÉGANT. — *Eranthemum pulchellum* Roxb. Flor. Ind. — Andr. Bot. Rep. tab. 88. — *Justicia pulchella* Roxb. Corom. 2, tab. 177. — *Justicia nervosa* Vahl, Enum. — Bot. Mag. tab. 1358.

Arbrisseau touffu. Tiges dressées ou ascendantes, nombreuses, hautes de 2 à 3 pieds, très-rameuses. Jeunes pousses tétragones, glabres. Feuilles longues de 6 à 9 pouces, larges de 3 à 4 pouces, courtement pétiolées, lancéolées-oblongues, ondulées, assez glabres. Bractées imbriquées, ovales-oblongues, ciliées. Fleurs grandes, d'un pourpre bleuâtre très-brillant. Capsule linéaire-oblongue, comprimée, pointue.

Cette espèce, originaire de l'Inde, se cultive comme plante d'ornement de serre.

B. *Épis longs, lâches ; bractées à peine aussi longues que les entrenœuds de l'épi, ou plus courtes.*

ÉRANTHÈME RAIDE. — *Eranthemum strictum* Roxb. Flor. Ind. — Bot. Reg. tab. 867.

Arbuste touffu. Tiges et rameaux raides, tétragones, glabres. Feuilles longues de 2 à 4 pouces, subcoriaces, d'un vert foncé, courtement pétiolées, glabres, ovales-lancéolées, ou oblongues-lancéolées, acuminées. Épis axillaires et terminaux, dressés, longs de ½ pied et plus. Bractées oblongues ou lancéolées-oblongues, foliacées, subsessiles, réticulées, ciliées, longues de 6 à 9 lignes. Bractéoles subulées, de la longueur du calice. Calice long d'environ 2 lignes : segments linéaires ou linéaires-lancéolés, pointus, dressés. Corolle d'un bleu vif : tube long de 12 à 15 lignes ; limbe à segments cunéiformes-obovales, longs de 4 à 5 lignes. Étamines incluses.

Cette espèce, indigène du Népaul, se cultive comme plante d'ornement de serre.

Genre RHINACANTHE. — *Rhinacanthus* Nees.

Calice 5-parti, régulier. Corolle tubuleuse, ringente, bilabiée : tube long, grêle ; lèvre supérieure dressée, étroite, entière ; lèvre inférieure défléchie, à 3 lobes égaux. Étamines 2, insérées à la gorge de la corolle ; filets courts ; anthères dithèques : bourses verticalement superposées, mutiques. Ovaire 2-loculaire ; loges 2-ovulées. Style filiforme. Stigmate bifide. Capsule stipitée, claviforme, 2-loculaire, 4-sperme, ou par avortement 2-sperme, loculicide-bivalve ; valves septifères. Graines lenticulaires, ovales ; funicules sustendants, oncinés.

Arbrisseaux. Feuilles opposées. Panicules axillaires, trichotomes, lâches, pédonculées ; pédicelles subfasciculés.

RHINACANTHE RINGENT. — *Rhinacanthus nasutus* Nees, in
Wallich, Plant. Asiat. Rar. 3, p. 108. — *Justicia nasuta*
Linn. — Bot. Mag. tab. 325. — Hort. Malab. 9, tab. 69.

Buisson peu touffu, haut de 5 pieds, ou plus. Tiges et branches dressées, cylindriques; écorce assez lisse, d'un gris cendré. Jeunes pousses glabres, articulées, obscurément hexagones. Feuilles longues de 1 à 4 pouces, larges de ½ pouce à 2 pouces, glabres en dessus, pubescentes en dessous, oblongues, ou lancéolées-oblongues, ou elliptiques-oblongues, subobtuses, en général cunéiformes à la base, courtement pétiolées. Pédoncules solitaires, presque aussi longs que les feuilles, bifurqués au-dessus du milieu, multiflores; pédicelles courts, ternés; bractées petites, caduques. Calice petit : segments subulés. Corolle blanche : tube long d'environ 1 pouce, comprimé; lèvres plus courtes que le tube : lobes oblongs, obtus. Anthères saillantes.

Cette plante se cultive fréquemment dans l'Inde, à cause de la beauté de ses fleurs; sa racine, mêlée avec du jus de citron et du poivre, passe pour un excellent remède anthelmintique.

Genre PÉRISTROPHE. — *Peristrophe* Nees.

Calice 5-parti, subrégulier. Corolle tubuleuse, bilabiée, ringente; lèvres égales : la supérieure recourbée, tridentée; l'inférieure défléchie, bidentée. Étamines 2, insérées au tube de la corolle; filets capillaires, saillants, déclinés; anthères dithèques, oblongues : bourses obliquement superposées, mutiques. Ovaire 2-loculaire; loges 2-ovulées. Style filiforme. Stigmate bifide. Capsule stipitée, comprimée, 2-loculaire, 4-sperme, loculicide bivalve; valves septifères. Graines disciformes; funicules oncinés, sustendants.

Herbes, ou sous-arbrisseaux. Tiges et rameaux hexagones, charnus aux articulations. Feuilles opposées, très-entières. Pédoncules axillaires et terminaux, pauciflores.

Fleurs subfasciculées, 2-bractéolées ; fascicules accompagnés de 2 bractées foliacées.

PÉRISTROPHE ÉLÉGANT. — *Peristrophe speciosa* Nees , in Wallich , Plant. Asiat. Rar. 3 , p. 112. — *Justicia speciosa* Roxb. Flor. Ind. ed. 2 , vol. 1 , p. 122. — Bot. Mag. tab. 1722.

Arbrisseau. Tige et branches dressées , ligneuses ; écorce d'un gris cendré. Jeunes pousses glabres , vertes. Feuilles longues de 1 pouce à 4 pouces , opposées-croisées , un peu rugueuses , pétiolées , glabres , lancéolées-oblongues , ou ovales-lancéolées , acuminées , ou ovales , quelquefois subcordiformes à la base : celles des ramules florifères beaucoup plus petites que les autres. Pédoncules 2-ou 3-flores , courts. Bractées oblongues ou subspathulées , obtuses, plus longues que le calice. Calice long d'environ 3 lignes : segments linéaires. Corolle d'un pourpre vif : tube long d'environ 1 pouce , plus ou moins courbé , pubescent ; lèvres oblongues , presque aussi longues que le tube. Étamines un peu plus courtes que les lèvres ; anthères pourpres. Style saillant , décliné.

Cette espèce croît dans les forêts du Bengale ; on la cultive comme plante d'ornement de serre.

CENT QUARANTIÈME FAMILLE.

LES LABIEES. — *LABIATÆ.*

Verticillatæ Linn. Ord. — *Labiatæ* Juss. Gen. — Mirbel, in Ann. du Mus. vol. 15. — R. Br. Prodr. ; Gen. Rem. in Flind. Voy. 2, p. 565. — Bartl. Ord. Nat. p. 180. — Bentham, *Labiatarum Genera et Species.* — Lindl. Nat. Syst. ed. 2, p. 275. — Endl. Gen. Plant. 1, p. 607. — *Labiatarum* trib. I (*Leioschizocarpicæ*) et II (*Trachyschizocarpicæ*) Reichenb. Syst. Nat. p. 189.

Les *Labiées* constituent un groupe très-naturel, riche en espèces, et caractérisé tant par la structure du pistil que par le port. La plupart de ces végétaux habitent les régions tempérées, et ils abondent surtout dans les contrées voisines de la Méditerranée. Presque toutes les Labiées sont très-aromatiques : propriété due à des huiles essentielles qui contiennent souvent une quantité assez notable de camphre ; beaucoup d'espèces renferment en outre un principe amer de nature gommo-résineuse. Plusieurs Labiées se cultivent comme plantes d'ornement.

Caractères de la Famille.

Herbes, ou *sous-arbrisseaux,* ou *arbrisseaux.* Tige et rameaux tétragones (du moins étant jeunes), noueux avec articulation ; rameaux opposés ou verticillés.

Feuilles opposées ou verticillées, simples, non-stipulées, veineuses, entières, ou dentées, ou incisées, ponctuées (de même que les calices, et souvent aussi l'écorce des parties vertes, ainsi que les corolles) de glandules oléifères.

Fleurs hermaphrodites (rarement polygames), irré-

gulières, fasciculées ou glomérulées (ou rarement solitaires) aux aisselles des feuilles ou des bractées, ou disposées soit en cymes axillaires (dichotomes, courtement
pédonculées, à évolution centrifuge), soit en capitules
terminaux.

Calice campanulé ou tubuleux, inadhérent, persistant, soit régulier et 5-fide ou 5-denté (rarement
6-10-denté), soit bilabié (la lèvre supérieure tridentée,
ou bidentée, ou très-entière ; la lèvre inférieure bidentée, ou très-entière).

Disque hypogyne, charnu, souvent 4-lobé.

Corolle hypogyne, non-persistante, tubuleuse, ou subcampanulée, inégalement 5-lobée, ou plus souvent distinctement bilabiée : lèvre supérieure (nulle ou rudimentaire dans quelques genres) bilobée ou bidentée, ou très-
entière, recouvrant la lèvre inférieure en préfloraison ;
lèvre inférieure trilobée, à lobes infléchis en préfloraison.

Étamines en général au nombre de 4, dont 2 supérieures, en général plus courtes, quelquefois ananthères, et 2 inférieures, ordinairement plus longues, toujours anthérifères ; dans plusieurs genres les 2 étamines
supérieures ou manquent complétement, ou sont rudimentaires ; quelques espèces offrent le rudiment d'une
cinquième étamine (correspondant à la nervure mé-
diane de la lèvre supérieure). Filets insérés au tube de
la corolle, interposés, ascendants, ou dressés, ou déclinés, ou divariqués, libres, filiformes, ou comprimés,
souvent barbus à la base ou munis d'un appendice dentiforme. Anthères basifixes, ou supra-basifixes, versatiles, dithèques (à bourses soit parallèles et contiguës,
soit divariquées ou verticalement superposées, soit séparées par un long connectif transverse), ou monothè-

ques; bourses déhiscentes chacune par une fente longitudinale.

Pistil : Quatre ovaires distincts, astyles, 1-loculaires, 1-ovulés, plus ou moins engaînés par le disque; ovules attachés à la base des loges. Style gynobasique, central, solitaire, en général terminé en 2 stigmates (souvent anisomètres).

Péricarpe de 4 (ou par avortement moins) nucules distinctes (quelquefois drupacées), monospermes, recouvertes par le calice, finalement caduques.

Graines ordinairement adhérentes à l'endocarpe. Périsperme nul ou très-mince. Embryon rectiligne ou rarement replié, homotrope; cotylédons planes; radicule infère, ordinairement très-courte.

M. Bentham, dans sa monographie des Labiées, classe les genres de cette famille comme suit :

Ire TRIBU. LES OCYMOÏDÉES. — *OCYMOIDEÆ* Benth.

Étamines déclinées. Corolle subbilabiée : les 4 lobes supérieurs planes, presque égaux (ou les 2 lobes supérieurs confluents); le lobe inférieur décliné, en général dissemblable, souvent cymbiforme ou sacciforme. Anthères le plus souvent disciformes après l'anthèse.

Ocymum Linn. — *Platostoma* Pal. Beauv. — *Geniosporum* Wallich. — *Mesona* Blum. — *Acrocephalus* Benth. — *Moschosma* Reichenb. (Lumnitzera Jacq.) — *Orthosiphon* Benth. — *Plectranthus* L'hérit. — *Germanea* Lamk. — *Isodon* Schrad. — *Dentidia* Loureir. — *Coleus* Loureir. — *Solenostemon* Schum. — *Anisochilus* Wallich. — *Æolanthus* Martius. (Orolanthus E. Mey. Hypothronia Schrank.) — *Pycnostachys* Hook. (Echi-

nostachys E. Meyer.) — *Syncolostemon* E. Mey. —
Peltodon Pohl. — *Marsypianthes* Martius. — *Hyptis*
Jacq. (Brotera Spreng.) — *Eriope* Benth. — *Lavandula*
Linn. (Stœchas Tourn. Fabricia Adans.)

IIe TRIBU. **LES MENTHOÏDÉES.** — *MENTHOIDEÆ* Benth.

*Étamines rectilignes ou divergentes, distantes, jamais
rapprochées 2 à 2. Corolle subcampanulée ou infondibuliforme, 4-ou 5-lobée, subrégulière.*

Pogostemon Desfont. — *Dysophylla* Blum. (Chote-
ckia Opitz.) — *Elsholtzia* Willd. — *Aphanochilus* Benth.
— *Cyclostegia* Benth. — *Tetradenia* Benth. — *Cole-
brookia* Smith. — *Perilla* Linn. — *Isanthus* Mich. —
Preslia Opitz. — *Mentha* Linn. (Audibertia Benth.) —
Lycopus Linn. — *Meriandra* Benth.

IIIe TRIBU. **LES MONARDÉES.** — *MONARDEÆ* Benth.

*Corolle bilabiée. Les 2 étamines supérieures nulles ou
rudimentaires. Les 2 étamines inférieures ascendantes, fertiles. Anthères dithèques ou monothèques;
bourses (des anthères dithèques) soit superposées et
conformes, soit dissemblables (l'une stérile ou rudimentaire) et séparées l'une de l'autre par un connectif transverse filiforme.*

Salvia Linn. (Sclaræa, Æthiopis et Horminum Tourn.
Jungia Mœnch. Schraderia Mœnch.) — *Audibertia*
Benth. — *Rosmarinus* Linn. — *Monarda* Linn. — *Chei-
lyctis* Rafin. (Coryanthus Nutt.) — *Blephilia* Rafin. —
Zizyphora Linn. — *Horminum* Linn.

IVᵉ TRIBU. **LES SATURÉINÉES.** — *SATUREINEÆ*
Benth.

*Calice 5-denté et régulier, ou bilabié : la lèvre supé-
rieure 3-dentée; l'inférieure 2-fide. Corolle à tube
court; limbe subbilabié : lèvre supérieure entière ou
2-fide; lèvre inférieure 3-fide. Étamines distantes,
rectilignes, divergentes, isomètres, ou bien les supérieures soit plus courtes, soit abortives.*

Bystropogon L'hérit. — *Mintostachys* Benth. — *Pyc-
nanthemum* Michx. (Tullia Leaven.) — *Brachystemon*
Mich. (Kœllia Mœnch.) — *Monardella* Benth. — *Ama-
racus* Mœnch. — *Origanum* Linn. — *Majorana* Mœnch.
— *Thymus* Linn. — *Satureia* Linn. — *Hyssopus* Linn.
— *Collinsonia* Linn. — *Cunila* Linn.

Vᵉ TRIBU. **LES MÉLISSINÉES.** — *MELISSINEÆ*
Benth.

*Calice 10-13-nervé, 5-denté, ordinairement 2-labié.
Corolle 2-labiée; tube en général saillant; lèvre supérieure entière ou 2-fide; lèvre inférieure 3-fide. Étamines ascendantes : les supérieures (quelquefois abortives) plus courtes.*

Hedeoma Pers. — *Micromeria* Benth. — *Piperella*
Presl. (Xenopoma Willd. Zygis Desv.) — *Melissa* Linn.
— *Calamintha* Mœnch. — *Acinos* Mœnch. — *Clino-
podium* Linn. — *Gardoquia* Ruiz et Pav. (Rizoa Cavan.) — *Glechon* Spreng. — *Keithia* Benth. — *Thym-
bra* Linn. — *Dicerandra* Benth. (Ceranthera Elliot.
nec Palis.) — *Pogogyne* Benth.

VI° TRIBU. **LES SCUTELLARINÉES.** — *SCUTEL- LARINEÆ* Benth.

Calice 2-labié : lèvre supérieure tronquée et très-entière, ou tridentée. Corolle à tube saillant, ascendant. Éta- mines 4, ascendantes (sous la lèvre supérieure), didy- names : les inférieures plus longues.

Prunella Linn. (Brunella Mœnch.) — *Cleonia* Linn. — *Scutellaria* Linn. (Cassida Tourn.) — *Perilomia* Kunth.

VII° TRIBU. **LES PROSTANTHÉRÉES.** — *PROST- ANTHEREÆ* Benth.

Calice campanulé, 5-denté, bilabié ou régulier. Corolle à tube court, ventru; limbe bilabié. Étamines 4, plus courtes que la corolle : les inférieures plus longues ou abortives. Nucules coriaces, rugueuses. Style subper- sistant.

Chilodia R. Br. — *Cryphia* R. Br. — *Prostanthera* Labill. — *Hemiandra* R. Br. — *Hemigenia* R. Br. — *Westringia* Smith. — *Microcorys* R. Br.

VIII° TRIBU. **LES NÉPÉTÉES.** — *NEPETEÆ* Benth.

Calice subbilabié, souvent oblique : les dents supérieures plus grandes. Corolle incluse ou saillante; gorge ordi- nairement renflée; lèvre supérieure un peu voûtée; lèvre inférieure horizontale. Étamines 4, didynames : les inférieures (plus longues) ascendantes ou diver- gentes.

Vleckia Rafin. (Lophanthus Benth.) — *Nepeta* Linn. (Sausurea Mœnch.) — *Glechoma* Linn. — *Marmoritis*

Linn.— *Dracocephalum* Linn. (Zornia Mœnch. Ruyschiana Mill.)—*Moldavica* Mœnch.—*Cedronella* Mœnch.

IX· TRIBU. LES STACHYDÉES. — *STACHYDEÆ* Benth.

Calice irrégulièrement veineux, ou 5-10-nervé, 3-10-denté, oblique, ou régulier, ou subbilabié. Corolle à tube inclus ou saillant ; limbe bilabié : lèvre supérieure plane ou voûtée, entière, ou échancrée ; lèvre inférieure trilobée. Étamines 4, ascendantes, toutes fertiles (les inférieures rarement stériles) : les supérieures plus courtes.

Melittis Linn. — *Physostegia* Benth. — *Macbridea* Elliot. — *Synandra* Nutt. — *Wiedemannia* Fisch. et Mey. — *Lamium* Linn. (Erianthera Benth. Pollichia Willd.) — *Orvala* Linn. — *Galeobdolon* Huds. (Pollichia Pers.) — *Lagochilus* Bunge. (Yermolofia Bélang.) — *Leonurus* Linn. (Cardiaca Mœnch.) — *Chaiturus* Mœnch. (Marrubiastrum Linn.) — *Panzeria* Mœnch.— *Galeopsis* Linn. (Tetrahit Mœnch.) — *Anisomeles* R. Br. — *Stachys* Linn. — *Olisia* Dumort. — *Ambleia* Benth. — *Zietenia* Gleditsch. — *Phytoxis* Molin. (Sphacele Benth.) — *Cuminia* Colla. — *Lepechinia* Willd. — *Craniotome* Reichenb. — *Sideritis* Linn. — *Marrubiastrum* Mœnch. — *Empedoclea* Rafin. (Navicularia Fabr.) — *Hesiodia* Mœnch. — *Burgsdorfia* Mœnch. — *Acrotome* Benth. — *Marrubium* Linn. (Lagopsis Bung.) — *Ballota* Tourn.—*Beringeria* Neck. (Pseudodictamnus Mœnch.) — *Acanthoprasium* Benth.— *Lasiocorys* Benth.— *Roylea* Wallich. — *Otostegia* Benth. — *Leucas* R. Br. — *Leonitis* Pers. (Leonurus Tourn. Mœnch.) — *Phlomis* Linn. — *Phlomidopsis* Link. (Phlomoides Mœnch.) —

Notochœte Benth. —*Eremostachys* Bunge.—*Eriophyton* Benth. — *Moluccella* Linn. (Molucca Tourn.) — *Chasmone* Presl. — *Hymenocrater* Fisch et Mey. — *Holmskioldia* Retz. (Hastingia Smith. Platunium Juss.) — *Achyrospermum* Blum. — *Colquhounia* Wallich.

Xe TRIBU. **LES PRASIÉES.** — *PRASIEÆ* Benth.

Calice subrégulier. Corolle bilabiée. Étamines 4, ascendantes : les inférieures plus longues. Nucules légèrement charnues.

Gomphostemma Wallich. — *Phyllostegia* Benth. — *Stenogyne* Benth. — *Prasium* Linn.

XIe TRIBU. **LES AJUGOÏDÉES.** — *AJUGOIDEÆ* Benth.

Corolle à lèvre supérieure tronquée ou bifide, ordinairement plane et très-courte ; lèvre inférieure allongée. Étamines 2 ou 4, ascendantes, en général saillantes. Nucules ordinairement réticulées.

Amethystea Linn. — *Trichostemma* Linn. — *Teucrium* Tourn. — *Chamœdrys* Tourn. — *Polium* Tourn. — *Scorodonia* Tourn. — *Phleboanthe* Tausch. —*Ajuga* Linn. (Bugula et Chamæpithys Tourn.) — *Cymaria* Benth.

GENRE DOUTEUX.

Hoslundia Vahl.

Ire TRIBU. **LES OCYMOÏDÉES.** — *OCYMOIDEÆ*
Benth.

Étamines déclinées. Corolle en général subbilabiée : à 4 lobes supérieurs planes et presque égaux, ou à 3 lobes supérieurs dont le moyen plus grand; le lobe inférieur décliné, en général dissemblable, souvent cymbiforme ou sacciforme. Anthères le plus souvent disciformes après la déhiscence.

Genre OCYMUM. — *Ocymum* Linn.

Calice ovoïde ou campanulé, inégalement 5-denté ; la dent supérieure ovale, large, à bords décurrents sous forme d'ailes membranacées ; gorge nue ou poilue. Corolle à tube plus court que le calice, très-évasé, inappendiculé en dedans ; limbe subbilabié, à 5 lobes presque égaux : le lobe inférieur décliné, un peu plus long et plus étroit, presque plane. Étamines 4, déclinées : les 2 inférieures plus longues ; les 2 filets supérieurs en général soit unidentés soit barbus à la base. Anthères ovales-réniformes, à bourses confluentes. Stigmates subulés ou aplatis, presque égaux. Nucules lisses.

Herbes, ou sous-arbrisseaux. Faux-verticilles 6-flores ou rarement 10-flores, disposés en épis ou en grappes interrompus, ou en panicules thyrsiformes. Pédicelles horizontaux ou recourbés après la floraison. Calice fructifère décliné.

La plupart des *Ocymum* contiennent une huile d'un arome très-suave. Ce genre appartient à la région équatoriale.

Sous-genre OCIMODON Benth.

Filets supérieurs 1-dentés à la base. Faux-verticilles en général 6-flores, disposés en grappes lâches. Pédicelles fructifères recourbés.

OCYMUM BASILIC. — *Ocymum Basilicum* Linn. — Blackw. Herb. tab. 104.—*Ocymum viride, Ocymum bullatum, Ocymum fimbriatum* et *Ocymum minimum* Hortor.

Herbe haute de ½ pied à 1 pied, annuelle, très-rameuse, en général glabre. Tige dressée. Rameaux touffus, plus ou moins divergents, en général trifurqués au sommet. Feuilles ovales, ou ovales-elliptiques, ou ovales-lancéolées, très-entières, ou dentelées, acuminées, ou pointues, longuement pétiolées : les florales (excepté les inférieures) réduites à de petites bractées. Grappes multiflores, interrompues, finalement longues de 5 à 8 pouces; faux verticilles 6-flores. Pédicelles courts. Calice accrescent, subcampanulé : le fructifère long d'environ 3 lignes; dents ciliées, réticulées : la supérieure rédressée, suborbiculaire, obtuse; les 2 latérales ovales, acuminées, mucronées; les 2 inférieures ovales-lancéolées, aristées. Corolle petite, blanche. Étamines un peu plus longues que la lèvre inférieure. Nucules petites, ellipsoïdes, obtuses aux 2 bouts, obscurément trigones, d'un brun noirâtre.

Cette espèce, originaire de l'Inde, et connue sous le nom vulgaire de *Basilic*, se cultive fréquemment dans les jardins.

Genre LAVANDE. — *Lavandula* Linn.

Calice tubuleux, nerveux, 5-denté : la dent supérieure appendiculée au sommet. Corolle bilabiée; tube évasé au sommet; lèvre supérieure voûtée, bilobée, redressée; lèvre inférieure à 3 lobes égaux. Étamines 4, déclinées, incluses : les 2 inférieures plus longues; filets libres, édentés; anthères réniformes-ovales : bourses confluentes.

Stigmates aplatis. Nucules glabres, lisses, oblongues, sub-trigones.

Sous-arbrisseaux. Fleurs subsessiles, agrégées à l'aisselle des bractées, disposées en épis interrompus ou ininterrompus, terminaux, longuement pédonculés, souvent ternés; pédicelles fructifères dressés.

A. *Épis interrompus (du moins à la base), non couronnés par des bractées.*

LAVANDE ASPIC. — *Lavandula Spica* Linn. — Bull. Herb. tab. 294. — *Lavandula vulgaris* Lamk. Flor. Franç. — *Lavandula officinalis* Chaix. — *Lavandula vera* De Cand. Flor. Franç. Suppl.

Arbuste touffu, haut d'environ 2 pieds. Souche ligneuse, divisée en branches suffrutescentes. Rameaux annuels; simples, droits, effilés, feuillus à la base, médiocrement feuillés supérieurement. Feuilles linéaires, ou linéaires-lancéolées, obtuses, sessiles, révolutées aux bords : les adultes glabres; les jeunes cotonneuses. Épis terminaux, solitaires, multiflores, dressés, courts. Bractées ovales, ou ovales-lancéolées, cuspidées, plus courtes que les calices, subscarieuses, nerveuses, brunâtres. Fleurs au nombre de 3 à 6 à l'aisselle de chaque bractée. Calice long d'environ 3 lignes, cotonneux à la surface externe, souvent bleuâtre : dents très-courtes, très-obtuses, presque égales; la supérieure couronnée d'un petit appendice ovale-orbiculaire, acuminé. Corolle bleue, longue de 5 à 6 lignes; tube peu évasé, plus long que le calice; lèvres courtes. Nucules longues d'environ 1 ligne, luisantes, noirâtres.

Cette espèce, connue sous les noms vulgaires de *Lavande*, *Spic*, *Aspic*, ou *Faux-Nard*, est commune dans l'Europe méridionale. Toutes ses parties ont une saveur et une odeur à la fois aromatiques et amères; aussi est-elle éminemment douée des propriétés toniques et excitantes, communes à tant d'autres Labiées; c'est l'une des plantes les plus fréquemment employées pour les bains et les fumigations aromatiques. On en extrait l'huile essentielle connue sous les noms d'*huile d'Aspic*, ou *essence de Lavande*. Cette huile essentielle abonde en camphre : au témoignage de M. Proust, elle contient près du quart de son poids de cette substance.

La **Lavande a feuilles larges** (*Lavandula latifolia* Ehrh. — Blackw. Herb. tab. 295), participe aux propriétés de la précédente, dont elle ne diffère que par des feuilles un peu plus larges, des bractées linéaires ou linéaires-lancéolées, et des épis souvent ternés au sommet des rameaux.

B. *Epis très-denses, couronnés par des bractées non-florifères, colorées.*

Lavande Stéchas.—*Lavandula Stœchas* Linn.—Blackw. Herb. tab. 241. — Barrel., Ic. 301. — Sibth. et Smith, Flor. Græc. tab. 549 — *Stœchas officinarum* Mill.

Arbuste très-rameux, haut de 1 pied à 2 pieds. Tige et rameaux ligneux. Ramules florifères courts, feuillus, simples. Feuilles petites, veloutées, incanes, sessiles, linéaires, obtuses, révolutées aux bords. Épis longs d'environ 1 pouce, solitaires, simples, courtement pédonculés, multiflores, oblongs, ou ovales-oblongs. Bractées 3-6-flores, obovales-orbiculaires, subscarieuses, réticulées de veines bleues, à peu près aussi longues que le calice ; les terminales oblongues-spathulées, bleues. Calice petit, cotonneux. Corolle d'un bleu-foncé, longue d'environ 3 lignes.

Cette espèce, connue sous les noms vulgaires de *Stécas*, *Stécade*, ou *Stécade arabique*, habite la région méditerranéenne ; elle participe aux propriétés de la *Lavande Aspic*.

IIe TRIBU. **LES MENTHOÏDÉES.** — *MENTHOIDEÆ*
Benth.

Étamines dressées ou divergentes, distantes. Corolle sub-campanulée ou infondibuliforme ; tube court ; limbe à 4 ou 5 lobes égaux ou presque égaux.

Genre MENTHE. — *Mentha* Linn.

Calice campanulé ou tubuleux, 5-denté, quelquefois subbilabié ; gorge nue ou velue. Corolle infondibuliforme, 4-fide : tube court ; segment supérieur entier ou échancré ; en général plus grand. Étamines 4, isomètres, dressées, distantes ; anthères dithèques : bourses parallèles. Stigmates courts. Nucules lisses.

Herbes vivaces, très-aromatiques. Faux-verticilles multiflores, axillaires, ou rapprochés en épis terminaux aphylles.

MENTHE POIVRÉE. — *Mentha piperita* Huds. — Engl. Bot. tab. 687.

Racine stolonifère. Tiges hautes de 1 pied à 3 pieds, dressées, rameuses, pubérules aux articulations, souvent rouges. Feuilles ovales-lancéolées, ou oblongues-lancéolées, acuminées, ou pointues, dentelées, en général glabres ou poilues. Fleurs en épis grêles, obtus, interrompus à la base. Fascicules courtement pédonculés, sub-7-flores. Pédicelles à peu près aussi longs que le calice. Calice 10-nervé, campanulé ; dents triangulaires, courtes, dressées, ordinairement ciliées, non-conniventes après la floraison. Corolle rougeâtre, petite. Étamines tantôt incluses, tantôt saillantes.

Cette espèce n'est pas rare en Europe, mais la plante sauvage ne possède pas l'odeur et la saveur agréables de la variété si fréquemment cultivée dans les jardins. La Menthe poivrée s'em-

ploie fréquemment à titre de tonique, de stomachique, de car-
minatif, et d'antispasmodique; l'huile essentielle qu'on en retire
est recherchée pour diverses préparations de parfumerie, ainsi
que pour aromatiser des dragées, des pastilles, etc.

MENTHE CRÉPUE. — *Mentha crispa* Linn.

Cette plante ne paraît être qu'une variété de la *Menthe poivrée*, dont elle ne diffère que par des feuilles plus ou moins
crépues et incisées. Son odeur est la même que celle de la Menthe poivrée sauvage; du reste elle s'emploie aux mêmes usages,
ainsi que plusieurs autres espèces du genre, telles que le *Mentha rotundifolia* Linn. (vulgairement *Baume d'eau à feuilles
ridées*), le *Mentha gentilis* Linn. (vulgairement *Baume des
jardins*, *Herbe du cœur*, ou *Menthe commune*), le *Mentha
viridis* Linn. (vulgairement *Menthe romaine*, *Menthe de Notre-Dame*), le *Mentha aquatica* Linn. (vulgairement *Menthe
d'eau*, *Menthe rouge*, ou *Baume d'eau à feuilles rondes*), etc.

IIIᵉ TRIBU. **LES MONARDÉES.** — *MONARDEÆ*
Benth.

*Corolle bilabiée. Les 2 étamines inférieures fertiles, as-
cendantes; les 2 supérieures rudimentaires ou nulles.
Anthères dithèques ou monothèques; bourses soit superposées et conformes, soit dissemblables (l'une stérile
ou rudimentaire) et séparées l'une de l'autre par un
connectif transverse filiforme.*

• Genre SAUGE. — *Salvia* Linn.

Calice tubuleux, ou ovoïde, ou campanulé, bilabié:
lèvre supérieure entière, ou bifide, ou 3-fide, ou 3-dentée;
lèvre inférieure 2-fide; gorge imberbe. Corolle tubuleuse,
ringente; lèvre supérieure entière, ou échancrée, voûtée;

lèvre inférieure trilobée. Les 2 étamines supérieures nulles, ou minimes, claviformes, stériles, insérées au tube de la corolle, incluses. Les 2 étamines inférieures fertiles, insérées à la gorge de la corolle ; filets horizontaux, ou ascendants, ou dressés, en général courts, articulés au connectif ; anthères à connectif long, filiforme, transverse, portant à l'extrémité antérieure (supérieure) une bourse fertile (supra-basifixe), et à l'extrémité postérieure une bourse stérile ou abortive et difforme. Disque prolongé antérieurement en lobe souvent aussi grand que les ovaires. Style ascendant. Stigmates isomètres ou anisomètres, pointus. Nucules subglobuleuses, ou ovoïdes, ou oblongues, cylindracées, ou trièdres, glabres, en général lisses, chartacées, ou crustacées.

Herbes, ou sous-arbrisseaux. Feuilles indivisées ou pennatifides, opposées. Inflorescence variée.

SECTION I.

Calice subcampanulé : lèvre supérieure 3-dentée ; lèvre inférieure bifide. Corolle à tube évasé, un peu saillant, garni (en dedans) au-dessous du milieu d'une barbe annulaire ; lèvre supérieure subrectiligne, dressée ; lèvre inférieure à lobes latéraux réfléchis, et à lobe moyen convexe, bilobé. Connectif médifixe, comme bifurqué : branches à peine aussi longues que le filet ; bourse stérile semblable à la bourse fertile, mais plus petite.

Sauge officinale. — *Salvia officinalis* Linn. — Blackw. Herb. tab. 10 et 71.

Arbuste touffu, haut de 1 pied à 3 pieds. Tige et rameaux adultes ligneux de même que la racine. Rameaux-florifères herbacés, simples, ou ramulifères aux aisselles, dressés, tétragones, cotonneux-incanes, en général feuillus à la base. Feuilles ovales, ou ovales-oblongues, ou oblongues, obtuses, ou subobtuses, légèrement crénelées, plus ou moins longuement pétiolées, arrondies, ou cordiformes, ou cunéiformes à la base (quelquefois hastiformes-biauriculées), plus ou moins cotonneuses et incanes aux deux faces (mais surtout en dessous), comme tuberculeuses en dessus, fortement réticulées en dessous, un peu charnues, de grandeur très-variable. Inflorescence de chaque rameau formant un épi terminal, aphylle (excepté à la base), verticillé, long de 2 à 6 pouces. Faux-verticilles 6-12-flores, accompagnés chacun d'une paire de bractées et de plusieurs bractéoles. Fleurs pédicellées. Bractées ovales, ou ovales-lancéolées, ou oblongues-lancéolées, acuminées : les inférieures subfoliacées, subpersistantes; les supérieures membranacées, colorées, ou subscarieuses, caduques. Bractéoles subulées, caduques. Pédicelles filiformes, dressés, plus courts que le calice. Calice long de 3 à 4 lignes, pubérule, glanduleux, nerveux, souvent violet; dents ovales ou ovales-lancéolées, acuminées-cuspidées. Corolle bleue, ou blanche, ou rose, 1 fois plus longue que le calice ; lobe moyen de la lèvre inférieure obcordiforme; lobes latéraux ovales. Étamines peu saillantes : connectif arqué, décliné; bourses petites, linéaires. Style débordant la lèvre supérieure. Stigmates anisomètres. Nucules globuleuses, lisses, brunes, du volume d'un grain de Moutarde.

Cette espèce, connue sous le nom vulgaire de *Sauge franche*, et fréquemment cultivée comme arbuste d'agrément, est commune dans les contrées voisines de la Méditerranée. Toutes les parties de la plante, mais surtout ses feuilles et ses jeunes pousses, ont une odeur aromatique agréable, et une saveur amère, participant de celle du camphre; elles possèdent des propriétés toniques et stimulantes très-prononcées. Dans l'Europe méridionale, les feuilles de la *Sauge* servent à l'assaisonnement.

SECTION II.

Calice campanulé : lèvre supérieure obscurément 3-lobée; lèvre inférieure profondément 2-lobée. Corolle à tube très-évasé, garni (en-dedans) d'une barbe annulaire ; lèvre supérieure grande, voutée, subfalciforme, comprimée; lèvre inférieure courte, à lobes latéraux réfléchis. Connectif à branche antérieure très-longue, filiforme, ascendante, arquée, inclinée au sommet; branche postérieure très-courte, calcariforme, obtuse, stérile.

SAUGE DORÉE.— *Salvia aurea* Linn: — Comm. Hort. 2, tab. 92. — Bot. Mag. tab. 182.

Arbuste touffu, très-rameux, haut de 2 à 4 pieds. Rameaux florifères frutescents, tétragones, incanes, feuillus, souvent garnis de ramules-axillaires stériles. Feuilles longues de 6 à 18 lignes, pétiolées, pubérules-incanes aux 2 faces, suborbiculaires, ou elliptiques, ou obovales, arrondies au sommet, rétrécies vers la base, souvent ondulées : les florales plus petites, subsessiles, passant graduellement à l'état de courtes bractées. Fleurs en faux-verticilles axillaires, peu garnis, rapprochés en grappe terminale assez dense, longue de 3 à 4 pouces. Pédicelles courts, plus ou moins inclinés durant la floraison. Calice cotonneux, veineux, long d'environ 6 lignes; lobes arrondis. Corolle longue de près de 18 lignes, d'un jaune orange, pubescente à la surface externe; lèvre supérieure tronquée, 3 fois plus longue que le tube; lèvre inférieure 3 fois plus courte que la supérieure, à lobes arrondis, le moyen plus grand que les latéraux. Connectif à branche antérieure presque aussi longue que la lèvre supérieure, incluse. Style débordant la lèvre supérieure. Stigmate supérieur dentiforme, très-court.

Cette espèce, originaire du cap de Bonne-Espérance, se cultive comme arbuste d'ornement.

SECTION III. (HORMINUM Tourn.)

Calice tubuleux : lèvre supérieure tronquée, tridenticulée; lèvre inférieure bifide. Corolle à tube infondibuliforme, court, imberbe; lèvre supérieure rectiligne ou falciforme, voûtée, comprimée. Connectif à branche antérieure longue, filiforme, ascendante; branche postérieure très-courte, calleuse, stérile, horizontale. — Inflorescence terminale, composée de faux-verticilles 6-8-flores, accompagnés chacun d'une paire de bractées persistantes (souvent colorées); pédicelles réfléchis après la floraison , 1-bractéolés.

Sauge Hormin. — *Salvia Horminum* Linn. —Flor. Græc. tab. 20. — *Horminum sativum* Mill. — *Horminum coloratum* Mœnch.

Plante annuelle, plus ou moins abondamment garnie d'une pubescence visqueuse. Tige dressée, tétragone, haute de 1 à 2 pieds, en général rameuse dès la base. Feuilles rugueuses, crénelées, très-obtuses.: les inférieures longuement pétiolées , cordiformes , ou ovales; les supérieures courtement pétiolées, ou subsessiles, oblongues. Grappes d'abord courtes et très-denses, finalement interrompues et très-allongées, couronnées d'une touffe de bractées stériles, colorées (rouges ou bleues), ovales , ou ovales-lancéolées , veineuses. Bractées inférieures foliacées, pubescentes, crénelées, ovales, ou ovales-orbiculaires, acuminées, en général plus longues que les fleurs. Pédicelles plus courts que le calice. Bractéoles subulées, ciliées, un peu plus longues que les pédicelles. Calice pubescent, à l'époque de la floraison long d'environ 4 lignes : dents aristées; lèvre supérieure arrondie, un peu plus courte que l'inférieure. Corolle longue de 6 à 8 lignes; tube à peine aussi long que le calice ; lèvre supérieure rose ou pourpre, pubescente; lèvre inférieure très-courte. Étamines incluses : connectif presque aussi long que la lèvre supérieure. Style débordant la lèvre supérieure. Stigmates subisomètres. Calice fructifère amplifié, 10-costé. Nucules longues de 1 ligne , lisses, brunes, ovales, ou oblongues, comprimées, obtuses aux 2 bouts, rétrécies à la base.

Cette espèce, indigène de l'Europe méridionale, se cultive comme plante d'agrément.

SECTION IV. (SCLAREA Tourn.)

Calice campanulé : lèvre supérieure 3-dentée (la dent moyenne minime); lèvre inférieure plus courte, bifide : lanières aristées. Corolle à tube évasé; lèvre supérieure

voûtée, subfalciforme ; lèvre inférieure à lobe moyen
grand, sacciforme. Connectif à branche antérieure longue, filiforme, ascendante ; branche postérieure courte,
calleuse, stérile, auriculée, subhorizontale. — Fleurs
en thyrses verticillés, terminaux, feuillés à la base ;
faux-verticilles subsexflores, accompagnés chacun d'une
paire de grandes bractées colorées; pédicelles courts ,
ébractéolés : les fructifères réfléchis.

SAUGE SCLARÉE. — *Salvia Sclarœa* Linn. — Blackw.
Herb. tab. 122. — Flor. Græc. tab. 25. — Mirb. in Ann. du
Mus. vol. 15, tab. 15, fig. 2 (anal. flor). — *Salvia bracteata*
Bot. Mag. tab. 203. — *Salvia Simsiana* Rœm. et Schult. —
Bot. Reg. tab. 1003. — *Sclarea vulgaris* Mœnch.

Plante bisannuelle, haute de 2 à 5 pieds. Racine fusiforme,
rameuse. Tige dressée, forte, tétragone, visqueuse, velue,
paniculée vers le haut. Rameaux divergents. Feuilles plus ou
moins pubescentes et visqueuses, inégalement crénelées, ou
incisées-crénelées, ou incisées-dentées (à dents crénelées) : les
radicales cordiformes, ou cordiformes-elliptiques, obtuses, atteignant jusqu'à $^{1}/_{2}$ pied de large ; les caulinaires inférieures conformes aux radicales, ou oblongues, graduellement moins grandes,
plus courtement pétiolées ; les supérieures sessiles ou subsessiles,
réfléchies, en général acuminées. Bractées elliptiques ou suborbiculaires (les inférieures en général cordiformes à la base et
atteignant 1 pouce de long), acuminées, ou cuspidées, pubescentes, visqueuses, concaves, d'un blanc verdâtre panaché de
pourpre ou de bleu. Pédicelles très-courts. Calice à l'époque de
la floraison long d'environ 6 lignes, pubescent, visqueux : dents
aristées, résupinées après la floraison. Corolle longue d'environ
1 pouce, blanche, ou d'un bleu pâle, pubérule et glanduleuse à
la surface externe ; lèvre inférieure plus courte que la supérieure,
à lobe moyen sacciforme, crénelé, échancré ; lobes latéraux sub-
convolutés, érigés. Étamines subincluses ; connectif à branche
antérieure presque aussi longue que la lèvre supérieure. Style
saillant. Stigmates anisomètres, subulés. Nucules lenticulaires ,

ou subglobuleuses, ou ellipsoïdes, obtuses aux 2 bouts, lisses, d'un brun clair, du volume d'un grain de Moutarde.

Cette espèce, connue sous les noms vulgaires de *Sclarée*, *Toute-bonne*, ou *Orvale*, est commune en France et dans les contrées plus méridionales de l'Europe; on la cultive parfois comme plante d'ornement. Toutes ses parties ont une odeur aromatique très-forte, mais non désagréable. Les propriétés de la Sclarée sont les mêmes que celles de la *Sauge officinale*; infusée à froid dans du vin blanc, elle communique à ce dernier un goût de vin muscat.

Section V.

Calice campanulé : lèvre supérieure 3-denticulée (la dent
   moyenne minime). Corolle à tube court, évasé ou ventru au sommet, imberbe ; lèvre supérieure voûtée, subfalciforme, comprimée ; lèvre inférieure plus courte : lobe moyen grand, concave, échancré, crénelé, horizontal ; lobes latéraux courts, oblongs, presque érigés. Connectif à branche antérieure longue, filiforme, ascendante; branche postérieure courte, calleuse, auriculée, subhorizontale, stérile. — Fleurs en grappes interrompues, terminales, aphylles; faux-verticilles 4-8-flores, plus ou moins éloignés, accompagnés chacun d'une paire de petites bractées subfoliacées, persistantes; pédicelles courts, ébractéolés ; les fructifères réclinés.

SAUGE DES PRÉS. — *Salvia pratensis* Linn. — Blackw. Herb. tab. 258. — Engl. Bot. tab. 153. — Bull. Herb. tab. 357. — Jaume Saint-Hil. Flore et Pom. Franç. tab. 426. — *Salvia rostrata* Schmidt, Bohem.—*Salvia dumetorum* Andrz. — *Salvia variegata* Wald. et Kit. — *Salvia lusitanica* Jacq. fil. Eclog. tab. 38. — *Sclarea pratensis* Mœnch, Meth.

Herbe vivace, plus ou moins pubescente et visqueuse, haute de 1 pied à 3 pieds. Racine pivotante, rameuse, ligneuse. Tige dressée, tétragone, trifurquée vers le sommet, en général simple inférieurement ; rameaux très-visqueux, effilés, presque dressés,

ou ascendants, ou plus ou moins divergents. Feuilles doublement
crénelées, ou incisées-dentées (à dents crénelées), rugueuses,
glabres et d'un vert foncé en dessus, pubescentes (surtout à la
côte et aux nervures) et d'un vert pâle en dessous, veineuses,
subréticulées, assez fermes : les radicales et les caulinaires-inférieures ovales, ou ovales-oblongues, ou oblongues, obtuses, ordinairement cordiformes et obliques à la base, longuement pétiolées;
les suivantes courtement pétiolées, souvent pointues; les supérieures beaucoup plus petites, sessiles, amplexicaules, acuminées-cuspidées, ordinairement cordiformes. Grappes atteignant jusqu'à 2
pieds de long : rachis grêle, effilé, dressé, tétragone, pubérule-visqueux. Faux-verticilles ordinairement 6-flores. Bractées ovales ou
ovales-lancéolées, longuement acuminées, pubérules, visqueuses,
subherbacées, ordinairement très-entières, plus courtes que les
calices. Pédicelles plus courts que le calice, pubérules. Calice à
l'époque de la floraison long de 4 à 5 lignes, verdâtre, ou panaché de vert et de violet, pubérule, visqueux, nerveux, plissé;
lèvres subisomètres, à peu près aussi longues que le tube; dents
courtement cuspidées : la supérieure minime. Corolle longue de
8 à 12 lignes, pubérule à la surface externe, bleue (par variation blanche, ou violette, ou panachée); tube à peine saillant;
gorge très-ventrue; lèvre supérieure plus ou moins courbée,
échancrée, de moitié plus longue que la lèvre inférieure. Étamines peu ou point saillantes; connectif presque aussi long que
la lèvre supérieure. Style filiforme, débordant (plus ou moins
longuement) la lèvre supérieure. Stigmates anisomètres. Nucules cylindracées, ou subtrigones, ou un peu comprimées, globuleuses, ou ellipsoïdes, ou ovoïdes, ou oblongues, obtuses aux 2
bouts, lisses, brunes, du volume d'un grain de Moutarde.

Cette espèce, connue sous le nom de *Sauge des prés*, est
très-commune dans les pâturages et les prés secs; elle est moins
aromatique que la *Sclarée* et la *Sauge officinale*, auxquelles
on peut, au besoin, la substituer pour l'usage médical.

SECTION **VI.** (JUNGIA Mœnch.)

Calice campanulé ou tubuleux, coloré : lèvre supérieure
acuminée; lèvre inférieure 2-fide ou 2-dentée. Corolle
à tube saillant, resserré vers la base , évasé et ventru
supérieurement ; lèvre supérieure voûtée, rectiligne ,
très-entière ou légèrement échancrée; lèvre inférieure
plus ou moins déclinée, trilobée : lobes latéraux plus
petits, défléchis; lobe moyen concave. Connectif à
branche postérieure linéaire, obtuse, stérile, rectiligne,
descendante, à peu près aussi longue et plus large que
la branche anthérifère ; les branches postérieures des
deux connectifs cohérentes dans presque toute leur longueur. — Fleurs en grappes interrompues, terminales,
solitaires, dressées, aphylles; faux-verticilles 4-12-
flores, accompagnés chacun d'une paire de grandes bractées colorées, caduques dès l'épanouissement des fleurs;
pédicelles courts ou allongés, ébractéolés. Étamines incluses.

A. *Calice à lèvres subisomètres. Corolle (de couleur écarlate) à lèvre supérieure plus longue que la lèvre inférieure.*

SAUGE ÉCLATANTE. — *Salvia splendens* Ker, Bot. Reg. tab.
6 et 87. — Reichenb. Ic. Exot. tab. 51. — Jaume Saint-Hil.
Flore et Pom. Franç. tab. 425.

Feuilles ovales ou ovales-lancéolées, longuement acuminées,
longuement pétiolées, dentelées, glabres. Faux-verticilles sub-
quadriflores. Calice campanulé, plus long que les pédicelles,
membranacé, souvent velu aux nervures : lobes acérés. Corolle
glabre, 3 fois plus longue que le calice ; tube graduellement
évasé vers le haut ; gorge non-resserrée ; lèvre supérieure beaucoup plus courte que le tube. Style capillaire, glabre de même
que les étamines. Stigmates subisomètres, conformes.

Arbuste haut de 2 à 4 pieds , touffu. Rameaux paniculés ou

dichotomes, dressés, feuillés, glabres, tétragones. Feuilles minces, lisses , d'un vert gai , finement veineuses , un peu luisantes
en dessus. Grappes dichotoméaires et terminales, solitaires ,
multiflores , plus ou moins longuement pédonculées , d'abord
courtes et très-denses , atteignant peu à peu jusqu'à ¹/₂ pied de
long ; pédoncule grêle, tétragone , glabre, rougeâtre. Bractées
ovales, ou ovales-lancéolées , ou oblongues-lancéolées , longuement acuminées-cuspidées, avant la floraison imbriquées et plus
grandes que les fleurs. Pédicelles velus. Calice long d'environ
6 lignes , d'un écarlate brillant : lèvre supérieure et segments
de la lèvre inférieure ovales, acuminés, acérés, dressés, presque
aussi longs que le tube calicinal. Corolle longue d'environ 20
lignes ; lèvre supérieure étroite, échancrée, droite, débordant à
peine les étamines ; lèvre inférieure courte , à lobes obtus : les
latéraux ovales ou ovales-oblongs, l'intermédiaire cymbiforme.
Connectif à branche antérieure dressée, un peu inclinée, filiforme, à peu près aussi longue que la branche postérieure. Style
un peu plus long que la corolle. Stigmates subulés.

Cette espèce , originaire du Brésil , se cultive comme arbuste
d'agrément. .

SAUGE BRILLANTE. — *Salvia fulgens* Cavan. Ic. tab. 23. —
Sweet, Brit. Flow. Gard. ser. 2 , tab. 59. — Bot. Reg. tab.
1356. — *Salvia cardinalis* Kunth, in Humb. et Bonpl. Nov.
Gen et Spec. 2, tab. 152.

Feuilles cordiformes ou cordiformes-oblongues , crénelées ,
longuement pétiolées , pubescentes en dessous : les inférieures
obtuses ; les supérieures pointues. Faux-verticilles 6-12-flores ,
assez rapprochés. Calice obconique, plus long que les pédicelles,
subcoriace, pubérule : lobes acuminulés. Corolle 3 à 4 fois plus
longue que le calice, laineuse ; tube très-ventru, resserré à la
gorge ; lèvre supérieure à peine 2 fois plus courte que le tube.
Style poilu de même que la branche supérieure des connectifs.
Stigmates anisomètres : le supérieur plus long, réfléchi.

Arbuste touffu, très-rameux, haut de 3 à 5 pieds. Rameaux
pubescents ou velus, dressés, feuillés, tétragones, ordinairement

paniculés. Feuilles longues de 1 pouce à 3 pouces, minces, rugueuses, veineuses, réticulées : veines et veinules souvent rougeâtres ; pétiole grêle, fortement pubescent, ou poilu. Grappés
longues de $^{1}/_{2}$ pied à 1 pied, assez denses (même pendant la floraison), terminales, solitaires, multiflores, pédonculées : pédoncule grêle, pubérule de même que les pédicelles, ordinairement
d'un pourpre violet (de même que les bractées et le calice). Bractées grandes, ovales, longuement acuminées, acérées, imbriquées
et recouvrant les fleurs avant l'épanouissement. Calice long
d'environ 6 lignes, nerveux ; lèvres courtes : la supérieure
ovale de même que les lobes de l'inférieure. Corolle longue de
18 lignes à 2 pouces, couverte à la surface externe d'un duvet
laineux de couleur écarlate ; lèvre supérieure entière, très-ob-
tuse ; lèvre inférieure de moitié plus courte, défléchie, suboblon-
gue, à lobes courts, obtus : les latéraux oblongs, réfléchis ; le
moyen plus large, échancré, cymbiforme. Étamines presque
aussi longues que la lèvre supérieure ; connectif à branche antérieure filiforme, dressée, un peu inclinée au sommet, un peu plus
longue que la branche postérieure. Style épaissi vers le sommet,
débordant la corolle, bordé de poils rouges. Stigmates subulés :
le supérieur plus grêle et à peu près de moitié plus long que
l'inférieur.

Cette espèce, indigène du Mexique, se cultive comme arbuste
d'ornement.

B. *Calice à lèvre supérieure un peu plus grande que la lèvre inférieure. Corolle à lèvres très-courtes, subisomètres,
d'un pourpre violet de même que le calice et les bractées.*

Sauge involucrée. — *Salvia involucrata* Cavan. Ic. tab.
105. — Bot. Reg. tab. 1205. — Bot. Mag. tab. 2872.—*Salvia lævigata* Kunth, in Humb. et Bonpl. Nov. Gen. et Spec. 2,
tab. 147.

Feuilles ovales ou ovales-lancéolées, longuement acuminées,
acérées, légèrement crénelées, glabres, lisses, longuement pétiolées. Faux-verticilles 6-12-flores, rapprochés. Calice subcam-

panulé, subcoriace, pubérule, à peu près aussi long que les pédicelles : lobes acuminés-subulés. Corolle 3 à 4 fois plus longue que le calice ; tube glabre, ventru, resserré à la gorge ; lèvres beaucoup plus courtes que le tube : la supérieure velue. Étamines glabres. Style laineux vers le sommet. Stigmates anisomètres : le supérieur long, subulé, velu, révoluté au sommet ; l'inférieur minime, dentiforme, glabre, obliquement horizontal.

Arbuste touffu, haut de 2 à 4 pieds. Tige et branches suffrutescentes. Rameaux simples ou paniculés, feuillés, glabres, tétragones. Feuilles larges de 1 à 3 pouces, penniveinées, d'un vert foncé en-dessus, d'un vert glauque en dessous ; pétiole très-grêle, ordinairement aussi long que la lame. Grappes denses pendant la floraison, solitaires, terminales, multiflores, courtement pédonculées ; rachis grêle, tétragone, cotonneux aux articulations, du reste glabre. Pédicelles grêles, pubérules et visqueux de même que le calice. Bractées très-grandes, ovales, ou ovales-elliptiques, acuminulées, ciliolées, avant la floraison imbriquées et recouvrant les fleurs. Calice long de 5 à 6 lignes, 13-nervé ; lèvres courtes : la supérieure ovale de même que les segments de la lèvre inférieure. Corolle longue de 15 à 18 lignes ; tube fortement rétréci vers la base ; lèvre supérieure droite, subobtuse, presque cotonneuse à la surface externe ; lèvre inférieure subhorizontale, à lobes obtus, inégaux : les latéraux oblongs, réfléchis ; le moyen cymbiforme. Connectif à branche antérieure filiforme, dressée, presque aussi longue que la lèvre supérieure, un peu plus courte que la branche postérieure. Style débordé par la lèvre supérieure. Stigmate à peine saillant.

Cette espèce, originaire du Mexique, se cultive fréquemment dans les jardins.

Genre ROMARIN. — *Rosmarinus* Linn.

Calice ovoïde-campanulé, bilabié : lèvre supérieure indivisée ; lèvre inférieure bifide ; gorge nue. Corolle bilabiée, ringente ; tube saillant, évasé au sommet, glabre et inappendiculé en dedans ; lèvre supérieure dressée, échancrée ; lèvre inférieure horizontale, trilobée : les lobes latéraux oblongs, dressés, le lobe moyen plus grand, concave, défléchi. Point d'étamines rudimentaires. Deux étamines fertiles, ascendantes, insérées à la gorge, débordant la lèvre supérieure. Filets 1-dentés à la base. Anthères linéaires, monothèques. Stigmates anisomètres : le supérieur très-court. Nucules lisses, oblongues, un peu comprimées : hile grand, ombiliqué.

Arbrisseau. Feuilles coriaces, persistantes, opposées, linéaires, révolutées aux bords : les jeunes en général fasciculées à l'aisselle des anciennes. Fleurs en courtes grappes soit immédiatement axillaires, soit terminant de courts ramules axillaires. Pédicelles courts, opposés, 1-bractéolés à la base. Calice-fructifère incliné, ouvert.

ROMARIN OFFICINAL. — *Rosmarinus officinalis* Linn. — Blackw. Herb. tab: 159. — Sibth. et Smith, Flor. Græc. tab. 14.

Arbrisseau touffu, haut de 1 pied à 4 pieds. Tige dressée, souvent tortueuse. Rameaux ligneux, grêles, effilés, dressés, ou ascendants, obscurément tétragones, garnis dans toute leur longueur de ramules axillaires, feuillus, en général courts, finalement florifères. Feuilles longues de 6 à 18 lignes, larges au plus de 1 ½ ligne, glabres et luisantes en dessus, cotonneuses-incanes en dessous, sessiles, obtuses, ou pointues, en général mucronulées. Grappes 5-20-flores, dressées, très-denses à l'époque de là floraison. Bractées ovales ou ovales-lancéolées, acuminées-cuspidées, cotonneuses de même que le pédoncule et les pédicelles. Calice à l'époque de la floraison cotonneux et long d'environ 2 lignes : lèvres courtes, presque égales : la supérieure dentiforme, pointue, ou quelquefois tridenticulée au sommet ; l'inférieure à 2 deuts profondes, triangulaires, pointues ; calice-fructifère glabrescent, finement nerveux, long d'environ 4 lignes. Corolle d'un bleu terne, ou moins souvent blanche, longue de 4 à 6 lignes. Étamines et style arqués, déclinés. Nucules longues de 1 ligne ou un peu plus, brunes, luisantes, obtuses aux 2 bouts; hile jaunâtre, occupant près de la moitié inférieure de la face antérieure.

Cet arbuste, connu sous le nom vulgaire de *Romarin*, est commun dans le midi de l'Europe, et se cultive fréquemment dans les jardins des contrées plus septentrionales. On en retire une huile essentielle, dont on fait usage en parfumerie, ainsi qu'à titre de remède tonique et excitant. En Italie, on emploie les feuilles du Romarin pour assaisonner le riz et d'autres aliments.

Genre MONARDA. — *Monarda* Linn.

Calice tubuleux, subcylindrique, 15-nervé, 5-denté : dents presque égales; gorge poilue ou rarement glabre. Corolle bilabiée, ringente; tube infondibuliforme; lèvres étroites, presque égales : la supérieure concave, dressée, très-entière, ou échancrée; l'inférieure défléchie, 3-lobée : lobes latéraux ovales, obtus; lobe moyen plus long, oblong, rétus, ou échancré. Deux étamines rudimentaires très-courtes. Deux étamines fertiles, ascendantes, insérées à la gorge de la corolle, débordant en général la lèvre supérieure; filets non-dentés; anthères médifixes, sublinéaires, dithèques : bourses divariquées; connectif court, large. Stigmates subisomètres. Nucules lisses, trigones.

Herbes vivaces ou bisannuelles. Feuilles pétiolées; ordinairement dentelées. Fleurs courtement pédicellées, agrégées en capitules terminaux, ou en faux-verticilles axillaires très-denses. Capitules ou fascicules accompagnés chacun d'un involucre de grandes bractées plus ou moins colorées.

Ce genre est propre à l'Amérique septentrionale; les espèces suivantes se cultivent dans les parterres; leurs fleurs sont très-élégantes, et toutes les parties de la plante ont une odeur aromatique agréable.

A. *Corolle écarlate, non-ponctuée.*

MONARDA DIDYME. — *Monarda didyma* Linn. — Bot. Mag.
táb. 546. — *Monarda Kalmiana* Pursh, Flor. Amer. Sept. 1,
tab. 1. — *Monarda coccinea* Mich.

Racine rampante, vivace. Tiges glabres ou poilues, tétraèdres,
fistuleuses, dressées, hautes de 1 pied à 2 pieds, ordinairement
rameuses (du moins vers leur sommet). Rameaux simples, feuillés, plus ou moins divergents. Feuilles ovales, ou ovales-lancéolées, ou oblongues-lancéolées, acuminées, dentelées, arrondies
ou cordiformes ou cunéiformes à la base, glabres ou pubérules
en dessus, en général poilues en dessous (surtout à la côte et aux
nervures) : les inférieures courtement pétiolées ; les supérieures
sessiles ou subsessiles ; les caulinaires longues de 2 à 4 pouces ;
les raméaires plus petites. Capitules multiflores, très-denses,
solitaires à l'extrémité de la tige et des rameaux, sessiles ou subsessiles. Bractées de couleur pourpre ou violette, ovales, ou
ovales-lancéolées, ou oblongues-lancéolées, acuminées, très-entières, glabres, ou pubescentes, moins grandes que la dernière
paire de feuilles. Pédicelles filiformes, dressés, longs de $^1/_2$ ligne à 1 ligne. Calice long d'environ 3 lignes, d'un pourpre violet, glabre ou pubérule à la surface externe ; gorge poilue ; dents
courtes, dressées, triangulaires-subulées. Corolle écarlate, longue d'environ 1 pouce ; lèvres 3 fois plus courtes que le tube :
la supérieure longuement débordée par les filets et le style.
Nucules très-petites, brunâtres.

B. *Corolle carnée, ou lilas, ou rose, ou d'un pourpre violet,*
ponctuée.

MONARDA COMMUN. — *Monarda fistulosa* Linn. — Mill. Ic.
tab. 122, fig. 2. — Reichenb. Ic. Exot. tab. 172. — *Monarda*
allophylla Michx. Flor. Bor. Amer. — *Monarda mollis* Linn.
— Reichenb. l. c. tab. 171. — *Monarda media* Link, Enum.
— Sweet, Brit. Flow. Gard. tab. 98. — *Monarda oblongata*
Pursh, Flor. Amer. Sept. — *Monarda altissima* Willd. —

Reichenb. l. c. tab. 170. — *Monarda purpurea* Link, Enum.
—.Bot. Mag. tab. 145. — *Monarda violacea* Hort. Par. —
Monarda affinis Link, Enum. — Reichb. l. c. tab. 182. —
Monarda rugosa Hort. Kew. — *Monarda menthæfolia* Bot.
Mag. tab. 2958.

Racine rampante, vivace. Tiges glabres ou poilues, tétraèdres, fistuleuses, dressées, hautes de 1 ½ pied à 3 pieds, souvent rougeâtres, ordinairement rameuses (du moins vers le sommet); rameaux dressés ou presque dressés, simples. Feuilles
longues de 2 à 6 pouces, ovales, ou ovales-lancéolées, ou oblongues-lancéolées, acuminées, ou pointues, dentelées, arrondies ou
cordiformes à la base, glabres ou pubérules en dessus, pubérules ou presque cotonneuses en dessous, courtement pétiolées. Capitules multiflores, très-denses, solitaires à l'extrémité de la
tige et des rameaux, sessiles ou subsessiles. Bractées violettes,
ou roses, ou verdâtres, glabres, ou pubérules, souvent ciliolées :
les extérieures ovales, ou ovales-lancéolées, ou lancéolées, souvent dentelées vers le sommet, moins grandes que la dernière
paire de feuilles ; les intérieures linéaires-lancéolées, ou linéaires,
ou subulées. Pédicelles filiformes, dressés, longs de ½ ligne à 1
ligne. Calice glabre ou pubescent, long de 4 à 5 lignes, violet,
ou verdâtre; gorge poilue; dents courtes, dressées, triangulaires-
subulées. Corolle carnée, ou lilas, ou rose, ou d'un pourpre
violet, longue d'environ 1 pouce; lèvres 2 fois plus courtes que
le tube : la supérieure plus ou moins longuement débordée par
les étamines et le style. Nucules très-petites, brunâtres.

IVᵉ TRIBU. **LES SATURÉINÉES.** — *SATUREINEÆ*
Benth.

*Calice 5-denté ou bilabié : lèvre supérieure tridentée; lè-
vre inférieure bifide. Corolle à tube non-saillant;
limbe bilabié : lèvre supérieure entière ou bifide ; lèvre
inférieure 3-fide. Étamines distantes, rectilignes,*

*divergentes, isomètres, ou les supérieures soit plus
courtes, soit abortives.*

Genre ORIGAN. — *Origanum* Tourn.

Calice ovale-tubuleux, 5-denté, 10-ou 13-nervé; gorge
barbue; dents isomètres, ou les 2 inférieures plus courtes.
Corolle à tube cylindrique, graduellement évasé au sommet, imberbe en dedans, inclus, ou peu saillant; lèvre supérieure droite, échancrée, plane, subhorizontale; lèvre
inférieure déclinée, à 3 lobes presque égaux. Étamines 4,
saillantes, distantes : les 2 inférieures un peu plus longues;
filets glabres; anthères dithèques : bourses obliquément
parallèles, séparées par un connectif trigone. Style filiforme, aussi long que les étamines. Stigmates isomètres,
pointus. Nucules lisses, subglobuleuses.

Herbes, ou sous-arbrisseaux. Feuilles très-entières ou
dentées. Fleurs en épillets denses, terminaux, aphylles,
bractéolés : bractées 1-flores, concaves, colorées, imbriquées. Corolle petite, blanchâtre, ou pourpre.

ORIGAN COMMUN. — *Origanum vulgare* Linn.—Flor. Dan.
tab. 1581. —Engl. Bot. tab. 1143.—Curt. Lond. 5, tab. 39.
— *Origanum humile* Desfont. Hort. Par.— *Origanum virens*
Link. — *Origanum creticum* De Cand. Flor. Franç.

Racine vivace, polycéphale, rameuse. Tiges hautes de 1 pied
à 2 pieds, dressées, herbacées, tétragones, pubescentes, ordinairement rougeâtres, paniculées au sommet, garnies inférieurement de courts ramules stériles. Ramules florifères ordinairement trifurqués, disposés en panicule pyramidale ou subfastigiée.
Feuilles pétiolées, ovales, ou ovales-oblongues, arrondies à la
base, subobtuses, très-entières, ou légèrement dentées, finement
veineuses, d'un vert foncé en dessus, d'un vert pâle et ponctuées
(de glandules transparentes) en dessous, plus ou moins pubescentes
aux 2 faces (ou quelquefois glabres en dessous). Épillets en général agrégés (5 à 6) au sommet des ramules, subsessiles, longs de

quelques lignes à 1 pouce, subglobuleux, ou oblongs, ou ovoïdes. Bractées ovales ou elliptiques, pointues, de couleur violette ou pourpre (du moins vers le sommet), églanduleuses, plus longues que le calice, imbriquées sur 4 rangs. Calice pubescent, finement ponctué de glandules jaunes. Dents égales, ovales, poin-tues, conniventes après la floraison, distantes à la maturité du fruit. Corolle longue de 2 ½ lignes, pourpre, ou moins souvent blanchâtre, pubérule à la surface externe : lèvre supérieure ovale, profondément échancrée ; lèvre inférieure à lobes ovales, obtus, quelquefois crénelés, le lobe moyen un peu plus large que les lobes latéraux. Anthères pourpres. Nucules petites, brunes, obtuses aux deux bouts.

Cette espèce, nommée vulgairement *Grand Origan, Marjo-laine bâtarde, Marjolaine sauvage,* ou *Marjolaine d'Angle-terre,* n'est pas rare dans les pelouses sèches et découvertes. La saveur de cette plante est très-aromatique. L'infusion des feuilles et des sommités fleuries de l'Origan s'emploie comme remède sto-machique et stimulant.

Genre MARJOLAINE. — *Majorana* Tourn.

Calice 1-labié, à tube minime, subcampanulé ; lèvre (supérieure) large, plane, suborbiculaire, très-entière, ou tridenticulée au sommet, 1-dentée de chaque côté à la base ; gorge imberbe. Corolle, étamines, pistil et péricarpe comme dans le genre *Origanum.*

Herbes, ou sous-arbrisseaux. Feuilles très-entières ou dentées. Fleurs en épillets très-denses, subglobuleux, ter-minaux, aphylles, bractéolés ; bractées 1-flores, concaves, non-colorées, laineuses, imbriquées, recouvrantes.

MARJOLAINE CULTIVÉE.—*Majorana hortensis* Mœnch, Meth. — *Origanum Majorana* Linn. — Blackw. Herb. tab. 319. — *Origanum majoranoides* Willd.

Plante suffrutescente ou annuelle. Tige haute de ½ pied à 1 pied, très-rameuse (dès la base), dressée, obscurément tétragone, souvent rougeâtre, cotonneuse de même que les rameaux. Feuilles elliptiques ou elliptiques-oblongues , obtuses, très-entières, rétrécies à la base, pétiolées, finement pubescentes, subincanes. Épillets agrégés (en général au nombre de 3) à l'extrémité de la tige et des ramules , petits, pubescents. Bractées suborbiculaires, très-obtuses, à peine plus grandes que les calices. Calice à lèvre obovale, très-entière. Corolle petite, blanche : lèvre inférieure à lobes subobtus, presque égaux.

Cette espèce, connue sous le nom vulgaire de *Marjolaine*, est originaire d'Orient ou du nord de l'Afrique ; on la cultive fréquemment dans les jardins ; toute la plante a une saveur aromatique et agréable ; l'on s'en sert à l'assaisonnement.

Genre THYM. — *Thymus* Tourn.

Calice ovoïde ou tubuleux, 13-nervé, un peu gibbeux à la base, bilabié : lèvre supérieure recourbée , 3-dentée ; lèvre inférieure 2-partie, à segments subulés ; gorge barbue. Corolle à tube cylindrique, imberbe, graduellement évasé au sommet ; lèvre supérieure horizontale, rectiligne, plane, échancrée ; lèvre inférieure défléchie , à 3 lobes presque égaux. Étamines 4, didynames , rectilignes, distantes, ordinairement saillantes ; filets glabres ; anthères dithèques : bourses parallèles, séparées par un connectif linéaire. Stigmates subulés , subisomètres, papilleux au sommet. Style aussi long que les étamines. Nucules ellipsoïdes ou subglobuleuses , lisses.

Sous-arbrisseaux. Feuilles petites, très-entières, veineuses, souvent révolutées aux bords. Faux-verticilles axillaires, ou rapprochés en épis terminaux plus ou moins denses. Bractées colorées ou plus souvent foliacées.

Section SERPYLLUM Benth.

Les 3 dents supérieures du calice courtes, lancéolées. Bractées ou feuilles-florales non-colorées.

Thym Serpolet. — *Thymus Serpyllum* Linn. — Engl. Bot. tab. 1514.—Vaill. Par. tab. 32, fig. 6 ed 9; tab. 31, fig.

40. — Flor. Dan. tab, 1164. — *Thymus angustifolius* Pers.
— *Thymus Chamædrys* Fries.—*Thymus lanuginosus* Link.
Schk. — *Thymus montanus* Waldst. et Kit. Plant. Hungar.
tab. 71. — *Thymus nummularius* Bieb. Flor. Taur. Cauc.—
Thymus majoranæfolius Desfont. Hort. Par.—*Thymus pule-
gioides* et *Cunila thymoides* Linn.—*Thymus acicularis* Wald.
et Kit. Plant. Hung. tab. 147.

Tiges suffrutescentes, procombantes. Rameaux-florifères ascendants au sommet. Feuilles ovales, ou elliptiques, ou arrondies,
ou sublinéaires, obtuses, courtement pétiolées, ordinairement
ciliées, plus ou moins ponctuées : les florales plus petites mais
conformes aux inférieures. Faux-verticilles 12-24-flores, tantôt
rapprochés en capitules terminaux, tantôt plus ou moins éloignés.

Sous-arbrisseau diffus, multicaule, tantôt presque glabre,
tantôt plus ou moins velu ou pubescent. Racine longue, pivotante, rameuse, fibrilleuse, ligneuse. Tiges grêles, obscurément
tétragones, ordinairement très-rameuses, atteignant jusqu'à 1
pied de long, quelquefois radicantes à la base. Rameaux-florifères longs de 1 pouce à 6 pouces, simples, herbacés, feuillus.
Feuilles de forme et de grandeur très-variables, glabres et d'un
vert luisant en dessus, d'un vert pâle en dessous, subcoriaces,
rétrécies ou arrondies à la base. Pédicelles dressés, accompagnés
chacun d'une petite bractée. Calice ovoïde, horizontal à l'époque
de la floraison, puis nutant ; lèvre supérieure ovale, à dents lancéolées ou triangulaires-ovales, pointues ; lèvre inférieure à lanières subulées, en général fortement ciliées. Corolle en général
un peu plus longue que le calice, pourpre, ou lilas, ou moins
souvent blanche, en général pubérule à la surface externe ; lèvre
supérieure ovale, ou presque carrée, légèrement échancrée, finalement réfléchie ; lèvre inférieure à lobes ovales, très-obtus, très-
entiers : le moyen à peine plus grand que les latéraux. Filets
glabres, saillants, ou inclus dans le tube (dans ce cas les anthères
sont abortives). Style ordinairement saillant. Nucules petites,
brunes.

Cette espèce, nommée vulgairement *Thym sauvage, Serpo-*

let, ou *Pillolet,* est commune sur les pelouses sèches ; elle fleurit en juin, juillet et août. La plante a une odeur aromatique agréable, quelquefois semblable à celle du citron , et une saveur âcre un peu amère ; son infusion s'emploie comme stomachique, antispasmodique, et emménagogue. Le Serpolet est une nourriture excellente pour les moutons.

THYM CULTIVÉ. — *Thymus vulgaris* Linn. — Blackw. Herb. tab. 211.—Nees, Off. Pflanz. tab. 182.—Schk. Handb. tab. 164.

Tiges ascendantes ou dressées, ligneuses. Feuilles linéaires, ou oblongues , ou ovales-lancéolées, ou oblongues-lancéolées, pointues, révolutées aux bords , sessiles , pubérules-incanes (du moins en dessous) , ponctuées : les florales lancéolées, obtuses. Faux-verticilles 12-40-flores, tantôt éloignés, tantôt rapprochés en capitules terminaux.

Sous-arbrisseau touffu, haut de 3 à 8 pouces. Racine rameuse, ligneuse, multicaule. Tiges très-rameuses dès la base : les jeunes tétragones, incanes ; les adultes ligneuses, quelquefois radicantes à la base. Ramules florifères grêles, herbacés, tétragones , cotonneux-incanes, simples, feuillus. Feuilles longues de 3 à 6 lignes, subcoriaces, d'un vert glauque en dessus : les jeunes fasciculées aux aisselles des anciennes. Fleurs semblables à celles du *Thymus Serpyllum.*

Cette espèce, qu'on désigne plus spécialement par le nom vulgaire de *Thym,* croît dans l'Europe méridionale ; on la cultive fréquemment dans les jardins, à titre de plante condimentaire ; elle a une saveur agréable, et plus pénétrante que celle du Serpolet. L'huile essentielle de Thym entre dans plusieurs préparations cosmétiques.

Genre SATURÉIA. — *Satureia* Linn.

Calice campanulé, 10-nervé, 5-denté ; dents égales ; gorge imberbe. Corolle à tube cylindrique, évasé au sommet, peu ou point saillant, imberbe en dedans ; lèvre supérieure horizontale, droite, plane, obtuse, très-entière ou échancrée; lèvre inférieure défléchie ou déclinée, trifide : lobes obtus, presque égaux. Étamines 4, didynames, sub-rectilignes, conniventes au sommet, distantes inférieure-ment : les inférieures saillantes; filets filiformes; anthères dithèques : bourses obliquement adnées, conniventes au sommet, séparées par un connectif triangulaire. Style fili-forme, aussi long que les étamines. Stigmates subulés, sub-isomètres. Nucules ovoïdes ou oblongues, obscurément tri-gones, obtuses ou apiculées au sommet.

Herbes, ou sous-arbrisseaux. Feuilles petites, très-en-tières. Fleurs en faux-verticilles soit axillaires, soit rap-prochés en capitules terminaux. Pédicelles bractéolés ou ébractéolés.

SATURÉIA CULTIVÉ. — *Satureia hortensis* Linn. — Schk. Handb. tab. 156.

Herbe annuelle, touffue, haute de 5 à 10 pouces. Racine pi-votante, rameuse, grêle. Tige rameuse dès la base, dressée, sou-vent rougeâtre, obscurément tétragone, poilue de même que les rameaux; rameaux plus ou moins divergents; ascendants à la base, subfastigiés. Feuilles lancéolées-linéaires, ou linéaires-oblongues, pointues, subcoriaces, un peu luisantes, ponctuées, glabres, ou pubérules, 1-nervées, quelquefois ciliolées à la base, rétrécies en pétiole très-court. Cymules sessiles ou subsessiles, axillaires, subunilatérales, lâches, 3-7-flores, plus ou moins éloignées; pédicelles très-courts, tantôt ébractéolés, tantôt accom-pagnés de bractéoles linéaires. Calice glabre ou pubérule, ponc-tué : dents subulées, dressées, ciliolées, aussi longues que le tube. Corolle débordant à peine les dents calicinales, de couleur lilas, pubérule à la surface externe; lèvre supérieure courte, large, échancrée ; lèvre inférieure à lobes courts, ovales-arron-dis : le moyen échancré. Étamines débordées par les lobes de la corolle; anthères violettes. Nucules ellipsoïdes, obtuses.

Cette espèce, connue sous le nom vulgaire de *Sariette*, croît dans l'Europe méridionale; on la cultive comme plante condi-mentaire; sa saveur est aromatique et très-agréable.

Genre HYSSOPE. — *Hyssopus* Tourn.

Calice tubuleux, cylindrique, 15-nervé, 5-denté ; dents égales ; gorge non-barbue. Corolle à tube grêle, infondibuliforme, inclus, imberbe en dedans ; lèvre supérieure horizontale, ovale, bifide, droite, plane ; lèvre inférieure défléchie, trifide : les lobes latéraux courts, le moyen beaucoup plus grand, obcordiforme. Étamines 4, didynames, rectilignes, divergentes au sommet, plus longues que la corolle ; filets filiformes ; anthères dithèques : bourses linéaires, divariquées. Style aussi long que les étamines. Stigmates subulés, subisomètres. Nucules ovoïdes, trigones, finement chagrinées.

Herbe vivace, suffrutescente à la base. Rameaux florifères effilés, herbacés. Feuilles petites, très-entières, ponctuées, vertes aux 2 faces. Cymules axillaires, courtement pédonculées, unilatérales, bractéolées : les inférieures plus ou moins éloignées ; les supérieures rapprochées en épi.

Hyssope officinal. — *Hyssopus officinalis* Linn.

— α : Commun (*vulgaris* Benth.). — *Hyssopus officinalis* Jacq. Flor. Austr. tab. 254.—Bull. Herb. tab. 322.—*Hyssopus ruber* Bernh.—Feuilles oblongues, ou lancéolées-oblongues, ou lancéolées-linéaires.

— β : A larges feuilles (*latifolius* Benth.).—*Hyssopus myrtifolius* Desfont. Hort Par. —*Hyssopus Fischeri* et *H. alopecuroides* Hortul. — Feuilles assez larges, elliptiques.

— γ : A feuilles étroites (*angustifolius* Benth.). — *Hyssopus angustifolius* Bieb. Flor. Taur. — Bot. Mag. tab 2299. --*Hyssopus orientalis* Willd. — *Hyssopus caucasicus* Spreng. --- Feuilles lancéolées-linéaires, ou linéaires-lancéolées.

Racine ligneuse, rameuse, polycéphale. Tiges adultes ligneuses, diffuses, courtes, très-rameuses. Rameaux longs de 1 pied à 2 pieds, herbacés, effilés, dressés, simples, ou moins souvent paniculés au sommet, feuillus, pubérules, ou glabres de même que toutes les autres parties de la plante, ou moins souvent poilus, tétragones. Feuilles opposées-croisées, sessiles, pointues, ou obtuses, planes, ou subrévolutées aux bords, 1-nervées, d'un vert foncé, luisantes en dessus. Cymules 5-15-flores. Bractées conformes aux feuilles, mais plus petites. Bractéoles linéaires ou lancéolées-linéaires, mucronées. Calice à dents ovales, acuminées, acérées. Corolle bleue (par variation rose, ou violette, ou blanche), pubérule à la surface externe; tube à peu près aussi long que le calice; lèvre supérieure fendue jusqu'au tiers de sa longueur, plus courte que la lèvre inférieure, finalement réfléchie aux bords; lèvre inférieure à lobes latéraux ovales, subhorizontaux; lobe moyen à lanières divariquées, oblongues. Filets bleuâtres. Anthères d'un bleu noirâtre. Nucules petites, obtuses.

Cette plante, connue sous le nom d'*Hysope*, est commune dans l'Europe méridionale. On la cultive dans les jardins. L'odeur de l'Hysope est forte mais agréable, sa saveur aromatique et piquante; il possède des propriétés toniques et stimulantes; dans beaucoup de contrées il s'en fait un usage culinaire assez fréquent.

Vᵉ TRIBU. **LES MÉLISSINÉES**. — *MELISSINEÆ* Benth.

Calice 10-13-nervé, 5-denté, ordinairement bilabié. Corolle bilabiée; tube en général saillant; lèvre supérieure entière ou bifide; lèvre inférieure 3-fide. Étamines ascendantes : les 2 supérieures (quelquefois abortives) plus courtes.

Genre MÉLISSE. — *Melissa* Linn.

Calice subcampanulé, bilabié, 13-nervé, 3-caréné en dessus, ouvert après la floraison; gorge poilue; lèvre

supérieure ascendante , 3-denticulée ; lèvre inférieure
2-partie. Corolle à tube infondibuliforme, ascendant, imberbe, à peine plus long que le calice ; lèvre supérieure
droite, horizontale, un peu voûtée, échancrée, carénée
au dos ; lèvre inférieure 3-fide : lobes ovales : le moyen
plus grand que les latéraux. Étamines 4, didynames, conniventes par paires au sommet ; filets filiformes ; anthères
dithèques : bourses finalement divariquées. Style aussi
long que les étamines. Stigmates isomètres , subulés.
Nucules oblongues , arrondies au sommet, rétrécies à la
base.

Herbe vivace. Feuilles opposées, crénelées. Cymules
axillaires, pauciflores, subsessiles, accompagnées chacune
d'une paire de bractées foliacées ; pédicelles courts, bractéolés, réclinés après la floraison.

MÉLISSE OFFICINALE.—*Melissa officinalis* Linn. — Blackw.
Herb. tab. 27. — *Melissa graveolens* Host. Austr. — *Melissa
romana* Mill. Dict. — *Melissa hirsuta* Balb. — *Melissa cordifolia* Pers.—*Melissa altissima* Sibth. et Smith , Flor. Græc.
tab. 579.

Plante touffue, tantôt presque glabre, tantôt plus ou moins
pubescente ou velue. Racine pivotante, rameuse, polycéphale.
Tiges hautes de 1 pied à 3 pieds, dressées ou ascendantes, tétragones, rameuses dès la base ; rameaux ascendants, ou plus ou
moins divergents, grêles, effilés, tétragones, en général simples.
Feuilles longues de $^1/_2$ pouce à 3 pouces, rugueuses, veineuses,
d'un vert foncé, profondément crénelées ou dentées, en général
pubérules : les inférieures cordiformes, ou cordiformes-orbiculaires, ou ovales, plus ou moins longuement pétiolées ; les florales ovales, ou obovales, ou elliptiques, ou suborbiculaires,
courtement pétiolées, souvent pointues, en général cunéiformes
vers leur base. Faux-verticilles tous éloignés, longuement débordés par les feuilles. Cymules 3-6-flores, subunilatérales ;
pédicelles plus courts que le calice. Bractées ovales, pointues,
en général très-entières, plus courtes que le calice. Calice poilu ;

lèvre supérieure tronquée, à dents très-courtes, mucronées;
lèvre inférieure un peu plus longue que la supérieure, à lanières
ovales, acuminées, courtement aristées. Corolle avant la floraison jaunâtre, puis blanche ou rougeâtre., de moitié plus longue
que le calice; lèvre inférieure poilue vers la base. Étamines débordées par la lèvre supérieure. Nucules longues à peine de 1
ligne, minces, lisses, d'un brun noirâtre.

Cette plante, nommée vulgairement *Citronnelle*, *Herbe de
Citron*, *Mélisse citronnée*, *Citronade*, *Poncirade*, ou *Piment
des ruches*, est commune dans l'Europe méridionale; elle se cultive fréquemment dans les jardins. Toutes les parties de la Mélisse, mais surtout les jeunes feuilles, ont une saveur et une
odeur agréables, approchant de celles de l'écorce de citron; leur
infusion s'emploie fréquemment comme antispasmodique, comme
stomachique, comme diurétique et emménagogue; il en est de
même de l'*eau de Mélisse*, qu'on obtient par la distillation des
feuilles de la plante.

VIe TRIBU. **LES SCUTELLARINÉES.** — *SCUTEL-LARINEÆ* Benth.

*Calice bilabié : lèvre supérieure entière ou tridentée,
tronquée. Corolle bilabiée, à tube ascendant. Étamines 4, ascendantes, didynames, recouvertes par la lèvre supérieure.*

Genre SCUTELLAIRE. — *Scutellaria* Linn.

Calice court, campanulé, bilabié, fermé après la floraison, se rouvrant à la maturité en se séparant jusqu'à la
base en 2 valves caduques; lèvres subisomètres, très-entières, arrondies : la supérieure munie d'un appendice
dorsal (squamiforme) accrescent. Corolle à tube claviforme ou ventru, long, ordinairement redressé et géniculé

au-dessus de sa base ; lèvre supérieure voûtée ou rarement presque plane, rectiligne, ou courbée, échancrée ou arrondie au sommet, en général bi-auriculée à la base ; lèvre inférieure horizontale ou déclinée, convexe, ordinairement indivisée (trilobée lorsque la lèvre supérieure est inauriculée), échancrée au sommet. Étamines 4 : les 2 inférieures plus longues; filets filiformes; anthères rapprochées 2 à 2, ciliées : celles des 2 étamines inférieures monothèques; celles des 2 supérieures dithèques (à bourses obliques, séparées par un large connectif triangulaire), cordiformes, ou réniformes. Style filiforme. Stigmates anisomètres : le supérieur très-court. Nucules chagrinées ou tuberculeuses, submédifixes, portées sur un court gynophore columnaire récliné. Radicule descendante, repliée.

Herbes annuelles ou vivaces (rarement suffrutescentes). Feuilles très-entières, ou dentées, ou pennatifides. Fleurs en grappes (feuillées ou bractéolées) terminales ou rarement axillaires. Valves du calice fructifère concaves : la supérieure tombant quelque temps avant l'inférieure.

Ce genre diffère de presque toutes les autres Labiées par la structure du pistil et des graines, ainsi que par la singulière conformation du calice fructifère, qui ressemble à un casque garni d'une visière baissée.

A. *Feuilles florales graduellement plus petites, mais semblables aux autres feuilles. Pédicelles solitaires, axillaires, opposés, courts, unilatéraux, 2-bractéolés au-dessus du milieu, défléchis après la floraison; bractéoles minimes, sétiformes.*

SCUTELLAIRE COMMUNE. — *Scutellaria galericulata* Linn. — Engl. Bot. tab. 523. — Flor. Dan. tab. 637. — *Cassida galericulata* Mœnch, Meth.

Herbe vivace, haute de ½ pied à 1 ½ pied, glabre, ou légèrement pubescente. Rhizome rampant, tétragone, articulé, radicant aux articulations. Tige dressée, grêle, feuillue, tétragone,

ordinairement rameuse dès la base, souvent rougeâtre ; rameaux
ascendants ou divergents, effilés, tantôt subfastigiés, tantôt inégaux ou très-courts, feuillus, ordinairement simples , florifères
presque dès leur base. Feuilles oblongues ou oblongues-lancéolées, pointues, ou subobtuses, légèrement crénelées, cordiformes
ou cordiformes-bilobées à la base, courtement pétiolées, veineuses, minces, d'un vert gai ; veines souvent rougeâtres. Fleurs
en grappes terminales très-lâches ; pédicelles filiformes, à peine
plus longs que les pétioles, ou plus courts, dressés pendant la
floraison. Calice accrescent, glabre, verdâtre, à l'époque de la
floraison horizontal et long d'environ 2 lignes, plus tard renversé. Corolle longue de 6 à 9 lignes, d'un violet clair, en général pubérule à la surface externe ; tube claviforme, ventru au
sommet, gibbeux et géniculé au-dessus de la base, redressé ;
lèvre supérieure voûtée, subfalciforme, inclinée, échancrée au
sommet, bi-auriculée à la base : auricules courtes, obtuses, révolutées ; lèvre inférieure ovale, obtuse, indivisée, à peu près
aussi longue que la supérieure. Étamines débordées par la lèvre
supérieure ; anthères bleuâtres : les 2 supérieures réniformes.
Nucules petites, subglobuleuses, jaunâtres, tuberculeuses.

Cette plante est commune dans les prés marécageux ou tourbeux, et autres localités humides ; elle est amère et astringente ;
on l'employait jadis comme fébrifuge.

B. *Feuilles florales supérieures réduites à des bractées (foliacées) plus courtes que les fleurs. Pédicelles solitaires,
axillaires, opposés, courts, unilatéraux, dibractéolés à la
base, apprimés et non défléchis après la floraison ; bractéoles minimes, sétiformes.*

SCUTELLAIRE A GRANDES FLEURS. — *Scutellaria macrantha*
Fisch. — Reichenb. Plant. Crit. tab. 488.

Herbe vivace, touffue, haute de ½ pied à 1 pied. Tiges ascendantes, raides, tétragones, feuillues, ordinairement rameuses
dès la base, glabres, ou finement pubescentes aux angles ; rameaux effilés, feuillus, grêles, simples, ou rameux vers leur

sommet, plus ou moins divergents, ou ascendants, en général subfastigiés. Feuilles oblongues, ou oblongues-lancéolées, ou ovales-oblongues, subobtuses, très-entières, rétrécies à la base, sessiles, ou subsessiles, ciliolées, fermes, d'un vert foncé et glabres ou pubérules en dessus, d'un vert glauque et très-glabres en dessous : les florales inférieures conformes aux autres ; les supérieures graduellement plus petites, ovales, longuement débordées par les corolles. Fleurs en grappes terminales, unilatérales, assez denses. Pédicelles raides, épaissis et plus ou moins inclinés au sommet, à peu près aussi longs que le calice. Calice pubescent, à l'époque de la floraison horizontal et long d'environ 2 lignes, plus tard renversé, très-amplifié ; lèvres arrondies, tronquées. Corolle longue de 8 à 12 lignes, pubérule à la surface externe, panachée de bleu et de blanc ; tube beaucoup plus long que le calice, géniculé et gibbeux au-dessus de la base, redressé, très-évasé et ventru vers le haut ; lèvres courtes, subisomètres : la supérieure voûtée, arquée, inclinée, bi-auriculée à la base ; lèvre inférieure subovale. Étamines débordées par la lèvre supérieure. Nucules petites, subglobuleuses, tuberculeuses, chagrinées.

Cette espèce, indigène de la Daourie et du nord de la Chine, se cultive comme plante de parterre.

VIIIe TRIBU. **LES NÉPÉTÉES.** — *NEPETEÆ* Benth.

Calice subbilabié : les dents supérieures plus grandes. Corolle incluse ou saillante, bilabiée ; lèvre supérieure plus ou moins voûtée ; lèvre inférieure déclinée. Étamines 4, didynames (les inférieures plus longues), ascendantes, ou divergentes.

Genre GLÉCHOMA. — *Glechoma* Linn.

Calice tubuleux, cylindracé, 5-denté, imberbe, 15-nervé, à orifice oblique. Corolle à tube saillant, grêle, ventru au sommet ; lèvre supérieure droite, horizontale, carénée, profondément 2-lobée ; lèvre inférieure plane, plus longue, trifide : lobes anisomètres, le moyen plus grand, obcordiforme. Étamines 4, parallèles, ascendantes ; anthères dithèques, bilobées, rapprochées 2 à 2 en forme de croix : bourses divergentes. Style aussi long que les étamines. Stigmates subulés. Nucules ellipsoïdes, lisses, arrondies au sommet.

Herbe vivace, rampante. Feuilles longuement pétiolées, profondément crénelées. Cymules axillaires, solitaires, triflores, courtement pédonculées ; pédicelles courts, bractéolés, réfléchis après la floraison.

GLÉCHOMA COMMUN. — *Glechoma hederacea* Linn. — Flor. Dan. tab. 789. — Engl. Bot. tab. 853. — *Glechoma heterophylla* Opitz. — *Glechoma hirsuta* Waldst. et Kit. Hungar. tab. 119.

Tiges grêles, longues, décombantes, radicantes aux articulations ; rameaux-florifères ascendants, simples, feuillés, tétragones, glabres, ou poilus, longs de 3 à 8 pouces. Feuilles glabres, ou pubescentes, ou poilues, cordiformes, ou cordiformes-triangulaires, ou réniformes, obtuses, minces, rugueuses, d'un vert gai. Cymules unilatérales, longuement débordées par les feuilles, dressées pendant la floraison ; bractéoles petites, subulées. Calice à dents ovales, ou ovales-lancéolées, ou sublancéolées, aristées, subisomètres, 1 à 2 fois plus courtes que le tube. Corolle longue de 6 à 7 lignes, d'un violet clair ; gorge hérissée de poils claviformes.

Cette plante, connue sous les noms vulgaires de *Lierre-terrestre, Terrette, Rondotte,* ou *Herbe de Saint-Jean,* est très-commune dans les haies et les bois ; elle fleurit en mai et en juin ; sa saveur est aromatique et un peu amère. L'infusion du Lierre-terrestre est légèrement excitante et tonique : elle passe pour un excellent remède pectoral.

Genre MOLDAVICA. — *Moldavica* Mœnch.

Calice imberbe, tubuleux, 10-nervé, 2-labié : lèvre supérieure grande, 3-dentée ; lèvre inférieure petite, profon+dément 2-fide. Corolle à tube longuement saillant, campanulé et ventru au sommet ; lèvre supérieure voûtée, arquée, inclinée, bilobée au sommet ; lèvre inférieure 3-lobée : le lobe moyen obcordiforme, beaucoup plus grand que les lobes latéraux. Étamines 4 ; filets ascendants, parallèles, réclinés, 1-dentés au sommet ; anthères dithèques : bourses divariquées, superposées. Style aussi long que les étamines. Stigmates isomètres, subulés. Nucules oblongues, lisses, tronquées au sommet.

Herbe annuelle. Feuilles pétiolées, profondément dentées : les florales conformes aux autres, mais graduellement plus petites. Fleurs en grappes terminales, interrompues, feuillées ; faux-verticilles pauciflores ; pédicelles courts, dressés, axillaires, accompagnés de bractoles pennatifides (à lanières aristées).

Moldavica ponctué. — *Moldavica punctata* Mœnch, Meth. — *Dracocephalum Moldavica* Linn. — Blackw. Herb. tab. 551. — Lamk. Ill. tab. 513, fig. 1. — Nees, Off. Pflanz. tab. 183.

Plante haute de 6 à 18 pouces, finement pubérule sur toutes ses parties herbacées. Racine grêle, pivotante. Tige dressée, tétragone, en général rameuse dès la base ; rameaux ascendants, ou plus ou moins divergents, effilés, feuillés, simples, ou garnis de courts ramules axillaires. Feuilles oblongues, ou oblongues-lancéolées, obtuses, d'un vert gai, ponctuées en dessous (de glandules résineuses) : les inférieures arrondies ou cordiformes à la base, longuement pétiolées, à dents obtuses ; les supérieures cunéiformes à la base, à dents pointues et souvent en partie aristées. Faux-verticilles 4-8-flores, plus ou moins rapprochés, débordés par les feuilles florales. Bractéoles lancéolées, foliacées, persistantes, plus courtes que les calices. Pédicelles longs de 1 ligne à 2 lignes. Calice long de 4 à 5 lignes, fermé après la floraison ; lèvre supérieure un peu voûtée, à dents ovales, acuminées, mucronées ; lèvre inférieure à lanières ovales-lancéolées, courtement aristées. Corolle d'un violet clair, ou blanche, longue d'environ 1 pouce ; lèvres courtes. Nucules petites, d'un brun noirâtre.

Cette plante, originaire de la Russie méridionale, se cultive dans les parterres ; elle fleurit en été ; ses feuilles ont une saveur aromatique semblable à celle de la Mélisse.

IXe TRIBU. LES STACHYDÉES. — *STACHYDEÆ* Benth.

Calice irrégulièrement veineux, ou 5-10-nervé, 3-10-denté, quelquefois subbilabié. Corolle bilabiée ; tube inclus ou saillant, souvent garni (en dedans) d'une barbe annulaire ; lèvre supérieure plane ou voûtée, entière ou échancrée ; lèvre inférieure trifide. Étamines 4, didynames (les supérieures plus courtes), ascendantes, toutes fertiles (rarement les anthères des inférieures sont stériles).

Genre PHYSOSTÉGIA. — *Physostegia* Benth.

Calice turbiné ou obconique, obscurément 10-nervé, imberbe, profondément 5-denté, après la floraison ouvert, renflé, campanulé ; dents presque égales. Corolle à tube saillant, infondibuliforme, renflé au sommet, un peu courbé, imberbe; lèvre supérieure voûtée, presque droite, obtuse, entière; lèvre inférieure un peu déclinée, trilobée : le lobe moyen échancré, grand ; les lobes latéraux courts, obtus. Étamines 4, ascendantes, réclinées et distantes au sommet : les 2 inférieures un peu plus longues, subsaillantes ; filets linéaires-filiformes ; anthères dithèques, cordiformes, échancrées au sommet ; bourses parallèles, contigües. Style filiforme, aussi long que les étamines. Stigmates subulés, subisomètres. Nucules lisses, oblongues, triédres.

Herbe vivace. Feuilles caulinaires dentelées, sessiles. Fleurs en grappes terminales ou axillaires et terminales, spiciformes, longues, ininterrompues ; pédicelles épars (les inférieurs quelquefois subopposés) ou subverticillés, courts, dressés, naissant chacun à l'aisselle d'une petite bractée foliacée et persistante. Corolle grande, pourpre.

PHYSOSTÉGIA DE VIRGINIE.—*Physostegia virginiana* Benth. Labiat. p. 504. — *Dracocephalum virginianum* Linn. — Bot. Mag. tab. 467. — *Dracocephalum lancifolium* Mœnch, Meth. — *Dracocephalum denticulatum* Hort. Kew. — Bot. Mag. tab. 214. — *Dracocephalum speciosum* Sweet, Brit. Flow. Gard. tab. 93. — *Dracocephalum obovatum* Elliot. Sketch.

Plante haute de 1 ½ pied à 3 pieds, en général très-glabre, moins souvent finement pubérule. Racine rameuse, polycéphale. Tiges grêles, dressées, tétraèdres, feuillues, tantôt presque simples, tantôt paniculées au sommet. Feuilles d'un vert gai, lisses, 1-nervées, très-finement veinées, en général luisantes en dessus : les radicales (nulles chez les plantes florifères) oblongues-obovales, ou obovales, ou subspathulées, très-entières, obtuses, pétiolées, roselées ; les caulinaires et les raméaires lancéolées, ou lancéolées-oblongues, ou linéaires-lancéolées, ou rarement lancéolées-obovales, très-pointues, plus ou moins profondément dentelées (soit presque dès leur base, soit seulement à partir du milieu), ou denticulées; les ramulaires souvent très-entières. Grappes en général ternées au sommet de la tige, et solitaires à l'extrémité des ramules, ou axillaires et terminales, dressées, multiflores, denses, longues de 4 à 18 pouces. Bractées très-entières, sessiles, acérées : les inférieures ovales-lancéolées ou ovales, quelquefois débordant le calice ; les supérieures graduellement plus courtes, oblongues-lancéolées, ou linéaires-lancéolées, ou subulées. Pédicelles plus courts que le calice, en général épars et plus ou moins rapprochés. Calice herbacé, souvent pubérule, à l'époque de la floraison long de 2 à 3 lignes, finalement long de 4 à 5 lignes; dents triangulaires ou oblongues, acérées, dressées. Corolle longue de 6 à 15 lignes, rose, ou pourpre, ou panachée, souvent pubérule; lèvre supérieure courte, ovale-arrondie, crénelée; lèvre inférieure grande : lobes latéraux ovales ou oblongs, courts, obtus ; lobe terminal large, arrondi. Anthères bleuâtres.

Cette espèce, indigène des États-Unis, se cultive comme plante de parterre; elle fleurit en été.

· Genre LAMIUM. — *Lamium* Linn.·

Calice campanulé, courbé, imberbe, 10-nervé, 5-denté, subbilabié, à embouchure très-oblique ; dents inégales, aristées : la supérieure plus grande, érigée; les 2 latérales subhorizontales, divariquées; les 2 inférieures petites, déclinées. Corolle redressée; tube plus ou moins courbé, ascendant, infondibuliforme, ventru au sommet; lèvre supérieure voûtée, dressée, obtuse, ou échancrée, rétrécie vers sa base; lèvre inférieure obscurément trilobée, défléchie : les lobes latéraux arrondis, à peine marqués, 1-4-denticulés de chaque côté; le lobe moyen grand, obcordiforme-bilobé, rétréci à la base. Étamines 4, ascendantes, parallèles; filets filiformes; anthères dithèques, rapprochées 2 à 2 : bourses superposées, divariquées, ordinairement laineuses. Style filiforme, aussi long que les étamines. Stigmates isomètres, subulés. Nucules oblongues-obovées, trièdres, tronquées au sommet.

Herbes vivaces ou annuelles. Feuilles profondément crénelées ou dentées, rugueuses : les inférieures longuement pétiolées, moins grandes que les suivantes; les florales graduellement plus petites, mais conformes aux autres. Fleurs sessiles, axillaires, fasciculées, comme verticillées, accompagnées de bractéoles subulées. Dents calicinales ordinairement ciliées. Corolle blanche, ou rose, ou pourpre.

Lamium blanc. — *Lamium album* Linn. — Flor. Dan;
tab. 594. — Engl. Bot. tab. 768. — Backw. Herb. tab. 33.

Racine vivace, rampante. Tiges hautes de ¹/₂ pied à 1 ¹/₂
pied, touffues, dressées, ou ascendantes, tétraèdres, simples,
feuillues, succulentes, glabres, ou plus ou moins abondamment
garnies de poils rétrorses. Feuilles un peu flasques, d'un vert
gai, en général pubescentes aux 2 faces, ovales, ou subtriangulaires, pointues, ou acuminées, plus ou moins profondément cordiformes à la base (rarement arrondies ou tronquées), inégalement
et profondément dentées ou dentelées : les florales subsessiles ;
pétiole grêle, poilu. Faux-verticilles 12-20-flores, très-denses,
plus ou moins rapprochés, débordés par les feuilles. Bractéoles
linéaires-subulées, ciliées, plus courtes que le calice. Calice
poilu, souvent maculé de noir, à l'époque de la floraison long
de 4 à 5 lignes (y compris les dents, lesquels sont à peu près
aussi longs que le tube) ; dents triangulaires à la base, ciliées.
Corolle longue de 8 à 12 lignes, blanche, plus ou moins velue ;
tube à peine débordant les dents calicinales, étranglé au-dessus
de sa base et barbu en dedans ; lèvre supérieure à peu près
aussi longue que le tube, bicarénée, ciliée, dentelée aux bords ;
lèvre inférieure un peu plus longue, 4-denticulée de chaque côté
(vers sa base) : denticules anisomètres, l'une plus longue, séti-
forme. Étamines presque aussi longues que la corolle, un peu
saillantes au sommet ; anthères barbues, noirâtres. Nucules presque aussi longues que le tube calicinal.

Cette espèce, connue sous les noms vulgaires de *Lamier
blanc*, *Ortie blanche*, ou *Ortie morte*, est commune dans les
haies, les bois et les buissons. Toute la plante est astringente et
peu aromatique ; l'infusion de ses fleurs passe pour pectorale ;
dans beaucoup de contrées ses jeunes feuilles sont mangées en
salade et en guise d'épinards.

Genre MARRUBE. — *Marrubium* Linn.

Calice tubuleux, subcylindracé, 5-10-nervé, 5-10-denté :
dents égales ou inégales, raides, ordinairement réfléchies

après la floraison ; gorge barbue. Corolle à tube inclus, cylindrique, barbu en dedans ; lèvre supérieure ascendante, droite, plane, linéaire, bifide, ou échancrée ; lèvre inférieure déclinée, trilobée : lobes échancrés, l'intermédiaire beaucoup plus grand que les latéraux. Étamines 4, didynames, distantes, plus courtes que le tube de la corolle ; anthères dithèques : bourses divariquées. Style plus court que le tube de la corolle. Stigmates courts, obtus, anisomètres, contigus, papilleux au sommet. Nucules trièdres, pubescentes et tronquées au sommet.

Herbes vicaces, en général cotonneuses. Feuilles opposées, rugueuses, le plus souvent incisées-dentées. Fleurs en faux-verticilles axillaires, en général très-denses ; pédicelles courts, accompagnés de bractéoles subulées.

MARRUBE COMMUN. — *Marrubium vulgare* Linn. — Bull. Herb. tab. 165. — Engl. Bot. tab. 410. — Flor. Dan. tab. 1036. — Blackw. Herb. tab. 479. — *Marrubium apulum* Tenor.

Racine pivotante, rameuse, presque ligneuse, polycéphale. Tiges hautes de 1 pied à 1 ½ pied, dressées, ou ascendantes, tétragones, cotonneuses (de même que les rameaux, les feuilles et les calices), rameuses dès la base. Feuilles très-rugueuses, subincanes, fortement réticulées en dessous, inégalement crénelées : les inférieures ovales ou cordiformes, obtuses, longuement pétiolées ; les supérieures courtement pétiolées ou subsessiles, subobtuses, ou pointues. Faux-verticilles multiflores, subglobuleux. Bractéoles aussi longues que les calices, laineuses, oncinées au sommet. Calice 10-costé, 10-denté : dents subulées, étalées, oncinées au sommet, alternativement plus longues et plus courtes. Corolle petite, d'un blanc tirant sur le vert : tube curviligne, étranglé au-dessus du milieu, pubérule supérieurement de même que les lèvres ; lèvre supérieure semi-bifide : lanières linéaires, un peu divergentes ; lèvre inférieure à lobes latéraux courts, oblongs ; lobe moyen large, arrondi, échancré.

Cette espèce, nommée vulgairement *Marrube blanc*, est

commune aux bords des chemins , dans les décombres et dans d'autres localités incultes. La plante a une odeur très-forte, et une saveur amère un peu âcre ; son infusion s'emploie à titre de remède tonique et stimulant.

Genre BALLOTA. — *Ballota* Tourn.

Calice infondibuliforme, 5-lobé , 5-gone , 10-nervé ; gorge imberbe ; lobes égaux, plissés, aristés. Corolle à tube peu saillant, évasé au sommet, garni en dedans d'un anneau de poils; lèvre supérieure dressée, oblongue , échancrée, voûtée; lèvre inférieure 3-lobée, horizontale : les lobes latéraux courts, échancrés ; le lobe moyen obcordiforme. Étamines 4, didynames, ascendantes, saillantes ; anthères dithèques, rapprochées par paires : bourses divariquées après l'anthèse. Stigmates subulés, subisomètres, papilleux au sommet. Nucules comprimées ou trigones, oblongues , obtuses , glabres.

Herbe vivace. Feuilles profondément crénelées ou dentées, pétiolées. Cymules axillaires et terminales, très-courtement pédonculées, très-denses, accompagnées chacune d'une paire de feuilles très-petites (mais d'ailleurs semblables aux autres feuilles); pédicelles très-courts, bractéolés; bractéoles subulées, non-spinescentes. Fleurs roses ou blanchâtres.

BALLOTA FÉTIDE. — *Ballota fœtida* Lamk. — *Ballota alba* et *Ballota nigra* Linn. — Bull. Herb. tab. 397. — Engl. Bot. tab. 46. — Reichenb. Plant. Crit. Ic. 1039 et 1041. — *Ballota ruderalis* Swartz. — *Ballota vulgaris* Link. — *Ballota hirsuta* Schulth. — *Ballota urticifolia* Reichenb. 1. c. Ic. 1040. — *Ballota sepium* Thuil. — *Mentha aquatica* Flor. Dan. tab. 673. — *Ballota borealis* Schweigg.

Racine pivotante, rameuse , polycéphale. Tiges hautes de 2 à 4 pieds, dressées, ou ascendantes , tétragones, pubescentes, ou poilues, rameuses en général dès la base ; rameaux ascendants ou plus ou moins divergents, ramulifères ou immédiatement florifères aux aisselles. Feuilles rugueuses, veineuses, d'un vert foncé en dessus, d'un vert pâle en dessous, ordinairement pubescentes aux 2 faces, ovales, ou ovales-elliptiques, ou subcordiformes, obtuses, ou pointues, profondément dentelées ou crénelées, ordinairement pendantes. Cymules plus ou moins rapprochées, les inférieures beaucoup plus courtes que les feuilles. Calice long d'environ 4 lignes, pubérule, ou velu, souvent rougeâtre : dents ovales, plus ou moins longuement aristées, divergentes ou étalées. Corolle d'un pourpre violet, ou rose, ou blanchâtre, longue d'environ 6 lignes ; tube rectiligne ; lèvres subisomètres : la supérieure très-velue, débordant de peu les étamines. Nucules petites, brunes, luisantes.

Cette plante, connue sous les noms vulgaires de *Marrube noir*, ou *Marrube puant*, est commune dans les haies, les décombres et autres endroits incultes ; toutes ses parties répandent une odeur forte et peu agréable ; elle participe aux propriétés toniques et stimulantes communes à la plupart des Labiées.

Genre LÉONITIS. — *Leonitis* Pers.

Calice tubuleux, plus ou moins courbé, 8-ou 10-costé, à embouchure oblique, inégalement 8-ou 10-dentée : la dent supérieure plus grande. Corolle tubuleuse, ringente ; tube claviforme, inappendiculé en dedans ; lèvre supérieure voûtée, comprimée, très-entière, obtuse, étroite, longue, dressée ; lèvre inférieure courte, trilobée, défléchie : lobes presque égaux. Étamines 4, didynames, saillantes, déclinées au sommet ; filets inappendiculés ; anthères dithèques, médifixes, rapprochées 2 à 2 : bourses verticalement superposées, pointues. Stigmates anisomètres : le supérieur très-court. Nucules oblongues, obtuses, trièdres.

Herbes ou arbrisseaux. Feuilles opposées, courtement pétiolées, dentelées. Fleurs en épis terminaux, interrompus, feuillés ; faux-verticilles très-denses, multiflores, accompagnés chacun d'une collerette de bractées subulées ; pédicelles très-courts, dressés. Corolle jaunâtre ou écarlate, grande.

LÉONITIS LÉONURE. — *Leonitis Leonurus* Hort. Kew. — Bot. Mag. tab. 478. — *Phlomis Leonurus* Linn. — *Leonurus africanus* Mill. — *Leonurus grandiflorus* Mœnch, Meth.

Arbrisseau haut de 3 à 4 pieds. Rameaux-florifères grêles, simples, dressés, tétragones, finement pubérules. Feuilles longues de 2 à 4 pouces, lancéolées, pointues, penniveinées, très-entières jusque vers leur milieu, dentelées supérieurement, finement pubérules, vertes et scabres en dessus, subincanes en dessous. Épis solitaires, terminaux, couronnés, longs de 3 à 6 pouces, composés de 3 à 6 faux-verticilles assez rapprochés, très-denses. Bractéoles ascendantes, linéaires-subulées, plus courtes que les calices. Calice long de 5 à 6 lignes, pubérule, subclaviforme, 10-denté : dents courtes, subulées, recourbées : la supérieure et l'inférieure plus grandes, élargies à la base. Corolle longue de près de 2 pouces, veloutée à la surface externe, d'un écarlate tirant sur l'orange ; tube plus ou moins courbé, graduellement évasé vers le haut ; lèvre supérieure de moitié plus courte que le tube ; lèvre inférieure très-petite : lobes arrondis, le moyen un peu plus grand que les latéraux. Étamines insérées à la gorge de la corolle : les deux inférieures un peu plus courtes que la lèvre supérieure ; filets velus depuis la base jusque vers le milieu ; anthères petites, sublinéaires.

Cette espèce, originaire du cap de Bonne-Espérance, se cultive comme arbuste d'ornement.

Genre PHLOMIS. — *Phlomis* Linn.

Calice 5-gone, plissé, tubuleux, 5-denté, 5-ou 10-costé ; dents conduplíquées, aristées. Corolle tubuleuse, subringente ; tube court, en général bi-appendiculé (en dedans) et garni d'un anneau de poils ; lèvre supérieure voûtée en forme

de casque, comprimée, obtuse, ou échancrée, incombante ;
lèvre inférieure horizontale, 3-lobée : les lobes latéraux
courts, échancrés ; le lobe moyen très-grand, très-entier.
Etamines, 4, ascendantes, déclinées au sommet, insérées à
la gorge de la corolle : les 2 inférieures plus longues. Filets filiformes, comprimés ; anthères médifixes, monothèques, obtuses, subovales, rapprochées par paires. Stigmates subulés : le supérieur très-court. Nucules trièdres,
oblongues, terminées en courte languette arrondie et
poilue. Graines inadhérentes, un peu plus courtes que les
loges.

Arbustes, ou herbes vivaces. Jeunes pousses, feuilles
(du moins la surface inférieure) et surface externe des
calices et des corolles garnies d'un duvet étoilé plus ou moins
abondant. Feuilles crénelées ou dentelées, opposées, pétiolées. Fleurs en épis interrompus, feuillés (du moins à
la base), ou moins souvent en capitules terminaux; faux-
verticilles ordinairement multiflores, très-denses, accompagnés d'une collerette de bractéoles subulées ou linéaires;
pédicelles très-courts, dressés. Corolle jaune ou pourpre.

A. *Tige et rameaux adultes ligneux. Jeunes pousses et feuilles très-cotonneuses. Fleurs en capitules terminaux, ou en
épis composés de 2 ou 3 faux-verticilles très-denses. Calice
très-cotonneux : dents égales, arrondies, courtement aristées. Corolle jaune : tube infondibuliforme.*

Phlomis arbrisseau. — *Phlomis fruticosa* Linn. — Dill.
Hort. Elth. tab. 237, fig. 306. — Flor. Græc. tab. 563. —
Bot. Mag. tab. 1843.

Arbuste touffu, haut de 2 à 4 pieds. Rameaux florifères simples ou rameux, herbacés, tétragones, couverts d'un duvet serré,
blanchâtre. Feuilles longues de 2 à 4 pouces, persistantes, subcoriaces, réticulées, rugueuses, verdâtres et un peu scabres en
dessus, blanchâtres en dessous, oblongues, ou ovales-oblongues,
ou ovales-elliptiques, obtuses, très-légèrement crénelées : base

cordiforme, ou arrondie, ou cunéiforme ; les inférieures distinctement pétiolées ; les florales subsessiles ou sessiles. Capitules ou faux-verticilles multiflores, très-denses, débordés par les feuilles florales. Bractéoles linéaires ou lancéolées-linéaires, laineuses, un peu plus courtes que les calices. Calice long d'environ 6 lignes, obconique, 5-costé, 5-nervé : côtes plissées, correspondantes aux dents. Corolle longue de 1 pouce : tube à peine plus long que le calice ; lèvres subisomètres, à peu près aussi longues que le tube : la supérieure échancrée, très-large ; l'inférieure à lobes latéraux minimes, lancéolés, et à lobe moyen très-grand, suborbiculaire. Étamines à peine saillantes : les 2 inférieures presque aussi longues que la lèvre supérieure ; filets velus de la base jusqu'au milieu. Péricarpe à nucules longues d'environ 3 lignes, conniventes, chartacées, pubescentes au sommet.

Cette espèce, indigène dans l'Europe méridionale, se cultive comme arbuste d'ornement.

B. *Herbe vivace. Tiges, rameaux et calices poilus et parsemés ou couverts d'une pubescence étoilée très-fine. Feuilles glabres en dessus. Fleurs en épis interrompus ; faux-verticilles 6-12-flores. Dents calicinales inégales, longuement aristées. Corolle pourpre : tube peu évasé.*

PHLOMIS PIQUANT. — *Phlomis pungens* Linn. —α. —
Brit. Flow. Gard. tab. 33. — *Phlomis Herba vᵉ*
Bot. Mag. tab. 2449. — Sweet, l. c. ser. 2, ᵇu ascendan-
Tiges hautes de 1 ¹/₂ pied à 3 pieds, dr' ᵗⁿs divergents,
tes, rameuses, tétraèdres ; rameaux plᵘ ᵘˢᶜˢ, veineuses,
ou ascendants, simples. Feuille' ᵈ moins pubescentes
glabres et luisantes en dessus. ᵈˢᵉˢ) en dessous, obtuses,
(quelquefois incanes et presqᵘ ᵉˢ ovales ou ovales-oblon-
ou pointues, crénelées : ᵏ à la base, assez longuement
gues, ordinairement *ꭍ*blongues, ou oblongues, ou oblon-
pétiolées, longues ᵖ
ment plus peti+

gues-lancéolées , courtement pétiolées , en général rétrécies à la
base. Faux-verticilles plus.ou moins éloignés : les inférieurs longuement débordés par les feuilles. Bractéoles raides, subulées,
ciliées, ascendantes, un peu plus longues que les calices. Calice
long de 4 à 6 lignes. Corolle 1 fois plus longue que le calice :
tube un peu saillant ; lèvres subisomètres, à peu près aussi longues que le tube : la supérieure large, échancrée ; l'inférieure à
lobes latéraux très-petits , cuspidés , et à lobe moyen grand, arrondi. Étamines à peu près aussi longues que la lèvre supérieure ;
filets filiformes, poilus jusque vers le milieu.

Cette espèce , indigène de l'Europe méridionale, se cultive
comme plante de parterre.

Genre PHLOMIDOPSIS. — *Phlomidopsis* Link.

Calice tubuleux, 5-denté, 10-nervé ; dents courtes , condupliquées, aristées. Corolle tubuleuse, ringente ; tube subcylindracé, peu saillant, garni (en dedans) vers son milieu
de 2 appendices liguliformes et d'un anneau de poils ;
lèvres subisomètres : la supérieure voûtée, comprimée,
dressée, subrectiligne, barbue et dentée aux bords ; l'inférieure horizontale, profondément 3-lobée, à lobe moyen à
veine plus grand. Étamines 4, ascendantes, déclinées au
sommet, insérées à la gorge de la corolle : les 2 inférieures
sublongues ; filets filiformes ; anthères conniventes 2 à 2,
posées... rmes, médifixes, à 2 bourses verticalement super-
très-confluentes. Stigmates subulés : le supérieur
obtuses. G...icules chartacées, oblongues, trigones,
loges. ...dhérentes, un peu plus courtes que les
Herbe vivace
dentées, opposées ... tubéreuse. Feuilles crénelées ou
les florales supérieu...érieures longuement pétiolées ;
Fleurs en longs épis ...es, sessiles, bractéiformes.
inférieurement ; faux-ver..., interrompus, feuillés
très-denses, accompagnés cha...illaires , multiflores,
...collerette de brac-

tées subulées; pédicelles très-courts, dressés. Corolle pourpre.

PHLOMIDOPSIS TUBÉREUX. — *Phlomidopsis tuberosa* Link. — *Phlomis tuberosa* Linn.—Bot. Mag. tab. 1555.—*Phlomis alpina* Pallas, Act. Petrop. 2, tab. 13. — *Phlomis agraria* Ledeb. Plant. Alt. tab. 364.

Racine polycéphale, pivotante, garnie de quantité de fibres offrant çà et là des renflements tubéreux. Tiges hautes de 2 à 5 pieds, glabres, ou poilues, tétragones, violettes, simples, ou rameuses vers le haut ; rameaux dressés ou presque dressés, grêles, effilés, simples. Feuilles rugueuses, veineuses, d'un vert foncé et ordinairement glabres en dessus, d'un vert pâle et plus ou moins pubescentes (scabres) en dessous : les radicales cordiformes-bilobées, profondément crénelées, obtuses, larges de 2 à 4 pouces, longuement pétiolées ; les caulinaires pointues, graduellement plus petites et plus courtement pétiolées; les inférieures cordiformes-oblongues, ou cordiformes-triangulaires, profondément dentelées ; les suivantes et les florales inférieures oblongues, ou oblongues-lancéolées, moins profondément dentelées, à base subcordiforme, ou arrondie, ou cunéiforme ; les florales supérieures lancéolées, ou lancéolées-oblongues, plus courtes que les fleurs, en général très-entières. Épis longs de 1/2 pied à 2 pieds. Bractéoles raides, ascendantes, subulées, ciliées, un peu plus longues que les calices. Calice long d'environ 4 lignes, plus ou moins poilu : gorge fortement barbue. Corolle longue de 8 lignes : tube infondibuliforme, à peine plus long que le calice, glabre à la surface externe ; lèvres à peu près aussi longues que le tube, la supérieure courtement bicuspidée au sommet ; l'inférieure glabre ou presque glabre, un peu plus courte, à lobe moyen obcordiforme, ou obovale, et à lobes latéraux oblongs, ou arrondis, un peu plus courts. Étamines un peu saillantes, plus courtes que la lèvre supérieure ; filets pubescents presque jusqu'au sommet ; anthères très-petites. Nucules presque aussi longues que le calice, brunes, luisantes, pubescentes au sommet.

Cette espèce, qui habite la Russie méridionale et la Sibérie, se cultive comme plante de parterre ; elle fleurit en juin et en juillet.

Genre HOLMSKIOLDIA. — *Holmskioldia* Retz.

Calice subrotacé : tube très-court ; limbe très-ample, subcampanulé, membranacé, veineux, tronqué. Corolle à tube long, courbé, imberbe en dedans, évasé au sommet ; limbe subbilabié ; lèvre supérieure 2-fide (à segments subhorizontaux) ; lèvre inférieure 3-fide : les lobes latéraux courts, réfléchis ; le lobe moyen ovale, horizontal. Étamines 4, saillantes, ascendantes : les inférieures plus longues ; filets supérieurs dilatés ; anthères dithèques : bourses parallèles. Stigmates anisomètres : le supérieur minime. Nucules rugueuses, un peu charnues, cohérentes 2 à 2.

Arbrisseau à rameaux tétragones, divariqués, glabres, tuberculeux. Feuilles pétiolées, très-entières. Pédoncules courts, axillaires, pauciflores. Calice grand, pourpre de même que la corolle.

HOLMSKIOLDIA POURPRE.—*Holmskioldia sanguinea* Willd. — *Hastingia coccinea* Kœn.—Smith, Exot. Bot. tab. 106. — Roxb. Flor. Ind. ed. 2, vol. 3, p. 65.

Buisson à branches très-nombreuses, brachiées, radicantes à la base ; écorce grisâtre, assez lisse. Jeunes pousses subtétragones, pubescentes. Feuilles longues de 3 à 4 pouces, pétiolées, cordiformes, dentelées, acuminées ; pétiole cotonneux, 3 fois plus court que la lame. Panicules brachiées, composées de grappes rameuses. Bractées pétiolées, cordiformes. Bractéoles lancéolées. Fleurs nombreuses ; assez grandes, d'un écarlate vif, inodores. Calice persistant, grand, coloré comme la corolle. Corolle à tube un peu courbé, un peu plus long que le calice. Étamines insérées vers le milieu du tube de la corolle, un peu saillantes, déclinées, pubescentes. Anthères elliptiques. Style décliné, aussi long que les étamines. Péricarpe de 4 follicules distincts, obliquement turbinés, claviformes, rugueux, du volume d'une lentille, spongieux, d'un brun noirâtre, 1-loculaires, 1-valves. Graines conformes aux follicules : tégument coriace, blanchâtre, assez épais. Cotylédons charnus, elliptiques; radicule ellipsoïde, infère. (*Roxburgh*, l. c.)

Cette espèce, indigène en Chine et au Bengale, est remarquable par la beauté de son inflorescence.

XIᵉ TRIBU. **LES AJUGOÏDÉES.** — *AJUGOIDEÆ* Benth.

Corolle à lèvre supérieure tronquée ou 2-fide, en général très-courte; lèvre inférieure allongée, bifide. Étamines 2 ou 4, ascendantes, en général saillantes, opposées à la lèvre inférieure. Nucules ordinairement réticulées.

Genre GERMANDRÉE. — *Chamædrys* Tourn.

Calice subcampanulé, gibbeux (en dessous) ou oblique à la base, 5-denté; dents subisomètres (la supérieure un peu plus grande que les latérales, les inférieures un peu plus petites); gorge ordinairement barbue. Corolle à tube imberbe en dedans, court, peu évasé; limbe comme unilabié, 5-lobé : les 2 lobes supérieurs déclinés, connivents au sommet, plus courts que les lobes latéraux; le lobe inférieur grand, concave, décliné. Étamines 4, ascendantes, parallèles, saillantes. Anthères dithèques : bourses superposées, confluentes. Style aussi long que les étamines. Stigmates subisomètres. Nucules réticulées, arrondies au sommet, obovées.

Herbes, ou sous-arbrisseaux, ou arbrisseaux. Feuilles sessiles ou courtement pétiolées, crénelées, ou dentées. Fleurs en faux-verticilles lâches, soit plus ou moins éloignés, soit

rapprochés en grappes. Pédicelles dressés ou presque dressés ; calice plus ou moins décliné.

A. *Feuilles-florales supérieures très-entières, sessiles, bractéiformes, beaucoup plus petites que les inférieures. Faux-
verticilles 4-12-flores , rapprochés en grappes terminales
assez denses.*

GERMANDRÉE OFFICINALE. — *Chamædrys officinalis* Mœnch,
Meth. — Blackw. Herb. tab. 8o. — Nees, Off. Pflanz. tab.
168. — *Teucrium Chamædrys* Linn. — Engl. Bot. tab. 680.
— *Teucrium officinale* Lamk.

Herbe suffrutescente à la base, vivace, touffue, haute de quelques pouces à 1 pied. Racine longue, grêle, ligneuse, rameuse,
rampante, multicaule. Tiges grêles, obscurément tétragones,
ascendantes, simples, ou rameuses, cotonneuses, ou pubescentes,
ou velues, ou glabres, souvent rougeâtres. Feuilles ovales, ou
ovales-oblongues, ou oblongues , obtuses , ou subobtuses, incisées-crénelées, ou profondément dentées, cunéiformes et très-entières vers leur base, pétiolées, subcoriaces, tantôt presque glabres aux deux faces et d'un vert foncé en dessus, tantôt pubérules en dessus et pubescentes-incanes en dessous, tantôt incanes
aux 2 faces. Feuilles-florales supérieures ovales, ou ovales-lancéolées, acuminées, ou pointues, débordées par les fleurs. Grappes multiflores, lâches inférieurement, denses vers leur sommet.
Fleurs subunilatérales. Pédicelles plus-courts que le calice. Calice presque aussi long que le tube de la corolle, campanulé,
gibbeux en dessous, ponctué, ordinairement pubescent et d'un
pourpre violet ; gorge légèrement barbue ; dents ovales, ou ovales-lancéolées, acérées, dressées, presque aussi longues que le
tube. Corolle longue d'environ 9 lignes, d'un pourpre vif, ordinairement pubescente et ponctuée ; les 2 lobes supérieurs lancéolés-subulés ; les 2 lobes latéraux suboblongs, pointus ; le lobe
inférieur grand, cymbiforme, crénelé, barbu à la base. Anthères
brunâtres. Filets carnés. Nucules d'un brun noirâtre, du volume
d'un grain de Millet.

.Cette espèce, connue sous les noms vulgaires de *Chénette ,
petit Chêne*, ou *Germandrée* , croît sur les pelouses sèches et
dans les localités pierreuses ou rocailleuses ; elle fleurit en juillet
et août. C'est une plante amère et aromatique, jadis très-préco-
nisée comme tonique, stomachique, fébrifuge, apéritive, et antiscorbutique.

GERMANDRÉE MARUM.—*Chamœdrys Marum* Mœnch, Meth.
—*Teucrium Marum* Linn.—Blackw. Herb. tab. 47.—Duham.
ed. nov. vol. 6, tab. 41.

Arbuscule ayant le port du *Thym cultivé,* plus ou moins incane sur toutes ses parties herbacées. Ramules-florifères dressés
ou ascendants, simples, ou rameux, feuillus, très-grêles, longs
de 3 à 6 pouces. Feuilles longues de 2 à 4 lignes, ovales, ou
ovales-lancéolées, ou oblongues-lancéolées, pointues, très-entières et révolutées aux bords (moins souvent obscurément crénelées), obtuses, courtement pétiolées, incanes en dessus, cotonneuses et blanchâtres en dessous, subcoriaces : les jeunes souvent
fasciculées aux aisselles des plus anciennes. Feuilles florales
acuminées : les supérieures conformes aux autres, mais très-
courtes et souvent velues. Grappes longues de 1 pouce à 4 pouces,
unilatérales, spiciformes. Faux-verticilles ordinairement 4-flo-
res. Pédicelles très-courts. Calice très-velu , campanulé : dents
triangulaires-lancéolées , pointues. Corolle longue d'environ 6
lignes, pourpre, velue à la surface externe.

Cette espèce, nommée vulgairement *Marum*, croît dans les
contrées voisines de la Méditerranée; elle participe aux propriétés de la *Germandrée officinale*, et elle est sans doute plus
énergique , car toutes ses parties ont une odeur aromatique très-
pénétrante.

B. *Feuilles florales (même les supérieures) semblables aux
autres feuilles. Faux - verticilles non - rapprochés en
grappes.*

GERMANDRÉE SCORDIUM.—*Chamœdrys Scordium* Mœnch,

Meth.—*Teucrium Scordium* Linn.—Blackw. Herb. tab. 475.
— Bull. Herb. tab. 205. — Nees, Offic. Pflanz. tab. 169.

Herbe vivace, plus ou moins pubescente ou velue. Racine
rampante. Tiges longues de ½ pied à 1 ½ pied, ascendantes,
obscurément tétragones, grêles, feuillues, simples, ou rameuses,
stolonifères à la base; stolons radicants aux articulations; rameaux plus ou moins divergents, feuillus, très-simples. Feuilles
longues de 12 à 18 lignes, sur 3 à 6 lignes de large, molles,
d'un vert terne, pubescentes ou velues aux 2 faces, oblongues,
ou cunéiformes-oblongues, obtuses, profondément crénelées, ou
dentées à partir du milieu, très-entières vers leur base : les inférieures courtement pétiolées ; les supérieures sessiles. Pédicelles solitaires ou géminés, unilatéraux, filiformes, velus, à peu
près aussi longs que le calice. Fleurs petites, longuement débordées par les feuilles. Calice campanulé, velu, après la floraison
fortement gibbeux à la base ; dents triangulaires-lancéolées,
courtes, acérées. Corolle longue d'environ 4 lignes, velue, de
couleur rose : lobes latéraux et segments supérieurs ovales-lancéolés, pointus; lobe inférieur beaucoup plus grand, obovale,
échancré. Nucules petites, ovoïdes, fortement réticulées.

Cette espèce, nommée vulgairement *Scordium, Chamarras,*
ou *Germandrée d'eau,* croît dans les prairies humides ou marécageuses; elle fleurit en juillet et août; son odeur est très-pé-
nétrante et analogue à celle de l'Ail ; sa saveur est amère. On
attribue au *Scordium* des propriétés toniques, fébrifuges, dé-
puratives, antiscorbutiques, et anthelmintiques.

GERMANDRÉE FAUX-SCORDIUM. — *Chamœdrys scordioides*
Schreb. (sub Teucrio). — *Teucrium Scordium* Smith, Engl.
Bot. tab. 828.

Cette espèce paraît ne différer de la précédente (dont elle
pourrait bien n'être qu'une variété due à un sol moins humide)
qu'en ce qu'elle est plus fortement velue, et que ses feuilles, en
général plus larges, sont la plupart cordiformes à la base et sub-
amplexicaules ; elle croît dans les mêmes contrées que le *Scor-*

dium avec lequel on l'a souvent confondue ; du reste, elle participe aux propriétés de ce dernier.

Genre SCORODONIA. — *Scorodonia* Tourn.

Calice campanulé, bilabié, gibbeux (en dessous) à la base ; lèvre supérieure large, très-entière, ascendante ; lèvre inférieure 4-dentée (les 2 dents supérieures plus petites que les 2 inférieures), déclinée. Corolle à tube cylindracé, imberbe en dedans ; limbe comme 1-labié, inégalement 5-lobé : les 4 lobes supérieurs courts, subisomètres, érigés, arrondis ; le lobe inférieur beaucoup plus grand, cymbiforme. Étamines, pistil et péricarpe comme dans les *Germandrées*.

Herbes vivaces. Feuilles pétiolées, crénelées, ou dentées. Grappes terminales ou axillaires et terminales, aphylles, bractéolées, multiflores, spiciformes ; pédicelles géminés ou subverticillés, ordinairement nutants. Calice plus ou moins incliné.

SCORODONIA COMMUN. —*Scorodonia heteromalla* Mœnch, Meth. — *Teucrium Scorodonia* Linn. — Blackw. Herb. tab. 9. — Flor. Dan. tab. 485. — Engl. Bot. tab. 1543.

Herbe vivace. Racine rameuse, ligneuse, multicaule. Tiges hautes de 1 pied à 2 pieds, dressées, ou ascendantes, obscurément tétragones, pubescentes, ou poilues à la base, rameuses vers le sommet. Feuilles ovales ou oblongues, subobtuses, cordiformes à la base, inégalement crénelées, très-rugueuses, pubescentes aux deux faces, d'un vert gai en dessus, d'un vert pâle et fortement réticulées en dessous : les inférieures longuement pétiolées. Grappes en général ternées à l'extrémité de la tige et solitaires à l'extrémité des rameaux, ou axillaires et terminales, courtement pédonculées, unilatérales, grêles ; pédicelles courts, solitaires, opposés, assez rapprochés, naissant chacun à l'aisselle d'une bractéole ovale, acuminée. Calice 5-nervé, pubescent, long d'environ 2 lignes : lèvre supérieure arrondie,

acuminée, mucronulée ; lèvre inférieure à dents ovales, acuminulées, mucronées. Corolle longue de 5 à 6 lignes, pubescente,
d'un jaune verdâtre : tube un peu plus long que le calice. Filets
brunâtres, velus. Anthères rouges. Nucules petites, subglobuleuses, lisses, brunâtres.

Cette plante, nommée vulgairement *Sauge sauvage*, *Sauge
des bois*, ou *Faux-Scordium*, est commune aux bords des bois,
dans les terrains pierreux ou sablonneux ; elle fleurit en juillet
et août ; elle a des propriétés analogues à celles du *Scordium*.

Genre AJUGA. — *Ajuga* Linn.

Calice campanulé, 5-fide, gibbeux à la base ; lanières subisomètres. Corolle marcescente ; tube grêle, barbu en dedans, renflé à la base ; limbe subbilabié : lèvre supérieure
minime, échancrée, plane ; lèvre inférieure horizontale ou
défléchie, trifide, allongée : le lobe moyen échancré ou bifide, plus grand. Étamines 4, didynames, parallèles,
saillantes. Anthères dithèques : bourses superposées, confluentes. Style aussi long que les étamines. Stigmates anisomètres. Nucules obovées ou oblongues, réticulées,
fovéolées, arrondies au sommet.

Herbes annuelles ou vivaces. Feuilles crénelées, ou dentées, ou palmatifides. Fleurs solitaires-axillaires, ou en
faux-verticilles disposés en grappes soit denses, soit interrompues.

Section I. BUGULA Tourn.

Faux-verticilles 6-ou pluri-flores, en général denses, souvent rapprochés en grappe ininterrompue. Feuilles florales (du moins les supérieures) bractéiformes. Corolle
bleue (par variation blanche, ou rose).

AJUGA RAMPANT. — *Ajuga reptans* Linn. — Engl. Bot. tab.
489.—Flor. Dan. tab. 925.—Bull. Herb. tab. 345.—Blackw.
Herb. tab. 64, fig. 1. — *Bugula reptans* Mœnch, Meth.

Racine tronquée, 1-caule, garnie de longues fibres. Tige haute de 3 pouces à 1 pied, dressée, tétragone, stolonifère à la base, très-simple supérieurement, en général à angles alternativement poilus et glabres, du reste glabre ou légèrement pubescente, souvent rougeâtre. Stolons grêles, feuillés, radicants, en général stériles, quelquefois redressés et florifères. Feuilles glabres ou presque glabres, assez fermes, luisantes, quelquefois ciliées, toutes arrondies au sommet : les radicales roselées, étalées sur terre, obovales, ou oblongues-obovales, subsinuolées, ou légèrement crénelées, rétrécies en long pétiole ; les caulinaires sessiles (excepté la paire immédiatement supra-basilaire); les inférieures conformes aux radicales ; les florales graduellement plus petites, la plupart ovales, ou ovales-elliptiques, très-entières; les feuilles des stolons pétiolées, obovales, ou obovales-orbiculaires, crénelées, plus petites que les feuilles radicales. Faux-verticilles 6-20-flores, disposés en épi interrompu à la base, ininterrompu vers le haut, les inférieurs débordés par les feuilles, les supérieurs débordants. Fleurs sessiles. Calice à lanières linéaires-lancéolées, poilues, pointues. Corolle bleue ou rose, 1 à 2 fois plus longue que le calice ; tube rectiligne, saillant, barbu en dedans à la base ; lèvre supérieure à lobes ovales ou arrondis ; lèvre inférieure à lobes latéraux ovales ou oblongs, obtus; lobe moyen obcordiforme. Étamines un peu plus longues que la lèvre supérieure; filets bleus ; anthères noirâtres, glabres. Nucules brunâtres, obovées, à peu près aussi longues que le tube calicinal.

Cette espèce, nommée vulgairement *Bugule, Bugle,* ou *petite Consoude,* croît dans les prairies humides et les buissons; elle fleurit en mai et juin; jadis elle passait pour un excellent vulnéraire.

SECTION II. CHAMÆPITHYS Tourn.

Feuilles florales conformes aux autres feuilles. Fleurs solitaires, axillaires, courtement pédicellées. Corolle jaune.

AJUGA IVETTE. — *Ajuga Chamæpytis* Schreb. — *Teucrium Chamæpytis* Linn. — Flor. Dan. tab 733. — Engl. Bot. tab.

77. — *Ajuga chia* Sibth. et Smith, Flor. Græc. tab. 524. —
Chamœpitys vulgaris Link.

Herbe annuelle, haute de 3 à 6 pouces, plus ou moins velue. Racine grêle, pivotante, rameuse. Tige dressée, ou ascendante, en général rameuse à la base et indivisée supérieurement, obscurément tétragone, feuillue ; rameaux divariqués ou très-divergents, presque aussi forts que la tige, simples, ou trifurqués à la première articulation, ordinairement florifères dès les premières aisselles. Feuilles poilues, un peu visqueuses, plus longues que les entrenœuds : les radicales longuement pétiolées, oblongues, très-entières, ou pauci-dentées; les caulinaires profondément trifides, rétrécies en pétiole linéaire, foliacé ; segments oblongs, ou linéaires, subdivariqués, obtus, ou pointus, tantôt isomètres, tantôt inégaux. Fleurs beaucoup plus courtes que les feuilles. Calice poilu, 5-nervé : segments linéaires-lancéolés, pointus, dressés, plus longs que le tube; gorge imberbe. Corolle longue de 6 à 9 lignes; tube rougeâtre, saillant; lèvre supérieure échancrée, où bidentée, minime; lèvre inférieure d'un jaune de citron, ponctuée de brun : les 2 lobes latéraux petits, oblongs, obtus; le lobe moyen droit, horizontal, obcordiforme. Calice fructifère dressé, ouvert, long de 2 à 3 lignes. Nucules presque aussi longues que le tube calicinal, d'un brun noirâtre, luisantes, fortement scrobiculées, rétrécies vers la base.

Cette espèce, nommée vulgairement *Ivette*, ou *Yvette*, n'est pas rare dans les champs sablonneux ; elle fleurit en mai, juin et juillet; son odeur est assez forte, analogue à celle de la résine de Pin ou de Sapin; sa saveur est aromatique et amère. La plante possède des propriétés toniques, emménagogues et antispasmodiques. On la préconisait jadis comme étant propre à prévenir les accès de la goutte.

CENT QUARANTE UNIÈME FAMILLE.

LES VERBÉNACÉES. — *VERBENACEÆ*.

Vitices Juss. Gen. — *Pyrenaceæ* Vent. Tabl. — *Verbenaceæ* Juss. in Annal. du Mus. vol. 7, p. 63. — R. Br. Prodr. p. 510. — Bartl. Ord. Nat. p. 179. — Endl. Gen. Plant. 1, p. 652. — *Labiatæ*, tribus III: *Angiocarpicæ*, sectio I : *Verbeneæ* Reichenb. Syst. Nat. p. 190.

Cette famille, qui ne diffère peut-être pas suffisamment des Labiées, appartient en grande partie aux régions intertropicales ou subtropicales ; elle renferme beaucoup de végétaux remarquables par la beauté de leurs fleurs, et plusieurs arbres importants comme bois de construction ; les plantes aromatiques, si communes parmi les Labiées, sont peu nombreuses parmi les Verbénacées.

CARACTÈRES DE LA FAMILLE.

Arbres, ou *arbrisseaux*, ou *herbes*. Tiges et rameaux tétragones étant herbacés.

Feuilles en général opposées ou verticillées, simples (très-entières, ou incisées, ou dentées), ou digitées, ou impari-pennées, non-stipulées, ordinairement pétiolées ; pétiole dilaté à la base, amplexatile étant jeune.

Fleurs irrégulières, ou rarement régulières, hermaphrodites, solitaires, ou en épis, ou en grappes, ou en capitules, ou en panicules, ou en cymes ; pédoncules axillaires ou terminaux ; pédicelles 1–bractéolés.

Calice tubuleux ou campanulé, persistant, inadhérent, denté, ou plus ou moins profondément incisé ; dents ou segments isomètres ou anisomètres.

Corolle hypogyne, non-persistante, tubuleuse ; limbe

4-ou 5-parti, en général subbilabié; estivation imbricative.

Disque nul ou peu apparent.

Étamines insérées au tube ou à la gorge de la corolle, interposées, en général en plus petit nombre que
les lobes de la corolle (ordinairement 4, didynames :
les 2 latérales quelquefois stériles). Filets filiformes,
libres, le plus souvent très-courts. Anthères dressées, ou
incombantes, dithèques: bourses parallèles et contiguës,
ou disjointes et plus ou moins divergentes, ou divariquées, s'ouvrant chacune par une fente longitudinale.

Pistil : Ovaire 2-4-ou 8-loculaire, ou bien 2 ou 4 co-
ques 1-loculaires; ovules solitaires, anatropes, ou amphitropes, ou collatéraux, attachés à l'angle interne des
loges (soit à la base, soit plus haut); micropyle infère.
Style terminal, ou rarement gynobasique, indivisé. Stigmate indivisé ou bifide.

Péricarpe drupacé, ou baccien, ou composé de 2 ou
4 nucules finalement distinctes et caduques.

Graines solitaires. Périsperme nul ou très-mince. Embryon rectiligne: cotylédons contigus, indivisés, foliacés en germination; radicule infère, ordinairement très-
courte.

La famille des Verbénacées comprend les genres suivants :

Section I. **VITICÉES.** — *Viticeæ* Bartl.

Fleurs en cymes ou en panicules; pédicelles opposés.

Clerodendron Linn. (Siphonanthus et Ovieda Linn.
Volkmannia Jacq. Agricolæa Schrank.) — *Volkameria*
Linn. (Düglassia Amm.) — *Pyrostoma* Meyer. —
Hilsenbergia Tausch. — *Wallrothia* Roth. — *Ægiphila*

Linn. (Manabea Aubl. Omphalococca Willd.) — *Chilianthus* Burch. — *Cornutia* Linn. — *Petitia* Jacq. — *Callicarpa* Linn. (Burchardia Duham. Johnsonia Catesb. Sphondylococcum Mitch. Porphyra Lour.) — *Pityrodia* R. Br. — *Premna* Linn. — *Hosta* Jacq. — *Vitex* Linn. (Limia Vandell. Nephrandra Cothen. — ? Chrysomallum Petit-Thou.) — *Congea* Roxb. (Sphenodesme Jack.) — *Symphorema* Roxb. — *Peronema* Jack. — *Caryopteris* Bunge. — *Chloanthes* R. Br. — *Gmelina* Linn. — *Tectona* Linn. fil. ('Theka Juss.) — *Avicennia* Linn.

SECTION II. **VERBÉNÉES**. — *Verbeneæ* Bartl.

Fleurs en capitules, ou en grappes (souvent corymbiformes), ou en épis; pédicelles ordinairement alternes.

Duranta Linn. (Ellisia P. Br. nec Linn. Castorea Plum.) — *Pœppigia* Bertero. — *Petrea* Linn. — *Citharexylon* Linn. — *Amasonia* Linn. — *Taligalea* Aubl. — *Melasanthus* Pohl. — *Priva* Adans. (Phryma Forsk. Blæria Houst. Gærtn. Leptostachya Mitch. Castelia Cavan.) — *Streptium* Roxb. (Tortula Roxb.) — *Tamonea* Aubl. (Kæmpferia Houst. Ghinia Swartz. Leptocarpus Link.) — *Spielmannia* Medic. (Oftia Adans.) — *Mallophora* Endl. — *Aloysia* Orteg. — *Verbena* Linn. — *Verbenella* Spach. — *Glandularia* Gmel. (Billardiera Mœnch, nec Smith.) — *Bouchea* Chamiss. — *Stachytarpheta* Vahl. (Abena Neck. Cymburus Salisb.) — *Lippia* Linn. (Zappania Scopol. Platonia et Bertolonia Rafin.) — *Ridelia* Chamiss. et Schlecht. — *Dipterocalyx* Chamiss. et Schlecht. — *Monochilus*, Fisch. — *Chascanum* E. Meyer. — *Casselia* Nees et Mart. — *Dipyrena* Hook. (Wilsonia Hook.) — *Perama* Aubl. (Mattuschkea

Schreb.) — *Buchia* Kunth. — *Lantana* Linn. (Chara-
chera Forsk.)

GENRES DE CLASSIFICATION DOUTEUSE.

Asaphes Spreng. — *Geunsia* Blum. — *Quoya* Gau-
dich.—*Mastacanthus* Endl. (BarbulàLoureir. nec Hedw.)
— *Hymenopyramis* Wallich. — *Glossocarya* Wallich.
— *Cochranea* Miers.

Genre CLÉRODENDRE.— *Clerodendron* (Linn.) R. Br.

Calice 5-denté ou 5-fide, campanulé. Corolle hypocratériforme ; tube cylindracé ; limbe 5-parti : segments presque égaux. Étamines 4, saillantes, didynames, défléchies
vers un seul côté. Ovaire 4-loculaire ; loges 1-ovulées.
Style filiforme. Stigmates 2, subulés. Drupe charnu, à
4 noyaux 1-spermes. Graines apérispermées ; radicule infère.

Arbres, ou arbrisseaux. Feuilles opposées, simples, souvent anguleuses ou lobées. Cymes terminales, ou axillaires
et terminales, trichotomes.

CLÉRODENDRE ODORANT. — *Clerodendron fragrans* Willd.
— *Volkameria fragrans* Vent. Malm. tab. 70. — Bot. Mag.
tab. 1834. — Duham. ed. nov. vol. 4, tab. 19.

Arbrisseau. Jeunes pousses cotonneuses. Feuilles minces, longuement pétiolées, finement pubérules aux 2 faces, cordiformes,
acuminées, inégalement sinuées-dentées, larges de 2 à 5 pouces ;
pétiole grêle, pubérule. Cymes terminales, denses, multiflores,
courtement pédonculées, ou sessiles, bractéolées. Bractées membranacées, lancéolées, caduques, plus longues que les fleurs.
Fleurs blanches ou d'un rose pâle, très-odorantes (ordinairement doubles dans les variétés cultivées).

Cette espèce, originaire du Japon, se cultive fréquemment
comme arbuste d'agrément.

Genre CALLICARPA. — *Callicarpa* Linn.

Calice petit, turbiné, courtement 4-lobé. Corolle sub-campanulée, régulière, 4-fide. Étamines 4, saillantes, isomètres, insérées au tube de la corolle. Ovaire 4-loculaire; loges 1-ovulées. Style filiforme. Stigmate capitellé. Baie 1-loculaire, 4-sperme, ou par avortement 1-3-sperme. Graines à tégument cartilagineux; périsperme mince; radicule infère.

Arbrisseaux; parties herbacées couvertes d'une pubescence étoilée. Feuilles opposées, simples. Cymes axillaires, dichotomes. Fleurs blanches ou pourpres, petites.

CALLICARPA D'AMÉRIQUE. — *Callicarpa americana* Linn. — Catesb. Carol. 2, tab. 47. — *Burchardia americana* Duham. Arb. 3, tab. 44.

Buisson haut de 3 à 6 pieds. Branches et rameaux effilés. Feuilles elliptiques, où ovales, ou ovales-lancéolées, acuminées, entières et cunéiformes vers leur base, crénelées au contour supérieur, pétiolées, pubérules et verdâtres en dessus, cotonneuses-incanes en dessous, longues de 2 à 4 pouces; pétiole grêle, long d'environ 1 pouce. Cymes subsessiles, denses, multiflores, longuement débordées par les pétioles. Fleurs très-petites, roses. Baies comme glomérulées, globuleuses, d'un pourpre-violet à la maturité, du volume d'un grain de moutarde.

Cette espèce, indigène des provinces méridionales des États-Unis, se cultive comme arbrisseau d'ornement.

Genre GATTILIER. — *Vitex* Linn.

Calice campanulé, ou tubuleux, petit, 5-denté. Corolle 2-labiée, ringente : tube évasé au sommet, courbé, décliné; lèvre supérieure courte, 2-partie; lèvre inférieure 3-fide, à lobe moyen beaucoup plus long que les lobes latéraux. Étamines 4, saillantes, didynames, ascendantes, insérées au tube de la corolle; filets filiformes; anthères

ovales, incombantes. Ovaire à 4 loges 1-ovulées. Style terminal, filiforme. Stigmates 2, subulés. Drupe charnu, à
noyau 4-loculaire (ou par avortement 1-3-loculaire) : loges 1-spermes. Graines attachées au fond des loges, apérispermées; radicule ihfère.

Arbres, ou arbrisseaux. Feuilles digitées (rarement simples, ou imparipennées), opposées, pétiolées; folioles
très-entières, ou dentées, ou incisées. Inflorescences terminales, ou axillaires et terminales, composées de cymes
dichotomes (disposées en grappes interrompues); pédoncules courts, opposés.

A. *Feuilles digitées; folioles très-entières ou obscurément
sinuolées.*

GATTILIER COMMUN. — *Vitex Agnus castus* Linn. —
Blackw. Herb. tab. 139. — Duham. ed. nov. vol. 6, tab. 35.
— Gærtn. Fruct. 1. tab. 56, fig. 1. — Schk. Handb. tab. 177.

Arbrisseau très-rameux ou buisson, haut de 5 à 12 pieds.
Rameaux opposés, effilés, cotonneux-incanes. Feuilles longuement pétiolées, 5-ou 7-foliolées, non-persistantes. Folioles fermes, d'un vert foncé et glabres en dessus, cotonneuses-incanes
en dessous, lancéolées, ou lancéolées-oblongues, acuminées,
courtement pétiolulées : les deux basilaires plus petites que les
terminales. Rameaux-florifères simples, ou trifurqués au sommet, feuillés. Panicules tantôt terminales (soit solitaires, soit
ternées), tantôt solitaires à l'extrémité des rameaux et aux aisselles de la dernière paire de feuilles, spiciformes, interrompues : les latérales moins longues que les terminales. Cymes
denses, multiflores, subsessiles, garnies à chaque bifurcation
d'une paire de bractéoles subulées. Pédicelles très-courts, cotonneux-incanes de même que le rachis, les pédoncules secondaires et les calices. Calice campanulé, 5-denticulé, long d'environ 1 ligne. Corolle 2 fois plus grande que le calice, bleue, ou
d'un pourpre violet, ou blanche; cotonneuse à la surface externe; lèvre supérieure à segments ovales, obtus; lèvre infé-

rieure à lobes conformes aux segments de la lèvre supérieure ;
lobe inférieur obovale, un peu concave. Filets blancs, plus longs
que la lèvre supérieure. Anthères jaunes. Drupe du volume d'un
grain de poivre, noir, presque recouvert par le calice.

Cette espèce, nommée vulgairement *Agnus castus, Arbre au
poivre*, ou *Petit poivre*, est commune dans l'Europe méridionale, aux bords des ruisseaux et dans d'autres localités humides; elle fleurit en juillet et en août. On la cultive comme ar-
brisseau-d'ornement, mais, dans le nord de la France, elle ne
résiste pas aux hivers rigoureux, à moins d'être plantée dans
une situation abritée. Les feuilles ont une odeur désagréable. Le
fruit, auquel les anciens attribuaient, sans trop de raisons, des
vertus anti-aphrodisiaques, a une saveur âcre et aromatique,
analogue à celle du poivre : ce fruit s'emploie en guise d'épices,
dans les contrées où le Gattilier abonde.

GATTILIER ÉLANCÉ. — *Vitex arborea* Roxb. Flor. Ind. ed.
2, vol. 3, p. 73.

Arbre très-élevé. Tronc droit. Écorce rimeuse, d'un gris
cendré. Tête étalée, touffue, mais d'une ampleur médiocre en
proportion à la dimension du tronc. Feuilles digitées, 3-ou 5-
foliolées. Folioles sessiles, lancéolées, ou lancéolées-elliptiques,
obtuses, ou pointues, entières, veineuses, presque glabres en
dessus, cotonneuses en dessous : les latérales longues de 3 à 6
pouces, les autres beaucoup plus petites. Panicules denses, rameuses; pédoncules et pédicelles velus, tétragones. Fleurs nombreuses, petites, bleues. Bractées elliptiques, réfléchies, cotonneuses. Tube de la corolle un peu gibbeux, un peu plus long
que le calice, poilu au fond; gorge comprimée latéralement ;
lèvre supérieure dressée, bifide; lèvre inférieure réfléchie, trifide, à lobe moyen plus grand, concave, d'un bleu plus foncé.
Filets subulés, 2 fois plus longs que le tube de la corolle ; anthères bifides de la base presque jusqu'au sommet. Style aussi
long que les filets. Drupe lisse, succulent, du volume et de la
couleur d'une baie de Cassis; noyau turbiné, très-dur, 4-loculaire.
Graines obovales-oblongues.

Cet arbre croît dans les montagnes de l'Inde ; son vieux bois est couleur de chocolat, très-solide et durable, ce qui le rend propre à quantité d'usages.

B. *Feuilles digitées ; folioles pennatifides ou incisées-dentées.*

GATTILIER INCISÉ. — *Vitex incisa* Lamk. — Mill. Ic. tab. 275, fig. 1. — *Vitex Negundo* Bot. Mag. tab. 364.

Arbrisseau très-semblable au *Vitex Agnus-castus*, par le port et l'inflorescence, mais facile à distinguer à ses folioles plus étroites, très-acérées, plus ou moins profondément dentelées, ou incisées-dentées, ou pennatifides, plus distinctement pétiolulées ; les cymes sont en général plus rapprochées ; les fleurs plus petites, d'un bleu violet, ou blanches.

Cette espèce, originaire du nord de la Chine, se cultive fréquemment comme arbrisseau d'ornement ; elle est très-rustique ; sa floraison a lieu en août et septembre.

Genre GMÉLINA. — *Gmelina* Lin.

Calice 4-ou 5-denté, court. Corolle obliquement campanulée, 4-fide : le lobe supérieur voûté ; les 2 lobes latéraux arrondis ; le lobe inférieur 3-fide. Étamines 4, saillantes, didynames, insérées au tube de la corolle. Ovaire à 2 ou 4 loges 1-ovulées. Style terminal, filiforme. Stigmate inégalement 2-fide. Drupe charnu, à noyau 2-4-loculaire, perforé à la base ; loges 1-spermes. Graines apérispermées : radicule infère.

Arbres, ou arbrisseaux. Ramules souvent spinescents. Feuilles entières ou lobées, opposées. Inflorescences racémiformes ou paniculées, terminales, bractéolées. Fleurs grandes.

GMÉLINA ÉLANCÉ. — *Gmelina arborea* Roxb. Corom. 3, tab. 246. — *Cumbulu* Hort. Malab. 1, tab. 41.

Grand arbre. Tronc droit. Écorce d'un gris cendré, lisse sur les jeunes troncs. Branches nombreuses, divergentes, formant une tête ample et touffue. Feuilles longues de 4 à 10 pouces, larges de 2 à 7. pouces, pétiolées, cordiformes, pointues, entières, glabres en dessus, cotonneuses en dessous, 2-4-glanduleuses à la base; pétiole cylindrique, velu, long de 2 à 3 pouces. Panicules terminales, ovoïdes, composées de grappes opposées-croisées, horizontales, pubescentes. Bractées lancéolées, pubescentes, caduques avant la floraison. Fleurs opposées, inclinées, grandes, d'un.jaune lavé de brun. Calice petit, obscurément 5-denté, velu à la surface externe. Corolle campanulée; limbe 4-parti : les 3 segments supérieurs plus courts; le segment inférieur bifide. Filets majeurs fortement courbés. Anthères bifides. Ovaire 4-loculaire. Style aussi long que les étamines. Stigmate bifide : l'une des lanières beaucoup plus longue et recourbée. Drupe ellipsoïde, lisse, à la maturité jaune, du volume d'une Prune de mirabelle;.noyau 4-loculaire, mais rarement toutes les loges sont séminifères. (*Roxburgh*, 1. c.)

Cet arbre croît dans les montagnes de l'Inde, où on l'emploie à quantité d'usages dans l'économie domestique ; ce bois est très-semblable au fameux bois de Ték (*Tectona grandis*) par la couleur, et, sans être plus pesant, il est d'un grain plus compacte, et très-facile à travailler ; il résiste parfaitement aux alternatives de chaleur et d'humidité, sans être sujet aux ravages des insectes ; enfin, Roxburgh pense que c'est l'un des bois les mieux adaptés aux constructions navales.

Genre TECTONA. — *Tectona* Linn. fil.

Calice campanulé, 5-fide, accrescent, renflé après la floraison. Corolle infondibuliforme, régulière : tube court; limbe 5-parti, étalé. Étamines 5, saillantes, subisomètres, insérées au tube de la corolle. Ovaire à 4 loges 1-ovulées. Style terminal. Stigmate 2-fide. Drupe cotonneux, subéreux, 1-pyrène, recouvert par le calice ; noyau 4-loculaire, à axe perforé. Graines apérispermées, solitaires dans chaque loge; radicule infère.

Arbre. Ramules tétragones. Feuilles opposées ou verticillées-ternées, amples, courtement pétiolées, très-entières, scabres. Inflorescences terminales, bractéolées, paniculées. Corolle petite, blanche.

Ce genre est propre à l'Asie équatoriale.

TECTONA ÉLANCÉ. — *Tectona grandis* Willd. — Gærtn. Fruct. 1, tab. 7. — Roxb. Corom. 1, tab. 6. — *Tekka* Hort. Malab. vol. 4, tab. 27. — *Jatus* Rumph. Amb. 3, tab. 18.

Tronc droit, atteignant des dimensions énormes. Écorce écail-leuse, d'un gris cendré. Branches nombreuses, divergentes. Jeunes pousses tétragones, cannelées. Feuilles longues de 1 pied à 2 pieds, larges de 8 à 16 pouces, pétiolées, horizontales, el-liptiques-oblongues, légèrement sinuolées, scabres en dessus, pubescentes-blanchâtres en dessous. Pétioles courts, épais, com-primés latéralement. Panicules grandes, brachiées : ramifica-tions dichotomes, tétragones et pulvérulentes de même que le rachis. Bractées opposées, lancéolées. Fleurs petites, blanches, très-nombreuses : les dichotoméaires sessiles. Calice et corolle 5-ou 6-fides. Drupe obscurément 4-gone ; noyau très-dur.

Cet arbre croît dans les montagnes du Malabar, du Coro-mandel et du Pégou. Il fournit le bois de construction le plus estimé dans toute l'Asie équatoriale, et connu sous le nom de *Tek*. Ce bois, quoique léger et facile à travailler, est en même temps aussi fort que durable, et résistant parfaitement à l'action de l'humidité : aussi le recherche-t-on surtout pour les con-structions navales ainsi que pour l'ébénisterie.

Genre ALOYSIA. — *Aloysia* Orteg.

Calice tubuleux, prismatique, bilabié, après la floraison bipartible ; lèvres égales, bidentées. Corolle tubuleuse, bilabiée, subringente : tube rectiligne, cylindracé ; lèvre supérieure courte, dressée, bilobée ; lèvre inférieure plus grande, tripartie : segments conformes, subisomètres. Éta-mines 4, incluses, didynames, insérées au tube de la co-rolle (la paire supérieure plus haut que l'inférieure) ; filets filiformes, rectilignes, dressés ; anthères innées, dressées,

cordiformes : bourses presque contiguës, subparallèles.
Pistil à 2 ovaires distincts, appliqués face à face, 1-loculai-
res, 1-ovulés, insérés au fond d'un disque cupuliforme;
ovules anatropes, renversés, attachés au fond des loges.
Style subgynobasique (adné par la base à la face des ovaires), central, persistant, comprimé, sublinéaire, élargi au
sommet. Stigmate inégalement bilabié. Péricarpe à 2 nucules distinctes, coriaces, 1-loculaires, 1-spermes, planes
antérieurement, comprimées bilatéralement, convexes au
dos. Graines apérispermées : radicule infère.

Arbrisseau très-aromatique. Rameaux obscurément tétragones. Feuilles verticillées-ternées, courtement pétiolées, indivisées. Inflorescences terminales, ou axillaires
et terminales, paniculées, bractéolées, composées de grappes spiciformes interrompues; pédicelles très-courts, turbinés, concaves au sommet, verticillés-ternés de même que
les pédoncules secondaires; les inflorescences axillaires sont
souvent réduites à des grappes simples. Bractéoles persistantes, concaves, plus longues que les pédicelles. Fleurs petites. Corolle d'un lilas pâle.

ALOYSIA ODORANT. — *Aloysia citriodora* Ortega. — *Verbena triphylla* L'hérit. Stirp. tab. 11. — Bot. Mag. tab. 367.
— *Lippia citriodora* Kunth. Syn.

Arbrisseau atteignant 10 pieds de haut. Jeunes pousses feuillues, finement pubérules. Feuilles longues de 1 pouce à 2 pouces, lancéolées, ou lancéolées-oblongues, pointués, tantôt très-
entières, tantôt dentelées, minces mais fermes, finement penninervées (nervures subhorizontales), d'un vert gai et scabres en
dessus, d'un vert pâle et ponctuées en dessous. Panicules-termi-
nales subpyramidales, lâches, dressées, longues de 1 à 5 pouces :
rachis grêle, tétragone; pédoncules secondaires presque filiformes. Pédicelles très-courts, articulés au calice. Fleurs longues à peine de 2 lignes. Calice glabre, long d'environ 1 ligne :
dents ovales-lancéolées, pointues, dressées, conniventes après la
floraison. Corolle à tube peu saillant; lèvre supérieure à lobes

arrondis, obtus ; lèvre inférieure à segments ovales, obtus. Nucules petites, brunes, pubérules, recouvertes par le calice.

Cette espèce, nommée vulgairement *Verveine-Citronnelle*,
et fréquemment cultivée comme arbuste d'agrément, est originaire du Chili. Toutes ses parties herbacées ont une odeur très-
agréable, semblable à l'essence de citron ; leur infusion se prend
en guise de Thé, et elle peut être substituée à la Mélisse, la
Menthe, ou autres infusions légèrement excitantes.

Genre VERVEINE. — *Verbena* Tourn.

Calice campanulé, ou tubuleux, 5-denté, 5-plissé ; la
dent supérieure minime, apiculiforme ; les 4 autres isomètres, non-conniventes après la floraison. Corolle infondibuliforme, inégalement 5-lobée ; tube subcylindrique, courbé
au sommet ; gorge barbue ; limbe oblique : les 4 lobes supérieurs subisomètres ; le lobe inférieur plus grand. Étamines 4, incluses, didynames, insérées au-dessus du milieu
du tube de la corolle (la paire inférieure un peu plus
courte, insérée plus bas que la supérieure) ; filets filiformes, très-courts ; anthères réniformes, didymes, innées,
dressées : connectif peu apparent. Ovaire subglobuleux,
à 4 loges 1-ovulées ; ovules renversés, anatropes, attachés
au fond des loges. Style filiforme, terminal. Stigmate à
2 lèvres dissemblables : l'une plus grande, obtuse, papilleuse ; l'autre minime, dentiforme, pointue. Péricarpe
4-loculaire, 4-sulqué, se séparant finalement en 4 nucules
coriaces, 1-spermes, turbinées, ou oblongues, obtuses, anguleuses. Graines apérispermées : radicule infère.

Herbes annuelles ou bisannuelles. Tiges et rameaux tétragones. Feuilles pennatifides, ou subpalmatifides, ou irrégulièrement laciniées, opposées. Grappes terminales ou
dichotoméaires et terminales, simples, ou paniculées, spiciformes, lâches après la floraison. Pédicelles très-courts,
inarticulés, dressés, apprimés, épars, naissant chacun à
l'aisselle d'une bractée concave persistante. Fleurs petites.
Corolle rougeâtre ou lilas.

Verveine officinale. — *Verbena officinalis* Linn. — Blackw. Herb. tab. 41. — Flor. Dan. tab. 628. — Engl. Bot. tab. 767.

Herbe bisannuelle, haute de 1 pied à 2 pieds. Racine rameuse, 1-ou pauci-caule. Tiges dressées ou ascendantes, raides, glabres, ou garnies de courts poils rétrorsés, rameuses et médiocrement feuillées supérieurement. Rameaux grêles, subaphylles, plus ou moins divergents, ordinairement paniculés. Feuilles un peu rugueuses, fermes, d'un vert pâle, luisantes en dessus, scabres et pubérules en dessous : les inférieures spathulées-obovales, incisées-crénelées ; les autres pennatifides ou profondément trifides, cunéiformes et très-entières vers leur base, rétrécies en pétiole subfoliacé : segments incisés-crénelés ou incisés-dentés, le terminal ordinairement subrhomboïdal. Épis longs, terminaux, ordinairement rameux à la base : rachis très-grêle, effilé. Bractées débordées par le calice, ovales, acuminées. Calice long d'environ 1 ligne, subturbiné ; dents courtes, ovales, pointues. Corolle d'un lilas pâle, de moitié plus longue que le calice. Style débordé par le tube de la corolle. Nucules presque aussi longues que le calice, brunâtres, oblongues, obtuses, trigones, convexes, lisses et 3-costées au dos, planes et chagrinées aux 2 faces latérales.

Cette plante, connue sous les noms vulgaires de *Verveine*, ou *Herbe sacrée*, est commune aux bords des chemins, des champs et dans d'autres localités incultes ; on la préconisait jadis comme fébrifuge et vulnéraire, mais ses prétendues vertus se réduisent à des propriétés astringentes.

Genre VERBÉNELLE. — *Verbenella* Spach.

Calice tubuleux, 5-plissé, 5-denté ; dents conduplíquées, anisomètres : les 2 latérales plus longues que la supérieure, plus courtes que les 2 inférieures. Corolle hypocratériforme ; tube rectiligne ; gorge un peu renflée, fermée par une barbe de poils articulés ; limbe oblique, inégalement 5-lobé : les 2 lobes supérieurs plus courts, le lobe inférieur un peu plus grand que les lobes latéraux. Étamines 4, didynames, incluses, insérées au tube de la corolle (la paire inférieure plus courte, insérée plus bas que la paire supérieure); filets courts; anthères didymes, réniformes, innées, dressées. Ovaire 4-sulqué, à 4 loges 1-ovulées; ovules anatropes, renversés, attachés au fond des loges. Style terminal, comprimé, linéaire-spathulé. Stigmate à 2 lèvres dissemblables : l'une assez grosse, subglobuleuse, papilleuse; l'autre petite, dentiforme, pointue. Péricarpe et graines comme ceux des *Verveines*.

Herbes annuelles ou vivaces. Tiges et rameaux tétragones. Feuilles dentées ou incisées-dentées, opposées. Epis dichotoméaires et terminaux, multiflores, simples, longuement pédonculés, corymbiformes à l'époque de la floraison, très-denses même à la maturité des fruits. Fleurs sessiles ou subsessiles, alternes, accompagnées chacune d'une bractée persistante.

VERBÉNELLE A FEUILLES DE GERMANDRÉE. — *Verbenella chamædryfolia* Juss. (sub *Verbena*) in Pers. Syn. — Sweet, Brit. Flow. Gard. ser. 2, tab. 9. — Bot. Mag. tab. 3333. — *Verbena veronicæfolia* Smith, in Recs. Cycl. — *Verbena Melindres* Gillies, in Bot. Reg. tab. 1184. — *Erinus peruvianus* Linn.

Herbe vivace, plus ou moins pubescente et scabre sur toutes ses parties herbacées. Tiges diffuses, très-rameuses, longues de 1 pied à 3 pieds; rameaux dichotomes, ascendants. Feuilles oblongues ou oblongues-lancéolées, pointues, profondément dentées, cunéiformes et entières vers leur base, courtement pétiolées, d'un vert glauque, ciliées. Épis plus ou moins longuement pédonculés : rachis hispide, grêle, tétragone. Fleurs formant un corymbe de 1 à 2 pouces de large. Bractées ovales-lancéolées, pointues, ciliées, 2 fois plus courtes que le calice. Calice long d'environ 3 lignes, hispide : dents subulées. Corolle d'un écarlate très-vif; tube grêle, subcylindrique, long d'environ 5 lignes ; limbe à segments cunéiformes, bilobés au sommet, étalés, environ 4 fois plus courts que le tube.

Cette espèce, originaire du Paraguay, et remarquable par la couleur brillante de ses fleurs, se cultive fréquemment comme plante d'ornement.

VERBÉNELLE DE TWEEDIE. —*Verbenella Tweediana* Hook. Bot. Mag. tab.. 3541. (sub *Verbena*.)

Cette espèce, qui croît aux environs de Montévidéo, est très-voisine de la précédente, dont elle paraît ne différer que par des tiges et des rameaux radicants aux articulations, ainsi que par des feuilles en général plus profondément incisées ; les fleurs sont d'un écarlate tirant sur le pourpre ; les dents calicinales très-courtes. On la cultive comme plante d'ornement.

Genre GLANDULARIA. — *Glandularia* Gmel.

Calice tubuleux, 5-plissé, 5-denté : dents condupliquées, très-anisomètres. Corolle hypocratériforme ; tube rectiligne ; gorge fermée par une barbe de poils articulés ; limbe oblique, inégalement 5-lobé : les 2 lobes supérieurs plus courts, le lobe inférieur un peu plus grand que les lobes latéraux. Étamines 4, didynames, incluses, insérées au tube de la corolle (la paire inférieure plus courte, insérée plus bas que la paire supérieure) ; filets courts ; anthères didymes, réniformes, innées, dressées ; connectif des 2 anthères supérieures couronné d'un appendice saillant, claviforme, glanduleux. Pistil, péricarpe et graines comme dans le genre précédent.

Herbes vivaces ou annuelles. Feuilles incisées ou laciniées, opposées. Inflorescence du genre précédent. Calice fructifère subovoïde, fermé.

A. *Plante annuelle, à tige dressée. Feuilles inégalement incisées-dentées, souvent subtrifides. Calice profondément denté.*

GLANDULARIA AUBLÉTIA. — *Glandularia Aubletia.*

—α : A FLEURS POURPRES. — *Verbena Aubletia* Linn. — Bot. Mag. tab. 308. — Bot. Reg. tab. 294. — Jacq. Hort. Schœnbr. tab. 176.—*Billardiera explanata* Mœnch, Meth.

— β : A FLEURS LILAS. — *Verbena Drummondi* Bot. Reg. tab. 1925.

Plante plus ou moins pubescente, haute de 1 pied à 3 pieds. Tige fistuleuse, obscurément tétragone, rameuse dès la base ; rameaux dressés, ou ascendants, ou plus ou moins divergents, dichotomes, feuillés. Feuilles minces, d'un vert foncé, ovales ou subrhomboïdales en contour, subobtuses, cunéiformes et entières vers leur base, rétrécies en pétiole subfoliacé, souvent presque aussi long que la lame ; lobes obtus ou pointus, en général dentés. Épis dichotoméaires et terminaux, solitaires, plus ou moins longuement pédonculés, corymbiformes pendant la floraison, plus tard longs de 3 à 4 pouces, mais restant très-denses excepté à la base. Bractées linéaires-subulées, ciliolées, plus courtes que le calice. Calice scabre, pubérule, long d'environ 4 lignes ; dents subulées. Corolle à tube long de 6 à 8 lignes ; lobes cunéiformes, échancrés, courts. Nucules longues de 1 ligne ou un peu plus, brunâtres, subcylindracées, obtuses aux 2 bouts, chagrinées sur la commissure, profondément fovéolées au dos.

Cette espèce, originaire des provinces méridionales des États-Unis, se cultive fréquemment comme plante de parterre.

B. *Plante vivace, à tiges radicantes aux articulations. Feuilles profondément trifides : segment pennatiparti. Calice à dents courtes.*

GLANDULARIA ÉLÉGANT. — *Glandularia pulchella* Sweet (sub *Verbena*), Brit. Flow. Gard. tab. 295.

Plante touffue, finement pubérule et scabre sur toutes ses parties herbacées. Tiges grêles, diffuses, radicantes, obscurément tétragones, très-rameuses ; rameaux ascendants, dichotomes. Feuilles d'un vert glauque, subtriangulaires en contour, rétrécies en pétiole linéaire-cunéiforme : lanières linéaires, ob-

tuses, courtes, inégales, submucronulées, divariquées. Épis
dichotoméaires et terminaux, longuement pédonculés, corymbiformes pendant la floraison : les fructifères plus ou moins allongés, un peu lâches. Bractées ovales ou ovales-lancéolées, acuminées, acérées, 2 à 3 fois plus courtes que le calice, ciliolées.
Calice très-grêle, pubérule, subcylindracé, long d'environ 3
lignes; dents courtes, subulées. Corolle d'un lilas vif; tube
grêle, de moitié à 1 fois plus long que le calice; lobes courts,
cunéiformes, échancrés. Nucules longues d'environ 2 lignes,
subtrigones, oblongues-linéaires, obtuses à la base, rétrécies au
sommet, chagrinées sur la commissure; dos noir, luisant, subtri-
costé, obscurément scrobiculé.

Cette espèce, originaire du Paraguay, se cultive comme plante
d'ornement. Elle fleurit durant tout l'été.

Glandularia jaune. — *Glandularia sulphurea* D. Don,
in Sweet, Brit. Flow. Gard. ser. 2, tab. 221. (sub *Verbena.*)

Cette espèce paraît ne différer de la précédente que par des
feuilles à segments plus larges, subincanes en dessous; la corolle est d'un jaune pâle, l'appendice des anthères d'un pourpre
noirâtre.

Cette espèce est originaire du Chili; elle se cultive comme
plante d'ornement.

Genre LANTANA. — *Lantana* Linn.

Calice court, membranacé, subcampanulé, bilabié : lèvres courtes, latérales, légèrement 2-lobées. Corolle tubuleuse, bilabiée, subringente : tube grêle, curviligne, renflé
vers son milieu ; gorge imberbe ; lèvre supérieure très-entière ou échancrée, dressée, arrondie ; lèvre inférieure
subhorizontale, profondément 3-lobée : lobes arrondis,
anisomètres (le moyen plus grand que les latéraux), moins
grands que la lèvre supérieure. Étamines 4, didynames,
incluses, insérées vers le milieu du tube de la corolle ;
filets très-courts, courbés ; anthères subversatiles, didy-

mes, subréniformes, introrses. Ovaire à 2 loges 1-ovulées ; ovules anatropes, renversés, attachés au fond des loges. Style court, terminal, filiforme, rectiligne. Stigmate sub-bilabié : lèvre inférieure déclinée, subovale ; lèvre supérieure plus courte, érigée, 1-dentée au dos. Drupe charnu, à 1 seul noyau 2-loculaire, ou à 2 noyaux 1-loculaires. Graines solitaires, apérispermées ; radicule infère.

Arbrisseaux, souvent armés d'aiguillons. Feuilles verticillées-ternées, ou opposées, simples, dentelées, ou crénelées, pétiolées, rugueuses, ordinairement scabres ou cotonneuses. Fleurs sessiles, 1-bractéolées, disposées en capitules axillaires (spiciformes après la floraison) pédonculés ; pédoncules solitaires ou géminés, dressés, épaissis au sommet ; rachis assez gros, charnu ; bractées des fleurs inférieures (en général grandes) formant un involucre à la base des capitules. Corolle blanche, ou pourpre, ou violette, ou d'un jaune orange.

LANTANA ODORANT. — *Lantana Camara* Linn. — Dill. Hort. Elth. tab. 56, fig. 65. — *Lantana aculeata* Linn. — Bot. Mag. tab. 96. — *Lantana melissæfolia* Hort. Kew. — Dill. l. c. tab. 57, fig. 66.

Buisson atteignant 5 à 10 pieds de haut. Rameaux 4-gones, en général garnis d'aiguillons crochus, élargis vers leur base. Jeunes pousses le plus souvent poilues ou cotonneuses. Feuilles ovales, ou ovales-lancéolées, ou ovales-elliptiques, pointues, ou acuminées, dentelées, ou crénelées, cunéiformes et très-entières vers leur base, courtement pétiolées, plus ou moins fortement pubescentes et scabres en dessus, cotonneuses ou poilues en dessous. Pédoncules tantôt plus longs que les feuilles, tantôt plus courts, glabres ou poilus, grêles, tétragones, en général solitaires. Capitules multiflores, très-denses, corymbiformes à l'époque de la floraison. Bractées linéaires-lancéolées, non-imbriquées, débordées par les corolles. Calice à peine long de 1 ligne. Corolle légèrement pubérule à la surface externe, d'un jaune

orange au commencement de la floraison, finalement d'un rouge
de cinabre ; tube long d'environ 4 lignes ; limbe très-oblique ,
large de 3 lignes. Étamines très-courtes ; anthères inférieures
subsessiles. Style débordant le calice, débordé par les étamines.
Drupe du volume d'un Pois, noirâtre à la maturité, 1-pyrène :
noyau 2-loculaire, ou par avortement 1-loculaire.

Cette espèce, originaire des Antilles , se cultive fréquemment
comme arbrisseau d'agrément. Ses fleurs , qui se succèdent pendant toute l'année , ont une odeur agréable ; les feuilles et les
jeunes pousses contiennent aussi un arome particulier.

LANTANA FAUX-THÉ. — *Lantana Pseudo-Thea* Saint-Hil.
Juss. et Camb. Pl. Us. Bras. 1, tab. 70.

Arbrisseau d'environ 5 pieds , très-visqueux , plus ou moins
poilu. Rameaux cylindriques ; entre-nœuds très-courts. Feuilles
sessiles , longues de 1 à 2 pouces, larges de 6 à 10 lignes, lancéolées-oblongues , ou obovales, subobtuses , crénelées , réticulées. Pédoncules axillaires, solitaires, de la longueur des feuilles.
Capitules d'environ 3 lignes de diamètre ; bractées cordiformes.
Calice court, à lèvres 2-bifides. Corolle plus longue que la
bractée ; limbe à lobes arrondis , échancrés.

Cette espèce croît au Brésil , dans la province des Mines. Ses
feuilles ont une odeur très-aromatique ; séchées et prises en infusion, elles donnent une boisson très-agréable et fort estimée
dans le pays.

CENT QUARANTE-DEUXIÈME FAMILLE.

LES SÉLAGINÉES. — *SELAGINEÆ*.

Selagineæ Juss. in Ann. du Mus. VII, p. 71. — Choisy, in Mém. de la Soc. d'Hist. Nat. de Genève, vol. II (*Monographie*). — Bartl. Ord. Nat. p. 177. — E. Meyer, Comment. Plant. Afr. p. 245. — Endl. Gen. Plant. 1, p. 640. — *Selaginaceæ* Lindl. Nat. Syst. p. 279. — *Globulariacearum* genn. Reichenb. Syst. Nat. p. 197.

Les *Sélaginées* forment un petit groupe exotique, qu'on devrait ne considérer que comme une tribu des Verbénacées ; ces végétaux sont d'un intérêt purement scientifique ; presque toutes les espèces croissent dans l'Afrique australe.

CARACTÈRES DE LA FAMILLE.

Sous-arbrisseaux ou *herbes*. Tiges cylindriques ou irrégulièrement anguleuses.

Feuilles simples (très-entières, ou dentées, ou incisées), non-stipulées, sessiles, ou pétiolées : les inférieures ordinairement opposées ; les supérieures alternes.

Fleurs hermaphrodites, en général irrégulières, 1-bractéolées, disposées en épis terminaux, ou rarement en cymes terminales.

Calice inadhérent, persistant, herbacé, tubuleux, ou spathacé, irrégulièrement 3-5-fide ou denté, ou rarement 2-parti.

Corolle hypogyne, non-persistante, à tube complet ou spathacé ; limbe irrégulièrement 4-ou 5-lobé (rarement régulier), 1-ou 2-labié ; estivation imbricative.

Étamines insérées au tube de la corolle et alternes

avec ses lobes, en général au nombre de 4 et didynames (la 5e, supérieure, manquant), ou moins souvent au nombre de 2. Filets libres, filiformes, souvent très-courts. Anthères dressées ou incombantes, médifixes, monothèques, déhiscentes par une fente longitudinale introrse.

Pistil : Ovaire 2-loculaire, 1-style; ovules solitaires, anatropes, suspendus au sommet des loges. Stigmate terminal, subcapitellé.

Péricarpe soit indéhiscent et subdrupacé, soit se séparant en 2 nucules, dont l'une souvent asperme ou abortive.

Graines solitaires, suspendues; tégument subcoriace ou membraneux. Périsperme charnu. Embryon axile, rectiligne, subcylindracé, presque aussi long que le périsperme; cotylédons courts; radicule supère.

La famille des Sélaginées comprend les genres suivants :

Polycenia Choisy.—*Hebenstreitia* Linn.—*Dischimia* Choisy. — *Agathelepis* Choisy. — *Microdon* Choisy. (Dalea Gærtn.) — *Selago* Linn. — *Macria* E. Meyer. — *Walafridia* E. Meyer.

GENRES VOISINS DES SÉLAGINÉES.

Stilbe Linn. (Lühea Schmidt.) — *Campylostachys* Kunth. (1).

---

(1) Ces deux genres, qui ne diffèrent des autres Sélaginées que par des anthères dithèques et des ovules renversés (attachés au fond des loges), sont considérés par M. Kunth comme constituant une famille distincte (les *Stilbacées* ou *Stilbinées*), tenant le milieu entre les Sélaginées et les Globulariées.

LES MYOPORINÉES. — *MYOPORINEÆ.*

Myoporineœ R. Brown, Prodr. p. 514. — Bartl. Ord. Nat. p. 176. —
Endl. Gen. Plant. 1, p. 642. — *Myoporaceœ* Lindl. Nat. Syst. p. 279.
— *Globulariaceœ*, tribus III : *Myoporinœ* Reichenb. Syst. Nat. p. 196.

Ce groupe, qui, de même que les Sélaginées, mérite
à peine d'être séparé des Verbénacées, appartient presque exclusivement à la Nouvelle-Hollande et à l'Afrique
australe; aucune espèce n'a été observée dans l'hémisphère septentrional. Du reste, les Myoporinées sont
d'un intérêt absolument scientifique.

Caractères de la Famille.

Arbrisseaux, en général glabres, quelquefois parsemés de glandules.

Feuilles alternes ou opposées, simples (très-entières,
ou dentées), non-stipulées, rétrécies en pétiole.

Fleurs solitaires, axillaires, irrégulières, hermaphrodites; pédicelles ébractéolés.

Calice inadhérent, persistant (rarement accrescent),
5-parti, herbacé.

Corolle hypogyne, tubuleuse, à limbe en général ringent et bilabié, ou moins souvent presque régulièrement
5-lobé; estivation imbricative.

Étamines (par exception 5) 4, didynames, insérées au
tube de la corolle, interposées. Filets libres, filiformes.
Anthères dithèques, incombantes, longitudinalement
déhiscentes.

Pistil : Ovaire 2-ou 4-loculaire; loges 1-ou 2-ovulées (par exception 4-ovulées) ; ovules anatropes, suspendus au sommet de l'angle interne. Style terminal, indivisé, terminé en stigmate échancré ou 2-fide.

Péricarpe : Drupe sec ou charnu, à noyau 2-ou 4-loculaire ; loges 1-2-ou rarement 4-spermes.

Graines cylindracées ou oblongues, suspendues ; tégument coriace ou membraneux. Périsperme mince, charnu. Embryon rectiligne, axile, cylindrique, aussi long que le périsperme ; cotylédons semi-cylindriques ; radicule supère, appointante.

La famille des Myoporinées comprend les genres suivants :

Myoporum Banks. (Pogonia Andr. Andrewsia Vent.) — *Dasymalla* Endl. — *Pholidia* R. Br. — *Spartothamnus* Cunningh. — *Eremophila* R. Br. — *Stenochilus* R. Br. — *Bontia* Plum.

CENT QUARANTE-QUATRIÈME FAMILLE.

LES SÉSAMÉES. — *SESAMEÆ*.

Sesameæ De Cand. Théor. Élém. ed. 2, p. 247. — Bartl. Ord. Nat.
p. 175. — Kunth, Synops. 2, p. 251. — *Pedalineæ* R. Br. Prodr.
p. 519. — *Martyniaceæ* (Scrophularinearum sectio) Link, Handb. —
Pedaliaceæ Lindl. Nat. Syst. ed. 2, p. 281. — *Pedalineæ* et *Bigno-
niaceæ-Sesameæ* Endl. Gen. Plant. 1, p. 725, et p. 709. — *Personatæ*,
tribus II : *Bignoniareæ*, sect. I (*Sesameæ*) èt II (*Martynieæ*), Reichenb.
Syst. Nat. p. 198.

Cette famille, qui ne mérite guère d'être séparée des
Bignoniacées, ne renferme que des végétaux exotiques,
dont la plupart habitent la zone équatoriale. A l'exception du *Sesamum*, célèbre comme plante oléagineuse,
les Sésamées offrent peu d'espèces remarquables; quelques-unes se cultivent comme plantes d'ornement.

Caractères de la Famille.

Herbes annuelles ou suffrutescentes, en général garnies d'une pubescence visqueuse. Tiges et rameaux cylindriques ou anguleux, peu ou point noueux.

Feuilles opposées, ou subopposées, simples, non-stipulées, souvent anguleuses ou sinueuses.

Fleurs hermaphrodites, irrégulières, en général solitaires-axillaires; pédoncules ordinairement dibractéolés.

Calice inadhérent, persistant, ou non-persistant, ordinairement 5-parti et régulier, moins souvent spathacé.

Disque hypogyne, annulaire.

Corolle hypogyne, non-persistante, ventrue, bilabiée :
lèvre supérieure 2-lobée; lèvre inférieure 3-lobée ; estivation subvalvaire ou imbricative.

Etamines 4 (2 latérales , et 2 inférieures), didynames (les courtes quelquefois ananthères), insérées au tube de la corolle, interposées; une cinquième étamine (supérieure) rudimentaire. Filets libres , filiformes. Anthères mobiles, supra-basifixes, dithèques; bourses isomètres, parallèles, ou divariquées, déhiscentes chacune par une fente longitudinale; connectif en général couronné d'une glandule.

Pistil : Ovaire 2-loculaire, ou 4-loculaire, ou 8-loculaire; loges complètes ou incomplètes, 1-pauci-ou multiovulées; ovules suspendus, ou horizontaux, ou renversés, anatropes, attachés soit au bord antérieur des cloisons (quand les loges sont incomplètes), soit à un placentaire central (quand les loges sont complètes). Style terminal, filiforme, indivisé. Stigmate 2-ou 4-parti.

Péricarpe capsulaire ou drupacé , 2-4-ou 8-loculaire, souvent muriqué ou longuement rostré; loges 1-spermes, ou oligospermes, ou polyspermes; placentaires centraux ou adnés au bord interne des cloisons.

Graines horizontales, ou suspendues, ou renversées, ordinairement aptères ; tégument coriace, ou membraneux, ou chartacé, souvent réticulé; raphé filiforme, souvent caché sous le tégument externe; hile terminal. Périsperme nul. Embryon rectiligne ; cotylédons planoconvexes, charnus; radicule supère, ou infère, ou centripète, ou vague, courte, appointante.

La famille des Sésamees renferme les genres suivants :

Craniolaria Linn. (Holoregmia Nees.) — *Martynia* Linn. (Proboscidea Schmidel.) — *Carpoceras* A. Rich. — *Pedalium* Linn. — *Uncaria* Burch. — *Rogeria* Gay. — *Dicerocaryum* Bojer. — *Pretrea* Gay. — *Josephinia* Vent. — *Sesamum* Linn. — *Ceratotheca* Endl.

Genre MARTYNIA. — *Martynia* Linn.

Calice non-persistant, membranacé, campanulé, inégalement 5-lobé, fendu d'un côté jusqu'à la base : le lobe supérieur plus grand. Corolle subcampanulée, bilabiée : tube resserré à la base, ventru, très-évasé; lèvre supérieure plus courte, profondément bilobée ; lèvre inférieure trilobée, à lobe moyen plus grand. Étamines fertiles 4, didynames, incluses, insérées au fond de la corolle, accompagnées d'une étamine rudimentaire. Filets filiformes, déclinés. Anthères glandulifères au sommet, conniventes 2 à 2 : bourses divariquées. Ovaire 4-loculaire ; loges pauci-ovulées; ovules suspendus à l'angle interne des loges. Style épaissi au sommet, décliné. Stigmate grand, bilamellé. Péricarpe drupacé, ovale-oblong, subcylindracé, courtement stipité, profondément trisulqué, fortement caréné en dessus, longuement rostré; épicarpe mince , charnu, finalement bivalve; endocarpe ligneux, rugueux, profondément fovéolé, 4-loculaire, 3-sulqué, garni en dessus d'une crête longitudinale coriace, multifide, bipartible, correspondant à la carène-de l'épicarpe; loges subsexspermes, indéhiscentes; bec asperme, plus long que les loges, tétragone, 4-sulqué, s'ouvrant élastiquement en 2 valves (simulant 2 longues cornes recourbées, oncinées au sommet) parallèles à l'axe qui s'entr'ouvre au sommet de manière à laisser une loge vide au centre du fruit; cloisons cartilagineuses; endocarpe membraneux, luisant. Graines suspendues, superposées, 1-sériées dans chaque loge, ovales, ou ovales-oblongues, sublenticulaires, très-rugueuses : tégument épais, coriace; radicule supère.

Herbes annuelles, garnies d'une pubescence visqueuse. Feuilles tantôt alternes, tantôt opposées, longuement pétiolées, anguleuses, ou sinuolées, profondément cordiformes à la base. Fleurs en grappes lâches, multiflores, dressées; pédoncules latéraux et terminaux, solitaires; pédicelles dibractéolés au sommet, presque dressés lors de la florai-

son, puis défléchis. Corolle jaune, ou pourpre, ou blanchâtre.

Les Martynia sont remarquables par la beauté de leurs
fleurs, ainsi que par la singulière conformation de leur
fruit.

MARTYNIA CORNU. — *Martynia proboscidea* Hort. Kew. —
Bot. Mag. tab. 1056. — *Martynia annua* Linn.

Plante haute de 2 à 4 pieds. Tige dressée, charnue, rameuse.
Rameaux ascendants ou diffus. Feuilles grandes, un peu charnues,
d'un vert glauque, palmatinervées, cordiformes, ou cordiformes-
orbiculaires, ou subréniformes, arrondies au sommet, obscurément sinuolées, non-anguleuses, ordinairement alternes, souvent
inéquilatérales, larges de 2 à 6 pouces ; pétiole (en général plus
long que la lame) long de 3 à 6 pouces, charnu, dressé. Grappes
plus ou mois longuement pédonculées, atteignant jusqu'à 1 pied
de long ; pédicelles grêles, longs de 1 pouce à 3 pouces, poilus
de même que le pédoncule. Bractées oblongues, membranacées,
pubescentes, caduques, plus courtes que le calice. Fleurs plus
ou moins inclinées lors de l'épanouissement. Calice long de 6 à
9 lignes, visqueux, pubérule, roussâtre, nerveux, réticulé :
lobes courts, arrondis. Corolle longue de 18 lignes à 2 pouces,
pubérule et visqueuse à la surface externe, blanchâtre, ou d'un
rouge pâle : gorge lavée de jaune et ponctuée de pourpre ; lobes
arrondis : l'inférieur presque aussi long que le limbe. Étamines
de moitié plus courtes que le tube. Style débordant les étamines.
Lamelles stigmatiques obovales. Péricarpe cotonneux, pendant,
long d'environ 3 pouces (le bec non compris, qui a 5 à 6 pouces
de long). Graines noires, longues d'environ 4 lignes.

Cette espèce croît aux Antilles et dans les provinces méridionales des États-Unis. On la cultive comme plante d'ornement.

Genre PÉDALIUM. — *Pedalium* Linn.

Calice 5-parti : le segment supérieur très-court. Corolle
subcampanulée, resserrée en court tube à la base ; limbe

5-lobé, subbilabié : le lobe inférieur plus grand que les lobes supérieurs. Quatre étamines fertiles, didynames ; une cinquième étamine (supérieure) abortive. Filets barbus à la base. Anthères dithèques, couronnées d'une glandule : bourses divergentes à la base, parallèles supérieurement. Ovaire 2-loculaire. Style indivisé. Stigmate bifide. Drupe sec, ovale-pyramidal, tétragone : angles ailés vers le sommet, bordés inférieurement de 4 épines horizontales ; épicarpe mince, subéreux ; noyau osseux, fibreux, perforé à la base, biloculaire vers le haut. Graines géminées dans chaque loge, superposées, pendantes : tégument lâche, membraneux, réticulé, se détachant sous forme de valves. Radicule supère. (*Endlicher, Gen. Plant.* 1, p. 724.)

Herbe dichotome ou trichotome. Feuilles opposées, pétiolées, sinuées-dentées. Pédoncules biglanduleux au sommet, solitaires, axillaires, uniflores. Corolle jaune.

PÉDALIUM A FRUIT ÉPINEUX. — *Pedalium Murex* Willd. — Hort. Malab. 10, tab. 72. — Burm. Flor. Ind. tab. 45. — Gærtn. Fruct. 1, tab. 58. — Lamk. Ill. tab. 538.

Herbe annuelle, multicaule, haute de 6 pouces à 2 pieds. Racine rameuse, d'un orange foncé. Tiges cylindriques, procombantes, glabres. Feuilles longues de 2 à 3 pouces, larges de 1 ¹/₂ pouce à 2 pouces, pétiolées, opposées, elliptiques, irrégulièrement dentées, tronquées, 3-nervées ; pétiole long d'environ 2 pouces. Fleurs axillaires, courtement pédonculées, solitaires, assez grandes, jaunes, dressées ; pédoncules 2-glanduleux au sommet. (*Roxburgh*, Flor. Ind. ed. 2, v. 2, p. 114.)

Cette plante croît sur la côte de Coromandel, dans les localités sablonneuses un peu humides ; étant fraîche, elle possède la singulière propriété de rendre mucilagineux l'eau ou le lait, sans nullement altérer la couleur ou la saveur de ces liquides ; l'eau rendue mucilagineuse par le *Pédalium* est considérée par les Hindous comme une excellente tisane rafraîchissante.

Genre SÉSAME. — *Sesamum* Linn.

Calice persistant, 5-parti : le segment supérieur plus court. Corolle subcampanulée, 5-lobée, subbilabiée : le lobe inférieur plus grand. Étamines insérées au tube de la corolle : 4 fertiles, didynames; une 5° rudimentaire. Anthères dithèques : bourses parallèles, disjointes à la base. Ovaire 4-loculaire, tétragone, acuminé; ovules renversés ou horizontaux, très-nombreux, 1-sériés dans chaque loge, attachés à l'angle central. Style indivisé. Stigmate bilamellé. Capsule prismatique, tétragone, comprimée, 4-sulquée, acuminée, 4-loculaire, bivalve au sommet, à la fois septicide et loculicide; loges polyspermes; placentaire central, nerviforme, bipartible. Graines renversées ou horizontales, imbriquées, comprimées, immarginées (par exception marginées); embryon huileux : radicule infère ou centripète.

Herbes annuelles. Feuilles opposées ou alternes, pétiolées, indivisées, ou trifides. Pédoncules courts, solitaires, axillaires, 1-flores, opposés, dibractéolés à la base; bractées glandulifères à l'aisselle. Corolle jaune ou rougeâtre.

SÉSAME CULTIVÉ. — *Sesamum sativum* Spach. — *Sesamum orientale* Linn. — Hort. Malab. 9, tab. 54. — Lamk. Ill. tab. 528. — Rumph. Amb. 5, tab. 76, fig. 1. — *Sesamum indicum* Linn. — Bot. Mag. tab. 1788.

Tige haute de 2 à 4 pieds, dressée, pubescente, ou presque glabre, obscurément tétragone, plus ou moins rameuse. Feuilles glabres ou pubescentes : les inférieures pétiolées, ovales, ou ovales-oblongues, ou lancéolées-oblongues, pointues, dentelées, opposées, souvent trifides; les supérieures ordinairement alternes, subsessiles, étroites, oblongues, à peine dentelées, ou très entières. Pédoncules très-courts. Bractées linéaires, accompagnées chacune d'une glande concave jaunâtre. Calice petit : segments linéaires, pointus, ciliolés. Corolle carnée ou rouge : lobes obtus. Capsule cartilagineuse, pubérule, longue d'environ

1 pouce; valves larges de 2 à 3 lignes, biloculaires par l'in-
flexion des bords. Graines petites, brunâtres.

Cette plante, nommée vulgairement *Sésame* (du mot arabe
Semsem), ou *Jugeoline,* se cultive très-fréquemment et de temps
immémorial en Égypte, en Orient, ainsi que dans toute l'Asie
équatoriale, où l'on exprime de ses graines une huile qui sert
aux usages alimentaires ; cette huile jouit en outre d'une grande
vogue chez les Orientaux, tant comme cosmétique, que comme
remède contre beaucoup de maladies.

CENT QUARANTE-CINQUIÈME FAMILLE.

LES GÉSNÉRIÉES. — *GESNERIEÆ*.

Campanulacearum , Scrophularinearum et *Bignoniacearum* genn.
Juss. Gen. — *Gesnerieæ* Rich. et Juss. in Ann. du Mus. V, p. 428. —
Kunth, in Humb. et Bonpl. Nov. Gen. et Spec. II, p. 392. — Martius,
Nov. Gen. et Spec. III, p. 68. — *Cyrtandraceæ* Jack, in Linn. Trans.
XIV, p. 23. — *Didymocarpeæ* Don, in Edinb. Phil. Journ. VII, p. 28.
— *Gesnerieæ* et *Bignoniaceæ-Cyrtandreæ* Bartl. Ord. Nat. — *Gesnera-*
ceæ et *Cyrtandraceæ* Lindl. Nat. Syst. — *Gesneraceæ* Endl. Gen. Plant.
1, p. 713. — *Personatæ*, tribus III : *Orobancheæ*, sectio II (*Gesnereæ*)
et III (*Cyrtandreæ*) , Reichenb. Syst. Nat. p. 199.

Cette famille, très-voisine tant des Scrophularinées que
des Bignoniacées, ne comprend que des végétaux exotiques, presque tous indigènes dans la zone équatoriale ;
beaucoup d'espèces produisent des fleurs très-élégantes.

Caractères de la Famille.

Herbes annuelles ou vivaces (quelquefois grimpantes);
moins souvent *arbrisseaux* ou *sous-arbrisseaux*. Tiges et
rameaux tétragones, ou moins souvent cylindriques.

Feuilles opposées (l'une de chaque paire souvent
beaucoup plus petite), ou verticillées, ou moins souvent alternes, pétiolées, ou sessiles, simples (très-entières ou dentées), non-stipulées , souvent inéquilatérales.

Fleurs hermaphrodites, irrégulières, ébractéolées, ou
dibractéolées, disposées en cymes, ou en grappes, ou
en épis, ou par fascicules.

Calice adhérent ou inadhérent, persistant; limbe régulier ou irrégulier, 5-parti.

Corolle hypogyne ou périgyne, tubuleuse, ou infondibuliforme, ou campanulée, ou ringente; tube souvent gibbeux postérieurement; limbe inégalement 5-lobé (les 3 lobes inférieurs plus grands), ou bilabié : lèvre supérieure 2-lobée; lèvre inférieure 3-lobée. Estivation imbricative.

Étamines insérées au tube de la corolle, interposées, au nombre de 5 (dont l'une, supérieure, stérile; les 4 autres fertiles, didynames, les 2 inférieures ordinairement plus longues), ou au nombre de 4 (la place de la 5ᵉ restant vide entre les 2 lobes supérieurs de la corolle), didynames, soit toutes fertiles, soit seulement les 2 inférieures fertiles, soit (par exception) seulement les 2 supérieures fertiles. Filets rectilignes ou arqués, filiformes, ou aplatis, élargis vers leur base. Anthères introrses, dithèques, ou monothèques; bourses longitudinalement déhiscentes, confluentes, ou disjointes (attachées à un connectif bifurqué).

Pistil : Ovaire adhérent ou inadhérent, 1-loculaire, ou incomplétement 4-loculaire; placentaires 2, pariétaux, opposés, soit bilamellés et plus ou moins larges, soit gros et bilobés, soit nerviformes, multi-ovulés, latéraux relativement à l'axe de la fleur. Ovules anatropes. Style filiforme, indivisé. Stigmate capitellé, ou concave, ou bilobé, ou bilamellé.

Péricarpe (par exception pyxide) capsulaire (souvent siliquiforme) et 2-valve (valves placentifères ou non-placentifères, ordinairement contournées en spirale), ou charnu et indéhiscent, 1-2-ou incomplétement 4-loculaire, polysperme.

Graines suspendues ou vagues, petites, souvent aristées aux 2 bouts; tégument externe lisse, ou rugueux, ou chagriné, coriace. Périsperme nul ou charnu. Embryon rectiligne (axile lorsqu'il y a un périsperme) : cotylédons semi-cylindriques, contigus; radicule conique ou cylindracée, obtuse, appointante.

Cette famille comprend les genres suivants :

Iʳᵉ TRIBU. **LES CYRTANDRÉES.** — *CYRTANDREÆ* Bartl.

Ovaire inadhérent. Graines apérispermées.

Æschynanthus Jack. (Trichosporum Don. Agalmyla Blum. Orythia Blum.)—*Lysionotus* Don.—*Tromsdorfia* Blum. — *Chirita* Hamilt. — *Didymocarpus* Wallich. (Rœttlera Vahl, nec alior. Henckelia Spreng.) —*Streptocarpus* Lindl. — *Bœa* Commers. (Dorcoceras Bung.) — *Loxotis* R. Br. (? Rhynchoglossum Blum.) — *Glossanthus* Klein. (Klugia Schlecht.) — *Loxonia* Jack. (? Loxophyllum Blum.) — *Epithema* Blum. (Aikinia R. Br.) — *Rhabdothamnus* Cunningh. — *Cyrtandra* Forst. — *Whitia* Blum. — *Rhynchothecum* Blum. — *Fieldia* Cunningh. — *Centronia* Blum.

Genres douteux : *Platystema* Wallich. — *Stauranthera* Benth. — *Corysanthera* Wallich. — *Picria* Loureir.

IIᵉ TRIBU. **LES GÉSNÉRIÉES.** — *GESNERIEÆ* Bartl.

Ovaire adhérent ou inadhérent. Graines périspermées.

A. Ovaire inadhérent.

Sarmienta Ruiz et Pav. — *Mitraria* Cavan. — *Columnea* Plum. (Achimenes P. Br.) — *Besleria* Plum. (Eriphia P. Br.) — *Hypocyrta* Martius. — *Drymonia* Martius. — *Tapina* Martius. — *Nematanthus* Schrad.

— *Alloplectus* Martius. (Crantzia Scopol. Dalbergia Tussac. Tussacia Reichenb,) — *Episcia* Martius.

B. Ovaire infère ou semi-infère.

Gesnera Martius. (Gesneriæ sp. Linn.) — *Trevirana* Willd. (Cyrilla L'hérit. nec alior.) — *Gloxinia* L'hérit. (Paliavana Velloz.) — *Sinningia* Nees. — *Rytidophyllum* Martius. (Codonophòra Lindl.) — *Conradia* Martius. (Pentarhaphia Lindl.) —? *Bellonia* Plum.

LES OROBANCHÉES. — *OROBANCHEÆ*.

Genera Pedicularibus affinia Juss. Gen. — *Orobanchoideæ* Vent.
Tabl. II, p. 292. — *Orobancheæ* Rich. in Pers. Ench. 2, p. 180. —
Juss. in Annal. du Mus. XII, p. 445. — Rich. fil. Élém. — Bartl.
Ord. Nat. p. 175. — C. A. Meyer, in Ledeb. Flor. Alt. II, p. 450. —
Endl. Gen. Plant. 1, p. 725. — *Personatæ-Orobanchineæ* Link, Handb.
1, p. 506. — *Personatæ*, tribus III : *Orobancheæ*, sectio I : *Genuinæ*
Reichenb. Syst. Nat. p. 199. — *Orobanchaceæ* Lindl. Nat. Syst.
p. 287.

Les *Orobanchées* sont très-caractérisées par leur port
et leur manière de croître, mais du reste extrêmement
voisines tant des Gésnériées que des Scrophularinées. La
plupart des espèces habitent les contrées extra-tropicales de l'hémisphère septentrional : elles abondent surtout dans la région méditerranéenne.

Caractères de la Famille.

Herbes annuelles ou vivaces, parasites (sur les racines
d'autres végétaux soit herbacés, soit ligneux, auxquelles
elles s'implantent au moyen de suçoirs fibrilliformes
naissant sur le rhizome), aphylles. Rhizome charnu ou
tubéreux, écailleux, produisant une ou plusieurs hampes
simples ou rameuses, colorées, soit nues, soit écailleuses; écailles éparses ou imbriquées, de même couleur
que la hampe.

Fleurs hermaphrodites ou rarement unisexuelles,
irrégulières, ordinairement disposées en grappes ou en
épis terminaux et accompagnées chacune de 3 bractées
colorées (dont 1, inférieure, plus grande, et 2 supérieures, latérales, petites); rarement la hampe est 1-flore.

Calice inadhérent, persistant, tubuleux, ou campanulé, ou 2-parti, ou spathacé, diversement fendu ou denté.

Corolle hypogyne, marcescente, tubuleuse, ou subcampanulée; limbe bilabié ou subbilabié : lèvre supérieure indivisée, ou 2-lobée, ou 2-fide, en général voûtée; lèvre inférieure 3-fide, ou 3-dentée, ou quelquefois minime.

Étamines 4, didynames, interposées, insérées au tube de la corolle, en général incluses; la place d'une 5e étamine restant vide entre les 2 lobes supérieurs de la corolle. Filets rectilignes ou arqués, cylindriques, élargis vers leur base, libres. Anthères dithèques (par exception monothèques), supra-basifixes, coriaces, persistantes, ovales, ou oblongues, obtuses ou échancrées au sommet, sagittiformes et en général mucronées à la base, libres ou cohérentes au sommet, souvent velues; bourses parallèles, juxtaposées, déhiscentes chacune soit dans toute leur longueur, soit par une petite fente basilaire; connectif plus ou moins apparent, quelquefois prolongé en éperon dorsal.

Disque souvent inapparent ou incomplet.

Pistil : Ovaire inadhérent, 1-loculaire, à 4 placentaires pariétaux, rapprochés 2 à 2, ou moins souvent à 2 placentaires opposés (supérieur et inférieur); rarement l'ovaire est 2-loculaire par deux placentaires pariétaux, septiformes, accolés à un axe central. Ovules très-nombreux, ou rarement en nombre défini, anatropes. Style persistant ou caduc, indivisé, infléchi au sommet, ou rarement rectiligne. Stigmate grand, bilobé, ou rarement claviforme et indivisé.

Péricarpe capsulaire, 1-ou 2-loculaire, 2-valve (soit du sommet jusqu'à la base, soit seulement au sommet), ou s'ouvrant seulement par deux fentes latérales (les valves restant cohérentes vers la base et vers le sommet); valves placentifères au milieu, ou (lorsque la capsule est 2-loculaire) se détachant des placentaires..

Graines minimes, ordinairement très-nombreuses, subglobuleuses, ou oblongues, ou pyriformes, périspermées; tégument externe scrobiculé ou chagriné, fongueux, ordinairement luisant. Raphé et chalaze inapparents. Périsperme subdiaphane, blanchâtre, conforme à la graine. Embryon apicilaire, minime, subglobuleux.

La famille se compose des genres suivants :

Epiphegus Nutt. (Leptamnium Rafin, Mylanche Wallroth.) — *Phelipœa* Desfont. (Cistanche Link. Hæmodorum Wallroth.) — *Conopholis* Wallr. — *Orobanche* Linn. (Trionychon et Osproleon Wallroth. Kopsia Dumort.) — *Boschniakia* C. A. Meyer. — *Clandestina* Tourn. — *Lathrœa* Linn. (Squamaria Hall.) — *Anoplon* Wallr. — *Anblatum* Tourn. — *Æginetia* Linn. — *Hyobanche* Thunb. — ? *Epirhizanthus* Blum.

Genre OROBANCHE. — *Orobanche* Linn.

Calice 4-ou 5-fide, ou 2-parti (à segments 2-fides, ou indivisés, ou dentés, souvent cohérents par le bord antétérieur). Corolle ringente, se détachant (après la floraison) au-dessus de sa base par une scission circulaire; mais sans tomber; lèvre supérieure bilobée ou bifide, dressée; lèvre inférieure trifide, plus ou moins déclinée, ou subhorizontale. Étamines 4, didynames, incluses; filets arqués, connivents au sommet, comprimés à la base; anthères dithèques, cohérentes (lors de la floraison) : bourses mucronulées et divergentes à la base; connectif mucroné ou mutique. Ovaire 1-loculaire, muni à sa base d'un disque incomplet, semi-circulaire, antérieur, adné; placen-

taires soit au nombre de 4 (rapprochés 2 à 2), soit au
nombre de 2 (et 2-lamellés), multi-ovulés. Style filiforme. Stigmate à 2 lobes subcapitellés, plus ou moins
divergents. Capsule 2-ou 4-sulquée, 1-loculaire, 2-valve,
à 2 ou 4 placentaires polyspermes. Graines ellipsoïdes ou
oblongues, luisantes, réticulées. .

·Herbes annuelles ou vivaces. Hampes simples ou moins
souvent rameuses, dressées, écailleuses, multiflores. Fleurs
sessiles ou subsessiles, 1-ou 3-bractéolées, dressées, jaunâtres, ou rougeâtres, ou bleues, disposées en épi. .

Sous-genre **TRIONYCHON** Wallr. (*Kopsia* Dumort.)

Calice campanulé ou tubuleux, 4-ou 5-fide. Ovaire 4-
sulqué; placentaires 2, bilamellés. Fleurs 3-bractéo-
lées : l'une des bractées inférieure, plus grande; les
2 autres petites, latérales.

OROBANCHE DU CHANVRE. — *Orobanche ramosa* Linn. —
Engl. Bot. tab. 184. — Reichenb. Ic. Crit. fig. 933 et 934.—
Bull. Herb. tab. 399.

Plante annuelle, touffue, plus ou moins velue, haute de 4 à
8 pouces. Hampe rameuse en général dès la base, d'un violet
pâle, ou jaunâtre; rameaux plus ou moins divergents. Écailles
courtes, ovales, acuminées. Fleurs en épis lâches. Bractées extérieures conformes aux écailles de la hampe, en général plus
courtes que le calice. Bractées latérales linéaires-lancéolées. Calice court, campanulé, membranacé, 4-fide : lobes égaux, ovales,
longuement acuminés, acérés. Corolle bleue, ou blanchâtre, ou
jaunâtre, longue d'environ 6 lignes : tube subrectiligne, étranglé au-dessus de la base, peu évasé; lèvres à lobes ovales, obtus,
subdenticulés. Étamines insérées peu au-dessus de la base de la
corolle, glabres, ou presque glabres de même que le style. Anthères suborbiculaires, blanchâtres.

Cette espèce, nommée vulgairement *Tue-chanvre*, n'est pas
rare dans les chènevières, où elle cause souvent de grands ravages, parce qu'elle fait périr chaque pied de chanvre sur lequel

elle s'implante. Au témoignage de M. Vaucher, ses graines peuvent se conserver plusieurs années en terre sans germer ; mais dès qu'elles viennent à se trouver en contact avec des racines de chanvre vivant, elles s'y attachent immédiatement et développent une radicule qui s'y enfonce.

LES SCROPHULARINÉES. — *SCROPHULA-RINEÆ*.

Pediculares et *Scrophulariæ* Juss. Gen. — *Rhinanthoideæ* et *Perso-natæ* Vent. Tabl. — *Rhinanthaceæ* et *Personatæ* Juss. in Annal. du Mus. V et XIV. — *Scrophularineæ* R. Br. Prodr. p. 433. — Bartl. Ord. Nat. p. 169. — Bentham (*Scrophularineārum revisio*) in Bot. Reg. Jun. 1835. — Endl. Gen. Plant. 1, p. 670. — *Antirrhineæ* et *Rhinanthaceæ* De Cand. in Duby, Bot. Gall. — *Scrophularineæ, Cheloneæ, Aragoaceæ*, et *Sibthorpiaceæ* Don, in Edinb. Phil. Journ. XIX. — *Personatæ* : *Halleriaceæ, Scopariaceæ*, et *Erineæ* Link, Handb. — *Scrophulariaceæ* Lindl. Nat. Syst. p. 288. — *Personatæ*, tribus I (*Rhinantheæ*) et (ex parte) II (*Scrofularineæ*) Reichenb. Syst. Nat. p. 197. — *Scrophula-rinæ* et *Melampyraceæ* Rich. Anal. du fruit.

Cette famille, dans laquelle la plupart des auteurs modernes comprennent les Rhinanthacées et les Perso-nées d'A. L. de Jussieu, est très-riche en espèces et ré-partie entre tous les climats. Beaucoup de Scrophula-rinées ont des propriétés plus ou moins drastiques, qui paraissent dues à un principe âcre et amer.

Caractères de la Famille.

Herbes, ou *sous-arbrisseaux*, ou *arbrisseaux*, en gé-néral inodores, quelquefois fétides, rarement aromati-ques. Tiges et rameaux cylindriques et inarticulés, ou tétragones et noueux.

Feuilles alternes, ou opposées, ou verticillées, non-stipulées, simples (très-entières, ou dentées, ou inci-sées, ou pennatifides), sessiles, ou pétiolées.

Fleurs irrégulières ou moins souvent régulières, her-maphrodites. Pédoncules opposés ou alternes, bractéolés, ou ébractéolés, 1-ou pauci-ou multi-flores. Inflorescence très-variée.

Calice inadhérent, persistant, 4-ou 5-parti, ou 4-ou 5-lobé, ou denté; lobes ou segments souvent inégaux : le supérieur plus grand que les 2 inférieurs; les 2 latéraux minimes; estivation imbricative.

Corolle hypogyne, non–persistante, plus ou moins profondément 4-ou 5-lobée, le plus souvent bilabiée et ringente : lèvre supérieure 2-lobée; lèvre inférieure 3-lobée; estivation imbricative.

Étamines insérées au tube de la corolle, interposées, en général en plus petit nombre que les lobes de la corolle (par l'absence ou l'avortement d'une étamine supérieure, ou de cette dernière ainsi que des deux étamines latérales), ordinairement 4, didynames (dont 2, supérieures, plus courtes et quelquefois ananthères), moins souvent 4 isomètres, ou seulement 2, ou 5 (dont l'une, supérieure, ananthère et ordinairement très-courte, ou rarement toutes fertiles). Filets rectilignes ou arqués, souvent déclinés, libres. Anthères monothèques ou dithèques, souvent cohérentes 2 à 2 : bourses divariquées ou parallèles, déhiscentes chacune par une fente longitudinale.

Pistil : Ovaire inadhérent, 2-loculaire (par exception 1-loculaire à 2 placentaires suturaux); placentaire columnaire, ou subglobuleux, ou lamelliforme, central, multi-ovulé, ou rarement pauci-ovulé. Ovules horizontaux, ou vagues, ou suspendus, ou ascendants, anatropes, ou amphitropes. Style indivisé ou rarement bifide, terminal. Stigmate indivisé, ou échancré, ou bilamellé, ou bilobé.

Péricarpe capsulaire (par exception charnu et indéhiscent), 2-loculaire (par exception 1-loculaire), 2-ou 4-valve, le plus souvent polysperme.

Graines périspermées; tégument soit lâche et membranacé, soit dur et adhérent à l'amande, souvent réticulé, ou chagriné, ou scrobiculé, quelquefois ailé. Périsperme charnu ou corné. Embryon rectiligne ou courbé, homotrope, ou hétérotrope, ou antitrope, axile. Cotylédons courts, subfoliacés; radicule subcylindracée.

M. Bentham classe les genres de cette famille comme suit :

Ire TRIBU. **LES VERBASCÉES.** — *VERBASCEÆ* Bartl.

Corolle à tube court ou subglobuleux ; limbe inégalement 4-ou 5-lobé, ou bilabié. Étamines fertiles au nombre de 2, ou de 4, ou de 5, en général déclinées. Anthères rapprochées ou cohérentes, 1-thèques, ou 2-thèques (à bourses divariquées, confluentes au sommet). Capsule septicide-bivalve. Graines à tégument dur.

Verbascum Linn. — *Celsia* Linn. (Ditaxia Rafin.) — *Nefflea* Benth. — *Alonsoa* Ruiz et Pav. (Hemimeris Kunth. nec Linn. Hemitomus L'hérit.) — *Jovellana* Ruiz et Pav.—*Calceolaria* Ruiz et Pav.—*Scrophularia* Tourn. — *Ceramanthe* Reichb.

IIe TRIBU. **LES HÉMIMÉRIDÉES.** — *HEMIMERIDEÆ* Benth.

Calice 5-fide ou 5-parti. Corolle à tube très-court ; limbe subrotacé, ou 2-labié, ou personé, 4-ou 5-lobé, étalé ; base sacciforme, ou bifovéolée, ou prolongée en 1 ou 2 éperons. Style indivisé. Stigmate petit, subcapitellé. Capsule 2-valve : valves entières, ou 2-fides, ou 2-parties.

Tylacantha Nees et Mart. — *Angelonia* Humb. et
Bonpl. (Physidium Schrad. Schelveria Nees et Mart.)
— *Hemimeris* Thunb. Linn. — *Diascia* Link. — *Nemesia* Vent. — *Diclis* Benth.

IIIᵉ TRIBU. **LES ANTIRRHINÉES.** — *ANTIRRHI-NEÆ* Bartl.

*Corolle tubuleuse; limbe (rarement subrégulier) personé
ou ringent, bilabié. Étamines 4, didynames. Anthères
dithèques, rapprochées 2 à 2. Capsule 2-loculaire,
s'ouvrant par des valvules dentiformes, ou par un
opercule, ou irrégulièrement.*

Anarrhinum Desfont. (Cardiotheca Ehrenb. — ? Simbuleta Forsk.) — *Linaria* Tourn. — *Chenorrhinum* De
Cand. — *Kickxia* Dumort. — *Cymbalaria* Chavannes.
— *Antirrhinum* Tourn. (Orontium Pers.) — *Asarina*
Tourn. — *Maurandia* Orteg. (Usteria Cavan.) — *Galvezia* Domb. Juss. (Agassizia Chavannes.) —*Lophospermum* Don. — *Rhodochiton* Zuccarin. — *Collinsia* Nutt.
— *Gastromeria* Don.

IVᵉ TRIBU. **LES SALPIGLOSSIDÉES.** — *SALPI-GLOSSIDEÆ* Benth.

*Corolle à tube soit court, soit plus ou moins allongé;
limbe bilabié, ou à 5 lobes presque égaux. Étamines
fertiles au nombre de 2, ou de 4 (didynames), déclinées; quelquefois le rudiment d'une 5ᵉ étamine. Anthères dithèques : bourses quelquefois confluentes au
sommet. Capsule 2-loculaire, septifrage-bivalve : valves entières ou 2-fides, parallèles à la cloison; cloison
placentifère au milieu. Embryon rectiligne ou plus ou
moins arqué.*

Schizanthus Ruiz et Pav. — *Salpiglossis* Ruiz et Pav. —*Aptosimum* Burch. (Ohlendorffia Lehm.) — *Peliostomum* Benth. — *Anthocercis* Labill. — *Browallia* Linn. — *Franciscea* Pohl. — *Brunsfelsia* Linn. — *Duboisia* R. Br. — *Diplanthera* Banks et Soland.

V° TRIBU. **LES DIGITALÉES.** — *DIGITALEÆ*
Benth.

Corolle tubuleuse, 2-labiée; souvent ventrue. Étamines fertiles 4 (quelquefois le rudiment d'une 5ᵉ étamine), didynames, déclinées à la base, ordinairement ascendantes au sommet. Anthères dithèques : bourses confluentes, finalement divariquées. Capsule septicide-bivalve; valves bifides ou biparties.

Chelone Linn. — *Pentstemon* L'hérit. (Chelones Cavan.) — *Elmigera* Reichenb. — *Russelia* Jacq. — *Phygelius* E. Meyer. — *Colpias* E. Meyer. — *Ixianthes* E. Meyer. — *Rehmannia* Libosch. — *Digitalis* Tourn. — *Isoplexis* Lindl. — *Paulownia* Siebold et Zuccarin. — *Anastrabe* E. Meyer.

VIᵉ TRIBU. **LES GRATIOLÉES.** — *GRATIOLEÆ*
Benth.

Corolle à limbe bilabié ou subrégulier : lobes presque planes. Étamines fertiles au nombre de 2 ou de 4, ascendantes. Anthères dithèques, mutiques. Capsule loculicide, ou septicide, ou septifrage, 2-loculaire, 2-valve; par exception baie; valves entières ou 2-fides. Graines aptères.

Halleria Linn. — *Teedia* Rudolph. (Borkhausenia Roth.)— *Freylinia* Benth. — *Capraria* Linn. — *Xuaresia* Ruiz et Pav.— *Pogostoma* Schrad. — *Pterostigma*

Benth. (Spathestigma Hook. et Arn.) — *Lindenbergia* Link et Otto. (Brachycoris Schrad. Bovea Decaisne.) — *Stemodia* Linn. (Cybbanthera Hamilt.) — *Schistophragma* Benth. — *Erinus* Linn. — *Sutera* Roth. (Leucospora Nutt.) — *Dodartia* Tourn. — *Mazus* Loureir. (Hornemannia Reichenb.) — *Limnophila* R. Br. (Hydropityon Gærtn.) — *Uvedalia* R. Br. — |*Diplacus* Nutt. — *Mimulus* Linn. — *Erythranthe* Spach. — *Leucocarpus* Don.—*Ellobum* Blum. - *Morgania* R. Br. — *Sphærotheca* Chamiss. — *Herpestes* Gærtn. fil. (Bramia Lamk. Monniera P. Br. Mella Vandell. Calytriplex Ruiz et Pav. Heinzelmannia Neck.)—*Caconapea* Chamiss. — *Ranaria* Chamiss. — *Matourea* Aubl. (Mecardonia Martius.)— *Curanga* Juss. (Caranga Vahl. Curania Rœm. Synphyllium Griffith.) — *Achetaria* Chamiss. — *Beyrichia* Chamiss. — *Anticharis* Endl. — *Hydrotriche* Zuccar. — *Gratiola* Linn. — *Sophronanthe* Benth. — *Nibora* Rafin. — *Dopatrium* Hamilt. — *Bonnaya* Link et Otto. — *Microcarpæa* R. Br. — *Peplidium* Delile. — *Micranthemum* Mich. (Hemianthus Nutt.) — *Vandellia* Linn. (Tittmannia Reichenb. Hornemannia Link et Otto. non Reichenb.) — *Torrenia* Linn. (Nortenia Thouars.) — *Achimenes* Vahl. (Diceros Pers. Artanema Don.)—*Heteranthia* Nees et Martius. (Vrolickia Martius.) — *Hydranthelium* Kunth. (Willichia Mutis.) — *Hyogeton* Endl. — *Lindernia* Allion. (Pyxidaria Lindern.)

VIIe TRIBU. LES BUCHNÉRÉES. — *BUCHNEREÆ*
Benth.

Calice 5-fide ou 5-denté. Corolle à limbe 5-fide, ou inégalement 4-fide, ou 2-labié, plane. Étamines 4, ascendantes, didynames, rarement rapprochées 2 à 2.

Anthères monothèques. Style indivisé. Stigmate petit, subcapitellé. Capsule 2-valve (rarement charnue et indéhiscente) : valves entières ou bifides.

Striga Loureir. (Campuleia Thouars.) — *Buchnera* Linn. (Piripea Aubl.)—*Doratanthera* Benth.—*Rhamphicarpa* Benth.— *Cycnium* E. Meyer. — *Zaluzianskya* J. W. Schmïdt. (Nycterinia Don.)—*Polycarena* Benth. — *Phyllopodium* Benth. — *Sphenandra* Benth. — *Chœnostoma* Benth. — *Lyperia* Benth. — *Manulea* Linn. (Nemia Berg.)

VIIIe TRIBU. **LES BUDDLÉIÉES.** — *BUDDLEIEÆ* Benth.

Corolle régulière; limbe plane, 4-parti. Étamines 4, isomètres, distantes, toutes fertiles; anthères dithèques. Capsule 2-loculaire, septicide-bivalve.

Buddleia Linn. — *Nuxia* Commers. (Chilianthus Burch).

IXe TRIBU. **LES VÉRONICÉES.** — *VERONICEÆ* Benth.

Corolle rotacée, ou infondibuliforme, ou irrégulièrement 2-labiée. Étamines 4, ou 2, isomètres, toutes fertiles. Capsule septifrage-bivalve, ou à la fois loculicide et septicide.

Scoparia Linn. — *Geochorda* Chamiss. et Schlecht. — *Sibthorpia* Linn. — *Disandra* Linn. — *Glossostigma* Arn. (Microcarpæa Benth.) — *Limosella* Linn. (Alsine Tourn. Plantaginella Vaill.) —*Amphianthus* Torrey. — *Veronica* Linn. (Aidelus Spreng.)—*Cochlidiospermum* Reichenb. (Omphalospora Besser.) — *Diplophyllum*

Lehm. — *Callistachya* Rafin. (Eustachya Rafin. Leptandra Nutt.) — *Pœderota* Linn. — *Calorhabdos* Benth. — *Wulfenia* Jacq. — *Campylanthus* Roth.— *Gymnandra* Pallas. (Lagotis Gærtn.) — *Picrorhiza* Royle. — *Ourisia* Commers. (Dichroma Cavan.) — *Leucophyllum* Humb. et Bonpl. — *Aragoa* Kunth.

Xe TRIBU. LES GÉRARDIÉES. — *GERARDIEÆ* Benth.

Corolle campanulée, ou infondibuliforme, ou tubuleuse; limbe 5-lobé, plane. Étamines 4, ascendantes, toutes fertiles. Anthères dithèques : bourses disjointes, souvent acuminées. Capsule 2-loculaire, 2-valve (loculicide ou septicide).

Escobedia Ruiz et Pav. — *Physocalyx* Pohl. — *Melasma* Berg. ·(Lyncea Chamiss. et Schlecht. Nigrina Linn. nec Thunb.) — *Esterhazya* Mikan. (Virgularia Martius. Dargeria Cham. et Schlecht.) — *Macranthera* Torrey. (Conradia Nutt.) — *Seymeria* Pursh. (Afzelia Gmel.) — *Gerardia* Linn. — *Pagesia* Rafin. — *Dasystoma* Rafin.—*Dasanthera* Rafin. — *Sopubia* Hamilt. — *Harweya* Hook. — *Glossostylis* Cham. (Alectra Thunb.) (? Sarbia Thouars.) — *Phtheirospermum* Bunge. — *Centranthera* R. Br. (Razumovia Spreng.)

XIe TRIBU. LES RHINANTHÉES. — *RHINANTHEÆ* Benth.

Corolle 2-labiée : lèvre supérieure voûtée (très-entière ou échancrée); lèvre inférieure 3-fide. Étamines 4, ou moins souvent 2, ascendantes. Anthères dithèques : bourses disjointes, parallèles, souvent acuminées. Capsule loculicide-bivalve. Tégument des graines souvent lâche et membranacé.

Orthocarpus Nutt. — *Castilleja* Mutis. — *Euchroma* Nutt. — *Oncorhynchus* Lehm. — *Adenostegia* Benth. — *Triphysaria* Fisch, et Mey. — *Schwalbea* Linn. — *Lamourouxia* Kunth. — *Cymbaria* Linn. — *Odontites* Hall. — *Euphrasia* Tourn. (Parentucellia Vivian.) — *Siphonostegia* Benth. — *Bartsia* Linn. (Stæhelina Haller.) — *Trixago* Steven. (Lasiopera Link. Bellardia Allion. — *Bungea* C. A. Meyer. — *Pedicularis* Tourn. (? Enslenia Rafin.) — *Prosopia* Reichb. — *Rhinanthus* Linn. — *Alectorolophus* Hall. — *Melampyrum* Tourn. — *Tozzia* Micheli.

GENRES DOUTEUX.

Gomaria Ruiz et Pav. — *Sanchezia* Ruiz et Pav. — *Lafuentea* Lagasc. (Durieua Mérat.) — *Diceros* Loureir.

GENRES VOISINS DES SCROPHULARINÉES.

Ramondia Rich. (Myconia et Chaixia Lapeyr.) — *Haberlea* Frivald. — *Obolaria* Linn. (Schultzia Rafin.) — *Crescentia* Linn.

Iʳᵉ TRIBU. **LES VERBASCÉES.** — *VERBASCEÆ* Bartl.

Corolle à tube court ou subglobuleux; limbe inégalement 4-ou 5-parti, ou bilabié, étalé. Étamines fertiles au nombre de 2, ou de 4, ou de 5, en général déclinées. Anthères rapprochées ou cohérentes, monothèques, ou à 2 bourses divariquées et confluentes. Capsule septicide-bivalve. Graines à tégument dur.

Genre MOLÈNE. — *Verbascum* Linn.

Calice 5-parti : segments un peu inégaux. Corolle rotacée, inégalement 5-lobée ; tube très-court, subcylindrique ; lobes arrondis : les 2 latéraux un peu plus grands que les 2 supérieurs, plus petits que le lobe .inférieur. Étamines 5, saillantes, déclinées, insérées au tube de la corolle : les 2 inférieures plus longues. Filets claviformes, ou cunéiformes, ou filiformes, plus ou moins comprimés, laineux (soit tous, soit du moins les 3 supérieurs). Anthères réniformes, adnées, dithèques (à bourses confluentes au sommet), déhiscentes par une seule fente transversale. Ovaire 2-loculaire; placentaires axiles, gros, multi-ovulés, adnés à la cloison. Style filiforme, épaissi au sommet. Stigmate obtus, indivisé. Capsule ovoïde ou subglobuleuse, 2-sulquée, testacée, 2-loculaire, polysperme; valves souvent bifides ; cloisons se détachant des placentaires; placentaires soudés. Graines petites, coniques, tronquées aux 2 bouts, rugueuses, scrobiculées.

Herbes bisannuelles (le plus souvent couvertes d'un duvet étoilé soit floconneux, soit laineux), à tige solitaire, raide, dressée, le plus souvent paniculée. Racine pivotante. Feuilles très-entières, ou dentées, ou sinuées-pennatifides : les radicales (n'existant plus sur les plantes florifères) grandes, pétiolées, en général rétrécies vers leur base ; les caulinaires alternes, graduellement plus petites, souvent décurrentes. Inflorescences racémiformes ou spiciformes, terminales, multiflores; pédicelles solitaires ou fasciculés, soit très-courts, soit plus ou moins allongés, 1-bractéolés à la base : les fructifères dressés ou ascendants. Bractées foliacées, persistantes, graduellement plus petites. Calice peu ou point accrescent. Corolle jaune, ou moins souvent soit blanche, soit d'un pourpre violet ou brunâtre. Filets barbus de poils blanchâtres ou pourpres, horizontaux, claviformes : ceux des 2 étamines inférieures moins laineux que les autres, ou quelquefois presque glabres. Anthères petites, anisomètres dans plusieurs espèces.

A. *Feuilles non-sinuées, plus ou moins cotonneuses de même que la tige. Grappes spiciformes; pédicelles très-courts, ordinairement fasciculés. Les deux filets inférieurs glabres ou légèrement poilus; les 3 autres garnis de poils blancs.*

Molène commune. — *Verbascum Thapsus* Linn. — Blackw. Herb. tab. 3. — Engl. Bot. tab. 549. — Flor. Dan. tab. 631. — Schk. Handb. tab. 42.

Feuilles cotonneuses, légèrement crénelées : les radicales lancéolées, ou lancéolées-oblongues, rétrécies vers leur base; les caulinaires décurrentes : les inférieures conformes aux radicales; les supérieures ovales ou ovales-lancéolées, acuminées, sessiles. Grappes denses. Corolle subinfondibuliforme : lobes oblongs. Anthères isomètres. Capsule ovale-globuleuse, cotonneuse, à peine plus longue que le calice.

Tige haute de 2 à 6 pieds, cylindrique, ailée par la décurrence des feuilles, très-simple, ou ramulifère vers son sommet, en général très-cotonneuse. Feuilles rugueuses, incanes en dessus, blanchâtres et réticulées en dessous : les radicales longues de ¹/₂ pied à 1 pied, obtuses, ou subobtuses. Grappe simple, ou rameuse à la base, longue de ¹/₂ pied à 2 pieds. Pédicelles 2 à 4 fois plus courts que le calice. Calice à l'époque de la floraison long d'environ 3 lignes : segments lancéolés, acuminés, cotonneux, connivents après la floraison. Corolle de moitié plus longue que le calice, d'un jaune de Citron. Étamines jaunes. Pollen de couleur orange. Capsule du volume d'un gros Pois. Graines petites, noirâtres.

Molène Faux-Thapsus. — *Verbascum thapsiforme* Schrad. Monogr.

Cette espèce a été confondue par beaucoup d'auteurs avec la précédente, à laquelle elle est très-semblable par le port et le feuillage, mais dont elle diffère : 1° par une corolle notablement plus grande (large de 12 à 18 lignes), parfaitement rotacée, à lobes obovales-orbiculaires; 2° par les anthères des 2 étamines inférieures, qui sont presque oblongues et 2 fois plus grandes que celles des autres étamines.

Molène a feuilles de Phlomis. — *Verbascum phlomoides* Linn. — Mill. Ic. tab. 273. — Sibth. et Smith, Flor. Græc. tab. 224. — *Verbascum rugulosum* Willd. Enum. — *Verbascum australe* et *Verbascum nemorosum* Schrad. Monogr.

Feuilles crénelées, cotonneuses : les radicales et les caulinaires-inférieures elliptiques ou elliptiques-oblongues, ou sublancéolées, pétiolées ; les suivantes ovales-oblongues, adnées par la base, ou subdécurrentes ; les supérieures ovales ou ovales-lancéolées, ou lancéolées, acuminées, amplexicaules. Grappes composées de fascicules plus ou moins éloignés. Corolle rotacée : lobes obovales-orbiculaires. Anthères anisomètres : celles des 2 étamines inférieures suboblongues, plus grandes.

Plante haute de 2 à 6 pieds, semblable aux précédentes par le port. Tige simple, ou rameuse au sommet, cotonneuse. Feuilles incanes, rugueuses : les radicales atteignant jusqu'à 2 pieds de long. Grappes longues, plus ou moins denses. Corolle jaune ou rarement blanche, large de 12 à 18 lignes. Filets des 3 anthères supérieures garnis de poils blancs.

Cette espèce, ainsi que les deux précédentes, sont indistinctement désignées par les noms vulgaires de *Bouillon-blanc, Bonhomme*, ou *Molène;* elles sont assez communes aux bords des chemins et dans d'autres localités sèches et découvertes. Les feuilles de ces plantes passent pour émollientes ; l'infusion des fleurs s'emploie comme pectorale.

B. *Plantes glabres ou légèrement pubérules. Feuilles radicales souvent sinuées ; feuilles caulinaires non-décurrentes. Grappes lâches ; pédicelles solitaires, plus longs que le calice, subhorizontaux pendant la floraison. Filets tous laineux : poils violets. Anthères isomètres.*

a) *Corolle jaune (par variation blanche). Pédicelles fructifères 1 à 2 fois plus longs que la capsule.*

Molène Blattaire. — *Verbascum Blattaria* Linn. —

Engl. Bot. tab. 3g3. — *Verbascum glabrum* Mill. Ic. tab. 67. (var. flor. alb.)

Feuilles glabres, crénelées : les radicales oblongues-obovales, subsinuées, rétrécies vers leur base; les caulinaires inférieures oblongues, pointues, sessiles; les supérieures subcordiformes, acuminées, amplexicaules. Capsule subglobuleuse, 2 à 3 fois plus longue que le calice.

Plante haute de 1 ¹/₂ pied à 4 pieds. Tige simple, ou rameuse au sommet, cylindrique, grêle, effilée, feuillue, glabre inférieuremet, parsemée vers son sommet (ainsi que le rachis, les pédicelles, les calices, la surface externe des corolles, l'ovaire et la base du style) de poils glandulifères. Feuilles glabres, d'un beau vert, luisantés en dessus, inégalement crénelées. Bractées ovales ou ovales-lancéolées, acuminées-cuspidées, 1 à 2 fois plus courtes que les pédicelles florifères. Pédicelles longs de 3 à 4 lignes, ascendants après la floraison. Segments calicinaux linéaires-lancéolés, pointus. Corolle large de 8 à 12 lignes; tube barbu de poils violets. Les deux filets inférieurs glabres vers leur sommet et à la surface externe; les 3 autres barbus dans toute leur longueur. Graines petites, brunâtres.

Cette espèce, nommée vulgairement *Herbe aux mites*, n'est pas rare dans les localités sèches et découvertes; elle fleurit en été. Toutes les parties vertes de la plante ont une odeur désagréable; on lui attribue la propriété de détruire les mites.

b) Corolle d'un pourpre violet. Pédicelles fructifères 3 à 4 fois plus longs que la capsule.

Molène a fleurs violettes. — *Verbascum phœniceum* Linn. — Jacq. Flor. Austr. 1, tab. 125. — Bot. Mag. tab. 885. — Bot. Cab. tab. 637.

Feuilles inégalement crénelées, glabres en dessus, pubescentes en dessous : les radicales et les caulinaires-inférieures elliptiques, ou ovales-oblongues, ou ovales, subcordiformes à la base, pétiolées; les supérieures ovales-lancéolées ou oblongues-lancéolées, sessiles. Capsule ovale-conique, pointue, 1 à 2 fois plus longue que le calice.

Plante haute de 1 pied à 3 pieds. Tige simple, ou rameuse vers le haut, pubescente, subcylindrique, grêle, effilée, médiocrement feuillée supérieurement ; rameaux plus ou moins divergents, presque nus, garnis (ainsi que le rachis, les calices, les pédicelles et la surface externe de la corolle) de poils glandulifères. Feuilles minimes, rugueuses, d'un vert foncé en dessus, d'un vert pâle ou subincanes en dessous : les radicales atteignant jusqu'à ¹/₂ pied de long. Grappes finalement longues de ¹/₂ pied à 2 pieds ; rachis anguleux. Pédicelles filiformes, longs de 4 à 7 lignes : les fructifères ascendants. Bractées ovales ou ovales-lancéolées, acuminées, entières : les supérieures 3 à 4 fois plus courtes que les pédicelles. Segments calicinaux oblongs-lancéolés, pointus, étalés pendant la floraison, puis redressés et connivents. Corolle large d'environ 1 pouce : gorge barbue ; lobes suborbiculaires. Filets brunâtres : les 2 inférieurs glabres au-dessus du milieu, les 3 autres barbus dans toute leur longueur. Pollen d'un rouge de cinabre. Style violet. Stigmate verdâtre. Capsule glabre, longue d'environ 3 lignes. Graines petites, noirâtres.

Cette espèce, indigène dans l'Europe méridionale et dans les contrées voisines du Caucase, se cultive comme plante d'ornement.

Genre CALCÉOLAIRE. — *Calceolaria* Feuill.

Calice 4-parti ou profondément 4-fide ; segments plus ou moins inégaux : les 2 latéraux plus petits. Corolle bilabiée, à tube très-court ; lèvres sacciformes, conniventes, entières : la supérieure en général petite ; l'inférieure grande (de forme plus ou moins semblable à celle d'un sabot). Étamines 2, peu ou point saillantes, insérées au tube de la corolle ; filets filiformes, dressés ; anthères médifixes, dithèques, oblongues, transverses : bourses divariquées, confluentes. Ovaire 2-loculaire ; placentaires 2, larges, involutés, médifixes, axiles, attachés à un repli de chaque côté de la cloison. Style filiforme. Stigmate petit, indivisé, subpelté. Capsule ovale-conique, 2-loculaire, loculicide-bivalve du sommet jusqu'à la base ; valves septicides du sommet jusqu'au milieu; placentaires ovales-pyramidaux, restant adnés à la cloison. Graines minimes, subovales, ou cylindracées, longitudinalement striées, mucronulées au hile.

Herbes (quelquefois acaules) ou sous-arbrisseaux. Feuilles opposées ou ternées (par exception alternes), très-entières, ou dentelées, ou pennatifides, ou pennatiparties. Pédoncules dichotoméaires, ou axillaires, ou terminaux, solitaires, 1-ou pluri-flores ; pédicelles inclinés pendant la floraison, en cyme, ou en corymbe, ou en grappe. Corolle jaune, ou blanchâtre, ou pourpre.

Ce genre (suivant M. Don, plus voisin des Gésnériées que des Scrophularinées), assez riche en espèces, appartient à l'Amérique méridionale. La plupart des Calcéolaires ont une inflorescence très-élégante ; les suivantes se cultivent fréquemment comme plantes d'ornement.

A. *Sous-arbrisseaux, plus ou moins visqueux. Feuilles crénelées, ou dentelées (les florales quelquefois très-entières), plus ou moins rugueuses, opposées. Panicules axillaires et terminales (ou terminant des ramules axillaires subaphylles), dichotomes, cymeuses, en général rapprochées en thyrse multiflore. Corolle jaune.*

CALCÉOLAIRE A FEUILLES RUGUEUSES. — *Calceolaria rugosa* Ruiz et Pav. Flor. Peruv. tab. 28. — Bot. Mag. tab. 2523. — Bot. Reg. tab. 1588. — *Calceolaria integrifolia* Bot. Reg. tab. 744 et 1783 (var. *angustifolia*).

Feuilles lancéolées-oblongues, ou lancéolées-elliptiques, ou ovales-lancéolées, ou lancéolées, ou oblongues-lancéolées, inégalement crénelées ou dentelées (les florales souvent très-entières), subobtuses, ou pointues, plus ou moins pubérules et visqueuses aux 2 faces, fortement réticulées (et quelquefois incanes) en dessous : les florales sessiles, subamplexatiles ; les autres rétrécies en court pétiole ailé. Pédicelles filiformes, plus longs que le calice. Calice 4-parti : segments ovales-triangulaires, presque égaux. Corolle à lèvre supérieure très-petite.

Arbuste touffu, haut de 2 à 4 pieds. Jeunes pousses visqueuses, plus ou moins feuillues, obscurément 4-gones, quelquefois incanes. Feuilles de forme et de largeur très-variables, d'un vert foncé en dessus, d'un vert pâle ou subincanes en dessous; les florales longuement débordées par les panicules. Corolle d'un beau jaune, longue d'environ 4 lignes.

CALCÉOLAIRE A FEUILLES SESSILES. — *Calceolaria sessilis* Ruiz et Pav. Flor. Peruv. — Bot. Reg. tab. 1628. — Sweet, Brit. Flow. Gard. ser. 2, tab. 220.

Feuilles oblongues ou oblongues-lancéolées, crénelées, pointues, cotonneuses-incanes en dessous, toutes sessiles. Pédicelles filiformes, plus longs que le calice. Calice 4-parti : segments ovales-triangulaires, presque égaux. Corolle à lèvre supérieure environ 1 fois plus petite que l'inférieure.

Arbuste semblable par le port à l'espèce précédente. Panicules multiflores, rapprochées en thyrse assez dense. Corolle d'un beau jaune, plus grande que celle de l'espèce précédente.

B. *Herbes vivaces, caulescentes. Feuilles opposées, dentelées. Inflorescences terminales (en général géminées ou ternées), longuement pédonculées, dichotomes, cymeuses. Corolle d'un pourpre noirâtre & violette.*

CALCÉOLAIRE ARANÉEUSE. — *Calceolaria arachnoidea* Hook. Bot. Mag. tab. 2874. — Bot. Reg. tab. 1454.

Tiges suffrutescentes, décombantes. Rameaux-florifères simples, dressés, ou ascendants, feuillus inférieurement. Feuilles spathulées, subobtuses, légèrement crénelées ou sinuolées, cotonneuses aux 2 faces. Cymes denses, ordinairement géminées. Calice 4-parti, 4 fois plus court que les pédicelles : segments ovales-triangulaires, pointus. Corolle à lèvre supérieure minime.

Tiges grêles, cotonneuses et feuillues étant jeunes. Rameaux grêles, longs de 1 pied à 2 pieds, effilés, subaphylles au-dessus du milieu. Feuilles spathulées-oblongues, ou spathulées-obovales, blanchâtres : les inférieures 2 à 3 fois plus longues que les entre-nœuds; les supérieures 2 à 4 fois plus courtes ; pétiole ailé, plus ou moins allongé. Pédoncules solitaires ou géminés, terminaux, dressés, très-grêles, floconneux de même que les rameaux, les pédicelles et les calices. Pédicelles filiformes, ébractéolés, disposés en corymbe aux extrémités des bifurcations. Corolle d'un pourpre violet, beaucoup plus grande que le calice; lèvre inférieure subglobuleuse, d'environ 3 lignes de diamètre.

Calcéolaire pourpre. — *Calceolaria purpurea* Graham, in Bot. Mag. tab. 2775. — Bot. Reg. tab. 1621. — Sweet, Brit. Flow. Gard. ser. 2, tab. 199.

Tiges herbacées, dressées, pubescentes, paniculées au sommet. Feuilles vertes et pubescentes aux 2 faces, rugueuses : les radicales cunéiformes-oblongues, ou lancéolées-oblongues, inégalement dentelées; les caulinaires cordiformes-ovales, acuminées, dentelées vers leur sommet; les florales petites, cordiformes, acuminées, très-entières. Cymes lâches, paniculées. Calice 4-parti, 2 à 4 fois plus long que les pédicelles : segments ovales ou ovales-lancéolés, subobtus, anisomètres. Corolle à lèvre supérieure minime.

Plante haute de ¹/₂ pied à 1 pied, couverte de poils glandulifères. Rameaux-florifères en général ternés au sommet de la tige, subaphylles. Feuilles inférieures longues de 3 à 5 pouces. Cymes multiflores, divariquées. Corolle à tube blanchâtre, très-court; lèvre inférieure flabelliforme, d'un pourpre lilas, large de 4 à 6 lignes, déprimée; lèvre supérieure subglobuleuse.

Genre SCROPHULAIRE. — *Scrophularia* Tourn.

Calice 5-fide ou 5-parti; segments presque égaux. Corolle bilabiée, ringente : tube court, ventru; lèvre supérieure plus longue, bilobée, obliquement dressée, souvent accompagnée d'un staminode pétaloïde inséré entre les 2 lobes; lèvre inférieure trilobée : le lobe moyen plus grand, réfléchi; les lobes latéraux horizontaux. Étamines 4, didynames, déclinées, insérées au tube de la corolle; filets comprimés, élargis au sommet; anthères adnées, terminales, transverses, monothèques. Ovaire 2-loculaire, inséré sur un disque annulaire; placentaires 2, adnés, axiles, multi-ovulés. Style filiforme, épaissi au sommet, décliné. Stigmate obtus, échancré. Capsule chartacée ou coriace, ovoïde, ou subglobuleuse, 2-sulquée, polysperme, septicide-bivalve du sommet jusqu'au delà du milieu; valves indivisées ou bifides; placentaires cohérents. Graines rugueuses, fovéolées, petites.

Herbes ou sous-arbrisseaux. Feuilles opposées (accidentellement verticillées) ou moins souvent alternes, crénelées, ou dentelées, ou incisées, ou pennatiparties, quelquefois ponctuées. Pédoncules opposés ou alternes, ordinairement dichotomes et multiflores, naissant chacun à l'aisselle d'une feuille ou d'une bractée.

SCROPHULAIRE A RACINE NOUEUSE. — *Scrophularia nodosa* Linn. — Flor. Dan. tab. 1167. — Engl. Bot. tab. 1544.

Herbe vivace. Racine rampante, articulée, renflée et fibrilleuse aux articulations. Tiges dressées, tétraèdres, grêles, glabres, simples, ou rameuses, hautes de 2 à 4 pieds, souvent d'un pourpre brunâtre. Feuilles opposées (quelquefois verticillées-ternées), pétiolées, ovales-oblongues, ou oblongues, pointues, ou subobtuses, dentelées, à base cunéiforme ou subcordiforme; pétiole légèrement marginé, pubérule à la base. Panicules solitaires au sommet de la tige et des rameaux, allongées, feuillées à la base, ou aphylles, composées de cymes bifurquées; rachis, pédoncules et pédicelles parsemés d'une pubescence glandulifère. Pédoncules opposés ou alternes, bifurqués peu au-dessus de leur base, naissant chacun à l'aisselle d'une bractée foliacée : branches 3-7-flores, subfastigiées, après la floraison flexueuses et plus ou moins divergentes. Pédicelles filiformes, 1-bractéolés à la base, disposés en grappes unilatérales (en outre il y a un pédicelle solitaire dans la bifurcation du pédoncule) ; bractéoles minimes, subulées. Segments calicinaux ovales-elliptiques, arrondis au sommet, à rebord membraneux très-étroit. Corolle longue de 3 à 4 lignes, d'un vert brunâtre ; lobes très-obtus : les 4 supérieurs horizontaux ; l'inférieur réfléchi. Staminode transversalement oblong, légèrement échancré. Filets blanchâtres, à peine aussi longs que la lèvre inférieure de la corolle. Capsule ovoïde, acuminée, subcoriace. Graines d'un brun noirâtre, subovales, obtuses aux 2 bouts, du volume de celles du Coquelicot.

Cette espèce, connue sous les noms vulgaires de *Scrophulaire des bois*, ou *grande Scrophulaire*, est commune dans les bois humides et autres localités ombragées ; elle fleurit en juin et juillet. Toutes ses parties ont une odeur forte et désagréable, jointe à une saveur amère. Les feuilles de la plante sont purgatives et émétiques ; ces feuilles, appliquées en cataplasmes, passaient jadis pour un excellent remède contre les tumeurs scrophuleuses et les hémorroïdes.

SCROPHULAIRE AQUATIQUE. — *Scrophularia aquatica* Linn. — Flor. Dan. tab. 507. — Engl. Bot. tab. 854.

Plante semblable à la précédente par le port, le feuillage et l'inflorescence. Racine non-renflée aux articulations. Tige tétraptère, fistuleuse. Feuilles à pétiole largement ailé, en général acérées. Panicules glabres ou presque glabres, à cymes divariquées. Segments calicinaux suborbiculaires, largement membraneux aux bords. Corolle petite, d'un pourpre brunâtre. Staminode obcordiforme. Capsule subglobuleuse.

Cette espèce, nommée vulgairement *Bétoine d'eau*, est commune au bord des fossés, des ruisseaux et des rivières ; ses propriétés sont les mêmes que celles de l'espèce précédente.

IIIᵉ TRIBU. **LES ANTIRRHINÉES.** — *ANTIRRHI-NEÆ* Bartl.

Corolle tubuleuse : limbe (rarement subrégulier) personé ou ringent, bilabié. Étamines 4, didynames. Anthères 2-thèques, rapprochées 2 à 2. Capsule 2-loculaire, s'ouvrant ou par des valvules dentiformes, ou par un opercule, ou irrégulièrement.

Genre LINAIRE. — *Linaria* Tourn.

Calice 5-parti. Corolle personée : tube court, ventru, éperonné (antérieurement) à la base; lèvre supérieure bi-lobée, redressée; lèvre inférieure trilobée, munie au-dessus de sa base d'une bosse plus ou moins saillante, 1-sulquée, fermant le plus souvent l'orifice du tube. Étamines (fertiles) 4, didynames, subisomètres, incluses, insérées au tube de la corolle; quelquefois le rudiment d'une 5ᵉ étamine. Anthères oblongues. Ovaire 2-loculaire, obliquement ovoïde ; placentaires gros, adnés, multi-ovulés. Style filiforme, épaissi au sommet. Stigmate échancré ou bilobé. Capsule ovoïde ou subglobuleuse, fragile, 2-loculaire, polysperme : chaque loge s'ouvrant au sommet (en deçà de la suture) en 3 ou 5 valvules persistantes. Graines soit disciformes (et ailées au bord), soit trièdres (et aptères).

Herbes vivaces (rarement suffrutescentes) ou annuelles. Feuilles éparses, ou opposées, ou verticillées, très-entières, ou lobées. Fleurs solitaires-axillaires, ou en grappes terminales.

A. *Fleurs en grappes. Graines disciformes, chagrinées, ailées.*

a) *Feuilles éparses. Corolle jaune.*

LINAIRE COMMUNE. — *Linaria vulgaris* C. Bauh. — Nees, Off. Pflanz. tab. 156. — Engl. Bot. tab. 658. — Flor. Dan. tab. 982. — Bull. Herb. tab. 261.

Herbe vivace, haute de ½ pied à 2 pieds, glauque, très-glabre. Racine rampante, multicaule. Tiges dressées, cylindriques, effilées, feuillues, simples, ou paniculées au sommet, souvent garnies inférieurement de courts ramules stériles. Feuilles longues de 1 ½ pouce à 2 pouces, larges de 1 ligne à 3 lignes, sessiles, linéaires, ou lancéolées-linéaires, pointues, très-entières, obscurément 3-nervées, d'un vert glauque en dessus, très-glauques en dessous. Grappes longues, denses, multiflores. Pédicelles longs de 1 à 2 lignes, dressés, très-rapprochés, épars, 1-bractéolés à la base. Bractéoles linéaires ou linéaires-subulées, plus longues que les pédicelles, souvent réfléchies. Calice 2 à 3 fois plus court que le tube de la corolle : segments linéaires-lancéolés, acuminés, subtrinervés, dressés, le supérieur plus long. Corolle longue de 10 à 15 lignes (y compris l'éperon) : tube d'un jaune pâle ; éperon d'un jaune verdâtre, conique-subulé, plus long que le tube ; lèvre supérieure un peu plus longue que le tube, à lobes ovales, obtus ; lèvre inférieure plus courte, à lobes conformes à ceux de la lèvre supérieure : bosse d'un jaune orange, barbue. Capsule ellipsoïde, obtuse, glabre, chartacée, 10-valvulée, 2 à 3 fois plus longue que le calice. Graines noires, aplaties, chagrinées.

Cette espèce, connue sous les noms vulgaires de *Linaire*, ou *Lin sauvage*, est commune dans les localités sèches et incultes. Toute la plante a une saveur amère et une odeur désagréable ; on l'employait jadis comme purgative et diurétique ; la décoction de ses feuilles et de ses fleurs, appliquée en cataplasme, passait pour un excellent remède contre les hémorroïdes.

b) *Feuilles opposées ou verticillées. Corolle pourpre.*

LINAIRE ÉLÉGANTE. — *Linaria triornithophora* Willd. —
Antirrhinum triornithophorum Linn. — Vent. Malm. tab. 11.
— Bot. Mag. tab. 525.

Plante vivace, très-glabre, glauque, haute de 1 pied à 2 pieds.
Tiges dressées, ou ascendantes ; rameuses ; rameaux paniculés ,
feuillés, très-lisses ; ramules subaphylles, effilés. Feuilles très-
lisses, d'un vert foncé en dessus, glauques en dessous, sessiles ,
3-nervées, ovales, ou ovales-lancéolées, ou oblongues-lancéolées, pointues, très-entières, opposées, ou verticillées-ternées
(les supérieures quelquefois éparses). Grappes 7-ou pluri-flores,
lâches, tantôt courtes, tantôt plus ou moins allongées, quelquefois feuillées à la base. Pédicelles filiformes, dressés, longs de 3
à 6 lignes, 1-bractéolés à la base, tantôt tous épars, tantôt les
inférieurs opposés ou verticillés, et les supérieurs épars. Bractées plus courtes que les pédicelles, ovales, ou ovales-lancéolées,
ou oblongues-lancéolées, acuminées. Calice long de 2 à 3 lignes :
segments triangulaires-lancéolés, acérés, divergents. Corolle longue de 15 à 20 lignes (y compris l'éperon, lequel est conique-
subulé, subrectiligne, à peu près aussi long que le reste de la
corolle). Capsule chartacée, subglobuleuse, obtuse, 10-valvulée
au sommet, à peu près aussi longue que le calice. Graines noires,
aplaties, chagrinées, légèrement marginées.

Cette espèce, originaire du Portugal, et remarquable par l'é-
légance de ses fleurs, se cultive comme plante de parterre.

B. *Fleurs en grappes. Graines minimes, irrégulièrement anguleuses, tronquées aux 2 bouts, scrobiculées, transversalement rugueuses.*

LINAIRE BIPARTIE. — *Linaria bipartita* Willd. — *Antirrhinum bipartitum* Vent. Hort. Cels. tab. 82. — *Antirrhinum
orchidiflorum* Desfont.

Plante annuelle, glabre, haute de 1/2 pied à 1 pied, 1-ou
pluri-caule. Racine grêle, pivotante. Tiges dressées ou ascen-

dantes, feuillues, simples, ou rameuses. Feuilles petites, sessiles, d'un vert glauque, très-entières, 1-nervées : les inférieures opposées ou verticillées-ternées, lancéolées-oblongues, ou spàthulées, obtuses; les supérieures éparses, linéaires, ou lancéolées-linéaires, pointues. Grappes multiflores, assez denses lors de la floraison, finalement lâches, atteignant jusqu'à '/₂ pied de long. Pédicelles courts, filiformes, dressés, 1-bractéolés à la base. Bractées linéaires-lancéolées, ou ovales-lancéolées, acuminées, membraneuses aux bords, ordinairement plus longues que les pédicelles. Calice long de 1 ligne à 2 lignes; segments linéaires-lancéolés, pointus, dressés. Corolle panachée de bleu, de violet et de jaune, longue d'environ 6 lignes (y compris l'éperon, lequel est subulé, à peu près aussi long que la partie supérieure de la corolle); lèvre supérieure bipartie, à segments arrondis, obtus. Capsule chartacée, ellipsoïde, obtuse, à peine aussi longue que le calice, 10-valvulée au sommet. Graines ponctiformes, noirâtres.

Cette espèce, indigène dans l'Afrique septentrionale, se cultive comme plante d'ornement.

Genre MUFLIER. — *Antirrhinum* Tourn.

Calice oblique, 5-parti; segments inégaux : le supérieur plus grand; les 4 autres horizontaux, divergents. Corolle personée; tube allongé, un peu comprimé, sacciforme (antérieurement) à la base, garni à la surface interne de 2 barbes longitudinales; lèvre supérieure redressée, 2-lobée : lobes réfléchis, plissés à la base; lèvre inférieure horizontale, trilobée, munie au-dessus de sa base d'une bosse très-saillante, barbue, profondément 1-sulquée, fermant l'orifice du tube : lobe moyen plus court que les lobes latéraux, concave, dressé. Étamines (fertiles) 4, didynames, incluses, insérées au tube de la corolle; quelquefois le rudiment d'une 5ᵉ étamine. Filets comprimés, sublinéaires. Anthères cohérentes 2 à 2, verticales, médifixes : bourses oblongues, superposées. Ovaire 2-loculaire, obliquement ovoïde; placentaires 2, gros, adnés, multi-ovulés. Style filiforme, élargi à la base , infléchi au sommet. Stigmate obtus, inégalement 2-lobé. Capsule crustacée, fragile, très-inéquilatérale, ovoïde, 2-loculaire , déhiscente au sommet par 3 trous 3-angulaires : loges polyspermes, inégales : la postérieure plus petite , s'ouvrant par un seul trou 4-valvulé; l'antérieure plus grande, s'ouvrant par 2 trous collatéraux, chacun 2-valvulé; valvules dentiformes-triangulaires, caduques. Graines petites, irrégulièrement anguleusés, profondément fovéolées et rugueuses.

Herbes, ou sous-arbrisseaux. Feuilles très-entières : les inférieures opposées ou verticillées-ternées; les supérieures éparses. Fleurs solitaires-axillaires, ou disposées en grappes terminales bractéolées.

a) *Fleurs en grappes terminales : pédicelles épars , accompagnés chacun d'une bractée basilaire. Corolle beaucoup plus grande que le calice. — Herbes bisannuelles ou suffrutescentes. Segments calicinaux ovales ou elliptiques.*

Muflier commun. — *Antirrhinum majus* Linn. — Bull. Herb. tab. 277. — Engl. Bot. tab. 129. — Jaume Saint-Hil. Flore et Pom. Franç. tab. 307.

— *β* : A larges feuilles. — *Antirrhinum latifolium* Mill. Dict. —Link. et Hoffm. Flor. Portug. tab. 50.—*Antirrhinum diffusum* Bernh.

— *γ* : A feuilles étroites. — *Antirrhinum angustifolium* d'Urv. (non Poir.)

Herbe tantôt bisannuelle, tantôt vivace (et suffrutescente à la base), touffue, haute de 1 pied à 3 pieds, en général garnie vers son sommet (ou quelquefois dès la base) d'une pubescence glandulifère. Racine rameuse, pivotante, polycéphale. Tiges dressées ou ascendantes, cylindriques, feuillues, rameuses; rameaux dressés, ou ascendants, ou plus ou moins divergents, feuillus, en général paniculés. Feuilles réfléchies, ou horizontales, glabres, ou pubescentes, un peu charnues, d'un vert foncé, courtement pétiolées (les supérieures sessiles ou subsessiles), lancéolées, ou lancéolées-oblongues, ou lancéolées-linéaires, ou ovales (dans la variété à larges feuilles), obtuses, ou pointues. Grappes atteignant jusqu'à 1 pied de long, plus ou moins denses, quelquefois feuillées ·à la base; rachis en général pubérule et visqueux (de même que les pédicelles, les bractées, les calices, et la surface externe des corolles). Pédicelles longs de 2 à 4 lignes, dressés, filiformes, apprimés après la floraison. Bractées ovales ou ovales-oblongues, obtuses : les supérieures plus longues que les pédicelles. Calice long de 4 à 5 lignes : segments obtus. Corolle longue de 12 à 18 lignes, d'un pourpre plus ou moins vif, ou blanche, ou jaune, ou panachée de blanc et de pourpre; tube subcylindracé, plus long que la lèvre supérieure; lèvres à lobes ovales, très-obtus : la supérieure plus longue; la bosse de la lèvre inférieure jaune, veloutée. Filets pubescents à la base. Anthères jaunes. Pistil couvert d'une pubescence glandulifère. Graines noires, subconiques, tronquées aux 2 bouts.

Cette espèce, connue sous les noms vulgaires de *Muflier*, *Mufle de veau*, ou *Gueule de loup*, croît dans l'Europe méridionale; on la cultive fréquemment comme plante de parterre.

b) *Fleurs axillaires, subsessiles. Segments calicinaux linéaires, débordant la corolle. Herbe annuelle.*

MUFLIER DES CHAMPS. — *Antirrhinum Orontium* Linn. — Engl. Bot. tab. 1155. — Gærtn. Fruct. tab. 53. — Curt. Flor. Lond. 4, tab. 45. — *Orontium arvense* Pers. — *Antirrhinum calycinum* Poiret.—*Antirrhinum jamaicense* Hortor.

Plante haute de ¹/₂ pied à 2 pieds, ordinairement glabre (excepté vers le sommet de la tige et des rameaux). Racine grêle, pivotante, rameuse. Tige simple ou rameuse, dressée, effilée, cylindrique, légèrement poilue à la base, pubérule et visqueuse vers le sommet; rameaux plus ou moins divergents, longs, feuillés, ordinairement très-simples. Feuilles linéaires, ou lancéolées-linéaires, ou lancéolées-oblongues, ou oblongues, ou ovales-oblongues, obtuses, ou pointues, courtement pétiolées, d'un vert gai, glabres, ou pubérules, la plupart éparses, les supérieures

en général réfléchies. Fleurs disposées en longs épis feuillés et
très-lâches. Pédicelles épais, longs de 1 ligne à 2 lignes, dressés,
garnis (de même que le calice et la surface externe des corolles)
d'une pubescence glandulifère et visqueuse. Calice long de 5 à
6 lignes. Corolle rose, ou carnée, ou blanchâtre; lèvre inférieure
à bosse barbue de poils jaunes. Filets roses, glabres. Anthères
glabres. Capsule plus courte que le calice. Graines d'un brun
noirâtre, convexes d'un côté, concaves de l'autre.

Cette espèce est commune dans les moissons et les localités
incultes; elle fleurit durant tout l'été. Linné assure qu'elle est
vénéneuse.

Genre MAURANDIA. — *Maurandia* Orteg.

Calice 5-parti, oblique : segments presque égaux. Corolle
personée; tube gibbeux à la base, subinfondibuliforme,
obscurément tétragone, ventru en dessous; lèvres subisomètres : la supérieure 2-lobée, redressée; l'inférieure 3-lo-
bée, horizontale, à 2 plis ou à 2 bosses fermant l'orifice
du tube; lobes tous à peu près égaux. Étamines (fertiles) 4, didynames, incluses, insérées au tube de la
corolle; le rudiment d'une 5ᵉ étamine. Filets comprimés,
déclinés, géniculés, élargis et barbus à la base. Anthères
médifixes, didymes, subréniformes, non-cohérentes. Ovaire
2-loculaire; placentaires 2, gros, adnés, multi-ovulés. Style
filiforme. Stigmate oblique, tronqué. Capsule subglobuleuse, chartacée, fragile, oblique à la base, 2-loculaire,
polysperme : chaque loge s'ouvrant au sommet par 5 valvules. Graines petites, de forme irrégulière, fortement
tuberculeuses (comme squamelleuses).

Herbes vivaces, suffrutescentes à la base, volubiles.
Feuilles cordiformes ou subsagittiformes, palmatinervées,
plus ou moins anguleuses, longuement pétiolées : pétiole
grêle, volubile de même que les pédoncules. Pédoncules
solitaires, axillaires, 1-flores, grêles. Fleurs plus ou moins
inclinées; corolle pourpre ou violette, beaucoup plus
grande que le calice.

Ce genre appartient au Mexique. Les deux espèces que nous allons décrire sont remarquables par l'élégance de leurs fleurs, et se cultivent comme plantes d'ornement.

a) Calice glabre. Corolle pourpre.

MAURANDIA TOUJOURS-FLEURI. — *Maurandia semperflorens* Jacq. Hort. Schœnbr. tab. 288. — Bot. Mag. tab. 460.— *Usteria scandens* Cavan. Ic. tab. 116. — Jaume Saint-Hil. Flore et Pom. Franç. tab. 380.

Sarments très-longs, très-grêles, simples ou rameux, glabres, feuillus. Feuilles sagittiformes, ou cordiformes à la base, triangulaires, pointues, mucronées, très-glabres : lobes basilaires souvent 1-ou-2-dentés, ou sinuolés. Pédoncules ordinairement plus longs que les feuilles. Calice long de 4 à 5 lignes : segments linéaires-lancéolés, pointus, divergents, élargis à la base. Corolle longue de 12 à 15 lignes. Étamines de moitié plus courtes que le tube.

b) Calice couvert de soies glandulifères. Corolle d'un bleu violet.

MAURANDIA DE BARCLAY.—*Maurandia Barclayana* Lindl. Bot. Reg. tab. 1107.

Plante semblable par le port à l'espèce précédente. Feuilles plus grandes, en général cordiformes-bilobées à la base, à lobes tantôt arrondis, tantôt pointus, plus ou moins distinctement anguleux, ou sinuolés. Calice long d'environ 6 lignes : segments linéaires-lancéolés, acérés. Corolle longue de 18 à 20 lignes. Étamines presque aussi longues que le tube. Capsule un peu plus courte que le calice. Graines d'un brun noirâtre.

Genre LOPHOSPERME. — *Lophospermum* Don.

Calice grand, foliacé, 5-parti, accrescent : segments larges, presque égaux. Corolle bilabiée, subringente; tube infondibuliforme, gibbeux à la base, garni à sa surface interne de 2 barbes longitudinales (alternes avec les 2 étamines majeures) ; gorge ouverte, évasée ; lèvre supérieure plus grande, ascendante, profondément 2-lobée ; lèvre inférieure tripartie : segments arrondis : le moyen plus petit, décliné ; les 2 latéraux horizontaux, divariqués. Étamines (fertiles) 4, didynames, incluses, insérées vers la base du tube ; le rudiment d'une 5e étamine. Filets rectilignes ou géniculés, filiformes. Anthères réniformes, didymes, rapprochées 2 à 2. Ovaire 2-loculaire ; placentaires 2, gros, adnés, multi-ovulés. Style filiforme, infléchi au sommet. Stigmate 2-lamellé. Capsule chartacée, fragile, subglobuleuse, 2-loculaire, polysperme, irrégulièrement ruptile au sommet, recouverte par le calice. Graines petites, imbriquées, subovales, comprimées, squamelleuses, bordées d'une crête membranacée, fimbriée, striée, échancrée aux 2 bouts.

Arbustes volubiles. Feuilles alternes, pétiolées, palmatinervées, cordiformes à la base, subtriangulaires en contour, profondément dentées, souvent anguleuses ou lobées ; pétiole grêle, volubile. Pédoncules solitaires, axillaires, 1-florés, volubiles, ébractéolés. Fleurs pendantes ou inclinées, grandes. Corolle pourpre.

LOPHOSPERME POURPRE. — *Lophospermum erubescens* D. Don, in Sweet, Brit. Flow. Gard. ser. 2, sub tab. 75. —Bot. Reg. tab. 1381.—*Lophospermum scandens* Sweet, Brit. Flow. Gard. ser. 2, tab. 68. — Bot. Mag. tab. 3037 et 3038.

Tige très-rameuse, finalement ligneuse à la base. Sarments herbacés, feuillus, très-rameux, très-grêles, cylindriques, couverts (de même que les feuilles, les pédoncules et les calices) de courts poils blanchâtres, mous, la plupart glandulifères. Feuilles triangulaires, subcordiformes à la base, profondément et inégalement dentées, subacuminées, pointues, horizontales, larges de 1 pouce à 4 pouces, molles, souvent pourpres en dessous. Pédoncules défléchis après la floraison, en général un peu plus courts que les pétioles. Calice à l'époque de la floraison long d'environ 3 lignes : segments ovales, pointus, imbriqués, divergents au sommet. Corolle longue de 2 à 2 ¹/₂ pouces, d'un rose vif, pubérule-glanduleuse à la surface externe ; tube barbu de poils jaunes à la surface interne, beaucoup plus long que les lobes. Filets rectilignes, presque aussi longs que le tube, barbus de poils jaunes à la base, pubérules supérieurement. Ovaire couvert de soies glandulifères, Style pubescent, inclus. Capsule hispidule, brunâtre, cuspidée par le style. Graines d'un brun noirâtre : crête blanchâtre, subdiaphane.

Cette espèce, originaire du Mexique, se cultive comme plante d'ornement.

IVᵉ TRIBU. **LES SALPIGLOSSIDÉES.** — *SALPI-GLOSSIDEÆ* Benth.

Corolle à tube soit court, soit plus ou moins allongé ; limbe 2-labié, ou à 5 lobes presque égaux. Étamines fertiles au nombre de 2, ou au nombre de 4 (didynames), déclinées ; quelquefois · le rudiment d'une 5ᵉ étamine. Anthères dithèques : bourses quelquefois confluentes au sommet. Capsule 2-loculaire, septifrage-bivalve : valves entières ou 2-fides, parallèles à la cloison ; cloison placentifère au milieu. Embryon rectiligne ou arqué.

Genre SCHIZANTHE. — *Schizanthus* Ruiz et Pav.

Calice 5-parti : segments sublinéaires, inégaux. Corolle bilabiée, ringente ; tube court ou allongé, subcylindracé ; lèvre supérieure plus grande, redressée, gibbeuse à la base, 3-lobée ou 3-partie : le lobe supérieur indivisé, dressé ; les 2 lobes latéraux irrégulièrement laciniés, divariqués ; lèvre inférieure plus courte, concave, déclinée, 3-lobée : le lobe moyen sacciforme, échancré ; les lobes latéraux planes, très-entiers (soit plus courts, soit plus longs que le lobe moyen). Étamines (fertiles) 2 , saillantes, insérées à la base de la lèvre inférieure ; filets filiformes, déclinés ; anthères cordiformes, obtuses, basifixes, versatiles : bourses parallèles, confluentes au dos. Deux filets stériles, très-courts, insérés à la base de la lèvre supérieure. Ovaire 2-loculaire, inséré sur un disque annulaire ; placentaires 2, gros, multi-ovulés, adnés à l'axe de la cloison. Style filiforme, décliné. Stigmate tronqué. Capsule 2-loculaire, chartacée, polysperme , 2-valve jusqu'à la base : valves cymbiformes, bifides au sommet; placentaires fongueux , restant adnés à la cloison. Graines subréniformes, réticulées, fovéolées; embryon arqué ; cotylédons très-courts ; radicule allongée, infère , subcylindracée.

Herbes annuelles, couvertes d'une pubescence glandulifère. Feuilles bipennatiparties ou pennatiparties (excepté les primordiales) : les inférieures opposées ; les autres éparses. Grappes terminales, ou axillaires et terminales, ou oppositifoliées, lâches, bractéolées (quelquefois feuillées à la base); pédicelles filiformes, divariqués après la floraison. Corolle grande, panachée.

Schizanthe étalé. — *Schizanthus porrigens* Hook. Exot. Flor. 1, tab. 86. — Sweet, Brit. Flow. Gard. tab. 76.— Bot. Mag. tab. 2521. — *Schizanthus pinnatus* Ruiz et Pav. Flor. Peruv. 1, tab. 13.—Hook. Exot Flor. 1, tab 73. — Bot. Mag. tab. 2404. — Sweet, Brit. Flow. Gard. ser. 2, tab. 197. — Bot. Reg. tab. 725 et 1562.

Plante touffue, pubérule, visqueuse, haute de ¹/₂ pied à 1 ¹/₂ pied ; poils les uns très-courts, mous, apprimés , les autres plus longs, raides, glandulifères au sommet. Tige dressée, grêle, cylindrique, très-rameuse dès la base; rameaux ascendants, ou diffus, ou plus ou moins divergents, paniculés. Feuilles molles, d'un vert clair, oblongues en contour : les inférieures bipennatiparties; les supérieures pennatiparties ; segments et lobules très-entiers , ou dentés, ou crénelés, suboblongs, obtus : les segments principaux quelquefois alternes avec des lobes dentiformes;

pétiole très-grêle. Grappes terminales et latérales (moins souvent axillaires), sessiles, bractéolées (les terminales ordinairement feuillées à la base), lâches, 5-15-flores, longues de 1 pouce à 3 pouces. Bractées 3 à 5 fois plus courtes que les pédicelles, foliacées, cunéiformes, ou ovales, très-entières, ou sinuées-dentées, souvent latérales, ou géminées. Pédicelles épars, filiformes, dressés pendant la floraison, puis divariqués, redressés au sommet, longs de 4 à 8 lignes. Calice long d'environ 2 lignes : segments linéaires-spathulés, obtus, dressés, divergents au sommet, après la floraison connivents. Tube de la corolle assez étroit, plus court que le calice, de couleur pourpre. Lèvre supérieure flabelliforme en contour, large de 6 lignes à 1 pouce, d'un rose plus ou moins vif, panaché de jaune et de blanc ; bosse jaune, avec des points d'un pourpre-noirâtre ; le lobe supérieur obovale ou cunéiforme-obovale, échancré, ou très-entier ; les 2 lobes latéraux flabelliformes, irrégulièrement palmatifides. Lèvre inférieure d'un pourpre violet, 2 fois plus courte et beaucoup moins large que la lèvre supérieure ; les 2 lobes latéraux planes, subfalciformes, obtus, connivents, étroits, plus longs que le capuchon. Étamines fertiles à peu près aussi longues que le capuchon de la lèvre inférieure. Filets pourpres, filiformes, poilus. Anthères d'un jaune verdâtre. Capsule ellipsoïde, obtuse, un peu plus courte que le calice. Graines d'un brun noirâtre.

Cette espèce, originaire du Chili, se cultive comme plante d'ornement.

Genre SALPIGLOSSE. — *Salpiglossis* Ruiz et Pav.

Calice campanulé, 5-gone, 5-fide : lobes presque égaux. Corolle infondibuliforme, subbilabiée, subringente : lèvre supérieure plus grande, ascendante, profondément 2-lobée ; lèvre inférieure un peu déclinée, profondément 3-lobée ; lobes tous planes, échancrés, ou bilobés. Étamines (fertiles) 4, didynames, incluses, insérées au-dessous du milieu du tube ; le rudiment d'une 5e étamine. Filets filiformes, déclinés. Anthères cordiformes-elliptiques, basi-

fixes, versatiles : bourses contiguës, parallèles, confluentes
au dos. Ovaire 2-loculaire; placentaires 2, multi-ovulés,
adnés à l'axe de la cloison. Style filiforme, épaissi au sommet. Stigmate transversalement elliptique, disciforme.
Capsule ovoïde ou oblongue, subcoriace, 2-loculaire, polysperme, 2-valve jusqu'à la base; valves finalement bifides; placentaires fongueux, restant adnés à la cloison.
Graines minimes, anguleuses, tronquées, chagrinées; embryon cylindracé, arqué; radicule centripète, obtuse,
2 fois plus longue que les cotylédons.

Herbes annuelles ou suffrutescentes, couvertes d'une pubescence glandulifère et visqueuse. Feuilles alternes, ordinairement sinuées-pennatifides. Fleurs en grappes lâches,
terminales ; subpaniculées; pédicelles longs, filiformes,
dressés (les fructifères plus ou moins divergents), épars,
naissant chacun tantôt à l'aisselle, tantôt à l'opposite d'une
bractée linéaire. Corolle grande, panachée.

SALPIGLOSSE A FEUILLES SINUÉES.—*Salpiglossis sinuata* Ruiz
et Pav. Flor. Peruv. — *Salpiglossis atropurpurea* Hook. Bot.
Mag. tab. 2811. — Sweet, Brit. Flow. Gard. tab. 271. —
Salpgilossis straminea Hook. Exot. Flor. tab. 229. — Bot.
Mag. tab. 3365. — Sweet, Brit. Flow. Gard. tab. 231.

Herbe suffrutescente, finement pubérule, très-visqueuse,
haute de 1 pied à 2 pieds. Tige subdichotome et paniculée au
sommet, rameuse ou simple inférieurement, feuillue à la base.
Rameaux très-grêles, subaphylles, subpaniculés. Feuilles courtement pétiolées, molles, pubérules aux 2 faces, d'un vert foncé :
les inférieures oblongues-spathulées, ou lancéolées-oblongues,
obtuses, sinuées-dentées, ou sinuolées; les supérieures lancéolées-oblongues, ou lancéolées-linéaires, ou lancéolées, ordinairement pointues, subsinuolées, ou plus habituellement très-entières.
Grappes simples ou irrégulièrement dichotomes, très-lâches,
pauciflores. Pédicelles longs de 6 à 18 lignes. Bractées 2 à 4
fois plus courtes que les pédicelles. Calice long d'environ 3 lignes : lobes dentiformes-triangulaires, pointus, dressés. Corolle

longue de 15 lignes à 2 pouces, finement pubérule à la surface externe, tantôt d'un pourpre brunâtre panaché de jaune, tantôt d'un blanc jaunâtre veiné de pourpre. Tube grêle au-dessous du milieu, très-évasé supérieurement; limbe à lobes ovales-ellip-tiques, bilobés au sommet, beaucoup plus courts que le tube. Capsule ovale-conique, pointue, un peu plus longue que le calice. Graines d'un brun noirâtre.

Cette espèce, originaire du Chili, se cultive comme plante d'ornement.

. SALPIGLOSSE PANACHÉ. — *Salpiglossis picta* Sweet, Brit. Flow. Gard. tab. 258.

Cette espèce paraît ne différer de la précédente que par des feuilles très-légèrement sinuolées (même les inférieures), et par le calice, qui est fendu jusqu'au milieu en lanières linéaires. La corolle est panachée de pourpre violet, de blanc et de jaune.

Ce Salpiglosse, également indigène du Chili, se cultive aussi comme plante d'ornement.

Vᵉ TRIBU. **LES DIGITALÉES.** — *DIGITALEÆ* Benth.

Corolle tubuleuse, 2-labiée, souvent ventrue. Étamines fertiles 4 (accompagnées quelquefois du rudiment d'une 5ᵉ étamine), didynames, déclinées à la base, ordinairement ascendantes au sommet. Anthères di-thèques : bourses confluentes, finalement divariquées. Capsule septicide-bivalve; valves 2-fides ou 2-parties, persistantes, se séparant des placentaires; placen-taires connés.

Genre CHÉLONE. — *Chelone* Linn.

Calice 5-parti : segments subcoriaces, bisériés, presque égaux. Corolle ringente; tube gros, subcylindracé; lèvres

subisomètres : la supérieure horizontale, voûtée, bilobée;
l'inférieure un peu plus longue, déclinée, 3-lobée, convexe et barbue en dessus; gorge close. Étamines fertiles 4,
un peu saillantes, didynames, accompagnées d'un filet
ananthère, insérées au fond de la corolle. Filets linéaires,
comprimés, élargis à la base, arqués et connivents au sommet. Anthères réniformes, didymes, laineuses, rapprochées
2 à 2. Ovaire 2-loculaire; placentaires 2, subpyramidaux,
multi-ovulés, adnés à l'axe de la cloison. Style filiforme,
décliné au sommet. Stigmate petit, subcapitellé, obscurément bilobé. Capsule chartacée, 2-loculaire, polysperme;
valves bifides, se détachant du placentaire. Graines comprimées, imbriquées, lisses, bordées d'une large aile membranacée.

Herbes vivaces, peu rameuses. Feuilles subsessiles, opposées-croisées, dentelées : les radicales nulles ou très-petites; les caulinaires-inférieures plus petites que les supérieures. Fleurs grandes, horizontales, subsessiles, disposées
en grappes spiciformes terminales (ou quelquefois axillaires et terminales); pédicelles opposés-croisés, dressés,
1-bractéolés à la base, 2-bractéolés au-dessous du milieu.
Bractées subcoriaces, imbriquées, bombées : l'inférieure
plus grande; les 2 supérieures opposées, conformes aux
sépales. Corolle pourpre, ou blanche, ou panachée.

CHÉLONE ÉLÉGANTE. — *Chelone elegans* Spach. — *Chelone
glabra* et *Chelone obliqua* Linn. — Mill. Ic. tab. 93. — Bot.
Reg. tab. 175. — Jaume Saint-Hil. Flore et Pom. tab. 467. —
Chelone purpurea Mill. — *Chelone latifolia* Elliot,

Plante glabre, touffue, haute de 1 pied à 3 pieds. Racine pivotante, très-rameuse, polycéphale. Tiges tétragones, raides,
dressées, grêles, effilées, aphylles ou médiocrement feuillées inférieurement, assez feuillues à partir du milieu jusqu'au sommet,
tantôt très-simples et ne produisant que des ramules florifères
subaphylles, tantôt rameuses vers leur sommet. Feuilles d'un
vert foncé et un peu luisantes en dessus, d'un vert glauque ou

pâle en dessous, fermes, un peu rugueuses en dessus, penninervées, ovales, ou ovales-lancéolées, ou oblongues-lancéolées,
ou lancéolées-oblongues, ou elliptiques-oblongues, ou lancéolées-
elliptiques, ou lancéolées, acuminées (à pointe tantôt subobtuse,
tantôt acérée), plus ou moins profondément dentelées, ou moins
habituellement subcrénelées, en général cunéiformes vers leur
base; pétiole court, marginé. Grappes solitaires à l'extrémité de
la tige et des rameaux ou de courts ramules axillaires (ou quelquefois immédiatement subsessiles aux aisselles des feuilles supérieures), sessiles, ou subsessiles, très-denses (rarement interrompues à la base), à l'époque de la floraison longues de 1 pouce
à 3 pouces. Fleurs imbriquées sur 4 rangs. Bractées et sépales verdâtres, avec un rebord membraneux assez large. Bractées externes ovales ou ovales-elliptiques, acuminées, à peine
débordées par les calices. Bractées et sépales elliptiques, ou elliptiques-oblongs, arrondis au sommet, longs de 3 à 4 lignes.
Corolle d'un rose plus ou moins vif, ou blanche, ou panachée de
blanc et de rose, longue de 12 à 15 lignes; tube rétréci à la base,
subrectiligne, très-bombé au dos; lèvres à peu près de moitié
plus courtes que le tube; filets poilus. Capsule ellipsoïde, sub-
acuminée, de moitié plus longue que le calice. Graines suborbiculaires ou ellipsoïdes, larges de 1 ligne, d'un brun noirâtre :
rebord brunâtre, subdiaphane.

Cette espèce, qui croît dans les montagnes des États-Unis, se
cultive comme plante d'ornement.

CHÉLONE A LARGES FEUILLES. — *Chelone Lyonii.* Pursh,
Flor. Amer. Sept. — Sweet, Brit. Flow. Gard. tab. 293. —
Chelone major Bot. Mag. tab. 864. — *Chelone speciosa*
Hortul.

Cette plante n'est peut-être qu'une variété de l'espèce précédente, dont elle ne diffère que par des feuilles légèrement pubescentes, plus grandes, en général ovales, ou ovales-elliptiques,
souvent cordiformes à la base; elle est également indigène des
États-Unis, et se cultive aussi dans les jardins.

Genre ELMIGÉRA. — *Elmigera* Reichenb.

Calice 5-parti : segments 2-sériés, presque égaux. Corolle ringente : tube claviforme, ventru en dessous ; lèvres courtes : la supérieure un peu plus grande, voûtée, presque droite, échancrée ; l'inférieure déclinée, plane, profondément 3-lobée, barbue (en dessus) à la base ; gorge béante. Étamines fertiles 4, saillantes, didynames, accompagnées d'un filet ananthère (linéaire-spathulé), glabres, insérées au tube de la corolle. Filets filiformes. Anthères obréniformes, didymes. Ovaire 2-loculaire ; placentaires 2, subpyramidaux, multi-ovulés, adnés à l'axe de la cloison. Style filiforme, rectiligne. Stigmate petit, obtus. Capsule subcoriace, ovoïde, 2-loculaire, 2-valve, polysperme : valves bifides. Graines petites, comprimées, submarginées, finement scrobiculées.

Herbes vivaces. Feuilles opposées, très-entières : les inférieures rétrécies en pétiole ailé ; les autres sessiles, graduellement plus courtes ; les florales-supérieures réduites à de courtes bractées. Pédoncules solitaires, axillaires, dressés, 1-5-flores, 2-bractéolés au sommet, disposés en panicule allongée et très-lâche ; pédicellés longs, filiformes, ébractéolés, inclinés au sommet, disposés en cymule simple. Fleurs grandes, pendantes lors de l'épanouissement. Corolle écarlate. Calice-fructifère dressé.

ELMIGÉRA BARBU. — *Elmigera barbata* Reichenb. — *Chelone barbata* Cavan. Ic. tab. 242. — Bot. Reg. tab. 116. — *Chelone ruellioides* Andr. Bot. Rep. tab. 34.

Plante haute de 2 à 3 pieds, touffue, très-glabre et lisse à toutes ses parties herbacées. Racine pivotante, polycéphale. Tiges simples ou peu rameuses, dressées, cylindriques, grêles, effilées, d'un vert glauque ou rougeâtre ; entre-nœuds très-longs. Feuilles glauques aux 2 faces, obscurément 5-nervées : les radicales et les caulinaires-inférieures oblongues-spa-

thulées, obtuses, longues de 4 à 6 pouces ; les suivantes oblongues-lancéolées ou oblongues, en général pointues ; les florales-
inférieures linéaires-lancéolées, ou oblongues-lancéolées ; les
supérieures réduites à des bractées linéaires ou subulées. Panicule longue de 1 pied à 2 ½ pieds. Pédoncules très-grêles, les
inférieurs longs de 2 à 3 pouces, les supérieurs graduellement
plus courts ; bractéoles subulées ou sétiformes ; pédicelles longs
de 6 à 18 lignes. Calice long de 2 lignes : segments ovales, acuminés, subcoriaces, membraneux aux bords. Corolle longue de
12 à 15 lignes ; lèvres 4 fois plus courtes que le tube : lobes
ovales-arrondis ; barbe jaune, très-apparente. Étamines à peine
débordées par la lèvre supérieure ; anthères assez grosses, noirâtres. Staminode glabre, à peu près aussi long que le tube de la
corolle. Capsule acuminée, 2 fois plus longue que le calice.
Graines petites, d'un brun foncé.

Cette espèce, originaire du Mexique, se cultive comme plante
de parterre.

Genre PENTASTÈME. — *Pentstemon* L'hérit.

Calice 5-parti : segments bisériés, presque égaux. Corolle
subringente ; tube claviforme, ventru en dessous ; lèvres
courtes : la supérieure horizontale ou ascendante, 2-lobée,
plus courte ; l'inférieure déclinée, 3-lobée, en général
barbue en dessus ; gorge béante. Étamines fertiles 4 (saillantes ou incluses), didynames, accompagnées d'un filet
ananthère (linéaire-spathulé, ordinairement barbu et plus
long que les filets anthérifères), insérées au tube de la corolle. Filets filiformes, plus ou moins arqués, convergents
au sommet. Anthères glabres ou ciliées, réniformes, ou en
fer à cheval, didymes. Ovaire 2-loculaire ; placentaires 2,
multi-ovulés, adnés à l'axe de la cloison. Style filiforme,
décliné, souvent infléchi au sommet. Stigmate petit, obtus.
Capsule subcoriace, ovoïde, ou subglobuleuse, 2-locu-
laire, 2-valve, polysperme ; valves 2-fides. Graines petites,
irrégulièrement anguleuses, finement scrobiculées.

Herbes vivaces. Feuilles très-entières ou dentelées, opposées : les radicales et les caulinaires-inférieures pétiolées;
les autres sessiles, graduellement plus courtes, souvent
dissemblables; les florales-supérieures réduites à de courtes
bractées. Fleurs pendantes ou horizontales, disposées en
panicules terminales. Pédoncules pauciflores ou multiflores,
opposés, solitaires, axillaires (rarement 1-flores et fasciculés); pédicelles en cymules ou rarement en grappes. Corolle bleue, ou blanche, ou pourpre, ou violette, ou panachée. Calice-fructifère dressé.

Ce genre, propre à l'Amérique septentrionale, renferme
beaucoup d'espèces remarquables par l'élégance de leurs
fleurs; celles que nous allons décrire se cultivent comme
plantes d'ornement.

Section I.

Étamines fertiles glabres. Staminode barbu, plus ou moins
saillant. Corolle à lèvre inférieure plus ou moins barbue; lobes glabres aux bords.

A. *Panicule (racémiforme au sommet) unilatérale (lors de
la floraison), composée de cymules 2-7-flores, courtement
pédonculées, ou subsessiles (les pédoncules supérieurs souvent 1-flores). Fleurs pendantes. Étamines aussi longues
ou un peu plus longues que la corolle. Staminode barbu
seulement au sommet. Corolle à lèvre inférieure légèrement poilue.*

Pentastème campanulé. — *Pentstemon campanulatus*
Willd. Spec. — Jacq. Hort. Schœnbr. tab. 362. — Bot. Mag.
tab. 1878.—*Chelone angustifolia* Kunth, Nov. Gen. et Spec.
2, tab. 173.—*Pentstemon angustifolius* Bot. Reg. tab. 1122.
— *Chelone rosea* Sweet, Brit. Flow. Gard. tab. 230. — *Chelone atropurpurea* Sweet, l. c. tab. 235. — *Pentstemon pul-
chellus* Bot. Reg. tab. 1138.—*Chelone campanulata* Cavan.
Ic. tab. 29.

Feuilles glabres, dentelées, acérées, les caulinaires sessiles :
les inférieures linéaires-lancéolées, ou oblongues-lancéolées ; les
supérieures ovales-lancéolées, amplexicaules, longuement acuminées. Bractées très-entières, ovales, longuement acuminées.
Panicule pubérule, visqueuse. Pédicelles 3 à 4 fois plus longs
que le calice. Segments calicinaux oblongs-lancéolés, acérés.
Lobes de la corolle ovales ou elliptiques, arrondis au sommet.
Capsule ovoïde, acuminée, 1 fois plus longue que le calice.

Racine pivotante, rameuse, polycéphale. Tiges dressées, grêles, effilées, cylindriques, feuillues, glabres jusqu'à l'origine des
pédoncules, rameuses ou indivisées vers leur sommet, ramulifères inférieurement ; ramules axillaires : les inférieurs (se développant seulement à l'époque de la floraison) courts, stériles,
feuillus. Feuilles d'un vert gai, assez fermes, plus longues que
les entre-nœuds : les ramulaires lancéolées-linéaires, très-étroites,
légèrement denticulées. Panicule terminale longue de $^1/_2$ pied à
1 $^1/_2$ pied. Panicules raméaires 2 à 4 fois plus courtes. Pédoncules graduellement plus courts, 2-bractéolés à l'origine des pédicelles. Calice pubérule, visqueux, long d'environ 3 lignes.
Corolle longue de 10 à 15 lignes, rose, ou d'un pourpre violet
plus ou moins foncé, pubérule-glanduleuse à la surface externe;
tube plus ou moins évasé. Anthères assez grosses, plus ou moins
saillantes, d'un pourpre noirâtre.

Cette espèce est indigène du Mexique.

B. *Panicules (cymeuses au sommet) composées de cymules
7-ou pluri-flores, dichotomes, plus ou moins longuement
pédonculées, non-unilatérales. Étamines à peine plus longues que le tube. Staminode barbu dès le milieu. Corolle à
lèvre inférieure barbue.*

a) *Panicule feuillée seulement à la base : entre-nœuds plus courts ou à
peine aussi longs que les pédoncules (ou les ramules florifères) ; pédicelles non-fastigiés.*

PENTASTÈME PUBESCENT. — *Pentstemon pubescens* Hort.
Kew. — Bot. Mag. tab. 1424. — *Chelone Pentstemon* Linn.

Tiges pubescentes. Feuilles (la plupart sessiles) oblongues-lancéolées, denticulées (les supérieures quelquefois ovales-lancéolées, très-entières), pointues, ou acuminées, glabres, ou légèrement pubérules. Panicule allongée, feuillée à la base, pubérule-visqueuse. Bractées ovales, ou ovales-lancéolées, acuminées. Cymes 7-15-flores, longuement pédonculées, lâches; pédicelles à peu près aussi longs que le calice. Segments calicinaux ovales, acuminés, immarginés. Lobes de la corolle ovales ou elliptiques, arrondis au sommet. Staminode saillant. Capsule ovoïde, pointue, 1 fois plus longue que le calice.

Plante touffue, haute de 1 pied à 2 pieds. Tiges dressées, grêles, effilées, obscurément 4-gones, feuillues, très-simples, ou ramulifères aux aisselles supérieures; entre-nœuds la plupart moins longs que les feuilles. Feuilles minces, d'un vert foncé en dessus : les radicales et les caulinaires-inférieures lancéolées ou lancéolées-spathulées. Panicule longue de ½ pied à 1 pied. Fleurs pendantes. Calice long de 2 à 3 lignes. Corolle longue d'environ 1 pouce, panachée de lilas, de violet et de jaune. Graines d'un brun noirâtre, du volume de celles du Pavot.

Cette espèce croît aux États-Unis.

PENTASTÈME A FLEURS DE DIGITALE.—*Pentstemon Digitalis* Nutt. — Bot. Mag. tab. 2587. — *Chelone Digitalis* Sweet, Brit. Flow. Gard. tab. 120.

Feuilles glabres (de même que la tige), subdenticulées : les caulinaires la plupart ovales ou ovales-lancéolées, pointues, ou acuminées, sessiles. Panicule subcymeuse, ou subpyramidale, assez dense, pubérule-glanduleuse. Cymules 7-15-flores, longuement pédonculées; pédicelles en général plus longs que le calice. Bractées ovales ou ovales-lancéolées, acuminées. Segments calicinaux ovales, acuminés, submarginés. Lobes de la corolle ovales ou elliptiques, arrondis au sommet. Staminode un peu saillant, plus court que les étamines. Capsule conique, pointue, 1 fois plus longue que le calice.

Plante touffue, haute de 1 pied à 2 pieds. Tiges dressées, effilées, obscurément tétragones, glabres, simples, ou ramulifères vers leur sommet : ramules pédonculiformes, florifères, sübaphylles, dichotomes. Feuilles minces, d'un beau vert. Panicule longue de 4 à 8 pouces. Fleurs plus ou moins inclinées. Segments calicinaux longs de 2 à 3 lignes, pubérules aux bords. Corolle blanche, pubérule à la surface externe, longue d'environ 1 pouce. Graines brunes, plus grosses que celles de l'espèce précédente.

Cette espèce croît dans les provinces méridionales des États-Unis.

b) *Panicule feuillée seulement à la base : entre-nœuds plus courts que les pédoncules (ou ramules florifères); pédicelles non-fastigiés.*

PENTASTÈME LISSE. — *Pentstemon lævigatus* Willd. —Bot. Mag. tab. 1425. — Jaume Saint-Hil. Flore et Pom. tab. 466.

Feuilles glabres (de même que la tige) : les caulinaires la plupart sessiles, denticulées, ovales-lancéolées, ou ovales-oblongues, ou ovales, acuminées; les supérieures longuement acuminées, très-entières. Panicule allongée, interrompue, légèrement pubérule et visqueuse. Cymules 7-11-flores, longuement pédonculées; pédicelles en général à peine aussi longs que le calice. Bractées longuement acuminées. Segments calicinaux ovales-lancéolés, acuminés, submarginés. Corolle à lobes arrondis. Staminode à peine saillant, plus court que les étamines. Capsule ovoïde, acuminée, 1 fois plus longue que le calice.

Plante semblable à l'espèce précédente par le port et le feuillage. Panicule atteignant jusqu'à 1 pied de long. Fleurs plus ou moins inclinées. Corolle d'un blanc tirant sur le rose, longue d'environ 6 lignes.

Cette espèce croît aux États-Unis.

c) *Panicule feuillée dans presque toute sa longueur; pédicelles subfastigiés. Feuilles inférieures non-spathulées, longuement pétiolées.*

PENTASTÈME A FEUILLES OVALES. — *Pentstemon ovatus* Dougl. —Bot. Mag. tab. 2903. — Sweet, Brit. Flow. Gard. ser. 2, tab. 211.

Tiges dressées, ordinairement rameuses, pubérules. Feuilles

glabres en dessus, pubérules en dessous, acuminées, sinuolées-dentelées : les radicales et les caulinaires-inférieures ovales, cunéiformes à la base ; les suivantes ovales, ou ovales-lancéolées, ou ovales-oblongues, arrondies à la base ; les supérieures cordiformes ; les florales souvent très-entières. Panicules denses, subthyrsiformes, ou oblongues ; pédicelles en général à peu près aussi longs que le calice. Segments calicinaux ovales-lancéolés ou oblongs-lancéolés, pointus, marginés à la base. Lobes de la corolle oblongs, obtus. Staminode plus long que les étamines. Capsule ovoïde, pointue, plus longue que le calice : valves épaissies aux bords.

Plante touffue, haute de 1 à 3 pieds. Tiges feuillues, subcylindriques. Feuilles d'un vert foncé : les radicales longues de 2 à 4 pouces. Panicules pubérules-visqueuses. Cymules supérieures courtement pédonculées. Calice long d'environ 2 lignes. Corolle longue de 6 à 12 lignes, d'un beau bleu lavé de pourpre, pubérule à la surface externe. Graines petites, d'un brun foncé.

Cette espèce a été trouvée par Douglas dans les Rocheuses, vers les sources du Columbia.

PENTASTÈME ÉTALÉ. — *Pentstemon diffusus* Dougl. — Bot. Reg. tab. 1152. — Jaume Saint-Hil. Flore et Pom. tab. 465.

Tiges glabres ou finement pubérules, ascendantes, ordinairement rameuses. Feuilles pointues, glabres, inégalement dentelées : les radicales et les caulinaires inférieures ovales, ou subrhomboïdales, ou elliptiques, cunéiformes vers leur base ; les suivantes ovales ou ovales-oblongues, arrondies ou cordiformes à la base ; les florales-supérieures cordiformes, très-entières, acuminées. Panicules finement pubérules, allongées, en général interrompues ; pédicelles aussi longs que le calice ou plus longs. Segments calicinaux ovales-lancéolés ou oblongs-lancéolés, ciliés. Lobes de la corolle arrondis. Staminode plus long que les étamines. Capsule ovoïde, acuminée, plus longue que le calice : valves non-épaissies aux bords.

Plante touffue, haute de 2 à 3 pieds. Tiges cylindriques,

grêles, subflexueuses, souvent rougeâtres. Feuilles minces,
d'un beau vert, un peu luisantes en dessus : les radicales longues de 3 à 4 pouces. Panicule terminale longue de ¹/₂ pied à
1 pied. Calice long de 2 à 3 lignes. Corolle longue d'environ
1 pouce, d'un pourpre violet, glabre. Graines brunes.

Cette espèce habite les mêmes contrées que la précédente.

SECTION II.

Étamines fertiles à filets barbus au sommet ; anthères hispidules au bord supérieur. Staminode barbu, plus ou
   moins saillant. Corolle à lobes ciliolés ; lèvres imberbes.

PENTASTÈME ÉLÉGANT. — *Pentstemon venustus* Dougl. —
Bot. Reg. tab. 1309.

Tiges simples ou rameuses, ascendantes. Feuilles subcoriaces,
glabres (de même que la tige, les rameaux et les panicules),
acuminées, inégalement dentelées : les inférieures courtement pétiolées, subspathulées ; les autres sessiles, lancéolées, ou lancéolées-obovales, ou oblongues-lancéolées. Panicules aphylles ou
feuillées à la base, assez denses, subthyrsiformes, composées de
cymules 2-9-flores, pédonculées. Segments calicinaux, ovales-
lancéolés, acuminés, marginés, glabres. Lobes de la corolle ovales ou elliptiques, arrondis au sommet. Étamines un peu plus
longues que la corolle. Staminode plus court que la corolle, sublinéaire, barbu du milieu jusqu'au sommet.

Plante touffue, haute de 2 à 3 pieds. Tiges obscurément
4-gones, grêles, très-lisses. Feuilles d'un vert glauque. Panicules
longues de 3 pouces à 1 pied. Pédicelles aussi longs que le calice ou plus longs. Bractéoles subulées. Calice long d'environ 2
lignes. Corolle longue d'environ 1 pouce, glabre à la surface externe, d'un lilas plus ou moins vif. Capsule ovoïde, acuminée,
2 fois plus longue que le calice ; valves non-épaissies aux bords.
Graines brunâtres.

Cette espèce habite les mêmes contrées que les 2 précédentes.

Genre DIGITALE. — *Digitalis* Linn.

Calice 5-parti : segments plus ou moins inégaux, 2-sé-
riés. Corolle obliquement infondibuliforme ou claviforme,
ventrue en dessous, 2-labiée, subringente ; gorge béante ;
lèvres anisomètres (souvent alternes chacune avec un lobe
latéral très-court) : la supérieure très-entière ou courtement
bilobée, plus courte, recouverte en préfloraison par la lèvre
inférieure ; lèvre inférieure indivisée, déclinée, plus ou
moins allongée. Étamines 4, didynames (toutes fertiles),
déclinées, insérées peu au-dessus de la base de la corolle ;
filets arqués, convergents ; anthères réniformes, didymes,
rapprochées 2 à 2 : bourses divariquées après l'anthèse.
Ovaire 2-loculaire, inséré sur un disque ondulé ; placentaires 2, pyramidaux, multi-ovulés, adnés à l'axe de la cloison. Style filiforme, décliné, plus ou moins infléchi. Stigmate 2-lamellé. Capsule ovoïde, 2-sulquée, subcoriace,
2-loculaire, polysperme ; valves subbifides. Graines ovales
ou oblongues, prismatiques, finement scrobiculées.

Herbes bisannuelles ou vivaces, peu ou point rameuses.
Feuilles très-entières, ou dentelées, ou crénelées, éparses :
les radicales et les caulinaires-inférieures rétrécies en pétiole ; les autres sessiles. Grappes terminales ou axillaires et
terminales, solitaires, ordinairement unilatérales ; pédicelles épars, naissant chacun à l'aisselle d'une bractée foliacée. Fleurs pendantes ou inclinées. Calice fructifère
dressé. Corolle blanche, ou pourpre, ou jaune, ou orange,
ou brunâtre, en général grande.

a) *Fleurs pourpres.*

DIGITALE POURPRE. — *Digitalis purpurea* Linn. — Flor.
Dan. tab. 74. — Engl. Bot. tab. 1297. — Bull. Herb. tab. 21.
— *Digitalis tomentosa* Link.

Plante bisannuelle, haute de 2 à 4 pieds. Racine pivotante,
rameuse. Tige grêle, effilée, dressée, simple, mollement pubes-

cente, ou cotonneuse. Feuilles pubérules et d'un vert terne en dessus, pubescentes et incanes en dessous, crénelées, subobtuses : les radicales (atteignant jusqu'à 1 pied de long) ovales ou ovales-lancéolées, rétrécies en long pétiole largement ailé ; les autres sessiles ou subsessiles, lancéolées-elliptiques, ou lancéolées-oblongues. Grappe multiflore, un peu lâche, unilatérale, bractéolée, longue de ¹/₂ pied à 2 pieds. Bractées ovales-lancéolées, ou oblongues-lancéolées, ou linéaires-lancéolées, pointues, cotonneuses-incanes : les inférieures plus longues que les pédicelles; les supérieures graduellement plus courtes. Pédicelles longs de 4 à 8 lignes, cotonneux de même que le rachis et les calices. Fleurs pendantes. Segments calicinaux ovales-elliptiques ou ovales-lancéolés, acuminulés, 3-ou 5-nervés, longs de 3 à 4 lignes, souvent marbrés de violet. Corolle longue de 15 lignes à 2 pouces (à embouchure large de ¹/₂ pouce), subcampanulée, glabre à la surface externe, légèrement barbue à la gorge, pourpre, ou rose, ou blanche, marbrée à la surface interne de quantité de points d'un pourpre noirâtre; lèvres très-courtes, arrondies, subisomètres : la supérieure très-entière ou échancrée ; lobes latéraux arrondis, à peine marqués. Étamines incluses; anthères jaunes, ponctuées de pourpre. Style pourpre, débordant les étamines. Graines d'un brun clair, du volume de celles du Pavot.

Cette plante, connue sous les noms vulgaires de *Doigtier*, ou *Gant de Notre-Dame*, croît dans les clairières des bois, surtout dans les montagnes peu élevées; l'élégance de ses fleurs la fait cultiver dans beaucoup de jardins. Toutes les parties vertes de la *Digitale pourpre*, mais notamment les jeunes feuilles, ont une saveur très-amère, jointe à une légère âcreté; à dose un peu élevée, elles agissent en drastique violent. Administrée par petites doses longtemps continuées, cette Digitale possède la propriété remarquable de ralentir sensiblement la circulation du sang, en même temps qu'elle stimule l'action du système lymphatique; aussi est-elle souvent employée avec succès contre les anévrismes, l'hémoptysie, l'hydropisie et les maladies scrophuleuses. On ignore si les autres espèces congénères participent ou non aux propriétés médicales de la *Digitale pourpre*.

DIGITALE A GRANDES FLEURS. — *Digitalis grandiflora*
Lamk. — Reichenb. Plant. Crit. fig. 289 et 290. — *Digitalis
ambigua* Murr. Syst. — *Digitalis ochroleuca* Jacq. Flor.
Austr. tab. 75.

Herbe vivace, haute de 1 ¹/₂ pied à 3 pieds. Racine pivotante,
rameuse. Tige grêle, dressée, obscurément anguleuse, feuillue,
très-simple, ou rarement ramulifère aux aisselles supérieures,
poilue inférieurement, pubérule et visqueuse vers le sommet
de même que les pédicelles, les bractées, les calices, et les fruits.
Feuilles oblongues ou lancéolées-oblongues, pointues, ou acuminées, dentelées, glabres et d'un vert gai en dessus, pubérules
aux bords et en dessous aux nervures : les inférieures courtement
pétiolées; les supérieures semi-amplexicaules. Grappe longue
de ¹/₂ pied à 1 pied, lâche, 1-latérale, feuillée à la base. Pédicelles en général à peine aussi longs que le calice. Bractées oblongues-lancéolées, ou linéaires-lancéolées, pointues, en général
débordant le calice. Segments calicinaux oblongs-lancéolés,
pointus, beaucoup plus courts que la corolle. Corolle longue de
15 à 18 lignes (à embouchure large de 6 à 8 lignes), pubérule-
glanduleuse à la surface externe, subcampanulée, d'un jaune
pâle, réticulée à la surface interne de veines brunâtres; lèvre supérieure courte, large, tronquée, ou échancrée, ou 3-denticulée;
lobes latéraux pointus ou obtus, subtriangulaires; lèvre inférieure ovale-triangulaire, acuminulée, ou obtuse, 1 fois plus
grande que la supérieure. Étamines incluses. Anthères jaunâtres.
Capsule acuminée, plus longue que le calice. Graines petites,
brunâtres.

Cette espèce croît dans les localités pierreuses des montagnes;
on la cultive comme plante de parterre.

Genre PAULOWNIA. — *Paulownia* Siebold et Zuccar.

Calice campanulé, 5-fide, persistant, coriace; lanières
presque égales; estivation imbricative. Corolle campanulée-

tubuleuse; limbe quinquéfide, subbilabié : lanières étalées, arrondies; estivation imbricative. Étamines 4 (point
de rudiment d'une cinquième étamine), libres, didynames, insérées au fond de la corolle; anthères didymes,
imberbes. Ovaire à 2 loges multi-ovulées; placentaire
épais; ovules multi-sériés. Style indivisé, cylindrique.
Stigmate tronqué. Capsule ovoïde, pointue, cartilagineuse,
biloculaire, bivalve, septicide, polysperme. Graines petites,
ascendantes, imbriquées, multisériées, bordées d'une aile
membraneuse; tégument extérieur membraneux, longitudinalement sillonné; embryon axile, rectiligne : cotylédons petits, obtus, contigus; radicule infère, cylindrique,
obtuse.

Arbre. Feuilles opposées-croisées, pétiolées, indivisées
ou subtrilobées, très-entières, non-persistantes. Fleurs
(naissant en même temps que les feuilles) grandes, d'un
pourpre violet, disposées en panicules terminales. Ce genre
n'est constitué que par l'espèce suivante :

Paulownia impérial. — *Paulownia imperialis* Siebold et
Zuccar. Flor. Japon. 1, p. 27; tab. 10. — *Bignonia tomen-
tosa* Thunb. Flor. Jap. — *Incarvillea tomentosa* Spreng.
Syst.

Arbre haut de 30 à 40 pieds; tronc dressé, atteignant de 2 à
3 pieds de diamètre; écorce glauque, glabre, lisse, facilement sépa-
rable; bois blanchâtre, très-léger. Branches peu nombreuses, étalées, brachiées. Ramules gros, cylindriques, d'un vert d'Olive,
glabres. Feuilles longues de 6 à 12 pouces, larges de 3 à 5 pouces,
éloignées, d'un vert gai et légèrement pubescentes en dessus, velues
en dessous, minces, penninervées, cordiformes-ovales, soit indivisées et pointues, soit à 3 lobes pointus (dont les 2 latéraux
courts); pétiole long de 3 à 5 pouces, cylindrique, épais, pubescent. Écailles des bourgeons cotonneuses-ferrugineuses. Panicules longues d'environ 1 pied, dressées, pyramidales, multiflores, ayant l'apparence de celles du Marronnier d'Inde : rachis
raide, subtétragone : ramules opposés-croisés, cotonneux-ferru-

gineux (de même que les pédoncules et les calices), subhorizontaux, accompagnés chacun d'une bractée fugace, 3-5-flores, dichotomes. Pédoncules longs de ¹/₂ pouce à 1 pouce. Calice à lobes ovales, obtus. Corolle semblable à celle de la *Digitale pourpre*, d'un rose violet en dehors, plus pâle en dedans, glabre; lèvre inférieure ponctuée de brun en dessus et marquée de deux stries jaunes; tube subcurviligne, long de ¹/₂ pouce; limbe subbilabié, à lobes arrondis, ciliés : les 2 supérieurs réfléchis; un peu plus courts que les 3 inférieurs. Étamines incluses : filets filiformes, glabres : les 2 inférieurs un peu plus longs; anthères supra-médifixes, jaunes. Ovaire ovale-conique, glabre. Style dressé, aussi long que les étamines majeures. Capsule longue de ¹/₂ pouce, large de 12 à 18 lignes, glabre, finalement noirâtre; valves naviculaires, déhiscentes du sommet jusqu'à la base. Graines petites, brunâtres. (*Siebold et Zuccar.*, *l. c.*)

Cet arbre croît dans les provinces méridionales du Japon, où on le connaît sous le nom de *Kiri*. Il fleurit au commencement d'avril. « Le *Kiri*, dit M. de Siebold, est un des plus magnifiques » végétaux du Japon. Ses fleurs, par leur disposition, rappellent » notre Marronnier d'Inde, tandis que par leur forme, leur » grandeur et leur couleur, elles ressemblent à celles de la *Di* » *gitale pourpre*. L'arbre se trouve le plus communément dans » les contrées les plus méridionales du Japon, où il prospère » dans les vallées et aux penchants des collines exposées à l'ar » deur du soleil. Sa croissance est très-rapide. — Kæmpfer et » Thunberg assurent que les fruits du *Kiri* fournissent deux » sortes d'huile; mais c'est une erreur. Ces auteurs confondent » la plante avec une espèce d'*Aleurites* nommée *Abura Kiri* » (Kiri à huile), dont les noix contiennent l'huile *Toï;* l'autre » huile plus épaisse, qu'ils appellent *jéko*, n'est que le *tegomäa* » *gura*, et se prépare d'une Labiée. »

VIᵉ TRIBU. **LES GRATIOLÉES.** — *GRATIOLEÆ*
Benth.

Corolle à limbe **2**-*labié ou subrégulier : lobes planes ou presque planes. Étamines fertiles au nombre de* 2 *ou de* 4, *ascendantes. Anthères dithèques, mutiques. Capsule loculicide, ou septicide, ou septifrage,* 2-*loculaire,* 2-*valve; par exception baie; valves entières ou bifides. Graines aptères.*

Genre ÉRYTRANTHE. — *Erythranthc* Spach.

Calice tubuleux, obconique, prismatique-pentagone, submembranacé, profondément 5-denté : dents condupliquées, presque égales. Corolle 2-labiée, ringente : tube cylindracé, à peine évasé au sommet; lèvre supérieure plus longue, redressée, voûtée, courtement bilobée au sommet; lèvre inférieure déclinée, 3-lobée. Étamines 4, didynames (toutes fertiles), saillantes, insérées peu au-dessus de la base de la corolle; filets filiformes; anthères réniformes, didymes : bourses divariquées après l'anthèse. Ovaire 2–loculaire : placentaires 2, multiovulés, lamelliformes, involutés, axiles, attachés chacun à un repli de la cloison. Style filiforme, décliné, persistant. Stigmate bilamellé. Capsule recouverte par le calice, membranacée, oblongue, comprimée (bilatéralement), 2-loculaire, polysperme, loculicide-bivalve au sommet : la fente se prolongeant le long de chaque bord jusqu'à la base; placentaires et cloisons inséparables. Graines petites, subovoïdes, longitudinalement striées, apiculées aux 2 bouts.

Herbe vivace (répandant une forte odeur de musc), pubescente et plus ou moins visqueuse sur toutes ses parties herbacées. Feuilles opposées, sessiles, sinuolées-denticulées : les supérieures subconnées par leur base. Pédoncules axillaires, solitaires, opposés, longs, filiformes, plus ou moins divergents, ébractéolés. Fleurs horizontales, un peu inclinées durant l'épanouissement. Corolle grande, écarlate. Calice fructifère dressé.

Ce genre, confondu à tort avec les *Mimulus*, n'est fondé que sur l'espèce suivante :

ÉRYTHRANTHE CARDINAL.—*Erythranthe cardinalis* Spach, ined. — *Mimulus cardinalis* Benth. in Trans. Hort. Soc. Lond.

Plante touffue, haute de ¹/₂ pied à 3 pieds. Racine rampante. Tiges ascendantes, ou diffuses à la base, grêles, fragiles, renflées aux articulations, subcylindriques, rameuses (souvent dès la base), feuillues ; entre-nœuds (excepté les supérieurs) en général plus courts que les feuilles ; rameaux ascendants ou plus ou moins divergents, en général simples. Feuilles molles, minces, 3-ou 5-nervées, d'un vert terne, subobtuses, ou pointues, ou courtement acuminées : les inférieures longues de 2 à 4 pouces, lancéolées-obovales, ou lancéolées-oblongues, ou lancéolées-elliptiques, plus ou moins rétrécies vers leur base ; les supérieures ovales, ou ovales-elliptiques, ou ovales-oblongues, ou subrhomboïdales. Pédoncules aussi longs ou plus longs que les feuilles, ou moins souvent un peu plus courts. Calice long d'environ 1 pouce : dents triangulaires-lancéolées, pointues, dressées, conniventes après la floroison. Corolle glabre, légèrement visqueuse, longue de 16 à 20 lignes ; tube de moitié plus long que le calice ; lèvre supérieure subrectiligne, à lobes arrondis de même que ceux de la lèvre inférieure. Étamines majeures à peine débordées par la lèvre supérieure. Anthères jaunes. Style débordé par la corolle. Stigmate à lamelles elliptiques, obtuses. Capsule 1 fois plus courte que le calice. Graines brunâtres.

Cette plante, originaire de la Nouvelle-Californie, se cultive dans les parterres.

Genre MIMULUS. — *Mimulus* Linn.

Calice tubuleux ou campanulé, prismatique-pentagone, submembranacé, 5-denté; dents égales ou inégales (la supérieure plus grande, les 2 latérales plus petites que les 2 inférieures), condupliquées. Corolle 2-labiée, ringente; tube infondibuliforme, ventru; lèvre supérieure plane, plus courte, ascendante, profondément 2-lobée; lèvre inférieure plus ou moins déclinée, 3-lobée. Étamines 4, didynames (toutes fertiles), incluses, insérées peu au-dessus de la base de la corolle; filets filiformes ou capillaires; anthères réniformes, didymes : bourses divariquées après l'anthèse. Ovaire 2-loculaire; placentaires 2, multi-ovulés, axiles, lamelliformes, involutés, attachés chacun à un repli de la cloison. Style filiforme, décliné, persistant. Stigmate bilamellé. Capsule recouverte par le calice, membranacée, ellipsoïde, ou oblongue, comprimée (bilatéralement), 2-loculaire, polysperme, loculicide-bivalve au sommet : la fente se prolongeant le long de chaque bord jusqu'à la base; placentaires et cloisons inséparables. Graines petites, subovoïdes, longitudinalement striées, apiculées aux 2 bouts.

Herbes vivaces (à tiges le plus souvent radicantes). Feuilles opposées, sinuées-denticulées (les supérieures quelquefois très-entières) : les inférieures rétrécies en pétiole; les supérieures sessiles ou connées par leur base. Pédoncules axillaires, solitaires, opposés, filiformes, plus ou moins divergents, ébractéolés. Fleurs horizontales, un peu inclinées durant l'épanouissement. Corolle jaune, ou rose, ou panachée. Calice fructifère dressé ou incliné.

A. *Calice (après la floraison dressé) à dents égales. Corolle à gorge médiocrement ventrue; limbe rose. — Parties herbacées couvertes d'une pubescence glandulifère et visqueuse.*

MIMULUS A FLEURS ROSES. — *Mimulus roseus* Douglas. —

Bot. Reg. tab. 1591. — Hook. Bot. Mag. tab. 3353 et 3363.
— Sweet, Brit. Flow. Gard. ser. 2, tab. 210.

Plante haute de ½ pied à 1 ½ pied, très-touffue, exhalant
une forte odeur de musc. Tiges dressées ou ascendantes, rameuses (ordinairement dès la base), feuillues, cylindriques, bimar-
ginées, articulées; rameaux plus ou moins divergents, simples,
feuillus. Feuilles longues de ½ pouce à 2 pouces, molles, 5-
nervées : les inférieures lancéolées-obovales ou lancéolées-oblongues, obtuses, denticulées ; les supérieures ovales ou ovales-lancéolées, sessiles, pointues, tantôt très-entières, tantôt plus ou
moins denticulées. Pédoncules longs d'environ 6 lignes. Calice
long de 6 lignes, obconique, pubescent : dents ovales-lancéolées,
acérées, dressées, un peu recourbées au sommet, non-conniventes après la floraison. Corolle longue de 1 pouce; tube jaunâtre,
plus long que le calice; gorge blanchâtre, marbrée de points
pourpres, garnie de 2 barbes longitudinales; lobes obovales, arrondis au sommet. Filets blanchâtres, longs d'environ 6 lignes.
Anthères d'un jaune pâle. Style débordé par la lèvre supérieure.
Stigmate à lamelles suborbiculaires. Capsule elliptique, presque
aussi longue que le calice. Graines brunâtres.

Cette espèce, indigène de la Nouvelle-Californie, se cultive
comme plante d'ornement.

B. *Calice (plus ou moins incliné après la floraison) à dents
très-inégales. Corolle à gorge très-ventrue ; limbe panaché
soit de blanc, soit de jaune et de pourpre brunâtre. —
Plante très-glabre.*

MIMULUS PANACHÉ. — *Mimulus variegatus* Desfont. Hort.
Par. — Jaume Saint-Hil. Flore et Pom. tab. 418. — Hook.
Bot. Mag. tab. 3336. — Bot. Reg. tab. 1796. — *Mimulus
luteus* Linn. (non Sims, Bot. Mag.) — Jaume Saint-Hil. Flore
et Pom. tab. 417. — *Mimulus rivularis* Lindl. Bot. Reg. tab.
1030.

Plante basse, touffue, très-rameuse. Racine rampante. Tiges
dressées ou ascendantes, rameuses dès la base; rameaux étalés :

les inférieurs décombants, radicants aux articulations. Feuilles, très-minces, succulentes, d'un vert gai, souvent marbrées de brun, 3-ou 5-nervées, ovales, ou ovales-lancéolées, ou sub-rhomboïdales, ou subdeltoïdes, ou suborbiculaires, obtuses, ou pointues, sinuolées-denticulées, on sinuées-dentées : les infé-rieures rétrécies en large pétiole foliacé ; les supérieures en gé-néral sessiles ou subsessiles. Pédoncules longs de 6 à 3o lignes , souvent rougeâtres. Calice turbiné ou subcampanulé, long de 5 à 7 lignes, d'un jaune verdâtre ou lavé de violet ; dents ova-les ou ovales-triangulaires, acuminulées, droites, plus ou moins conniventes après la floraison. Corolle longue de 12 à 18 lignes ; gorge barbue, marbrée de points pourpres ; lobes arrondis , en général avec une grande tache terminale d'un pourpre violet ou brunâtre. Étamines majeures à peu près aussi longues que le tube de la corolle. Style plus long que les étamines, plus court que la corolle. Lamelles du stigmate obovales, obtuses. Capsule ellipti-que, de moitié plus courte que le calice. Graines brunâtres.

Cette espèce croît dans les Andes du Pérou et du Chili, au bord des sources et des ruisseaux ; on la cultive comme plante d'ornement.

Genre GRATIOLE. — *Gratiola* Linn.

Calice 5-parti, 2-bractéolé à la base ; segments égaux. Corolle ringente ; tube 4-gone ; lèvre supérieure redressée, échancrée ; lèvre inférieure profondément 3-lobée ; gorge barbue. Étamines 4, incluses, didynames, insérées au tube de la corolle : les 2 inférieures stériles , claviformes, plus courtes ; les 2 supérieures fertiles, à filets subulés ; anthè-res cohérentes, à bourses parallèles. Ovaire 2-loculaire , conique ; placentaires 2, axiles, multiovulés, adnés à la cloison. Style subulé. Stigmate 2-lamellé. Capsule subco-riace, ovoïde, acuminée, 2-loculaire, polysperme, septi-cide-bivalve ; placentaire libre après la déhiscence. Graines minimes, horizontales, oblongues, finement scrobiculées, apiculées aux 2 bouts.

Herbe glabre, vivace. Tiges radicantes à la base. Feuilles opposées-croisées, sessiles, amplexicaules, dentelées, ponctuées en dessous. Pédoncules opposés ou alternes, solitaires, axillaires, filiformes, dressés. Fleurs horizontales durant l'épanouissement. Corolle d'un rose pâle.

GRATIOLE OFFICINALE. — *Gratiola officinalis* Linn. — Blackw. Herb. tab. 411. — Flor. Dan. tab. 363. — Bull. Herb. tab. 13o.

Rhizome rampant, articulé, fibrilleux aux articulations. Tiges hautes de ¹/₂ pied à 1 ¹/₂ pied, ascendantes, grêles, effilées, cylindriques inférieurement, obscurément 4-gones vers le haut, ordinairement très-simples; entre-nœuds plus courts que les feuilles. Feuilles lancéolées, ou oblongues-lancéolées, ou lancéolées-oblongues, obtuses, légèrement dentelées, 3-nervées, d'un vert gai, longues de 10 à 18 lignes. Pédoncules longs de 6 à 15 lignes. Bractées lancéolées-linéaires, ponctuées, ordinairement plus longues que le calice. Segments calicinaux linéaires-lancéolés, pointus, longs de 2 à 3 lignes. Corolle longue de 6 à 9 lignes. Capsule à peine aussi longue que le calice. Graines brunâtres, du volume de celles du Coquelicot.

Cette plante, nommée vulgairement *Gratiole*, ou *Herbe à pauvre homme*, croît dans les prairies humides ou marécageuses; elle fleurit en juin et juillet. Toute la plante est très-amère, drastique et vermifuge; on ne l'emploie guère que dans la médecine empirique.

VIIᵉ TRIBU. **LES BUCHNÉRÉES.** — *BUCHNEREÆ*
Benth.

Calice 5-fide, ou 5-denté. Corolle à limbe 5-fide ou inégalement 4-fide, ou 2-labié, plane. Étamines 4, ascendantes, didynames. Anthères 1-thèques. Style indivisé.

Stigmate petit, subcapitellé. Capsule 2-valve (rarement charnue et indéhiscente).

Genre ZALUZIANSKYA. — *Zaluzianskya* J. W. Schmidt.

Calice 2-labié ou 2-parti, submembranacé, 5-plissé; segments isomètres : le supérieur 3-denté; l'inférieur 2-denté; dents condupliquées. Corolle hypocratériforme, subpersistante; tube long, linéaire, comprimé; gorge ordinairement barbue; limbe 5-parti, régulier, étalé : segments souvent 2-fides. Étamines 4, dissemblables, didynames : les 2 inférieures plus courtes, incluses, insérées au-dessus du sommet du tube; les 2 supérieures saillantes, insérées à la gorge de la corolle. Filets très-courts, sublinéaires, comprimés. Anthères monothèques, submédifixes, adnées, inéquilatérales, longitudinalement bivalves : les 2 inférieures sublinéaires, dressées, introrses; les 2 supérieures subréniformes, obliquement transverses, 2 fois plus petites que les inférieures, ou abortives. Ovaire grêle, fusiforme, 2-loculaire; loges multi-ovulées; placentaires axiles, lamelliformes, géminés dans chaque loge; ovules (campylotropes?) horizontaux, 4-sériés sur chaque placentaire; funicules papilliformes. Style long, filiforme. Stigmate linéaire ou linéaire-spathulé, obtus, papilleux aux bords. Capsule coriace ou membranacée, 2-loculaire, septicidebivalve; valves 2-fides, se détachant des placentaires; placentaires polyspermes, cohérents. Graines petites, scrobiculées.

Herbes ou sous-arbrisseaux, souvent couverts d'une pubescence glandulifère et visqueuse. Feuilles dentées : les inférieures opposées, les supérieures éparses. Fleurs solitaires à l'aisselle d'une feuille ou d'une bractée, sessiles, rapprochées en épis terminaux.

ZALUZIANSKIA DU CAP. — *Zaluzianskia capensis* J. W. Schmidt, in Usteri, Annal. X, p. 115.—*Erinus capensis* Linn. —*Erinus lychnidea* Linn.—Bot. Reg. tab. 748.—*Nycterina lychnidea* D. Don, in Sweet, Brit. Flow. Gard., ser. 2, tab. 239.

Sous-arbrisseau touffu, haut de 1 pied à 2 pieds. Rameaux grêles, herbacés, pubescents, un peu visqueux, feuillés, cylindriques. Feuilles d'un vert foncé en dessus, d'un vert glauque en dessous, un peu charnues, légèrement pubescentes, 1-nervées, subrévolutées aux bords, sessiles, oblongues, obtuses, pauci-dentées, longues de 6 à 8 lignes : les inférieures opposées, rapprochées, rétrécies à la base ; les supérieures plus ou moins éloignées ; les florales conformes aux autres, mais plus profondément dentées, non rétrécies à la base, graduellement plus courtes. Épis 7-12-flores, lâches (du moins après la floraison). Calice ovale-conique, profondément bilabié, pubérule, à peu près aussi long que les feuilles florales ; dents sublinéaires, obtuses, conniventes. Corolle à tube long de 12 à 15 lignes, pubérule, d'un violet livide ; gorge barbue ; limbe à segments blancs en dessus, d'un violet livide en dessous, longs de 3 lignes, cunéiformes-obovales, profondément fendus en 2 lanières oblongues-obovales, obtuses, divergentes. Étamines toutes fertiles : les 2 supérieures beaucoup plus courtes que le limbe de la corolle. Stigmate saillant, débordant les étamines.

Cette espèce, originaire du Cap de Bonne-Espérance, se cultive comme plante d'agrément. Ses fleurs, qui ressemblent à celles d'un *Lychnis*, par la forme de la corolle, sont inodores et closes pendant le jour ; elles s'épanouissent le soir, et répandent durant toute la nuit une odeur très-suave.

VIIIe TRIBU. LES BUDDLÉIÉES. — *BUDDLEIEÆ*
Benth.

Corolle régulière ; limbe plane, 4-parti. Étamines 4, isomètres, distantes, toutes fertiles ; anthères 2-thèques. Capsule septicide.

Genre BUDDLÉIA. — *Buddleia* Linn.

Calice 4-denté, ou 4-fide, court, campanulé, régulier.

Corolle campanulée, ou rotacée, ou tubuleuse, 4-lobée. Étamines 4, insérées au tube de la corolle; filets subulés ou très-courts; anthères à bourses parallèles. Ovaire 2-loculaire; placentaires 2, axiles, multi-ovulés, adnés à la cloison. Style filiforme. Stigmate capitellé, indivisé. Capsule 2-loculaire, 2-valve, polysperme; valves indivisées ou 2-fides; placentaires libres après la déhiscence. Graines minimes; tégument lâche, membranacé, prolongé au delà des bouts de l'amande.

Arbres ou arbrisseaux. Feuilles très-entières, ou dentées, opposées. Inflorescence variée. Fleurs en général très-petites.

Ce genre ne renferme que des espèces exotiques, la plupart propres à la zone équatoriale; les suivantes se cultivent comme plantes d'ornement.

A. *Fleurs agrégées en capitules globuleux. Corolle infondibuliforme, d'un jaune orange. Anthères subsessiles, incluses.*

BUDDLÉIA GLOBULIFÈRE. — *Buddleia globosa* Lamk. Ill. — Jacq. Ic. Rar. tab. 307. — Bot. Mag. tab. 174. — Jaume Saint-Hil. Flore et Pom. tab. 356. — Duham. ed. nov. vol. 1, tab. 25.

Arbrisseau. Jeunes pousses cotonneuses, obscurément tétragones. Feuilles longues de 4 à 8 pouces, minces, rugueuses et d'un vert foncé en dessus, cotonneuses-incanes (excepté sur la côte, qui est glabrescente et d'un pourpre violet) et réticulées en dessous (les jeunes ferrugineuses), lancéolées-elliptiques, ou lancéolées-oblongues, ou ovales-lancéolées, longuement acuminées, crénelées, cunéiformes et très-entières vers leur base, pétiolées : pétioles longs d'environ 6 lignes, marginés, connés par la base. Capitules du volume d'une Cerise, pédonculés, disposés (au nombre de 6 à 12) en panicule terminale très-lâche; pédoncules plus ou moins divergents, pulvérulents et ferrugineux de même que le rachis, opposés, 1-bractéolés à la base (les inférieurs quelquefois axillaires), longs de 6 à 12 lignes. Bractées foliacées, très-entières : les inférieures lancéolées ou lancéolées-linéaires; les supérieures subulées. Calice très-petit, courtement 4-lobé. Corolle longue de 2 lignes, cotonneuse à la surface externe ; lobes arrondis.

Cette espèce est originaire du Chili.

B. *Inflorescences cymeuses, dichotomes, ou trichotomes, pédonculées, disposées en panicules (racémiformes) terminales pendantes. Corolle hypocratériforme, d'un jaune orange. Anthères à peine saillantes. Feuilles très-entières, cotonneuses en dessous.*

Buddléia de Madagascar. — *Buddleia madagascariensis* Lamk. Encycl. — Bot. Mag. tab. 2824.

Arbrisseau. Jeunes pousses grêles, cylindriques, feuillues, couvertes (ainsi que la face inférieure des feuilles, les pétioles, les panicules et leurs ramifications, la surface externe des calices et des corolles) d'un duvet cotonneux, incane, subferrugineux. Feuilles ovales-oblongues, ou elliptiques-oblongues, ou oblongues, ou oblongues-lancéolées, acuminées, pubérules et rugueuses en dessus, réticulées en dessous, subcoriaces, pétiolées, longues de 2 à 4 pouces ; pétioles longs de 3 à 6 lignes, immarginés, connés par la base. Panicules longues de 4 pouces à 1 pied, solitaires, sessiles, aphylles, interrompues à la base, assez denses supérieurement ; rachis grêle, effilé, plus ou moins récliné. Pédoncules secondaires courts, divergents, 1-bractéolés à la base, 2-bractéolés au sommet : les inférieurs opposés ; les supérieurs épars. Cymules 5-9-flores ; pédicelles courts. Calice 5-denticulé, long de 1 ligne. Corolle à tube grêle, long de 5 à 6 lignes ; lobes oblongs, obtus, étalés, courts.

C. *Fleurs fasciculées, disposées en panicules thyrsiformes très-rameuses. Corolle (cotonneuse-ferrugineuse à la surface externe, blanchâtre à la surface interne) tubuleuse. Anthères incluses. Feuilles crénelées, cotonneuses en dessous.*

Buddléia a feuilles de Sauge. — *Buddleia salviæfolia* Hort. Kew. — Jacq. Hort. Schœnbr. tab. 28.

Petit arbre. Jeunes pousses cotonneuses, tétraèdres, grêles, effilées, très-feuillues. Feuilles longues de 1 pouce à 2 pouces, oblongues, ou oblongues-lancéolées, obtuses, ou pointues, cordiformes à la base, amplexatiles, courtement pétiolées, plus ou moins fortement crénelées, subcoriaces, comme tuberculeuses et pubérules en dessus, fortement réticulées et cotonneuses (ou blanchâtres) en dessous, accompagnées de stipules interpétiolaires, solitaires, foliacées, semi-cordiformes, adnées aux pétioles. Panicules denses, multiflores, dressées, solitaires, feuillées à la base; fascicules multiflores, petits, courtement pédonculés, accompagnés chacun d'un involucre de 2 bractées connées par la base. Calice 4-fide, cotonneux, long à peine de 1 ligne. Corolle longue de 3 lignes.

Cette espèce croît au Cap de Bonne-Espérance.

D. *Fleurs en panicules cymeuses très-rameuses; ramifications opposées, trichotomes; pédicelles subfasciculés. Corolle (blanche, très-petite) subrotacée. Filets plus longs que la corolle. — Feuilles très-entières, cotonneuses en dessous.*

Buddléia a feuilles de Saule. — *Buddleia salicifolia* Jacq. Hort. Schœnbr. tab. 29.

Petit arbre. Jeunes pousses 4-gones, pulvérulentes. Feuilles longues de 1 pouce à 3 pouces, coriaces, persistantes, courtement pétiolées, glabres et luisantes en dessus, finement cotonneuses (blanches) en dessous, penninervées, lancéolées, ou lancéolées-oblongues, mucronées. Panicules multiflores, solitaires, terminales, convexes, courtement pédonculées, dibractéolées aux ramifications. Bractées courtes, subulées. Calice minime, 4-denté, incane à la surface externe. Corolle glabre, à peine longue de 1 ligne. Anthères petites, jaunes.

Cette espèce croît au cap de Bonne-Espérance.

IXᵉ TRIBU. **LES VÉRONICÉES.** — *VERONICEÆ*
Benth.

*Corolle rotacée, ou infondibuliforme, ou irrégulièrement
2-labiée. Étamines 4 ou 2, isomètres, toutes fertiles.
Capsule septifrage-bivalve, ou 4-valve (à la fois loculicide et septicide).*

Genre VÉRONIQUE. — *Veronica* Linn.

Calice 4-ou 5-parti : segments inégaux. Corolle subrotacée, 4-fide; tube cylindrique, segments inégaux : l'inférieur plus étroit que le supérieur, plus large que les 2 latéraux. Étamines 2, dressées, divergentes, insérées à la
gorge de la corolle (entre le segment supérieur et les 2 segments latéraux); filets subulés; anthères dithèques : bourses parallèles. Ovaire 2-loculaire, inséré sur un disque
cupuliforme; placentaires 2, axiles, pauci-ovulés, adnés à
la cloison. Style filiforme, décliné, persistant. Stigmate
obtus, entier. Capsule ovoïde ou obcordiforme, 2-locu-
laire, oligosperme, loculicide-bivalve (à valves septifères et placentifères, entières, ou bifides, ou biparties),
ou septifrage-bivalve. Graines plano-convexes : hile latéral, terminal.

Herbes (annuelles ou vivaces), ou sous-arbrisseaux, ou
arbrisseaux. Feuilles opposées, ou verticillées, ou alternes,
le plus souvent dentées (quelquefois pennatiparties ou
pennatifides). Fleurs solitaires-axillaires, ou disposées en
grappes (quelquefois spiciformes) soit axillaires, soit terminales.

SECTION I.

Fleurs en grappes terminales, très-denses, spiciformes;
pédicelles très-courts.

VÉRONIQUE A ÉPIS, — *Veronica spicata* Linn. — Engl. Bot.

tab. 2. — Vaill. Par. tab. 33 , fig. 4. — *Veronica hybrida* Linn. — Flor. Dan. tab. 52. — Engl. Bot. tab. 673. — *Veronica crenulata* Hoffm. — *Veronica grossa* Martius. — *Veronica villosa* Schrad. Comm. tab. 1, fig. 3. — *Veronica carnea* Hortul. — Jaume Saint-Hil. Flor. et Pom. tab. 344.

Tiges ascendantes. Feuilles opposées, subobtuses, crénelées, entières aux 2 bouts. Segments-calicinaux lancéolés, ciliolés. Lobes de la corolle ovales, subobtus. Capsule suborbiculaire, échancrée.

Herbe vivace, plus ou moins pubescente. Racine rampante, ligneuse. Tiges hautes de 4 à 18 pouces, ascendantes, radicantes à la base, souvent cotonneuses-incanes, simples, ou rameuses au sommet. Feuilles plus ou moins poilues, fermes, d'un vert foncé : les radicales obovales, rétrécies en pétiole; les suivantes ovales-oblongues, ou oblongues, sessiles, ou subsessiles; les supérieures linéaires. Épis solitaires ou ternés, longs de quelques pouces à 1 pied. Fleurs imbriquées, quelquefois débordées par les bractées. Bractées linéaires, ou linéaires-lancéolées, souvent pubérules-glanduleuses de même que le calice. Corolle d'un beau bleu (par variation rose ou blanche), subringente, barbue à la gorge. Étamines plus longues que la corolle. Capsule ordinairement plus longue que le calice.

Cette espèce est commune sur les pelouses sèches ; on la cultive comme plante de parterre.

VÉRONIQUE A FEUILLES LONGUES. — *Veronica longifolia* Linn. — Schrad. Comment. tab. 2. — *Veronica maritima* Linn. — Flor. Dan. tab. 374. — Schrad. Comment. tab. 1. — *Veronica media* Schrad. l. c. tab. 1, fig. 2. — *Veronica arguta* Schrad. l. c. tab. 2, fig. 2.

Tiges dressées. Feuilles opposées ou verticillées, courtement pétiolées, pointues, inégalement dentelées. Segments calicinaux lancéolés-subulés. Lobes de la corolle ovales, obtus. Capsule obovée, ou subglobuleuse, plus ou moins échancrée, débordée par le calice.

Racine pivotante, rameuse, polycéphale. Tiges hautes de 1

pied à 4 pieds, feuillues, cylindriques, grêles, effilées, simples ou rameuses au sommet, ordinairement pubescentes, quelquefois subincanes. Feuilles d'un vert tantôt foncé, tantôt clair, tantôt un peu glauque, pubescentes, ou glabres, lancéolées, ou oblongues-lancéolées, ou ovales-lancéolées, souvent cordiformes à la base. Grappes moins denses que celles de l'espèce précédente, ordinairement ternées aux extrémités de la tige et des rameaux, longues de ¹/₂ pied à 1 ¹/₂ pied. Bractées lancéolées-linéaires, acuminées : les inférieures plus longues que le calice. Corolle bleue, ou moins souvent soit blanche, soit carnée.

Cette espèce croît dans les buissons et les prairies humides ; on la cultive fréquemment comme plante de parterre.

VÉRONIQUE HYBRIDE. — *Veronica spuria* Linn. —*Veronica foliosa* Wald. et Kit. Hungar. tab. 102.—*Veronica brevifolia* Bieb. Flor. Taur. — *Veronica nitida* Ehrh. — *Veronica ruthenica* Fisch.—*Veronica glabra* Schrad. Comment. tab. 1, fig. 4. — *Veronica elegans* De Cand. — Jaume Saint-Hil. Flore et Pom. tab. 343.

Cette Véronique n'est probablement qu'une variété de l'espèce précédente, dont elle ne diffère que par des feuilles à dentelures égales ; elle croît dans les mêmes localités, et se cultive aussi dans les jardins.

SECTION II.

Grappes axillaires et terminales, pédonculées ; pédicelles plus ou moins allongés.

VÉRONIQUE GERMANDRÉE. — *Veronica Teucrium* Wallroth, Sched. Crit.

— α : A LARGES FEUILLES. — *Veronica Pseudo-chamœdrys* Jacq. Flor. Austr. tab. 60. — *Veronica latifolia* Hort. Kew. — *Veronica Teucrium* Linn. — Feuilles ovales ou ovales-orbiculaires.

— ε : A FEUILLES ÉTROITES. — *Veronica prostrata* Linn. — *Veronica saturejæfolia* Poit. et Turp. Flor. Paris. tab. 22.

—*Veronica dentata* Schmidt, Bohem.—*Veronica Schmid-
tii* Rœm. et Schult. — Feuilles oblongues ou linéaires-
oblongues.

— γ : A FEUILLES LACINIÉES. — *Veronica austriaca* Linn. —
Jacq. Flor. Austr. tab. 329, fig. 5. — *Veronica multifida*
Linn. — Jacq. l. c. tab. 329. — Bot. Mag. tab. 1679. —
Veronica laciniatà Mœnch, Meth. — *Veronica polymor-
pha* Willd. Enum. — *Veronica pectinata* Hort. Kew. —
Veronica tenuifolia Steven. — *Veronica orientalis* Bieb.
— Lodd. Bot. Cab. tab. 419. — Feuilles pennatifides, ou
pennatiparties, ou profondément incisées-dentées.

Tiges cylindriques, ascendantes. Feuilles sessiles, obtuses,
souvent cordiformes à la base. Grappes opposées, denses : pédoncules dressés, plus longs que la capsule. Calice 5-parti : le
segment impair minime.

Herbe vivace. Racine rameuse, rampante, ligneuse. Tiges
hautes de quelques pouces à 3 pieds, touffues, simples, ou rameuses, subcylindriques, plus ou moins pubescentes, produisant
(après la floraison) des ramules axillaires feuillus. Feuilles de
forme et de grandeur très-variables, glabres, ou plus habituellement pubescentes en dessous, fermes, rugueuses, d'un vert
foncé, souvent luisantes en dessus. Grappes longuement pédonculées, plus ou moins divergentes, longues de 3 à 6 pouces.
Bractées linéaires, ou linéaires-lancéolées, ordinairement velues,
souvent plus longues que les pédicelles. Segments calicinaux
linéaires-lancéolés, ou linéaires-subulés, ou ovales-lancéolés,
le plus souvent pubescents ou ciliés. Corolle d'un beau bleu :
lobes ovales, pointus. Capsule obcordiforme, ou suborbiculaire
et échancrée, comprimée, glabre, ou poilue, en général débordée
par le calice.

Cette espèce croît dans les prairies sèches; on la cultive
comme plante de parterre.

VÉRONIQUE OFFICINALE. — *Veronica officinalis* Linn. —
Blackw. Herb. tab. 148. — Bull. Herb. tab. 293. — Flor.
Dan. tab. 248. — Engl. Bot. tab. 765.

Tiges radicantes, décombantes. Feuilles obovales, ou elliptiques, ou obovales-oblongues, dentelées, pubescentes : les inférieures pétiolées ; les supérieures subsessiles. Grappes alternes
ou opposées, solitaires, ascendantes, denses. Pédicelles plus
courts que la capsule. Calice 4-parti. Capsule obovale, tronquée, échancrée.

Tiges cylindriques, longues de 6 à 15 pouces, poilues. Feuilles
d'un vert mat. Grappes courtes. Bractées plus longues que les
pédicelles. Segments-calicinaux ovales-lancéolés, pointus. Corolle d'un bleu clair ou blanchâtre. Capsule de moitié plus longue que le calice, ordinairement pubescente.

Cette espèce, nommée vulgairement *Véronique mâle*, ou
Thé de l'Europe, est commune dans les bois ; elle est amère et
aromatique ; jadis on lui attribuait des vertus· vulnéraires très-
éminentes.

VÉRÒNIQUE BÉCABUNGA. — *Veronica Beccabunga* Linn.
— Blackw. Herb. tab. 48. — Flor. Dan tab. 511. — Engl.
Bot. tab. 655. — Jaume Saint-Hil. Flore et Pom. tab. 347.

Feuilles elliptiques ou oblongues, obtuses, crénelées, pétiolées. Tiges décombantes et radicantes inférieurement. Grappes
opposées, longues, lâches ; pédicelles-fructifères divergents. Calice 4-parti. Capsule suborbiculaire, bouffie, légèrement échancrée.

Rhizôme rampant, articulé, fibrillifère aux articulations. Tiges longues de ½ pied à 2 pieds, très-glabres (de même que
toutes les autres parties de la plante), cylindriques, succulentes,
fistuleuses, ordinairement rameuses, ascendantes supérieurement, ou quelquefois procombantes. Feuilles un peu charnues,
luisantes, d'un vert gai, quelquefois très-entières. Pédicelles
filiformes, rectilignes. Bractées lancéolées-linéaires, ordinairement plus courtes que les pédicelles. Segments-calicinaux subisomètres, lancéolés. Corolle petite, d'un bleu tantôt foncé,
tantôt clair.

Cette espèce, qu'on connaît sous le nom vulgaire de *Véronique
cressonnée*, croît dans les ruisseaux, les fontaines, et les prairies

marécageuses ; elle a une saveur amère et piquante ; on l'emploie comme remède antiscorbutique et diurétique ; ses jeunes pousses peuvent être mangées en guise de Cresson.

Véronique Mouron. — *Veronica Anagallis* Linn. — Flor. Dan. tab. 903.—Engl. Bot. tab. 781.—Curt. Flor. Lond. 5, tab. 56.

Tiges dressées, ou radicantes à la base et ascendantes, fistuleuses, tétragones. Feuilles ovales, ou ovales-lancéolées, ou lancéolées, dentelées, pointues, ou obtuses, sessiles. Grappes opposées, longues, lâches ; pédicelles-fructifères divergents. Calice 4-parti. Capsule suborbiculaire, échancrée, comprimée.

Rhizôme rampant, articulé, fibrilleux aux articulations. Tiges hautes de ¹/₂ pied à 2 pieds, glabres (de même que les autres parties de la plante), simples, ou rameuses. Feuilles luisantes, un peu charnues. Grappes solitaires ou géminées, ascendantes, ou plus ou moins divergentes, très-grêles, multiflores. Pédicelles filiformes, souvent garnis (de même que les calices, le rachis, et les bords des capsules) de glandules stipitées. Segments calicinaux ovales-lancéolés, pointus. Corolle petite, d'un bleu pâle. Capsule ordinairement plus courte que le calice.

Cette espèce croît dans les mêmes localités que la précédente, dont elle possède aussi les propriétés médicales.

Genre LÉPTANDRA. — *Leptandra* Nutt.

Calice 5-parti, petit : le segment supérieur minime. Corolle tubuleuse, 4-fide, ringente : le segment supérieur dressé, plus grand que les segments latéraux. Étamines 2, longuement saillantes, divergentes, subhorizontales, insérées à la gorge de la corolle (entre le segment supérieur et les 2 segments latéraux) ; filets, anthères, pistil, péricarpe et graines comme dans les *Véroniques*.

Herbes vivaces. Feuilles verticillées, courtement pétiolées, dentelées. Fleurs en longues grappes terminales, ou axillaires et terminales ; pédicelles courts, dressés, 1-bractéolés à la base.

Léptandra de Virginie. — *Leptandra virginiana* Nutt.
Gen. — *Veronica virginiana* Linn. — Pluck. Alm. tab. 70,
fig. 2.

Plante glabre, haute de 2 à 3 pieds. Tiges dressées, simples,
grêles, effilées, obscurément tétragones; entre-nœuds en général
plus longs que les feuilles. Feuilles longues de 2 à 4 pouces,
lancéolées, longuement acuminées, acérées, finement dentelées :
dentelures acérées, très-rapprochées. Grappes terminales ou
axillaires et terminales, nombreuses, simples, longuement pédonculées, denses, longues de 4 à 8 pouces; pédicelles subverticillés, plus courts que le calice. Bractées linéaires-lancéolées
ou subulées, un peu plus longues que les pédicelles. Calice long
de ½ ligne : segments ovales-lancéolés, pointus. Corolle blanche
ou rose, longue de 2 à 3 lignes : lobes ovales-lancéolés, pointus.
Étamines 2 fois plus longues que la corolle. Capsule conique,
obtuse, beaucoup plus longue que le calice.

Cette espèce, indigène des États-Unis, se cultive comme plante
de parterre.

Léptandra de Sibérie. — *Leptandra sibirica* Sweet, Hort.
Brit. — *Veronica sibirica* Linn. — Amman. Ruth. tab. 4.

Plante semblable à l'espèce précédente, mais en général moins
grêle et légèrement pubérule. Feuilles plus larges, lancéolées,
ou lancéolées-oblongues, ou oblongues-lancéolées, ou ovales-
lancéolées. Corolle bleué ou blanche, longue de 3 à 4 lignes.

Cette espèce, indigène de Sibérie, se cultive aussi comme
plante d'ornement.

XIᵉ TRIBU. **LES RHINANTHÉES.** — *RHINAN-*
THEÆ Benth.

Corolle 2-labiée : lèvre supérieure (très-entière ou échan-
crée) voûtée; lèvre inferieure 3-fide. Étamines 4, ou
moins souvent 2, ascendantes. Anthères dithèques :

bourses disjointes, parallèles, souvent acuminées. Cap-
sule loculicide-bivalve. Tégument des graines souvent
lâche et membranacé.

Genre EUFRAISE. — *Euphrasia* Tourn.

Calice campanulé, 4-fide : la fente inférieure plus pro-
fonde. Corolle ringente : lèvre supérieure cuculliforme,
réfléchie, bilobée au sommet ; lèvre inférieure à 3 lobes
échancrés, inégaux : le moyen plus long que les latéraux.
Étamines 4, didynames, déclinées au sommet, insérées au
tube de la corolle, recouvertes par la lèvre supérieure.
Anthères poilues, contiguës 2 à 2 ; bourses des 2 courtes
étamines l'une mucronulée à la base , l'autre acuminée-
cuspidée ; bourses des 2 longues étamines l'une et l'autre
mucronulées à la base. Ovaire comprimé, 2-loculaire ;
placentaires 2 , axiles, multi-ovulés, adnés à la cloison.
Style filiforme , non-persistant. Stigmate capitellé. Capsule
oblongue, comprimée, 2-loculaire, élastiquement 2-valve ;
loges 4-6-spermes ; valves septifères et placentifères au milieu , indivisées , ou bifides, finalement subréfléchies.
Graines petites, oblongues ; tégument lâche, membranacé,
longitudinalement strié.

Herbes annuelles. Feuilles opposées ou alternes, en général incisées ou dentées : les florales plus larges que les
autres. Fleurs petites, sessiles , subsolitaires, rapprochées
en épis.

EUFRAISE OFFICINALE. — *Euphrasia officinalis* Linn. —
Bull. Herb. tab. 233. — Flor. Dan. tab. 1037. — *Euphrasia*
pratensis et *E. micrantha* Reichenb. Flor. Excurs. — *Eu-*
phrasia pectinata Tenor. — *Euphrasia nemorosa* Pers.

Plante haute de quelques pouces à 1 pied , en général très-
rameuse et plus ou moins pubescente. Racine grêle, pivotante.
Tige dressée, ordinairement rameuse dès la base, subcylindrique,
souvent violette. Feuilles glabres ou pubescentes, crénelées, ou

dentées, ou incisées-dentées, ovales, ou cordiformes, obtuses, ou
pointues, courtement pétiolées, d'un vert gai, souvent luisantes.
Calice pubérule-glanduleux, plus long que le tube de la corolle : segments lancéolés ou lancéolés-linéaires, acérés. Corolle
blanche; gorge jaune; lèvres marbrées à la surface interne de
violet et de jaune; lèvre supérieure à lobes échancrés; lèvre
inférieure à lobes obcordiformes. Anthères brunâtres. Capsule
échancrée ou tronquée, mucronulée, ordinairement débordée
par le calice. Graines brunes, à stries blanches.

Cette plante, connue sous le nom vulgaire d'*Eufraise*, est
commune dans les prairies sèches et les pâturages ; elle fleurit
durant tout l'été ; sa saveur est légèrement amère et astringente ;
on la considérait jadis comme un remède infaillible contre les
maladies des yeux.

Genre PÉDICULAIRE. — *Pedicularis* Tourn.

Calice inégalement 5-denté (la dent supérieure minime)
ou bilabié (lèvre supérieure 2-dentée ou très-entière; lèvre
inférieure 3-dentée), ovoïde, ou subcampanulé, ventru ;
dents souvent foliacées et incisées-dentées. Corolle ringente ; lèvre supérieure voûtée (ordinairement en forme
de casque, rarement rectiligne), comprimée, souvent rostrée ; lèvre inférieure plane, défléchie, 3-lobée, en général
plus longue que la supérieure. Étamines 4, didynames, insérées au tube de la corolle, recouvertes par la lèvre supérieure : lobes latéraux plus longs que le lobe moyen.
Anthères dithèques : bourses obtuses, ou pointues, ou épe-
ronnées. Ovaire 2-loculaire; placentaires 2, axiles, multi-
ovulés, adnés à la cloison. Style filiforme. Stigmate capitellé. Capsule obliquement ovoïde, rostrée, 2-loculaire,
polysperme, 2-valve, recouverte par le calice; valves septifères et placentifères au milieu. Graines ovoïdes, anguleuses, réticulées, fovéolées; chalaze rostelliforme.

Herbes annuelles, ou bisannuelles, ou vivaces. Tige le
plus souvent simple, feuillue. Feuilles alternes, ou oppo-

sées, ou verticillées , pennatifides , ou pennatiparties , ou incisées-dentées , ou profondément crénelées. Fleurs solitaires à l'aisselle d'une feuille ou d'une bractée, rapprochées en grappes ou en épis soit denses, soit interrompus , soit plus ou moins lâches. Corolle jaune ou pourpre, en général grande.

PÉDICULAIRE COMMUNE. — *Pedicularis palustris* Linn. — Engl. Bot. tab. 399. — Gærtn. Fruct. 1, tab. 53, fig. 5. — Bull. Herb. tab. 129.

Plante annuelle, très-glabre. Tige haute de ½ pied à 2 pieds, dressée, rougeâtre , fistuleuse, rameuse dès la base; rameaux plus ou moins divergents, feuillés, grêles, simples, terminés en grappe , de même que la tige. Feuilles un peu charnues, pennatiparties, les radicales petites; segments oblongs, pennati-lobés : lobules crénelés; crénelures subcartilagineuses aux bords. Grappes lâches, multiflores. Calice bilabié, vésiculeux, coloré : lèvres foliacées, incisées-dentées, crépues. Corolle rose ; lèvre supérieure subfalciforme, 2-denticulée à la base, courtement rostrée; bec tronqué, 1-denté de chaque côté.

Cette espèce, connue sous le nom vulgaire de *Pédiculaire* , est commune dans les prairies marécageuses; toute la plante a une saveur désagréable; elle ne paraît pas exempte de propriétés vénéneuses.

Genre CRESCENTIA. — *Crescentia* Linn. (1)

Calice 2-parti, non-persistant : segments égaux. Corolle hypogyne, subcampanulée, ventrue , rétrécie vers la base, inégalement 5-lobée. Étamines fertiles 4, didynames, saillantes, accompagnées d'une étamine rudimentaire , insérées au tube de la corolle. Ovaire substipité, 1-loculaire.

---

(1) Ce genre est placé à la suite des Solanées par A. L. de Jussieu , à la suite des Bignoniacées par M. Lindley, à la suite des Gesnériées par M. Endlicher , et par M. Reichenbach dans ses Personées-Cyrtandrées.

Style indivisé. Stigmate bilamellé. Baie très-grosse, sub-globuleuse, ou ovoïde, obscurément 4-costée, cortiquée, pulpeuse en dedans, 1-loculaire, polysperme. Graines obcordiformes, acuminulées vers le hile, comprimées, apé-rispermées, marginées ; tégument subcoriace, très-fine-ment scrobiculé, lisse ; rebord épais ; raphé filiforme, facial ; cotylédons suborbiculaires, bilobés, minces, plano-convexes ; radicule très-courte, appointante, presque re-couverte par les cotylédons.

Arbres ou arbrisseaux. Feuilles alternes ou fasciculées, simples, ou 3-foliolées, ou pennées. Fleurs subsolitaires, naissant sur le tronc et les grosses branches.

CRESCENTIA CALEBASSIER. — *Crescentia Cujete* Linn. — Plum. Ic. 109. — Gærtn. Fruct. 3, tab. 222. — Jacq. Amer. tab. 111. — Commel. Hort. tab. 271. — Tussac, Flor. Antill. v. 2, táb. 19. — Bot. Mag. tab. 3430.

Arbre haut de 50 à 60 pieds. Tronc atteignant quelquefois 20 pouces de diamètre. Écorce grise, ridée, crevassée. Branches très-longues, peu ramifiées, ordinairement horizontales. Feuil-les fasciculées, entières, glabres, luisantes, lancéolées-oblongues, mucronées. Pédoncules épais, ordinairement solitaires. Baie du volume d'un gros Melon, subglobuleuse, ou ellipsoïde, obtuse, remplie d'une pulpe blanche. Graines brunes, longues de 3 à 4 lignes.

Cet arbre, nommé vulgairement *Calebassier* ou *Calebassier franc* (*Calabash tree* des Anglais ; *Cujete* des Espagnols), est commun aux Antilles. C'est, parmi ses congénères, l'espèce qui acquiert les plus grandes dimensions, soit quant à sa stature, soit quant au volume de ses fruits. Ces derniers, qui pèsent jus-qu'à douze livres et plus, sont assez gros pour servir aux nègres à porter de l'eau, même à la conserver longtemps sans altéra-tion ; ils peuvent contenir, lorsqu'ils sont vidés de leur pulpe, dix à douze bouteilles de liquide. Les nègres fabriquent aussi de ces fruits différents ustensiles de ménage. Aux Antilles, le bois du Calebassier s'emploie de préférence à tout autre bois pour faire les panneaux des voitures, parce qu'il est solide et coriace, et qu'il ne se fend jamais, étant soumis aux alternatives de la chaleur et de l'humidité. Les branches de l'arbre prennent très-facilement racine, de sorte qu'on s'en sert avec avantage pour établir en peu de temps des clôtures vives; du reste, le port du Calebassier n'est rien moins qu'élégant, et les fleurs exhalent une odeur fétide.

CENT QUARANTE-HUITIÈME FAMILLE.

LES LENTIBULARIÉES. — *LENTIBULARIEÆ.*

Genn. *Lysimachiis* affinia Juss. Gen. — *Personatarum* genn. Vent.
—Reichb.—*Lentibulariæ* Rich. in Flor. Paris. 1, p. 26.—R. Br. Prodr.
p. 429. — Bartl. Ord. Nat. p. 168. — *Utricularinæ* Link et Hoffmans.
Flor. Port. — *Utricularieæ* Endl. Gen. Plant. p. 768. — *Lentibulaceæ*
Lindl. Nat. Syst. p. 286.

Les *Lentibulariées* ne diffèrent des Scrophularinées
que par un pistil à placentaire-central libre, et par des
graines apérispermées. La plupart des espèces sont des
plantes aquatiques. Ce petit groupe ne comprend que
3 genres, savoir :

Utricularia Linn. (Lentibularia Vaill.) — *Genlisea*
Aug. Saint-Hil. — *Pinguicula* Tourn.

Genre UTRICULAIRE. — *Utricularia* Linn.

Calice partagé jusqu'à la base en 2 lèvres égales, concaves, indivisées. Corolle bilabiée, ringente; tube très-
court, éperonné (antérieurement) à sa base ; lèvre supérieure plane, dressée, obtuse, ou bilobée ; lèvre inférieure
plus grande, indivisée, fortement gibbeuse (en dessus)
vers sa base ; gorge close. Étamines 2, insérées à la base de
la lèvre supérieure ; filets courts, arqués, convergents ; anthères adnées, continues, monothèques, cohérentes, introrses, longitudinalement déhiscentes. Ovaire 1-loculaire,
subglobuleux ; placentaire globuleux, basilaire, multi-
ovulé. Style court, gros. Stigmate très-inégalement bilabié :
la lèvre supérieure minime ; l'inférieure lamelliforme.
Pyxide 1-loculaire, globuleux, polysperme. Graines minimes, globuleuses : hile basilaire. Embryon indivisé dans
certaines espèces.

Herbes aquatiques , flottantes , vivaces , plus ou moins rameuses ; rameaux garnis de vessies coriaces, axillaires, aérifères à l'époque de la floraison. Feuilles alternes, pennatiparties, ou bipennatiparties : segments capillaires. Pédoncules émergés à l'époque de la floraison, naissant aux aisselles des rameaux , solitaires , 1-ou pluri-flores, nus , ou garnis soit de squamules, soit de vessies semblables à celles des rameaux ; fleurs solitaires, ou en grappe, ou en épi.

Les *Utriculaires* sont remarquables par les vessies dont elles sont plus ou moins abondamment garnies ; ces organes, qui d'abord ne contiennent que de l'eau, se remplissent d'air vers l'époque de la floraison, et élèvent alors la plante à la surface de l'eau ; après la floraison , l'air est de nouveau remplacé par de l'eau, et la plante redescend au fond. — Parmi les espèces indigènes, la suivante est la plus notable.

UTRICULAIRE COMMUNE. — *Utricularia vulgaris* Linn. — Lamk. Ill. tab. 24, fig. 1. — Flor. Dan. tab. 138. — Engl. Bot. tab. 253. — Schk. Handb. tab. 3. — *Lentibularia vulgaris* Mœnch.

Racine filiforme, flottante. Tige courte, filiforme, flottante, cylindrique, feuillue et rameuse au sommet, aphylle inférieurement ; rameaux feuillés, étalés dans l'eau , conformes à la tige. Feuilles longues de 1 pouce à 2 pouces, divariquées, 2-ou 3-pennatiparties : segments sétacés, mucronés au sommet, finement spinelleux aux bords. Vessies obliquement ovoïdes, comprimées , du volume d'un petit Pois, déprimées au sommet et garnies de 2 faisceaux de poils assez longs. Pédoncules 8-10-flores, cylindriques, solitaires, longs de 8 à 10 pouces, garnis de quelques squamules ovales , membranacées. Fleurs en grappe terminale ; pédicelles 1-bractéolés à la base ; bractées colorées. Calice coloré, persistant. Corolle d'un jaune vif : lèvre inférieure ovale, subtrilobée, ondulée aux bords ; lèvre supérieure arrondie, réfléchie aux bords ; bosse de couleur orange ; éperon coni-

que, défléchi, brunâtre. Stigmate à lèvre supérieure dentiforme.
Pédicelles fructifères dressés. Graines 6-gones.

Cette espèce croît dans les mares et les fossés d'eau sta-
gnante.

Genre GRASSETTE. — *Pinguicula* Tourn.

Calice profondément 2-labié : lèvre supérieure 3-partie ;
lèvre inférieure 2-partie. Corolle bilabiée, ringente ; tube
court, éperonné (antérieurement) à sa base ; gorge béante ;
lèvre supérieure échancrée ou bifide ; lèvre inférieure
3-lobée, plus longue que la supérieure. Étamines 2, incluses, ascendantes, insérées au réceptacle ; filets comprimés ; anthères basifixes, adnées, suborbiculaires, monothèques, transversalement 2-valves. Ovaire subglobuleux,
1-loculaire ; placentaire basilaire, globuleux, multi-ovulé.
Style gros, très-court. Stigmate bilabié : la lèvre supérieure minime ; la lèvre inférieure lamelliforme, recouvrant les anthères. Capsule ovoïde, rostrée par le style,
1-loculaire, polysperme, 2-valve du sommet jusqu'au milieu. Graines subcylindracées, rugueuses ; hile terminal ;
embryon rectiligne : cotylédons très-courts ; radicule allongée, appointante.

Herbes vivaces, acaules, croissant dans les localités très-
humides. Feuilles radicales, roselées, très-entières, un peu
charnues, comme papilleuses, très-glabres. Hampe nue,
1-flore, dressée.

GRASSETTE COMMUNE. — *Pinguicula vulgaris* Linn. —
Flor. Dan. tab. 93. — Engl. Bot. tab. 70. — Reichenb. Ic. 1,
fig. 175. — Hook. Flor. Lond. tab. 104. — Poit. et Turp.
Flor. Par. tab. 29.

Racine fibreuse, produisant plusieurs hampes hautes de 3 à
6 pouces, cylindriques, visqueuses de même que les feuilles.
Feuilles ovales, ou ovales-elliptiques, ou ovales-oblongues, obtuses, révolutées aux bords, d'un vert pâle. Fleurs solitaires,

terminales, nutantes. Corolle violette, petite; gorge ventrue, un peu comprimée, velue, blanchâtre; lèvre supérieure bifide; lèvre inférieure à lobes arrondis; éperon cylindracé, grêle, pointu, en général rectiligne, à peu près aussi long que la corolle. Capsule substipitée.

Cette plante, nommée vulgairement *Grassette*, *Herbe grasse*, ou *Herbe huileuse*, croît dans les prés tourbeux; elle fleurit en mai et juin. Les feuilles de la *Grassette* possèdent la singulière propriété de faire cailler le lait sans que les parties séreuses s'en séparent. Linné rapporte que les Lapons ont coutume de faire subir cette préparation au lait des rennes, en le versant, fraîchement tiré, sur des feuilles de Grassette.

LES MYRSINÉES.

MYRSINEÆ Bartl.

CARACTÈRES.

Herbes, ou *sous-arbrisseaux*, ou *arbrisseaux*, ou *arbres*. Tiges et rameaux le plus souvent cylindriques.

Feuilles éparses, ou moins souvent soit opposées, soit verticillées, simples, veineuses, non-stipulées.

Fleurs axillaires ou terminales, en général régulières.

Calice inadhérent, persistant, 5-fide (moins souvent 4-ou 6-ou 7-fide) ; estivation imbricative, ou distante, ou valvaire.

Disque en général inapparent.

Corolle marcescente ou non-persistante, plus ou moins profondément 5-lobée, ou rarement à 5 pétales distincts ; lobes en même nombre que les segments calicinaux, interposés.

Étamines en même nombre que les lobes de la corolle, insérées au tube ou à la gorge (ou à la base des pétales, lorsque ceux-ci sont distincts), antéposées. Filets libres ou monadelphes, quelquefois alternativement ananthères et anthérifères. Anthères dressées ou incombantes, dithèques ; bourses parallèles, contiguës, déhiscentes chacune par une fente longitudinale.

Pistil régulier. Ovaire 1-loculaire, à placentaire-central libre. Ovules en nombre défini, ou plus généralement en nombre indéfini, en général amphitropes. Un seul style, terminé par un stigmate simple ou lobé,

Péricarpe capsulaire, ou moins souvent soit pyxidien, soit drupacé, soit baccien.

Graines en nombre soit défini, soit indéfini (quelquefois solitaires par avortement), en général peltées. Périsperme charnu ou corné, conforme à la graine. Embryon rectiligne ou flexueux, inclus, en général parallèle au hile, ou transverse (relativement au péricarpe), hétérotrope.

Cette classe ne comprend que les *Primulacées* et les *Ardisiacées*.

CENT QUARANTE-NEUVIÈME FAMILLE.

LES PRIMULACÉES. — *PRIMULACEÆ*.

Lysimachiæ Juss. Gen. — *Primulaceæ* Vent. Tabl. 2 , p. 285. — R.
Br. Prodr. p. 427. — Juss. in Ann. du Mus. XIV, p. 584. — Bartl.
Ord. Nat. p. 165. — *Primulacearum* tribus I (*Primuleæ*) et II (*Lysimachieæ*) Reichenb. Syst. Nat. p. 204 (1).

La plupart des *Primulacées* croissent dans les contrées
extra-tropicales de l'hémisphère septentrional ; elles
abondent surtout dans les régions alpines. Beaucoup
d'espèces produisent des fleurs très-élégantes, et se cultivent comme plantes de parterre. Les propriétés des
Primulacées sont en général peu marquantes ; toutefois
plusieurs espèces ont été signalées comme vénéneuses.

Caractères de la Famille.

Herbes annuelles ou vivaces, souvent subacaules ;
quelques espèces seulement ont des tiges suffrutescentes.
Tiges cylindriques, ou 2-gones, ou 4-gones.

Feuilles verticillées, ou opposées, ou éparses, non-stipulées, simples, souvent très-entières, rarement incisées
ou lobées, en général sessiles ou subsessiles.

Fleurs hermaphrodites, régulières (par exception
irrégulières), axillaires, ou terminales, ou radicales.

Calice inadhérent (excepté dans les *Samolus*), persistant, ou rarement caduc, herbacé, ordinairement 5-fide
ou 5-parti (dans quelques espèces 4-6-ou 7-fide).

Corolle rotacée, ou campanulée, ou infondibuliforme,

---

(1) Les Primulacées de M. Reichenbach renferment en outre, comme
3° tribu, la famille des Ardisiacées.

ou hypocratériforme, ou (seulement dans le *Coris*) bilabiée, hypogyne (par exception épigyne), non-persistante, ou marcescente; lobes en même nombre que ceux du calice, interposés

Étamines en même nombre que les lobes de la corolle, antéposées, insérées au tube ou à la gorge. Par exception, les étamines sont en nombre double des lobes de la corolle : les unes antéposées et anthérifères; les autres interposées et ananthères. Filets filiformes ou subulés, en général très-courts, quelquefois monadelphes par la base. Anthères dressées ou incombantes, dithèques, introrses; bourses parallèles, contiguës (du moins antérieurement), déhiscentes chacune par une fente longitudinale; connectif (souvent nul ou peu apparent) quelquefois prolongé en appendice apicilaire.

Pistil : Ovaire inadhérent (excepté dans les *Samolus*), 1-loculaire; placentaire columnaire ou subglobuleux, basilaire, libre. Ovules amphitropes et peltés (par exception anatropes et non-peltés), en général très-nombreux. Style indivisé, terminal. Stigmate terminal, entier, en général capitellé.

Péricarpe capsulaire ou rarement pyxidien, 1-loculaire, ordinairement polysperme; valves ou valvules en même nombre que les lobes calicinaux, et opposées à ceux-ci.

Graines en général peltées (convexes antérieurement, aplaties au dos), sessiles dans des fovéoles du placentaire. Périsperme charnu ou subcorné. Embryon (indivisé dans quelques espèces) rectiligne, inclus, hétérotrope, transverse (relativement au péricarpe), ou (par exception) érigé et homotrope.

La famille des Primulacées comprend les genres suivants :

Cyclamen Tourn. — *Dodecatheon* Linn. — *Solda-nella* Tourn. — *Cortusa* Linn. — *Androsace* Linn. — *Aretia* Linn. — *Vitaliana* Reichb. (Gregoria Duby.) — *Douglasia* Lindl. — *Primula* Tourn. — *Primulidium* Spach. — *Auricula* Tourn. — *Aleuritia* Duby. — *Trien-talis* Linn. — *Lubinia* Commers. — *Coxia* Endl. (Lu-binia Link et Otto, nec Commers.) — *Asterolinon* Link. — *Lysimachia* Tourn. — *Godinella* Lestib. (Epheme-rum Reichenb. Lerouxia Merat.) — *Palladia* Mœnch. — *Naumburgia* Mœnch. (Thyrsanthus Schrank.) — *Anagallis* Tourn. — *Jirasekia* Schmidt. — *Centunculus* Linn. — *Hottonia* Linn. — *Coris* Tourn. — *Samolus* Tourn. — *Sheffieldia* Forst.

Genres voisins des Primulacées.

? *Euparea* Banks. — ? *Bacopa* Aubl. — ? *Schwenkia* Linn. (Chætochilus Vahl.)

Genre CYCLAME. — *Cyclamen* Tourn.

Calice 5-parti, persistant. Corolle rotacée; tube court, subglobuleux; limbe 5-parti, réfracté : segments allongés. Étamines 5, subincluses, insérées au fond de la corolle; filets très-courts, dilatés à la base; anthères subsagittifor-mes, dressées, adnées, conniventes, pointues. Ovaire à placentaire subglobuleux, multi-ovulé. Style filiforme, pointu. Stigmate inapparent. Capsule ovoïde ou subglo-buleuse, polysperme, 5-valve jusqu'à la base ; valves fina-lement réfléchies; placentaire courtement stipité. Graines peltées, convexes antérieurement, planes au dos, angu-leuses; périsperme corné ; embryon subclaviforme, indi-visé.

Herbes vivaces, acaules, à rhizôme tubéreux, ordinaire-ment disciforme. Feuilles cordiformes ou réniformes, plus ou moins anguleuses , longuement pétiolées, vertes et luisantes en dessus, le plus souvent d'un pourpre violet en dessous. Hampes nues, 1-flores : les florifères dressées, plus ou moins recourbées au sommet ; les fructifères décombantes, tordues en spirale. Fleurs inclinées. Corolle pourpre ou blanche, grande.

Les espèces de ce genre sont connues sous le nom vulgaire de *pain de pourceau*, parce que les porcs sont très-friands des tubercules de ces plantes : du reste, ces tubercules ont des propriétés drastiques très-prononcées , et on les employait jadis en médecine. Tous les Cyclames méritent d'être cultivés comme plantes d'ornement ; la plupart des espèces habitent l'Europe méridionale.

CYCLAME COMMUN. — *Cyclamen europæum* Willd. Spec. — Bull. Herb. tab. 6. — Jacq. Flor. Austr. tab. 401. — Lamk. Ill. tab. 100.—*Cyclamen Clusii* Bot. Reg. tab. 1013.

Feuilles cordiformes-orbiculaires ou cordiformes, pointues, crénelées, ou dentelées ; lobes-basilaires subincombants. Segments de la corolle lancéolés-oblongs, ou oblongs, pointus.

Rhizôme suborbiculaire, déprimé, fibrilleux en dessous, brun à la surface externe, blanchâtre à la surface interne, produisant en dessus plusieurs souches perennes , souterraines, grêles, rugueuses par les cicatrices des anciennes feuilles. Feuilles larges de 1 pouce à 2 pouces, glabres, veineuses, d'un vert foncé et marbrées de blanc en dessus, d'un pourpre violet en dessous ; pétiole cylindrique, rougeâtre, comme chagriné. Hampes conformes aux pétioles. Fleurs odorantes. Segments calicinaux ovales, pointus, dentelés. Corolle rose ou blanche, longue de 6 à 12 lignes.

Cette espèce croît dans les bois des montagnes, surtout de l'Europe méridionale ; elle fleurit au printemps et en automne. On la cultive comme plante d'ornement, ainsi que les suivantes.

CYCLAME A FEUILLES RÉNIFORMES. — *Cyclamen coum* Mill. — Bot. Mag. tab. 4. — Bot. Cab. tab. 108.

Feuilles très-entières ou légèrement crénelées, subréniformes. Segments de la corolle elliptiques-oblongs, obtus. — Plante semblable par le port à l'espèce précédente. Feuilles marbrées en dessus, d'un pourpre violet en dessous. Corolle petite, pourpre ; gorge panachée de pourpre et de blanc. — Cette espèce croît dans l'Europe méridionale.

CYCLAME A FEUILLES DE LIERRE. — *Cyclamen hederæfolium* Hort. Kew. — *Cyclamen neapolitanum* Tenor.

Feuilles cordiformes, anguleuses, crénelées. Corolle à segments obovales ou oblongs-obovales, acuminulés. — Feuilles ordinairement marbrées en dessus, glauques ou blanchâtres en dessous, pubérules-ferrugineuses aux nervures. Corolle pourpre, longue de 6 à 8 lignes. — Cette espèce croît dans l'Europe méridionale; elle fleurit en automne.

CYCLAME SINUOLÉ. — *Cyclamen repandum* Sibth. et Smith, Flor. Græc. tab. 186. — *Cyclamen hederæfolium* Tenor.

Feuilles minces, cordiformes, sinuolées, anguleuses : angles arrondis, très-entiers, mucronulés. Corolle à segments oblongs. — Tubercule du volume d'une Noisette. Feuilles marbrées de blanc en dessus, violets en dessous. Corolle petite, rose. — Cette espèce habite l'Europe méridionale; elle fleurit au printemps.

CYCLAME VERNAL. — *Cyclamen vernum* Lobel. Ic. p. 605. — Park. Parad. tab. 197. — Reichenb. Flor. Germ. Excurs. — *Cyclamen hederæfolium* Bot. Mag. tab. 1001. — Bot. Cab. tab. 992.

Feuilles cordiformes, anguleuses, sinuées : angles subtriangulaires, très-entiers, mucronulés. Corolle à segments oblongs, ou lancéolés-oblongs, obtus. — Feuilles larges de 2 à 3 pouces, marbrées en dessus, en général rougeâtres en dessous. Corolle d'un pourpre vif, longue d'environ 8 lignes. — Cette espèce croît dans l'Europe méridionale.

Genre MÉADIA. — *Dodecatheon* Linn.

Calice persistant, campanulé, profondément 5-fide ; segments réfléchis pendant la floraison. Corolle rotacée ; tube court, subglobuleux ; limbe 5-parti, réfracté : segments allongés. Étamines 5, longuement saillantes, dressées, conniventes en forme de cône, insérées à la gorge de la corolle ; filets courts, charnus, ovales-triangulaires, monadelphes par la base ; anthères sagittiformes-linéaires, pointues, adnées : connectif filiforme. Ovaire conique, à placentaire ovoïde, multi-ovulé. Style filiforme, saillant. Stigmate minime, obtus, subcapitellé. Capsule conique, obtuse, cylindrique, 1-loculaire, polysperme, déhiscente au sommet par 5 valvules dentiformes. Graines petites, irrégulièrement anguleuses, peltées, chagrinées.

Herbes vivaces, acaules. Feuilles radicales, roselées, très-entières, ou sinuolées, ou dentelées, rétrécies en pétiole. Hampes dressées, multiflores, aphylles ; fleurs nutantes, disposées en ombelle simple, terminale, accompagnée d'une collerette de courtes bractées foliacées ; pédicelles filiformes, longs, nus : les florifères plus ou moins réclinés au sommet ; les fructifères raides, dressés. Corolle blanche ou rose.

MÉADIA ÉLÉGANT. — *Dodecatheon Meadia* Linn. — Catesb. Carol. 3, tab. 1. — Bot. Mag. tab. 12. — Sweet, Brit. Flow. Gard. ser. 2, tab. 60.

Plante très-glabre. Feuilles longues de 4 pouces à 1 pied, minces, d'un vert gai, lancéolées-spathulées, ou lancéolées-oblongues, ou lancéolées-obovales, pointues, sinuolées-denticulées, ou inégalement dentelées : les jeunes pulvérulentes en dessous ; pétiole et côte larges, souvent rougeâtres. Hampes grêles, dressées, luisantes, subcylindriques, hautes de 1 pied à 3 pieds. Bractées-involucrales ovales, ou ovales-lancéolées, ou oblongues-lancéolées, pointues, dressées, vertes, beaucoup plus courtes

que les pédicelles. Pédicelles longs de 4 à 8 pouces. Calice long
d'environ 3 lignes : segments triangulaires ou oblongs-triangu-
laires, pointus, dressés après la floraison. Corolle rose ou blanche, à gorge panachée de blanc, de jaune et de pourpre violet;
tube un peu plus long que le calice; segments longs de 8 à 12 lignes, oblongs, ou elliptiques-oblongs, ou lancéolés-oblongs,
pointus. Étamines formant un cône long de 3 à 4 lignes; filets
d'un pourpre violet au sommet, jaunes inférieurement; anthères
jaunes. Style débordant les étamines. Capsule chartacée, 2 fois
plus longue que le calice. Graines petites, d'un brun noirâtre.

Cette espèce, originaire des États-Unis, se cultive comme
plante de parterre.

Genre SOLDANELLE. — *Soldanella* Tourn.

Calice petit, 5-parti, persistant : segments linéaires. Corolle campanulée, rétrécie à la base, 5-fide jusqu'au milieu; segments palmatifides; gorge inappendiculée ou garnie de 5 squamules alternes avec les étamines. Étamines 5,
courtes, incluses, conniventes en forme de cône, insérées
à la gorge de la corolle; anthères adnées, cordiformes-
ovales, cuspidées. Ovaire ovoïde : placentaire columnaire,
multi-ovulé. Style filiforme, saillant, persistant. Stigmate
petit, capitellé. Capsule conique-cylindracée, chartacée,
obliquement striée, 1-loculaire, polysperme, s'ouvrant
d'abord par un opercule apicilaire (continu avec la base du
style) caduc, puis en 5 à 10 valvules dentiformes, obtuses,
finalement recourbées; placentaire stipité, plus court que
la loge. Graines petites, subréniformes; embryon subcylindracé : radicule longue.

Herbes vivaces, acaules. Feuilles radicales, longuement
pétiolées, réniformes, ou cordiformes, ou suborbiculaires,
très-entières, ou légèrement sinuolées. Hampes 1-ou pauciflores, aphylles, dressées; pédicelles terminaux, 1-brac-
téolés à la base : les florifères filiformes, plus ou moins inclinés au sommet. Fleurs nutantes. Corolle bleue, ou violette, ou rarement blanche.

Les *Soldanelles* sont remarquables par l'élégance de leurs fleurs ; on les cultive comme plantes d'ornement.

A. *Gorge de la corolle couronnée par 5 squamules ovales, échancrées. Filets 1 fois plus courts que les anthères.*

SOLDANELLE ALPINE. — *Soldanella alpina* Linn. — Jacq. Flor. Austr. tab. 13. — Bot. Mag. tab. 49.

Feuilles réniformes, ou réniformes-orbiculaires, crénelées, ou subsinuolées. Pédicelles glabres, ordinairement parsemés de glandules sessiles.

Rhizôme rampant, noueux, fibrilleux, produisant à son extrémité supérieure une petite touffe de feuilles et 1 ou 2 hampes. Feuilles longues de 6 à 18 lignes, subcartilagineuses au bord, coriaces, glabres, d'un vert foncé et luisantes en dessus, rougeâtres ou d'un vert pâle en dessous, finement ponctuées, à veines peu apparentes ; pétiole long de ¼ pouce à 3 pouces. Hampes cylindriques, hautes de 2 à 6 pouces, 1-5-flores ; pédicelles anisomètres, comme chagrinés. Bractéoles courtes, linéaires. Calice 2 fois plus court que la corolle : segments obtus. Corolle de couleur lilas, longue de 4 à 5 lignes ; segments flabelliformes, laciniés presque jusqu'au milieu : lanières linéaires, obtuses, inégales. Capsule verdâtre, 3 fois plus longue que le calice.

Cette espèce croît dans les Alpes.

SOLDANELLE MAJEURE.—*Soldanella montana* Willd. Enum. — *Soldanella alpina major* Clus. Hist. 3, p. 308. — *Soldanella Clusii* Sims, Bot. Mag. tab. 2163. — *Soldanella alpina* Schmidt, Bohem.

Plante plus grande que l'espèce précédente. Feuilles cordiformes-orbiculaires, sinuolées, ou crénelées ; pétiole pubérule. Hampes 3-7-flores. Pédicelles garnis d'une pubescence glandulifère. Corolle lilas ; segments laciniés jusqu'au delà du milieu ; squamules à peu près aussi longues que les filets. — Cette espèce croît dans les bois humides des Alpes et de plusieurs autres chaînes de l'Europe.

B. *Corolle à gorge inappendiculée. Filets aussi longs que les anthères.*

SOLDANELLE NAINE. — *Soldanella pusilla* Baumg. Flor. Transylv. — Sweet, Brit. Flow. Gard. ser. 2, tab. 48. — *Soldanella Clusii* Bot. Cab. tab. 872.

Feuilles cordiformes-orbiculaires, ou subréniformes, légèrement sinuolées ou crénelées. Hampes 1-3-flores. Pédicelles scabres. — Plante en général plus petite que les deux espèces précédentes. Corolle d'un bleu tirant sur le violet ; segments laciniés jusqu'au tiers : lobules linéaires. — Cette espèce habite les régions les plus élevées des Alpes et des Pyrénées.

SOLDANELLE MINIME. — *Soldanella minima* Hoppe, in Sturm, Deutschl. Flor. fasc. 20. — Sweet, Brit. Flow. Gard. ser. 2, tab. 53.

Cette espèce diffère de la précédente par des feuilles plus petites, suborbiculaires, peu ou point échancrées à la base. La hampe est en général 1-flore et pubérule de même que le pédicelle ; la corolle, de couleur lilas, longue d'environ 6 lignes. — Cette plante n'a encore été trouvée que dans les hautes Alpes de la Carinthie.

Genre CORTUSE. — *Cortusa* Linn.

Calice campanulé, non-anguleux, profondément 5-fide : segments dressés. Corolle infondibuliforme, 5-lobée ; gorge couronnée d'un annule glanduleux ; lobes étalés lors de l'épanouissement. Étamines 5, incluses, conniventes, insérées au tube de la corolle ; filets courts, monadelphes ; anthères subsessiles, adnées, ovales-oblongues, cuspidées par le connectif. Ovaire 1-loculaire ; placentaire columnaire, multi-ovulé. Style filiforme. Stigmate capitellé. Capsule chartacée, ovoïde, plus grande que le calice, 1-loculaire, polysperme, 5-valve (accidentellement 6-ou 7-valve) au sommet ; placentaire stipité, columnaire, plus court que

la loge. Graines plano-convexes, ou irrégulièrement anguleuses, petites, peltées, scrobiculées.

Herbe vivace, acaule, plus ou moins pubescente. Feuilles
radicales, longuement pétiolées, cordiformes ou réniformes, sinuées-lobées. Hampes nues, grêles, simples,
dressées, multiflores; fleurs terminales, longuement pédicellées, pendantes durant l'épanouissement, disposées en
ombelle simple accompagnée d'une collerette de bractées
foliacées; pédicelles filiformes : les florifères plus ou moins
réclinés ; les fructifères raides, dressés. Corolle pourpre.

CORTUSE DE MATTHIOLE. — *Cortusa Matthioli* Linn.—All.
Ped. tab. 5, fig. 3. — Jacq. Ic. Rar. tab. 32. — Andr. Bot.
Rep. tab. 1. — Bot. Mag. tab. 987.

Rhizôme pivotant, fibrilleux, en général polycéphale. Feuilles
larges de 2 à 4 pouces, glabres excepté aux veines, subréniformes, ou cordiformes-orbiculaires, obtuses, sinuées-lobées aux
bords : lobes arrondis, inégalement crénelés ou incisés-dentés;
pétiole grêle, long de 4 à 8 pouces, pubescent. Hampes très-
grêles, ordinairement solitaires, longues de ¹/₂ pied à 1 pied,
pubescentes. Ombelle 7-20-flore. Pédicelles glabres, longs de
1 à 2 pouces. Calice glabre, long d'environ 2 lignes : segments
triangulaires-lancéolés, acérés. Corolle longue de 4 à 5 lignes;
tube évasé, jaunâtre en dedans, à peu près aussi long que le calice; segments oblongs, obtus. Anthères débordant la gorge,
jaunes, violettes au sommet. Capsule longue de 4 lignes. Graines d'un brun noirâtre.

Cette plante croît dans les endroits rocailleux et ombragés des
Alpes; on la cultive dans les parterres; elle fleurit au printemps.

Genre PRIMEVÈRE. — *Primula* Tourn.

Calice tubuleux, prismatique-pentagone, ventru, profondément 5-denté. Corolle hypocratériforme ou subinfondibuliforme; gorge contractée, couronnée d'un annule
glanduleux peu apparent; limbe profondément 5-lobé :

lobes échancrés ou bilobés au sommet. Étamines 5, incluses, insérées au tube de la corolle (tantôt vers son milieu,
tantôt (1) peu au-dessous de son sommet); filets filiformes, courts, libres; anthères supra-basifixes, oblongues,
obtuses, dressées : connectif inapparent. Ovaire à placentaire
subglobuleux, multi-ovulé. Style filiforme. Stigmate capitellé. Capsule ovale ou oblongue, chartacée, persistante,
1-loculaire, polysperme, 10-valve au sommet; valves dentiformes, finalement recourbées ; placentaire subpyramidal, plus court que la loge. Graines petites, plano-convexes, rugueuses, peltées.

Herbes vivaces, acaules, finement pubescentes. Rhizôme
oblique, tronqué à l'extrémité inférieure, écailleux (par
la base des anciens pétioles), garni de longues fibres radicellaires. Feuilles radicales, minces, rugueuses, penninervées, non-pulvérulentes, convolutées en vernation, légèrement sinuolées ou crénelées, rétrécies en pétiole ailé.
Hampes cylindriques, dressées (du moins lors de la floraison), aphylles, pluriflores, ou quelquefois 1-flores;
fleurs inclinées lors de l'épanouissement : celles des hampes
pluriflores disposées en ombelle terminale, simple, accompagnée d'une collerette de petites bractées subfoliacées.
Pédicelles filiformes, durant l'épanouissement réclinés ou
pendants. Corolle jaune (excepté dans des variétés de culture). Calice membranacé, bouffi.

A. *Hampes 1-flores, filiformes, 1-bractéolées à la base, décombantes après la floraison. (Accidentellement la plante
produit une hampe ombellifère au sommet, mais ordinairement accompagnée de plusieurs hampes 1-flores.) Capsule plus courte que le calice.*

Primevère a grandes fleurs. — *Primula grandiflora*

---

(1) Cette insertion varie dans toutes les espèces ; lorsque les étamines
s'insèrent vers le milieu du tube, le style est plus long que celui-ci ;
lorsqu'au contraire les étamines s'insèrent vers le sommet du tube , le
style est très-court.

Lamk. — Jaume Saint-Hil. Flor. et Pom. Franç. tab. 3. — *Primula veris* : γ *acaulis* Linn. — *Primula acaulis* Jacq. — Flor. Dan. tab. 194. — *Primula vulgaris* Smith, Engl. Bot. tab. 4. — *Primula sylvestris* Scopol. — *Primula brevistyla* De Cand. Flor. Franç.

Feuilles obovales, ou oblongues-obovales, ou oblongues-spathulées, très-obtuses, sinuolées-denticulées, ou crénelées, pubescentes en dessous. Dents-calicinales triangulaires-lancéolées, acérées, 1 fois plus courtes que le tube. Corolle à limbe étalé : lobes obcordiformes-bilobés, ou obovales-orbiculaires et échancrés. — Feuilles longues de 4 à 8 pouces, d'un vert gai et glabres en dessus, étalées en rosette. Hampes longues de 3 à 8 pouces, nombreuses étant 1-flores, pubérules. Bractéoles subulées, pubérules. Calice long d'environ 6 lignes, pubérule à la surface externe. Corolle d'un jaune de soufre (ou, dans des variétés de culture, soit blanche, soit rose, et souvent double, ou multiple) : tube tantôt à peine aussi long que le calice, tantôt plus ou moins saillant, infondibuliforme, ou subcylindracé; limbe large d'environ 1 pouce. Capsule ovale, débordée par les dents calicinales. Graines brunes.

Cette espèce n'est pas rare dans les bois; elle fleurit en avril et en mai; ses fleurs sont inodores; mais on en possède de très-belles variétés qu'on cultive dans les parterres.

B. *Hampes 5-20-flores, toujours dressées de même que les pédicelles fructifères. Capsule un peu plus longue que le calice.*

a) *Corolle à limbe étalé, d'un jaune pâle, ou (dans des variétés de culture) d'un pourpre brunâtre, ou jaune, ou violette.*

PRIMEVÈRE INODORE.—*Primula elatior* Jacq. Misc.—Flor. Dan. tab. 434.— Engl. Bot. tab. 513. — Hook. Flor. Lond. tab. 9. — Jaume Saint-Hil. Flore et Pom. Franç. tab. 13. — *Primula veris elatior* Linn. — *Primula inodora* Hoffm. — *Primula Columnæ* Tenor. Flor. Napol. tab. 13.

Feuilles ovales, ou elliptiques, ou oblongues, ou subcordiformes, arrondies au sommet, finement denticulées, ou sinuolées-

denticulées, longuement pétiolées, pubérules. Calice subturbiné :
dents ovales ou ovales-lancéolées, acuminulées, ou cuspidées.
Corolle à segments obovales ou obovales-orbiculaires, échancrés,
ou subbilobés, 2 à 3 fois plus courts que le tube. — Feuilles
longues de 4 à 6 pouces, d'un vert gai en dessus, d'un vert pâle
ou quelquefois cotonneuses-incanes en dessous. Hampes pubérules, hautes de 5 à 12 pouces. Collerette à bractées subulées, plus
courtes que les pédicelles. Calice glabre, ou pubérule seulement
aux angles, long de 5 à 7 lignes ; dents 3 fois plus courtes que le
tube. Corolle à tube un peu plus long que le calice, tantôt
infondibuliforme, tantôt subcylindracé et renflé vers le milieu ;
limbe large de 4 à 5 lignes (jusqu'à 1 pouce dans les variétés de
culture). Capsule oblongue. Graines brunes.

Cette espèce, connue sous le nom vulgaire de *Primerolle*, est
commune dans les bois et les prairies ; elle fleurit en mars et en
avril ; on en cultive beaucoup de variétés comme plantes d'ornement. Les fleurs de cette Primevère participent aux propriétés
médicales de l'espèce suivante, et on recueille indistinctement,
pour cette destination, celles de l'une et de l'autre.

b) *Corolle à segments connivents presque en forme de cloche, d'un jaune
foncé. Fleurs odorantes.*

PRIMEVÈRE OFFICINALE. — *Primula officinalis* Jacq. Misc.
— *Primula veris* Willd. — Bull. Herb. tab. 171. — Engl.
Bot. tab. 5. — *Primula veris officinalis* Linn. — *Primula in-
flata* Lehm. Prim. — *Primula suaveolens* Bertol.

Feuilles ovales, ou elliptiques, ou obovales, ou oblongues,
arrondies au sommet, sinuolées-denticulées, ou crénelées, longuement pétiolées, pubérules. Calice subturbiné, ou ventru au
milieu ; dents ovales ou ovales-triangulaires, subobtuses, ou
acuminulées. Corolle à segments obcordiformes, 4 à 5 fois plus
courts que le tube. — Feuilles longues de 3 à 6 pouces, d'un
vert gai en dessus, souvent subincanes en dessous. Hampes hautes de 5 à 12 pouces (ordinairement plus longues que les feuilles),
5-20-flores, pubérules-incanes de même que les pédicelles. Pédicelles longs de 3 à 6 lignes. Collerette à bractées ovales ou

ovales-lancéolées, subulées au sommet, pubescentes, longues de
2 à 3 lignes. Calice pubérule, blanchâtre, long d'environ 6 lignes : dents 4 à 5 fois plus courtes que le tube. Tube de la corolle tantôt infondibuliforme, tantôt subcylindracé, en général à
peine saillant; limbe court. Capsule ovale ou ovale-oblongue.
Graines brunes.

Cette espèce, nommée vulgairement *Coucou, Brayette, Fleur
de couçou, Primerolle,* ou *Herbe à la paralysie,* est commune
dans les bois et les prairies sèches; elle fleurit en mars et en
avril. L'infusion de ses fleurs passe pour céphalique et cordiale;
on attribuait autrefois à ces fleurs la propriété de guérir les pa-
ralysies de la langue. Les feuilles des Primevères peuvent se
manger en salade.

Genre PRIMULIDE. — *Primulidium* Spach.

Calice grand, bouffi, accrescent, conique, obscurément
5-gone, 5-denté, à base disciforme; dents planes, un peu
carénées. Corolle hypocratériforme; gorge évasée, églanduleuse; limbe étalé, 5-lobé presque jusqu'à sa base : segments échancrés. Étamines 5, incluses, conniventes, insérées au tube de la corolle; filets très-courts, filiformes;
anthères sagittiformes – oblongues, apiculées, mobiles.
Ovaire conique : placentaire gros, globuleux, multi-ovulé.
Style filiforme. Stigmate disciforme, orbiculaire, pelté.
Capsule ovale ou subglobuleuse, submembranacée, bouffie,
obscurément 10-gone, polysperme, 10-valve au sommet.
Graines comme celles des *Primevères.*

Herbe vivace, caulescente. Tiges courtes, charnues, très-
simples, très-feuillues, subperennes (probablement frutescentes dans le climat natal de la plante). Feuilles agrégées vers les extrémités des tiges (ou souches), longuement
pétiolées, profondément sinuées-lobées, cordiformes à la
base; lobes laciniés; pétiole subtrigone, marginé au sommet, immarginé inférieurement. Pédoncules longs, axillaires, scapiformes, grêles, dressés, multiflores; fleurs lon·

guement pédicellées, inclinées lors de l'épanouissement,
en général disposées en panicule composée de 2 ou 3 ombelles simples superposées; moins souvent le pédoncule
est seulement ombellifère ou corymbifère au sommet. Pédicelles grêles, 1-bractéolés à la base : les florifères dressés; les fructifères plus ou moins défléchis. Bractées courtes,
foliacées, ordinairement dentelées, disposées en collerette
lorsque les pédicelles sont en ombelle. Corolle grande,
rose, ou blanche ; gorge marquée d'une tâche 5-angulaire
de couleur jaune. Calice-fructifère nutant.

PRIMULIDE DE CHINE. — *Primulidium sinense* Spach. —
Primula semperflorens Lois. Herb. de l'Amat. tab. 513. —
Primula sertulosa Lois. in Soc. Linn. Paris. 1825, p. 28,
tab. 3. — *Primula sinensis* Lindl. Coll. Bot. tab. 7. (non
Loureir.) — Sweet, Brit. Flow. Gard. tab. 196. — Bot. Mag.
tab. 2564. — *Primula prænitens* Ker, Bot. Reg. tab. 539.

Rhizôme tronqué inférieurement, polycéphale étant adulte,
Tiges longues de 3 à 6 pouces. Feuilles larges de 2 à 4 pouces,
molles, un peu charnues, d'un vert foncé, cordiformes ou cordiformes-orbiculaires en contour, couvertes (de même que toutes
les autres parties herbacées de la plante) d'une pubescence glandulifère et visqueuse ; lobes suboblongs, plus ou moins profondément incisés-crénelés ou déchiquetés ; pétiole long de 6 à
12 pouces, ordinairement d'un pourpre violet. Pédoncules au
commencement de la floraison plus courts que les feuilles, finalement longs d'environ 1 pied ou plus, en général rougeâtres.
Pédicelles longs de 1 pouce à 2 pouces. Bractées linéaires ou
linéaires-lancéolées, pointues, ciliées, longues de 4 à 6 lignes.
Calice verdâtre, pubérule, visqueux, à l'époque de la floraison
long d'environ 4 lignes; base plane, finalement large de 4 à 5 lignes. Corolle à tube plus ou moins évasé, jaunâtre, à peine plus
long que le calice; limbe large de 10 à 12 lignes, d'un rose plus
ou moins vif, ou blanc; lobes obovales, échancrés, ou quelquefois irrégulièrement crénelés. Capsule du volume d'un gros
Pois.

Cette espèce, originaire de Chine, se cultive fréquemment comme plante d'agrément.

Genre AURICULE. — *Auricula* Tourn.

Calice campanulé ou obconique, ni anguleux ni ventru, profondément 5-denté, persistant. Corolle hypocratériforme ou infondibuliforme; gorge non-glanduleuse, évasée; limbe 5-lobé; lobes obcordiformes, ou bifides, ou moins souvent légèrement échancrés. Étamines, pistil, péricarpe et graines comme dans les *Primevères*.

Herbes (souvent pulvérulentes) à souches perennes, charnues, feuillues vers le sommet, écailleuses inférieurement (par les restes des anciens pétioles). Rhizôme oblique, tronqué à l'extrémité inférieure, garni de longues fibres radicellaires. Feuilles très-entières ou dentées, roselées, un peu charnues, subpersistantes, non-rugueuses, non-convolutées en vernation, rétrécies en pétiole ailé. Hampes pauci-ou pluri-flores (accidentellement 1 flores), aphylles, grêles, cylindriques, dressées. Fleurs (odorantes dans la plupart des espèces) plus ou moins inclinées lors de l'épanouissement et plus ou moins longuement pédicellées, ou dressées et courtement pédicellées, disposées en ombelle terminale, simple, accompagnée d'une collerette de bractées foliacées (ordinairement très-entières et petites). Corolle jaune, ou blanche, ou violette, ou rose, ou pourpre (ou, dans des variétés de culture, panachée de diverses couleurs). Pédicelles-fructifères dressés.

Les *Auricules* croissent dans les Alpes et autres montagnes de l'Europe; toutes les espèces méritent d'être cultivées comme plantes d'ornement.

Section I.

Calice campanulé, 3 à 4 fois plus court que le tube de la corolle. Segments de la corolle obcordiformes ou légèrement échancrés. — Ombelle souvent multiflore; pédicelles anisomètres, 2 à 4 fois plus longs que le calice. Fleurs inclinées.

A. *Corolle à limbe non-étalé, courtement 5-lobé. Collerette à bractées grandes, ordinairement dentées.*

AURICULE DE PALINURE. — *Primula Palinuri* Petagn. — Tenor. Flor. Nap. tab. 14. — Jacq. fil. Eclog. tab. 43. — Hook. Exot. Flor. tab. 118. — Sweet, Brit. Flow. Gard. tab. 8.

Feuilles obovales, ou obovales-spathulées, ou oblongues-obovales, inégalement dentelées ou sinuées-dentelées, obtuses. Ombelles multiflores. Calice 4 fois plus court que le tube de la corolle, fortement pulvérulent : dents ovales, acuminulées ou obtuses. Lobes de la corolle obovales, échancrés. — Plante plus forte que les autres espèces congénères. Rhizôme gros, finalement polycéphale. Souches atteignant jusqu'à ½ pied de long. Feuilles longues de 4 à 8 pouces, finement pubérules aux bords, d'un vert gai. Hampes hautes de ½ pied à 1 pied, glabres. Pédicelles couverts (de même que les calices) d'une poussière blanche. Bractées de forme très-variée, longues de 4 lignes à 1 pouce. Calice long de 2 lignes. Corolle d'un jaune vif, longue de 9 à 12 lignes, infondibuliforme. — Cette espèce, fréquemment cultivée dans les jardins, est originaire de la Calabre.

B. *Corolle à limbe étalé, 5-lobé presque jusqu'à sa base. Collerette à bractées petites, très-entières.*

AURICULE DES FLEURISTES. — *Auricula hortensis* Spach. — *Primula Auricula* Linn. — Jacq. Flor. Austr. tab. 415. — Trattin. Tabular. tab. 430, 431, 432. — Jaume Saint-Hil. Flor. et Pom. Franç. tab. 5.

Feuilles obovales, ou obovales-spathulées, ou obovales-oblongues, ou elliptiques-oblongues, obtuses, très-entières, ou subsinuolées, ou crénelées. Ombelles 5-20-flores. Calice légèrement pulvérulent, 3 fois plus court que le tube de la corolle : dents ovales, acuminulées, ou obtuses. Corolle à lobes obcordiformes, presque aussi longs que le tube.—Rhizôme assez gros, finalement polycéphale. Souches longues de 1 à 4 pouces. Feuilles d'un vert glauque, glabres en dessus, très-finement pubérules en dessous et aux bords : pubescence glanduleuse. Hampes hautes de 3 à 8 pouces (plus longues que les feuilles), glabres, pulvérulentes au sommet. Bractées ovales, obtuses. Calice long de 2 à 3 lignes. Corolle de la plante sauvage en général jaune, moins souvent pourpre, ou panachée; limbe large d'environ 8 lignes; dans les variétés de culture, la corolle devient plus grande et ses couleurs varient à l'infini. Capsule subglobuleuse, un peu plus longue que le calice.

Cette espèce, si fréquemment cultivée comme plante d'ornement, et connue sous les noms vulgaires d'*Auricule*, ou *Oreille d'ours*, croît dans les Alpes et autres montagnes de l'Europe.

AURICULE CRÉNELÉE. — *Auricula crenata* Lamk. (sub *Primula*). — Reichenb. Plant. Crit. Ic. 859, 860. — *Primula marginata* Curt. Bot. Mag. tab. 191. — Lodd. Bot. Cab. tab. 270. — Jaume Saint-Hil. Flore et Pom. Franç. tab. 14.

Feuilles obovales, fortement crénelées, glabres, pulvérulentes aux bords. Hampes glabres, pulvérulentes au sommet. Calice 3 fois plus court que le tube de la corolle : dents courtes, ovales, obtuses. — Plante ayant le port de l'espèce précédente, mais facile à distinguer à la pulvérulence des bords de ses feuilles. Fleurs d'un rose vif. Capsule aussi longue ou un peu plus longue que le calice.

AURICULE VELUE. — *Auricula villosa* Jacq. (sub *Primula*) Flor. Austr. App. tab. 27. — Jaume Saint-Hil. Flor. et Pom. Franç. tab. 6. — *Primula pubescens* Jacq. Misc. — *Primula villosa* Bot. Mag. tab. 14 et 1161. — Sweet, Brit. Flow. Gard. ser. 2, tab. 52. — *Primula rhætica* Gaudin. — *Primula alpina* Schleich. — *Primula helvetica* Lodd. Bot. Cab. tab. 348. — *Primula ciliata* Schrank. — Sweet, Brit. Flow. Gard. ser. 2, tab. 123. — *Primula hirsuta* De Cand.

Feuilles oblongues, ou oblongues-obovales, ou obovales, dentelées vers le sommet, pubérules aux bords ou aux 2 faces. Hampes glabres ou pubérules. Calice 3 fois plus court que le tube de la corolle : dents pointues ou obtuses, obovales. — Feuilles longues de 2 à 4 pouces, d'un vert glauque; pubescence glanduli-fère. Ombelles 5-ou pluri-flores. Bractées obtuses ou pointues. Corolle d'un pourpre plus ou moins vif, ou blanche ; limbe large d'environ 6 lignes.

Section II.

Calice obconique, presque aussi long que le tube de la corolle ou au plus de moitié moins long. Segments de la corolle profondément bilobés : lobes très-divergents. — Ombelles pauciflores; pédicelles plus courts que le calice.

Auricule a feuilles entières. — *Auricula integrifolia* Linn. (sub *Primula*). — Jacq. Austr. tab. 327. — Reichb. Plant. Crit. Ic. 69. — Bot. Mag. tab. 942. — *Primula spectabilis* Trattin. tab. 435. — *Primula Clusiana* Tausch. — *Primula Candolleana* Reichb. l. c. Ic. 802, 803. —*Primula glaucescens* Moretti.

· Feuilles lancéolées-oblongues, ou lancéolées-elliptiques, obtuses, ou pointues, très-entières, glabres, ou pubérules. Dents calicinales oblongues, obtuses, ou acuminulées, ou pointues. Tube de la corolle à peine de moitié plus long que le calice. — Plante haute de 2 à 4 pouces, tantôt glabre, tantôt plus ou moins abondamment couverte d'une pubescence visqueuse. Hampes 1-5-flores; pédicelles très-courts. Bractées linéaires-lancéolées. Calice long d'environ 4 lignes, fendu presque jusqu'au milieu. Corolle d'un rose plus ou moins vif : limbe large de 8 à 18 lignes.

Auricule glutineuse. — *Auricula glutinosa* Linn. fil. (sub *Primula*). — Jacq. Flor. Austr. Append. tab. 26.

Feuilles lancéolées ou lancéolées-oblongues, subobtuses, dentelées à partir du milieu, très-glabres et visqueuses (de même

que les hampes). Bractées grandes, colorées, débordant le calice. Dents-calicinales obtuses ou pointues, oblongues, à peine
débordées par le tube de la corolle. — Plante haute de 2 à
4 pouces. Feuilles petites, d'un vert gai. Hampes 3-7-flores,
nutantes avant la floraison. Fleurs subsessiles, très-odorantes.
Bractées d'un pourpre brunâtre, oblongues, ou elliptiques, obtuses. Corolle à limbe violet, large d'environ 6 lignes.

AURICULE MINIME. — *Auricula minima* Linn. (sub *Pri-*
mula). — Jacq. Flor. Austr. tab. 273. — Bot. Cab. tab. 315.
— Bot. Reg. tab. 581. — Reichb. Plant. Crit. Ic. 791
ad 799.

Feuilles cunéiformes, tronquées et crénelées au sommet, très-
entières inférieurement, glabres, un peu visqueuses. Dents-calicinales arrondies, à peine débordées par le tube de la corolle.
—Plante haute de quelques pouces. Feuilles luisantes, d'un vert
gai. Hampes (quelquefois presque nulles) 1-ou 2-flores. Fleurs
subsessiles. Corolle d'un pourpre vif ou rarement blanche.

Genre ALEURITIA. — *Aleuritia* Duby.

Calice campanulé, persistant, obscurément 5-gone,
5-fide jusqu'au milieu ; segments carénés. Corolle hypocratériforme; gorge contractée, couronnée d'un anneau
glanduleux, discolore, à 5 bosses alternes avec les étamines ;
limbe 5-parti : segments obcordiformes-bilobés. Étamines,
pistil, péricarpe et graines comme dans les Primevères.
Herbes vivaces, subacaules. Rhizôme finalement polycéphale, oblique, tronqué à l'extrémité inférieure, garni
de longues fibres radicellaires. Feuilles radicales roselées, convolutées en vernation. Hampes nues, pluriflores,
aphylles, grêles, cylindriques, dressées. Fleurs dressées,
disposées en ombelle terminale, simple, accompagnée
d'une collerette de petites bractées foliacées. Pédicelles
filiformes, dressés. Corolle rouge ou blanche.

A. *Plante plus ou moins pubescente, non-pulvérulente. Feuilles longuement pétiolées, sinuées-lobées, profondément cordiformes à la base; pétiole immarginé.*

ALEURITIA A FEUILLES DE CORTUSE.—*Aleuritia cortusoides* Linn. (sub *Primula*) — Bot. Mag. tab. 399. — Lois. Herb. de l'Amat. tab. 408.

Feuilles cordiformes ou cordiformes-orbiculaires, obtuses, d'un vert gai, minces, larges de 2 à 4 pouces, glabres en dessus, pubérules en dessous; lobes arrondis, sinuolés ou légèrement crénelés. Pétiole grêle, pubescent, long de 3 à 6 pouces. Hampes pubescentes, hautes de 6 à 18 pouces. Collerette à bractées linéaires ou linéaires-lancéolées, pointues, longues de 2 à 3 lignes. Pédicelles anisomètres, longs de 4 à 15 lignes, glabres, ou finement pubérules et visqueux de même que le calice. Calice long de $^1/_2$ ligne à 2 lignes : segments linéaires-lancéolés, pointus. Corolle rose ; tube long de 4 lignes, plus ou moins évasé au sommet; limbe large de 6 à 7 lignes.

Cette espèce, originaire de Sibérie, se cultive comme plante d'ornement.

B. *Plante glabre, mais couverte (surtout à la surface inférieure des feuilles) d'une poussière blanchâtre. Feuilles légèrement dentelées, rétrécies en court pétiole foliacé.*

ALEURITIA FARINEUX. — *Aleuritia farinosa* Duby, Bot. Gall. — *Primula farinosa* Linn. — Flor. Dan. tab. 175. — Engl. Bot. tab. 6.—Lamk. Ill. tab. 98, fig. 4.— Sweet, Brit. Flow. Gard. ser. 2, tab. 65.

Feuilles lancéolées-obovales, ou lancéolées-oblongues, ou spathulées, ou spathulées-obovales, obtuses, fortement pulvérulentes (blanches) en dessous. Dents-calicinales ovales ou oblongues, obtuses, peu débordées par le tube de la corolle.—Feuilles minces, un peu charnues, longues de 6 à 18 lignes. Hampes multiflores, pulvérulentes au sommet de même que les pédicelles, hautes de 4 à 10 pouces. Pédicelles longs de 2 à 6 lignes.

Bractées linéaires ou linéaires-subulées, plus courtes que les pédicelles. Calice pulvérulent, blanchâtre, long d'environ 2 lignes. Corolle rose, ou carnée, ou pourpre, ou blanche ; gorge
jaune ; segments du limbe aussi longs que le tube. Capsule oblongue, un peu plus longue que le calice.

Cette espèce croît dans les prairies tourbeuses des Alpes et du
nord de l'Europe. On la cultive comme plante d'ornement.

ALEURITIA A LONGUES FLEURS. — *Aleuritia longiflora* Duby,
l. c. — *Primula longiflora* Allion. Ped. tab. 39, fig. 3. —
Jacq. Flor. Austr. App. tab. 46. — Bot. Cab. tab. 542. —
Jaume Saint-Hil. Flore et Pom. Franç. tab. 4.

Cette espèce, qu'on cultive aussi comme plante d'agrément,
diffère de la précédente par une corolle à tube 3 fois plus long
que le calice (long de près de 1 pouce) et de moitié plus long
que le limbe : elle croît dans les Alpes.

Genre COXIA. — *Coxia* Endl.

Calice persistant, coloré, campanulé, profondément
5-fide. Corolle tubuleuse, profondément 5-lobée : lobes
spathulés, dressés, connivents. Étamines 5, longuement
saillantes, insérées à la gorge de la corolle ; filets filiformes,
élargis à la base, anisomètres ; anthères cordiformes-elliptiques, obtuses, médifixes, versatiles. Ovaire à placentaire
globuleux, multi-ovulé. Style filiforme. Stigmate petit,
subcapitellé. Capsule 1-loculaire (évalve?), polysperme.

Herbe vivace, à tiges feuillées. Feuilles finement ponctuées, très-entières, rétrécies en court pétiole : les inférieures opposées ou ternées ; les supérieures éparses.
Grappes terminales, solitaires, multiflores, denses, nutantes ; pédicelles subverticillés, 1-bractéolés à la base. Fleurs
d'un pourpre noirâtre, pendantes, assez grandes.   .

COXIA POURPRE. — *Coxia atropurpurea* Endl. Gen. Plant.
— *Lysimachia atropurpurea* Hook. Exot. Flor. tab. 180 (nec

aliorum). — *Lubinia atropurpurea* Link et Otto, Ic. Select. tab. 27. — Sweet, Brit. Flow. Gard. ser. 2, tab. 54.

Racine stolonifère. Tiges dressées, grêles, hautes de 1 à 1 ¹/₂ pied, lisses, légèrement anguleuses, glabres, ordinairement simples. Feuilles lancéolées ou lancéolées-oblongues, pointues, penniveinées, glabres. Grappe longue de 2 à 4 pouces ; pédicelles longs d'environ 6 lignes, d'un pourpre noirâtre. Bractées subulées, plus courtes que les pédicelles. Calice long de 3 lignes, légèrement glanduleux : segments linéaires, obtus, dressés. Corolle longue de 5 à 6 lignes, scabre à la surface externe, de moitié environ plus courte que les filets; segments obtus. Anthères petites, violettes avant l'anthèse.

Cette espèce, indigène du cap de Bonne-Espérance, se cultive comme plante d'ornement.

Genre PALLADIA. — *Palladia* Mœnch.

Calice 5-parti, persistant. Corolle subcampanulée ou rotacée, profondément 5-lobée. Étamines 5, libres, distantes, insérées à la gorge de la corolle ; filets filiformes, élargis à la base; anthères cordiformes, mutiques, versatiles. Ovaire à placentaire subglobuleux, multi-ovulé. Style filiforme, obtus. Stigmate peu apparent. Capsule globuleuse, subtestacée, fragile, polysperme, finalement 5-valve au sommet. Graines turbinées, chagrinées.

Herbes vivaces ou bisannuelles. Tiges dressées, feuillées. Feuilles éparses ou subopposées, finement ponctuées, très-entières, sessiles, ou rétrécies en court pétiole. Grappes terminales, spiciformes, multiflores, assez denses, dressées; pédicelles filiformes, dressés, 1-bractéolés à la base. Corolle blanchâtre ou pourpre. Étamines à peu près aussi longues que la corolle.

Les 2 espèces qui constituent ce genre habitent l'Europe méridionale, et se cultivent comme plantes d'ornement.

A. *Corolle à limbe étalé. Feuilles sessiles : les inférieures amplexicaules.*

Palladia Éphémère. — *Palladia Ephemerum* Spach. — *Lysimachia Ephemerum* Linn. — Bot. Mag. tab. 2346.

Plante vivace, très-glabre, haute de 2 à 4 pieds. Tige dressée, feuillue, effilée, subcylindrique, souvent rougeâtre, simple ou ramulifère au sommet. Feuilles un peu charnues, d'un vert glauque, linéaires-lancéolées, pointues : les inférieures longues de 4 à 8 pouces, cordiformes–bi-auriculées à la base : oreillettes pointues, amplexatiles. Grappes solitaires, ou moins souvent subfasciculées vers le sommet de la tige, longues de ¹/₂ pied à 2 pieds. Pédicelles plus longs que le calice. Bractées subulées, plus courtes que les pédicelles. Calice long de 1 ligne à 2 lignes : segments elliptiques, obtus, subcartilagineux aux bords. Corolle d'un blanc carné ; tube plus court que le calice ; limbe large de 4 à 5 lignes : segments oblongs, obtus. Style débordé par les étamines.

B. *Corolle à segments connivents presque en forme de cloche. Feuilles rétrécies en pétiole.*

Palladia pourpre.—*Palladia atropurpurea* Mœnch, Meth. —*Lysimachia atropurpurea* Murr. Comm. Gœtt. 1782, tab. 1. — *Lysimachia dubia* Hort. Kew. — Sibth. et Smith, Flor. Græc. tab. 188. — *Lysimachia orientalis* Lamk.

Plante bisannuelle, très-glabre, haute de 2 à 3 pieds. Tiges dressées, obscurément 4-gones, feuillues, ordinairement paniculées : rameaux simples, plus ou moins divergents, racémifères au sommet. Feuilles d'un vert foncé en dessus, d'un vert glauque en dessous : les inférieures ovales-lancéolées, ou oblongues-lancéolées, subobtuses, assez longuement pétiolées ; les supérieures lancéolées ou lancéolées-oblongues, pointues, courtement pétiolées; pétiole ailé ou marginé, presque plane. Grappes denses : la terminale atteignant jusqu'à 1 pied de long ; les raméaires longues de 2 à 6 pouces. Pédicelles très-courts. Bractées linéaires plus longues que les pédicelles. Calice rougeâtre, long de 1 ligne; segments oblongs, obtus, dressés. Corolle longue de 2 à 3 lignes, carnée ou rose : lobes oblongs - obovales, obtus. Capsule brune, luisante, plus grande que le calice, du volume d'un grain de Poivre. Graines petites, noires.

Genre LYSIMACHE. — *Lysimachia* Tourn.

Calice 5-parti, persistant. Corolle rotacée : tube court; limbe 5-parti, étalé, contourné en préfloraison. Étamines 5, insérées au fond de la corolle, distantes; filets dressés, monadelphes par la base; anthères supra-basifixes, versatiles, cordiformes-oblongues. Ovaire à placentaire subglobuleux, multi-ovulé. Style filiforme, obtus. Stigmate peu apparent. Capsule globuleuse, fragile, 1-loculaire, polysperme, 5-valve presque jusqu'à la base. Graines subglobuleuses, ou anguleuses, ou turbinées, peltées, chagrinées.

Herbes vivaces. Tiges dressées ou procombantes, feuillées, ordinairement rameuses. Feuilles opposées ou verticillées, très-entières, en général ponctuées. Pédoncules axillaires, ou axillaires et terminaux, 1-flores, ou pluriflores. Corolle jaune.

A. *Tiges dressées. Cymes axillaires et terminales, pédonculées, rapprochées en panicule thyrsoïde.*

LYSIMACHE COMMUNE. — *Lysimachia vulgaris* Linn. — Bull. Herb. tab. 347. — Blackw. Herb. tab. 278. — Engl. Bot. tab. 761. — Flor. Dan. tab. 689.

Racine stolonifère. Tige haute de 2 à 4 pieds, obscurément anguleuse, pubescente, ordinairement rameuse. Feuilles opposées, ou ternées, ou quaternées, courtement pétiolées, ovales, ou ovales-oblongues, ou ovales-lancéolées, ou oblongues-lancéolées, pointues, ou acuminées, penninervées, assez fermes, glabres ou légèrement pubérules en dessous, pubescentes ou presque coton-

neuscs en dessous : les inférieures petites, caduques. Pédoncules inférieurs plus courts que les feuilles, pubescents ou cotonneux. Pédicelles 1-bractéolés à la base, à peu près aussi longs
que le calice. Segments-calicinaux oblongs-lancéolés ou ovales-
lancéolés, acuminés, ciliolés, rougeâtres aux bords. Corolle d'un
jaune vif, large de 8 à 12 lignes, ponctuée en dessus ; segments
ovales, obtus. Étamines plus courtes que la corolle ; filets jaunes,
glanduleux. Capsule débordée par le calice, mucronée par le
style. Graines anguleuses, convexes au dos, marginées au bord
supérieur.

Cette espèce, connue sous les noms vulgaires de *Corneille*,
Chasse-Bosse, *Perce-Bosse*, ou *Souci-d'eau*, est commune
dans les prairies humides et au bord des eaux ; elle fleurit en
été ; elle s'employait jadis comme vulnéraire et astringente.

B. *Tiges rampantes. Pédoncules axillaires, 1-flores.*

LYSIMACHE NUMMULAIRE. — *Lysimachia Nummularia*
Linn. — Flor. Dan. tab. 493. — Blakw. Herb. tab. 542. —
Engl. Bot. tab. 528. — Schk. Handb. tab. 36.

Tiges longues de 1/2 pied à 1 pied, tétragones-ancipitées, radicantes à la base, ordinairement simples, glabres de même que
toutes les autres parties de la plante. Feuilles opposées, courtement pétiolées, ponctuées de brun, suborbiculaires, ou elliptiques, ou ovales, en général arrondies au sommet, souvent ondulées aux bords. Pédoncules filiformes, solitaires, nus, ascendants,
tétragones, tantôt plus courts que les feuilles, tantôt plus longs.
Segments-calicinaux ovales ou cordiformes, acuminés, non-ponc-
tués, de moitié plus courts que la corolle. Corolle large de 8 à
12 lignes, d'un jaune de citron, ponctuée de brun ; segments
ovales ou oblongs, subobtus, très-finement ciliolés de glandules
stipitées. Étamines 2 fois plus courtes que la corolle ; filets jaunes, glanduleux.

Cette espèce, nommée vulgairement *Nummulaire*, *Mon-
noyère*, *Herbe aux écus*, *Herbe à cent maux*, etc., est commune dans les prés et les bois humides, ainsi qu'au bord des

eaux; elle fleurit en été. Elle passait jadis pour vulnéraire et antiscorbutique.

Genre ANAGALLIS. — *Anagallis* Tourn.

Calice 5-parti : segments membraneux aux bords, valvaires en préfloraison. Corolle rotacée, 5-partie; tube très-court. Étamines 5, distantes, insérées au fond de la corolle ; filets filiformes, ou élargis vers leur base, poilus, libres, dressés ; anthères cordiformes, supra-basifixes, versatiles, arquées après la floraison. Ovaire subglobuleux : placentaire subglobuleux, multi-ovulé. Style filiforme. Stigmate petit, subcapitellé. Pyxide globuleux, fragile, 1-loculaire, polysperme, s'ouvrant au milieu : opercule 5-valvé. Graines subcunéiformes, peltées, rugueuses : dos plane, marginé.

Herbes annuelles, ou bisannuelles, ou suffrutescentes. Tiges feuillées, rameuses, tétragones. Feuilles opposées ou verticillées, très-entières, ponctuées. Pédoncules solitaires, axillaires, 1-flores, filiformes, ébractéolés : les florifères dressés, un peu inclinés au sommet; les fructifères défléchis et plus ou moins réclinés.

ANAGALLIS MOURON. — *Anagallis arvensis* Linn. — Nees, Gen. Plant. fasc. 12, tab. 12. — Blackw. Herb. tab. 43. — Flor. Dan. tab. 88. — Engl. Bot. tab. 529. — *Anagallis phœnicea* et *Anagallis cœrulea* Lamk. — *Anagallis carnea* Schrank. — *Anagallis indica* Sweet, Brit. Flow. Gard. tab. 132. — *Anagallis latifolia* Linn.

Tiges décombantes ou diffuses. Feuilles ovales ou cordiformes, 3- ou 5-nervées, obtuses, opposées (rarement verticillées-ternées), sessiles ou amplexicaules. Segments-calicinaux lancéolés, à peu près aussi longs que la corolle. — Plante annuelle, glabre, un peu succulente, pluri-caule, ou à tige rameuse dès la base. Racine grêle, pivotante. Tiges longues de 3 à 8 pouces, tétragones de même que les rameaux. Pédoncules plus longs

qne les feuilles. Corolle rouge, ou carnée, ou bleue, ou panachée, large d'environ 4 lignes; segments obovales ou suborbiculaires, denticulés, ou ciliolés de glandules substipitées. Étamines de moitié plus courtes que la corolle. Filets élargis à la
base, garnis de poils articulés. Anthères jaunes. Capsule tantôt
débordée par le calice, tantôt débordante. Graines petites,
noires.

Cette espèce, nommée vulgairement *Mouron des champs*,
Mouron mâle (la variété à fleurs rouges), et *Mouron femelle*
(la variété à fleurs bleues), est commune dans les champs et les
jardins; elle fleurit durant tout l'été. Cette plante était employée
jadis comme apéritive et antiscorbutique.

ANAGALLIS A GRANDES FLEURS. — *Anagallis grandiflora*
Andr. Bot. Rep. tab. 367.—*Anagallis collina* Schousbœ, Ma-
rocc. — *Anagallis fruticosa* Vent. Choix de Plant. tab. 14. —
Bot. Mag. tab. 831.

Feuilles verticillées-ternées ou quaternées, sessiles, oblongues,
ou oblongues-lancéolées, pointues, ou subobtuses, 3-nervées.
Segments-calicinaux linéaires-lancéolés, acérés, de moitié à 1
fois plus courts que la corolle. — Plante suffrutescente à la base,
multicaule, glabre. Tiges diffuses ou ascendantes, rameuses.
Feuilles un peu charnues, d'un vert foncé, longues de 4 à 8 lignes. Pédicelles 2 à 4 fois plus longs que les feuilles. Corolle
écarlate, large de 8 à 12 lignes. Étamines 2 fois plus courtes
que la corolle; filets fortement barbus : poils violets, subclaviformes, articulés.

Cette espèce, indigène de l'Afrique septentrionale, se cultive
comme plante d'ornement.

Genre CORIDE. — *Coris* Tourn.

Calice subcampanulé, persistant, 5-fide, couronné à l'extérieur (un peu au-dessous des segments) d'un verticille
de dents spinescentes, anisomètres; segments valvaires en
préfloraison, connivents après la floraison. Corolle tubu-

leuse, irrégulière, subbilabiée, profondément 5-lobée ;
lobes 2-fides : les 3 supérieurs dressés, plus longs ; les 2 inférieurs déclinés. Étamines 5, distantes, insérées au tube
de la corolle (peu au-dessus de sa base), saillantes. Filets filiformes, glanduleux à la base. Anthères cordiformes - orbiculaires, didymes, latéralement déhiscentes.
Ovaire obové, glanduleux, obscurément 5-gone, 5-ovulé ;
ovules insérés au sommet d'un gros placentaire obové.
Style filiforme, glanduleux à la base. Stigmate suborbiculaire, convexe, pelté. Capsule globuleuse, 1-loculaire,
5-sperme, 5-valve ; placentaire gros, 5-denté au sommet.
Graines peltées, subcunéiformes, insérées entre les dents
du placentaire.

Herbe basse, touffue, suffrutescente à la base. Feuilles
éparses, sessiles, coriaces, sublinéaires, denticulées, ou
très-entières. Grappes terminales, courtes, multiflores, spiciformes, très-denses ; pédicelles très-courts, ébractéolés.

CORIDE DE MONTPELLIER. — *Coris monspeliensis* Linn. —
Lamk. Ill. tab. 102. — Bot. Mag. tab. 2131. — Bot. Reg. tab.
556. — Nees, Gen. Plant. fasc. 12, fig. 16.

Racine longue, pivotante, ligneuse. Tiges hautes de 3 à 6
pouces, ascendantes, feuillues, cylindriques, légèrement pubérules, souvent rougeâtres, en général rameuses. Feuilles révolutées aux bords, obtuses, étroites, glabres, horizontales : dents
souvent spinescentes. Grappes solitaires, longues de 1 pouce à
2 pouces. Calice rougeâtre, long d'environ 2 lignes ; segments
courts, triangulaires, pointus. Corolle longue de 4 à 5 lignes :
tube aussi long que le calice ; segments d'un lilas vif, oblongs.
Étamines bleues, plus courtes que le limbe de la corolle. Capsule
recouverte par le calice.

Cette plante croît dans la région méditerranéenne ; elle mérite
d'être cultivée à cause de l'élégance de ses fleurs ; Linné dit
qu'elle possède des propriétés antisyphilitiques ; mais on ne l'emploie point en thérapeutique.

Genre SAMOLUS. — *Samolus* Tourn.

Calice campanulé : tube adhérent; limbe 5-parti, persistant; segments distants en préfloraison. Corolle périgyne, subrotacéc, 5-lobée : segments étalés pendant l'épanouissement; gorge garnie de 5 squamules dentiformes, alternes avec les segments du limbe. Étamines 5, distantes, incluses, insérées au fond de la corolle; filets très-courts, libres, élargis à la base; anthères cordiformes, basifixes, échancrées au sommet. Ovaire semi-infère, 1-loculaire, multi-ovulé; placentaire subglobuleux. Style court. Stigmate petit, subcapitellé. Capsule semi-infère, couronnée par le limbe calicinal, 1-loculaire, polysperme, déhiscente au sommet par 5 valvules dentiformes, finalement réfléchies. Graines subcunéiformes, anguleuses, peltées, lisses.

Herbes bisannuelles ou vivaces. Feuilles éparses, très-entières. Fleurs en grappes ou en corymbes; pédoncules terminaux, solitaires; pédicelles 1-bractéolés à la base ou vers le milieu, dressés.

SAMOLUS COMMUN. — *Samolus Valerandi* Linn. — Flor. Dan. tab. 198. — Schk. Handb. tab. 40. — Engl. Bot. tab. 703. — Nees, Gen. Plant. fasc. 12, tab. 18.

Plante bisannuelle, glabre, haute de ¹/₂ pied à 1 pied. Racine courte, tronquée, fibrilleuse. Tige dressée, rameuse, cylindrique, grêle. Feuilles d'un vert gai ou un peu glauques, un peu charnues : les radicales roselées, obovales, très-obtuses, pétiolées; les caulinaires ovales, mucronulées : les inférieures courtement pétiolées; les supérieures sessiles ou subsessiles. Grappes lâches, d'abord corymbiformes, finalement allongées. Pédicelles filiformes, 1-bractéolés au-dessus du milieu. Bractées lancéolées. Segments-calicinaux dentiformes-triangulaires, pointus. Corolle petite, blanche; segments obovales, échancrés, de moitié plus longs que le tube. Étamines plus courtes que le tube de la corolle. Capsule petite, subglobuleuse.

Cette plante, nommée vulgairement *Mouron d'eau*, croît dans les prairies humides et au bord des eaux ; elle fleurit en été ; on l'employait jadis à titre d'antiscorbutique.

CENT CINQUANTIÈME FAMILLE.

LES ARDISIACÉES. — *ARDISIACEÆ.*

Genera Sapotis affinia Juss. Gen. — *Ophiospermeæ* Vent. Hort. Cels.
— *Ardisiaceæ* Juss. in Annal. du Mus. XV, p. 350. — Bartl. Ord.
Nat. p. 163. — De Cand. fil. in Linn. Trans. XVII, p. 100. — *Myrsi-
neæ* R. Br. Prodr. p. 552; Tuck. Cong. p. 564. — Kunth, Syn. II,
p. 507. — Aug. Saint-Hil. in Nouv. Ann. des Sc. Nat. V, p. 193. —
Endl. Gen. Plant. 1, p. 754. — *Myrsinaceæ* Lindl. Nat. Syst. p. 224.
— *Primulaceæ*, tribus III : *Jacquinieæ* Reichenb. Syst. Nat. p. 204.
(exclus. genn.)

Les *Ardisiacées* ne renferment que des végétaux exotiques, indigènes la plupart de la zône équatoriale ; leurs
propriétés sont peu connues ; beaucoup d'espèces forment de grands arbres, remarquables par l'élégance de
leur feuillage et de leurs fleurs.

Caractères de la Famille.

Arbres, ou *arbrisseaux,* ou (peu d'espèces) *sous-arbrisseaux.*

Feuilles éparses, ou rarement soit opposées, soit verticillées, simples, non-stipulées, indivisées (souvent
très-entières), coriaces, souvent ponctuées.

Fleurs hermaphrodites ou polygames, régulières,
axillaires, ou terminales, souvent ponctuées.

Calice inadhérent (par exception adhérent), persistant, plus ou moins profondément 4-ou 5-fide, souvent
coloré ; estivation en général imbricative.

Corolle hypogyne (par exception périgyne), rotacée,
ou campanulée, ou tubuleuse, plus ou moins profondément 4-ou-5-fide (par exception 4-ou 5-pétale) ; segments imbriqués en préfloraison, alternes avec ceux

du calice; gorge quelquefois couronnée de squamules pétaloïdes, alternes avec les segments du limbe.

Étamines en même nombre que les segments de la corolle, antéposées, insérées au tube, ou à la gorge de la corolle, le plus souvent conniventes. Filets libres ou monadelphes, en général très-courts (quelquefois presque nuls). Anthères extrorses ou introrses, adnées (rarement incombantes), en général conniventes, quelquefois cohérentes, dithèques : bourses parallèles, juxtaposées, déhiscentes chacune par une fente longitudinale ou moins souvent par une ouverture apicilaire; connectif plus ou moins apparent, souvent prolongé en appendice apicilaire.

Pistil : Ovaire inadhérent (par exception semi-infère), 1-loculaire, multi-ovulé, ou pauci-ovulé, ou (par exception) 1-ovulé; placentaire libre, basilaire, central, subglobuleux, souvent stipité. Ovules peltés, ou adnés par un hile ventral linéaire, amphitropes, insérés dans les fovéoles du placentaire. Style indivisé, en général très-court. Stigmate indivisé ou moins souvent lobé, terminal.

Péricarpe drupacé ou baccien, 1-loculaire, en général par avortement monosperme ou oligosperme.

Graines peltées, ou adnées par un hile ventral linéaire, périspermées; tégument simple, souvent mucilagineux. Périsperme corné ou charnu, conforme à la graine. Embryon paralèlle au hile, ou transverse (relativement au péricarpe), intraire, en général arqué ou flexueux, hétérotrope; cotylédons courts; radicule allongée, subcylindrique, vague, ou infère.

La famille des Ardisiacées comprend les genres suivants :

Ire TRIBU. **LES ARDISIÉES.** — *ARDISIEÆ* Bartl.

Corolle à gorge inappendiculée. Anthères introrses. Péricarpe par avortement 1-sperme. Graine peltée, insérée au sommet du placentaire ; embryon plus ou moins flexueux ou arqué, transverse; radicule vague. Périsperme corne.

Myrsine Linn. (Manglilla Juss. Caballeria Ruiz et Pav. Athurophyllum Lour. Rœmeria Thunb. Samara Swartz. Rapanea Aubl. Scleroxylon Willd.)—*Suttonia* A. Rich. — *Badula* Juss. (Barthesia Commers.) — *Cybianthus* Martius. — *Weigeltia* De Cand. fil. — *Conomorpha* De Cand. fil. — *Wallenia* Swartz. (Petesioides Jacq.) — *Oncostemon* Juss. fil. — *Ardisia* Swartz. (Pyrgus Loureir. Icacorea Aubl. Anguillaria Gærtn.) — *Bladhia* Thunb. — *Hymenandra* De Cand. fil. — *Embelia* Juss. — *Othera* Thunb. — *Choripetalum* De Cand. fil. — *Purkinjia* Presl.

IIe TRIBU. **LES THÉOPHRASTÉES.** — *THEOPHRASTEÆ* Bartl.

Corolle à gorge couronnée de 5 squamules pétaloïdes, alternes avec les segments du limbe. Anthères extrorses. Baie oligosperme ou polysperme. Graines adnées au placentaire par un hile ventral linéaire; embryon rectiligne ou subrectiligne, excentrique, parallèle au hile ; radicule infère. Périsperme charnu.

Jacquinia Linn. (Bonellia Bértero.) — *Theophrasta* Juss. — *Clavija* Ruiz et Pav. (Theophrasta Linn.) — *Leonia* Ruiz et Pav. (Steudelia Martius.) — *Oncinus* Loureir.

Mæsa Forsk. (Bæobotrys Forst. Siburatia Petit-Thou.)
— *Ægiceras* Gærtn. (1) (Malaspinea Presl. ex Endl.)

Genre BLADHIA. — *Bladhia* Thunb.

Calice petit, persistant, coloré, campanulé, 5-fide : segments distants en préfloraison. Corolle campanulée, 5-fide
presque jusqu'à la base. Étamines 5, conniventes en forme
de cône, libres, insérées au fond de la corolle; filets larges, très-courts ; anthères sagittiformes, longuement cuspidées, innées, longitudinalement déhiscentes. Ovaire 1-lo-
culaire ; placentaire globuleux, multi-ovulé; ovules peltés.
Style filiforme, pointu. Stigmate inapparent. Baie monosperme par avortement.

Arbrisseaux. Feuilles opposées, ou verticillées-ternées,
dentelées, ponctuées. Cymes axillaires, longuement pédonculées, subtrichotomes, nutantes; pédicelles charnus ,
épaissis au sommet, colorés, 1-bractéolés à la base; bractéoles dentiformes, caduques avant la floraison. Fleurs
petites, odorantes, inclinées.

Bladhia du Japon. — *Bladhia japonica* Thunb. Flor. Jap.
tab. 18. — *Ardisia japonica* Juss.

Feuilles lancéolées-elliptiques ou lancéolées-oblongues, acuminées, dentelées, courtement pétiolées, coriaces, luisantes, longues de 2 à 3 pouces. Cymes 5-9-flores, débordées par les
feuilles. Pédicelles longs de 4 à 6 lignes. Fleurs d'un blanc
carné. Calice long de 1 ¹/₂ ligne, ponctué (ainsi que les pédicelles
et les corolles) de petites glandules rouges; segments triangu-

(1) Ce genre (qui paraît ne différer essentiellement des Ardisiées que
par des graines apérispermées, à embryon érigé) est considéré par
M. Blume comme type d'une famille distincte : les *Ægicérées*. M. Reichenbach, au contraire, le comprend dans les *Sapotées*.

laires, pointus. Corolle de la forme et de la grandeur de celle du Muguet : segments ovales, acuminés. Étamines 1 fois plus courtes que la corolle ; anthères jaunâtres.

Cette espèce se cultive comme plante d'ornement de serre.

Genre ARDISIA. — *Ardisia* Swartz.

Calice 5-fide ou 5-parti, persistant. Corolle subrotacée ; limbe 5-parti, étalé ou réfléchi lors de l'épanouissement. Étamines 5, insérées à la gorge de la corolle ; filets courts, subulés, libres ; anthères libres, dressées, conniventes en forme de cône, subtriangulaires, pointues, ou cuspidées, longitudinalement déhiscentes. Ovaire 1-loculaire, multi-ovulé ; placentaire globuleux ; ovules peltés. Style persistant. Baie par avortement 1-sperme. Graine convexe au dos, concave et ombiliquée antérieurement ; embryon arqué ou flexueux, transverse : radicule vague.

Arbres ou arbrisseaux. Feuilles très-entières ou dentelées, éparses, ponctuées. Inflorescences axillaires, ou latérales, ou terminales, paniculées, ou cymeuses. Corolle blanche, ou rose, ou pourpre, en général ponctuée de même que le calice.

Plusieurs espèces de ce genre se cultivent pour l'ornement des serres. Les plus notables sont les suivantes :

ARDISIA SOLANACÉ. — *Ardisia solanacea* Roxb. Corom. 1, tab. 27 ; Flor. Ind. ed. 2, vol. 1, p. 580. — Bot. Mag. tab. 1677.

Buisson, ou petit arbre ; écorce d'un gris cendré. Feuilles longues de 4 à 6 pouces, larges de 2 à 3 pouces, alternes, courtement pétiolées, oblongues, ou cunéiformes-oblongues, pointues, entières, glabres, luisantes, un peu charnues. Grappes corymbiformes, axillaires, plus courtes que les feuilles. Pédoncules cylindriques, glabres. Pédicelles claviformes, glabres, 1-bractéolés à la base. Fleurs assez grandes, de couleur rose. Sépales concaves, arrondis. Corolle à segments étalés, subcordiformes. Anthères oblongues, pointues. Baie du volume d'une petite Cerise, globuleuse, succulente, noire.

Cette espèce croît dans les montagnes de l'Inde.

ARDISIA PANICULÉ. — *Ardisia paniculata* Roxb. Flor. Ind. ed. 2, vol. 1, p. 580. — Bot. Reg. tab. 638. — Bot. Mag. tab. 2364.

Buisson, ou petit arbre. Jeunes pousses un peu succulentes, vertes, glabres, luisantes. Feuilles longues de 6 à 12 pouces, larges de 3 à 5 pouces, agrégées vers les extrémités des ramules, réfléchies, subsessiles, glabres, lancéolées, ou lancéolées-oblongues, ou cunéiformes-oblongues, subobtuses. Panicules terminales, denses, très-grandes : ramules étalés. Fleurs très-nombreuses, assez grandes, de couleur rose. Bractées oblongues. Sépales, et segments de la corolle ovales. Anthères sagittiformes. Cette espèce, l'une des plus élégantes du genre, croît au Chittagong.

ARDISIA COLORÉ.—*Ardisia colorata* Roxb. Flor. Ind. ed. 2, vol. 1, p. 501. — Ludd. Bot. Cab. tab. 465.

Arbrisseau haut d'environ 12 pieds. Tronc droit. Branches nombreuses, glabres, étalées. Feuilles longues de 6 à 7 pouces, larges d'environ 2 pouces, éparses, courtement pétiolées, linéaires-lancéolées, entières, pointues, penniveinés. Panicules terminales, très-grandes, solitaires, très-rameuses : rachis et ramifications glabres, d'un rouge vif. Bractées lancéolées. Baies glabres, succulentes, rouges, du volume d'un Pois.

Cette espèce est originaire du Silhet.

ARDISIA CRÉNELÉ. — *Ardisia crenata* Roxb. Flor. Ind. ed. 2, vol. 1, p. 583. — *Ardisia elegans* Andr. Bot. Rep. tab. 623.

Arbrisseau à tige dressée. Feuilles courtement pétiolées, éparses, lancéolées, subobtuses, crénelées, glabres aux bords. Grappes simples ou rameuses, terminales, multiflores. Fleurs petites, inclinées. Baie globuleuse, glabre, du volume d'un Pois.

Cette espèce est originaire de l'île de Pulo-Pinang.

Genre THÉOPHRASTA. — *Theophrasta* Juss.

Calice profondément 5-fide : segments subobtus, im-briqués. Corolle cylindracée-campanulée, 5-lobée; lobes obtus, imbriqués; gorge couronnée de 5 squamules char-nues, peltées, connées inférieurement, alternes avec les lobes. Étamines 5, insérées au fond de la couronne corol-laire; filets très-courts, libres; anthères conniventes en forme de cône, extrorses, dithèques, adnées, acuminées (par le connectif), longitudinalement déhiscentes. Ovaire 1-loculaire, multi-ovulé; placentaire globuleux; ovules adnés au placentaire. Style court. Stigmate subcapitellé, 2-lobé. Baie 1-loculaire, cortiquée, polysperme. Graines subcunéiformes, enveloppées d'une pulpe succulente; em-bryon excentrique; radicule infère.

Arbrisseau à tige très-simple. Feuilles couronnantes, subverticillées, raides, coriaces, très-longues, dentelées; dents mucronées, piquantes. Grappes terminales, courtes, subcorymbiformes, dressées, multiflores; pédicelles 1-brac-téolés à la base, 2-bractéolés au-dessus du milieu. Fleurs blanches ou de couleur orange, nutantes. Étamines courtes.

THÉOPHRASTA D'AMÉRIQUE. — *Theophrasta americana* Linn. — Plum. Ic. tab. 126.

Tige droite, haute de 3 à 4 pieds, sur 1 ou 2 pouces de dia-mètre. Feuilles longues de 1 pied à 2 pieds, larges de 2 à 3 pou-ces, glabres, luisantes, d'un vert gai en dessus, d'un vert pâle en dessous, finement penninervées, linéaires-spathulées, ou oblon-gues-spathulées, tronquées au sommet, sinuées-dentées, ou si-nuolées-denticulées, subsessiles, disposées en touffe terminale composée de 3 ou 4 verticilles très-rapprochés et élégamment réclinés; côte très-forte, plane en dessus, saillante en dessous; dentelures inégales, mucronées, piquantes, assez rapprochées, à pointe en général brunâtre. Fleurs de couleur orange. Baie du volume d'une petite Pomme, globuleuse, remplie d'une pulpe blanche; épicarpe testacé, fragile, luisant, jaune, comme chagriné, ou rugueux. Graines ovales-orbiculaires, assez grosses, d'un rouge vif.

Cet arbrisseau croît dans les bois des Antilles, et notamment à Saint-Domingue, où on le connaît sous le nom de *Coquemollier*; il est remarquable par l'élégance de son port, qui ressemble à celui d'un petit Palmier. La pulpe de ses fruits est mangeable, mais d'un goût assez insipide.

Genre CLAVIJA. — *Clavija* Ruiz et Pav.

Calice profondément 5-fide : segments arrondis, imbriqués. Corolle charnue, subrotacée, profondément 5-lobée; tube très-court; lobes arrondis, imbriqués, presque dressés; gorge couronnée de 5 squamules charnues, alternes avec les lobes. Étamines 5, insérées au fond de la corolle; filets soudés en androphore charnu, columnaire; anthères terminales, adnées, extrorses, longitudinalement déhiscentes, dithèques, cunéiformes, trigones, tronquées au sommet, conniventes en forme de disque subhémisphérique. Ovaire recouvert par l'androphore, ovoïde, 1-loculaire, 2-4-ovulé; ovules adnés au placentaire. Style court, gros, continu avec l'ovaire. Stigmate petit, 2-fide. Baie globuleuse, oligosperme. Graines enveloppées d'une pulpe succulente. Embryon excentrique; radicule infère.

Arbrisseaux ayant le port des *Théophrasta*. Feuilles très-entières ou dentelées, coriaces, allongées : dents raides, piquantes. Grappes pendantes ou dressées, axillaires, dressées, spiciformes, multiflores. Fleurs de couleur orange, odorantes, petites, souvent polygames. Étamines incluses.

CLAVIJA A LONGUES FEUILLES. — *Clavija longifolia* Desfont. Cat. Hort. Par. — *Theophrasta longifolia* Jacq. Hort. Schœnbr. 1, tab. 116. — *Clavija ornata* Don. — Bot. Reg. tab. 1764.

Tiges très-simples, atteignant une vingtaine de pieds de haut.

Feuilles longues d'environ 1 pied, couronnantes, horizontales, d'un vert gai, finement penniveinées, lancéolées, ou lancéolées-oblongues, pointues, longuement rétrécies vers leur base, dentelées, courtement pétiolées ; dents petites, brunâtres, plus ou moins éloignées. Grappes pendantes, longues de 3 à 9 pouces ; pédicelles courts. Fleurs très-petites. Baie globuleuse, d'un vert foncé, 1-4-sperme.

Cette espèce croît à Saint-Domingue et aux environs de Caracas. On la cultive comme plante d'ornement de serre.

CLAVIJA A FEUILLES LANCÉOLÉES. — *Clavija lancifolia* Desfont. in Nouv. Ann. du Mus. I, p. 368 ; tab. 14.

Cette espèce, indigène de la Guiane, diffère de la précédente par des feuilles très-entières, acuminées, en général plus étroites ; par des grappes dressées, à pédicelles nutants ; enfin par des fleurs 2 fois plus grandes (à peu près du volume et de la forme de celles du Muguet) : ces fleurs exhalent une odeur analogue à celle de l'*Ananas*.

LES STYRACINÉES.

STYRACINEÆ Bartl.

CARACTÈRES.

Arbres, ou *arbrisseaux*. Rameaux cylindriques, ou irrégulièrement anguleux.

Feuilles éparses, simples, indivisées, pétiolées, en général non-stipulées.

Fleurs hermaphrodites (moins souvent dioïques ou polygames), régulières, en général axillaires.

Calice inadhérent ou moins souvent adhérent, persistant, plus ou moins profondément partagé en 3 à 8 lobes.

Corolle hypogyne ou rarement périgyne, non-persistante, campanulée, ou rotacée, ou tubuleuse, plus ou moins profondément lobée; lobes soit en même nombre que ceux du calice et interposés, soit en nombre double des lobes calicinaux, et 2-sériés, soit en nombre triple, et 3-sériés. Estivation valvaire, ou imbricative, ou contortive.

Étamines insérées à la corolle (par exception au réceptacle), en même nombre que les lobes calicinaux, ou en nombre double, ou en nombre triple, ou quelquefois en nombre indéfini. Anthères dithèques: bourses déhiscentes chacune par une fente longitudinale.

Pistil : Ovaire pluri-loculaire ou rarement 1-loculaire; loges 1-2-ou 4-ovulées; ovules attachés à l'angle

interne des loges. Un seul style, ou moins souvent plusieurs styles distincts dès la base. Stigmates indivisés ou
lobés, terminaux.

Péricarpe drupacé ou baccien; loges en général
1-spermes.

Graines périspermées ou apérispermées; embryon
rectiligne, inclus : radicule supère ou infère, appointante.

Cette classe se compose des *Sapotées*, des *Ébénacées*,
et des *Styracées*.

CENT CINQUANTE-UNIÈME FAMILLE.

LES SAPOTÉES. — *SAPOTEÆ.*

Sapoteæ Juss. Gen. — R. Br. Prodr. p. 528. — Bartl. Ord. Nat. p.
461. — *Sapotaceæ* Endl. Prodr. Norfolk. p. 48 ; Gen. Plant. 4, p. 759.
— Lindl. Nat. Syst. p. 225. — *Sapotacearum* tribus III (ex parte)
Reichenb. Syst. Nat. p. 215. (1)

Presque toutes les *Sapotées* sont des arbres exotiques
indigènes de la zone équatoriale ; plusieurs produisent
des fruits très-savoureux, ou des graines dont on exprime de l'huile grasse ; l'écorce des Sapotées paraît être
en général extrêmement astringente, et celle de plusieurs espèces se substitue parfois au quinquina ; les
fleurs ne sont guère apparentes.

Caractères de la Famille.

Arbres ou *arbrisseaux*, en général lactescents. Rameaux cylindriques.

Feuilles éparses, coriaces, pétiolées, non-stipulées,
simples, indivisées (très-entières ou dentées), souvent
couvertes en dessous d'une pubescence satinée.

Fleurs hermaphrodites, régulières, axillaires, ou latérales ; pédoncules solitaires ou fasciculés, 1-flores,
ébractéolés.

Calice 4-8-parti (par exception polyphylle), persistant, inadhérent : segments imbriqués ou bisériés.

Corolle rotacée, ou campanulée, ou tubuleuse, hypo-

---

(1) La tribu des Sapotées de M. Reichenbach correspond à la classe
des Styracinées de M. Bartling.

gyne, non-persistante, plus ou moins profondément lobée; lobes en même nombre que les segments calicinaux, ou moins souvent en nombre soit double, soit triple, et 2-ou 3-sériés; estivation imbricative.

Étamines libres, insérées au tube ou à la gorge de la corolle, soit en même nombre que les lobes de la corolle, antéposées, ordinairement alternes avec des staminodes, soit en nombre double (bisériées) ou triple (trisériées). Filets (quelquefois nuls) subulés. Anthères dressées ou incombantes, dithèques, longitudinalement déhiscentes, ordinairement extrorses.

Pistil : Ovaire inadhérent, pluri-loculaire; loges 1-ovulées; ovules soit anatropes, renversés, attachés à la base de l'angle interne des loges, soit amphitropes et adnés. Style indivisé. Stigmate indivisé ou lobé.

Péricarpe : Baie pluri-loculaire, ou par avortement 1-loculaire; loges 1-spermes.

Graines (quelquefois cohérentes) périspermées ou apérispermées; tégument testacé ou osseux, souvent lisse et luisant; hile ventral ou situé à l'extrémité inférieure; périsperme charnu, huileux. Embryon huileux, grand, rectiligne (celui des graines périspermées inclus, aussi long que le périsperme); cotylédons foliacés ou charnus, plano-convexes; radicule courte, infère, appointante, quelquefois infléchie.

Cette famille comprend les genres suivants :

Chrysophyllum Linn. (Nycterisition Ruiz et Pav.) — *Sideroxylon* Linn. (Robertsia Scopol.). — *Labatia* Swartz. (Pouteria Aubl.) — *Sersalisia* R. Br. — *Bumelia* Swartz. (? Rostellaria Gærtn.) — *Argania* Schousb. — *Achras* P. Browne. (Sapota Mill.) — *Lucuma* Juss. (? Vittellaria Gærtn.) — *Bassia* Linn. — *Mimusops* Linn. — *Binectaria* Forsk. — *Imbricaria* Commers. — *Om-*

phalocarpus Pal. Beauv. — ? *Mouroucoa* Aubl. (Maireria Scopol.)

Genre CHRYSOPHYLLE. — *Chrysophyllum* Linn.

Calice 5-parti; segments imbriqués. Corolle subrotacée, profondément 5-lobée : segments arrondis, imbriqués, étalés; gorge couronnée de 5 squamules alternes avec les segments du limbe. Étamines 5, antéposées, insérées au tube de la corolle; filets subulés; anthères extrorses, incombantes. Ovaire 5-10-loculaire; loges 1-ovulées. Style court, ou presque nul. Stigmate disciforme, obscurément 5-10-lobé. Baie 5-10-loculaire, ou par avortement 1-loculaire; loges 1-spermes. Graines grosses, luisantes, comprimées bilatéralement, subapiculées aux 2 bouts; tégument testacé; hile ventral, très-large; périsperme très-mince; cotylédons grands, charnus; radicule courte, un peu infléchie.

Arbres ou arbrisseaux, à suc-propre laiteux. Feuilles transversalement striées (par quantité de nervures filiformes, horizontales), souvent couvertes (ainsi que les jeunes pousses et la surface externe du calice) en dessous d'une pubescence satinée. Pédoncules axillaires, agrégés en ombelles simples. Fleurs petites, blanches.

La plupart des espèces de ce genre sont remarquables par l'élégance de leurs feuilles, dont la face inférieure paraît comme dorée ou comme argentée par le duvet soyeux qui la recouvre. Linné, ne connaissant que des espèces à duvet couleur de bronze, fonda sur ce caractère le nom générique, qui signifie feuille dorée. Quelques espèces produisent des fruits mangeables.

CHRYSOPHYLLE CAÏMITIER.—*Chrysophyllum Cainito* Linn. —Plum. Ic. tab. 69. — Jacq. Amer. tab. 37, fig. 1. —Jacq. Amer. pict. tab. 52 et 53.

Feuilles elliptiques, ou elliptiques-oblongues, ou obovales,

rétuses, satinées-ferrugineuses en dessous. — Arbre haut de 3o
à 4o pieds , d'un port très-élégant; branches nombreuses; cime
ample, étalée ; écorce roussâtre, rimeuse. Feuilles longues de 2
à 5 pouces , larges de 1 pouce à 3 pouces, coriaces, d'un vert
foncé et luisantes en dessus ; pétiole long de 6 à 8 lignes, cylindrique, satiné. Pédoncules filiformes, plus ou moins divergents,
longs de 4 à 6 lignes. Corolle large d'environ 2 lignes. Baie globuleuse, ou ellipsoïde , du volume d'une Pomme moyenne , ou ,
dans certaines variétés, seulement du volume d'une Prune; épicarpe lisse , rose , ou jaunâtre , ou pourpre , ou violet ; pulpe
visqueuse, douceâtre. Graines assez grosses , ellipsoïdes, brunes,
osseuses, obtuses aux 2 bouts, longues d'environ 6 lignes.

Cette espèce, connue sous les noms vulgaires de *Caïmitier*, ou
Caïnito, croît aux Antilles, où on la cultive aussi comme arbre
fruitier ; son fruit est très-estimé des créoles, dont beaucoup le
préfèrent même à celui du Sapotiller ; mais les Européens en
général le trouvent trop fade.

Chrysophylle a feuilles argentées.—*Chrysophyllum ar-
genteum* Jacq. Amer. tab. 38, fig. 1.

Feuilles elliptiques ou elliptiques-oblongues , subacuminées ,
ou obtuses, arrondies ou subcordiformes à la base, satinées-argentées en dessous. — Arbre semblable à l'espèce précédente
par le port et les fleurs. Feuilles longues de 3 à 6 pouces. Fruit
ellipsoïde, du volume d'une petite Prune, d'un violet noirâtre à
sa maturité, en général 1-sperme. Graine oblongue, d'un brun
bleuâtre. Cette espèce croît dans les bois des Antilles ; son fruit est
d'une saveur vineuse assez agréable.

Chrysophylle glabre. — *Chrysophyllum glabrum* Linn.

Feuilles glabres et luisantes aux 2 faces, ovales, pointues ,
subcoriaces. — Arbrisseau haut d'environ 15 pieds. Feuilles
longues de 2 pouces. Fruit bleu, du volume et de la forme d'une
petite Olive. Cette espèce habite les Antilles ; son fruit est mangeable.

Chrysophylle a fruit pyriforme. — *Chrysophyllum Macoucou* Aubl. Guian. tab. 92.

Feuilles glabres et d'un vert pâle aux 2 faces, ovales-oblongues, acuminées. Fruit pyriforme, courtement pédonculé. — Grand arbre ; tronc atteignant 30 pieds de haut, sur 2 pieds de diamètre ; écorce lisse, grisâtre, très-lactescente ; cime très-branchue, ample, touffue. Fruit d'un jaune orangé ; épicarpe charnu, laiteux, d'environ 1 ligne d'épaisseur ; pulpe blanche, douceâtre. Graines lisses, jaunâtres, arrondies, pointues, peu comprimées. Cette espèce habite les forêts de la Guiane ; Aublet dit que son fruit est d'une saveur plus agréable que celui du *Caïmitier commun*.

Chrysophylle acuminé. — *Chrysophyllum acuminatum* Roxb. Flor. Ind. ed. 2, vol. 1, p. 599.

Arbre de moyenne taille. Ramules nombreux, grêles, glabres, cylindriques. Feuilles longues de 3 à 4 pouces, larges d'environ 15 lignes, courtement pétiolées, lancéolées, entières, acuminées, luisantes aux 2 faces (les jeunes pubescentes-ferrugineuses). Pédoncules recourbés. Fleurs petites, d'un jaune pâle. Segments-calicinaux elliptiques. Tube de la corolle aussi long que le calice ; segments elliptiques. Étamines incluses. Ovaire ovoïde, très-velu, 5-loculaire. Style court. Stigmate 5-lobé. Baie sphérique, lisse, jaune à la maturité, du volume d'une petite Pomme ; pulpe assez ferme, visqueuse. Graines brunes. Périsperme jaunâtre. Cette espèce croît au Silhet, où on la nomme vulgairement *Pitakara ;* les habitants du pays mangent le fruit, quoiqu'il soit à peu près insipide.

Genre BUMÉLIA. — *Bumelia* Swartz.

Calice 5-parti : segments imbriqués. Corolle subrotacée, profondément 5-lobée ; gorge couronnée de 5 squamules pétaloïdes, condupliquées, carénées au dos, alternes avec les lobes. Étamines 5, antéposées, insérées à la gorge de la corolle ; filets subulés ; anthères extrorses, versatiles,

subsagittiformes. Ovaire 5-loculaire ; loges 1-ovulées. Style
filiforme, pointu. Stigmate peu apparent. Baie par avortement 1-loculaire et 1-sperme. Graine grosse, ellipsoïde
ou subglobuleuse, légèrement 4-sulquée, inégalement
2-ombiliquée à la base, apérispermée ; tégument testacé,
luisant ; hile large, basilaire ; cotylédons gros, charnus ;
radicule minime, rectiligne.

Arbres ou arbrisseaux, souvent munis d'épines axillaires. Feuilles glabres ou soyeuses, penninervées : celles
des jeunes pousses éparses ; celles des ramules plus anciens
fasciculées. Pédoncules fasciculés, naissant sur les ramules
anciens (soit à la base des épines, soit à la base des bourgeons). Fleurs blanches ou d'un blanc verdâtre, petites.

Bumélia Faux-Lyciet. — *Bumelia lycioides* Pursh, Flor.
Amer. Sept.—*Sideroxylon lycioides* Linn.—Duham. Arb. 2,
tab. 68. — Jaume Saint-Hil. Flor. et Pom. Franç. tab. 81.

Feuilles lancéolées, ou lancéolées-oblongues, ou lancéolées-
obovales, ou oblongues, ou obovales, glabres aux 2 faces, pointues, ou acuminulées, ou rarement rétuses. Baies et graines subglobuleuses. — Buisson, ou petit arbre. Rameaux et ramules
plus ou moins divariqués, un peu flexueux. Jeunes pousses
ponctuées, très-tenaces. Épines courtes. Feuilles longues de 2 à
6 pouces, coriaces, subpersistantes, réticulées, d'un vert gai et
un peu luisantes en dessus, d'un vert pâle en dessous ; pétiole
court, marginé. Fascicules ombelliformes, 20-30-flores. Pédoncules filiformes, longs de 3 à 6 lignes. Calice glabre : segments
bisériés, subscarieux, ovales-orbiculaires, ou ovales-elliptiques,
très-obtus. Corolle blanchâtre, longue d'environ 2 lignes ; tube
plus court que le calice ; segments ovales, obtus ; squamules
presque aussi grandes que les segments du limbe, plus grandes
que les anthères, subcordiformes. Étamines un peu plus longues
que la corolle. Baie noirâtre, du volume d'un gros Pois, presque
remplie par la graine. Graine d'un brun jaunâtre.

Bumélia tenace. — *Bumelia tenax* Willd. — Wals.

Dendr. Brit. tab. 10. — *Sideroxylon tenax* Linn. — *Bumelia chrysophylloides* Pursh, Flor. Amer. Sept. — *Sideroxylon chrysophylloides* Michx. Flor. Bor. Amer. — *Chrysophyllum carolinense* Jacq. Obs. tab. 54. — *Bumelia reclinata* Vent. Choix de Plant. tab. 22.

Feuilles (variant de forme comme celles de l'espèce précédente) satinées-argentées en dessous, en général obtuses ou rétuses. Baies et graines ellipsoïdes. — Arbre atteignant 20 à 30 pieds de haut (dans son climat natal), ou buisson, semblable à l'espèce précédente par le port, la forme des feuilles et les fleurs. Pédoncules et calices satinés-ferrugineux. Corolle petite, blanche. Baie noirâtre, du volume d'un fruit de Cornouiller. Graines grosses, d'un brun jaunâtre.

Cette espèce et la précédente croissent dans les provinces méridionales des États-Unis. On les cultive comme arbrisseaux d'agrément, mais ils ne résistent pas toujours, sans abri, aux hivers du nord de la France. Leur bois est dur et très-pesant. Les jeunes pouces sont assez tenaces pour servir en guise d'Osiers.

Genre SAPOTILLER. — *Achras* P. Browne.

Calice 5-ou 6-parti : segments imbriqués. Corolle subcampanulée, ventrue, 5-ou 6-lobée; lobes dressés, imbriqués; gorge couronnée de 5 ou 6 squamules pétaloïdes, alternes avec les lobes. Étamines 5 ou 6, antéposées, insérées au tube de la corolle; filets très-courts, subulés; anthères subsagittiformes, extrorses, mobiles. Ovaire 6-12-loculaire; loges 1-ovulées. Style gros, court. Stigmate 6-12-denté. Baie 6-12-loculaire, ou par avortement 1-loculaire ; loges 1-spermes. Graines oblongues, lisses, comprimées bilatéralement, obtuses aux 2 bouts ; tégument osseux ; hile ventral, linéaire, concave, presque aussi long que la graine ; périsperme épais, charnu ; embryon aussi long que le périsperme : cotylédons elliptiques, foliacés ; radicule droite, cylindracée.

Arbres lactescents. Feuilles éparses, coriaces, transver-

salement striées. Pédoncules solitaires, axillaires. Fleurs
petites, blanchâtres.

SAPOTILLER COMMUN. — *Achras Sapota* Linn. — Jacq.
Amer. tab. 41. — Browne, Hist. Jam. tab. 19, fig. 3. —
Plum. Gen. tab. 4.—Lois. Herb. de l'Amat. vol. 4.—Tussae,
Flore des Ant. 1, tab. 5. — Hook. Bot. Mag. tab. 3111
et 3112.

Grand arbre à cime le plus souvent pyramidale. Rameaux
trichotomes ou plusieurs fois dichotomes. Écorce fauve. Feuilles
longues de 3 à 6 pouces, luisantes, d'un vert foncé, très-rapprochées, glabres, lancéolées, ou lancéolées-elliptiques, ou lancéolées-oblongues, subobtuses, rétrécies en pétiole long d'environ
1 pouce. Pédoncules plus courts que les feuilles, pubescents de
même que le calice. Segments-calicinaux ovales ou ovales-lancéolés, obtus. Corolle blanche, à peine plus longue que le calice; lobes courts, ovales, obtus; squamules un peu plus courtes
que le limbe, plus grandes que les anthères et assez semblables à
ces dernières. Étamines à peine saillantes hors du tube, insérées
au-dessus du milieu de celui-ci. Baie de grosseur variable (en
général du volume d'une petite Pomme), ovoïde, ou globuleuse,
ou ovale-globuleuse, couverte d'une poussière ferrugineuse.
Graines noirâtres, longues d'environ 6 lignes; hile blanc, formant un sillon profond, tranchant aux bords.

Cette espèce, connue sous le nom vulgaire de *Sapotiller*
(*Zapotilla* des Espagnols), habite les Antilles, où d'ailleurs
on la cultive aussi à titre d'arbre fruitier. Ses fleurs commen-
cent à paraître en mai, et se succèdent pendant trois ou quatre
mois; les premiers fruits mûrissent en septembre, et successivement jusqu'en janvier. Le fruit est l'un des plus estimés de ceux
des Antilles; il a la couleur d'une nèfle, et comme elle on ne le
mange que lorsqu'il commence à pourrir : alors, de laiteux et
d'âpre qu'il était, il devient si succulent et si sucré, qu'il ré-
pugne à beaucoup d'Européens. L'émulsion des graines fraîches passe pour un excellent diurétique. Le bois de l'arbre est
dur, assez liant, et peut être employé aux constructions, si tou-

tefois il se trouve à l'abri de l'humidité. L'écorce est fortement astringente, et possède des propriétés fébrifuges.

Genre LUCUMA. — *Lucuma* Juss.

Calice 5-parti : segments imbriqués. Corolle subcampanulée, ventrue, 5-lobée ; lobes dressés, imbriqués ; gorge couronnée de 5 squamules subulées, pétaloïdes, alternes avec les lobes. Étamines 5, antéposées, insérées à la gorge de la corolle ; filets subulés ; anthères extrorses, incombantes. Ovaire 5-10-loculaire ; loges 1-ovulées. Style cylindrique, saillant. Stigmate obtus. Baie 5-10-loculaire, ou par avortement 1-loculaire ; loges 1-spermes. Graines subglobuleuses, apérispermées ; cotylédons gros, charnus, rugueux ; radicule droite, très-courte.

Arbres lactescents. Feuilles éparses, luisantes, transversalement striées. Pédoncules axillaires, 1-flores.

Lucuma Marmelade. — *Lucuma mammosum* Gærtn. fil. Carp. 3, p. 129. — *Achras mammosa* Linn. — Jacq. Amer. tab. 182, fig. 19. — Sloan. Jam. 2, tab. 218. — Pluck. Alm. tab. 268, fig. 2. — *Sapota mammosa* Gærtn. Fruct. 2, p. 104.

Très-bel arbre, atteignant jusqu'à 100 pieds de haut. Cime ample. Écorce brune. Ramules gros, cicatriqueux. Feuilles rapprochées vers l'extrémité des ramules, longues de 1 pied à 2 pieds, larges de 4 pouces ou plus, glabres, luisantes en dessus, coriaces, lancéolées, ou lancéolées-oblongues, obtuses, ou pointues ; pétiole long d'environ 2 pouces. Pédoncules solitaires, subterminaux, beaucoup plus courts que les feuilles. Sépales concaves, obtus, 2-sériés : les 2 extérieurs plus grands. Corolle à lobes presque droits, sublancéolés. Fruit ellipsoïde, ou ovoïde, ou oblong, ou subglobuleux, très-gros ; chair ferme, jaunâtre. Graines de la forme et du volume d'une Châtaigne.

Cette espèce habite les Antilles, où on la nomme *Marmelade*, *Marmelade naturelle*, *Jaune d'œuf*, et (en espagnol) *Lucuma*. Ses fruits sont mangeables, mais moins estimés que ceux du Sapotiller (*Achras Sapota*) ; leur chair est douce mais fade. L'amande des graines est mangeable, mais un peu amère.

Genre BASSIA. — *Bassia* Linn.

Calice 4-6-parti : segments 2-sériés. Corolle subcampanulée ou rotacée, 7-14-lobée ; tube urcéolé ou cylindracé ; lobes dressés ou étalés, imbriqués, bisériés ; gorge inappendiculée. Étamines en nombre double ou triple des lobes de la corolle, 2-ou 3-sériées, insérées au tube et à la gorge de la corolle ; filets très-courts ; anthères introrses, dressées, subsagittiformes. Ovaire 5-12-loculaire ; loges 1-ovulées. Style saillant. Stigmate pointu. Baie par avortement 1-ou pauci-loculaire, oligo-ou mono-sperme. Graines apérispermécs, lisses, grosses, nucamentacées ; hile ventral ; cotylédons gros, charnus, plano-convexes ; radicule globuleuse, ou courte et droite.

Arbres lactescents. Feuilles (suivant Roxburgh, accompagnées de stipules fugaces) éparses, coriaces. Pédoncules axillaires, ou latéraux, ou agrégés à l'extrémité des ramules. Fleurs nutantes ou pendantes, jaunes, assez grandes.

BASSIA A LONGUES FEUILLES. — *Bassia longifolia* Willd. (non Gærtn. ex Roxb.) — Roxb. Flor. Ind. 2, p. 523.

Feuilles lancéolées. Fleurs nutantes, agrégées vers l'extrémité des ramules (au-dessous des feuilles). Tube de la corolle ventru. Étamines au nombre de 16 à 20, incluses.—Tronc assez droit, d'une grosseur considérable, mais court en proportion à la taille de l'arbre. Branches nombreuses, très-rameuses, étalées, formant une tête touffue très-ample. Jeunes pousses pubescentes. Feuilles agrégées vers l'extrémité des ramules (immédiatement au-déssus des pédoncules), lisses, très-entières ; pétiole long de 1 pouce à 2 pouces, cylindrique, un peu velu. Stipules ensiformes, pubescentes, caduques longtemps avant le parfait développement des feuilles. Pédoncules longs de 2 à 3 pouces. Segments-calicinaux ovales-oblongs, pointus, un peu velus. Corolle 8-fide : tube gibbeux, ferme, charnu, à peu près aussi long que les sépales; segments sublancéolés. Anthères sub-sessiles. Ovaire à 6 ou 8 loges. Style 2 fois plus long que la co-rolle. Stigmate à 6 ou 8 dents conniventes. Baie oblongue, du volume d'une grosse Prune, velue, pulpeuse, jaunâtre à la ma-turité, ordinairement 1-loculaire, moins souvent 2-ou 3-loculaire. Graines solitaires dans chaque loge, de forme variable, attachées à la moitié inférieure de l'angle interne de la loge; cotylédons conformes à la graine; radicule subglobuleuse. (*Roxburgh, l. c.*)

Cet arbre croît spontanément dans la péninsule de l'Inde (où on le nomme *Illupi*), et on le cultive fréquemment au Bengale ainsi que dans d'autres contrées de l'Asie équatoriale. Son em-ploi économique est très-varié. L'on exprime de ses graines une huile grasse, très-communément employée par les Hindous des classes inférieures, tant à l'éclairage qu'à la préparation des aliments et du savon. Les fleurs qui tombent des arbres sont ra-massées avec soin par les campagnards, qui, après les avoir fait sécher au soleil, les torréfient et en font leur nourriture. Le fruit, soit avant, soit lors de sa maturité, dépouillé de sa peau, se mange aussi en bouillies. Le suc laiteux de l'écorce sert de remède contre les maladies de la peau. Le bois est aussi dur et aussi incorruptible que le célèbre bois de *Tek*, mais il se tra-vaille plus difficilement.

BASSIA A LARGES FEUILLES. — *Bassia latifolia* Willd. — Roxb. Corom. 1, tab. 19; Flor. Ind. 2, p. 526.

Feuilles oblongues. Calice 4-parti. Corolle à tube urcéolé, ventru. Étamines au nombre de 20 à 30, incluses. — Arbre de moyenne taille. Tronc court, droit; écorce lisse, grisâtre. Bran-ches très-nombreuses : les inférieures étalées horizontalement. Feuilles longues de 4 à 8 pouces, larges de 2 à 4 pouces, rap-prochées vers l'extrémité des ramules, raides, non persistantes, lisses et glabres en dessus, blanchâtres en dessous; pétiole cy-lindrique, long d'environ 1 pouce. Stipules subulées, pubescen-tes. Fleurs nombreuses, agrégées vers l'extrémité des ramules, pendantes. Pédoncules longs d'environ 1 pouce, cylindriques, épaissis vers leur sommet, couverts d'une pubescence ferrugineuse. Corolle 7-14-fide. Ovaire ovale, pointu, 6-8-loculaire ; ovules attachés vers l'extrémité supérieure d'un gros placentaire central. Baie 1-4-sperme, du volume d'une petite Pomme. (*Roxburgh, l. c.*)

Cette espèce croît dans les contrées montueuses du Bengale. Elle fleurit en mai et avril, époque à laquelle elle repousse aussi de nouvelles feuilles, qu'elle perd vers la fin de l'année. Ce végétal n'est pas moins utile que l'espèce précédente. Son bois est dur, très-tenace, et propre au charronnage, ainsi qu'à toutes sortes d'autres ouvrages. Les fleurs sont mangées, sans autre préparation, par les habitants des montagnes ; les chakals en sont aussi très-friands ; elles ont une saveur douce et vineuse : aussi en distille-t-on une forte boisson alcoolique. Les graines fournissent beaucoup d'huile grasse, laquelle toutefois ne peut servir qu'à l'éclairage.

BASSIA BUTYRACÉ. — *Bassia butyracea* Roxb. in Asiat. Res. vol. 8, p. 499 (*cum icone*).

Calice 5 - parti. Corolle 8-10-fide, subrotacée. Étamines au nombre de 30 à 40, insérées à la gorge de la corolle. — Arbre atteignant une cinquantaine de pieds de haut. Tronc droit, atteignant 5 à 6 pieds de circonférence. Écorce des jeunes branches lisse, brune, marbrée de taches grisâtres. Feuilles longues de 6 à 12 pouces, larges de 3 à 6 pouces, agrégées vers l'extrémité des ramules, cunéiformes-obovales, subacuminées (pointe obtuse), glabres en dessus, velues en dessous. Fleurs axillaires et latérales, nutantes. Calice 4-6-parti, pubérule-ferrugineux à la surface externe : segments ovales, obtus. Corolle jaunâtre, 8-10-fide ; tube aussi long que le calice, cylindracé ; segments oblongs, obtus, étalés, plus longs que le tube. Étamines un peu plus courtes que le limbe de la corolle. Anthères linéaires-oblongues. Ovaire 10-ou 12-loculaire, cotonneux. Style plus long que les étamines. Stigmate pointu. Baie oblongue, charnue, lisse, 1-4-sperme, en général mucronée par les restes

du style. Graines d'un brun clair, du volume d'une Amande, oblongues, subcylindriques. (*Roxburgh, l. c.*)

Cet arbre croît au Népaul, où on le nomme *Fulwah* ou *Phul-
wara;* il fleurit en janvier; le fruit mûrit en août. On exprime de ses graines une substance grasse, onctueuse, blanchâtre, ayant d'abord la consistance du beurre, mais qui plus tard
durcit peu à peu, et finit par devenir semblable à du suif,
sans contracter aucune rancidité; cette substance jouit d'une
grande vogue dans la thérapeutique des Hindous, qui la regar-
dent comme un excellent remède contre les rhumatismes. La
pulpe du fruit est mangeable, mais d'une saveur fade. Le bois
de cette espèce n'est bon à aucun usage, car c'est l'un des plus
légers que l'on connaisse.

Genre MIMUSOPE. — *Mimusops* Linn.

Calice de 6 ou 8 sépales bisériés : les extérieurs coriaces ; les intérieurs plus petits, colorés, subpétaloïdes. Corolle rotacée : tube très-court ; limbe 18-ou 24-parti : segments bisériés (les extérieurs au nombre de 12 ou de 16 ;
les intérieurs au nombre de 6 ou de 8); gorge couronnée
de 6 ou 8 squamules pétaloïdes, dentelées, alternes avec
les segments intérieurs. Étamines 6 ou 8, insérées à la
gorge de la corolle (devant les segments intérieurs); filets
subulés ; anthères extrorses, sagittiformes, ou cordiformes,
dressées. Ovaire 8-loculaire; loges 1-ovulées. Style filiforme. Stigmate peu apparent, subfimbriolé. Baie par avortement 1-loculaire, ordinairement 1-sperme. Graines lisses, comprimées bilatéralement ; tégument testacé ; hile
ventral; périsperme mince, charnu; embryon aussi long
que le périsperme : cotylédons grands, un peu charnus ;
radicule droite, cylindrique.

Arbres lactescents. Feuilles (suivant Roxburgh stipulées) éparses, luisantes, penninervées. Pédoncules fasciculés, axillaires, épaissis au sommet, dressés, ou inclinés.
Fleurs assez grandes, très-odorantes. Corolle blanchâtre,
ou blanche et jaune.

Mimusope Élenghi. — *Mimusops Elenghi* Linn. — Hort. Malab. 1, tab. 20. — Rumph. Amb. 2, tab. 63. — Lamk. Ill. tab. 300. — Roxb. Plant. Corom. 1, tab. 14.

Feuilles oblongues ou oblongues-lancéolées, acuminées. Fleurs courtement pédonculées, pendantes, 8-andres. Calice 8-sépale. Corolle à limbe 24-parti; segments conformes, concolores (blanchâtres) : les 8 intérieurs connivents, de moitié plus courts. Anthères sagittiformes, accuminées-cuspidées. — Tronc très-gros, haut de 8 à 12 pieds. Écorce assez lisse. Branches nombreuses, divergentes, ascendantes au sommet de manière à former une tête sphérique très-ample. Feuilles longues de 3 à 4 pouces, larges de 12 à 18 lignes, très-fermes, d'un vert foncé et luisantes aux 2 faces, courtement pétiolées, assez rapprochées, ondulées aux bords, réclinées, ou pendantes. Stipules petites, lancéolées, concaves, ferrugineuses, caduques. Pédoncules courts, claviformes, réclinés, solitaires, ou fasciculés jusqu'au nombre de 8. Sépales extérieurs longs d'environ 3 lignes, ovales-lancéolés, brunâtres en dessus, blanchâtres en dessous; les 4 sépales intérieurs oblongs-lancéolés, blanchâtres, de moitié plus courts. Corolle large d'environ 6 lignes; tube charnu; segments oblongs-lancéolés; squamules plus courtes que les segments internes, linéaires-lancéolées, pointues, dentelées à partir du milieu, blanchâtres, cotonneuses à la base, conniventes. Étamines un peu plus longues que les squamules, recouvertes par les segments internes de la corolle. Baie jaune, lisse, du volume et de la forme d'une Olive. (*Roxburgh, l. c.*)

Cette espèce croît dans les montagnes du Circar; on la cultive généralement dans toute l'Inde, à raison de son port élégant et du parfum de ses fleurs; du reste le fruit est mangeable et d'une saveur douceâtre. La floraison dure pendant tout l'été.

Mimusope Kaki. — *Mimusops Kaki* Linn.

Espèce incomplétement connue, qui croît aux Moluques et aux îles de la Sonde; elle paraît être très-voisine du *Mimusops Elenghi*; son fruit est aussi mangeable.

Mimusope hexandre. —*Mimusops hexandra* Roxb. Plant.
Corom. 1, tab. 15.

Feuilles elliptiques, ou oblongues, ou obovales, cunéiformes
à la base, profondément rétuses. Pédoncules assez longs, droits.
Fleurs 6-andres. Calice 6-sépale. Corolle à limbe 18-parti : segments dissemblables, tous étalés : les 12 extérieurs (blancs) linéaires ; les 6 intérieurs (jaunes) oblongs-obovales, un peu plus
courts que les extérieurs. — Grand arbre. Écorce grisâtre. Branches nombreuses, divergentes, non redressées au sommet ; tête
ample, touffue. Feuilles longues de 3 à 5 pouces, larges de 18
à 24 lignes, très-coriaces, assez rapprochées, d'un vert foncé et
luisantes aux 2 faces ; pétiole cylindrique, long d'environ
1 ¹/₂ pouce. Pédoncules solitaires ou fasciculés (jusqu'au nombre de 6), presque aussi longs que les pétioles, dressés, ou divergents. Fleurs larges d'environ 4 lignes. Segments calicinaux
sublinéaires, obtus, plus courts que la corolle. Corolle à squamules très-courtes, ovales, dentelées. Étamines étalées, presque
aussi longues que les segments intérieurs de la corolle. Anthères jaunes. Drupe ellipsoïde, jaune, du volume d'une Olive.

Cette espèce, non moins élégante que le *Mimusops Elenghi*,
croît dans les montagnes du Circar. Son bois est extrêmement
dur et pesant ; on l'emploie à toutes sortes d'ustensiles.

Genre OMPHALOCARPE. — *Omphalocarpus* Pal. Beauv.

Calice polysépale : sépales squamiformes, concaves, obtus, imbriqués, pluri-sériés. Corolle rotacée ; tube court ;
limbe 6-ou 7-parti : segments ovales, ondulés aux bords ;
gorge couronnée de 6 ou 7 appendices fimbriés, alternes
avec les segments du limbe. Étamines en nombre indéfini,
insérées à la gorge de la corolle ; anthères dressées, subulées. Ovaire pluri-loculaire. Style filiforme, persistant.
Stigmate subcapitellé, indivisé. Péricarpe ligneux, disci-
forme-orbiculaire, ombiliqué autour de la base du style,
pluri-loculaire ; loges 1-spermes, pulpeuses. Graines ovales, luisantes, osseuses ; hile ventral, allongé ; périsperme

charnu; embryon rectiligne; cotylédons grands, planes, subfoliacés; radicule courte.

Arbre à tronc très-élancé. Feuilles éparses. Fleurs solitaires ou subfasciculées, sessiles, naissant sur le tronc. Mésocarpe composé d'un amas de corpuscules durs, arrondis et irréguliers, formant une concrétion ligneuse semblable à la pierre connue sous le nom de poudingue.

OMPHALOCARPE ÉLANCÉ. — *Omphalocarpum procerum* Pal. Beauv. Flore d'Oware, 1, tab. 5.

Arbre très-élevé. Branches étalées; rameaux alternes, diffus. Feuilles presque sessiles, glabres, luisantes, coriaces, très-entières, lancéolées. Fleurs naissant sur le tronc à la hauteur de 8 à 10 pieds. Sépales velus en dehors. Étamines anisomètres, disposées par faisceaux insérés devant les lobes de la corolle.

Cet arbre, remarquable par son tronc florifère, a été observé par Palisot de Beauvois dans l'Afrique équatoriale, vers les confins du pays d'Oware.

CENT CINQUANTE-DEUXIÈME FAMILLE.

LES ÉBÉNACÉES. — *EBENACEÆ*.

Guajacancarum genn. Juss. Gen. — *Ebenaceæ* Vent. Tabl. p. 443.
— R. Br. Prodr. p. 524. — Juss. in Ann. du Mus. — Bartl. Ord. Nat.
p. 160. — Lindl. Nat. Syst. p. 226. — *Sapotcarum* genn. Reichenb.
Syst. Nat. p. 214.

Cette famille, peu distincte de la précédente, appartient aussi presque en totalité aux contrées inter-tropicales, et ne renferme qu'une seule espèce indigène (le *Plaqueminier*). Le nom des *Ébénacées* fait allusion à ce que plusieurs espèces fournissent le bois connu sous le nom d'ébène ; d'ailleurs la plupart des arbres de cette famille sont remarquables par la dureté de leur bois. Les fruits des Ébénacées sont d'une astringence extrême avant leur maturité ; néanmoins ceux de quelques espèces finissent par devenir très-bons à manger.

Caractères de la Famille.

Arbres ou *arbrisseaux*, non-lactescents. Rameaux cylindriques.

Feuilles éparses, simples, non-stipulées, indivisées (en général très-entières), courtement pétiolées, le plus souvent coriaces.

Fleurs polygames ou dioïques (rarement hermaphrodites), régulières. Pédoncules solitaires, axillaires : ceux des fleurs femelles en général 1-flores, bractéolés ; ceux des fleurs mâles ordinairement pauciflores.

Calice persistant, inadhérent, plus ou moins profondément partagé en 3 à 6 lobes, ou seulement denté.

Corolle hypogyne, régulière, non-persistante, subcoriace, tubuleuse, ou rotacée, ou subcampanulée, souvent pubescente à la surface externe, plus ou moins profondément 3-6-lobée; estivation contortive.

Étamines (abortives ou stériles dans les fleurs femelles) insérées au tube de la corolle, ou rarement au réceptacle, soit en même nombre que les lobes de la corolle et interposées, soit en nombre double, ou triple, ou quadruple. Filets courts, souvent immédiatement opposés. Anthères basifixes, dressées, acuminées, dithèques, latéralement déhiscentes, ou introrses, souvent barbues.

Pistil : Ovaire 3-ou pluri-loculaire; ovules solitaires ou géminés-collatéraux dans chaque loge, anatropes, suspendus au sommet de l'angle interne. Style indivisé, ou 2-6-fide. Stigmates indivisés ou 2-fides.

Péricarpe baccien, 2-ou pluri-loculaire, ou par avortement 1-loculaire; loges 1-spermes.

Graines suspendues, périspermées; tégument mince. Périsperme blanc, corné, conforme à la graine. Embryon axile ou suboblique, inclus, rectiligne, plus court que le périsperme; cotylédons foliacés, subveineux, contigus, ou moins souvent subdistants; radicule courte ou allongée, appointante, supère; plumule imperceptible.

La famille des Ébénacées comprend les genres suivants :

Maba Forst. (Pisonia Rottb. Ebenoxylon Lour. Ferreola Roxb.) — *Cargillia* R. Br. — *Diospyros* Linn. (Ebenus Commers. Guaicana Tourn. Embryopteris Gærtn. Cavanilla Desrouss.) — *Paralea* Aubl. — *Rymia* Endl.—*Royena* Linn.—*Gœtzea* Wydl.—? *Phelline* Labill. — ? *Hornschuchia* Nees.

Genre MABA. — *Maba* Forst.

Fleurs dioiques. Calice semi-trifide. Corolle tubuleuse ou urcéolée, 3-fide. — *Fleurs mâles :* Étamines 3 ou 6, hypogynes, insérées au pourtour d'un réceptacle hémisphérique ; filets simples, ou alternativement simples et bifurqués ; anthères oblongues, dressées. Pistil rudimentaire, abortif. — *Fleurs femelles :* Étamines nulles. Ovaire 2-ou 3-loculaire ; loges 2-ovulées. Style très-court. Stigmate 2-ou 3-fide. Baie 1-3-loculaire, charnue, par avortement oligosperme.

Arbres ou arbrisseaux. Feuilles éparses, coriaces, très-entières. Pédoncules 1-flores : ceux des fleurs mâles subfasciculés ; ceux des fleurs femelles solitaires. Corolle pubescente à la surface externe.

MABA A FEUILLES DE BUIS. — *Maba buxifolia* Juss. in Ann. du Mus. vol. 5, p. 418. — *Pisonia buxifolia* Rottb. Nov. Act. Hafn. 2, tab. 4, fig. 2. — *Ehretia ferrea* Willd. Phytogr. 1, tab. 2, fig. 2.—*Ferreola buxifolia* Roxb. Corom. tab. 45.

Buisson, ou petit arbre à tronc irrégulièrement branchu ; écorce d'un brun ferrugineux. Branches très-nombreuses, vagues, très-rameuses. Feuilles longues de 6 à 10 lignes, larges de 4 à 6 lignes, courtement pétiolées, obovales, ou elliptiques, ou oblongues, rétuses, cunéiformes vers leur base, très-glabres, fermes, luisantes. — *Fleurs mâles* subsessiles, blanches, plus petites que les fleurs femelles. Calice cupuliforme, 3-denté, long de ½ ligne. Corolle longue de 1 ½ à 2 lignes, jaunâtre ; lobes dentiformes-triangulaires, pointus, dressés. Étamines plus courtes que la corolle. — *Fleurs femelles* sessiles, solitaires, un peu plus grandes que les fleurs mâles, du reste conformes à celles-ci quant au calice et à la corolle. Baie 2-loculaire, 2-sperme, globuleuse, rouge, du volume d'un gros Pois. Graines planes antérieurement, convexes au dos.

Cette espèce croît dans les montagnes de la côte de Malabar.

Son bois, .de couleur foncée, est extrêmement compacte et durable ; il s'emploie à toutes sortes d'usages. Le fruit est mangeable.

Genre PLAQUEMINIER. — *Diospyros* Linn.

Fleurs dioïques. Calice cupuliforme ou campanulé, 3-6-denté, ou plus ou moins profondément 3-6-fide. Corolle urcéolée, 3-6-fide ; tube subcylindracé, ou ovoïde, ou subglobuleux, ventru ; lobes révolutés lors de l'épanouissement. Disque (1) charnu ou membranacé, plane, ou cupuliforme. — *Fleurs mâles* (plus petites et souvent d'une autre forme que les fleurs femelles) : Étamines au nombre de 8 à 30, insérées sous le disque ou au tube de la corolle, opposées-bisériées, ou superposées en 2 séries respectivement alternes, ou alternativement opposées-bisériées et 1-sériées ; filets très-courts, élargis à la base ; anthères adnées, dressées, conniventes en forme de cône, linéaires-lancéolées, pointues, latéralement déhiscentes ; connectif étroit, ordinairement poilu. Pistil rudimentaire (en général réduit au style). — *Fleurs femelles* (plus grandes que les fleurs mâles) : Étamines en même nombre que les lobes de la corolle, ou en nombre double, subsessiles ; anthères petites, stériles, ordinairement barbues. Ovaire 5-20-loculaire ; loges 1-ovulées ; cloisons confluentes en axe central très-gros. Style plus ou moins profondément 2-6-fide : chaque branche terminée en stigmate simple ou 2-fide. Baie 5-20-loculaire, pulpeuse, sessile au fond du calice amplifié ; loges 1-spermes. Graines comprimées bilatéralement, suboblongues, ou réniformes, obtuses aux 2 bouts, lisses, enveloppées chacune d'une pellicule diaphane (l'endocarpe ?).

Arbres ou arbrisseaux. Feuilles alternes (souvent distiques ; par exception opposées), courtement pétiolées, très-

---

(1) Suivant plusieurs auteurs les Ébénacées seraient caractérisées par *l'absence d'un disque ;* néanmoins cet organe est *très-apparent* dans le *Diospyros Lotus,* le *D. virginiana,* et probablement aussi dans d'autres espèces.

entières, penninervées, le plus souvent coriaces. Pédoncules axillaires, ou latéraux, solitaires (par exception raméaires, fasciculés) : ceux des fleurs femelles plus courts (en général très-courts), 1-flores, ébractéolés; ceux des fleurs mâles 3-7-flores, 1-bractéolés à la base de chaque pédicelle : pédicelles courts, disposés en cymule ; bractées minimes, caduques. Corolle jaune, ou rose, ou carnée, ou blanche, souvent pubérule à la surface externe. Fleurs mâles le plus souvent nutantes.

La plupart des *Plaqueminiers* sont remarquables par l'élégance de leur port et de leur feuillage. C'est de plusieurs espèces de ce genre confondues vulgairement sous le nom d'*Ébénier*, que provient le bois d'ébène; mais ce bois n'acquiert la dureté et la couleur noire qui le font tant rechercher, qu'avec l'âge très-avancé des arbres qui le produisent, tandis que l'aubier et le bois plus jeune des mêmes arbres offre en général une couleur blanchâtre ou grisâtre, et une texture beaucoup moins compacte. La plupart des espèces habitent l'Asie équatoriale ; le *Plaqueminier commun* est le seul représentant indigène de la famille des Ébénacées.

Section I. Espèces extra-tropicales.

Feuilles non-coriaces, non-persistantes. — Calice et corolle 4-fides (ou accidentellement 5-fides). Ovaire 8-loculaire. Style 4-fide. Stigmates 2-fides. Étamines des fleurs femelles en nombre double des lobes de la corolle. Pédoncules des fleurs mâles 3-flores.

A. *Fleurs mâles ordinairement 16-andres (accidentellement 12-15-andres, ou 17-20-andres).*

a) *Corolle d'un rose tirant sur le vert : celle des fleurs femelles plus courte que le calice.*

PLAQUEMINIER COMMUN. — *Diospyros Lotus* Linn. — Mill. Ic. tab. 116. — Pall. Flos. Ross. 1, tab. 58. — Poit. et Turp. Arb. Fruit. tab. 36.

Feuilles ovales-elliptiques, ou oblongues, ou elliptiques-oblongues, ou oblongues-lancéolées, ou lancéolées-oblongues, acuminées, en général cunéiformes à leur base, plus ou moins pubérules (du moins en dessous), glandulifères en dessous, discolores. Fleurs axillaires. — *Fleurs mâles* : Calice petit, cupuliforme, 4-fide, 3 à 4 fois plus court que la corolle. Corolle courtement 4-lobée; tube ovoïde; lobes suborbiculaires. — *Fleurs femelles* : Calice grand, coriace, rotacé, profondément 4-fide; tube court, turbiné; lobes ovales-triangulaires, pointus, presque étalés, concaves en dessous, bombés en dessus. Corolle profondément 4-fide; tube ovoïde, 3 fois plus court que le calice; lobes ovales-elliptiques, obtus, plus longs que le tube. Baie subglobuleuse, déprimée. Graines suboblongues, rectilignes au bord antérieur.

Arbre haut de 30 à 60 pieds. Branches et rameaux horizontaux. Ramules distiques, effilés. Écorce lisse. Feuilles longues de 2 à 4 pouces, minces, d'un vert foncé en dessus, glauques en dessous et parsemées vers leur sommet de quelques glandules sessiles; côte et pétiole satinés-ferrugineux. *Fleurs mâles* en cymules subsessiles. Pédicelles courts, réclinés, épaissis vers leur sommet, articulés aux 2 bouts, soyeux. Calice à peine long de 1 ligne : lobes obtus ou pointus, dentiformes, ciliolés. Corolle longue de 3.à 4 lignes, légèrement pubérule à la surface externe. Étamines incluses. *Fleurs femelles* subsessiles. Calice glabre; limbe large de 5 à 6 lignes. Corolle à tube long d'environ 2 lignes. Anthères un peu saillantes. Style saillant. Baie légèrement 4-sulquée, du volume d'une Prune de mirabelle, à la maturité d'un rouge tirant sur l'orange. Graines brunes, un peu luisantes, longues d'environ 5 lignes.

Cette espèce, qui est la seule Ébénacée indigène, croît dans l'Europe méridionale; on la cultive comme arbre d'ornement; elle fleurit en mai. Son bois est assez dur, et sert à la confection de toutes sortes d'ustensiles. Le fruit est trop astringent pour être mangeable.

b) *Corolle blanche : celle des fleurs femelles plus longue que le calice.*

PLAQUEMINIER DE VIRGINIE. — *Diospyros virginiana* Linn.
— Catesb. Carol. 2, tab. 76. — Wats. Dendrol. Brit. tab. 146
(*mas.*) — Poit. et Turp. Arb. Fruit. tab. 37. — *Diospyros
calycina* Audib. Cat. Hort. Tonn. (*fœm.*) — *Diospyros
pubescens* Pursh. — *Diospyros angustifolia* Audib.

 · Feuilles ovales, ou elliptiques, ou oblongues, ou lancéolées-
oblongues, acuminées, plus ou moins pubescentes (du moins aux
bords; quelquefois presque cotonneuses en dessous), glandulifères en dessous, discolores; base cunéiforme, ou arrondie, ou
cordiforme. Fleurs axillaires. — *Feurs mâles* : Calice campanulé, 4-fide, 1 fois plus court que le tube de la corolle. Tube
de la corolle ovoïde, 4-gone; lobes courts, ovales-orbiculaires,
obtus. Étamines un peu saillantes. — *Fleurs femelles* : Calice
grand, coriace, rotacé, profondément 4-fide; tube court, turbiné; lobes subcordiformes, acuminés, presque étalés, convexes
en dessus, concaves en dessous. Corolle profondément 4-fide;
tube ovoïde, presque aussi long que le calice; lobes ovales ou
ovales-elliptiques, très-obtus, aussi longs ou un peu plus longs
que le tube. Baie subglobuleuse. Graines elliptiques, submarginées, rectilignes au bord antérieur.

 Arbre atteignant 40 à 60 pieds de haut. Tête arrondie. Tronc
atteignant 2 pieds de diamètre; écorce finalement rimeuse.
Branches très-rameuses : les inférieures réclinées; écorce brune,
verruqueuse. Ramules glabres, ou pubescents, ou cotonneux,
distiques, souvent réclinés. Feuilles longues de 2 à 6 pouces,
distiques, minces, d'un vert foncé et luisantes en dessus, glauques en dessous et ordinairement parsemées (surtout vers leur
sommet.) de quelques glandules sessiles; pétiole long de 6 à
15 lignes, grêle, ordinairement violet de même que la côte,
souvent cotonneux. *Fleurs mâles* en cymules subsessiles ou
courtement pédonculées, 3-flores, inclinées; pédicelles courts,
articulés aux 2 bouts. Calice long d'environ 2 lignes : lobes
dentiformes-triangulaires, ou linéaires-lancéolés, obtus, ou
pointus, presque dressés. Corolle longue d'environ 4 lignes, —

Fleurs femelles subsessiles : limbe calicinal large de 6 à 8
lignes. Corolle longue de 6 à 8 lignes. Anthères un peu saillantes, barbues. Style très-saillant. Baie 8-12-sperme, rougeâtre ou jaunâtre, du volume d'une Nèfle. Graines longues de
6 à 7 lignes, sur 4 à 5 lignes de large, brunes, un peu luisantes ;
tégument en général plus ou moins prolongé en rebord au delà
des 2 bouts de l'amande.

Cette espèce, qu'on cultive aussi comme arbre d'agrément,
croît aux États-Unis. Les fruits, arrivés à maturité parfaite,
deviennent d'une saveur assez agréable ; on les emploie, en
Amérique, à faire des conserves, des confitures, et des boissons
alcooliques. L'écorce, à raison de son astringence, s'emploie
parfois comme fébrifuge. Le bois est assez recherché pour la
menuiserie.

B. *Fleurs mâles* 16-30-*andres* (*ordinairement* 20-*andres*).

Plaqueminier Kaki. — *Diospyros Kaki* Linn. — *Kaki*
Kæmpf. Amœn. p. 805, fig. 6 et 7.

Petit arbre. Branches peu nombreuses, presque dressées.
Écorce assez lisse, d'un brun foncé. Jeunes pousses pubescentes
ou cotonneuses. Feuilles longues de 2 à 6 pouces, larges de
1 pouce à 4 pouces, pubescentes aux 2 faces (surtout étant
jeunes), plus ou moins acuminées, courtement pétiolées, distiques, ovales, ou elliptiques, ou obovales ; base arrondie, ou
cordiforme, ou cunéiforme. — *Fleurs mâles* axillaires et latérales (à la base des jeunes pousses), petites, jaunes. Pédoncules
3-flores, courts, velus, recourbés. Bractées petites, caduques.
Segments-calicinaux ovales, 1 fois plus courts que la corolle.
Corolle urcéolée : lobes suborbiculaires, échancrés. Anthères
sagittiformes, incluses.—*Fleurs fertiles* solitaires sur de courts
pédoncules inclinés. Calice et corolle comme ceux des fleurs
mâles, mais plus grands. Anthères barbues. Baie subglobuleuse, du volume d'une petite Orange, jaune à la maturité,
lisse : épicarpe ferme ; pulpe jaunâtre, abondante. Graines de
forme variable (du semi-orbiculaire au linéaire-oblong). Em-

bryon 1 fois plus court que le périsperme. (*Roxburgh, Flor. Ind.*)

Cette espèce, indigène du Japon et du Népaul, se cultive comme arbre fruitier dans ces contrées, ainsi qu'en Chine ; son fruit passe pour un aliment sain et d'une saveur très-agréable.

SECTION II. ESPÈCES DE L'ASIE ÉQUATORIALE.

PLAQUEMINIER ÉBÉNIER. — *Diospyros Ebenum* Linn. fil.

Feuilles courtement pétiolées, distiques, oblongues, luisantes. Fleurs mâles subicosandres, disposées en grappes. Fleurs femelles octandres. Style indivisé, terminé par un stigmate 4-fide. (*Roxburgh, Flor. Ind.* ed. 2, vol. 2, p. 529.) — Grand arbre, glabre sur toutes ses parties. Bois compacte, noir au centre.

Cette espèce croît dans l'Inde ; c'est, suivant Kœnig et Thunberg, l'une de celles qui fournissent l'ébène du commerce.

PLAQUEMINIER ÉBÉNASTRE. — *Diospyros Ebenaster* Willd. — Roxb. Flor. Ind. ed. 2, vol. 2, p. 529.

Grand arbre. Feuilles longues de 2 à 4 pouces, courtement pétiolées, distiques, oblongues, fermes, glabres aux 2 faces. — *Fleurs mâles :* Pédoncules axillaires, inclinés, multiflores. Corolle infondibuliforme ; tube un peu ventru, beaucoup plus long que le calice ; limbe 4-parti. Étamines en nombre indéfini, insérées à la base du tube de la corolle. — *Fleurs fertiles* 8-andres, axillaires, subsessiles. Corolle à tube cylindrique, à peu près aussi long que le calice; limbe 4-parti. Filets très-courts. Baie subglobuleuse, succulente, jaune étant mûre, 8-loculaire, du volume d'une grosse Cerise. Graines semi-ovales, d'un brun pâle. (*Roxburgh, l. c.*)

Cette espèce croît à Ceylan. Son bois est absolument semblable à celui du véritable Ébénier (*Diospyros Ebenum* Linn.), et on ne l'en distingue pas dans le commerce.

PLAQUEMINIER A BOIS NOIR. — *Diospyros melanoxylon* Roxb. Plant. Corom. tab. 46; Flor. Ind. ed. 2, vol. 2, p. 531.

Feuilles subopposées, elliptiques-oblongues, ou oblongues, obtuses, velues. Fleurs mâles au nombre de 3 à 6 sur chaque pédoncule. Fleurs femelles subsessiles. Calice et corolle 5-fides. Styles 3 ou 4. Baie 8-sperme. — Grand arbre. Tronc assez droit, haut de 20 à 25 pieds, sur 8 à 10 pieds de circonférence. Écorce scabre ou rimeuse, un peu fongueuse, à couches alternativement grises et noires. Branches très-irrégulières, nombreuses, raides, formant une tête ample et touffue. Feuilles longues d'environ 4 pouces, sur 18 lignes de large, non-persistantes, obtuses, très-pubescentes étant jeunes. Pédoncules des fleurs mâles courts, solitaires; pédicelles courts, arqués, 1-bractéolés à la base, 2-bractéolés au sommet. Bractéoles petites. Étamines au nombre de 12 ou 13, insérées au réceptacle. Filets courts. Anthères linéaires. — *Fleurs femelles* un peu plus grandes que les fleurs mâles. Calice cotonneux, 1-bractéolé, toujours 5-fide. Étamines 10, courtes, insérées au réceptacle. Anthères petites. Styles 3, presque dressés. Stigmates bifides. Baie du volume d'une petite pomme, globuleuse, jaune, pulpeuse. Graines réniformes. (*Roxburgh*, *l. c.*)

Cette espèce croît à Ceylan et dans l'Inde; c'est l'une de celles qui fournissent le bois d'ébène. L'aubier de l'arbre est blanchâtre et peu durable. Le centre seulement des vieux troncs offre la couleur noire et la dureté caractéristiques du bois d'ébène. L'écorce est astringente et passe pour avoir des propriétés antidyssentériques. Le fruit a également une saveur astringente; néanmoins on le mange dans quelques contrées de l'Inde.

PLAQUEMINIER COTONNEUX. — *Diospyros tomentosa* Roxb. Flor. Ind. ed. 2, vol. 2, p. 532.

Feuilles opposées et alternes, elliptiques-oblongues, entières, pubescentes de même que toutes les autres parties herbacées. Fleurs mâles au nombre de trois sur chaque pédoncule : Calice et corolle ventrus, 4-dentés; étamines 12, insérées au réceptacle. *Fleurs femelles* solitaires : Calice et corolle 5-partis. Ovaire 5-loculaire. Baie souvent 5-sperme. — Grand arbre, assez semblable par le port au Cyprès commun. Tronc droit. Branches

dressées, élancées. Vieux bois noir et dur. Écorce profondément rimeuse, fongueuse. Feuilles longues de 4 à 6 pouces,
larges de 2 à 3 pouces, courtement pétiolées. *Fleurs mâles* petites, blanchâtres, portées sur des pédoncules recourbés et cotonneux. Calice cotonneux. Tube de la corolle pubescent; lobes
cordiformes, contournés, pubescents. Étamines environ 12, plus
courtes que le tube de la corolle. — *Fleurs femelles* axillaires,
subsessiles. Segments - calicinaux triangulaires, ondulés aux
bords. Tube de la corolle court, cylindrique, poilu. Étamines
nulles. Styles 2. Baie ovoïde, du volume d'un œuf de pigeon :
épicarpe dur, lisse, jaune à la maturité; chair jaune, pulpeuse.
(*Roxburgh, l. c.*)

Cette espèce, qui fournit également du bois d'ébène, croît au
Bengale. La pulpe de son fruit est mangeable.

PLAQUEMINIER RAMIFLORE. — *Diospyros ramiflora* Roxb.
Flor. Ind. ed. 2, vol. 2, p. 535.

Feuilles lancéolées, luisantes. Fleurs en fascicules raméaires.
Calice et corolle 5- ou 6-fides. Style 5- ou 6-fide. Baie 10-20-
sperme. — Grand arbre. Tronc droit. Branches nombreuses,
divergentes. Ramules alternes, distiques. Écorce lisse, d'un brun
verdâtre. Feuilles longues de 6 à 10 pouces, larges de 2 à 3
pouces, alternes-distiques, courtement pétiolées, pointues, subcoriaces, d'un vert foncé et luisantes aux 2 faces. Fleurs dioïques, naissant sur les vieilles branches. Fascicules petits, subsessiles. Pédoncules courts, épais, cotonneux de même que le
calice. Calice 5- ou 6-denté, 1 fois plus court que le tube
de la corolle. Corolle blanche, glabre : tube peu ventru; segments subréniformes, d'abord étalés, puis révolutés. Étamines
10 ou 12, insérées à la base du tube de la corolle. Anthères subsagittiformes. Style court. Stigmates subclaviformes, étalés. Baie
globuleuse, du volume d'une grosse Pomme, un peu scabre;
pulpe jaunâtre. Graines oblongues. (*Roxburgh, l. c.*)

Cette espèce croît dans les montagnes du Bengale; elle fleurit
en mars et en avril; le fruit, qui est mangeable, mais astringent, ne mûrit que l'année suivante. Le bois de cet arbre est
fort dur et recherché pour les constructions.

PLAQUEMINIER MONTICOLE.—*Diospyros montana* Roxb.
Plant. Corom. tab. 48.

Arbre de moyenne taille. Tronc tortueux, couvert d'une
écorce assez lisse, ferrugineuse. Feuilles alternes-distiques,
courtement pétiolées, elliptiques-oblongues, pointues, glabres
aux 2 faces, longues de 3 à 4 pouces, larges d'environ 2 pouces. Fleurs axillaires, nutantes.—*Fleurs mâles* fasciculées, petites, subsessiles, d'un blanc verdâtre. Bractées petites, elliptiques. Étamines insérées au fond du tube. — *Fleurs femelles*
courtement pédonculées, beaucoup plus grandes que les fleurs
mâles, mais du reste semblables à celles-ci. Étamines 4. Styles 4.
Stigmates 2-fides. Baie du volume d'une Cerise, finalement brunâtre. (*Roxburgh*, *l. c.*)

Cette espèce croît dans les montagnes de la côte de Malabar;
elle perd ses anciennes feuilles à l'époque où il en repousse de
nouvelles. Le bois de cet arbre, marbré de veines jaunes et
blanches, est solide et très-durable.

PLAQUEMINIER A BOIS VERDATRE. — *Diospyros chloroxylon*
Roxb. Plant. Corom. tab. 49.

Arbre de moyenne taille, ou buisson. Tronc irrégulier; écorce
scabre, ferrugineuse. Branches divergentes, subdistiques, souvent épineuses. Feuilles courtement pétiolées, alternes-distiques,
elliptiques-oblongues, très-cotonneuses en dessous, longues de
1 ¹/₂ pouce à 2 pouces, larges de 1 pouce. Fleurs axillaires. —
Fleurs mâles : Pédoncules courts, réclinés, subsexflores; fleurs
petites, blanches. Étamines ordinairement courtes, insérées au
fond de la corolle. — *Fleurs femelles* petites, blanches, 8-an-
dres; anthères cordiformes. Styles 4. Stigmates simples. Baie
2- ou 3-sperme, du volume d'une Cerise. (*Roxburgh*, *l. c.*)

Cette espèce croît au Malabar. Le bois des vieux arbres est
d'un jaune verdâtre, et très-dur; les habitants du pays l'emploient à toutes sortes d'usages économiques. Le fruit, étant
parfaitement mûr, a une saveur très-agréable, et peut être
mangé cru.

PLAQUEMINIER A FEUILLES CORDIFORMES. — *Diospyros cor-*
difolia Roxb. Plant. Corom. 1, tab. 50.

Grand arbre. Tronc irrégulier, couvert d'une écorce d'un
brun ferrugineux. Branches éparses, divergentes, très-épineuses
ainsi que le tronc. Épines éparses, très-grandes, fortes, souvent
rameuses. Feuilles alternes-distiques, courtement pétiolées, linéaires-oblongues, cordiformes à la base, légèrement cotonneuses,
longues d'environ 2 pouces, larges de 9 lignes. Fleurs axillaires.
— *Fleurs mâles* petites, blanches : pédoncules 3-flores, réclinés. Étamines 16, courtes, insérées à la base de la corolle. —
Fleurs femelles solitaires, 12-andres. Styles 4. Stigmates bifurqués. Baie globuleuse, 6-8-sperme, du volume d'une Pomme
sauvage. (*Roxburgh*, *l. c.*)

Cette espèce croît dans les montagnes du Malabar ; le bois des
vieux arbres est solide, durable, et d'une couleur noirâtre : les
habitants du pays l'emploient à quantité d'usages dans l'économie domestique.

PLAQUEMINIER GLUTINIFÈRE. — *Embryopteris glutinifera*
Willd. — Roxb. Plant. Corom. 1, tab. 70. — *Diospyros glu-*
tinosa Kœnig. — Roxb. Flor. Ind. ed. 2, vol. 2, p. 535. —
Panitsjika-marum Hort. Malab. 3, tab. 41.

Arbre de hauteur médiocre. Tronc droit. Écorce assez lisse,
d'un noir ferrugineux. Branches éparses, divergentes. Jeunes
pousses glabres. Feuilles longues de 6 pouces, larges de 2 pouces,
alternes-distiques, glabres, fermes, luisantes, persistantes,
linéaires-oblongues, pointues, les jeunes colorées de rouge et
accompagnées chacune d'une seule stipule caduque. Pédoncules
axillaires, solitaires : ceux des fleurs mâles 3-ou pluri-flores,
inclinés, arqués ; ceux des fleurs femelles 1-flores. *Feurs mâles*
pédicellées, petites. *Fleurs femelles* beaucoup plus grandes que
les fleurs mâles, 1-4-andres. Ovaire 8-loculaire. Styles 4, divergents. Stigmates ordinairement trifides. Baie globuleuse ; du
volume d'une Pomme, jaune à la maturité et couverte d'une
poussière ferrugineuse. Graines réniformes. (*Roxburgh*, *l. c.*)

Cet arbre croît dans les montagnes de l'Inde ; il fleurit en mars et en avril. La pulpe de son fruit est si visqueuse, qu'on s'en sert en guise de colle-forte; avant sa maturité, ce fruit abonde en tannin, et même à l'état de maturité parfaite, il reste toujours très-astringent.

SECTION III. ESPÈCES DE L'AFRIQUE ÉQUATORIALE.

PLAQUEMINIER A BILLES. — *Diospyros tesselaria* Poir. Encycl.

Arbre très-élevé; écorce noire. Feuilles coriaces, courtement pétiolées, ovales-oblongues, obtuses, d'un vert foncé et luisantes en dessus, d'un vert pâle en dessous, longues de 3 pouces, larges d'environ 2 pouces. Fleurs solitaires ou ternées, sessiles. Calice cupuliforme, 4-denté, couvert de poils roussâtres couchés; dents obtuses. Étamines au nombre de 8. Corolle 1 fois plus longue que le calice, soyeuse à la surface externe : lobes obtus. Stigmate subsessile, cotonneux, 4-fide. Baie ovale-oblongue, 8-loculaire, du volume d'un œuf de pigeon. (*Poiret, l. c.*)—Cette espèce croît à Madagascar.

PLAQUEMINIER MÉLANIDE. — *Diospyros melanida* Poir. Encycl.

Grand arbre, à écorce noirâtre. Bois noir au centre, blanchâtre à la circonférence, ou marbré de noir et de blanc. Feuilles de forme et de grandeur très-variables, suborbiculaires, ou ovales, quelquefois subcordiformes à la base, d'un blanc pâle ou grisâtre en dessous, souvent avec des nervures d'un pourpre noirâtre. Fruit sessile, de la grosseur d'une pomme d'api, ombiliqué au sommet, entouré jusqu'au tiers de sa hauteur par le calice en cupule à 4 lobes réfléchis. (*Poiret, l. c.*)— Cette espèce habite les montagnes de l'Ile-de-France.

PLAQUEMINIER PANACHÉ. — *Diospyros leucomelas* Poir. Encycl.

Grand arbre; écorce cendrée; bois ou tout à fait blanc, ou marbré de noir et de blanc, quelquefois un peu rougeâtre. Feuilles longues de 4 à 5 pouces, larges de 3 pouces, subsessiles, ovales-elliptiques, glabres aux 2 faces, coriaces, luisantes en dessus, plus pâles en dessous. Fruits sessiles, solitaires, très-glutineux, ovales-globuleux, enveloppés presque jusque vers leur milieu par le calice à 6 dents droites et courtes. (*Poiret, l. c.*) — Cette espèce croît à l'Ile-de-France.

Genre ROYÉNA. — *Royena* Linn.

Fleurs polygames. Calice ovoïde ou cupuliforme, 4-ou 5-denté, coriace, accrescent. Corolle subrotacée, profondément 4-ou 5-lobée; tube urcéolé; segments révolutés lors de l'épanouissement. — *Fleurs mâles :* Étamines en nombre double ou quadruple des lobes de la corolle, insérées au fond du tube, conformées et disposées comme celles des *Plaqueminiers.* Point de pistil. — *Fleurs femelles :* Étamines nulles. Ovaire 4-loculaire; loges 1-ovulées. Style bifide ou biparti. Stigmates crénelés ou tronqués, dilatés. *Fleurs hermaphrodites :* Étamines en nombre double des lobes de la corolle. Pistil comme celui des fleurs femelles. Baie presque sèche, 4-loculaire, ou par avortement 1-3-loculaire, complétement recouverte par le calice très-amplifié, bouffi, fermé au sommet; loges 1-spermes. Graines plano-convexes, ou subtrigones, ou cylindriques, grosses, obliquement 2-sulquées.

Arbres ou arbrisseaux. Feuilles coriaces, éparses, très-entières, courtement pétiolées. Pédoncules solitaires, axillaires, ou latéraux, 1-flores, plus ou moins inclinés. Fleurs de grandeur médiocre, nutantes. Calice cotonneux à la surface externe.

Ce genre appartient à l'Afrique australe; les espèces suivantes se cultivent comme arbrisseaux d'ornement de serre tempérée.

Royéna velu. — *Royenâ pubescens* Willd. Enum. — Bot. Reg. tab. 500. — *Royena hirsuta* Jacq. (non Linn.) Coll. Suppl. 1, tab. 13, fig. 1.

Feuilles ovales, ou elliptiques, ou oblongues, pointues, ou

obtuses, ordinairement cordiformes à la base , velues en dessous et aux bords. Pédoncules axillaires et latéraux (sur les jeunes pousses), cotonneux, beaucoup plus courts que les feuilles. Calice ovoïde , 4-ou-5-denté , aussi long que le tube de la corolle : le fructifère très-grand, globuleux de même que la baie. Graines trigones ou plano-convexes. — Arbrisseau très-rameux, haut de 6 à 10 pieds. Ramules et jeunes pousses cotonneux. Feuilles longues de 6 à 18 lignes, très-fermes, glabres (d'un vert foncé et luisantes) en dessus. Pédoncules longs de 4 à 6 lignes, épaissis au sommet. Calice (à l'époque de la floraison) long d'environ 2 lignes ; dents courtes , séparées par de larges sinus arrondis. Corolle blanchâtre , satinée ; segments ovales , très-obtus , à peu près aussi longs que le tube. Étamines incluses. Ovaire 4-loculaire. Style bifide. Calice-fructifère incliné, verdâtre, coriace, pubérule, du volume d'une grosse Cerise. Baie 1-4-sperme, rougeâtre : épicarpe fragile. Graines rougeâtres, du volume d'un grain de Café.

ROYÉNA LUISANT. — *Royena lucida* Linn. — Desfont. in Ann. du Mus. vol. 6, tab. 62, fig. 3. — Lamk. Ill. tab. 370, fig. 1.

Feuilles elliptiques, ou oblongues, ou lancéolées-oblongues, subacuminées , ou obtuses, pubérules aux 2 faces, un peu scabres en dessus. Calice cupuliforme, 5-denticulé, plus court que le tube de la corolle. — Arbrisseau haut de 12 à 15 pieds, à cime arrondie. Feuilles luisantes et d'un vert foncé en dessus, longues de 6 à 18 lignes. Pédoncules presque aussi longs que les feuilles , latéraux (sur les jeunes pousses), cotonneux , épaissis au sommet. Calice (à l'époque de la floraison) large d'environ 2 lignes. Corolle comme celle de l'espèce précédente. Baie rouge , lisse , oblongue.

ROYÉNA GLABRE.—*Royena glabra* Linn.—Commel. Hort. 1, tab. 65.

Feuilles lancéolées, ou lancéolées-oblongues, pointues, glabres. Calice profondément denté , plus long que le tube de la corolle.

Baie globuleuse. — Arbrisseau haut de 5 à 6 pieds. Tiges droites. Rameaux épars, effilés, velus. Feuilles subsessiles, de la forme et de la grandeur de celles du Buis. Fleurs blanchâtres, assez nombreuses, axillaires, courtement pétiolées, pubescentes. Dents calicinales lancéolées-subulées, droites. Lobes de la corolle ovales-oblongs, obtus. Baie petite, pourpre.

CENT CINQUANTE-TROISIÈME FAMILLE.

LES STYRACÉES. — *STYRACEÆ*.

Guajacanarum sectio II , Juss. Gen. — *Symploceæ* Juss. in Ann. du
Mus. — *Styraceæ* Rich. Anal. du fruit. — Bartl. Ord. Nat. p. 159. —
Martius , Nov. Gen. et Spec. 2, p. 118. — Lindl. Nat. Syst. p. 227. —
Symplocineæ et *Halesiaceæ* Don. — *Sapotearum* sectio, Reichenb. Syst.
Nat. p. 214.

Ce petit groupe, que plusieurs auteurs réunissent
(peut-être à plus juste titre) aux Ébénacées, se compose
de végétaux la plupart exotiques, et dont plusieurs sont
remarquables soit par des propriétés médicales, soit par
la beauté de leurs fleurs.

Caractères de la Famille.

Arbres ou *arbrisseaux*, non-lactescents. Rameaux cylindriques ou subcylindriques.

Feuilles éparses, simples, indivisées (souvent très-
entières), non-stipulées, courtement pétiolées.

Fleurs axillaires ou terminales, hermaphrodites, régulières.

Calice adhérent (en général presque jusqu'au sommet);
limbe 3-8-lobé, ou denté, persistant.

Corolle périgyne, insérée à la gorge du calice, non-
persistante, plus ou moins profondément 3-7-lobée, ou
moins souvent de 4 pétales distincts ; estivation imbricative ou valvaire.

Étamines en nombre soit défini (double, triple, ou
quadruple des lobes de la corolle ; ou très-rarement en

même nombre que les lobes de la corolle), soit indéfini, insérées au tube de la corolle ou au réceptacle. Filets filiformes, en général monadelphes par leur base (rarement pentadelphes). Anthères adnées, dithèques, introrses : bourses déhiscentes chacune par une fente longitudinale.

Pistil : Ovaire adhérent (en général presque jusqu'au sommet), 3-5-loculaire ; loges 4-ovulées (moins souvent pluri-ovulées, ou 1-ovulées) ; ovules anatropes, attachés à l'angle interne des loges, suspendus (étant solitaires), ou (lorsque les loges sont 4-ou pluri-ovulées) les uns suspendus, les autres renversés. Style indivisé, rectiligne. Stigmate entier ou lobé, terminal.

Péricarpe drupacé ou baccien, souvent 1-loculaire par l'oblitération des cloisons ; loges 1-spermes.

Graines suspendues ou renversées ; tégument membranacé ou osseux ; périsperme charnu, ordinairement huileux. Embryon rectiligne, axile, en général aussi long que le périsperme ; cotylédons petits, foliacés ; radicule supère ou infère, allongée, cylindracée, appointante.

Cette famille comprend les genres suivants :

Symplocos Linn. (Alstonia Mutis, nec R. Br. Ciponima Aubl.) — *Hopea* Linn. — *Schœpfia* Schreb. (Codonia Vahl. Hænckea Ruiz et Pavon. — ? Diacæcarpium Blum.) — *Morelosia* Llav. et Lexarz. — *Styrax* Tourn. (Lithocarpus Blum.) — *Strigilia* Cavan. (Foveolaria Ruiz et Pav. Tremanthus Pers. Cypellium Desv. Trichogamila P. Browne.) — *Diclidanthera* Martius. — ? *Thuraria* Molin. — ? *Cyrta* Loureir. — ? *Decadia* Lour. — *Halesia* Ellis.

GENRES VOISINS DES STYRACÉES.

Asteranthos Desfont. — *Napoleona* Pal. Beauv. (Belvisia Desv.) (1).

Genre SYMPLOQUE. — *Symplocos* Linn.

Tube-calicinal adhérent; limbe 5-parti. Corolle périgyne, rotacée, profondément 5-fide : segments étalés. Étamines en nombre triple ou quadruple des lobes de la corolle, insérées vers la base du tube, 3-ou 4-sériées; filets monadelphes par la base, cuspidés au sommet; anthères suborbiculaires ou elliptiques, dressées. Ovaire infère, ou semi-infère, 3-5-loculaire ; loges 4-ovulées; ovules anatropes, bisériés, superposés, attachés à l'angle interne des loges : les 2 supérieurs horizontaux ; les 2 inférieurs suspendus. Style filiforme, indivisé. Stigmate subcapitellé, 3-5-lobé. Drupe charnu, à noyau 1-5-loculaire; loges 1-spermes.

Arbres (de la zone équatoriale). Feuilles dentelées ou crénelées, éparses. Fleurs solitaires, ou glomérulées, ou en grappes, sessiles, ou pédonculées, axillaires. Calice accompagné d'un calicule de plusieurs bractées imbriquées. Corolle blanche ou rouge. Périsperme charnu. Embryon cylindracé : cotylédons très-courts, divariqués ; radicule allongée. — La plupart des espèces de ce genre paraissent posséder des propriétés tinctoriales.

SYMPLOQUE A GRAPPES. — *Symplocos racemosa* Roxb. Flor. Ind. ed. 2, vol. 2, p. 539.

Petit arbre, haut de 12 à 20 pieds; tronc atteignant environ 20 pouces de circonférence. Écorce ferme, charnue, d'un jaune pâle, recouverte d'un épiderme un peu scabre, spongieux, fria-

---

(1) M. R. Brown considère ces deux genres comme devant constituer une famille à part : *les Belvisiées.*

ble, grisâtre. Feuilles longues de 2 à 6 pouces, larges de 12 à
18 lignes, alternes, courtement pétiolées, ovales, ou ovales-
oblongues, ou lancéolées-oblongues, dentelées, glabres, coriaces.
Grappes axillaires et terminales, solitaires, en général simples,
plus courtes que les feuilles, multiflores. Fleurs petites, rapprochées, courtement pédicellées, d'un jaune vif. Pédicelles
1-bractéolés à la base, 2-bractéolés au sommet. Bractéoles petites, ovales, velues : la basilaire plus grande que les autres.
Limbe calicinal 5-parti, persistant : segments ovales ou ovales-
orbiculaires, obtus. Corolle à segments elliptiques, concaves,
3 fois au moins plus longs que le calice. Filets aussi longs que
la corolle. Anthères petites, bilobées. Ovaire turbiné : loges 2-4-
ovulées. Style plus court que les étamines. Stigmate 3-lobé.
Drupe oblong, glabre, couronné, pourpré à la maturité; pulpe
peu abondante, pourpre; noyau conforme, 3-loculaire; loges en
général 1-spermes. Embryon cylindrique : cotylédons petits,
oblongs; radicule supère, 3 ou 4 fois plus longue que les cotylédons. (*Roxburgh, l. c.*)

Cette espèce croît au Bengale; elle fleurit en décembre; le
fruit mûrit en mai. Les teinturiers hindous emploient l'écorce de
cet arbre, conjointement avec la garance, pour teindre en rouge;
mais Roxburgh pense que cette écorce ne sert que de mordant.

SYMPLOQUE A ÉPIS. — *Symplocos spicata* Roxb. Flor. Ind.
ed. 2, vol. 2, p. 541.

Arbre de moyenne taille. Jeunes pousses droites, lisses, glabres. Feuilles longues de 4 à 6 pouces, larges d'environ 18 lignes, alternes, courtement pétiolées, oblongues, ou lancéolées-
oblongues, acuminées, dentelées, glabres, coriaces. Épis axillaires, solitaires, paniculés, à peine de moitié aussi longs que
les feuilles. Fleurs petites, nombreuses, éparses, jaunes, 3-brac-
téolées. Bractées arrondies, concaves, ciliées, embrassantes.
Limbe-calicinal 5-parti : segments oblongs. Étamines environ 40,
2 fois plus longues que la corolle. Anthères 2-lobées. Ovaire à
loges 3-ou 4-ovulées. Style aussi long que les filets. Stigmate
grand, perforé. Drupe du volume d'un Pois, urcéolé, 12-costé,

couleur d'olive; noyau dur, épais, 1-loculaire. Embryon arqué, plus court que le périsperme : cotylédons semi-cylindriques; radicule beaucoup plus longue que les cotylédons. (*Roxburgh*, *l. c.*)

Cette espèce croît au Silhet. Les Hindous ont coutume de faire des colliers avec ses fruits; ils s'imaginent que ces colliers préservent de tout mal ceux qui les portent.

Genre HOPÉA. — *Hopéa* Linn.

Calice campanulé, 5-fide, adhérent inférieurement. Pétales 5, périgynes, libres, beaucoup plus longs que le calice. Étamines nombreuses, périgynes, pentadelphes : androphores 5-7-andres, alternes avec les pétales. Ovaire semi-supère, 3-loculaire. Style indivisé, persistant, épaissi au sommet. Stigmate capitellé. Drupe presque sec, oblong, 1-pyrène, couronné par le calice; noyau 1-3-loculaire.

Arbre. Feuilles éparses, dentelées, rapprochées vers l'extrémité des ramules. Fleurs sessiles aux aisselles des anciennes feuilles, glomérulées, précoces. Calice accompagné d'un calicule de 4 ou 6 bractéoles imbriquées. Pétales jaunes.

Hopéa tinctorial. — *Hopea tinctoria* Linn. — Catesb. Carol. 1, tab. 54. — *Symplocos tinctoria* Willd.

Arbre haut de 15 à 20 pieds, ou arbrisseau. Tronc dressé. Branches étalées, lisses, ordinairement trichotomes. Feuilles d'un vert jaunâtre, lancéolées ou ovales-lancéolées, acuminées, dentelées, lisses et luisantes en dessus, un peu glauques et pubescentes en dessous; pétiole long d'environ 6 lignes. Fleurs fasciculées au nombre de 6 à 14. Pétales elliptiques-oblongs, 5 fois plus longs que le calice. Étamines à filets plus longs que la corolle. Style aussi long que les étamines. Fruit du volume et de la forme d'une Olive, violet à la maturité.

Cet arbre abonde dans le midi des États-Unis, dans les ter-

rains humides. Il fleurit en mars. Ses feuilles donnent une
teinture jaune ; elles ont une saveur très-douce, et le bétail ainsi
que les chevaux les recherchent avec avidité en hiver.

Genre ALIBOUFIER. — *Styrax* Tourn.

Calice cupuliforme ou campanulé, irrégulièrement 5-7-
denticulé, inadhérent, persistant. Corolle subinfondibuliforme, profondément 5-7-fide, insérée au fond du calice ;
estivation subvalvaire. Étamines conniventes, insérées à la
gorge de la corolle, en nombre double des lobes ; filets
monadelphes par leur base, filiformes, isomètres ; anthères
introrses, adnées, dressées, sublinéaires, arquées après
l'anthèse. Ovaire 3-loculaire ; loges pluri-ovulées ; ovules
anatropes, 2-sériés, attachés à l'angle interne des loges :
les inférieurs renversés ou horizontaux ; les supérieurs suspendus. Style filiforme, indivisé, tronqué. Stigmate inapparent. Capsule coriace, irrégulièrement 3-valve au sommet, par avortement 1-loculaire et 1-3-sperme. Graines
subglobuleuses (étant solitaires), ou plano-convexes, ou trigones (convexes au dos, carénées antérieurement), attachées
au fond du péricarpe (1) ; tégument osseux, lisse, très-
épais, marqué de sillons longitudinaux convergents aux 2
bouts ; périsperme obové, charnu, huileux ; cotylédons elliptiques, foliacés ; radicule cylindrique, allongée, infère.

Arbrisseaux. Ramules florifères en général courts, quelquefois subaphylles, naissant des bourgeons de l'année
précédente (ordinairement tout le long des rameaux).
Feuilles très-entières ou dentelées, éparses, non-persistantes. Grappes latérales, ou terminales, ou oppositifoliées,
feuillées, ou aphylles, lâches, solitaires, en général pauci-

----

(1) A côté de la graine fertile, on retrouve les ovules avortés, ainsi
que les restes des cloisons de l'ovaire ; le péricarpe des *Styrax* n'est donc
point un drupe à noyau osseux, ainsi que l'avancent à tort beaucoup
d'auteurs.

flores. Pédicelles et pédoncules plus ou moins inclinés. Fleurs blanches, assez grandes, odorantes. Surface inférieure des feuilles, pédoncules, pédicelles, surface externe des calices, des corolles et des étamines le plus souvent couverts d'une pubescence étoilée.

A. *Pédicelles disposés en grappe subcorymbiforme, courtement pédonculée, aphylle.*

ALIBOUFIER OFFICINAL. — *Styrax officinalis* Linn. — Cavan. Diss. tab. 188, fig. 2. — Gærtn. Fruct. tab. 59.—Flor. Græc. tab. 375. — Duham. ed. nov. vol. 7, tab. 4. — Andr. Bot. Rep. tab. 631. — Bot. Cab. tab. 928.

Feuilles ovales, ou elliptiques, ou obovales, ou oblongues, ou suborbiculaires, obtuses, ou subobtuses, très-entières, pubérules en dessus, cotonneuses en dessous. Grappes 3-6-flores, d'abord terminales, plus tard oppositifoliées (par l'allongement ultérieur des ramules).—Buisson ou petit arbre, atteignant 15 à 25 pieds de haut. Rameaux grêles, un peu flexueux, lisses, bruns. Jeunes pousses cotonneuses. Feuilles assez semblables à celles du Coignassier, longues de 1 pouce à 3 pouces, minces, d'un vert foncé en dessus, blanchâtres en dessous, à base tantôt cunéiforme, tantôt arrondie, tantôt subcordiforme; pétiole grêle, long de 3 à 6 lignes. Pédicelles longs de 3 à 6 lignes, cotonneux (de même que le pédoncule, la surface externe du calice et de la corolle, les filets et le pistil), filiformes, 1-bractéolés à la base : les fructifères réclinés, épaissis au sommet. Bractées foliacées, cotonneuses, beaucoup plus courtes que les pédicelles. Fleurs semblables à celles de l'Oranger. Calice long d'environ 2 lignes, cupuliforme, tronqué, ou plus ou moins distinctement 5-7-denticulé. Corolle 5-7-fide, longue de 6 à 8 lignes; tube un peu plus court que le calice; segments oblongs, obtus, ou subacuminés. Étamines presque aussi longues que la corolle; anthères jaunes, obtuses, à peu près aussi longues que les filets. Style débordant les étamines. Capsule subglobuleuse, du volume d'une Cerise, cotonneuse-incane, 1-3-sperme (ordinairement

1-sperme), remplie par les graines. Graines grosses, d'un brun rougeâtre.

Cette espèce croît dans la région méditerranéenne; dans le midi de la France on la nomme *Aliboufier*, ou *Aligoufier;* elle fleurit au commencement de l'été. En Orient, il découle de cet arbrisseau une substance résineuse et balsamique, qui se condense au contact de l'air, et qui n'est autre chose que le *Styrax* ou *Storax* du commerce; cette substance, déjà connue des anciens, s'emploie en parfumerie et en thérapeutique. L'amande de la graine de l'Aliboufier est très-huileuse, odorante, d'une saveur âcre et amère. Cet arbrisseau mérite d'être cultivé à cause de la beauté et du parfum de ses fleurs, mais il résiste assez difficilement aux hivers du nord de la France.

B. *Pédicelles axillaires, disposés en grappe feuillée, très-lâche, subunilatérale.*

Aliboufier pulvérulent.—*Styrax pulverulentum* Michx. Flor. Bor. Amer. — Wats. Dendr. Brit. tab. 41. — *Styrax glabrum* Bot. Mag. tab. 921. (non Michx.)

Feuilles elliptiques, ou obovales, ou lancéolées-obovales, acuminées, acérées, inégalement denticulées ou sinuolées-dentelées, cunéiformes et entières vers leur base : les adultes glabrescentes. — Arbrisseau haut de 4 à 8 pieds. Branches diffuses ou étalées, grêles, plus ou moins flexueuses. Ramules-florifères courts, effilés, ou subfiliformes, 2-6-flores. Feuilles longues de 1 pouce à 3 pouces, minces, subsessiles : les jeunes cotonneuses-incanes aux 2 faces; les adultes glabres et d'un vert foncé en dessus, légèrement pubescentes en dessous. Grappes lâches, pauciflores. Pédicelles longs de 2 à 3 lignes, ébractéolés. Fleurs semblables à celles de l'espèce précédente, mais de moitié plus petites, ordinairement 6-fides et 12-andres. Filets cotonneux vers leur base.

Cette espèce croît dans les provinces méridionales des États-Unis; on la cultive comme arbrisseau d'ornement.

Aliboufier lisse. — *Styrax lœve* Walt. Flor. Carol. —

Styrax glabrum Michx. Flor. Bor. Amer. (non Bot. Mag.)—
Cavan. Diss. tab. 188, fig. 2. — Wats. Dendr. Brit. tab. 4o.
— *Styrax americanum* Lamk. — *Styrax lævigatum* Willd.
—*Styrax octandrum* L'hérit. Stirp. 2, tab. 17.

Feuilles lancéolées, ou lancéolées-elliptiques, ou lancéolées-
oblongues, denticulées, pointues, glabres. — Arbrisseau haut de
4 à 8 pieds. Jeunes pousses glabres, ponctuées. Feuilles longues de 1 pouce à 3 pouces, minces, d'un vert foncé en dessus,
d'un vert pâle en dessous. Ramules-florifères effilés, longs de 3
à 5 pouces, 3-5-flores. Grappe très-lâche. Pédicelles longs
de 3 à 4 lignes. Fleurs 3-5-fides, 6-10-andres. Calice petit, glabre. Corolle soyeuse à la surface externe; tube un peu
plus court que le calice; segments oblongs-linéaires, obtus, ou
échancrés, longs d'environ 6 lignes. Étamines un peu plus
courtes que la corolle; filets pubescents à la base; anthères aussi
longues que les filets. Pistil un peu plus long que les étamines.

Cette espèce habite les mêmes contrées que la précédente;
elle croît dans les localités humides, et fleurit en été.

ALIBOUFIER A GRANDES FEUILLES. — *Styrax grandifolium*
Willd. — Wats. Dendr. Brit. tab. 129. — *Styrax grandiflorum* Michx. Flor. Bor. Amer.

Feuilles elliptiques ou obovales, obtuses, ou subacuminées,
subdenticulées, glabres en dessus, pubescentes en dessous. —
Arbrisseau haut de 5 à 12 pieds. Branches divergentes ou étalées. Jeunes pousses pubérules. Feuilles longues de 2 à 4 pouces, d'un vert foncé en dessus, d'un vert pâle en dessous. Ramules-florifères en général courts, pauciflores. Pédicelles à peu
près aussi longs que les fleurs, 2-bractéolés à la base; bractéoles
petites, subulées. Calice campanulé, pubérule, long d'environ
2 lignes. Corolle de la grandeur de celle du *Styrax officinale*.

Cette espèce habite les mêmes contrées que les 2 précédentes.

ALIBOUFIER BENJOIN.— *Styrax Benzoin* Dryand. in Philos.
Trans. v. 77, p. 3o8, tab. 12.

Arbre à feuilles oblongues, ou ovales-oblongues, acuminées,

très-entières, cotonneuses en dessous. Grappes axillaires, paniculées, aussi longues que les feuilles.

Cette espèce, fort incomplétement connue, croît à Java et à
Sumatra; c'est d'elle que provient la résine odorante connue
sous le nom de *benjoin*.

Genre HALÉSIA. — *Halesia* Ellis.

Calice petit, turbiné, 4-denticulé, adhérent presque
jusqu'au sommet. Disque mince, peu apparent, périgyne,
adné à la gorge du calice. Corolle infondibuliforme et 4-
lobée, ou de 4 pétales distincts, insérée au disque. Étamines 8, insérées au disque; filets monadelphes par la base
ou jusque vers le milieu, filiformes, isomètres; anthères
linéaires-oblongues, adnées, introrses, apiculées. Ovaire
4-loculaire, adhérent presque jusqu'au sommet; loges
4-ovulées; placentaire central, épaissi et tétragone au milieu, rétréci et inovulé aux 2 bouts; ovules anatropes, su-
perposés-bisériés : les 2 supérieurs renversés; les 2 inférieurs suspendus. Style continu avec l'ovaire, subrectiligne,
filiforme, épaissi à la base. Stigmate petit, terminal, concave,
très-entier. Noix 2-ou 4-ptère, subéreuse, évalve, cuspidée par la base du style, par avortement 1-ou 2-loculaire;
loges 1-spermes; cloison et endocarpe osseux. Graines subcylindracées; tégument mince, inadhérent; embryon aussi
long que le périsperme; cotylédons linéaires-oblongs, subfoliacés; radicule supère ou infère, allongée, cylindracée.

Petits arbres. Feuilles dentelées ou denticulées, pétiolées, éparses, non-persistantes. Fleurs fasciculées, ou en
grappes subcorymbiformes, latérales (naissant de bourgeons aphylles, le long des ramules de l'année précédente);
pédicelles pendants, ébractéolés, ou bractéolés. Corolle
grande, blanche.

A. *Corolle infondibuliforme, 4-lobée. Étamines 10 à 16 (ordinairement 12)!; filets monadelphes par leur base. Noix tétraptère. Fleurs fasciculées ; pédicelles ébractéolés.*

HALÉSIA TÉTRAPTÈRE. — *Halesia tetraptera* Linn. — Bot. Mag. tab. 910. — Cavan. Diss. tab. 186. — Guimp. et Hayne, Fremd. Holz. tab. 25.

Buisson, ou arbre haut de 10 à 12 pieds. Écorce lisse, striée. Rameaux étalés. Jeunes pousses couvertes d'une pubescence étoilée. Feuilles ovales, ou elliptiques, ou obovales, ou oblongues, dentelées, ou denticulées, acuminées, acérées, arrondies ou cunéiformes à la base, d'un vert foncé et glabres en dessus, d'un vert pâle et plus ou moins pubérules en dessous, minces, longues de 2 à 4 pouces ; pétiole grêle, long de 3 à 5 lignes. Fascicules 2-5-flores. Pédicelles longs de 3 à 6 lignes, filiformes, pubescents, épaissis au sommet. Calice long de 1 ligne, pubescent ; dents minimes. Corolle longue de près de 1 pouce : lobes obovales, obtus, plus courts que le tube, presque dressés. Étamines conniventes, un peu plus courtes que la corolle ; filets blancs ; anthères jaunes. Style rougeâtre, débordant la corolle. Noix longue d'environ 1 pouce, obovée, tétragone, plus ou moins longuement rostrée, ordinairement 3-costée sur chaque face ; angles ailés : ailes subcoriaces, opaques, alternativement plus larges et plus étroites.

Cette espèce, indigène des États-Unis, se cultive comme arbre d'ornement ; elle fleurit en mai.

B. *Corolle de 4 pétales distincts. Etamines 8 ou rarement 10; filets monadelphes jusque vers leur milieu. Noix diptère. Fleurs en grappes subcorymbiformes ; pédicelles 3-bractéolés : la bractée basilaire foliacée.*

HALÉSIA DIPTÈRE. — *Halesia diptera* Willd.—Lodd. Bot. Cab. tab. 1172.

Arbre ayant le port de l'espèce précédente. Jeunes pousses ,

jeunes feuilles, pédoncules et calices couverts d'une pubescence
étoilée. Feuilles elliptiques ou obovales, acuminées-cuspidées,
sinuolées-denticulées, à base tantôt arrondie, tantôt cunéiforme,
longues de 3 à 6 pouces, larges de 2 à 5 pouces, d'un vert foncé
en dessus, d'un vert pâle ou un peu glauque en dessous : les
adultes glabres; pétiole grêle, long d'environ 6 lignes. Grappes
3-7-flores, pendantes. Pédicelles longs de 3 à 12 lignes, filiformes, épaissis au sommet, 1-bractéolés à la base, 2-bractéolés au-
dessus de la base. Bractées-basilaires ovales ou obovales, obtuses, très-entières, souvent plus longues que les pédicelles;
bractéoles opposées ou alternes, minimes. Tube-calicinal long de
2 à 3 lignes, 8-costé; dents linéaires-lancéolées, pointues, dressées, très-apparentes. Pétales longs d'environ 10 lignes, oblongs,
ou obovales-oblongs, obtus, inonguiculés, à peine divergents.
Étamines d'un tiers plus courtes que les pétales, conniventes;
filets pubescents, blanchâtres; anthères courtes, jaunes, à peine
plus larges que les filets. Style débordant les étamines, velu presque jusqu'au sommet. Noix longue de 15 à 20 lignes, large de
8 à 12 lignes (y compris les ailes), elliptique, ou elliptique-
oblongue, arrondie à la base, rétuse et plus ou moins longuement rostrée au sommet, comprimée, carénée aux 2 faces, bordée d'une large aile opaque, subcoriace.

Cette espèce, qu'on cultive aussi comme arbre d'agrément,
croît dans les provinces méridionales des États-Unis; elle fleurit
en mai.

Genre NAPOLEONA. — *Napoleona* Pal. Beauv.

Tube-calicinal adhérent, urcéolé; limbe 5-parti. Corolle
double, épigyne : l'extérieure rotacée, légèrement crénelée,
40-nervée, plissée; l'intérieure moins grande, astériforme,
fendue jusqu'au milieu en 40 lanières linéaires, pointues.
Étamines au nombre de 10, pentadelphes, épigynes; androphores liguliformes, pétaloïdes, infléchis, tronqués et
2-anthérifères au sommet; anthères sessiles, ovales-oblongues. Ovaire 1-loculaire. Style court, cylindrique. Stig-

mate disciforme, 5-gone, 5-radié, recouvrant les anthères.
Baie sphérique, 1-loculaire, polysperme, couronnée par le
le limbe calicinal. Graines nidulantes dans une pulpe
charnue.

Arbrisseau. Feuilles alternes, courtement pétiolées,
très-entières, ou pauci-dentées au sommet. Fleurs sessiles,
éparses, latérales. Corolle bleue. Anthères violettes.

NAPOLÉONA IMPÉRIAL.—*Napoleona imperialis* Pal. Beauv.
Flore d'Owar. 2, tab. 78.

Arbrisseau atteignant 8 pieds de haut; rameaux alternes, divergents; écorce rougeâtre. Feuilles glabres (de même que
toutes les autres parties de la plante), oblongues, acuminées-
cuspidées (à pointe obtuse), longues de 3 à 5 pouces. Fleurs
solitaires et subfasciculées, raméaires, naissant de bourgeons
écailleux. Calice court : lobes ovales-lancéolés, acuminés. Corolle extérieure de 2 pouces de diamètre; corolle intérieure un
peu moins large. Androphores formant une petite couronne d'un
demi-pouce de diamètre. Stigmate bleu.

Cet arbrisseau, remarquable par la singulière structure de ses
fleurs, a été d'abord observé par Palisot de Beauvois dans le
pays d'Oware, et récemment retrouvé en Sénégambie par
M. Heudelot.

Genre ASTÉRANTHE. — *Asteranthus* Desfont.

Calice à tube très-court, turbiné, adhérent; limbe campanulé, évasé, multi-denté. Corolle (campanulée et plissée
en préfloraison) épigyne, rotacée, multi-nervée; tube très-
court; limbe presque plane, multi-denté. Étamines épigynes, très-nombreuses, pluri-sériées : les intérieures graduellement plus courtes; filets libres, grêles, élargis à la
base; anthères oblongues, obtuses. Ovaire infère. Style
conique, prolongé en 6 rayons sur le sommet de l'ovaire.
Stigmate à 6 lobes échancrés, rayonnants. (Péricarpe et
graines inconnus.)

Arbrisseau. Feuilles alternes, très-entières, courtement pétiolées. Pédoncules axillaires, solitaires, 1-flores, ébractéolés.

Astéranthe du Brésil. — *Asteranthus brasiliensis* Desfont. in Mém. du Mus. vol. 6, p. 10, tab. 3.

Rameaux alternes, redressés. Feuilles longues de 2 à 3 pouces, glabres, lisses, ovales-lancéolées, acuminées, subobtuses. Pédoncules grêles, longs d'environ 6 lignes. Calice glabre, de 6 lignes de diamètre : dents obtuses ou pointues, souvent terminées par une sétule glandulifère. Corolle de 2 à 2 ½ pouces de diamètre ; limbe bordé de dents obtuses, ciliées, alternes par paires avec une forte nervure penniveinée.

LES ÉRICINÉES.

ERICINEÆ Bartl.

CARACTÈRES.

Arbres, ou *arbrisseaux*, ou *sous-arbrisseaux*, ou rarement *herbes*; sucs-propres non-lactescents. Rameaux épars ou subverticillés, cylindriques, ou irrégulièrement anguleux.

Feuilles éparses, ou verticillées, ou rarement opposées, simples, indivisées (en général très-entières), non-stipulées, souvent coriaces.

Fleurs hermaphrodites ou rarement unisexuelles, axillaires, ou terminales, ou latérales, en général régulières.

Calice inadhérent ou moins souvent adhérent, plus ou moins profondément partagé en 4 ou 5 lobes, ou 4-5-denté, persistant; estivation imbricative.

Corolle hypogyne ou rarement périgyne, non-persistante, ou marcescente, plus ou moins profondément lobée ou dentée; lobes ou dents alternes avec ceux du calice; estivation imbricative, ou rarement valvaire.

Étamines hypogynes, ou périgynes, ou épigynes, ou insérées à la corolle, soit en même nombre que les lobes de la corolle et interposées, soit en nombre double des lobes de la corolle. Filets libres. Anthères dithèques (à bourses juxtaposées, souvent appendiculées), ou monothèques et inappendiculées.

Pistil : Ovaire 2-10-loculaire (ordinairement 4-ou 5-loculaire, à cloisons confluentes en axe central), ou rarement 1-loculaire : loges 1-pauci-ou pluri-ovulées ; ovules anatropes, suspendus, attachés à l'angle interne des loges. Style indivisé. Stigmate disciforme ou capitellé, terminal, très-entier, ou lobé.

Péricarpe drupacé, ou baccien, ou capsulaire; en général 4-ou 5-loculaire; loges 1-spermes, ou oligospermes, ou polyspermes.

Graines en général très-petites; périsperme charnu. Embryon rectiligne, axile : radicule appointante.

Cette classe comprend les *Épacridées*, les *Éricacées*, et les *Vacciniées*.

LES ÉPACRIDÉES. — *EPACRIDEÆ*.

Ericarum Genn. Juss. Gen. — *Epacrideæ* R. Br. Prodr. — Bartl. Ord, Nat. p. 157. — *Epacridaceæ* Lindl. Nat. Syst. p. 228. — *Plumbagineæ*, tribus III : *Epacrideæ* Reichenb. Syst. Nat. p. 205.

La plupart des Épacridées habitent la Nouvelle-Hollande ; aucune espèce n'est indigène de l'hémisphère septentrional ; beaucoup de ces végétaux sont remarquables par la beauté de leurs fleurs. Cette famille ne diffère essentiellement des Éricées que par la structure des anthères.

Caractères de la Famille.

Arbrisseaux, ou *sous-arbrisseaux*. Tiges et rameaux dépourvus de nœuds et d'articulations.

Feuilles alternes (par exception opposées), coriaces, en général très-entières, souvent sessiles et amplexatiles.

Fleurs hermaphrodites, ou par exception unisexuelles, solitaires-axillaires, ou terminales (soit en grappes, soit en épis), en général 2-ou pluri-bractéolées. Bractées en général de même consistance que le calice.

Calice inadhérent, persistant, 5-parti (par exception 4-parti), souvent coloré.

Corolle non-persistante ou marcescente, hypogyne, tubuleuse, ou campanulée, ou infondibuliforme, ou hypocratériforme, 5-lobée (par exception 4-lobée), ou quelquefois indivisée et se séparant en deux par une scission transversale circulaire; estivation valvaire ou imbricative.

Étamines en même nombre que les lobes de la corolle (rarement moins), interposées, hypogynes, ou insérées au tube de la corolle. Filets filiformes, ou subulés, ou linéaires, libres. Anthères monothèques, médifixes, inappendiculées, longitudinalement 2-valves.

Pistil : Ovaire inadhérent, 2-10-loculaire (par exception 1-loculaire), en général accompagné d'un disque cupuliforme, ou de 5 squamules soit distinctes, soit plus ou moins connées par leur base; loges 1-ou pluri-ovulées ; ovules suspendus ou horizontaux, anatropes, attachés à l'angle interne des loges. Style indivisé. Stigmate entier ou denté, terminal.

Péricarpe drupacé, ou baccien, ou capsulaire.

Graines à tégument membranacé ; raphé filiforme; périsperme charnu. Embryon rectiligne, axile, cylindrique, ordinairement presque aussi long que le périsperme ; cotylédons très-courts; radicule allongée, appointante.

La famille des Épacridées comprend les genres suivants :

SECTION I. **STYPHÉLIÉES.** — *Styphelieæ* Bartl.

Ovaire à loges 1-ovulées. Péricarpe indéhiscent. Corolle en général valvaire en préfloraison.

Conostephium Benth. — *Styphelia* Smith. — *Astroloma* R. Br. (Ventenatia Cavan.) — *Stenanthera* R. Br. — *Melichrus* R. Br. — *Cyathodes* R. Br. — *Lissanthe* R. Br. (Perojoa Cavan.) — *Leucopogon* R. Rr. — *Monotoca* R. Br. — *Acrotriche* R. Br. — *Trochocarpa* R. Br. — *Decaspora* R. Br. — *Pentachondra* R. Br. — *Needhamia* R. Br. — *Oligarrhena* R. Br.

Section II. **ÉPACRÉES.** — *Epacreæ* Bartl.

Ovaire à loges pluri-ovulées. Péricarpe capsulaire.

Epacris Smith. — *Lysinema* R. Br. — *Allodape* Endl. — *Prionotes* R. Br. — *Cosmelia* R. Br. — *Andersonia* R. Br. — *Ponceletia* R. Br. — *Sprengelia* Smith. (Poiretia Cavan.) — *Cystanthe* R. Br. — *Pilitis* Lindl. — *Richea* R. Br. — *Dracophyllum* Labill. (Epacris Forst.) — *Dacryanthus* Endl. — *Sphenotoma* R. Br.

Genre STYPHÉLIA. — *Styphelia* Smith.

Calice 5-parti, 4-ou pluri-bractéolé. Corolle longue, tubuleuse, 5-fide ; segments révolutés ; tube garni (en dedans) vers sa base de 5 faisceaux de poils alternes avec les segments du limbe. Étamines 5, longuement saillantes, insérées vers le milieu du tube de la corolle; filets filiformes ; anthères linéaires, incombantes. Cinq squamules hypogynes, distinctes ou moins souvent connées. Ovaire 5-loculaire; loges 1-ovulées ; ovules suspendus. Style indivisé. Stigmate obtus, 5-sulqué. Drupe presque sec, à noyau osseux, 5-loculaire. Graines solitaires dans chaque loge.

Arbrisseaux. Feuilles éparses, rapprochées, subsessiles , mucronées. Fleurs nutantes ou divariquées, axillaires; pédoncules 1-3-flores, solitaires.

Ce genre est propre à la Nouvelle-Hollande extra-tropicale. Les espèces dont nous allons faire mention se cultivent dans les collections d'orangerie, à cause de l'élégance de leurs fleurs.

Styphélia a fleurs verdatres. — *Styphelia viridiflora* R. Br. Prodr. — Sweet, Flor. Austral. tab. 5o. — *Styphelia viridis* Andr. Bot. Rep. tab. 72.

Feuilles obovales-oblongues, obtuses, mucronulées, planes ,

lisses en dessus, un peu scabres aux bords, divariquées ainsi que les fleurs.

Styphélia triflore. — *Styphelia triflora* R. Br. Prodr. — Andr. Bot. Rep. tab. 72. — Bot. Mag. tab. 1297.

Feuilles elliptiques-lancéolées, ou oblongues-lancéolées, planes, glauques, très-lisses. Ramules glabres. Pédoncules 1-3-flores, rapprochés en corymbe. Corolle d'un pourpre verdâtre.

Styphélia tubiflore. — *Styphelia tubiflora* R. Br. Prodr. — Smith, New Holl. tab. 14.

Feuilles linéaires-obovales, mucronées, scabres en dessus, révolutées aux bords. Fleurs nutantes. Corolle pourpre.

Genre STÉNANTHÈRE. — *Stenanthera* R. Br.

Calice 5-parti, multi-bractéolé. Corolle tubuleuse, courtement 6-lobée; tube imberbe; gorge resserrée; lobes étalés, un peu barbus. Étamines 5, incluses, insérées vers le sommet du tube de la corolle; filets courts, charnus, obovés; anthères médifixes, oblongues, moins larges que les filets. Disque hypogyne, cyathiforme, indivisé. Ovaire 5-loculaire; ovules suspendus, solitaires dans chaque loge. Style indivisé. Stigmate capitellé. Drupe sec, à noyau osseux, 5-loculaire : loges 1-spermes.

Arbrisseau. Feuilles acéreuses, très-rapprochées, sessiles. Fleurs axillaires, dressées.

Sténanthère a feuilles de Pin. — *Stenanthera pinifolia* R. Br. Prodr. — Bot. Reg. tab. 218.

Arbrisseau touffu, dressé, pubérule sur toutes ses parties herbacées. Feuilles linéaires-filiformes, raides, mucronées, recouvrantes. Bractées imbriquées, scarieuses de même que le calice. Corolle à tube 2 fois plus long que le calice, écarlate; limbe d'un jaune verdâtre. — Cette espèce, indigène de la Nouvelle-Hollande, se cultive comme arbuste d'agrément.

Genre LEUCOPOGON. — *Leucopogon* R. Br.

Calice 5-parti, 2-bractéolé. Corolle hypocratériforme ; limbe 5-parti : segments étalés, barbus longitudinalement ; tube évasé vers le sommet. Étamines 5, insérées vers le milieu du tube de la corolle ; filets filiformes, inclus ; anthères ovales ou oblongues, supra-médifixes. Ovaire 2-5-loculaire ; ovules suspendus, solitaires dans chaque loge. Style indivisé. Stigmate subcapitellé. Drupé sec, ou charnu, 2-5-loculaire ; loges 1-spermes.

Arbrisseaux ou arbustes. Feuilles éparses, sessiles. Fleurs axillaires, ou plus souvent en épis soit terminaux, soit axillaires et terminaux. Corolle petite, blanche.

Ce genre est propre à la Nouvelle-Hollande. Plusieurs espèces se cultivent dans les collections de serre tempérée, comme arbrisseaux d'agrément ; les suivantes sont les plus notables.

LEUCOPOGON A FEUILLES LANCÉOLÉES. — *Leucopogon lanceolatus* R. Br. Prodr. — Sweet, Flor. Austral. tab. 47. — Bot. Mag. tab. 3162. — *Styphelia Gnidium* Vent. Malm. tab. 23. — *Styphelia parviflora* Andr. Bot. Rep. tab. 287.

Feuilles lancéolées, ou lancéolées-oblongues, subobtuses, 3-nervées, planes. Ramules glabres. Épis nutants, agrégés, lâches, subterminaux. Drupe ellipsoïde.

LEUCOPOGON A FEUILLES DE BRUYÈRE. — *Leucopogon ericoides* R. Br. Prodr. — Smith, New. Holl. tab. 48. — *Epacris spuria* Cavan. Ic. 4, tab. 347.

Feuilles linéaires ou linéaires-lancéolées, innervées, mucronées. Épis axillaires, solitaires, denses, plus courts que les feuilles.

LEUCOPOGON A PETITES FEUILLES. — *Leucopogon microphyllus* R. Br. Prodr. — *Perojoa microphylla* Cavan. Ic. 4, tab. 349, fig. 2.

Feuilles ovales ou oblongues, óbtuses, subsessiles, carénées ou 3-nervées en dessous, très-rapprochées : celles des jeunes pousses imbriquées. Pédoncules axillaires, subterminaux, 1-3-flores.

Genre ÉPACRIS. — *Epacris* Smith.

Calice 5-parti, multi-bractéolé, ordinairement coloré. Corolle tubuleuse, 5-lobée; lobes étalés, imberbes. Étamines 5, insérées au tube de la corolle; filets filiformes ; anthères supra–médifixes, peltées. Cinq squamules hypogynes. Ovaire 5-loculaire; loges multi-ovulées. Style indivisé. Stigmate obtus. Capsule 5-loculaire, loculicide-5-valve ; valves septifères ; placentaires adnés à un axe central ; loges polyspermes. •

Arbustes, le plus souvent glabres. Feuilles sessiles ou courtement pétiolées, éparses, en général très-rapprochées. Pédoncules axillaires, 1-flores. Fleurs nutantes, ou horizontales, ou dressées, ordinairement rapprochées en grappes ou en épis. Corolle blanche ou pourpre.

Les espèces suivantes se cultivent comme arbustes d'ornement.

ÉPACRIS POURPRE. — *Epacris purpurascens* R. Br. Prodr. — Lodd. Bot. Cab. tab. 237 et 876. — *Epacris pungens* Bot. Mag. tab. 844.

Feuilles cuculliformes, longuement acuminées, subsessiles : pointe réfléchie. Feuilles florales aussi longues que les corolles. Segments-calicinaux acuminés, aussi longs que le tube de la corolle. Corolle pourpre ou lilas.

ÉPACRIS ÉLÉGANT. — *Epacris pulchella* R. Br. Prodr. — Lodd. Bot. Cab. tab. 170. — Bot. Mag. tab. 1170.

Feuilles un peu concaves, acuminées : pointe horizontale, moins longue que la lame. Segments-calicinaux acuminés, aussi

longs que le tube de la corolle. Corolle (blanche) plus longue
que les feuilles florales.

Épacris a grandes fleurs. — *Epacris grandiflora* Willd.
— Smith, Exot. Bot. tab. 39. — Bot. Mag. tab. 982.

Feuilles ovales ou ovales-lancéolées, acuminées, planes, mucronées, subsessiles, réfléchies. Fleurs pendantes, beaucoup
plus longues que les feuilles florales. Corolle (panachée de
jaune et de pourpre) 4 fois plus longue que le calice.

Épacris a feuilles obtuses. — *Epacris obtusifolia* Smith,
Exot. Bot. tab. 40.

Feuilles lancéolées ou lancéolées-oblongues, subobtuses,
subsessiles, dressées, presque imbriquées, un peu calleuses au
sommet. Fleurs (blanchâtres) nutantes, plus longues que les
feuilles, rapprochées en épi terminal. Segments-calicinaux obtus, aussi longs que le tube de la corolle.

Genre ANDERSONIA. — *Andersonia* R. Br.

Calice 5-parti, coloré, 2-ou pluri-bractéolé. Corolle subcampanulée ou hypocratériforme, 5-lobée : lobes étalés,
barbus à la base. Étamines 5, insérées au réceptacle; filets
comprimés, subulés; anthères infra-médifixes. Cinq squamules hypogynes, distinctes, ou connées. Ovaire 5-locu-
laire; loges multi-ovulées. Capsule 5-loculaire, polysperme; placentaires adnés à un axe central.

Arbustes. Feuilles petites, éparses, recourbées, semi-en-
gaînantes par leur base. Fleurs solitaires ou en épi, terminales, dressées.

Andersonia Faux-Sprengélia. — *Andersonia Sprenge-
lioides* R. Br. Prodr. — Bot. Mag. tab. 1645.

Arbuste glabre, touffu, très-rameux. Feuilles ovales ou
ovales-lancéolées, acuminées, raides, piquantes, très-rappro-

chées, d'un vert gai, longues de 2 à 4 lignes. Fleurs axillaires et terminales, roses, plus longues que les feuilles, agrégées en épis capituliformes. Corolle longue d'environ 3 lignes : tube à peine aussi long que le calice. — Cette espèce, originaire de la Nouvelle-Hollande, se cultive comme arbuste d'ornement.

CENT CINQUANTE-CINQUIÈME FAMILLE.

LES ÉRICACÉES. — *ERICACEÆ*.

Rhododendra et *Ericæ* Juss. Gen. — *Ericeæ* R. Br. Prodr. p. 557. — *Ericineæ* Desv. Journ. de Bot. v. 28. — Bartl. Ord. Nat. p. 454. — Don, in Edinb. Phil. Journ. 1854. — *Rhodoraceæ* et *Ericaceæ* De Cand. Théor. Élém. — *Ericaceæ*, *Pyrolaceæ* et *Monotropaceæ* Lindl. Nat. Syst. — Klotzsch. (*Ericacearum genn. et spec.*) in Linnæa, v. 12 (1858). — *Ericaceæ*, tribus I (*Ericariæ*) et II (*Rhodoreæ*), Reichenb. Syst. Nat. p. 206.

Cette famille, dans laquelle la plupart des botanistes d'aujourd'hui comprennent les Éricées et les Rhododendrées d'A. L. de Jussieu, offre le plus grand nombre de représentants dans les régions extra-tropicales de l'un et de l'autre hémisphères; toutefois, la Nouvelle-Hollande paraît être entièrement dépourvue de végétaux de ce groupe, qui par contre prédominent singulièrement dans la flore de l'Afrique australe. Beaucoup d'Éricacées sont astringentes et diurétiques; d'autres ont des propriétés narcotiques; plusieurs espèces produisent des baies mangeables. L'horticulture trouve parmi les Éricacées quantité de plantes d'ornement.

Caractères de la Famille.

Arbrisseaux, ou *sous-arbrisseaux*, ou rarement *herbes*. Rameaux et ramules cylindriques ou subcylindriques.

Feuilles éparses, ou opposées, ou verticillées, simples (en général très-entières), non-stipulées, articulées par leur base, le plus souvent coriaces et persistantes.

Fleurs régulières ou subrégulières, hermaphrodites, axillaires, ou terminales, ou moins souvent latérales, souvent 2-bractéolées. Inflorescence variée.

Calice inadhérent, persistant, plus ou moins profondément partagé en 2 à 8 (le plus souvent 4 ou 5) lobes ou segments imbriqués en préfloraison.

Corolle non-persistante, ou marcescente, tubuleuse, ou rotacée, ou campanulée, ou urcéolée, plus ou moins profondément dentée ou lobée (quelquefois presque jusqu'à sa base), hypogyne ou subpérigyne; dents ou lobes en même nombre que les divisions calicinales, alternes avec celles-ci, imbriqués en préfloraison.

Disque subpérigyne (adné au fond du calice) ou hypogyne, annulaire, ou cupuliforme, ou de plusieurs glandules distinctes.

Étamines en même nombre que les lobes de la corolle et interposées, ou en nombre double des lobes de la corolle, insérées au bord du disque ou à la base de la corolle. Filets libres, ou rarement monadelphes. Anthères basifixes ou supra-basifixes, versatiles, dithèques (par exception monothèques), en général extrorses avant l'anthèse; bourses immédiatement juxtaposées (mais souvent disjointes et divergentes aux 2 bouts ou à l'un ou l'autre des bouts), déhiscentes chacune soit par une fente longitudinale, soit par une ouverture en forme de pore, souvent appendiculées, ou mucronées soit à la base, soit au sommet.

Pistil : Ovaire inadhérent, 2-8-loculaire (en général 4-ou 5-loculaire, c'est-à-dire à loges en même nombre que les segments-calicinaux, et alternes avec ceux-ci; rarement l'ovaire est 1-loculaire); loges en général verticillées autour d'un axe central; placentaires multi-ovulés (rarement 1-ou pauci-ovulés), adnés à l'axe soit seulement par leur sommet, soit dans toute leur longueur. Ovules suspendus, ou horizontaux, ou vagues, anatropes. Style indivisé, subcylindracé, continu avec l'axe central. Stigmate capitellé, ou infondibuliforme, ou pelté, entier, ou lobé, ou denté.

Péricarpe capsulaire ou moins souvent baccien, en général pluri-loculaire et polysperme; axe-central placentifère, persistant après la déhiscence.

Graines petites, le plus souvent scrobiculées ou réticulées, quelquefois ailées; tégument membranacé ou crustacé, souvent lâche et prolongé beaucoup au-delà des 2 bouts de l'amande. Périsperme charnu. Embryon rectiligne, axile, en général minime, plus court que le périsperme et niché à l'une des extrémités; cotylédons courts; radicule cylindracée, appointante.

Cette famille comprend les genres suivants :

Iʳᵉ TRIBU. **LES ÉRICÉES.** — *ERICEÆ* Don.

Corolle marcescente. Anthères mutiques ou aristées. Péricarpe baccien ou plus souvent loculicide (par exception septifrage). — *Sous-arbrisseaux ou arbrisseaux à bourgeons nus. Feuilles persistantes, en général petites et acéreuses.*

A. Ovaire à loges 1-ovulées. Anthères mutiques.

Salaxis Salisb. — *Coccosperma* Klotz. — *Lagenocarpus* Klotz. — *Blepharophyllum* Klotz. — *Omphalocaryon* Klotz. — *Tristemon* Klotz. — *Codonostigma* Klotz. — *Coilostigma* Klotz. — *Thamnium* Klotz. — *Codonanthemum* Klotz. — *Anomalanthus* Klotz. — *Syndesmanthus* Klotz. — *Macrolinum* Klotz. — *Sympieza* Lichtenst. — *Plagiostemon* Klotz. — *Thamnus* Klotz. — *Simocheilus* Klotz. — *Octogonia* Klotz. — *Pachycalyx* Klotz. — *Acrostemon* Klotz. — *Comocephalus* Klotz. — *Thoracosperma* Klotz. — *Microtrema* Klotz.

— *Griesebachia* Klotz. —*Finckea* Klotz. —*Eremia* Don. — *Hexastemon* Klotz.

B. Ovaire à loges pluri-ovulées.

Blæria Linn. — *Ericinella* Klotz.—*Philippia* Klotz. — *Eleutherostemon* Klotz. — *Synactinia* Reichenb. — *Bruckenthalia* Reichenb. — *Erica* Linn. (Gypsocalis et Eremocalis Salisb. Erica, Gypsocalis, Pachysa, Ceramia, Desmia, Eurylepis, Eurystegia, Lophandra, Lamprotis, Callista, Euryloma, Chona, Syringodea, Dasyanthus, Ecdasis, Eriodesmia, et Octopera Don.) — *Pentapera* Klotz. — *Nabea* Lehm. — *Calluna* Salisb.

IIᵉ TRIBU. LES ANDROMÉDÉES. — *ANDROME-DEÆ* Don.

Corolle régulière, non-persistante. Anthères mutiques ou aristées. Péricarpe baccien, ou loculicide, ou septicide. — Sous-arbrisseaux ou arbrisseaux. Feuilles en général persistantes.

Menziesia Smith.—*Dabœcia* Don. (Candollea Baumg.) — *Phyllodoce* Salisb. — *Bryanthus* Gmel. — *Cassiope* Don. — *Andromeda* (Linn.) Don. (Polifolia Buxb.) — *Chamœdaphne* Mœnch. (Cassandra Don.) — *Cassandra* Spach. — *Zenobia* Don. — *Leucothoë* Don. — *Pieris* Don.—*Agarista* Don. — *Lyonia* Nutt. (Xolisma Rafin.) — *Clethra* Linn. (Cuellaria Ruiz et Pav. Tinus Linn. Volkameria P. Br.) — *Elliotia* Mühlenb. — *Epigœa* Linn. (Memecylon Mitch.)—*Gaulthiera* Kalm.—*Glycyphylla* Rafin. (Phalerocarpus Rafin. Chiogenes Salisb.) — *Amphicalyx* Blum. (Diplocosia Blum.) — *Shallonium* Rafin. (? Acosta Loureir.)—*Arbutus* Tourn. (Unedo Link.) — *Encyanthus* Loureir. (Melidora Salisb.) — *Arcto-*

staphylos Adans. (Uva-ursi Tourn. Mairania Neck.) —
Comarostaphylis Zuccar.

IIIᶜ TRIBU. **LES RHODORÉES.** — *RHODOREÆ* Don.

*Corolle non-persistante. Anthères mutiques. Capsule sep-
ticide ou septifrage. — Arbrisseaux à bourgeons écailleux. Feuilles persistantes ou non-persistantes.*

Loiseleuria Desv. (Chamæledon Link.) — *Kalmia*
Linn. — *Rhodothamnus* Reichenb. (Chamæcistus Gray.)
— *Rhododendron* Linn. — *Rhodora* Linn. — *Azalea*
Linn. (Anthodendron Reichenb.)— *Hymenanthes* Blum.
— *Befaria* Mutis (Bejaria Juss. Acuna Ruiz et Pav.) —
Leiophyllum Pers. (Ammyrsine Pursh. Fischeria Swartz.
Dendrium Desv.) — *Ledum* Linn.

IVᶜ TRIBU. **LES PYROLÉES.** — *PYROLEÆ* Lindl.

*Corolle non-persistante. Anthères mutiques. Capsule lo-
culicide ou septicide. Graines à tégument lâche, celluleux, réticulé, prolongé au-delà de l'amande. —
Herbes vivaces, ou sous-arbrisseaux.*

Cladothamnus Bongard. — *Chimophila* Pursh. (Chi-
maza R. Br. Cheve Rafin.)— *Pyrola* Tourn. — *Moneses*
Salisb. — *Galax* Linn. (Erythrorhiza Mich. Solenandria
Pal. Beauv. Blandfordia Andr. Viticella Mitch.) (1).

Vᵉ TRIBU. **LES MONOTROPÉES.** — *MONOTRO-
PEÆ* Nutt.

*Corolle submarcescente. Anthères mutiques ou aristées.
Capsule loculicide. Graines scobiformes ou ailées :*

---

(1) M. Don considère ce genre comme type d'une famille distincte,
qu'il appelle *Galacinées.*

tégument lâche, réticulé, celluleux. — Herbes (-semblables aux Orobanches par le port), parasites, aphylles, à hampe écailleuse.

Monotropa (Linn.) Nutt. — *Hypopythis* Dillen. — *Pterospora* Nutt. — *Schweinitzia* Elliot. (Monotropsis Schweinitz.)

Ire TRIBU. **LES ÉRICÉES.** — *ERICEÆ* Don.

Corolle marcescente. Péricarpe baccien ou plus souvent loculicide (par exception septifrage). — Sous-arbrisseaux ou arbrisseaux à bourgeons nus. Feuilles persistantes, en général petites et acéreuses.|

Genre ÉRICA (1). — *Erica* Linn.

Calice 4-fide ou 4-parti, herbacé, ou membranacé, ou coloré. Corolle urcéolée, ou campanulée, ou tubuleuse, ou hypocratériforme, plus ou moins profondément 4-lobée. Étamines 8, insérées sous un disque hypogyne; filets libres, filiformes; anthères basifixes ou supra-basifixes, libres ou cohérentes par la base, mutiques, ou aristées, ou garnies d'appendices en forme de crête: bourses déhiscentes chacune par une petite fente apicilaire. Ovaire 4-loculaire; loges multi-ovulées. Style filiforme ou claviforme. Stigmate cyathiforme, ou capitellé, ou pelté. Capsule 4-loculaire, loculicide, 4-valve, polysperme; valves septifères au milieu; axe-central 4-gone ou 4-ptère, placentifère aux angles ou entre les angles; placentaires adnés ou libres. Graines ellipsoïdes ou oblongues, petites, réticulées, ou finement scrobiculées.

---

(1) Les espèces indigènes de ce genre sont connues sous le nom vulgaire de *Bruyères.*

Arbrisseaux ou sous-arbrisseaux. Feuilles éparses, ou opposées, ou verticillées, sessiles, ou subsessiles, en général acéreuses. Fleurs axillaires ou terminales, 3-bractéolées, souvent nutantes. Bractées rapprochées ou plus ou moins éloignées. Feuilles-florales souvent semblables aux autres feuilles. Capsule petite, en général nutante.

Ce genre, dans lequel on comprend près de 600 espèces (dont la plupart n'ont pas encore été suffisamment étudiées, et qui doivent sans doute être réparties entre un certain nombre de genres à créer), appartient presqu'en totalité à la flore de l'extrémité australe de l'Afrique; 15 ou 16 espèces croissent en Europe, et se retrouvent aussi la plupart dans le nord de l'Afrique et en Orient. Presque tous les *Érica* méritent d'être cultivés comme arbustes d'ornement; mais nous ne pouvons faire mention ici que des espèces les plus répandues.

Section I. MACROSTEMONES R. Br. in Hort. Kew.

Filets aussi longs ou plus longs que la corolle. Anthères saillantes, mutiques, inappendiculées.

A. *Filets connivents, plus longs que la corolle : portion saillante de même couleur que les anthères. Feuilles ternées.*

a) *Bractées éloignées du calice. Lobes de la corolle dressés.*

Érica de Pluckenet. — *Erica Pluckenetiana* Willd. — Andr. Eric. vol. 1. — Wendl. Eric. 1, tab. 9 et 21. — *Erica penicillata* Andr. l. c. — Corolle blanche, ou rose, ou écarlate, grande, fusiforme. Style saillant. — Cap de B. Esp.

b) *Bractées très-près du calice. Lobes de la corolle réfléchis.*

Érica de Banks. — *Erica Banksii* Willd. — Wendl. Eric. Ic. — Andr. Eric. vol. 1, Ic. — *Erica fragilis* Salisb. — Fleurs sessiles, géminées, terminales. Feuilles linéaires, glabres, dressées. Segments-calicinaux oblongs, obtus, colorés. Corolle cylindracée. — Cap de B. E.

c) *Bractées très-près du calice. Lobes de la corolle dressés.*

ÉRICA DE PÉTIVER. — *Erica Petiveriana* Willd. — *Erica loculiflora* Salisb. — Fleurs solitaires. Corolle cylindracée. — Feuilles squarreuses, étalées. Fleurs pédonculées, terminales. Segments-calicinaux suborbiculaires. Corolle conique, jaune.— Cap de B. E.

ÉRICA FOLLICULAIRE. — *Erica follicularis* Salisb. — *Erica Petiveriana.* And. Eric. vol. 1, Ic.—Wendl. Eric 17, p. 23, Ic. — *Erica melastoma* Andr. l. c. Ic. — Wendl. l. c. p. 67, Ic.—Fleurs solitaires, terminales. Corolle conique, jaune. — Cap de B. E.

ÉRICA DE SÉBA.— *Erica Sebana* Willd.—Wendl. Eric. 10, p. 5, Ic.—Andr. Eric. 1, Ic.—Lodd. Bot. Cab. tab. 266. —*Erica cothurnalis* Salisb.—Fleurs ternées. Corolle cylindracée, courbée, jaune, ou orange, ou rouge.— Cap de B. E.

ÉRICA VERDATRE. — *Erica socciflora* Salisb. — *Erica Sebana viridis* Andr. Eric. vol. 1, Ic. — Feuilles recourbées. Fleurs ternées. Corolle conique, verdâtre.—Cap de B. E.

ÉRICA PÉNICILLIFLORE. — *Erica penicilliflora* Salisb. — *Erica calyculata* Wendl. Eric. 4, p. 5, Ic. — Fleurs subternées. Corolle subglobuleuse, blanche, à peine plus longue que le calice. —Cap de B. E.

B. *Filets à peu près aussi longs que la corolle. Fleurs terminales. Feuilles ternées.*

a) *Fleurs ternées.*

ÉRICA A ANTHÈRES BLANCHES. — *Erica leucanthera* Willd. —*Erica spiræflora* Salisb.—Corolle infondibuliforme, blanche, presque 2 fois plus longue que le calice. Calice glabre. — Cap de B. E.

ÉRICA FLEXUEUX. — *Erica flexuosa* Salisb. — Andr. Eric.

vol. 1, Ic. — *Erica divaricata* Wendl. Eric. 7, p. 5, Ic. — Corolle ellipsoïde, blanche, presque 2 fois plus longue que le calice. Calice glabre. — Cap de B. E.

ÉRICA VELU. — *Erica villosa* Andr. Eric. vol. 3, Ic. — Corolle subglobuleuse, blanche, 2 fois plus longue que le calice. Calice velu. — Cap de B. E.

ÉRICA BOUFFI. — *Erica spumosa* Willd. — Lodd. Bot. Cab. tab. 566. — *Erica scariosa* Salisb. — Calice glabre, scarieux : segments pointus. Corolle blanchâtre, campanulée, un peu plus longue que le calice. — Cap de B. E.

ÉRICA HEXASTIQUE. — *Erica sexfaria* Hort. Kew. — Andr. Eric. vol. 2, Ic. — *Erica spumosa* Thunb. — Feuilles étalées en 6 rangs. Calice glabre, scarieux : segments obtus. Corolle campanulée, blanche, un peu plus courte que le calice. — Cap de B. E.

ÉRICA IMBRIQUÉ. — *Erica imbricata* Willd. — Lodd. Bot. Cab. tab. 1243. — *Erica pyramidalis* Salisb. — Calice glabre, membranacé. Corolle campanulée, pourpre, à peiné plus longue que le calice. — Cap de B. E.

ÉRICA A COROLLE EN TURBAN. — *Erica tiaræflora* Andr. Eric. vol. 3, Ic. — *Erica placentæflora* Salisb. — Calice glabre. Corolle orbiculaire, déprimée, aussi longue que le calice, pourpre. — Cap de B. E.

ÉRICA A CALICE LAINEUX. — *Erica velleriflora* Salisb. — *Erica capitata* Thunb. — *Erica villosa* Wendl. Eric. 16, p. 55, Ic. — *Erica Bruniades* Andr. Eric. vol. 1, Ic. — Feuilles horizontales. Calice très-hérissé. Corolle campanulée, blanchâtre, aussi longue que le calice. — Cap de B. E.

b) Fleurs en ombelle.

ÉRICA FAUX-BRUNIA. — *Erica Bruniades* Willd. — Wendl. Eric. 16, p. 53, Ic. — *Erica carbasina* Salisb. — Feuilles dressées. Fleurs subsénées. Calice très-hérissé. Corolle campanulée , blanche , plus longue que le calice. — Cap de B. E.

ÉRICA A OMBELLES. — *Erica umbellata* Willd. — Andr. Eric. vol. 2. Ic. — Wendl. Eric. 4, p. 3, Ic. —*Erica lentiformis* Salisb.— Fleurs subsénées. Calice glabre. Corolle rouge, conique (à base très-large), beaucoup plus longue que le calice. — Cap de B. E.

C. *Anthères saillantes. Fleurs axillaires. Feuilles linéaires (excepté dans l'E. latifolia). Bractées loin du calice.*

a) *Filets réfléchis. Lobes de la corolle dressés.*

ÉRICA A LONGUES ÉTAMINES. — *Erica staminea* Andr. Eric. vol. 3, Ic. — Feuilles ternées. Corolle blanchâtre. Filets trèslongs. — Cap de B. E.

b) *Filets et lobes de la corolle dressés.*

ERICA A LARGES FEUILLES. — *Erica latifolia* Andr. Eric. vol. 2, Ic. — Feuilles ovales. Corolle grande , rouge. — Cap de B. E.

ÉRICA A FLEURS NUES. — *Erica nudiflora* Willd. — Smith, Ic. 3, tab. 57. — *Erica floribunda* Wendl. Eric. 14 , p. 19 , Ic. — *Erica sertiflora* Salisb. — Feuilles ternées. Pédicelles bractéolées à la base ; bractéoles minimes. Corolle campanuléecylindracée, jaune. — Cap de B. E.

ÉRICA CARNÉ. — *Erica carnea* Linn. Jacq. Flor. Austr. 1, tab. 32. — *Erica herbacea* Linn. — Bot. Mag. tab. 11. — Guimp. et Hayn. Deutsch. Holz. tab. 27. — Feuilles ternées ou quaternées, glabres. Pédicelles bractéolés vers le milieu. Fleurs subunilatérales. Corolle rose ou carnée, conique. Style saillant. —Tiges basses, touffues, suffrutescentes à la base.

Cette espèce, fréquemment cultivée comme plante de parterre, croît dans les Alpes et autres montagnes de l'Europe méridionale ; elle fleurit au printemps.

ÉRICA MÉDITERRANÉ. — *Erica mediterranea* Linn. —Bot. Mag. tab. 471. —Wendl. Eric. fasc. 7, fig. 5.—Feuilles quaternées ou quinées. Pédicelles courts, subunilatéraux, bractéolés au-dessus du milieu. Corolle cylindracée, urcéolée, presque 2 fois plus longue que le calice, carnée ou pourpre. Anthères semi-saillantes, débordées par le style.—Arbuste haut de 2 à 3 pieds. Feuilles longues d'environ 3 lignes. Calice coloré. Anthères brunâtres. Cette espèce est commune dans les contrées voisines de la Méditerranée.

ÉRICA VAGABOND.—*Erica vagans* Linn. —Engl. Bot. tab. 3. —*Erica multiflora* Huds. — *Erica vagans* Salisb. — Feuilles quaternées ou quinées, linéaires, ou linéaires-lancéolées, subobtuses. Pédicelles subgéminés, disposés en grappe lâche. Corolle courtement campanulée, 2 fois plus longue que le calice. Anthères et style saillants.—Arbuste touffu, haut de 1 pied à 2 pieds; ramules divergents. Feuilles très-rapprochées. Pédicelles capillaires, un peu plus longs que les feuilles. Sépales lancéolés. Corolle rose ou rarement blanche.

Cette espèce croît dans les mêmes contrées que la précédente, avec laquelle elle a souvent été confondue; on la retrouve, mais assez rarement, jusque dans le nord de la France et en Angleterre; elle fleurit en été.

a) *Filets dressés. Lobes de la corolle réfléchis.*

ÉRICA MULTIFLORE. — *Erica multiflora* Linn. — Andr. Eric. vol. 2, Ic.—Wendl. Eric. fasc. 23, fig. 2. — Lodd. Bot. Cab. tab. 1572. — Feuilles quinées, linéaires. Fleurs éparses. Pédicelles aussi longs ou plus longs que la corolle. Corolle courtement campanulée, 4 fois plus longue que le calice. Anthères petites, saillantes de même que le style. — Arbuste haut de 1 pied à 2 pieds. Rameaux longs, dressés. Fleurs rapprochées en thyrse assez dense. Calice minime : segments ovales. Corolle d'un rose vif. Cette espèce croît dans l'Europe méridionale.

ÉRICA A GRANDES FLEURS. — *Erica grandiflora* Willd. —

Bot. Mag. tab. 189. — And. Eric. vol. 1, Ic. — Wendl. Eric. fasc. 6, fig. 5. — Feuilles verticillées-sénées. Corolle claviforme, très-longue, jaune. — Cap de B. E.

Section II. LONGIFLORAE R. Br. in Hort. Kew.

Corolle cylindracée ou claviforme, longue de ½ pouce ou plus.

A. *Anthères 2-aristées.*

Érica d'Ewer. — *Erica Ewerana* Hort. Kew. — *Erica Uhria* Andr. Eric. vol. 2, Ic. — Wendl. Eric. fasc. 18, fig. 91. — *Erica decora* Salisb. — Feuilles ternées. Fleurs terminales, solitaires. Corolle pourpre. — Cap de B. E.

Érica cramoisi. — *Erica cruenta* Willd. — Andr. Eric. vol. 1, Ic. — Wendl. Eric. fasc. 4, fig. 11. — *Erica melliflua* Salisb. — Feuilles ternées. Fleurs terminales, ternées. Bractées loin du calice. Corolle pourpre. — Cap de B. E.

Érica élégant. — *Erica speciosa* Andr. Eric. vol. 2, Ic. — Feuilles ternées. Fleurs terminales, ternées. Bractées apprimées au calice. Style saillant, recourbé au sommet. — Cap de B. E.

Érica discolore. — *Erica discolor* Willd. — Andr. Eric. vol. 1, Ic. — Wendl. Eric. fasc. 5, fig. 9. — *Erica cupressiformis* Salisb. — Feuilles ternées. Fleurs terminales, ternées. Bractées apprimées au calice. Style saillant, rectiligne. Corolle lavée de rouge et de jaune. — Cap de B. E.

Érica changeant. — *Erica mutabilis* Andr. Eric. vol. 3, Ic. — Feuilles ternées ou quaternées. Fleurs terminales, nombreuses. — Cap de B. E.

Érica a feuilles de Sapin. — *Erica abietina* Thunb. — *Erica mammosa* Linn. — Andr. Eric. vol. 1, Ic. — Lodd. Bot. Cab. tab. 125 et 951. — *Erica verticillata* Andr. l. c. —

Feuilles quaternées. Fleurs axillaires. Bractées linéaires, loin du calice. Corolle pourpre ou lilas. — Cap de B. E.

Érica claviforme. — *Erica clavæflora* Salisb. — *Erica sessiliflora* Andr. Eric. vol. 2, Ic. — Feuilles quaternées ou sénées. Fleurs axillaires. Bractées apprimées au calice. Segments-calicinaux obovales-orbiculaires. Corolle verdâtre. — Cap de B. E.

Érica a épis. — *Erica spicata* Willd.— Andr. Eric. vol. 1, Ic. — Wendl. Eric. fasc. 2, fig. 27. — *Erica sessiliflora* Linn. — *Erica favosa* Salisb. — Feuilles quaternées ou sénées. Fleurs axillaires. Bractées apprimées au calice. Segments-calicinaux rhomboïdaux, longuement onguiculés. Corolle verdâtre. — Cap de B. E.

Érica de Paterson. — *Erica Patersoniana* Andr. Eric. vol. 1, Ic. — Wendl. Eric. fasc. 1, fig. 15. — *Erica spissifolia* Salisb. — Feuilles quaternées ou sénées. Fleurs axillaires. Bractées apprimées au calice. Segments-calicinaux subulés, élargis vers leur base. Corolle jaune. — Cap de B. E.

Érica fasciculaire. — *Erica fascicularis* Willd.—Wendl. Eric. fasc. 14, fig. 29.—*Erica coronata* Andr. Eric. vol. 1, Ic. — *Erica octophylla* Willd. — *Erica radiiflora* Salisb. — Feuilles octonées. Bractées loin du calice. Corolle rose. — Cap de B. E.

B. *Anthères mutiques. Feuilles ternées. Fleurs terminales.*

Érica a fleurs de Linnæa. — *Erica Linnæa* Andr. Eric. vol. 2, Ic. — *Erica perspicua* Wendl. Eric. fasc. 1, fig. 7. — *Erica lituiflora* Salisb. — Fleurs solitaires ou ternées. Bractées très-près du calice. Corolle velue, blanche. — Cap de B. E.

Érica versicolore. — *Erica versicolor* Willd. — Andr. Eric. vol. 1, Ic. — Wendl. Eric. fasc. 11, fig. 3. — Fleurs ternées. Bractées très-près du calice. Corolle (lavée de jaune et de rouge) glabre de même que les feuilles. — Cap de B. E.

Érica d'Aiton. — *Erica Aitoniana* Andr. Eric. vol. 1, Ic, — Bot. Mag. tab. 429. — *Erica jasminiflora* Salisb.—Fleurs ternées. Bractées loin du calice. Corolle visqueuse (panachée de blanc et de rouge). — Cap de B. E.

C.`*Anthères mutiques. Feuilles quaternées (rarement ternées ou sénées). Fleurs terminales (au nombre de 1 à 7, en général peu).*

Érica tubiflore. — *Erica tubiflora* Willd. — Andr. Eric. vol. 1, Ic. — Wendl. Eric. fasc. 4, fig. 7. — Bractées assez près du calice. Segments-calicinaux oblongs, révolutés aux bords. Corolle rose. — Cap de B. E.

Érica flamboyant. — *Erica ignescens* Andr. Eric. vol. 2, Ic. — Bractées ovales, loin du calice. Segments-calicinaux ovales, acuminés. Corolle d'un rouge de feu. — Cap de B. E.

Érica a fleurs courbées. — *Erica curviflora* Salisb. — *Erica simpliciflora* Willd. — Wendl. Eric. fasc. 17, fig. 69. — Bractées linéaires, loin du calice. Segments-calicinaux ovales, acuminés. Corolle d'un rouge orange. Anthères subsaillantes. — Cap de B. E.

Érica apparent. —.*Erica conspicua* Willd. — Andr. Eric. vol. 2, Ic. — Wendl. Eric. fasc. 4, fig. 9. — Bractées loin du calice. Segments-calicinaux ovales, obtus. Corolle jaune.—Cap de B. E.

Érica couleur de feu.—*Erica flammea* Andr. Eric. vol. 2, Ic. — *Erica bibax* Salisb. — Bractées très-près du calice. Corolle (d'un rouge orange) pubescente. Anthères incluses. Feuilles quaternées ou ternées. — Cap de B. E.

Érica mignon. — *Erica concinna* Willd. — Andr. Eric. vol. 2, Ic. — Wendl. Eric. fasc. 9, fig. 9. — *Erica paludosa*

Salisb. — Bractées très-près du calice. Corolle (carnée) pubescente. Anthères incluses. Feuilles quaternées ou sénées. — Cap de B. E.

ÉRICA A FEUILLES DENTELÉES. — *Erica serratifolia* Andr. Eric. vol. 1, Ic. — *Erica cylindriflora* Salisb. — Deux des bractées près du calice ; la 3ᵉ éloignée. Corolle (jaune) glabre. Feuilles ciliées. — Cap de B. E.

D. *Anthères mutiques. Feuilles quaternées. Fleurs terminales, quaternées, conniventes en capitule 4-gone.*

ÉRICA DIAPHANE. — *Erica pellucida* Andr. Eric. vol. 3, Ic. — *Erica rubra* Andr. Eric. vol. 4, Ic. — Segments-calicinaux linéaires-subulés. Pédoncules aussi longs que les fleurs. Corolle jaune ou blanche. — Cap de B. E.

ÉRICA DE SPARMANN. — *Erica Sparmanni* Willd. — *Erica aspera* Andr. Eric. vol. 3, Ic. — *Erica hystriciflora* Salisb. — Segments-calicinaux linéaires-subulés. Pédoncules très-courts. Corolle jaune. — Cap de B. E.

ÉRICA ROUGISSANT. — *Erica erubescens* Andr. Eric. vol. 3, Ic. — Segments-calicinaux ovales-orbiculaires. Corolle carnée. — Cap de B. E.

E. *Anthères mutiques. Feuilles quaternées ou sénées. Fleurs axillaires. Bractées très-près du calice.*

ÉRICA DE LÉE. — *Erica Leeana* Hort. Kew. — Andr. Éric. vol. 1, Ic. — *Erica costæflora* Salisb. — Corolle costée, jaune. Bractées presque aussi longues que le calice. — Cap de B. E.

ÉRICA A FLEURS D'ONOSMA. — *Erica onosmæflora* Salisb. — *Erica glutinosa* Andr. Eric. vol. 1, Ic. — Bractées de moitié plus courtes que le calice. Corolle jaune, costée : tube cylindrique ; limbe étalé. — Cap de B. E.

ÉRICA VERT. — *Erica viridis* Andr. Eric. vol. 2, Ic. —

Bractées de moitié plus courtes que le calice. Corolle verte, costée : tube ventru au milieu ; limbe révoluté. — Cap de B. E.

Érica a longues feuilles. — *Erica longifolia* Hort. Kew. — *Erica pinea* Wendl. Eric. fasc. 1, fig. 11. — Segments-calicinaux linéaires. Corolle écostée, pourpre. — Cap de B. E.

Érica a feuilles de Pin. — *Erica pinea* Willd. — *Erica pinifolia* Salisb.— *Erica purpurea* Lodd. Bot. Cab. tab. 1259. — Segments-calicinaux linéaires-subulés, élargis à la base. Corolle (pourpre ou blanche) écostée. — Cap de B. E.

Érica doré. — *Erica aurea* Andr. Eric. vol. 2, Ic.— Segments-calicinaux ovales, acuminés. Corolle jaune, écostée. — Cap de B. E.

Érica pourpre. — *Erica purpurea* Willd. — Andr. Eric. vol. 2, Ic. — Wendl. Eric. fasc. 15, fig. 39. — *Erica phylicæfolia* Salisb. — Ovaire turbiné. Anthères débordant le tube de la corolle. — Cap de B. E.

Érica écarlate. — *Erica coccinea* Willd. — Andr. Eric. vol. 1, Ic. — Wendl. Eric. fasc. 3, fig. 9. — *Erica frondosa* Salisb. — Ovaire turbiné. Anthères incluses. — Cap de B. E.

Érica de Hibbert. — *Erica Hibbertia* Andr. Eric. vol. 3, Ic. — Ovaire cylindracé. Corolle glabre, visqueuse, d'un pourpre verdâtre. — Cap de B. E.

Érica de Masson. — *Erica Massoni* Willd. — Bot. Mag. tab. 336. — Andr. Eric. vol. 1, Ic. — *Erica lycopodifolia* Salisb. — Ovaire claviforme. Feuilles hérissées. Corolle d'un orange verdâtre. — Cap de B. E.

G. *Anthères mutiques. Feuilles quaternées ou en plus grand nombre par verticille (en général 6). Fleurs axillaires. Bractées loin du calice.*

Érica élancé. — *Erica elata* Andr. Eric. vol. 2, Ic. —

Erica longiflora Salisb. — Anthères débordant le tube de la corolle. Ovaire 8-sulqué, glabre. Corolle jaune. — Cap de B. E.

ÉRICA TREMBLANT. — *Erica vestita* Willd. — Andr. Eric. Ic. — *Erica longifolia* Salisb. — Bot. Mag. tab. 706 et 402. — Anthères subincluses. Ovaire 8-sulqué, soyeux au sommet. Corolle (blanche, ou carnée, ou rose, ou pourpre, ou écarlate, ou jaune) à limbe révoluté. — Cap de B. E.

ÉRICA RAYONNANT. — *Erica radiata* Andr. Eric. vol. 1, Ic. — *Erica calamiformis* Salisb. — Corolle (rouge) à limbe révoluté. Anthères incluses. Ovaire glabre. — Cap de B. E.

ÉRICA ROSE. — *Erica rosea* Andr. Eric. vol. 2, Ic. — Anthères incluses. Lobes de la corolle subérigés. — Cap de B. E.

SECTION III. CONIFLORAE GRANDES R. Br. in H. Kew.

Corolle longue de plus de ½ pouce, dilatée vers la base.

A. *Anthères aristées.*

ÉRICA RENFLÉ. — *Erica inflata* Willd. — *Erica amabilis* Salisb. — Feuilles quaternées, glabres. Bractées loin du calice. Anthères à arêtes très-longues. Corolle rose. — Cap de B. E.

ÉRICA VENTRU. — *Erica ventricosa* Willd. — Andr. Eric. vol. 1, Ic. — Bot. Mag. tab. 350. — Wendl. Eric. fasc. 3, fig. 11. — *Erica venusta* Salisb. — Feuilles quaternées, ciliées. Bractées loin du calice. Anthères très-courtement aristées. Corolle carnée. — Cap de B. E.

ÉRICA CHARMANT. — *Erica blanda* Andr. Eric. vol. 3, Ic. — Feuilles sénées. Deux des bractées près du calice, la 3ᵉ bractéc éloignée. Corolle rose. Anthères très-courtement aristées. — Cap de B. E.

ÉRICA MONSON. — *Erica Monsoniæ* Hort. Kew. — Andr.

Eric. vol. 2, Ic. — Wendl. Eric. fasc. 10, fig. 9. — *Erica variifolia* Salisb. — Bractées oblongues, très-près du calice. Corolle 2 fois plus longue que le calice, blanche. — Cap de B. E.

ÉRICA A COROLLE BOUFFIE. — *Erica halicacaba* Willd. — Andr. Eric. vol. 2, Ic. — Wendl. Eric. fasc. 6, fig. 7, Ic. — Bractées ovales, très-près du calice. Corolle blanche, 4-fide, 3 fois plus longue que le calice. — Cap de B. E.

ÉRICA LAINEUX. — *Erica lanuginosa* Andr. Eric. vol. 3, Ic. — Bractées ovales, très-près du calice. Corolle brunâtre, 4-partie, à peine plus longue que le calice. — Cap de B. E.

B. *Anthères mutiques. Fleurs terminales.*

ÉRICA A FLEURS TÉTRAGONES. — *Erica tetragona* Willd. — Andr. Eric. vol. 3, Ic. — *Erica pugionifolia* Salisb. — Bractées loin du calice. Feuilles et fleurs ternées. Segments-calicinaux subulés. Corolle 4-goue, jaune. — Cap de B. E.

ÉRICA A FLEURS DE JASMIN. — *Erica jasminiflora* Andr. Eric. vol. 1, Ic. — *Erica lagenæformis* Salisb. — Bractées loin du calice. Feuilles et fleurs ternées. Segments-calicinaux ovales-oblongs. Corolle blanche. — Cap de B. E.

ÉRICA LAGÉNIFORME. — *Erica ampullacea* Willd. — Bot. Mag. tab. 303. — Andr. Eric. vol. 1, Ic. — Bractées loin du calice. Feuilles et fleurs quaternées. Corolle carnée. — Cap de B. E.

ÉRICA A FEUILLES RECOURBÉES. — *Erica retorta* Willd. — Andr. Eric. vol. 1, Ic. — Bot. Mag. tab. 362. — Wendl. Eric. fasc. 15, fig. 45. — Feuilles quaternées. Fleurs octonées. Bractées loin du calice. Segments-calicinaux longuement aristés. Corolle rose. — Cap de B. E.

ÉRICA FERRUGINEUX. — *Erica ferruginea* Andr. Eric. vol. 3, Ic. — Feuilles quaternées. Fleurs octonées. Bractées loin du calice. Segments-calicinaux 3-ou pluri-aristés. — Cap de B. E.

ÉRICA A FLEURS DE CÉRINTHE. — *Erica cerinthoides* Willd. — Bot. Mag. tab. 220. — Andr. Eric. vol. 1, Ic. — Wendl. Eric. fasc. 7, fig. 9. — Deux des bractées près du calice; la 3ᵉ bractée éloignée. Corolle pubérule-visqueuse, écarlate. — Cap de B. E.

ÉRICA A FLEURS GRÊLES. — *Erica tenuiflora* Andr. Eric. vol. 3, Ic. — *Erica cylindrica* Willd. — *Erica fistulæflora* Salisb. — Feuilles quaternées. Bractées très-près du calice. Segments-calicinaux subulés, très-entiers, élargis à la base. Corolle jaune ou blanche. — Cap de B. E.

ÉRICA A FLEURS DE JACINTHE. — *Erica hyacinthoides* Andr. Eric. vol. 3, Ic. — Feuilles quaternées. Bractées très-près du calice. Segments-calicinaux ovales, acuminés, dentelés. Corolle rose. — Cap de B. E.

ÉRICA A FEUILLES ARISTÉES. — *Erica aristata* Bot. Mag. tab. 1249.—Andr. Eric. vol. 3, Ic. — Feuilles quaternées. Bractées très-près du calice. Feuilles recourbées, sétifères au sommet. Segments-calicinaux oblongs, obtus. Corolle pourpre. —Cap de B. E.

ÉRICA A FEUILLES ACUMINÉES. — *Erica acuminata* Andr. Eric. vol. 3, Ic. — Feuilles terminées en soie recourbée. Fleurs nombreuses. Bractées très-près du calice. Corolle rose. — Cap de B. E.

SECTION IV. CALYCINÆ R. Br. in Hort. Kew.

Calice aussi long que le tube de la corolle, ou plus long, coloré.

A. *Anthères garnies de 2 appendices en forme de crête. Feuilles ternées.*

ÉRICA A FEUILLES DE CORIS. — *Erica corifolia* Willd. —

Erica articularis Linn. — Bot. Mag. tab. 423. — *Erica ca-lycina* Andr. Eric. vol. 1, Ic. — Wendl. Eric. fasc. 10, fig. 11. — Feuilles apprimées, presque aussi longues que les entre-nœuds. Bractées loin du calice. Corolle carnée. — Cap de B. E.

ÉRICA GLAUQUE. — *Erica glauca* Salisb. — Bot. Mag. tab. 580. — Andr. Eric. vol. 1, Ic. — Feuilles subérigées, glauques, beaucoûp plus longues que les entre-nœuds. Bractées loin du calice. Corolle pourpre. — Cap de B. E.

ÉRICA A FLEURS D'ANDROMÈDE. — *Erica andromedæflora* Andr. Eric. vol. 3, Ic. — Bot. Mag. tab. 1250. — Feuilles très-étalées, vertes, beaucoup plus longues que les entre-nœuds. Brac-tées loin du calice. Corolle rose. — Cap de B. E.

ÉRICA ÉLÉGANT. — *Erica elegans* Andr. Eric. vol. 3, Ic. — Bot. Mag. tab. 966. — Bractées très-près du calice. Style in-clus. Fleurs nombreuses, terminales. Corolle rose. — Cap de B. E.

ÉRICA A FLEURS LACHES. — *Erica laxa* Andr. Eric. vol. 3, Ic. — Feuilles ciliées. Bractées très-près du calice. Style sail-lant. Corolle lilas. — Cap de B. E.

ÉRICA LUISANT. — *Erica lucida* Andr. Eric. vol. 2, Ic. — Feuilles très-glabres. Bractées très-près du calice. Style sail-lant. Corolle rose. — Cap de B. E.

B. *Anthères aristées.*

ÉRICA A FEUILLES DE LACHNÉA. — *Erica lachneæfolia* Sa-lisb. — *Erica Lachnæa* Andr. Eric. vol. 3, Ic. — Feuilles ternées, elliptiques, imbriquées. Corolle pourpre. — Cap de B. E.

ÉRICA NOIRATRE. — *Erica nigrita* Willd. — Andr. Eric. vol. 1, Ic. — *Erica volutæflora* Salisb. — Feuilles ternées, linéaires, étalées. Corolle blanche. — Cap de B. E.

ÉRICA A FLEURS BACCIFORMES. — *Erica baccans* Willd. — Andr. Eric. vol. 1, Ic. — Bot. Mag. tab. 358. — Wendl. Eric. fasc. 6, fig. 13. — Feuilles quaternées. Appendices des anthères très-longs, subulés, pectinés. Corolle lilas. — Cap de B. E.

C. *Anthères mutiques.*

ÉRICA A FEUILLES MENUES. — *Erica tenuifolia* Willd. — *Erica linifolia* Salisb. — Feuilles opposées. Corolle d'un blanc sale. — Cap de B. E.

ÉRICA CANALICULÉ. — *Erica canaliculata* Andr. Eric. vol. 3, Ic. — Feuilles ternées. Bractées loin du calice. Corolle campanulée, lilas. — Cap de B. E.

ÉRICA DE THUNBERG. — *Erica Thunbergii* Willd. — Bot. Mag. tab. 1214. — *Erica medioliflora* Salisb. — Feuilles ternées. Bractées loin du calice. Corolle à tube globuleux; limbe campanulé. — Cap de B. E.

ÉRICA A FEUILLES D'IF. — *Erica taxifolia* Hort. Kew. — Andr. Eric. vol. 1, Ic. — Feuilles ternées. Bractées loin du calice. Corolle (carnée) à tube conique ; limbe très-étalé. — Cap de B. E.

ÉRICA A FEUILLES PÉTIOLÉES. — *Erica petiolata* Willd. — Andr. Eric. vol. 3. — Feuilles ternées. Bractées très-près du calice. Calice glabre. Corolle blanche. — Cap de B. E.

ÉRICA A FLEURS CAPITELLÉES. — *Erica capitata* Willd. — Andr. Eric. vol. 1, Ic. — *Erica byssina* Salisb. — Feuilles ternées. Bractées très-près du calice. Calice très-velu. Corolle d'un blanc sale. — Cap de B. E.

ÉRICA GLOBULEUX. — *Erica globosa* Willd. — Andr. Eric. vol. 4, Ic. — Feuilles quaternées. Fleurs octonées. Corolle carnée. — Cap de B. E.

Section V. BREVIFLORÆ R. Br. in Hort. Kew.

Corolle longue de 3 à 6 lignes : tube plus long que le calice.

A. *Tube de la corolle subglobuleux. Anthères garnies d'appendices en forme de crête.*

Érica ardent. — *Erica ardens* Andr. Eric. vol. 2, Ic. — Bot. Reg. tab. 115. — Deux des bractées très-près du calice ; la 3e bractée éloignée. Corolle écarlate. — Cap de B. E.

Érica oblique. — *Erica obliqua* Willd. — Andr. Eric. vol. 1, Ic. — Wendl. Eric. fasc. 17, fig. 77. — Feuilles glanduleuses aux bords. Bractées loin du calice. Segments-calicinaux linéaires-oblongs. Corolle pourpre. — Cap de B. E.

Érica résineux.—*Erica resinosa* Sims, Bot. Mag. tab. 1139. — *Erica vernix* Andr. Eric. vol. 3, Ic. — Feuilles un peu scabres. Bractées loin du calice. Corolle très-visqueuse ; limbe vert. — Cap de B. E.

Érica de Lambert.—*Erica Lambertiana* Andr. Eric. vol. 2, Ic. — Bractées loin du calice. Feuilles et corolles (blanches) glabres. — Cap de B. E.

B. *Tube de la corolle urcéolé. Fleurs axillaires. Bractées très-près du calice.*

Érica jaune. — *Erica flava* Andr. Eric. vol. 2, Ic. — Feuilles ternées. — Cap de B. E.

Érica de Blandford. — *Erica Blandfordiana* Andr. Eric. vol. 3, Ic. — Feuilles quaternées. Corolle jaune. — Cap de B. E.

Érica gracieux. — *Erica decora* Andr. Eric. vol. 3. — Feuilles sénées. Corolle lilas. — Cap de B. E.

C. *Corolle conique, ou ovoïde, ou oblongue, ureéolée.*

ÉRICA CENDRÉ. — *Erica cinerea* Linn. — Bull. Herb.
tab. 237. — Engl. Bot. tab. 1013. — Bot. Cab. tab. 1409 et
1505. — Feuilles opposées ou ternées, linéaires. Fleurs subcapitellées ou éparses. Corolle elliptique-oblongue. Anthères incluses. Stigmate subsaillant. Anthères cristées à la base. — Arbuste diffus, atteignant 1 pied de haut. Feuilles longues de 4 à
5 lignes : les jeunes subciliées. Bractées près du calice. Sépales
linéaires, 2 fois plus courts que la corolle. Corolle pourpre, ou
rose, ou blanche, longue de 3 à 4 lignes. Stigmate capitellé.
Capsule glabre. Cette espèce croît dans les landes sablonneuses
de l'Europe occidentale.

ÉRICA RAIDE. — *Erica stricta* Willd. — Andr. Eric. vol. 2,
Ic. — *Erica multicaulis* Salisb. — *Erica ramuliflora* Salisb. — Feuilles quaternées, glabres. Anthères cristées. Corolle
pourpre. Cette espèce croît dans la région méditerranéenne.

ÉRICA TÉTRALIX. — *Erica Tetralix* Linn. — Flor. Dan.
tab. 81. — Engl. Bot. tab. 1014. — Guimp. et Hayn. Deutsch.
Holz. tab. 46. — Feuilles quaternées, lancéolées-linéaires,
hérissées. Fleurs subcapitellées. Corolle oblongue, ventrue. Anthères incluses, appendiculées à la base. Stigmate saillant. —
Arbuste haut d'environ 1 pied. Feuilles révolutées aux bords,
incanes en dessous. Segments-calicinaux 3 fois plus courts que
la corolle. Corolle rose ou blanche, longue d'environ 4 lignes.
Capsule soyeuse. Cette espèce croît dans les landes tourbeuses de
l'Europe septentrionale ; elle fleurit en juillet et en août.

ÉRICA URCÉOLAIRE. — *Erica urceolaris* Willd. — Wendl.
Eric. fasc. 9, fig. 11. — *Erica lamellaris* Salisb. — Feuilles
ternées. Anthères aristées. Bractées loin du calice. Corolle blanche. — Cap de B. E.

ÉRICA GLUTINEUX. — *Erica glutinosa* Willd. — *Erica dro-*

seroides Andr. Eric. vol. 1, Ic. — Anthères aristées. Bractées loin du calice. Feuilles éparses. Corolle pourpre. — Cap de B. E.

Érica cilié.—*Erica ciliaris* Willd.—Bot. Mag. tab. 824. — Wendl. Eric. fasc. 7, fig. 3. — Anthères mutiques. Feuilles ternées, ovales, ciliées. Corolle pourpre. Cette espèce croît dans les landes tourbeuses de l'Europe occidentale.

Érica blanchatre. — *Erica albens* Willd. — Andr. Eric, vol. 1, Ic. — Bot. Mag. tab. 440. — Wendl. Eric. fasc. 6, fig. 3. — Anthères mutiques. Feuilles ternées, linéaires, glabres. Corolle blanche. — Cap de B. E.

Érica fastigié. — *Erica fastigiata* Willd. — *Erica Walkeria* Andr. Eric. vol. 2, Ic. — *Erica primuloides* Andr. l. c. vol. 3, Ic. — Feuilles quaternées ou quinées. Anthères mutiques. Corolle à limbe étalé, discolore. — Cap de B. E.

Érica a fleurs touffues.—*Erica comosa* Willd.— Wendl. Eric. fasc. 12, fig. 7. — Andr. Eric. vol. 2, Ic. — *Erica galiiflora* Salisb. — Anthères mutiques. Feuilles quaternées. Corolle à limbe étalé, concolore (carné ou blanc). — Cap de B. E.

Érica Muscari. — *Erica Muscari* Andr. Eric. vol. 1, Ic. — Wendl. Eric. fasc. 18, fig. 85. — *Erica fragrans* Salisb. — Anthères mutiques. Feuilles quaternées. Corolle (rose) à limbe révoluté. — Cap de B. E.

D. *Corolle cylindracée, ou évasée au sommet.*

Érica austral. — *Erica australis* Willd. — Andr. Eric, vol. 3, Ic. — Wendl. Eric. fasc. 9, fig. 13. — *Erica pistillaris* Salisb. — Fleurs terminales. Bractées très-près du calice. Anthères cristées. Corolle pourpre. — Cette espèce croît au Portugal et en Espagne.

Érica denticulé. — *Erica denticulata* Willd. — Lodd. Bot.

Cab. tab. 1090. — *Erica denticularis* Salisb. — Fleurs terminales. Bractées très-près du calice. Anthères mutiques. Corolle
blanche. — Cap de B. E.

ÉRICA DÉPRIMÉ. — *Erica depressa* Willd. — *Erica rupes-
tris* Andr. Eric. vol. 2, Ic. — *Erica humilis* Salisb. — Fleurs
terminales. Bractées loin du calice. Anthères aristées. Corolle
blanche. — Cap de B. E.

ÉRICA RÉCLINÉ. — *Erica propendens* Andr. Eric. vol. 2, Ic.
— Bot. Mag. tab. 2140. — Fleurs terminales. Bractées loin du
calice. Anthères mutiques. Segments-calicinaux ovales. Corolle
pourpre. — Cap de B. E.

ÉRICA PYRAMIDAL. — *Erica pyramidalis* Willd. — Bot. Mag.
tab. 366. — Andr. Eric. vol. 2, Ic. — Wendl. Eric. fasc. 5,
fig. 3. — Fleurs terminales. Bractées loin du calice. Anthères
mutiques. Segments-calicinaux subulés, élargis à la base. Corolle élargie vers le sommet, carnée. — Cap de B. E.

. ÉRICA A FLEURS DE VIPÉRINE. — *Erica echiiflora* Andr.
Eric. vol. 3, Ic. — Fleurs axillaires. Deux des bractées très-
près du calice ; la 3e bractée éloignée. Segments-calicinaux ovales-oblongs. Corolle pourpre. — Cap de B. E.

ÉRICA FILAMENTEUX. — *Erica filamentosa* Andr. Eric. vol. 2,
Ic. — Bot. Reg. tab. 6. — Fleurs axillaires. Pédoncules plus
longs que les fleurs. Segments-calicinaux subulés. Corolle pourpre. — Cap de B. E.

ÉRICA JOLI. — *Erica pulchella* Willd. — *Erica argutifolia*
Salisb. — Fleurs axillaires. Pédoncules beaucoup plus courts que
les feuilles. Segments-calicinaux subulés. Corolle pourpre. —
Cap de B. E.

ÉRICA VISCIDE. — *Erica viscaria* Willd. — *Erica viscida*
Salisb. — Fleurs axillaires. Segments-calicinaux linéaires. Corolle lilas. — Cap de B. E.

Section VI. PARVIFLORÆ R. Br. in Hort. Kew.

Corolle longue au plus de 3 lignes : tube plus long que le calice.

A. *Anthères munies d'appendices en forme de crête. Calice dressé.*

Erica superbe. — *Erica formosa* Willd. — Andr. Eric. vol. 4, Ic. — Feuilles ternées. Bractées très-près du calice. Corolle blanche ou pourpre. — Cap de B. E.

Érica incliné. — *Erica cernua* Willd. — Feuilles quaternées, ciliées : les ramulaires ovales. Bractées très-près du calice. Corolle carnée. — Cap de B. E.

Érica de Solander. — *Erica Solandri* Andr. Eric. vol. 2, Ic. — Feuilles quaternées, linéaires, hispides. Bractées très-près du calice. Corolle pourpre. — Cap de B. E.

Érica Faux-Empétrum. — *Erica empetroides* Andr. Eric. vol. 2, Ic.—*Erica empetrifolia* Wendl. Eric. fasc. 11, fig. 11. —Bractées très-près du calice. Feuilles sénées. Corolle pourpre. —Cap de B. E.

Érica a feuilles d'Empétrum. — *Erica empetrifolia* Willd. — Bot. Mag. tab. 447. — Wendl. Eric. fasc. 5, fig. 13. — Feuilles ciliées. Bractées loin du calice. Segments-calicinaux subulés. Corolle pourpre. — Cap de B. E.

Érica perlé. — *Erica margaritacea* Willd. — Andr. Eric. vol. 1, Ic.—Feuilles et segments-calicinaux glabres. Bractées loin du calice. Corolle blanche.—Cap de B. E.

Érica a fleurs latérales. — *Erica lateralis* Willd. — Andr. Eric. vol. 2, Ic. — *Erica guttæflora* Salisb. — Feuilles glabres. Segments-calicinaux ciliés. Bractées loin du calice. Corolle carnée. — Cap de B. E.

B. *Anthères aristées. Feuilles ternées.*

Érica réfléchi. — *Erica retroflexa* Wendl. Eric. fasc. 8 , fig. 7. — *Erica pulchella* Andr. (nec Thunb.) Eric. vol. 1, Ic. — *Erica caducœifera* Salisb. — Feuilles elliptiques-oblongues, dressées, beaucoup plus longues que les entre-nœuds. Fleurs axillaires. Corolle pourpre. — Cap de B. E.

Érica a feuilles planes. — *Erica planifolia* Willd. — Wendl. Eric. fasc. 16, fig. 59. — *Erica thymifolia* Salisb. (non Andr.) — Feuilles ovales, étalées, plus courtes que les entre-nœuds. Fleurs axillaires. Corolle pourpre.—Cap de B. E.

Érica a feuilles de Thym.—*Erica thymifolia* Andr. Eric. vol. 2, Ic. — Feuilles ovales, étalées, plus longues que les entre-nœuds. Fleurs axillaires. Corolle pourpre. — Cap de B. E.

Érica bicolore. — *Erica bicolor* Willd. — *Erica calathiflora* Salisb. — Fleurs terminales. Feuilles ovales, imbriquées. Corolle (panachée de vert et de pourpre) campanulée. — Cap de B. E.

Érica arborescent.— *Erica arborea* Linn. —Clus. Hist. 1, p. 41, Ic. — Flor. Græc. tab. 351. — *Erica stylosa* Rud. — *Erica procera* Salisb. (nec Wendl.) — *Erica elata* Link. — Feuilles linéaires, glabres. Fleurs terminales. Ramules cotonneux. — Arbuste ou buisson, haut de 3 à 6 pieds. Rameaux dressés. Feuilles longues d'environ 4 lignes. Fleurs agrégées au sommet de courts ramules. Bractéoles minimes, apprimées au calice. Segments-calicinaux 2 fois plus courts que la corolle, elliptiques-oblongs, glabres, blanchâtres. Corolle blanche, ellipsoïde, longue de 1 $^{1}/_{2}$ ligne à 2 lignes. Anthères incluses. Style saillant. Stigmate infondibuliforme, lobé. Cette espèce est commune dans l'Europe méridionale.

Érica paniculé. — *Erica paniculata* Willd. — Lodd. Bot. Cab. tab. 1194.— *Erica milleflora* Salisb.—Feuilles linéaires, glabres de même que les ramules. Fleurs terminales. Corolle pourpre. — Cap de B. E.

ÉRICA PUBESCENT. — *Erica pubescens* Linn. — *Erica pallida* Salisb. — Feuilles linéaires, hérissées. Pédoncules à peine aussi longs que les fleurs. Fleurs terminales. Corolle lilas. — Cap de B. E.

ÉRICA POILU. — *Erica hirta* Willd. — *Erica urceolaris* Salisb. — Feuilles linéaires, hispides. Pédoncules 2 à 3 fois plus longs que les fleurs. Fleurs terminales. Corolle pourpre. — Cap de B. E.

C. *Anthères aristées. Feuilles quaternées, ou en plus grand nombre par verticille.*

ÉRICA AGRÉABLE. — *Erica amœna* Willd. — Wendl. Eric. fasc. 17, fig. 73. —.*Erica plumosa* Andr. Eric. vol. 2, Ic. — Fleurs axillaires. Segments-calicinaux velus de même que les feuilles. Style inclus. Corolle pourpre. — Cap de B. E.

ÉRICA STRIGUEUX. — *Erica strigosa* Willd. — *Erica axillaris* Salisb. — Feuilles pubescentes, ciliées. Fleurs axillaires. Segments-calicinaux velus. Style saillant. Corolle lilas. — Cap de B. E.

ÉRICA A GRAPPES. — *Erica racemifera* Andr. Eric. vol. 3, Ic. — Feuilles et segments-calicinaux glabres. Fleurs axillaires. Corolle pourpre. — Cap de B. E.

ÉRICA GRÊLE. — *Erica gracilis* Willd. — Wendl. Eric. fasc. 8, fig. 9. — Feuilles apprimées, glabres de même que la tige. Fleurs terminales. Corolle campanulée, pourpre. — Cap de B. E.

ÉRICA A GUIRLANDES.—*Erica persoluta* Willd. — Bot. Mag. tab. 342. — Tige pubescente. Feuilles glabres, étalées. Fleurs terminales. Corolle campanulée, pourpre. — Cap de B. E.

ÉRICA RAMULEUX. — *Erica ramentacea* Willd. — Andr. Eric. vol. 1, Ic. — *Erica bullularis* Salisb. — Feuilles glabres. Fleurs terminales. Segments-calicinaux colorés, subulés. Corolle globuleuse, pourpre. — Cap de B. E.

ÉRICA MUQUEUX. — *Erica mucosa* Willd. — Andr. Eric. vol. 1, Ic.—Feuilles glabres. Fleurs terminales. Segments calicinaux ovales, obtus, colorés. Corolle globuleuse, pourpre. — Cap deB. E.

ÉRICA PILULIFÈRE. — *Erica pilulifera* Willd. — *Erica piluliformis* Salisb. — Feuilles glabres, ciliées. Fleurs terminales. Segments-calicinaux ovales, acuminés, colorés. Corolle globuleuse, pourpre. — Cap de B. E.

ÉRICA A FLEURS HÉRISSÉES. — *Erica hirtiflora* Bot. Mag. tab. 481. — *Erica pubescens* Andr. Eric. vol. 1, Ic. — Bot. Mag. tab. 580. — *Erica mitrœformis* Salisb. — *Erica tardiflora* Salisb. — *Erica parviflora* Linn. — Fleurs terminales. Feuilles hérissées. Corolle pubescente, lilas. — Cap de B. E.

ÉRICA TOUJOURS-FLEURI. — *Erica florida* Willd. — Feuilles hérissées. Fleurs terminales. Corolle glabre, pourpre. — Cap de B. E.

D. *Anthères mutiques.* (*Feuilles linéaires dans la plupart des espèces.*)

ÉRICA A FEUILLES CORDIFORMES. — *Erica cordata* Andr. Eric. vol. 3, Ic. — Feuilles ternées, ovales, velues. Corolle blanche. — Cap de B. E.

ÉRICA HISPIDULE. — *Erica hispidula* Willd. — *Erica virgularis* var. Salisb. — Feuilles ternées, ovales, glabres, subciliées. Corolle pourpre. — Cap de B. E.

ÉRICA FAUX-PASSÉRINA. — *Erica Passerina* Willd. — *Erica passerinœfolia* Salisb. — Feuilles ternées. Calice 4-fide, cotonneux. Corolle blanche. — Cap de B. E.

Érica canescent. — *Erica canescens* Hort. Kew. — *Erica criocephala* Andr. Eric. vol. 2, Ic. (non Lamk.) — Feuilles ternées, velues de même que le calice et la corolle. Corolle lilas. — Cap de B. E.

Érica sétacé. — *Erica setacea* Andr. Eric. vol. 1, Ic. — *Erica asperifolia* Salisb.— Feuilles ternées, hispides. Segments calicinaux poilus en dessus. Corolle glabre. — Cap de B. E.

Érica Fausse-Absinthe. — *Erica absinthoides* Willd. — *Erica virgularis* var. Salisb. — Feuilles scabres, hispidules. Calice et corolle glabres. Corolle pourpre. — Cap de B. E.

Érica odorant. — *Erica fragrans* Andr. Eric. vol. 2. — Bot. Mag. tab. 2181. — Feuilles ternées, glabres. Corolle pourpre, à limbe révoluté. — Cap de B. E.

Érica campanulé.—*Erica campanulata* Andr. Eric. vol. 1, Ic. — Wendl. Eric. fasc. 13, fig. 3.— *Erica campanularis* Salisb. — Feuilles ternées, glabres. Corolle jaune, à limbe recourbé.—Cap de B. E.

Érica a balais. — *Erica scoparia* Linn. — *Erica fucata* Willd. — *Erica viridipurpurea* Linn. — *Erica virgulata* Wendl. Eric. fasc. 21, fig. 1. — Feuilles ternées, glabres. Corolle verdâtre, à limbe dressé. — Arbuste haut de 3 à 4 pieds. Feuilles linéaires, étalées, révolutées aux bords, longues de 2 à 3 lignes. Bractées loin du calice. Fleurs axillaires, très-nombreuses. Corolle campanulée. Anthères incluses. Stigmate petit, saillant. Cette espèce est commune dans l'Europe méridionale ; elle fleurit en mars et avril.

Érica menu. — *Erica tenella* Andr. Eric. vol. 2. — Feuilles quaternées, glabres. Fleurs terminales, quaternées. Corolle pourpre. — Cap de B. E.

Érica a fleurs agrégées. — *Erica conferta* Andr. Eric. vol. 2, Ic.—Feuilles quaternées, glabres. Fleurs terminales, agrégées. Corolle blanche. — Cap de B. E.

Genre CALLUNA. — *Calluna* Salisb.

Calice 4-parti, scarieux, coloré, accompagné d'un calicule de 6 bractéoles 3-sériées, opposées-croisées. Corolle campanulée, 4-fide, beaucoup plus courte que le calice. Étamines 8, hypogynes; filets filiformes; anthères dressées, conniventes (cohérentes avant l'anthèse), profondément 2-fides, 2-apiculées à la base, mutiques, déhiscentes par 2 courtes fentes infra-apicilaires; appendices basilaires en forme de crête. Ovaire 4-loculaire; loges pauci-ovulées. Style filiforme. Stigmate infondibuliforme, 4-lobé. Capsule 4-loculaire, 4-valve, septifrage; cloisons alternes avec les valves; loges 1-ou oligo-spermes; axe-central placentifère au sommet. Graines petites, subovoïdes, aptères, ponctuées.

Sous-arbrisseau très-rameux. Feuilles petites, opposées, coriaces, persistantes, sessiles, ordinairement imbriquées, subsagittiformes, 3-gones. Pédoncules axillaires ou [terminant de courts ramules axillaires, 1-flores, courts, nutants pendant la floraison, puis dressés, rapprochés en grappes. Calice (semblable à une corolle) lilas (par variation blanc) de même que les bractées supérieures. — L'espèce que nous allons décrire constitue à elle seule le genre.

CALLUNA BRUYÈRE. — *Calluna vulgaris* Salisb. — Guimp. et Hayn. Deutsch. Holz. tab. 45. — *Erica vulgaris* Linn. — Flor. Dan. tab. 678. — Engl. Bot. tab. 1013. — Bull. Herb. tab. 341. — Schk. Handb. tab. 107. — Gærtn. Fruct. 1, tab. 63, fig. 4. — *Calluna Erica* De Cand. Fl. Franç.

Arbuste haut de 1 pied à 3 pieds, très-touffu, glabre dans les localités sèches, pubérule dans les terrains humides. Rameaux ascendants ou dressés, cylindriques, effilés, garnis de quantité de ramules très-grêles, feuillus, tombant en général après avoir fructifié. Feuilles longues d'environ 1 ligne, imbriquées, ou moins souvent étalées, obtuses, sublinéaires (à appendices basilaires pointus), révolutées en dessous. Grappes assez denses, unilatérales. Pédicelles un peu plus courts que les fleurs. Les deux bractées inférieures conformes aux feuilles; les 2 suivantes à peine appendiculées à la base, membraneuses aux bords; les 2 supérieures scarieuses, ovales, colorés comme le calice, avec une carène dorsale verte. Segments-calicinaux ovales-oblongs. Corolle de même couleur que le calice, à segments lancéolés, pointus. Étamines plus courtes que la corolle. Anthères d'un brun noirâtre. Ovaire ordinairement pubescent. Style saillant.

Cette espèce, connue sous les noms de *Bruyère*, ou *Bruyère commune*, habite toute l'Europe, mais notamment le Nord, où elle couvre des espaces immenses dont elle constitue souvent toute la végétation; les terrains sablonneux sont du reste les seuls qui lui conviennent.

IIᵉ TRIBU. **LES ANDROMÉDÉES.** — *ANDROME-DEÆ* Don.

Corolle régulière, non-persistante. Anthères mutiques ou aristées. Péricarpe baccien, ou loculicide, ou septicide. — Sous-arbrisseaux ou arbrisseaux. Feuilles en général persistantes.

Genre MENZIÈSIA. — *Menziesia* Smith.

Calice petit, 4-parti, herbacé. Corolle ovoïde-globuleuse, courtement 4-lobée. Étamines 8, hypogynes; filets filiformes, dressés; anthères médifixes, dressées, conniventes, linéaires, échancrées à la base, bifides au sommet, inaristées, déhiscentes par 2 pores apicilaires. Ovaire 4-loculaire; loges multi-ovulées. Style filiforme. Stigmate petit, subcapitellé. Capsule 4-loculaire, polysperme, septicide, 4-valve. Graines petites, oblongues.

Arbrisseaux à bourgeons écailleux. Feuilles minces,

non-persistantes , très-entières, discolores. Bourgeons flo-
raux aphylles, solitaires au sommet des ramules de l'année
précédente, accompagnés de plusieurs bourgeons foliaires.
Fleurs en ombelle simple ; pédicelles filiformes, pendants,
ébractéolés. Corolle petite, rougeâtre. — Ce genre, dont
on ne connaît que 2 espèces, appartient à l'Amérique
septentrionale.

MENZIÉSIA A FLEURS GLOBULEUSES. — *Menziesia globularis*
Salisb. Parad. Lond tab. 44. — *Menziesia Smithii* Mich.
Flor. Bor. Amer. — *Menziesia ferruginea* : β, Bot. Mag.
tab. 1571. — *Menziesia pilosa* Willd. Enum. — Guimp. et
Hayn. Fremd. Holz. tab. 27. — *Azalea pilosa* Lamk. — *Men-
ziesia azaleoides* Hortul.

Arbrisseau dressé, haut de 1 pied à 2 pieds. Rameaux grêles,
glabres. Jeunes pousses poilues. Feuilles elliptiques , ou obovales, ou ovales, obtuses, mucronulées, arrondies ou cunéiformes à leur base , ciliées, strigueuses et d'un vert gai en dessus,
pubescentes et d'un glauque blanchâtre en dessous , courtement
pétiolées, penninervées, veineuses , longues de 1 pouce à 2 pouces. Ombelles 7-20-flores. Pédicelles anisomètres, plus longs
que les fleurs, pubérules-glanduleux. Segments calicinaux ovales, obtus, ciliés de poils glandulifères. Corolle de la forme et
du volume de celle du Muguet ; lobes dentiformes, obtus. Étamines glabres, un peu plus courtes que la corolle. Anthères brunâtres, de moitié plus courtes que les filets. Style débordant les
étamines.

Cette espèce, indigène des États-Unis, se cultive comme arbrisseau d'ornement ; les fleurs paraissent en mai, en même
temps que les feuilles.

Genre DABÉCIA. — *Dabœcia* Don.

Calice petit ; 4-parti, coriace. Corolle urcéolée, ovoïde ,
courtement 4-lobée. Étamines 8, hypogynes, conniventes ;
filets filiformes, comprimés ; anthères infrà-médifixes,
dressées , sagittiformes-linéaires, apiculées au sommet,

déhiscentes par une courte fente subapicilaire. Pistil, capsule et graines comme dans les *Menziésia*.

Arbustes bas, touffus. Feuilles éparses, coriaces, persistantes. Fleurs en grappes ou en ombelles terminales.
Corolle pourpre ou bleuâtre.

DABÉCIA A FEUILLES DE POLIUM. — *Dabœcia polifolia* Don.
—*Erica Daboeci* Linn.—Engl. Bot. tab. 35.—*Menziesia polifolia* Juss.

Arbuste haut de ¹/₂ pied à 2 pieds, ayant le port d'un *Érica*.
Rameaux ascendants, ou diffus, effilés, feuillus, hispides.
Feuilles longues de 3 à 6 lignes, très-rapprochées, luisantes et
d'un vert foncé en dessus, cotonneuses-incanes en dessous, ciliées et parsemées en dessus de poils raides (la plupart glandulifères), courtement pétiolées, très-entières; les adultes (souvent
munies aux aisselles d'un très-court ramule stérile) lancéolées-
obovales, ou lancéolées-oblongues, ou ovales, ou ovales-lancéolées, mucronulées, subrévolutées aux bords; les jeunes (ainsi
que celles des ramules stériles) sublinéaires, complétement révolutées en dessous. Grappes terminales, lâches, solitaires, subunilatérales, longues de 2 à 6 pouces. Rachis pubérule-glanduleux,
visqueux, très-grêle, flexueux. Pédicelles inclinés, 1-bractéolés
à la base, longs d'environ 1 ligne. Bractées coriaces, foliacées,
discolores, persistantes, ciliées, linéaires, à peu près aussi longues que les pédicelles. Fleurs pendantes, semblables à celles de
l'*Érica ciliata*. Segments-calicinaux ovales-lancéolés, pointus,
glanduleux. Corolle d'un pourpre violet, longue de 4 lignes :
lobes dentiformes, obtus, recourbés. Anthères violettes, à peine
saillantes, aussi longues que les filets. Style inclus. Capsule
chartacée, ovale-conique.

Cette espèce croît dans les terrains tourbeux au Portugal, dans
les Pyrénées, et en Irlande ; elle fleurit en été. On la cultive
comme arbuste d'ornement.

Genre ANDROMÈDE. — *Andromeda* (Linn.) Don.

Calice petit, membranacé, coloré, 5-parti, 2-bractéolé à

la base. Corolle subglobuleuse, ou ovoïde, urcéolée, 5-dentée : dents recourbées. Étamines 10, insérées à la base de
la corolle, conniventes; filets sublinéaires, élargis à la
base; anthères supra-médifixes, nutantes, cordiformes-
elliptiques, 2-aristées au sommet, déhiscentes par 2 pores
apicilaires. Ovaire 5-loculaire. Style filiforme, épaissi au
sommet. Stigmate petit, subcapitellé. Capsule subglobuleuse, 5-sulquée, 5-loculaire, loculicide, 5-valve, polysperme; axe-central 5-gone, fongueux, placentifère aux
angles. Graines lisses.

Sous-arbrisseau très-glabre. Feuilles éparses, coriaces,
persistantes, très-entières, courtement pétiolées, révolutées aux bords, réticulées, glauques en dessous. Bourgeons-florifères terminaux; aphylles, écailleux, pauciflores.
Pédicelles fasciculés, nutants pendant la floraison, puis
dressés. Corolle rose ou blanche. — A l'exemple de M. Don,
nous ne comprenons dans ce genre que l'espèce suivante.

Andromède a feuilles de Polium. — *Andromeda Polifolia* Linn. Flor. Lapp. 1, tab. 3. — Flor. Dan. tab. 54. —
Engl. Bot. tab. 713. — Guimp. et Hayn. Deutsch. Holz.
tab. 55. —Pallas. Flor. Ross. 2, tab. 72, fig. 1. — Duham.
ed nov. vol. 1, tab. 38. — *Rhododendron polifolium* Scopol.
— *Andromeda glaucophylla* Link, Enum. — *Andromeda
rosmarinifolia* Pursh, Flor. Amer. Sept.—*Andromeda subulata* Hortul.

— α A feuilles étroites. — Feuilles lancéolées-oblongues, ou
        lancéolées-linéaires.

— β A larges feuilles. — Feuilles elliptiques-oblongues, ou
        lancéolées-obovales.

Arbuste assez touffu, haut de ½ pied à 1 ½ pied. Tiges ascendantes ou diffuses, très-grêles, radicantes, irrégulièrement
rameuses. Rameaux ascendants ou dressés; les adultes ligneux.
Ramules raides, feuillus, effilés. Feuilles longues de 4 lignes à
2 pouces, luisantes et d'un vert foncé en dessus, très-glauques en

dessous, mucronées, très-rapprochées, verticales, ou plus ou moins divergentes, en général de forme semblable à celle des feuilles du Romarin. Fleurs tantôt subsessiles, tantôt plus ou moins longuement pédonculées; pédicelles filiformes, atteignant jusqu'à 1 pouce de long, en général pourpres. Calice rougeâtre : segments ovales ou elliptiques, pointus, ou obtus. Corolle longue de 3 à 4 lignes, glabre, un peu luisante, rose, ou carnée, ou blanche, ovoïde, ou subglobuleuse, obscurément 5-gone; dents obtuses. Bractéoles subulées, à peine aussi longues que le calice. Étamines de moitié plus courtes que la corolle. Filets ciliés. Anthères petites, brunâtres. Style presque aussi long que la corolle.

Cet arbuste élégant, qu'on cultive fréquemment dans les jardins, croît dans les tourbières des Alpes et autres montagnes de l'Europe, ainsi que dans celles des plaines du Nord; il n'est pas moins commun dans l'Amérique septentrionale et en Sibérie; dans les jardins il fleurit depuis le milieu du printemps jusqu'à la fin de l'été. Toute la plante abonde en tannin; en Russie, l'on s'en sert en place de noix de galles, pour teindre en noir.

Genre CHAMÉDAPHNÉ. — *Chamædaphne* Mœnch.

Calice subcoriace, 5-parti, accompagné d'un calicule de 2 bractées connées par la base. Corolle ovoïde, ou subglobuleuse, ou subcylindracée, urcéolée, 5-lobée; lobes courts, recourbés. Étamines 10, hypogynes, conniventes; filets filiformes, élargis à la base; anthères linéaires-oblongues, médifixes, inclinées, bifides jusqu'au milieu : lobes un peu divergents, mucronés, s'ouvrant chacun par une courte fente subterminale. Ovaire 5-loculaire; loges multiovulées. Style filiforme. Stigmate petit, disciforme. Capsule subglobuleuse, déprimée, profondément ombiliquée et 5-sulquée (presque 5-coque), 5-gone, 5-loculaire, 5-valve, loculicide (s'ouvrant aux angles); valves marginées; axe-central très-court, pyramidal, placentifère. Graines peu nombreuses dans chaque loge, assez grandes, irrégulièrement ovales, lisses, comprimées, ou subtrigones.

Sous-arbrisseaux, comme pulvérulents sur toutes leurs parties herbacées (par une pubescence furfuracée très-fine). Feuilles coriaces, persistantes, dentelées, courtement pétiolées, éparses. Pédoncules courts, 1-flores, axillaires (sur les ramules de l'année précédente), inclinés pendant la floraison et disposés en grappes unilatérales ; les fructifères dressés ou redressés. Corolle blanche.

Ce genre ne comprend que les 2 espèces suivantes, qu'on cultive fréquemment comme arbustes d'ornement.

a) *Feuilles non-crépues aux bords, en général larges. Corolle à lobes dentiformes, très-courts. Calicule presque aussi grand que le calice.*

CHAMÉDAPHNÉ CALICULÉ. — *Chamœdaphne calyculata* Mœnch, Meth. —*Andromeda calyculata* Linn. — Pallas, Flor. Ross. tab. 72, fig. 1.— Duham. ed. nov. vol. 1, tab. 41. — Guimp. et Hayn. Deutsch. Holz. tab. 56. — Bot. Mag. tab. 1286. — Lodd. Bot. Cab. tab. 530 et 862. — *Lyonia calyculata* Reichb. Flor. Germ. Excurs. —*Cassandra calyculata* Don.

● Arbuste plus ou moins touffu, haut de 1 pied à 3 pieds. Tiges dressées ou réclinées, grêles, rameuses, ligneuses. Rameaux dressés ou divergents, flexueux, feuillus dans toute leur longueur, effilés : les florifères plus ou moins réclinés, souvent paniculés vers leur sommet. Feuilles elliptiques, ou oblongues, ou oblongues-obovales, ou lancéolées-obovales, ou lancéolées-oblongues, obtuses, ou subobtuses, mucronulées, plus ou moins distinctement dentelées ou crénelées, subrévolutées aux bords, un peu scabres aux 2 faces, d'un vert gai et luisantes en dessus, subferrugineuses ou blanchâtres en dessous, finement réticulées : les inférieures longues de 1 pouce à 2 pouces, larges de 4 à 12 lignes ; les florales graduellement plus petites ; les supérieures à peine plus longues que les fleurs ; pétiole scabre, long de ^{1}/$_2$ ligne à 2 lignes. Grappes plus ou moins lâches, longues de 1 pouce à 6 pouces. Pédicelles filiformes, rougeâtres, plus courts que les fleurs. Bractées-caliculaires ovales, pointues, concaves. Segments-calicinaux conformes aux bractées, longs à

peine de 1 ligne. Corolle longue de 2 à 3 lignes, ovoïde, ou subglobuleuse, ou oblongue-cylindracée : dents ovales, pointues.
Étamines glabres, de moitié plus courtes que la corolle. Anthères d'un brun de cannelle : lobes courtement mucronés. Ovaire
furfuracé. Style à peu près aussi long que la corolle, ou un
peu saillant, non-persistant. Capsule petite, débordée par le
calice, subcoriace; valves cymbiformes, à rebord jaunâtre, cartilagineux. Graines brunes, luisantes.

Cette espèce est commune dans les marais tourbeux du nord
de l'Europe, de l'Asie et de l'Amérique ; elle fleurit au printemps.

b) *Feuilles crépues aux bords, en général très-étroites. Corolle fendue
presque jusqu'au milieu en 5 lobes sublinéaires. Calicule petit.*

Chamédaphné a feuilles crépues. — *Chamœdaphne
crispa* Link, Enum. (sub *Andromeda*). — *Andromeda angustifolia* Pursh, Flor. Am. Sept.

Arbuste semblable à l'espèce précédente par le port, la pubescence et l'inflorescence. Feuilles lancéolées-linéaires, ou linéaires-spathulées, ou moins souvent (les inférieures) lancéolées-
obovales, en général larges de 1 ligne à 3 lignes, longues de
6 à 15 lignes; les florales supérieures très-petites, larges à peine
de $^1/_2$ ligne. Pédicelles plus courts que les fleurs. Segments calicinaux et bractées-caliculaires oblongs-lancéolés, pointus.
Corolle longue de 2 $^1/_2$ à 3 lignes, subcylindracée; lobes pointus, recourbés au sommet. Étamines de moitié plus longues que
la corolle. Anthères brunes, à lobes plus divergents et plus longuement mucronés que dans l'espèce précédente.

Cette espèce est originaire de l'Amérique septentrionale ; elle
fleurit au printemps.

Genre CASSANDRA. — *Cassandra* Spach.

Calice herbacé, 5-parti, accompagné d'un calicule de
2 bractées connées par la base. Corolle subcylindracée,
urcéolée, 5-dentée. Étamines 10, conniventes, hypogynes;

filets linéaires-subulés, aplatis; anthères oblongues, bifides : lobes 2-aristés au sommet, s'ouvrant par une courte
fente terminale. Ovaire 5-loculaire; loges multi-ovulées.
Style filiforme. Stigmate petit, tronqué. Capsule globuleuse, 5-loculaire, loculicide-quinquévalve, polysperme.

Arbrisseau glabre. Bourgeons écailleux : les florifères
aphylles. Feuilles minces, non-persistantes, éparses, dentelées. Fleurs en grappes solitaires ou subfasciculées (à
l'extrémité des ramules de l'année précédente), unilatéra-·
les; pédicelles courts, ébractéolés à la base : les florifères
nutants; les fructifères dressés. Corolle blanche. — Ce
genre n'est fondé que sur l'espèce suivante.

CASSANDRA A GRAPPES. — *Cassandra racemosa* Spach. —
Andromeda racemosa Linn. — *Andromeda spicata* Wats.
Dendr. Brit. tab. 36.

Buisson ou arbrisseau irrégulièrement rameux, haut de 4 à
8 pieds. Rameaux divergents, raides, tortueux, cendrés. Ramules
anguleux, les florifères courts, ordinairement aphylles. Feuilles
lancéolées, ou lancéolées-oblongues, ou lancéolées-elliptiques,
ou lancéolées-obovales, pointues, veineuses, finement réticulées, d'un vert pâle, luisantes en dessus, longues de 2 à 3 pouces, rétrécies en pétiole long de 1 ligne à 2 lignes. Grappes dressées, ou un peu inclinées au sommet, assez denses, nombreuses,
longues de 1 pouce à 4 pouces; rachis raide, anguleux, rectiligne, vert, grêle. Pédicelles plus courts que le calice. Bractées-
caliculaires ovales, pointues, concaves, plus courtes que le calice.
Segments-calicinaux verdâtres ou rougeâtres, conformes aux
bractées, longs de 1 ligne. Corolle longue de 3 à 4 lignes, d'un
blanc tirant sur le rose; dents courtes, pointues, recourbées.
Étamines 1 fois plus courtes que la corolle. Filets velus. Anthères jaunes. Style presque aussi long que la corolle.

Cet arbrisseau, indigène des États-Unis, se cultive dans les
jardins; il fleurit en été.

Genre ZÉNOBIA. — *Zenobia* Don.

Calice 5-parti, coriace, non-caliculé. Corolle campanulée, 5-lobée. Étamines 10, conniventes, hypogynes; filets subulés, dilatés à la base; anthères subcordiformes, bifides : lobes tubuliformes, 2-aristés au sommet, s'ouvrant chacun par une fente subapicilaire. Ovaire 5-loculaire; loges multi-ovulées. Style filiforme. Stigmate petit, tronqué. Capsule subglobuleuse, profondément ombiliquée, déprimée, 5-gone, 5-sulquée, 5-loculaire, 5-valve, loculicide; valves cymbiformes, marginées; axe-central columnaire, placentifère au sommet; placentaires gros, convexes. Graines nombreuses, petites, anguleuses.

Arbrisseau glabre. Bourgeons écailleux : les florifères aphylles, solitaires aux aisselles des feuilles de l'année précédente. Feuilles éparses, coriaces, persistantes, crénelées, courtement pétiolées. Fleurs fasciculées : pédicelles longs, filiformes, sans autres bractées que les écailles des bourgeons (qui sont caduques) : les florifères réclinés; les fructifères dressés.

ZÉNOBIA ÉLÉGANT. — *Zenobia speciosa* Don, in Edinb. New Phil. Journ. XVII, p. 168.

— *α* : A FEUILLES VERTES. — *Andromeda cassinæfolia* Vent. Hort. Cels. tab. 60. — Bot. Mag. tab. 970. — *Andromeda nitida* Pursh, Flor. Amer. Sept. — *Andromeda speciosa* Willd.—Guimp. et Hayn. Fremd. Holz. tab. 28.—Feuilles vertes et luisantes aux 2 faces.

— β : A FEUILLES GLAUQUES. — *Andromeda speciosa* : β, *glauca* Wats. Dendr. Brit. tab. 126. — *Andromeda dealbata* Bot. Reg. tab. 1010. — *Andromeda pulverulenta* Linn. —Bartr. Itin. cum. Ic. —Bot. Mag. tab. 667. — Jeunes feuilles couvertes aux 2 faces d'une poussière très-glauque. Feuilles adultes luisantes et d'un vert glauque en dessus, très-glauques en dessous.

Arbrisseau irrégulièrement rameux, haut de 3 à 6 pieds. Tiges droites; écorce grisâtre. Rameaux dressés ou divergents, paniculés, brunâtres, cylindriques. Jeunes pousses anguleuses. Feuilles elliptiques, ou elliptiques-oblongües, ou ovales, ou oblongues, obtuses, mucronulées, réticulées aux 2 faces, longues de 1 pouce à 3 pouces; pétiole long de 1 ligne à 2 lignes; côte creusée en dessus, saillante en dessous. Fascicules tantôt subterminaux, tantôt disposés tout le long des ramules en panicule soit feuillée (lorsque les feuilles de l'année précédente ont persisté), soit aphylle, 3-9-flores. Pédicelles longs de près de 1 pouce. Segments-calicinaux ovales ou ovales-lancéolés, pointus, concaves, longs de 1 ligne. Corolle longue de 5 à 6 lignes; lobes ovales ou arrondis, obtus, plus ou moins profonds, recourbés au sommet. Étamines 1 fois plus courtes que la corolle; filets blancs, glabres; anthères jaunâtres, presque aussi longues que les filets. Style à peu près aussi long que la corolle. Capsule subcoriace, du volume d'un gros Pois. Graines noirâtres.

Cet arbrisseau, indigène des provinces méridionales des États-Unis, se cultive dans les jardins; il fleurit en été.

Genre LEUCOTHOÉ. — *Leucothoë* Don.

Calice 5-parti, subcoriace, non-caliculé. Corolle subcylindracée ou ovoïde, 5-dentée, urcéolée. Étamines 10, hypogynes, conniventes; filets linéaires-subulés, aplatis; anthères oblongues, bifides, mutiques, déhiscentes par 2 courtes fentes apicilaires. Ovaire 5-loculaire; loges multiovulées. Style filiforme. Stigmate disciforme, pelté. Péricarpe et graines comme dans le genre précédent.

Arbrisseaux glabres. Bourgeons écailleux : les florifères aphylles, solitaires aux aisselles des feuilles de l'année précédente. Feuilles très-entières ou dentelées, coriaces, persistantes, éparses, courtement pétiolées. Fleurs fasciculées, ou en grappes unilatérales; pédicelles ébractéolés ou 1-bractéolés à la base : les florifères nutants ou réclinés; les fructifères dressés. Corolle blanche ou rose.

A. *Feuilles dentelées. Fleurs en grappes spiciformes, unilatérales, denses; pédicelles plus courts que les fleurs, 3-brac-
téolés à la base; l'une des bractées externe, plus grande;
les 2 autres petites.*

LEUCOTHOÉ AXILLAIRE. — *Leucothoe axillaris* Don. — *Andromeda axillaris* Linn. — Guimp. et Hayn. Fremd. Holz.
tab. 114. — Duham. ed. nov. vol. 1, tab. 39. — Bot. Mag.
tab. 2357. — *Andromeda Catesbæi* Willd. — Bot. Mag. tab.
1955. — *Andromeda spinulosa* Pursh. — *Andromeda floribunda* Pursh. — Bot. Mag. tab. 1566.

Buisson haut de 3 à 6 pieds. Tiges dressées, irrégulièrement
rameuses; écorce grisâtre. Rameaux plus ou moins divergents.
Ramules subcylindriques, effilés, feuillés, un peu flexueux, florifères tantôt dans presque toute leur longueur, tantôt seulement vers leur sommet. Feuilles ovales, ou ovales-oblongues,
ou elliptiques-oblongues, ou oblongues, ou oblongues-lancéolées,
finement dentelées ou denticulées, acuminées, acérées, arrondies ou subcunéiformes à la base, penniveinées, d'un vert foncé
et luisantes en dessus, d'un vert pâle en dessous, longues de
1 pouce à 4 pouces; dentelures plus ou moins rapprochées, souvent mucronées; côte et nervures creusées en dessus, saillantes
en dessous; pétiole long de 1 ligne à 5 lignes, semi-cylindrique.
Grappes longues de ¹/₂ pouce à 2 pouces, sessiles ou subsessiles,
dressées, ou un peu inclinées, ordinairement multiflores. Fleurs
nutantes. Pédicelles longs de 1 ligne à 2 lignes, débordés par
les bractées basilaires. Bractées ovales, pointues, concaves. Calice verdâtre ou rougeâtre, glabre : segments ovales, pointus,
concaves, longs d'environ 1 ligne. Corolle cylindracée ou subovoïde, blanche, ou rose, glabre, longue de 2 à 3 lignes; dents
courtes, pointues, recourbées. Étamines 2 fois plus courtes que
la corolle; filets velus; anthères glabres, jaunes. Style un peu
plus court que la corolle.

Cette espèce, indigène des États-Unis, se cultive comme arbrisseau d'ornement; elle fleurit pendant tout l'été.

b) *Feuilles dentelées. Fleurs en 'grappes subcorymbiformes, lâches; in-clinées; pédicelles plus longs que les fleurs, 1-ou 5-bractéolés à la base.*

LEUCOTHOÉ ACUMINÉ. — *Leucothoe acuminata* Don. —*An-dromeda acuminata* Smith, Exot. Bot. 2, tab. 89. — *Andro-meda serrata* Hort. Par.

Buisson haut de 3 à 6 pieds ; écorce grisâtre. Ramules effilés, flexueux, feuillés, en général florifères dans presque toute leur longueur. Feuilles longues de 1 pouce à 3 pouces, luisantes et d'un vert gai en dessus, d'un vert pâle et réticulées en dessous, penniveinées, ovales, ou ovales-oblongues, ou ovales-lancéo-lées, acuminées, acérées, inégalement dentelées ou denticulées, en général arrondies à leur base ; dentelures très-rapprochées, acérées ; côtes et veines creusées en dessus, saillantes en dessous ; pétiole semi-cylindrique, long de 2 à 3 pouces. Grappes 5-12-flores, 2 à 4 fois plus courtes que les feuilles, courtement pé-donculées ; rachis et pédicelles filiformes, rougeâtres, pubéru-les-glanduleux. Bractées subulées, rougeâtres, beaucoup plus courtes que les pédicelles. Pédicelles longs de 3 à 6 lignes. Ca-lice rougeâtre : segments ovales ou ovales-lancéolés, pointus, ciliolés, longs à peine de 1 ligne. Corolle rose, glabre, ovoïde, longue d'environ 3 lignes ; dents courtes, pointues, recourbées. Étamines de moitié plus courtes que la corolle ; filets pubescents; anthères jaunes, glabres. Style un peu plus court que la corolle, débordant les étamines.

Cette espèce, indigène des États-Unis, se cultive comme ar-brisseau d'ornement ; elle fleurit en été.

c) *Feuilles très-entières, épaissies et subrévolutées aux bords. Fleurs fasciculées; pédicelles plus courts que les fleurs, sans autres bractées que les écailles des bourgeons.*

LEUCOTHOÉ MARGINÉ. — *Leucothoe marginata* Spach. — *Andromeda marginata* Duham. ed nov. vol. 1. tab. 40. — *Leucothoë coriacea* Don. — *Andromeda coriacea* Willd. — Bot. Mag. tab. 1095. — *Andromeda nitida* Michx. — *An-*

dromeda lucida Lamk. — *Andromeda mariana* Jacq. (nec alior.) Hort. Schœnbr. tab. 465.

Arbrisseau irrégulièrement rameux. Rameaux plus ou moins divergents. Ramules subtrièdres, effilés, flexueux, feuillés, en général florifères dans presque toute leur longueur. Feuilles très-coriaces, luisantes aux 2 faces, d'un vert foncé en dessus, d'un vert pâle et ponctuées de noir en dessous, parallélivéinées, elliptiques, ou obovales, ou oblongues, ou lancéolées-obovales, ou lancéolées-elliptiques, ou oblongues-spathulées, courtement acuminées, acérées, longues de 1 pouce à 3 pouces; pétiole trièdre, rougeâtre, long de 2 à 3 lignes; côte saillante aux 2 faces; veines très-fines, très-rapprochées, saillantes aux 2 faces sous forme de stries horizontales. Fascicules 3-9-flores. Pédicelles rougeâtres, glabres, anisomètres, longs de 1 à 4 lignes. Calice glabre, rougeâtre, de moitié seulement plus court que la corolle; segments linéaires-lancéolés, pointus. Corolle glabre, rose, conique-cylindracée, longue d'environ 4 lignes; dents pointues, recourbées. Étamines glabres, plus courtes que la corolle. Style plus long que les étamines, un peu plus court que la corolle. Capsule du volume d'un petit Pois, coriace, d'un brun de châtaigne, avec les angles jaunes, globuleuse, ombiliquée, 5-gone, ésulquée, lisse, à peine débordant le calice. Graines minimes, brunes.

Cette espèce, indigène des provinces méridionales des États-Unis, se cultive comme arbrisseau d'ornement; elle fleurit en été.

Genre LYONIA. — *Lyonia* Nutt.

Calice herbacé, 5-parti, non-caliculé. Corolle subglobuleuse, ou subcylindracée, ou ovoïde, urcéolée, 5-dentée : dents recourbées. Étamines 10, hypogynes, conniventes; filets dilatés à la base, linéaires-subulés, aplatis; anthères bifides ou biparties : lobes mutiques, s'ouvrant dans toute leur longueur. Style 5-gone, tronqué. Ovaire, capsule et graines comme dans les 2 genres précédents.

Arbrisseaux. Bourgeons écailleux : les florifères aphylles

ou mixtes. Feuilles très-entières ou denticulées, pétiolées, éparses, non-persistantes. Fleurs en grappes latérales ou terminales. Corolle rose ou blanche. Pédicelles unilatéraux, nutants pendant la floraison, plus tard dressés.

a) *Feuilles subcoriaces, très-entières, ponctuées en dessous. Grappes latérales (aux aisselles des feuilles de l'année précédente, vers l'extrémité des ramules), subcorymbiformes, subsessiles, inclinées; fleurs unilatérales. Calice assez grand.*

LYONIA DU MARYLAND. — *Lyonia mariana* Don. — *Andromeda mariana* Linn. — Duham. ed. nov. vol. 1, tab. 37. — Guimp. et Hayn. Fremd. Holz. tab. 113. — Bot. Mag. tab. 1579.

Arbrisseau ou buisson haut de 3 à 6 pieds; écorce grisâtre. Rameaux plus ou moins divergents, rougeâtres, flexueux. Feuilles ovales, ou obovales, ou oblongues-obovales, ou elliptiques, ou oblongues, ou lancéolées-oblongues, obtuses, ou subacuminées, mutiques, ou mucronulées, arrondies ou cunéiformes à la base, glabres, veineuses, d'un vert foncé en dessus, d'un vert pâle et ponctuées (de glandules brunâtres) en dessous, longues de 1 pouce à 3 pouces; pétiole long de 1 ligne à 3 lignes. Grappes 3-7-flores, assez denses, sessiles ou subsessiles. Pédicelles 1-bractéolés à la base, longs de 3 à 8 lignes, filiformes. Calice vert ou rougeâtre, de moitié à une fois plus court que la corolle, ou quelquefois presque aussi long que la corolle, glabre : segments lancéolés ou linéaires-lancéolés, pointus. Corolle longue de 4 à 5 lignes, blanche, ou rose; dents courtes, arrondies. Étamines plus courtes que la corolle, glabres. Anthères courtes, jaunes, profondément bifides. Capsule longue de 8 à 10 lignes, conique, 5-gone, ombiliquée, glabre. Graines minimes, oblongues.

Cette espèce, indigène des États-Unis, se cultive comme arbrisseau d'ornement. Elle fleurit en mai et en juin.

b) *Feuilles minces, obscurément denticulées, ponctuées en dessous. Grappes latérales (aux aisselles des feuilles de l'année précédente, le long de la partie supérieure des ramules, de manière à former une panicule aphylle assez dense), spiciformes, sessiles, dressées. Calice petit.*

Lyonia paniculé. — *Lyonia paniculata* Nutt. Gen. — Catesb. Carol. 2, tab. 43. — Wats. Dendr. Brit. tab. 37. — *Andromeda paniculata* Linn. — *Lyonia salicifolia* Wats. l. c. tab. 38. — *Lyonia capreœfolia* Wats. l. c. tab. 127. — *Lyonia multiflora* Wats. l. c. tab. 128. — *Andromeda racemosa* Lamk. (non Linn.) — *Andromeda parabolica* Duham. nov.

Arbrisseau irrégulièrement rameux, ou buisson, haut de 3 à 8 pieds. Tiges grêles, droites; écorce brune. Rameaux plus ou moins divergents. Ramules effilés, flexueux. Jeunes pousses souvent pubérules. Feuilles longues de 1 pouce à 3 pouces, d'un vert gai en dessus, d'un vert pâle ou grisâtres en dessous, ovales, ou lancéolées-obovales, ou lancéolées-elliptiques, ou lancéolées-oblongues, ou elliptiques-oblongues, ou lancéolées, acuminées, ou pointues, en général cunéiformes vers leur base, penniveinées, scabres aux bords et aux 2 faces (par de courts poils épars et apprimés) ou du moins en dessous; côte et veines creusées en dessus, saillantes et réticulées en dessous, souvent pubescentes; pétiole mince, long de 1 ligne à 2 lignes. Grappes multiflores, longues de $^1/_2$ pouce à 2 pouces, sessiles, ou subsessiles, en général denses, souvent rameuses à la base; rachis grêle, pubérule de même que les pédicelles, quelquefois accompagné de quelques petites feuilles naissant du même bourgeon, mais plus habituellement aphylles. Pédicelles filiformes, longs de 1 ligne à 3 lignes, 1-bractéolés à la base, les inférieurs le plus souvent fasciculés ou en corymbes, les supérieurs épars. Bractées minimes, caduques. Calice pubérule ou soyeux, 3 à 4 fois plus court que la corolle : segments ovales ou triangulaires, pointus ou obtus. Corolle subglobuleuse ou ovale-cylindracée, petite, blanche, ordinairement pubérule à la surface externe; dents courtes, pointues. Étamines plus courtes que la corolle; filets pubescents ou soyeux; anthères courtes, jaunâtres, bifides. Style inclus, débordant les étamines. Capsule subglobuleuse, déprimée, ombiliquée, 5-gone, ésulquée, du volume d'un petit Pois, beaucoup plus grande que le calice, soyeuse étant jeune; axe placentifère au sommet. Graines petites, oblongues.

Cette espèce croît aux États-Unis ; on la cultive comme arbrisseau d'ornement ; elle fleurit en été.

c) *Feuilles minces, en général distinctement dentelées, non-ponctuées. Inflorescences paniculées, terminant les jeunes pousses. Panicules composées de longues grappes spiciformes. Calice petit,*

LYONIA ARBORESCENT. — *Lyonia arborea* Don. — *Andromeda arborea* Linn. — Catesb. Carol. 1, tab. 71. — Bot. Mag. tab. 905. — Herb. de l'Amat. vol. 3.

Petit arbre (atteignant dans son climat natal la hauteur de 20 pieds), ayant le port d'un Poirier. Tronc droit, cylindrique, uni ; de 10 à 12 pouces de diamètre ; écorce grisâtre, lisse. Ramules grêles, effilés, étalés, cylindriques, bruns. Feuilles longues de 4 à 8 pouces, minces, mais assez fermes, luisantes et d'un vert gai en dessus, glauques ou quelquefois pubescentes en dessous, ovales, ou ovales-oblongues, ou elliptiques-oblongues, ou elliptiques, ou oblongues-lancéolées, acuminées, acérées, dentelées, ou denticulées (les supérieures quelquefois très-entières); côte et veines creusées en dessus, saillantes en dessous; pétiole grêle, long de 5 à 7 lignes. Panicules solitaires au sommet des jeunes pousses, courtement pédonculées, aphylles, thyrsiformes, ou subpyramidales, longues de 5 à 10 pouces ; rachis et ramules glabres ou pubérules, anguleux. Grappes simples ou rarement rameuses; lâches, multiflores. Pédicelles filiformes, à peu près aussi longs que les fleurs, 2-bractéolés au dessous du sommet. Bractées opposées ou alternes, petites, subulées. Calice pubérule : segments linéaires-lancéolés, pointus. Corolle d'un blanc verdâtre, pentagone, soyeuse à la surface externe, longue de 3 à 4 lignes, ovoïde-cylindracée; dents courtes, obtuses. Étamines plus courtes que la corolle. Anthères biparties. Capsule ovoïde, soyeuse.

Cette espèce croît dans les provinces méridionales des États-Unis; elle fleurit en été; les Anglo-Américains lui donnent le nom de *sorrel-tree*, c'est-à-dire *arbre à Oseille*, parce que ses

feuilles ont une saveur acide, et qu'on les emploie en guise d'o-
seille. Le port et le feuillage de ce petit arbre sont très-élé-
gants.

Genre CLÉTHRA. — *Clethra* Linn.

Calice 5-parti, non-caliculé. Corolle de 5 pétales distincts, onguiculés, presque dressés. Étamines 10, hypogynes, conniventes ; filets filiformes ; anthères supra-médifixes, obcordiformes-bilobées, pointues à la base : lobes
mutiques ou subapiculés, inaristés, déhiscents chacun au
sommet par une courte fente latérale. Ovaire 3-loculaire ;
loges multi-ovulées. Style filiforme, courtement 3-fide au
sommet. Stigmates petits, obtus. Capsule subglobuleuse,
ombiliquée, 3-gone, 3-loculaire, loculicide-trivalve ; axe-
central court, placentifère vers le sommet ; placentaires
subglobuleux, caducs. Graines petites, très-nombreuses,
anguleuses : tégument membranacé, réticulé.

Arbrisseaux. Feuilles coriaces, ou non-coriaces, éparses, dentelées, pétiolées. Fleurs en grappes simples ou paniculées, terminales. Pédicelles filiformes, 1-bractéolés à
la base : les florifères plus ou moins inclinés ; les fructifères
dressés. Corolle blanche.

a) *Feuilles minces, non-persistantes. Grappes simples, spiciformes ; pédicelles plus courts que les fleurs ; bractées foliacées, persistantes, plus
longues que les pédicelles. Pétales imberbes, un peu plus courts que les
étamines.*

CLÉTHRA A FEUILLES D'AUNE. — *Clethra alnifolia* Linn.

— α : A FEUILLES VERTES. — *Clethra alnifolia* Willd. — Duham.
Arbr. 1, tab. 71. — Guimp. et Hayn. Fremd. Holz. tab. 76.
— Jaume Saint-Hil. Flor. et Pom. tab. 66. — Feuilles vertes
aux 2 faces ; en général glabres.

— 6 : A FEUILLES DISCOLORES. — *Clethra tomentosa* Lamk.
— Wats. Dendr. Brit. tab. 39. — Guimp. et Hayn. Fremd.
Holz. tab. 77. — *Clethra pubescens* Willd. — *Clethra in-*

cana Pers. Ench. — *Clethra glauca* Hortor. — Feuilles vertes en dessus, pubérules-incanes en dessous.

Buisson haut de 4 à 10 pieds. Tiges dressées. Rameaux plus ou moins divergents. Ramules effilés, flexueux, anguleux, finement pubérules, ou cotonneux. Feuilles longues de 1 pouce à 4 pouces, d'un vert foncé et un peu luisantes en dessus, d'un vert pâle ou incanes en dessous, penninervées, lancéolées-oblongues, ou lancéolées-elliptiques, ou lancéolées-obovales, ou oblongues, ou elliptiques-oblongues, ou oblongues-obovales, acuminées, ou pointues, cunéiformes et très-entières vers leur base, plus ou moins profondément dentelées supérieurement; dentelures assez rapprochées, acuminées; côte et nervures subfiliformes, creusées en dessus, saillantes en dessous; pétiole grêle, pubérule, long de 3 à 6 lignes. Grappes solitaires à l'extrémité des jeunes pousses (ou quelquefois aussi aux aisselles des feuilles supérieures), denses, multiflores, pédonculées, dressées, longues de 2 à 6 pouces; rachis grêle, anguleux, pubérule ou cotonneux de même que les pédicelles, bractées et calices. Pédicelles longs de 1 ligne à 2 lignes. Bractées linéaires-lancéolées ou subulées. Segments-calicinaux longs d'environ 2 lignes, ovales, ou elliptiques, pointus, 3-nervés. Pétales longs de 4 à 5 lignes, obovales, ou elliptiques-obovales, obtus. Étamines glabres. Anthères petites, jaunes. Style débordant les étamines. Capsule pubérule ou cotonneuse, petite, un peu débordée par le calice. Graines d'un brun clair, du volume de celles du Pavot.

Cette espèce, qu'on cultive fréquemment comme arbrisseau d'ornement, croît au bord des sources et des ruisseaux, dans les montagnes des États-Unis; elle fleurit en juin et juillet; ses fleurs sont très-odorantes.

b) *Feuilles coriaces, persistantes. Grappes en panicule terminale aphylle. Pédicelles courts. Bractées minimes, caduques avant l'épanouissement des fleurs. Pétales barbus en dessus, 2 fois plus longs que les étamines.*

CLÉTHRA ARBORESCENT. — *Clethra arborea* Linn. — Vent. Malm. tab. 40.—Bot. Mag. tab. 1057.—Schneev. Ic. tab 22.

Arbrisseau haut de 6 à 10 pieds; tronc très-rameux. Feuilles longues de 2 à 4 pouces, très-rapprochées, d'un vert foncé en dessus, d'un vert pâle en dessous, lancéolées-oblongues, ou lancéolées-elliptiques, ou lancéolées-obovales, courtement acuminées, acérées, cunéiformes et très-entières vers leur base, finement dentelées supérieurement, penniveinées, pubescentes en dessous sur la côte et les veines; côte creusée en dessus, saillante en dessous; veines filiformes, saillantes aux 2 faces; pétiole pubescent, trièdre, long de 4 à 6 lignes. Panicules solitaires au sommet des jeunes pousses, courtement pédonculées, dressées, subpyramidales, composées de grappes simples, multiflores, un peu lâches; rachis, ramules et pédicelles cotonneux-ferrugineux. Pédicelles subunilatéraux pendant la floraison, longs de 1 ½ ligne à 2 lignes. Segments-calicinaux elliptiques, très-obtus, inégaux, pubérules (subferrugineux) à la surface externe, longs de 2 lignes. Pétales obovales, échancrés, longs de 4 à 5 lignes. Style un peu débordé par les pétales.

Cette espèce, indigène de Madère, se cultive dans les collections d'orangerie; ses fleurs sont très-odorantes.

Genre GAULTHIÉRA. — *Gaulthiera* Kalm.

Calice 5-parti, accrescent, charnu après la floraison, 2-bractéolé à la base. Corolle urcéolée, 5-dentée. Étamines 10, hypogynes, conniventes; filets subulés; anthères bifides; lobes 2-aristés au sommet, s'ouvrant par une courte fente terminale. Ovaire 5-loculaire, inséré sur un disque partagé en 10 lobes alternes avec les étamines; loges multi-ovulées. Style filiforme. Stigmate obtus. Capsule subglobuleuse, déprimée, 5-loculaire, loculicide-quinquévalve au sommet, recouverte par le calice devenu bacciforme. Graines nombreuses, anguleuses, subréticulées.

Arbuste bas, à tiges rampantes. Feuilles éparses, coriaces, persistantes, courtement pétiolées, dentelées. Pédicelles axillaires, réclinés, solitaires.

Gaulthiéra procombant.—*Gaulthiera procumbens* Linn.
— Duham. ed. nov. vol. 1, tab. 12. — Bot. Mag. tab. 1966.
— Andr. Bot. Rep. tab. 116.

Tiges très-grêles, radicantes. Rameaux épars, ascendants, longs de 2 à 4 pouces. Feuilles ovales, ou elliptiques, ou oblongues, ou oblongues-obovales, ou lancéolées-oblongues, pointues ou obtuses, dentelées vers leur sommet, glabres, d'un vert foncé et luisantes en dessus, d'un vert pâle et subréticulées en dessous, longues de 1 pouce à 2 pouces ; côte et veines creusées en dessus, saillantes en dessous ; dentelures obtuses ou acérées, courtes, éloignées ; pétiole gros, long de 1 ligne à 2 lignes. Fleurs peu nombreuses. Pédicelles longs d'environ 2 lignes. Bractées petites, suborbiculaires, connées par la base, ciliées, 2 fois plus courtes que le calice. Segments-calicinaux ovales, acuminés, ciliés, longs d'environ 1 ligne. Corolle d'un blanc tirant sur le rose, subcylindracée, longue d'environ 3 lignes. Étamines incluses de même que le pistil. Calice fructifère rouge, du volume d'un gros Pois, subglobuleux, ou obové. Capsule petite, incluse.

Cet arbuste croît au Canada et dans les montagnes des États-Unis ; il fleurit au printemps ; ses feuilles ont une saveur aromatique assez agréable : leur infusion est prise en guise de thé par les campagnards de l'Amérique septentrionale.

Genre ARBOUSIER. — *Arbutus* Tourn.

Calice petit, 5-parti, non-caliculé. Corolle urcéolée, 5-dentée : dents recourbées. Étamines 10, hypogynes, incluses ; filets subulés, élargis vers leur base ; anthères conniventes, supra-médifixes, obtuses aux 2 bouts, déhiscentes par 2 pores apicilaires, 2-aristées au sommet : arêtes dorsales, ascendantes. Ovaire 5-loculaire, inséré sur un disque à 10 crénelures alternes avec les étamines ; loges multi-ovulées. Style filiforme, non-persistant. Stigmate capitellé. Baie 5-loculaire (ordinairement globuleuse), polysperme ; placentaires finalement libres, suspendus au

sommet de l'axe-central. Graines subcylindracées ou irrégulièrement anguleuses : tégument coriace, finement scrobiculé.

Arbres ou arbrisseaux. Feuilles dentelées ou très-entières, coriaces, persistantes, éparses, pétiolées. Bourgeons
écailleux. Fleurs en panicules terminales. Pédicelles nutants, 1-bractéolés à la base, disposés en grappes. Corolle
blanche ou rougeâtre, subdiaphane.

a) *Panicules inclinées, aphylles (ou subaphylles). Baie muriquée.*

ARBOUSIER COMMUN. — *Arbutus Unedo* Linn. — *Unedo
edulis* Link. et Hoff. Flor. Port.

— α : A RAMULES HISPIDES. — *Arbutus Unedo* auct. plerr.—
Lodd. Bot. Cab. tab. 123. — Flor. Græc. tab. 373. — Engl.
Bot. tab. 2377.

— 6 : A RAMULES GLABRES. — *Arbutus Unedo* Duham. ed. nov.
vol. 1, tab. 21. — *Arbutus andrachnoides* Link, Enum.
— *Arbutus hybrida* Bot. Mag. tab. 619. — *Arbutus serratifolia* Lodd. Bot. Cab. tab. 580. — *Arbutus turbinata*
Pers. — *Arbutus Unedoni* Pollin.

Buisson, ou petit arbre atteignant (dans les climats favora-
bles) une vingtaine de pieds de haut. Écorce rougeâtre, rimeuse.
Rameaux nombreux. Jeunes pousses anguleuses, violettes, ou
vertes, feuillues, le plus souvent hérissées de soies glandulifères d'un brun roux. Feuilles longues de 1 pouce à 4 pouces,
d'un vert foncé et luisantes en dessus, d'un vert pâle ou un peu
glauques en dessous, glabres, penniveinées, subréticulées aux 2
faces, lancéolées-oblongues, ou lancéolées-obovales, ou oblongues-obovales, ou oblongues, ou elliptiques, subacuminées, pointues, plus ou moins profondément dentelées (excepté vers leur
base, qui est cunéiforme); côte plane en dessus, saillante en
dessous, souvent rouge ou violette; veines filiformes, subhorizontales, saillantes aux 2 faces; pétiole trièdre, long de 2 à 6
lignes. Panicules solitaires au sommet des jeunes pousses, ovoïdes, ou subpyramidales, assez denses, multiflores, sessiles., ou

subsessiles; rachis et ramules anguleux, tantôt glabres, tantôt pubescents, souvent rougeâtres; pédicelles filiformes, anguleux, longs de 2 à 3 lignes. Bractées subcoriaces, petites, plus courtes que les pédicelles, ovales, ou ovales-lancéolées, acuminées, concaves, rougeâtres, ou verdâtres, souvent ciliées. Calice presque plane, large de 1 ligne à 2 lignes : segments ovales ou dentiformes, pointus. Corolle de la forme et du volume de celle du Muguet, ou un peu plus grande et plus allongée, blanche, ou rose, glabre, subdiaphane; dents très-courtes, arrondies. Étamines 1 fois plus courtes que la corolle; filets velus; anthères petites, rouges. Style à peine débordé par la corolle. Stigmate capitellé, verdâtre. Baie pendante, muriquée, subglobuleuse et du volume d'une Cerise sur les individus sauvages, de forme et de volume très-variés (conique, ou ovale-oblongue, ou comprimée, ou turbinée, atteignant le volume d'une grosse Prune) dans des variétés cultivées comme arbres fruitiers, d'abord verte, puis jaune, enfin écarlate ou d'un pourpre violet. Graines petites, brunes, de forme très-variable.

Cette espèce, connue sous les noms vulgaires d'*Arbousier*, ou *Arbre à fraises*, croît spontanément dans toute la région méditerranéenne; on la retrouve sur les côtes occidentales de la France et en Irlande; mais aux environs de Paris elle ne résiste aux hivers que dans des situations très-abritées; elle fleurit depuis la fin de l'été jusqu'au commencement de l'hiver; les fruits, qui donnent à l'Arbousier un aspect des plus élégants, ne mûrissent que l'été suivant, et ils durent jusqu'à ce que l'arbre recommence à fleurir. Les fruits des Arbousiers sauvages, quoique mangeables, sont insipides et peu recherchés; mais ceux de certaines variétés cultivées en Espagne et en Italie, ont une saveur agréable, à la fois acidule et sucrée. L'écorce de l'Arbousier est très-astringente : en Orient et en Espagne l'on s'en sert au tannage. Le bois est blanc et dur, mais cassant et sans élasticité; on ne l'emploie que comme combustible.

b) *Panicules feuillées à la base, inclinées. Baie chagrinée.*

ARBOUSIER ANDRACHNÉ. — *Arbutus Andrachne* Lamk. —
Duham. ed. nov. vol. 1, tab. 22.—Bot. Reg. tab. 113.

Arbre ayant le port d'un Oranger. Tronc droit; écorce lisse,
se détachant par lames chaque année, d'un rouge de corail étant
jeune, puis jaune. Rameaux nombreux, étalés. Feuilles longues
de 2 à 4 pouces, très-glabres, striées et réticulées aux 2 faces,
d'un vert foncé et luisantes en dessus, d'un vert glauque en dessous, très-rapprochées, ovales, ou elliptiques, ou oblongues,
légèrement crénelées ou dentelées (les supérieures ordinairement
très entières), obtuses, ou pointues, ordinairement arrondies à
leur base; côte creusée en dessus, saillante en dessous, le plus
souvent rouge ainsi que le pétiole et les jeunes pousses; veines
filiformes, parallèles, subhorizontales, saillantes aux 2 faces; pétiole trièdre, long de 6 lignes à 1 pouce. Feuilles-florales très-
entières, mucronées, coriaces, mais tombant durant la floraison
ou peu après, tantôt presque aussi grandes que les autres feuilles, tantôt beaucoup plus petites. Panicules sessiles, subpyramidales, plus ou moins denses, solitaires au sommet des ramules, composées chacune de 5 à 12 grappes multiflores, longues
de 2 à 5 pouces; rachis anguleux, pubérule-visqueux de même
que les pédicelles. Pédicelles filiformes, plus longs que les fleurs.
Bractées ovales, ou triangulaires, acuminées, coriaces, concaves,
pubescentes, petites, non-persistantes, plus courtes que les pédicelles. Calice long de ½ ligne, réfléchi; lobes triangulaires ou
ovales, obtus, ou pointus, ciliés. Corolle ovoïde ou subglobuleuse, d'un blanc jaunâtre, longue de 2 lignes. Étamines de moitié plus courtes que la corolle. Filets velus. Anthères jaunes.
Style à peine débordé par la corolle. Stigmate jaunâtre. Baie
globuleuse et du volume d'une petite Cerise, ou conique et atteignant ½ pouce de long, d'un rouge orangé. Graines jaunâtres, trigones, un peu courbées.

Cette espèce est commune dans l'Archipel, la Grèce, la Syrie, l'Asie Mineure et les contrées voisines du Caucase; elle
fleurit depuis l'automne jusqu'au printemps; le fruit commence

à mûrir quelques mois après, et l'arbre en est encore chargé, quand de nouvelles fleurs s'épanouissent. Ce fruit est assez bon à manger ; sa saveur est à peu près la même que celle du fruit de l'*Arbousier commun*. Le bois de l'arbre est blanc et dur, mais très-cassant ; on l'emploie en Orient à faire des métiers de tisserand et des fuseaux. Les anciens désignaient cet Arbousier par le nom d'*Adrachne* (et non par celui d'*Andrachne*, qui s'appliquait au *Pourpier*), et les Grecs modernes l'appellent *Adrachla*. L'élégance de son port, jointe à sa floraison hivernale, le font rechercher comme arbre d'orangerie.

c) *Panicules dressées, feuillées. Baies chagrinées.*

ARBOUSIER DES CANARIES. — *Arbutus canariensis* Lamk. Encycl. — Bot. Mag. tab. 1577. — *Arbutus longifolia* Herb. de l'Amat. vol. 4.

Petit arbre. Jeunes pousses pubescentes, visqueuses. Feuilles longues de 4 à 8 pouces, très - rapprochées, d'un vert foncé et luisantes en dessus, glauques et finement réticulées en dessous, lancéolées, pointues, dentelées, rétrécies en court pétiole trièdre, couvert de poils roussâtres, glanduliferes, visqueux ; dentelures cartilagineuses aux bords, obtuses, très - rapprochées ; côte un peu creusée en dessus, saillante en dessous ; veines filiformes, saillantes aux 2 faces, subhorizontales. Feuilles-florales non-persistantes, submembranacées, de forme et de grandeur très-variables, en général très-entières, plus ou moins pubescentes. Panicules longues de ½ pied ou plus, subpyramidales, assez denses : rachis et pédicelles couverts d'une pubescence ferrugineuse, glandulifere, visqueuse. Pédicelles longs de 3 à 6 lignes. Segments-calicinaux subcoriaces, brunâtres, ciliés, ovales, ou ovales-orbiculaires, obtus, ou acuminés, beaucoup plus courts que la corolle. Corolle blanche ou rose, glabre, ovoïde, longue de 4 à 5 lignes : dents arrondies. Étamines 1 fois plus courtes que la corolle ; filets velus ; anthères jaunes. Style un peu débordé par la corolle. Baie globuleuse, rouge.

Cette espèce, originaire des Canaries, se cultive comme arbrisseau d'ornement, dans les orangeries.

Genre BUSSEROLE. — *Arctostaphylos* Adans.

Calice, corolle, étamines et pistil comme dans le genre *Arbutus*. Péricarpe : drupe à 5 noyaux 1-spermes. Graines suspendues.

Arbustes à tiges diffuses. Feuilles persistantes ou non-persistantes, très-entières, ou dentelées. Fleurs solitaires-axillaires, ou terminales et fasciculées. Pédicelles nutants durant la floraison, puis dressés. Corolle blanchâtre.

Busserole Raisin - d'ours. — *Arctostaphylos Uva - ursi* Adans. — *Arbutus Uva-ursi* Linn. — Engl. Bot. tab. 714. — Flor. Dan. tab. 33. — Guimp. et Hayn. Deutsch. Holz. tab. 57.—*Arctostaphylos officinalis* Wimm. et Grab.

Tiges longues de 1 pied à 2 1/2 pieds, ligneuses, grêles, radicantes, flexueuses, feuillues étant jeunes, très-rameuses; rameaux grêles, simples, ascendants, feuillus. Feuilles assez semblables à celles du Buis, longues de 6 à 10 lignes, coriacés, persistantes, luisantes, finement réticulées, d'un vert foncé en dessus, d'un vert pâle en dessous, non-ponctuées, non-révolutées aux bords, oblongues-obovales, ou obovales, obtuses, ou rétuses, très-entières, courtement pétiolées, les jeunes pubescentes aux bords, les adultes glabres; grappes terminales, 3-10-flores, nutantes. Pédicelles courts, 3-bractéolés à la base : l'une des bractées inférieures, plus grande, ovale-oblongue; les 2 autres petites, ovales, concaves. Calice court, étalé : segments arrondis, obtus. Corolle longue de 2 à 3 lignes, ovoïde, urcéolée : tube blanc ou carné; lobes courts, arrondis, recourbés, ordinairement de couleur rose. Étamines 1 fois plus courtes que la corolle; filets velus; anthères d'un brun noirâtre; arêtes blanchâtres, sétacées, réfléchies, arquées. Style débordant les étamines. Drupe écarlate, globuleux, lisse, du volume d'un gros Pois, surmonté du style.

Cette plante, connue sous les noms vulgaires de *Busserole*, *Buxerole*, ou *Raisin d'ours*, est très-commune dans les landes sablonneuses et les forêts de Pins de l'Europe septentrionale; on la retrouve dans les Alpes et les Pyrénées; elle fleurit au printemps ; les fruits mûrissent en automne. Toute la plante est fortement astringente ; dans les contrées où elle abonde, l'on s'en sert au tannage des cuirs, à la préparation du maroquin et à la teinture des laines ; l'infusion des feuilles est très-diurétique : on lui attribuait jadis des vertus lithontriptiques.

IIIᵉ TRIBU. **LES RHODORÉES**. — *RHODOREÆ* Don.

Corolle non-persistante. Anthères mutiques. Péricarpe septicide ou septifrage. — Arbrisseaux à bourgeons écailleux. Feuilles persistantes ou non-persistantes.

Genre KALMIA. — *Kalmia* Linn.

Calice 5-parti ; segments subisomètres. Corolle rotacée, régulière ; tube court ; limbe courtement 5-lobé, cyathiforme, creusé en dessus de 10 fossettes sacciformes, très-saillantes en dessous, opposées aux étamines. Étamines 10, isomètres, un peu plus courtes que la corolle, insérées sous le disque ; filets filiformes, arqués, réfléchis ; anthères supra-médifixes, cordiformes, échancrées au sommet, avant l'anthèse plongées chacune dans une des fossettes de la corolle ; bourses déhiscentes chacune par une courte fente terminale. Ovaire 5-loculaire, subglobuleux, confluent par la base avec un gros disque annulaire ; placentaires gros, trigones, multi-ovulés, opposés aux cloisons, confluents au centre. Style filiforme, décliné. Stigmate petit, pelté, orbiculaire, 5-sulqué. Capsule subglobuleuse, 5-loculaire, septicide-quinquévalve ; placentaires polyspermes, adnés à l'axe-central. Graines petites, scobiformes.

Arbrisseaux. Feuilles éparses, ou opposées, ou verticillées-ternées, coriaces, persistantes, très-entières. Bourgeons-florifères terminaux ou axillaires et terminaux (sur les ramules de l'année précédente), aphylles. Fleurs en grappes corymbiformes ; pédicelles plus ou moins inclinés,

1-bractéolés à la base. Corolle rose ou pourpre, très-élégante. Anthères violettes.

Ce genre appartient à l'Amérique septentrionale; les 3 espèces que nous allons décrire sont très-recherchées comme arbrisseaux d'ornement. Du reste, ces végétaux passent pour avoir des propriétés vénéneuses.

A. *Feuilles opposées, subsessiles. Rameaux ancipités, bimarginés par la décurrence des feuilles. Grappes terminales, solitaires. Calice scarieux, blanchâtre.*

Kalmia glauque. — *Kalmia glauca* Willd. — Bot Mag. tab. 177. — Guimp. et Hayn. Fremd. Holz. tab. 139. — Duham. ed. nov. vol. 1, tab. 45.

Arbrisseau touffu, dressé, très-glabre, haut de ¹/₂ pied à 2 pieds. Rameaux raides, effilés, feuillus. Feuilles longues de 6 à 18 lignes, d'un vert foncé et luisantes en dessus, très-glauques en dessous, oblongues, ou lancéolées-oblongues, obtuses, ou pointues, subrévolutées aux bords, innervées, rétrécies en pétiole très-court; côte large, linéaire-lancéolée, glauque à la surface supérieure, brune à la surface inférieure. Grappes multiflores, courtes, sessiles. Pédicelles filiformes, longs d'environ 1 pouce. Bractéс coriaces, ovales, beaucoup plus courtes que les pédicelles. Segments-calicinaúx ovales ou elliptiques, très-obtus, ciliolés, longs d'environ 1 ligne. Corolle d'un rose vif, large de 5 à 6 lignes; limbe à lobes ovales-arrondis, très-courts, obtus.

Cette espèce croît dans le nord des États-Unis, ainsi qu'au Canada et à Terre-Neuve; elle fleurit en avril et mai.

B. *Feuilles tantôt éparses, tantôt opposées, tantôt verticillées-ternées, distinctement pétiolées. Rameaux immarginés. Grappes axillaires ou agrégées vers l'extrémité des rameaux. Calice coriace, herbacé.*

a) *Grappes axillaires, disposées en thyrse plus ou moins allongé. Corolle large de 4 à 5 lignes.*

Kalmia a feuilles étroites.—*Kalmia angustifolia* Linn.

—Bot. Mag. tab. 331. — Lodd. Bot. Cab. tab. 5o2. — Guimp. et Hayn. Fremd. Holz. tab. 138.

Arbrisseau haut de 2 à 5 pieds. Rameaux dressés, irrégulière-ment anguleux, feuillus. Feuilles longues de ¹/₂ pouce à 2 pou-ces, très-glabres, d'un vert foncé et luisantes en dessus, d'un vert gai ou un peu glauque en dessous, très-finement veinées, oblongues, ou lancéolées-oblongues, ou elliptiques, ou ovales, obtuses ou pointues, mucronulées, quelquefois révolutées aux bords, rétrécies en pétiole long de 3 à 6 lignes. Grappes courte-ment pédonculées, longuement débordées par les feuilles, tantôt denses, tantôt plus ou moins lâches. Bractées petites, coriaces. Pédicelles filiformes, pubérules-visqueux, longs de 3 à 8 lignes. Calice glanduleux, visqueux, long d'environ 1 ligne : segments ovales ou ovales-lancéolés, pointus. Corolle lilas ou d'un rose plus ou moins vif.

Cette espèce croît au Canada et aux États-Unis ; elle fleurit en mai et juin.

b) *Grappes subterminales, disposées en ombelle. Corolle large de 8 à 12 lignes:*

· KALMIA A LARGES FEUILLES.—*Kalmia latifolia* Linn. — Bot. Mag. tab. 175. — Duham. ed. nov. vol. 1, tab. 44. — Herb. de l'Amat. vol. 3. — Guimp. et Hayn. Fremd. Holz. tab. 137.

Buisson haut de 3 à 12 pieds. Rameaux dressés, dichotomes. Feuilles longues de 1 pouce à 3 pouces, d'un vert foncé et lui-santes en dessus, d'un vert pâle en dessous, très-glabres, lan-céolées-oblongues, ou lancéolées-elliptiques, ou lancéolées-ob-ovales, pointues, ou courtement acuminées, non-révolutées aux bords, rétrécies en pétiole long de 3 à 6 lignes. Grappes courte-ment pédonculées, tantôt denses, tantôt plus ou moins lâches, or-dinairement multi-flores. Bractées ovales ou ovales-lancéolées, pointues, rougeâtres, petites. Pédicelles longs de 10 à 15 lignes, filiformes, pubescents et glanduleux de même que le calice. Ca-lice long d'environ 1 ligne : segments ovales ou ovales-lancéolés, pointus. Corolle pourpre, ou carnée, ou blanchâtre.

Cette espèce croît aux États-Unis.

Genre **RHODOTHAME**. — *Rhodothamnus* Reichenb.

Calice 5-parti : segments subisomètres. Corolle régulière, rotacée, 5-partie : tube presque nul. Étamines 10, hypogynes, isomètres, étalées; filets filiformes; anthères supra-médifixes, oblongues, obtuses : bourses déhiscentes chacune par une courte fente apicilaire. Ovaire 5-loculaire; loges multi-ovulées. Style filiforme, rectiligne, dressé. Stigmate petit, capitellé. Capsule subglobuleuse, transversalement rugueuse, 5-loculaire, polysperme ; axe-central court, 5-costé. Graines scobiformes.

Arbuscule diffus, poilu. Feuilles petites, coriaces, persistantes, courtement pétiolées, très-entières, ponctuées en dessous. Pédoncules solitaires ou géminés, terminaux, dressés, 1-flores, ébractéolés. Corolle grande, rose.

L'espèce suivante constitue à elle seule le genre.

RHODOTHAME FAUX-CISTE. — *Rhodothamnus Chamæcistus* Reichenb. in Mœssl. Handb. — *Rhododendron Chamæcistus* Linn. — Jacq. Flor. Austr. tab. 217. — Schk. Handb. tab. 117. — Guimp. et Hayn. Deutch. Holz. tab. 54. — Bot. Mag. tab. 488.

Arbuste touffu, haut de ¹/₂ pied à 2 pieds. Tiges et rameaux adultes ligneux. Ramules feuillus, poilus. Feuilles longues de 2 à 5 pouces, elliptiques, ou oblongues, ou obovales, obtuses, ou pointues, ciliées de poils glandulifères. Pédoncules longs d'environ 1 pouce, couverts (de même que le calice) de poils glandulifères. Segments-calicinaux oblongs, pointus, longs de 2 à 3 lignes. Corolle large de près de 1 pouce. Étamines un peu plus longues que la corolle ; anthères d'un brun noirâtre.

Cette espèce croît dans les localités rocailleuses des Alpes d'Autriche et du Piémont.

Genre **ROSAGE**. — *Rhododendron* Linn.

Calice 5-fide ou 5-parti : segments subisomètres. Corolle

rotacée, ou subcampanulée, ou hypocratériforme : limbe subbilabié, ringent, inégalement 5-lobé. Étamines 10 (rarement 12), hypogynes, anisomètres, saillantes, déclinées, ascendantes ; filets filiformes, arqués ; anthères supra-médifixes, oblongues, échancrées, déhiscentes par 2 pores apicilaires. Ovaire 5- (rarement 10-ou 12-ou 14-) loculaire; loges multi-ovulées. Style filiforme, arqué, ascendant. Stigmate disciforme. Capsule oblongue, 5- (rarement 10-14-) loculaire, septicide, 5- (rarement 10-14-) valve ; axe-central 5-ptère (rarement 10-14-ptère). Graines très-nombreuses, petites, scobiformes, appendiculées aux 2 bouts.

Arbrisseaux. Feuilles persistantes ou non-persistantes, très-entières, ou légèrement crénelées', éparses, en général très-rapprochées. Bourgeons-florifères aphylles, ou sub-aphylles, terminant les ramules de l'année précédente. Fleurs en corymbe (ou moins souvent subsolitaires); pédicelles filiformes, 1-bractéolés à la base : les florifères plus ou moins inclinés ; les fructifères dressés. Corolle jaune, ou blanche, ou rose, ou lilas, ou pourpre.

Les espèces que nous allons décrire se cultivent fréquemment comme arbrisseaux d'ornement; ces végétaux en général paraissent avoir des propriétés narcotiques.

A. *Corolle hypocratériforme : lobes presque égaux, à peine aussi longs ou un peu plus courts que le tube. Étamines plus longues que le style.—Feuilles coriaces, persistantes. Fleurs en corymbe.*

a) *Étamines majeures à peine plus longues que le tube de la corolle.*

Rosage ferrugineux.—*Rhododendron ferrugineum* Linn. — Jacq. Flor. Austr. tab. 255. — Guimp. et Hayn. Deutsch. Holz. tab. 52. — Jaume Saint-Hil. Flore et Pom. Franç. tab. 206.

Feuilles lancéolées-elliptiques, ou lancéolées-oblongues, ou elliptiques, ou ovales-lancéolées, obtuses, ou pointues, glabres en dessus, couvertes en dessous d'une pubescence furfuracée (roussâtre).—Buisson touffu, haut de 1 pied à 3 pieds, ou rarement plus. Tiges dressées. Rameaux tortueux, souvent dichotomes. Ramules courts, feuillus. Feuilles courtement pétiolées, longues de 6 à 18 lignes. Corymbes 7-20-flores, solitaires, assez denses, subsessiles. Pédicelles pubérules, aussi longs ou plus longs que les fleurs. Bractées petites, caduques, membranacées, subulées. Calice très-petit, cupuliforme. Corolle longue d'environ 6 lignes, squamelleuse à la surface externe, d'un lilas tirant sur le rose; lobes arrondis. Anthères petites, jaunâtres. Filets velus. Style inclus dans le tube de la corolle.

Cette espèce croît dans les pâturages des Alpes et des Pyrénées; on la nomme vulgairement *Rose des Alpes*, *Rosage des Alpes*, ou *Laurier-rose des Alpes*; dans les jardins elle fleurit en mai et juin. Les fleurs sont très-élégantes, mais elles exhalent une odeur désagréable. Les feuilles passent pour vénéneuses, et les bestiaux n'en mangent qu'étant pressés par la faim; une légère infusion de ces feuilles agit, suivant Villars, comme sudorifique très-efficace.

ROSAGE HÉRISSÉ. —*Rhododendron hirsutum* Linn. — Jacq. Flor. Austr. tab. 98.—Guimp. et Hayn. Deutsch. Holz. tab. 53. — Jaume Saint-Hil. Flore et Pom. tab. 207. — Bot. Mag. tab. 1853. —Duham. ed. nov. vol. 2, tab. 40.

Feuilles elliptiques ou oblongues, subobtuses, légèrement crénelées, ciliées, ponctuées en dessous (de gouttelettes résineuses). — Arbrisseau ayant le port de l'espèce précédente. Feuilles plus petites, luisantes et d'un vert foncé en dessus, d'un vert pâle et ponctuées de jaune en dessous. Corymbes lâches, sessiles, 5-12-flores, solitaires. Pédicelles filiformes, poilus, plus longs que les fleurs. Calice petit, poilu, ponctué de même que la surface externe de la corolle; segments linéaires-lancéolés, pointus. Corolle longue de 5 à 6 lignes, d'un rose vif : lobes elliptiques, obtus. Anthères jaunâtres. Filets velus. Style inclus.

Cette espèce croît dans les mêmes localités que la précédente, mais elle est moins commune; dans les jardins elle fleurit en mai et juin.

b) *Étamines majeures presque aussi longues que la cŏrolle.*

ROSAGE PONCTUÉ. — *Rhododendron punctatum* Vent. Hort. Cels. tab. 15. —Andr. Bot. Rep. tab. 36.—Bot. Reg. tab 37. — *Rhododendron minus* Michx. Flor. Bor. Amer. — Wats. Dendr. Brit. tab. 162, A.

Feuilles ovales, ou elliptiques, ou oblongues, ou lancéolées-oblongues, pointues, glabres, ponctuées en dessous, obscurément crénelées. Lobes de la corolle elliptiques ou oblongs, obtus, presque aussi longs que le tube. — Buisson touffu, haut de 2 à 3 pieds. Rameaux dressés, dichotomes. Ramules feuillus. Feuilles d'un vert foncé et luisantes en dessus, d'un vert pâle et ponctuées de jaune en dessous, longues de 1 pouce à 3 pouces, rétrécies en pétiole long de 2 à 4 lignes. Corymbes solitaires, lâches, subsessiles, 5-12-flores. Bractées subulées, subscarieuses, caduques, plus courtes que les pédicelles. Pédicelles filiformes, à peu près aussi longs que les fleurs, ponctués (ainsi que le calice et la surface externe de la corolle) de gouttelettes résineuses semblables à celles des feuilles. Calice long à peine de 1 ligne, profondément 5-fide : segments linéaires ou oblongs, ciliolés. Corolle rose ou lilas, longue de 6 à 10 lignes. Filets velus. Anthères jaunes.

Cette espèce habite les montagnes des États-Unis; elle fleurit en mai et juin.

B. *Calice petit. Corolle subrotacée : lobes très-inégaux, plus longs que le tube. Étamines en général débordées par le style : les plus grandes presque aussi longues que la corolle. — Feuilles persistantes. Fleurs en corymbe.*

a) *Corolle pourpre ou lilas (par variation blanche ou carnée), jamais jaune.*

ROSAGE COMMUN. — *Rhododendron ponticum* Linn. — Jacq. Ic. Rar. tab. 78. — Bot. Mag. tab. 650. — Guimp. et Hayn. Fremd. Holz. tab. 111. — Duham. ed. nov. vol. 2, tab. 41. — Jaume Saint-Hil. Flore et Pom. tab. 208.

Feuilles lancéolées-oblongues, pointues, glabres, non-ponctuées, d'un vert pâle en dessous. Corymbes denses, multiflores.
Calice cupuliforme, subcoriace, à 5 dents ovales-triangulaires,
pointues. Lobes de la corolle elliptiques-oblongs, obtus. Filets
cotonneux presque jusqu'au milieu. — Buisson touffu, haut de
3 à 5 pieds. Rameaux dressés, subdichotomes. Ramules feuillus. Feuilles longues de 2 à 4 pouces, très-entières, luisantes
aux 2 faces, d'un vert foncé en dessus, rétrécies en pétiole long
de 2 à 4 lignes. Pédicelles pubérules, glanduleux. Bractées subulées, membranacées, caduques. Corolle d'un lilas tirant sur le
violet, ou rose, ou blanche, ou panachée; limbe large de 1 pouce
à 2 pouces : le lobe supérieur panaché de jaune. Étamines et
style rougeâtres. Capsule oblongue, transversalement rugueuse,
longue de 5 à 7 lignes.

Cette espèce croît dans les montagnes de l'Asie Mineure, ainsi
qu'au Liban et dans les environs de Gibraltar; elle fleurit en
mai. Tournefort rapporte que les habitants du littoral de la mer
Noire considèrent l'odeur des fleurs de cet arbrisseau comme
malfaisante, et que le miel récolté par les abeilles sur ces
mêmes fleurs occasionne des vertiges et des nausées à ceux
qui en mangent; du reste, les qualités malfaisantes de ce miel
n'étaient pas ignorées des anciens : Xénophon, Pline et d'autres auteurs en ont fait mention.

ROSAGE D'AMÉRIQUE. — *Rhododendron maximum* Linn.
—Bot. Mag. tab. 951. — Guimp. et Hayn. Fremd. Holz. tab.
112. — Herb. de l'Amat. vol. 6. — *Rhododendron album* et
Rhododendron purpureum Pursh, Flor. Amer. Sept.

Feuilles lancéolées-oblongues ou elliptiques-oblongues, pointues, glabres, non-ponctuées, roussâtres ou d'un vert pâle en
dessous. Corymbes denses, multiflores. Calice profondément 5-
lobé, submembranacé : lobes elliptiques ou ovales, très-obtus.
Lobes de la corolle elliptiques ou arrondis, obtus. Filets cotonneux vers leur base. — Buisson très-semblable à l'espèce précédente par le port, le feuillage et l'inflorescence. Calice long de
2 à 3 lignes, jaunâtre, ou roussâtre, subdiaphane. Corolle car-

née, ou rose, ou blanche; limbe large de 1 pouce à 2 pouces : le lobe supérieur panaché de jaune. Étamines et style rouges ou carnés. Capsule oblongue, lisse, longue de 5 à 6 lignes.

Cette espèce croît dans les montagnes des États-Unis; elle fleurit en juin et juillet; de même que la précédente elle paraît ne pas être exempte de propriétés vénéneuses.

Rosage en arbre. — *Rhododendron arboreum* Smith, Exot. Bot. tab. 6. — Bot. Reg. tab. 890, 1240, 1684 et 1982. — Bot. Mag. tab. 3290. — Sweet, Brit. Flow. Gard. tab. 250. — Loisel. Herb. de l'Amat. vol. 7.

Feuilles lancéolées ou lancéolées-oblongues, pointues, réticulées, glabres en dessus, cotonneuses-blanchâtres en dessous. Corymbes terminaux, multiflores, subhémisphériques, très-denses. Bractées lancéolées-spathulées, concaves, réfléchies. Corolle à lobes arrondis, ondulés, échancrés. Ovaire 10-loculaire. — Tronc columnaire, haut de 20 pieds et plus, sur 16 à 24 pouces de diamètre. Feuilles agrégées, longues de 4 à 8 pouces, larges de 1 1/2 à 2 pouces, d'un vert foncé et opaque en dessus, couvertes en dessous d'une pubescence furfuracée; veines glabres. Calice court, cupuliforme, 5-denté, pubescent. Corolle d'un pourpre foncé (par variation blanche, ou rose); gorge ponctuée de pourpre noirâtre; limbe large de 15 à 18 lignes. Étamines presque aussi longues que la corolle; filets blancs; anthères brunâtres. Style blanc, filiforme.

Cette espèce, l'une des plus belles du genre, est indigène du Népaul; les habitants du pays en mangent les fleurs.

Rosage a fleurs blanches. — *Rhododendron album* Don, Prodr. Flor. Nepal. — Sweet, Brit. Flow. Gard. ser. 2, tab. 148.

Feuilles oblongues ou lancéolées-oblongues, subobtuses, rugueuses en dessus, non-ponctuées : les adultes glabres, ferrugineuses en dessous. Corymbes denses, multiflores. Bractées grandes, concaves, dressées, ovales, ou oblongues. Calice campanulé, courtement 5-lobé. Lobes de la corolle subelliptiques, obtus.

Filets glabres, les uns inappendiculés, les autres appendiculés
à la base. Ovaire 10-ou 12-loculaire. — Buisson, ou petit arbre ; écorce rimeuse. Branches plus ou moins divergentes. Ramules feuillus. Feuilles longues de 3 à 5 pouces, d'un vert foncé
et luisantes en dessus, réticulées en dessous, ordinairement arrondies à la base : les jeunes cotonneuses aux 2 faces ; pétiole court,
rugueux. Bractées grandes, membranacées, brunâtres, imbriquées avant la floraison, caduques. Pédicelles cotonneux, longs
de 6 lignes ou plus. Calice petit, pubescent, membranacé, blanchâtre. Corolle d'un blanc pur, avec de nombreux points pourpres; limbe large de près de 2 pouces. Filets blancs. Anthères
brunâtres. Ovaire laineux. Style glabre, blanc. Stigmate rougeâtre.

Cette espèce est indigène du Népaul.

Rosage pourpre. — *Rhododendron puniceum* Roxb. Flor.
Ind. ed. 2, vol. 2, p. 409.

Tronc haut de 20 à 30 pieds, et atteignant jusqu'à 2 pieds
de diamètre. Écorce subéreuse, d'environ 1 pouce d'épaisseur,
se détachant par plaques irrégulières composées de quantité de
lames minces, d'un brun de Cannelle. Branches nombreuses,
très-tortueuses. Feuilles longues d'environ 6 pouces, agrégées
vers l'extrémité des ramules, courtement pétiolées, glabres en
dessus, cotonneuses en dessous. Bourgeons terminaux, imbriqués. Corymbes terminaux, sessiles, subglobuleux, multiflores,
beaucoup plus courts que les feuilles, recouverts avant la floraison de grandes bractées imbriquées, cunéiformes-oblongues, velues à la surface externe ; poils satinés, jaunâtres. Pédicelles
2-bractéolés à la base. Bractéoles filiformes. Calice petit, inégalement 5-denté. Corolle grande, d'un pourpre vif; segments
presque égaux, larges, rétus : l'inférieur un peu plus grand que
les supérieurs. Étamines plus courtes que la corolle. Ovaire
soyeux, ovale-oblong, 10-loculaire. Capsule linéaire-oblongue,
assez lisse, presque glabre, 10-loculaire, 10-valve. Graines petites, légèrement ailées. (*Roxburgh, l. c.*)

Cet arbre magnifique croît dans les montagnes du nord de

l'Inde ; il fleurit en avril et mai. Ses feuilles sont souvent enduites d'une substance sucrée, durcie au contact de l'air et ayant l'apparence d'une couche de vernis plus ou moins épaisse.

ROSAGE DU CAUCASE. — *Rhododendron caucasicum* Pallas, Flor. Ross. 1, tab. 35. — Bot. Mag. tab. 1145 et 3422. — Guimp. et Hayn. Fremd. Holz. tab. 124.

Feuilles oblongues ou lancéolées-oblongues, pointues, ou subobtuses, très-entières, luisantes et un peu scabres en dessus, cotonneuses-ferrugineuses en dessous. Corymbes lâches, 5-12-flores. Calice campanulé, 5-lobé. Lobes de la corolle arrondis. Étamines glabres.—Buisson touffu, haut de 3 à 4 pieds. Feuilles longues de 1 pouce à 3 pouces, courtement pétiolées, sans veines apparentes en dessous. Pédicelles longs de 2 à 3 pouces. Corolle lilas : tube campanulé, long de 4 à 5 lignes ; limbe large de 12 à 15 lignes.

Cette espèce habite les régions alpines du Caucase.

b) *Corolle jaune.*

ROSAGE A FLEURS JAUNES. — *Rhododendron chrysanthum* Pallas, Itin. 3. p. 369. — Guimp. et Hayn. Fremd. Holz. tab. 122.—*Rhododendron officinale* Salisb. Parad. Lond. tab. 80.

Feuilles oblongues ou lancéolées-oblongues, subobtuses, subsessiles, glabres, non-ponctuées, discolores (ferrugineuses en dessous), penniveinées, réticulées. Corymbes lâches, 5-10-flores. Calice cupuliforme, 5-denté. Lobes de la corolle obovales, très-obtus. Étamines et style glabres. — Arbrisseau touffu, très-glabre, haut de $^1/_2$ pied à 2 pieds. Feuilles longues de 1 pouce à 2 pouces, d'un vert foncé et luisantes en dessus, rétrécies en pétiole très-court. Pédicelles longs de 2 à 3 pouces. Corolle large de 12 à 15 lignes, d'un jaune citron ; les 3 lobes supérieurs ponctués de jaune orange. Étamines jaunes. Capsule oblongue, rétrécie aux 2 bouts.

Cette espèce croît dans les Alpes du Caucase et de la Daourie. L'infusion de ses feuilles, d'ailleurs vénéneuses à forte dose, est un sudorifique des plus efficaces ; on en fait fréquemment usage en Russie et en Sibérie, comme remède anti-syphilitique, ainsi que contre les maladies chroniques de la peau et les affections rhumatismales.

C. *Corolle subrotacée ; lobes très-inégaux, plus longs que le tube. Étamines débordées par le style, presque aussi lon gues ou plus longues que la corolle. — Feuilles persistantes ou non-persistantes. Fleurs solitaires, ou géminées, ou ternées.*

a) *Feuilles coriaces, persistantes. Fleurs courtement pédonculées, au nombre de 1 à 5 à l'extrémité des ramules de l'année précédente. Calice minime, obscurément 5-lobé.*

ROSAGE DE DAOURIE. — *Rhododendron davuricum* Linn. — Andr. Bot. Rep. tab. 4. — Bot. Mag. tab. 636 et 1888. — Bot. Reg. tab. 194. — Guimp. et Hayn. Fremd. Holz. tab. 122.

Feuilles oblongues, obtuses, glabres, discolores (blanchâtres ou roussâtres en-dessous), ponctuées aux 2 faces (de gouttelettes de résine jaunâtre). Lobes de la corolle obovales ou arrondis. Étamines glabres, en partie plus longues que la corolle. — Arbrisseau haut de 1 à 2 pieds. Feuilles longues de 1 pouce à 2 pouces, courtement pétiolées, arrondies ou cunéiformes à la base, finement veinées, quelquefois subsinuolées ou obscurément crénelées. Corolle rose : tube court, campanulé : limbe large d'environ 1 pouce. Filets et style rosés. Anthères violettes. Capsule oblongue-conique, pointue.

Cette espèce croît dans l'Altaï et dans les montagnes de la Daourie.

b) *Feuilles subcoriaces, persistantes, couvertes aux 2 faces de poils apprimés. Fleurs 6-8-andres, pédonculées, solitaires ou géminées à l'extrémité des ramules de l'année précédente. Calice grand, foliacé, 5-parti.*

ROSAGE DE L'INDE. — *Rhododendron indicum* Sweet, Hort. Brit. — Brit. Flow. Gard. ser. 2, tab. 128 et 154. — *Azalea indica* Linn.—Bot. Mag. tab. 1480, 2667 et 2509.—Bot. Reg. tab. 811, 1716, et 1700. — Lois. Herb. de l'Amat. vol. 6. — *Azalea ledifolia* Bot. Mag. tab. 2901.

Feuilles lancéolées, ou lancéolées-oblongues, ou oblongues, pointues, ou obtuses, mucronées, veineuses. Segments-calicinaux linéaires-lancéolés, pointus, hérissés, presque étalés. Lobes de la corolle elliptiques, ou oblongs, ou obovales, en général débordés par les étamines majeures. Style et filets pubérules vers leur base. — Arbrisseau très-touffu, haut de 2 à 4 pieds. Rameaux dressés ou plus ou moins divergents, subdichotomes, finalement glabres. Ramules hérissés de poils roussâtres. Feuilles longues de 1 pouce à 3 pouces, non-luisantes, d'un vert foncé en dessus, d'un vert glauque en dessous, plus ou moins abondamment couvertes de poils roussâtres apprimés : pétiole court, soyeux-ferrugineux de même que la côte, les nervures et les pédoncules. Pédoncules longs de 3 à 8 lignes. Calice long de 4 à 6 lignes. Corolle pourpre, ou rose, ou blanche, ou carnée, ou jaune; tube court, campanulé : limbe large de 1 pouce à 2 pouces. Filets et style violets ou de même couleur que la corolle. Anthères violettes ou jaunâtres.

Cette espèce croît en Chine et au Japon; on en cultive quantité de variétés.

c) *Feuilles minces, non-persistantes, ciliées, du reste glabres. Fleurs longuement pédonculées, solitaires ou géminées à l'extrémité des jeunes pousses. Calice grand, foliacé, 5-parti.*

ROSAGE DU KAMTCHATKA. — *Rhododendron Kamtchaticum* Pallas, Flor. Ross. tab. 33. — Guimp. et Hayn. Fremd. Holz. tab. 121.

Feuilles obovales ou oblongues-obovales, très-obtuses, très-entières, subsessiles, veineuses. Pédoncules nus ou 2-bractéolés, poilus de même que le calice. Segments-calicinaux oblongs, obtus. Lobes de la corolle oblongs-obovales. — Arbrisseau diffus, irrégulièrement rameux, haut de 1/2 pied à 1 pied. Ramules-florifères ascendants, pubérules, médiocrement feuillés.

Feuilles longues de 6 lignes à 2 pouces, non-luisantes, d'un vert foncé en dessus, d'un vert glauque en dessous. Segments calicinaux de moitié plus courts que la corolle. Corolle rose; limbe large de 15 à 18 lignes. Étamines pourpres : les majeures presque aussi longues que la corolle.

Cette espèce croît dans la Sibérie orientale et au Kamtchatka.

Genre AZÉALA. — *Azalea* Linn.

Calice petit, 5-parti. Corolle ringente, subbilabiée, hypocratériforme; limbe inégalement 5-parti. Étamines 5, hypogynes, longuement saillantes, anisomètres, déclinées, ascendantes au sommet; filets filiformes, arqués; anthères elliptiques ou oblongues, obtuses, échancrées, submédifixes, déhiscentes par 2 pores apicilaires. Ovaire 5-loculaire; loges multi-ovulées. Style filiforme, saillant, arqué, ascendant, épaissi au sommet. Stigmate disciforme, 5-lobé. Capsule oblongue, 5-loculaire, septicide-quinqué-valve; axe-central 5-ptère. Graines très-nombreuses, petites, scobiformes, appendiculées aux 2 bouts.

Arbrisseaux peu élevés. Ramules subverticillés. Feuilles subpersistantes ou non-persistantes, éparses, très-entières, ciliées. Bourgeons-florifères aphylles, multiflores, terminant les ramules de l'année précédente. Fleurs en corymbe. Pédicelles 1-bractéolés à la base : les florifères plus ou moins inclinés; les fructifères dressés. Bractées caduques, scarieuses. Fleurs grandes, odorantes, assez semblables à celles des Chèvrefeuilles. Corolle jaune, ou blanche, ou rouge, ou panachée, poilue ou pubérule-glanduleuse à la surface externe.

Les Azaléa sont très-recherchés comme arbrisseaux d'ornement; on en cultive quantité d'hybrides et de variétés.

AZALÉA D'ORIENT. — *Azalea pontica* Linn. — Pall. Flor. Ross. tab. 69. — Bot. Mag. tab. 433. — Bot. Rep. tab. 16.

— Guimp. et Hayn. Fremd. Holz. tab. 109. — Bot. Reg. tab. 1253 et 1259. — *Anthodendron ponticum* Reichb. Flor. Germ. Excurs.—*Rhododendron luteum* Sweet, Hort. Brit.

Feuilles subpersistantes, luisantes, lancéolées-oblongues, ou lancéolées-elliptiques, pointues, ou subobtuses, ciliées, glabres ou presque glabres aux 2 faces. Tube de la corolle pubérule-visqueux, à peu près aussi long que le limbe. — Arbrisseau haut de 2 à 3 pieds. Rameaux dressés, subdichotomes. Ramules plus ou moins divergents, feuillus, cotonneux étant jeunes. Feuilles longues de 1 '/2 pouce à 5 pouces, d'un vert gai en dessus, d'un vert glauque en dessous, veineuses : les jeunes pubescentes aux 2 faces, les adultes glabrescentes. Corymbes 3-12-flores. Pédicelles longs de 2 à 4 lignes, pubérules-visqueux de même que le calice. Segments-calicinaux linéaires, obtus, anisomètres, longs de 1 ligne à 2 lignes. Corolle d'un jaune plus ou moins vif (par variation orange ou blanche); tube long de 6 à 12 lignes; lobes ovales ou ovales-lancéolés, acuminés, souvent ondulés. Étamines ordinairement plus longues que la corolle. Style débordant les étamines, pubescent inférieurement de même que les filets.

Cette espèce croît en Orient, ainsi que dans la Galicie et la Russie méridionale. Ses fleurs, qui paraissent en mai, en même temps que les jeunes feuilles, ont une odeur analogue à celle du Chèvrefeuille, mais plus forte et qu'on dit nuisible; le miel provenant de ces fleurs passe pour être vénéneux comme celui du *Rhododendron ponticum*.

Azaléa magnifique. — *Azalea speciosa* Willd. Enum. — Wats. Dendr. Brit. tab. 116. — Guimp. et Hayn. Fremd. Holz. tab. 31.—Lodd. Bot. Cab. tab. 624.—*Azalea periclymena* Michx. Flor. Bor. Amer. — *Azalea canescens* Michx. l. c. — *Azalea calendulacea* Pursh, Flor. Amer. Sept.—Bot. Reg. tab. 145, 1366, 1402, et 1407.—Bot. Mag. tab. 1721. — *Azalea nudiflora* Linn. — Bot. Reg. tab. 120, 1367 et 1641. — Bot. Mag. tab. 180. — Herb. de l'Amat. vol. 4.

Feuilles lancéolées-oblongues, ou lancéolées-elliptiques, ou

lancéolées-obovales, ou elliptiques, acuminées, ciliolées, glabres
ou pubérules, non-persistantes. Tube de la corolle poilu ou pubérule, aussi long ou plus long que le limbe. — Arbrisseau
très-semblable à l'espèce précédente par le port, le feuillage et
les fleurs. Pédicelles et calices ordinairement très-poilus. Segments-calicinaux longs de 1 ligne à 3 lignes, linéaires, ou linéaires-spathulés, obtus. Corolle blanche, ou rose, ou carnée,
ou jaune, ou orange, ou écarlate, ou panachée; tube long de 6 à
10 lignes; lobes ovales ou ovales-lancéolés, acuminés. Étamines
en général d'environ $^1/_4$ plus longues que la corolle; filets poilus
jusque vers leur milieu. Ovaire soyeux. Style glabre ou soyeux
à la base, très-long, débordant les étamines.

Cette espèce habite les États-Unis; ses fleurs, qui paraissent
en mai, à la même époque que les feuilles, sont très-élégantes et
répandent une forte odeur de Chèvrefeuille.

AZALÉA VISQUEUX. — *Azalea viscosa* Linn. — Meerb. Ic.
2, tab. 9. — Guimp. et Hayn. Fremd. Holz. tab. 32. — Lodd.
Bot. Cab. tab. 441. — *Azalea nitida* Bot. Reg. tab. 414.

— β : A FEUILLES GLAUQUES. — *Azalea glauca* Pursh,
Flor. Amer. Sept.—Wats. Dendr. Brit. tab. 5.—*Azalea hispida* Pursh, l. c. — Wats. l. c. tab. 6.

Feuilles lancéolées-oblongues, ou lancéolées-elliptiques, ou
lancéolées-obovales, ou obovales, acuminées, ciliées, non-persistantes, luisantes en dessus, strigueuses en dessous sur la côte,
quelquefois pubérules aux 2 faces. Tube de la corolle pubérule-
visqueux, 1 à 2 fois plus long que le limbe. Étamines à peine
plus longues que la corolle. — Arbrisseau haut de 3 à 4 pieds.
Ramules plus ou moins divergents. Jeunes pousses glabres ou
strigueuses. Feuilles longues de 1 pouce à 2 pouces, veineuses,
subsessiles, assez fermes, tantôt luisantes et d'un vert plus ou
moins foncé, tantôt glauques et opaques. Corymbes sessiles, 5-
12-flores. Pédicelles longs de 2 à 3 lignes, couverts (de même
que le calice et la surface externe de la corolle) d'une pubescence glandulifère et très-visqueuse. Bractées subulées, caduques. Calice très-petit : lobes ciliés, arrondis. Corolle blanche,

ou rose, ou carnée ; tube subcylindracé , long de 8 à 12 lignes ; lobes ovales , ou ovales-oblongs , ou ovales-lancéolés , pointus, ou acuminés. Filets pubérules de la base jusque vers le milieu. Anthères petites, jaunes. Style plus long que les étamines, souvent rouge.

Cette espèce croît dans les montagnes des États-Unis. Ses fleurs, qui se succèdent en général durant tout l'été, ont une odeur de Chèvrefeuille très-agréable.

Genre RHODORA. — *Rhodora* Linn.

Calice minime , cupuliforme, irrégulièrement 5-lobé. Corolle de 3 pétales distincts, ringente, comme 2-labiée : le pétale supérieur plus grand , trilobé, ascendant ; les 2 pétales inférieurs déclinés, divariqués , oblongs-linéaires, très-entiers. Étamines 8 , hypogynes, anisomètres, déclinées, ascendantes ; filets filiformes, arqués , élargis à la base ; anthères supra-médifixes , elliptiques, échancrées aux 2 bouts, déhiscentes par 2 pores apicilaires. Ovaire 5-loculaire ; loges multi-ovulées. Style filiforme, décliné, ascendant. Stigmate disciforme , 5-lobé. Capsule oblongue, 5-loculaire , polysperme , septicide-quinquévalve ; axe-central pentaptère. Graines petites, scobiformes, ailées aux 2 bouts.

Arbrisseau. Feuilles éparses, très-entières, non-persistantes. Bourgeons-florifères aphylles , solitaires à l'extrémité des ramules de l'année précédente. Fleurs un peu inclinées, plus précoces que les feuilles, disposées en ombelles simples. Pédicelles courts, dressés, bractéolés à la base ; bractées subulées, caduques. Corolle rose.

Ce genre ne comprend que l'espèce suivante.

RHODORA DU CANADA. — *Rhodora canadensis* Linn. — L'hérit. Stirp. 1, tab. 68. —Duham. ed. nov. vol. 3, tab. 53. — Guimp. et Hayn. Fremd. Holz. tab. 14. — Bot. Mag. tab. 474.

Arbrisseau haut de 1 ½ pied à 3 pieds. Tige et rameaux dressés, tortueux. Ramules courts, flexueux. Jeunes pousses strigueuses. Feuilles longues de 1 pouce à 2 pouces, lancéolées-oblongues, pointues, subsessiles, les jeunes poilues aux 2 faces, les adultes glabrescentes. Ombelles 3-7-flores. Pédicelles et calices couverts d'une pubescence glandulifère. Pétales longs d'environ 6 lignes : le supérieur cunéiforme-oblong, courtement trilobé : lobes obtus. Étamines majeures un peu plus longues que la corolle. Anthères petites, bleuâtres avant l'anthèse. Filets pubérules à la base. Style plus long que les étamines.

Cet arbrisseau, indigène du Canada, est cultivé dans les jardins; les fleurs paraissent en avril.

Genre LÉIOPHYLLE. — *Leiophyllum* Pers.

Calice 5-parti. Pétales 5, égaux, hypogynes, étalés. Étamines 10, hypogynes, étalées, alternativement plus longues et plus courtes. Filets linéaires-filiformes, comprimés; anthères supra-médifixes, suborbiculaires, échancrées aux 2 bouts, didymes : bourses longitudinalement 2-valves. Ovaire 3-5-loculaire; loges multi-ovulées. Style filiforme. Stigmate petit, disciforme, 5-sulqué. Capsule 3-5-loculaire, polysperme, septicide, 3-5-valve de haut en bas; placentaires adnés à l'axe central. Graines minimes, ovoïdes.

Arbuscule touffu. Feuilles éparses ou subopposées, coriaces, très-entières, persistantes, très-glabres. Fleurs en corymbes terminaux; pédicelles courts, capillaires, accompagnés de bractées coriaces. Corolle petite, blanche.

LÉIOPHYLLE A FEUILLES DE BUIS. — *Leiophyllum buxifolium* Pers. Ench. — *Ammyrsine buxifolia* Pursh, Flor. Amer. Sept.—*Ledum buxifolium* Berg.—Bot. Reg. tab. 531.

Tiges diffuses ou ascendantes, hautes de ½ pied à 1 pied, ligneuses de même que les rameaux adultes. Ramules feuillus, anguleux, en général paniculés au sommet. Feuilles ovales, ou

obovales, ou oblongues-obovales, ou elliptiques, ou oblongues,
obtuses, innervées, 1-costées en dessus, canaliculées en dessous,
luisantes, d'un vert foncé en dessus, d'un vert pâle en dessous,
longues de 2 à 5 lignes. Corymbes gloméruliformes, petits, multiflores. Calice long d'environ 1 ligne : segments linéaires-lancéolés, dressés, carénés. Pétales oblongs-obovales, de moitié
plus longs que le calice, à peu près de moitié plus courts que
les étamines.

Cette espèce, qu'on cultive comme arbuste d'ornement, est
indigène des États-Unis ; elle fleurit en avril et en mai.

Genre LÉDUM. — *Ledum* Linn.

Calice minime, cupuliforme, 5-denté. Pétales 5, hypogynes, égaux, étalés. Étamines 5 à 10, hypogynes, ascendantes, alternativement plus longues et plus courtes ;
filets capillaires ; anthères elliptiques, échancrées aux 2
bouts, submédifixes, déhiscentes par 2 pores apiciiaires.
Ovaire 5-loculaire ; loges multi-ovulées. Style filiforme.
Stigmate petit, disciforme, 5-sulqué. Capsule 5-loculaire,
pendante, polysperme, septicide-quinquévalve de bas en
haut : valves restant suspendues au sommet d'un axe
central filiforme. Graines petites, scobiformes ; tégument
lâche, celluleux, prolongé en forme d'aile autour de l'a-
mande.

Arbrisseaux bas, touffus. Feuilles coriaces, persistantes,
éparses, très-entières, courtement pétiolées, révolutées
aux bords, couvertes en dessous d'un duvet (ferrugineux)
cotonneux très-épais. Bourgeons-florifères aphylles, solitaires à l'extrémité des ramules de l'année précédente.
Fleurs en corymbes plus ou moins denses ; pédicelles capillaires, réclinés, bractéolés à la base ; bractées caduques.
Corolle blanche.

LÉDUM COMMUN. — *Ledum palustre* Linn. — Flor. Dan.
tab. 1031. — Gærtn. Fruct. 2, tab. 112, fig. 2. – Hook. Flor.

Lond. tab. 212. — Guimp. et Hayn. Deutsch. Holz. tab. 51.

Arbrisseau haut de 1 ½ pied à 4 pieds. Rameaux dressés ou ascendants, souvent tortueux. Ramules grêles, feuillus, subverticillés, cotonneux-ferrugineux étant jeunes. Feuilles linéaires, ou linéaires-oblongues, ou lancéolées-linéaires, obtuses, ou pointues, mucronulées, luisantes et d'un vert foncé en dessus, longues de 8 à 20 lignes. Corymbes sessiles, multiflores, un peu lâches. Pédicelles longs de 6 à 12 lignes, subferrugineux, glanduleux. Fleurs décandres. Pétales obovales, obtus, courtement onguiculés, longs de 2 à 3 lignes. Étamines de moitié plus longues que les pétales. Pistil plus court que les étamines..Capsule oblongue-obovée, obtuse, glanduleuse, longue de 2 à 3 lignes.

Cette espèce est commune dans les tourbières du nord de l'Europe, de l'Asie et de l'Amérique ; elle fleurit au printemps; ses fruits sont mûrs en automne, mais ils persistent jusqu'au printemps suivant. Toute la plante a des propriétés narcotiques; sa saveur est astringente et amère ; les jeunes feuilles ont une odeur agréable, mais plus tard cette odeur devient forte et nauséeuse. En Russie, les feuilles du *Lédum* servent au tannage; on les substitue quelquefois au houblon dans la préparation de la bière ; mais cette boisson, ainsi frelattée, occasionne des vertiges et des maux de tête. On prétend aussi que ces feuilles sont un excellent préservatif contre les teignes.—Le *Ledum palustre*, ainsi que l'espèce suivante, se cultivent comme arbrisseaux d'ornement.

LÉDUM A LARGES FEUILLES. —*Ledum latifolium* Lamk. Dict. — Jacq. Ic. Rar. 3, tab. 464. — Duham. ed. nov. vol. 4, tab. 27. — Herb. de l'Amat. vol. 4.

Cette espèce, indigène du Canada et des contrées plus septentrionales de l'Amérique, diffère de la précédente : 1° par des feuilles plus distinctement pétiolées, plus larges (ordinairement ovales ou oblongues); 2° par des corymbes plus denses, à fleurs moins longuement pédonculées, souvent 5-andres ; 3° par des étamines à peine plus longues que la corolle.

IVᵉ TRIBU. **LES PYROLÉES**. — *PYROLEÆ* Lindl.

Corolle non-persistante, 5-pétale. Capsule loculicide ou septicide. Graines à tégument lâche, celluleux, réticulé, prolongé au delà de l'amande.—Herbes vivaces, ou sous-arbrisseaux.

Genre CHIMOPHILA. — *Chimophila* Pursh.

Calice 5-parti, réfléchi après la floraison. Corolle de 5 pétales distincts, égaux, étalés, hypogynes. Étamines 10, hypogynes; filets larges et trièdres à la base, subulés au sommet, résupinés; anthères médifixes, subcordiformes, très-obtuses, 2-cornes à la base, renversées; bourses s'ouvrant chacune par un pore basilaire (terminant la corne). Ovaire subglobuleux, déprimé, ombiliqué aux 2 bouts, 5-sulqué, 5-loculaire; loges multi-ovulées. Style très-court. Stigmate pelté, disciforme, orbiculaire, 5-gone. Capsule subglobuleuse, un peu déprimée, 5-sulquée, 5-loculaire, polysperme, s'ouvrant par 5 fentes longitudinales; valves septifères au milieu, restant adnées par les 2 bouts à l'axe-central. Graines minimes, scobiformes.

Arbuscules rampants. Feuilles coriaces, persistantes, dentelées, verticillées, rétrécies en court pétiole. Pédoncules longs, solitaires, dressés, terminaux (sur les jeunes pousses), 2–7-flores (accidentellement 1-flores); pédicelles filiformes, épaissis au sommet (les florifères plus ou moins inclinés, les fructifères dressés), disposés en ombelle ou en corymbe. Bourgeons écailleux.

CHIMOPHILA A OMBELLES. — *Chimophila umbellata* Nutt. Gen. — *Pyrola umbellata* Linn. — Flor. Dan. tab. 1336. — Svensk Bot. tab. 27. — Bot. Mag. tab. 778. — *Chimophila corymbosa* Pursh, Flor. Amer. Sept.

Rhizome rampant, long, grêle, finalement ligneux. Tiges ligneuses, ascendantes, grêles, obscurément anguleuses. Feuilles verticillées ou subverticillées (au nombre de 4 à 7 par verticille), luisantes, d'un vert foncé en dessus, d'un vert pâle en dessous, glabres, cunéiformes-oblongues, sublancéolées, obtuses, longues de 1 pouce à 2 pouces, penninervées, veineuses : veines et nervures saillantes en dessous, canaliculiformes en dessus. Pédoncules longs de 2 à 4 pouces, cylindriques, raides, très-grêles, 3-7-flores ; pédicelles longs de 3 à 8 lignes, divergents, tantôt en ombelle, tantôt en corymbe. Bractéoles subulées, caduques. Fleurs nutantes, larges de 4 à 5 lignes. Segments-calicinaux suborbiculaires, ciliolés. Pétales de couleur rose, ovales-orbiculaires, obtus, concaves, ciliolés. Étamines un peu plus courtes que la corolle ; filets à base obovale, ciliolée. Anthères violettes, presque aussi longues que les filets. Capsule subcoriace, du volume d'un Pois, couronnée par le stigmate.

Cette plante habite le nord de l'Europe, de l'Asie et de l'Amérique ; elle vient de préférence dans les forêts de Conifères, dont le sol est sablonneux et légèrement humide. Ses feuilles ont une saveur à la fois douce et amère, et des propriétés diurétiques très-puissantes ; les médecins des États-Unis et du Canada considèrent la décoction de ces feuilles comme un excellent remède contre l'hydropisie et plusieurs autres maladies ; appliquées fraîches sur la peau, ces feuilles agissent comme épispastique. Les tiges et les racines de la plante contiennent beaucoup de tannin.

Au témoignage de Barton, le *Chimophila maculata*, espèce propre à l'Amérique septentrionale, ne participe point aux vertus médicales de son congénère.

Genre PYROLE. — *Pyrola* Tourn.

Calice cempanulé, profondément 5-lobé, non-réfléchi après la floraison. Pétales 5, étalés, ou dressés et connivents, égaux, ou inégaux, hypogynes. Étamines 10, hypogynes ; filets filiformes (non-élargis à la base), ascendants ;

anthères infra-médifixes, oblongues, obtuses ou apiculées au sommet, tronquées ou courtement bicornes à la base, renversées ; bourses s'ouvrant chacune par un pore basilaire (terminant la corne). Ovaire subglobuleux, déprimé, ombiliqué aux 2 bouts, 5-loculaire ; loges multi-ovulées. Style filiforme ou claviforme, rectiligne, ou curviligne, court, ou plus ou moins allongé. Stigmate disciforme, pelté, 5-gibbeux à la face supérieure. Capsule conforme à l'ovaire, couronnée du style, 5-loculaire, polysperme, s'ouvrant par 5 fentes longitudinales ; valves septifères au milieu, restant adnées par les 2 bouts à l'axe-central, comme aranéeuses aux bords. Graines minimes, scobiformes.

Herbes vivaces, suffrutescentes à la base, très-glabres. Rhizome grêle, rampant, 1-3-céphale. Tiges courtes, ascendantes, très-simples, feuillues. Feuilles très-rapprochées ou subroselées vers l'extrémité de la tige (les inférieures ordinairement petites et squamiformes), longuement pétiolées, coriaces, subpersistantes, crénelées, ou dentelées. Pédoncule terminal, solitaire, dressé, pluriflore ; fleurs en grappe le plus souvent unilatérale, nutantes ; pédicelles courts, 1-bractéolés à la base, réclinés pendant et après la floraison. Bractéoles persistantes. Corolle rose, ou verdâtre, ou blanchâtre.

La plupart des *Pyroles* habitent l'Europe ; ce sont de fort jolies plantes qui se plaisent à l'ombre des bois humides, mais qui se refusent en général à la culture. Ces végétaux, à raison de leur astringence, s'emploient parfois à titre de remèdes toniques et vulnéraires. Les espèces les plus notables sont les suivantes :

PYROLE A FEUILLES RONDES. — *Pyrola rotundifolia* Linn. — Flor. Dan. tab. 1816. — Engl. Bot. tab. 213. — Blackw. Herb. tab. 594. — Calice 5-parti. Pétales divergents, obovales, inégaux. Étamines ascendantes ; anthères bicornes à la base. Style décliné, arqué et ascendant au sommet, 2 fois plus long

que les étamines. Fleurs non-unilatérales. — Feuilles suborbiculaires, ou ovales-orbiculaires, ou elliptiques, obtuses, très-
légèrement crénelées, quelquefois subcordiformes à la base, d'un
vert gai, luisantes, larges de 1 pouce à 2 pouces. Pédoncule
long de ½ pied à 1 pied, 3-ou 4-gone, verdâtre, 15-20-flore,
garni de quelques écailles subcoriaces. Grappe un peu lâche. Pédicelles plus longs que le calice. Bractées lancéolées, membranacées, un peu plus longues que les pédicelles. Calice blanchâtre,
1 fois plus court que la corolle : segments linéaires-lancéolés,
pointus. Pétales blanchâtres, veineux, longs de 3 à 4 lignes.
Anthères blanchâtres. Style rose, épaissi au sommet. — Fleurit
en juin et en juillet.

PYROLE MINEURE. — *Pyrola minor* Linn. — Engl. Bot.
tab. 158.—Hook. Flor. Lond. tab. 153.—Flor. Dan. tab. 55.
—*Pyrola rosea* Smith, Engl. Bot. tab. 2543.—Calice 5-parti :
segments ovales, pointus. Pétales suborbiculaires, égaux, connivents en forme de clochette subglobuleuse. Étamines conniventes ; anthères inappendiculées, tronquées à la base. Style
court, rectiligne, vertical. — Feuilles elliptiques ou suborbiculaires, crénelées, obtuses, d'un vert pâle. Pédoncule long de 6
à 12 pouces. Grappe 10-20-flore, assez dense. Pédicelles à
peine plus longs que le calice. Calice 2 fois plus court que la corolle. Corolle rose ou blanchâtre ; pétales longs d'environ 2 lignes, très-bombés. Anthères jaunes. Style filiforme. Stigmate
très-large. — Fleurit en juin et en juillet.

Vᵉ TRIBU. **LES MONOTROPÉES.** — *MONOTRO-PEÆ* Nutt.

*Corolle submarcescente. Anthères mutiques ou aristées
(quelquefois* 1-*thèques et peltées, transversalement* 2-
valves). Graines scobiformes ou ailées ; tégument lâ-

che, réticulé, celluleux. — Herbes parasites (1), *aphylles, semblables aux Orobanches par le port; hampe écailleuse.*

Genre HYPOPITHYS. — *Hypopithys* Dillen.

Calice de 4 ou 5 sépales distincts, planes, colorés, connivents en forme de cloche. Corolle de 4 ou 5 pétales distincts, hypogynes, connivents en forme de cloche, fortement gibbeux (presque éperonnés) à la base. Étamines 8 ou 10, hypogynes; filets filiformes; anthères 1-thèques, peltées, horizontales, transversalement bivalves. Cinq glandes hypogynes. Ovaire 4-ou 5-loculaire, subglobuleux; loges multi-ovulées. Style cylindrique, grêle, fistuleux. Stigmate grand, pelté, disciforme, fimbriolé au bord. Capsule 4-ou 5-sulquée, 4-ou 5-loculaire, loculicide-quinquévalve, polysperme; valves placentifères au milieu, restant adnées par la base; axe-central pyramidal, pentagone. Graines minimes, scobiformes.

Herbes vivaces, colorées, parasites sur les racines des arbres (surtout des pins et des hêtres). Racine grumeuse, traçante. Tige grêle, charnue, écailleuse, très-simple, pauciflore. Écailles membranacées, éparses, sessiles, sub-amplexatiles. Fleurs en grappe terminale réclinée avant et pendant la floraison. Pédicelles courts, épars, nutants pendant la floraison, plus tard dressés, accompagnés chacun d'une bractée semblable aux écailles de la tige. Calice et corolle jaunâtres ou brunâtres. La fleur terminale seule 5-sépale, 5-pétale, 10-candre et à ovaire 5-loculaire; les autres fleurs 4-sépales, 4-pétales, 8-andres, et à ovaire 4-loculaire.

---

(1) Telle est du moins l'opinion générale; toutefois plusieurs auteurs très-dignes de foi, notamment MM. Wallroth et Koch, assurent que le *Monotropa* d'Europe n'est point parasite, et qu'on le rencontre parfois dans des localités tout à fait dénuées d'arbres.

Hypopithys d'Europe. — *Hypopithys multiflora* Scopol.
Carn. — *Monotropa Hypopithys* Linn.

— α Glabre. — *Monotropa glabra* Bernh. — *Monotropa Hypopithys.*Engl. Bot. tab. 69. — Hook. Flor. Lond. tab. 105. — *Monotropa hypoxya* Spreng. — *Monotropa hypophegea* Wallröth. — Reichb. Plant. Crit. V, fig. 674.

— β : Pubescent. — *Monotropa Hypopithys* Wallroth. — Flor. Dan. tab. 232. — Reichb. Plant. Crit. V, fig. 674.

Plante haute de 4 à 8 pouces, d'un jaune de paille à l'époque de la floraison, plus tard brunâtre, tantôt très-glabre, tantôt pubérule vers le haut. Écailles ovales ou oblongues, concaves : les inférieures imbriquées; les supérieures plus ou moins éloignées; les florales plus grandes, souvent ciliolées. Grappe 5-15-flore, très-dense à l'époque de la floraison, plus tard assez lâche. Pédicelles courts. Sépales lancéolés-oblongs ou oblongs, longs de 4 à 5 lignes. Pétales dentelés, conformes aux sépales, recourbés au sommet, longs de 5 à 6 lignes. Anthères brunâtres. Filets glabres, ou pubescents, ou velus, un peu plus courts que la corolle. Style court, débordé par les étamines. Capsule globuleuse ou ellipsoïde.

Cette espèce, qui est le seul représentant indigène du groupe des Monotropées, n'est pas rare dans les bois humides; elle fleurit en juin et en juillet. En faisant sécher cette plante pour la conserver en herbier, elle ne tarde pas à noircir et à répandre une odeur de Vanille très-prononcée.

CENT CINQUANTE-SIXIÈME FAMILLE.

LES VACCINIÉES. — *VACCINIEÆ.*

Vaccinieæ De Cand. Théor. Élem. p. 216. — A. Rich. Bot. Méd. p. 568. — Lois. Deslong. Manuel des Plantes usuelles, 1, p. 568. — Bartl. Ord. Nat. p. 153. — *Vaccinaceæ* Lindl. Nat. Syst. p. 221.

La plupart des auteurs considèrent ce petit groupe comme une tribu des Ericinées, dont il ne diffère en effet que par l'adhérence de l'ovaire. Toutes les *Vacciniées* produisent des fruits charnus et en général mangeables. De même que dans les Ericinées, les autres parties de ces végétaux sont plus ou moins astringentes.

Les Vacciniées renferment les genres suivants :

Vaccinium Linn. (Vitis-idea Tourn.) — *Oxycoccos* Tourn. (Schollera Roth.) — *Gaylussacia* Kunth (Lussacia Spreng.) — *Thibaudia* Pers. (Cavinium Petit Thou. Agapetes Don.) *Ceratostemma* Juss. — *Cavendishia* Lindl. — *Macleania* Hook. — *Symphisia* Presl. (Tauschia Presl.) — *Sphyrospermium* Pœpp. et Endl. — ? *Brossæa* Plum.

Genre AIRELLE. — *Vaccinium* Linn.

Limbe-calicinal 4-ou 5-denté, 4-ou 5-parti, supère. Corolle urcéolée, ou tubuleuse, ou campanulée, épigyne, 4-5-dentée, ou 4-5-lobée. Étamines 8 ou 10, épigynes, incluses, ou saillantes; filets libres, filiformes, souvent élargis à la base; anthères conniventes, infra-médifixes, mutiques ou biaristées au dos, longuement bicornes : cornes tubuliformes, s'ouvrant chacune par un pore apicilaire.

Ovaire adhérent, 4-ou 5-loculaire ; loges multi-ovulées.
Style filiforme. Stigmate obtus. Baie ombiliquée, 4-ou 5-
loculaire, polysperme, plus ou moins distinctement couronnée par le limbe-calicinal. Graines petites, anguleuses ;
tégument mince, réticulé.

Arbrisseaux ou sous-arbrisseaux. Feuilles persistantes
ou non-persistantes, très-entières ou dentelées, éparses.
Pédoncules axillaires ou terminaux, solitaires, ou fasciculés, 1-ou pluri-flores. Fleurs nutantes. Fruits dressés.

Section I. MYRTILLUS Spach.

Corolle urcéolée. Étamines incluses ; filets libres, non-
ponctués. Pédicelles solitaires ou géminés, axillaires,
1-flores. Feuilles non-persistantes. Anthères 2-aristées
au dos. Pédicelles-fructifères dressés.

a) *Feuilles dentelées. Rameaux anguleux. Corolle globuleuse.*

AIRELLE MYRTILLE. — *Vaccinium Myrtillus* Linn. —
Blackw. Herb. tab. 163. — Duham. Arb. 2, tab. 167. — Duham. ed. nov. vol. 2, tab. 29. — Flor. Dan. tab. 974. —
Engl. Bot. tab. 456. — Guimp. et Hayn. Deutsch. Holz. tab.
41. — *Vitis-idea Myrtillus* Mœnch, Meth.

Arbuste glabre, touffu, haut de ½ pied à 3 pieds. Racine
rampante. Tiges très-rameuses, brunâtres de même que les rameaux adultes. Rameaux paniculés, bisannuels. Jeunes pousses
d'un vert gai. Feuilles longues de 6 à 15 lignes, minces, d'un
vert gai aux 2 faces, réticulées en dessous, ovales, subacuminées,
dentelées, courtement pétiolées ; dentelures obtuses ou pointues, courtes, rapprochées, couronnées d'une glandule stipitée.
Pédicelles à peine aussi longs que les fleurs, ordinairement solitaires. Calice glabre, vert : limbe marginiforme, obscurément
denticulé. Corolle petite, d'un rose verdâtre, subdiaphane,
4-ou 5-dentée : dents courtes, obtuses, recourbées. Filets blanchâtres, linéaires-lancéolés, glabres. Anthères brunâtres, à arêtes arquées, plus courtes que les cornes. Style saillant. Baie du

volume d'un gros Pois, globuleuse, d'un bleu noirâtre (par variation blanche), couverte d'une poussière glauque.

Cette espèce, nommée vulgairement *Myrtille, Airelle, Raisin des bois,* ou *Bluet* (en Normandie *Mauret;* en Bretagne *Lucet;* en Languedoc *Aire;* en Gascogne *Aïous*), croît dans les bois sablonneux (surtout dans ceux des montagnes et de l'Europe septentrionale). L'écorce et les feuilles sont très-astringents et peuvent servir au tannage. La floraison a lieu en mai et en juin. Les fruits mûrissent en juillet et en août; ils ont une saveur acidule et agréable, qui les fait assez rechercher dans les localités où ils abondent; on en prépare du vinaigre ainsi que des boissons vineuses et alcooliques; on s'en sert aussi pour colorer en rouge les vins artificiels; mêlé avec de la chaux, du vert de gris et du sel ammoniac, le suc de ces fruits donne une belle couleur pourpre, pour la peinture; avec du sulfate de cuivre et de l'alun, il donne une teinture bleue, d'ailleurs peu durable, mais fréquemment employée dans les fabriques de papiers peints.

b) *Feuilles très-entières. Rameaux cylindriques. Corolle ovoïde.*

AIRELLE DES TOURBIÈRES. — *Vaccinium uliginosum* Linn. — Flor. Dan. tab. 231. — Guimp. et Hayn. Deutsch. Holz. tab. 42. — Engl. Bot. tab. 581. — Jacq. Hort. Vindob. tab. 239.

Arbuste touffu, haut de 2 à 3 pieds. Tiges dressées ou ascendantes, très-rameuses, cylindriques, ligneuses : les adultes grisâtres. Ramules florifères bisannuels. Feuilles longues de 6 à 12 pouces, minces, mais assez fermes, d'un vert glauque en dessus, très-glauques en dessous, réticulées, obovales, ou oblongues-obovales, très-obtuses, rétrécies en court pétiole : les jeunes pubérules aux bords ; les adultes glabres. Fleurs rapprochées vers l'extrémité des ramules. Pédicelles solitaires ou géminés, rougeâtres, ou blanchâtres, à peu près aussi longs que les fleurs, ébractéolés. Limbe-calicinal blanchâtre ou rougeâtre, 4-ou 5-parti : segments courts, triangulaires, ovales-orbiculaires, obtus. Corolle blanche ou carnée, 4-ou 5-dentée, longue de

3 à 4 lignes ; dents courtes, obtuses, recourbées. Filets filiformes, glabres. Anthères d'un brun jaunâtre ; arêtes dorsales blanches, courtes, ascendantes. Style à peine débordé par la corolle. Baie du volume d'un gros Pois, d'un bleu noirâtre, couverte d'une poussière glauque. Graines subréniformes, verdâtres.

Cette espèce est commune dans les tourbières de presque toute l'Europe, mais surtout dans le Nord, ainsi qu'en Sibérie et dans l'Amérique septentrionale ; elle fleurit au printemps ; les fruits mûrissent vers la fin de l'été ; ils ont une saveur moins agréable que ceux de l'*Airelle Myrtille*, ce qui n'empêche pas les habitants du Nord de les trouver excellents ; on en extrait aussi une boisson alcoolique. L'écorce et les feuilles servent au tannage ; leurs cendres, à ce qu'on assure, contiennent beaucoup de matière alcaline.

Section II. MYRTILLIDIUM Spach.

Corolle urcéolée. Étamines incluses ; filets libres ou monadelphes ; anthères inaristées au dos. Fleurs en grappes latérales ou terminales (sur les ramules de l'année précédente). Feuilles non-persistantes, non-ponctuées. Fruit distinctement couronné.

A. *Filets libres.*

AIRELLE GRÊLE. — *Vaccinium tenellum* Hort. Kew. (non Wats.) — Guimp. et Hayn. Fremd. Holz. tab. 34. — *Vaccinium pensylvanicum* Michx. Flor. Bor. Amer. — Bot. Mag. tab. 3434.

Feuilles lancéolées-oblongues, pointues, dentelées, mucronées. Grappes pauciflores, corymbiformes, subterminales. Corolle subglobuleuse, 5-lobée.—Arbuste haut de 1 pied à 2 pieds, ayant le port du Myrtille. Feuilles minces, longues de 6 à 18 lignes, luisantes, rétrécies en pétiole très-court ; dentelures pointues, très-rapprochées. Pédicelles subfasciculés, ou en corymbes sessiles, plus courts que les fleurs, sans autres bractées que les écailles des bourgeons. Limbe-calicinal 5-parti, étalé : segments ovales-elliptiques, obtus, courts. Corolle blanche, lavée de rose,

de la forme et du volume de celle du Muguet ; lobes courts, arrondis, réfléchis. Filets pubescents. Anthères d'un jaune orange.
Style un peu saillant. Baie globuleuse, bleue, couverte d'une
poussière glauque, du volume et de la saveur de celle du
Myrtille.

Cette espèce croît aux États-Unis ; on la cultive commear-
buste d'agrément ; elle fleurit au printemps ; les fruits sont mangeables.

AIRELLE EFFILÉE. — *Vaccinium virgatum* Willd. — Andr.
Bot. Rep. tab. 181. — Wats. Dendr. Brit. tab. 33. — Bot.
Mag. tab. 3522.

Feuilles lancéolées ou lancéolées-oblongues, pointues, dentelées. Grappes 5-7-flores, latérales, subsessiles, disposées en
panicules terminales aphylles. Corolle ovale-cylindracée, 5-
gone, 5-dentée. — Arbrisseau haut de 2 à 4 pieds. Rameaux
dressés, cylindriques, flexueux, effilés : les florifères aphylles à
l'époque de la floraison. Feuilles longues de 1 pouce à 2 pouces,
glabres, ou légèrement pubescentes, assez fermes et luisantes,
d'un vert foncé en dessus, d'un vert pâle et subréticulées en dessous, rétrécies en pétiole très-court ; dentelures incombantes,
pointues, glanduleuses. Grappes courtes, inclinées, alternes,
unilatérales. Pédicelles filiformes, 1-3-bractéolés, à peu près
aussi longs que les fleurs. Bractées subulées, petites. Calice
subcampanulé, verdâtre, 5-fide : segments ovales-triangulaires,
subóbtus. Corolle longue de 4 lignes, d'un blanc lavé de rose ;
dents courtes, pointues, presque dressées. Filets velus. Anthères
oblongues, de couleur orange. Style inclus, débordant les étamines. Baie globuleuse, d'un bleu noirâtre, du volume d'un gros
Pois.

Cette espèce croît aux États-Unis ; elle fleurit au printemps ;
on la cultive comme arbrisseau d'ornement ; ses fruits sont mangeables.

AIRELLE DE WATSON — *Vaccinium Watsoni* Sweet,
Hort. Brit. ed. 2. — *Vaccinium virgatum angustifolium*
Wats. Dendr. Brit. tab. 34.

Feuilles lancéolées, pointues, à peine dentelées. Grappes 3-7-flores, latérales, subsessiles, disposées en panicules terminales aphylles. Corolle conique-cylindracée, 5-gone, 5-dentée. — Arbrisseau ayant le port et l'inflorescence de l'espèce précédente. Pédicelles plus courts que les fleurs. Calice verdâtre, profondément 5-fide : segments linéaires-lancéolés, pointus. Corolle longue de 3 à 4 lignes, blanche, lavée de rose ; dents courtes, pointues, dressées. Filets velus. Anthères de couleur orange. — Cette espèce habite les mêmes contrées que la précédente ; on la cultive aussi dans les jardins.

B. *Filets monadelphes.*

AIRELLE A CORYMBES. — *Vaccinium corymbosum* Willd. — Wats. Dendr. Brit. tab. 123. — Bot. Mag. tab. 3433.

Feuilles ovales, ou ovales-oblongues, ou oblongues, subacuminées, dentelées vers leur sommet, pubescentes en dessous. Grappes 3-7-flores, lâches, subcorymbiformes, latérales, sessiles. Corolle ovoïde, 5-lobée. Filets linéaires, aplatis, monadelphes par la base.—Buisson haut de 3 à 5 pieds. Rameaux verdâtres, flexueux. Jeunes pousses pubescentes. Feuilles longues de 1 pouce à 2 pouces, minces, mais assez fermes, d'un vert foncé et glabres en dessus, d'un vert glauque en dessous, rétrécies en pétiole très-court ; dentelures courtes, obtuses. Grappes courtes, nombreuses, alternes, rapprochées en panicules aphylles. Pédicelles pubescents, glanduleux, filiformes, à peu près aussi longs que les fleurs. Limbe-calicinal 5-parti : segments dentiformes, pointus, dressés. Corolle longue d'environ 4 lignes, carnée, ventrue : dents courtes, recourbées, subobtuses. Filets roses, ciliés. Anthères oblongues, brunâtres, aussi longues que les filets. Style saillant. Baie de la forme et du volume d'un gros Pois, d'un bleu noirâtre, couverte d'une poussière glauque. — Cette espèce est commune aux États-Unis et au Canada ; elle fleurit au printemps ; on la cultive dans les jardins ; le fruit est mangeable et d'une saveur semblable à celle des baies de Myrtille.

AIRELLE A GRANDES FLEURS. — *Vaccinium grandiflorum*
Wats. Dendr. Brit. tab. 125, fig. A. — *Vaccinium elongatum*
Wats. l. c. fig. B. — *Vaccinium minutiflorum* Wats. l. c.
fig. C. — *Vaccinium marianum* Wats. l. c. tab. 124.

Feuilles lancéolées, ou lancéolées-elliptiques, ou lancéolées-
oblongues, légèrement dentelées. Grappes 3-9-flores, subcorymbiformes, lâches, latérales, ou subterminales. Corolle subcylindracée, 5-gone, 5-dentée. Filets larges, aplatis, cohérents
presque jusqu'au sommet. — Buisson atteignant 4 à 5 pieds de
haut. Branches et rameaux diffus ou étalés, cylindriques, plus
ou moins flexueux. Feuilles longues de 1 pouce à 3 pouces,
d'un vert gai en dessus, d'un vert glauque en dessous, très-glabres, ou pubescentes sur la côte, subcoriaces, pointues, ou obtuses, subsessiles; dentelures pointues ou mucronées, en général
très-éloignées. Grappes tantôt subsolitaires, tantôt agrégées vers
l'extrémité des ramules, tantôt disposées en panicule plus ou
moins allongée. Pédicelles glabres ou pubescents, 1-bractéolés à
la base, filiformes, aussi longs que les fleurs ou un peu plus
longs. Bractées caduques, foliacées, en général petites. Calice
verdâtre; limbe 5-parti : segments ovales ou triangulaires, subobtus. Corolle longue de 2 à 4 lignes, blanche, quelquefois un
peu lavée de rose : dents courtes, subobtuses, recourbées. Filets
pubescents, blancs. Anthères brunâtres, biparties presque jusqu'à
leur base. Style inclus, un peu débordé par la corolle. Baie globuleuse, violette, du volume d'un gros Pois. — Cette espèce
croît dans l'Amérique septentrionale; on la cultive dans les jardins; elle fleurit au printemps; son fruit est mangeable.

SECTION III. VITIS-IDÆA Spach.

Corolle campanulée, non-urcéolée. Étamines subincluses;
    filets libres; anthères inaristées au dos. Fleurs en
    grappes terminales très-denses. Feuilles coriaces, per-
    sistantes, ponctuées en dessous.

AIRELLE A FEUILLES PONCTUÉES. — *Vaccinium Vitis-idæa*
Linn. — Flor. Dan. tab. 40. — Engl. Bot. tab. 598. —

Guimp. et Hayn. Deutsch. Holz. tab. 43. — Duham. ed.
nov. vol. 2, tab. 30. — *Vitis-idœa punctata* Mœnch, Meth.

Arbuste touffu, haut de 3 pouces à 1 pied. Racine rampante,
ligneuse. Tiges dressées ou ascendantes, pubescentes, cylindriques, rameuses, feuillues, suffrutescentes. Bourgeons écailleux :
les florifères terminaux, solitaires, aphylles, souvent rougeâtres. Feuilles longues de 6 à 15 lignes, luisantes, finement penniveinées, non-réticulées, d'un vert gai en dessus, d'un vert très-
pâle et ponctuées de noir en dessous, obovales, ou oblongues-
obovales, arrondies ou rétuses au sommet, submucronulées,
révolutées aux bords, très-entières, ou légèrement crénelées,
courtement pétiolées. Grappes denses, unilatérales, courtes,
10-15-flores, réclinées. Pédicelles plus courts que la fleur, 1-
bractéolés à la base, 2-bractéolés vers leur milieu. Bractées
blanchâtres ou rougeâtres, ovales, pointues, ciliées, les 2 supérieures très-petites. Calice blanchâtre ou rougeâtre; limbe 4-
parti, petit : segments dentiformes, pointus, dressés. Corolle
longue d'environ 3 lignes, blanche, ou carnée, partagée jusqu'au
tiers en 4 lobes ovales, obtus, révolutés. Étamines aussi longues que le tube de la corolle; filets cotonneux, sublinéaires;
anthères brunâtres, ou d'un rouge orange. Style ordinairement
saillant. Baie globuleuse, écarlate, du volume d'un Pois.

Cette espèce, nommée vulgairement *Myrtil ponctué*, est très-
commune dans tout le nord de l'Europe, de l'Asie et de l'Amérique, et elle se retrouve tout aussi fréquemment dans les Alpes
et autres montagnes de l'Europe moyenne; elle croît de préférence dans les bois de Conifères et dans les landes sablonneuses
un peu humides; la floraison dure depuis le printemps jusqu'à
la fin de l'été; le fruit, qui est très-acide, mûrit en automne.
L'écorce et les feuilles de cet arbuste sont employées, dans le
Nord, au tannage. Les fruits, trop acides pour être mangés
crus, servent à faire du vinaigre et des confitures très-recherchées. Cet arbuste mérite d'être cultivé dans les jardins.

Genre CANNEBERGE. — *Oxycoccos* Tourn.

Limbe-calicinal petit, supère, 4-parti. Corolle épigyne,

profondément 4-fide, subrotacée : segments réfléchis. Étamines 8, épigynes, longuement saillantes ; filets libres; anthères conniventes, infra-médifixes, mutiques au dos, longuement 2-cornes: cornes tubuliformes, déhiscentes chacune par un pore apicilaire. Ovaire adhérent, 4-loculaire; loges multi-ovulées. Style filiforme. Stigmaté capitellé. Baie globuleuse, ombiliquée, 4-loculaire, polysperme, couronnée du limbe ealicinal. Graines petites : tégument mince, réticulé.

Arbustes rampants. Feuilles coriaces, persistantes, éparses. Pédicelles axillaires ou terminaux, longs, filiformes, 2-bractéolés vers leur milieu, 1-bractéolés à la base, réclinés. Corolle rose.

CANNEBERGE COMMUNE. — *Oxycoccos palustris* Pers. — *Vaccinium Oxycoccos* Linn. — Engl. Bot. tab. 319. — Flor. Dan. tab. 80. — Guimp. et Hayn. Deutsch. Holz. tab. 44. — *Schollera Oxycoccos* Roth.

Racine très-grêle, rampante. Tiges décombantes ou ascendantes, radicantes à la base, filiformes, d'un brun roux, glabres, feuillues, suffrutescentes, longues de 5 à 12 pouces, ordinairement rameuses ; épiderme non-persistant. Feuilles longues de 2 à 9 lignes, luisantes et d'un vert foncé en dessus, d'un glauque cendré en dessous, glabres, non-veineuses, subsessiles, ovales, subobtuses, ou pointues, subcordiformes à la base, révolutées aux bords. Pédicelles géminés ou ternés à l'extrémité des ramules, longs de 10 à 15 lignes, capillaires ; pourpres de même que le calice, finement pubérules. Bractées minimes, ciliolées. Dents-calicinales courtes, arrondies, pubérules aux bords. Segments de la corolle longs d'environ 3 lignes, oblongs-lancéolés, pointus, blanchâtres aux bords. Filets courts, aplatis, pubescents, sublinéaires, rouges, ou blanchâtres. Anthères jaunes, conniventes en forme de cône. Style rougeâtre, saillant. Baie écarlate, du volume d'un gros Pois, décombante.

Cette espèce, connue sous le nom vulgaire de *Canneberge*, est commune dans les tourbières de presque toute l'Europe, ainsi

que dans le nord de l'Asie et de l'Amérique ; elle croît de préférence parmi les *Sphagnum* et autres Mousses des localités marécageuses. Les baïes de cette plante ont une saveur acide assez
agréable ; les habitants du Nord les emploient en guise de Ci-
trons, ainsi qu'à faire des confitures et des compotes ; on en prépare du vinaigre de très-bonne qualité. Les fleurs de la Canneberge sont fort jolies, mais la plante se prête difficilement à la
culture.

CANNEBERGE A GRAND FRUIT. — *Oxycoccos macrocarpus*
Pursh, Flor. Amer. Sept. — Wats. Dendr. Brit. tab. 122. —
Vaccinium macrocarpum Willd. — *Vaccinium Oxycoccos
oblongifolium* Mich. Flor. Bor. Amer.

Espèce voisine de la précédente, mais plus grande en toutes
les parties. Tiges atteignant jusqu'à 2 pieds de long. Feuilles
oblongues, obtuses, glauques en dessous, courtement pétiolées.
Pédicelles solitaires, axillaires. Corolle à segments plus étroits et
plus pointus. Baie écarlate, du volume d'une petite Groseille à
maquereau. — Cette espèce croît au Canada et dans les montagnes des États-Unis ; on la cultive comme arbuste d'ornement ;
elle fleurit en été.

LES CAMPANULINÉES.

CAMPANULINEÆ Bartl.

CARACTÈRES.

Herbes, ou *sous-arbrisseaux*, ou *arbrisseaux*. Tiges et rameaux cylindriques ou irrégulièrement anguleux. Sucs-propres en général laiteux.

Feuilles (rarement opposées ou verticillées) éparses, simples, non-stipulées, en général indivisées.

Fleurs axillaires, ou terminales, hermaphrodites. Inflorescence variée.

Calice adhérent (par exception presque inadhérent), herbacé; limbe persistant, en général 5-parti.

Corolle régulière ou irrégulière, insérée à la gorge du calice, plus ou moins profondément lobée; estivation valvaire ou moins souvent imbricative.

Étamines épigynes ou épicorollaires, en même nombre que les lobes de la corolle, ou quelquefois moins, interposées. Filets libres ou monadelphes. Anthères libres ou moins souvent cohérentes, dithèques : bourses déhiscentes chacune par une fente longitudinale.

Pistil : Ovaire 2-3-ou pluri-loculaire, en général couronné d'un disque annulaire ou cupuliforme; placentaires axiles, en général multi-ovulés. Rarement l'ovaire est à cloisons incomplètes, placentifères au bord antérieur. Un seul style terminé par plusieurs stigmates ou par un seul stigmate.

Péricarpe capsulaire, ou moins souvent soit drupacé, soit baccien, soit carcérulaire, en général pluri-loculaire et polysperme.

Graines périspermées ou rarement apérispermées, anatropes. Embryon axile, rectiligne.

Cette classe, qui correspond aux Campanulacées d'A. L. de Jussieu, comprend les *Campanulacées*, les *Lobéliacées*, les *Stylidiées*, et les *Goodénoviées*.

CENT CINQUANTE-SEPTIÈME FAMILLE.

LES CAMPANULACÉES. — *CAMPANULACEÆ*.

Campanulacearum genn. **Juss.** — *Campanulacearum* sectio I, **R. Br.**
Prodr p. 560. — *Campanulaceæ* **Bartl.** Ord. Nat. p. 151. — **Lindl.** Nat.
Syst. p. 237. — **Endl.** Gen. Plant. 1, p. 513. — *Campanuleæ* **De Cand.**
fil. (*Monographie des Campanulées*, Paris, 1830.) — *Campanulaceæ*,
tribus III : *Campanuleæ* **Reichenb.** Syst. Nat. p. 186.

A l'exception d'une vingtaine d'espèces, cette famille
appartient aux régions extra-tropicales, et c'est surtout
dans l'hémisphère septentrional qu'elle abonde. Le suc laiteux de ces végétaux est plus ou moins amer et un peu
âcre, mais exempt, du moins en général, des propriétés
délétères des Lobéliacées. La plupart des Campanulacées
ont des fleurs très-élégantes.

Caractères de la Famille.

Herbes, ou rarement *arbrisseaux*. Sucs-propres en
général laiteux. Tiges et rameaux cylindriques ou irrégulièrement anguleux.

Feuilles (rarement opposées ou verticillées) éparses,
simples, non-stipulées, en général indivisées ; les radicales ordinairement non-conformes aux autres.

Fleurs régulières (par exception irrégulières), hermaphrodites, disposées en épis, ou en grappes, ou en
panicules, ou en capitules, ou en corymbes ; pédoncules
terminaux ou axillaires et terminaux.

Calice adhérent ; limbe supère ou semi-supère, persistant, 5-parti (moins souvent 3-ou 6-ou 8-parti), ou
quelquefois tronqué et inapparent ; segments quelque-

fois.alternes avec un appendice réfléchi ; estivation valvaire.

Disque plane, ou annulaire, ou rarement tubuliforme,
épigyne, ou adné au fond du limbe calicinal.

Corolle marcescente ou rarement caduque, campanulée, on infondibuliforme, ou hypocratériforme, ou
rotacée, ou tubuleuse, en général plus ou moins profondément 5-lobée, ou 5-dentée (moins souvent 3-ou
4-ou 6-ou 8-lobée), insérée au disque ; estivation valvaire.

Étamines en même nombre que les lobes de la corolle
(par exception moins), interposées, insérées au disque,
ou rarement à la base de la corolle. Filets libres ou cohérents par leur base, aplatis, en général très-élargis inférieurement et subulés au sommet. Anthères (par exception
cohérentes) libres, basifixes, dithèques, introrses, conniventes avant la floraison ; bourses parallèles, contiguës
(rarement séparées par un connectif linéaire), déhiscentes chacune (avant l'épanouissement de la fleur) par
une fente longitudinale ; pollen sphérique.

Pistil : Ovaire infère, ou semi-infère, 2-8- (ordinairement 3-) loculaire ; placentaires axiles, charnus, souvent
bilobés, multi-ovulés. Ovules anatropes, ordinairement
horizontaux. Style terminal, indivisé, en général poilu
avant l'anthèse (poils le plus souvent disposés en séries
longitudinales), finalement glabre (1). Stigmate terminal,
rarement indivisé, en général à autant de lobes ou de
lanières (connivents avant l'anthèse, puis réfléchis) que
l'ovaire offre de loges.

---

(1) Suivant l'observation de M. Ad. Brongniart, les poils-collecteurs
des Campanulacées sont rétractiles et non caducs. (Voy. *Annales des
Sciences Nat.* 1839.)

Péricarpe capsulaire (par exception baccien), polysperme.

Graines ovoïdes, ou comprimées, ou irrégulièrement anguleuses, en général petites, périspermées ; hile terminal ; raphé et chalaze peu apparents. Périsperme charnu. Embryon rectiligne, axile, subcylindracé, en général à peu près aussi long que le périsperme; cotylédons minces, plano-convexes, obtus, très-courts; radicule appointante.

Cette famille renferme les genres suivants :

Musschia Dumort. (Chrysangium Link.) — *Symphiandra* De Cand. fil. — *Adenophora* Fisch. (Flœrkea Spreng. nec alior.) — *Campanula* Tourn. — *Roncela* Dumort. — *Medium* Tourn. (Marianthemum Schrank. Rapuntium Cheval.) — *Specularia* Heist. (Apenula Neck. Prismatocarpus L'hérit. nec D. C. Legouzia Durand.) — *Roella* Linn. (Aculeosa Pluck.) — *Prismatocarpus* De Cand. fil. — *Wahlenbergia* Schrad. (Aikinia Salisb.) — *Cervicina* Delile. — *Microcodon* De Cand. fil.—*Platycodon* De Cand. fil.—*Canarina* Juss.(Canaria Linn. Pernettya Scopol.) — *Codonopsis* Wallich. (Glossocomia Don.) — *Campanumœa* Blume. — *Cephalostigma* De Cand. fil. — *Lightfootia* L'hérit. — *Merciera* De Cand. fil. — *Michauxia* L'hérit. (Mindium Adans.) — *Petromarula* De Cand. fil. — *Phyteuma* Linn. (Rapunculus Tourn. Rapuntium Lobel.) — *Trachelium* Linn. — *Jasione* Linn. (Ovilla Adans.)

Genre MUSSCHIA. — *Musschia* Dumort.

Limbe-calicinal grand, foliacé, 5-parti. Corolle rotacée, profondément 5-fide. Étamines 5, libres; filets glabres, peu élargis à la base; anthères cuspidées au sommet. Ovaire infère, 5-loculaire; loges alternes avec les segments calicinaux. Style cylindrique, glabre. Stigmates 5, linéaires, hispides avant l'anthèse. Capsule obconique, 10-nervée, 5-loculaire, polysperme, déhiscente entre les nervures par quantité de fentes transversales. Graines minimes, ovoïdes, luisantes.

Sous-arbrisseau très-glabre. Rameaux florifères annuels, feuillus. Tige courte, frutescente. Feuilles éparses, rapprochées, pétiolées, dentelées. Inflorescence de chaque rameau formant une panicule terminale, pyramidale, feuillée, plus ou moins rameuse. Fleurs dressées. Corolle jaune, à peine plus longue que le limbe-calicinal. — Ce genre n'est fondé que sur l'espèce suivante.

Musschia a fleurs jaunes. — *Musschia aurea* Dumort. Comm. Bot. 1823, p. 18.—*Campanula aurea* Linn.—Vent. Malm. tab. 116. — Duham. ed. nov. vol. 3, tab. 41. — Bot. Reg. tab. 157. — Jacq. Hort. Schœnbr. tab. 472.

Tige assez grosse, dressée, feuillue au sommet, aphylle et cicatriqueuse inférieurement (étant adulte), atteignant environ 1 pied de haut. Rameaux terminaux, paniculés. Feuilles longues de 3 à 6 pouces, subcoriaces, d'un vert gai, roselées à l'extrémité de la tige et à la base des rameaux-florifères, lancéolées, ou lancéolées-oblongues, ou lancéolées-elliptiques, acuminées, doublement dentelées : les inférieures rétrécies en pétiole long de 1 pouce à 2 pouces ; les florales sessiles, graduellement plus petites. Panicule lâche, multiflore ; pédoncules 1-3-flores, cylindriques, plus ou moins divergents ; pédicelles courts, dressés, 1-ou 2-bractéolés à la base. Calice long d'environ 1 pouce ; tube obconique, 10-nervé ; segments ovales-lancéolés, ou oblongs-lancéolés, mucronés, très-entiers, dressés, jaunâtres, à peu près aussi longs que le tube. Corolle à segments linéaires-lancéolés, étalés, plus ou moins réfléchis, plus longs que le tube. Étamines un peu plus courtes que la corolle. Capsule longue de 1/2 pouce. Graines brunâtres.

Cette espèce, originaire de Madère, se cultive comme plante d'ornement de serre tempérée.

Genre CAMPANULE. — *Campanula* Tourn.

Limbe-calicinal 5-parti, inappendiculé. Corolle campanulée, subcyathiforme, [ou urcéolée, 5-lobée, marcescente. Étamines 5, libres; filets connivents et élargis à la base, ciliés, subulés supérieurement; anthères linéaires, mutiques, réfléchies après l'anthèse. Ovaire infère, 3-loculaire; loges opposées aux segments calicinaux. Style filiforme ou cylindrique, poilu avant l'anthèse. Stigmates 3, filiformes, finalement révolutés. Capsule turbinée ou ovoïde, 3-loculaire, polysperme, chartacée : chaque loge s'ouvrant de bas en haut par une valvule pariétale soit basilaire, soit infra-apicilaire. Graines petites, ovales, comprimées.

Herbes annuelles, ou bisannuelles, ou vivaces. Feuilles très-entières ou dentées : les radicales plus larges (en général non-conformes aux caulinaires), longuement pétiolées; les caulinaires sessiles ou courtement pétiolées, éparses. Fleurs terminales, ou axillaires et terminales, dressées, ou pendantes, disposées en panicule, ou en épi, ou en grappe, ou en capitule, ou subsolitaires. Corolle bleue, ou blanche, ou violette, en général grande.

La plupart des *Campanules* sont remarquables par l'élégance de leurs fleurs ; les espèces que nous allons décrire se cultivent comme plantes d'ornement.

Section I.

Capsule déhiscente par des valvules basilaires. Fleurs sessiles, dressées de même que les fruits, disposées en épis ou en capitules.

A. *Fleurs en capitules. Feuilles inférieures distinctement pétiolées.*

CAMPANULE A FLEURS GLOMÉRULÉES. — *Campanula glomerata* Linn. — Engl. Bot. tab. 90. — Flor. Dan. tab. 1328.

— Reichb. Plant. Crit. fig. 751 ad 755. — Jaume Saint-Hil. Flor. et Pom. Franç. tab. 24.— Bot. Reg. tab. 620. — *Campanula speciosa* Horn. Hort. Hafn.—Bot. Mag. tab. 2649.— *Campanula nicœensis* Rœm. et Schult. — *Campanula elliptica* Kit.—Reichb. Plant. Crit. fig. 763 et 764.—*Campanula aggregata* Balb. — Lodd. Bot. Cab. tab. 505. — *Campanula farinosa* Andrz. — Reichb. l. c. fig. 757 ad 761. — *Campanula petrœa* Allion. (nec Linn.).

Tige simple, ou ramulifère au sommet. Feuilles inégalement dentées ou doublement crénelées : les radicales ovales, ou ovales-oblongues, ou oblongues, ou ovales-lancéolées, arrondies ou cordiformes à la base; les caulinaires-supérieures amplexicaules. Capitules terminaux ou axillaires et terminaux. Segments calicinaux acuminés, 1 à 3 fois plus courts que la corolle. Corolle subcyathiforme, non débordée par le style. — Plante vivace, haute de ¹/₂ pied à 3 pieds, en général parsemée de courts poils scabres, moins souvent pubescente-incane, ou glabre. Racine pivotante, subligneuse. Tige grêle, anguleuse, feuillue inférieurement. Feuilles inférieures longues de 1 pouce à 4 pouces, à pétiole aptère, aussi long que la lame. Feuilles-caulinaires inférieures sessiles ou courtement pétiolées, du reste conformes aux radicales. Capitules accompagnés chacun d'un involucre de plusieurs feuilles semblables aux feuilles-caulinaires supérieures; le capitule terminal subglobuleux, large de 1 pouce à 2 pouces; les capitules axillaires pauciflores, tantôt sessiles, tantôt pédonculés. Tube calicinal turbiné; segments dressés, divergents, ovales-lancéolés, ou oblongs-lancéolés, ordinairement ciliés. Corolle longue de 5 à 15 lignes, d'un bleu violet, pubescente à la surface externe, ou glabre, partagée jusque vers son milieu en 5 lobes ovales, pointus, étalés durant l'épanouissement. Étamines 2 fois plus courtes que la corolle; filets ovales-triangulaires vers leur base, blanchâtres; anthères jaunes, aussi longues que les filets. Capsule ovoïde, longue de 3 à 4 lignes. Graines jaunes. — Cette espèce est commune dans toute l'Europe, ainsi qu'en Orient et en Sibérie; elle fleurit en été; elle croît de préférence dans les localités sèches et découvertes.

B. *Fleurs en épi. Feuilles sessiles : les inférieures rétrécies vers leur base.*

CAMPANULE THYRSOÏDE. — *Campanula thyrsoides* Linn. — Jacq. Flor. Austr. tab. 411. — Bot. Mag. tab. 1290. — Jaume Saint-Hil. Flore et Pom. Franç. tab. 37.

Tige très-simple, dressée, sillonnée. Feuilles subcrénelées ou très-entières, poilues : les inférieures lancéolées, obtuses ; les autres linéaires-lancéolées, pointues. Épi terminal, thyrsiforme, très-dense. — Plante bisannuelle, haute de ¹/₂ pied à 1 ¹/₂ pied, hérissée de poils rudes. Racine longue, charnue, subfusiforme. Tige visqueuse, feuillue, assez grosse en proportion à sa longueur. Feuilles inférieures longues de 3 à 6 pouces, sur 2 à 3 lignes de large ; les supérieures graduellement plus petites ; les florales courtes, les supérieures ovales, acuminées. Épi long de 6 à 10 pouces. Fleurs solitaires, ou géminées, ou ternées, 1-bractéolées à la base : les inférieures plus courtes que les feuilles florales ; les supérieures débordantes. Bractéoles lancéolées, acuminées. Tube-calicinal glabre, turbiné ; segments ovales-lancéolés, dressés, ciliés, subdenticulés, plus longs que le tube, 2 fois plus courts que la corolle. Corolle cylindracée-campanulée, d'un jaune blanchâtre, semi-quinquéfide, poilue à la surface externe : lobes ovales, pointus, peu étalés. Étamines plus courtes que la corolle. Capsule subglobuleuse. Graines brunes. — Cette espèce croît dans les Alpes ; elle fleurit en été.

SECTION II.

Capsule nutante, déhiscente par des valvules basilaires. Segments-calicinaux très-entiers. Fleurs pendantes, ou dressées, pédicellées. Feuilles radicales cordiformes, longuement pétiolées.

A. *Tiges multiflores. Corolle glabre à la surface externe.*

a) *Fleurs dressées.*

CAMPANULE A LARGES FEUILLES. — *Campanula latifolia*

Linn. — Flor. Dan. tab. 85 et 782. — Engl. Bot. tab. 302.
— Jaume Saint-Hil. Flore et Pom. Franç. tab. 23. — *Campanula macrantha* Fisch. — Bot. Mag. tab. 2553. — *Campanula eriocarpa* Bieb. Flor. Taur. Cauc. — Jaume Saint-Hil. Flore et Pom. Franç. tab. 21. — *Campanula urticæfolia* Allion.

Tiges simples, dressées, obscurément anguleuses. Feuilles grandes, acuminées, doublement dentelées : les caulinaires ovales ou ovales-lancéolées, sessiles, ou subsessiles. Pédoncules courts, axillaires, 1-flores, disposés en grappe subunilatérale, spiciforme. Segments-calicinaux ovales-lancéolés, au moins 3 fois plus courts que la corolle. Corolle campanulée, très-évasée. — Plante vivace, haute de 2 à 4 pieds. Racine fibreuse. Ti_ges glabres ou pubescentes, grêles, effilées, feuillues. Feuilles glabres ou pubescentes, d'un vert foncé en dessus, d'un vert pâle en dessous : les inférieures longues de 3 à 5 pouces, larges de 1 pouce à 3 pouces ; les florales supérieures petites ou réduites à de courtes bractées, très-entières. Pédoncules à peine aussi longs que le calice, recourbés après la floraison. Calice glabre, ou pubescent, ou cotonneux ; tube turbiné ; segments longs d'environ 6 lignes. Corolle d'un bleu violet, ou moins souvent blanche, longue 1 $\frac{1}{2}$ pouce à 2 pouces, semi-5-fide ; lobes ovales-oblongs, acuminés, presque dressés. Étamines longues de 4 à 5 lignes. Style un peu plus court que la corolle. Capsule ovoïde ou subturbinée, longue d'environ 6 lignes. Graines jaunâtres. — Cette espèce habite presque toute l'Europe, ainsi que le Caucase ; elle aime les localités humides et ombragées des montagnes ; la floraison se fait en été.

CAMPANULE GANTELÉE. — *Campanula Trachelium* Linn. —Engl. Bot. tab. 12.—Flor. Dan. tab. 1026—Hook. Lond. tab. 109.—Jaume Saint-Hil. Pl. de France, tab. 417 ; Flor. et Pom. Franç. tab. 1. — *Campanula urticæfolia* Schmidt, Bohem. (nec Allion.)

Tiges anguleuses, dressées ; ordinairement simples. Feuilles scabres, acuminées, doublement dentelées ou dentées : les caulinaires ovales, ou ovales-lancéolées, ou lancéolées-oblongues. Pédoncules axillaires, 1-3-florès, courts, disposés en grappe lâche. Segments-calicinaux ovales-lancéolés, acuminés, à peu près 3 fois plus courts que la corolle. Corolle campanulée, très-évasée. — Plante vivace, haute de 2 à 3 pieds, rarement glabre. Racine grêle, fibreuse. Tiges simples, ou ramulifères vers leur sommet, souvent rougeâtres, plus ou moins hérissées de poils blancs. Feuilles d'un vert foncé et rugueuses en dessus, d'un vert pâle en dessous : les inférieures longues d'environ 4 pouces, tantôt ovales, tantôt cordiformes, ordinairement acuminées. Inflorescence racémiforme ou paniculée. Pédicelles courts, 2-bractéolés à la base lorsque les pédoncules sont pluriflores. Calice glabre, ou poilu, ou hispide; tube turbiné ou ovoïde; segments dressés, longs de 3 à 5 lignes. Corolle d'un bleu foncé, ou blanche, ou lilas, longue de 10 à 18 lignes, poilue à la surface interne, fendue jusque vers son milieu en 5 lobes pointus, étalés. Étamines longues de 3 à 4 lignes. Style presque aussi long que la corolle. Capsule ovoïde ou turbinée, longue de 4 à 6 lignes. Graines d'un jaune pâle.

Cette espèce, connue sous les noms vulgaires de *Gantelée,* ou *Gant de Notre-Dame*, est commune en Europe ainsi qu'en Orient et en Sibérie; elle croît de préférence dans les localités ombragées. La floraison a lieu en été. On en cultive, dans les parterres, une variété très-élégante à fleurs doubles.

b) *Fleurs nutantes.*

CAMPANULE DE BOLOGNE. — *Campanula bononiensis* Linn. — Reichenb. Plant. Crit. II, fig. 221. — *Campanula Thaliana* Wallroth. — Reichenb. l. c. fig. 222. — *Campanula simplex* De Cand. Flore Franç. — *Campanula obliquifolia* Tenor. Flor. Napol. tab. 17. — *Campanula ruthenica* Bieb. Flor. Taur. Caucas. — Bot. Mag. tab. 2653.

Tiges simples ou rameuses, dressées, cylindriques. Feuilles dentelées ou crénelées, pubescentes (ordinairement incanes en dessous) : les caulinaires la plupart sessiles, amplexicaules, acuminées. Grappe spiciforme ou paniculée, terminale, très-longue; fleurs courtement pédicellées, subunilatérales. Segments calicinaux acuminés, 3 à 4 fois plus courts que la corolle. Corolle subinfondibuliforme. — Plante vivace, plus ou moins pubescente, haute de 2 à 4 pieds. Racine pivotante, conique. Tige scabre, ordinairement ramulifère seulement au sommet. Feuilles scabres aux 2 faces ou du moins en dessous, rugueuses, subincanes ou d'un vert pâle en dessous, d'un vert foncé en dessus : les radicales cordiformes ou cordiformes-oblongues, à pétiole aptère; les caulinaires ovales, ou ovales-oblongues, graduellement plus petites; les florales-supérieures réduites à de courtes bractées. Pédoncules 1-5-flores (les supérieurs en général 1-flores), plus ou moins rapprochés. Calice glabre ou pubescent : segments linéaires-lancéolés, divergents, finalement recourbés. Corolle longue de 4 à 8 lignes, d'un bleu violet, en général débordée par le style, fendue jusqu'au tiers en 5 lobes oblongs ou ovales-oblongs, obtus. Capsule globuleuse ou turbinée, petite. — Cette espèce habite l'Europe orientale, l'Italie, la Sibérie méridionale et les contrées voisines du Caucase; elle fleurit en été.

B. *Tiges 1-flores, ou pauciflores, ou pluri-flores, en général simples. Corolle ordinairement glabre. Feuilles pendantes.*

CAMPANULE A FEUILLES RHOMBOÏDALES. — *Campanula rhomboïdalis* Linn. — Jaume Saint-Hil. Flore et Pom. Franç. tab. 39, fig. 1. — *Campanula azurea* Bot. Mag. tab. 551. — *Campanula lanceolata* Lapeyr. Pyrén.

Tiges 5-12-flores, dressées. Feuilles-caulinaires ovales, ou ovales-lancéolées, ou lancéolées, dentelées, la plupart sessiles. Grappe simple ou subpaniculée. Segments-calicinaux subulés, 1 fois plus courts que la corolle. — Racine fibreuse, vivace. Tiges hautes de 1 pied à 1 ¼ pied, grêles, feuillues, anguleuses. Feuilles longues d'environ 1 pouce, glabres, ou pubescentes : les inférieures subobtuses; les supérieures acuminées. Grappe lâche. Segments-calicinaux dressés, ou presque étalés, souvent 1-denticulés à la base. Corolle longue de 6 à 9 lignes, bleue, ou blanche, campanulée, glabre, très-évasée. Étamines à peu près aussi longues que les segments-calicinaux. Style aussi long que la corolle ou un peu plus long. Capsule ovoïde ou turbinée. — Cette espèce croît dans les prairies des Alpes et des Pyrénées ; elle fleurit en été.

CAMPANULE A FEUILLES RONDES. —*Campanula rotundifolia* Linn. — Engl. Bot. tab. 866.—Flor. Dan. tab. 1066.—*Campanula linifolia* et *Campanula pusilla* Hænk. — *Campanula cæspitosa* Scopol. —Jaume Saint-Hil. Flor. et Pom. Franç. tab. 43.—*Campanula pubescens* Reichb. Plant. Crit. tab. 78. —*Campanula Scheuchzeri* Vill.

Tiges pauci-ou pluri-flores, simples, ou paniculées, ascendantes. Feuilles-caulinaires très-entières, ou crénelées, ou dentelées : les inférieures pétiolées. Segments-calicinaux subulés, de moitié à trois fois plus courts que la corolle. — Herbe glabre ou pubescente, vivace, multicaule, haute de quelques pouces à 1 ^{1}/₂ pied. Racine pivotante, stolonifère. Stolons courts, feuillus au sommet, subperennes, se développant la seconde année en tiges florifères. Tiges très-simples, ou subpaniculées au sommet, obscurément anguleuses, feuillues à la base. Feuilles-radicales (nulles sur les tiges florifères) et feuilles-stolonaires longuement pétiolées, cordiformes, ou réniformes, ou suborbiculaires, ou ovales, obtuses, ou pointues, crénelées, ou dentées. Feuilles-caulinaires lancéolées-linéaires, ou linéaires, ou oblongues, ou lancéolées-oblongues, ou lancéolées. Pédicelles longs, filiformes. Grappe ou panicule lâche, feuillée. Segments-calicinaux dressés, ou étalés, ou réfléchis, de longueur très-variable. Corolle longue de 4 à 8 lignes, d'un bleu plus ou moins vif, ou blanche, campanulée, plus ou moins ventrue. Étamines plus courtes que la corolle. Style à peu près aussi long que la corolle. Capsule ovoïde ou subglobuleuse, 10-nervée. Graines petites, ovales, comprimées. — Cette espèce, connue sous le nom vulgaire de *Clochette*, est commune dans toute l'Europe, tant en plaine que dans les Alpes et autres montagnes ; elle fleurit en été.

Section III.

Capsule dressée, déhiscente par des valvules basilaires. Fleurs pédicellées. Feuilles radicales pétiolées, en général cordiformes. Corolle profondément 5-fide.

A. *Fleurs dressées, disposées en panicule racémiforme, sub-pyramidale, très - allongée. Segments - calicinaux très-entiers.*

Campanule pyramidale.—*Campanula pyramidalis* Linn. — Jaume Saint-Hil. Plantes de France, tab. 416.

Tige dressée ou ascendante, multiflore, raide, effilée, ramu-lifère. Feuilles lisses, dentelées : les radicales et les caulinaires-inférieures cordiformes ; les suivantes ovales ou ovales - lancéo-lées, pétiolées ; les supérieures lancéolées, subsessiles, ou sessiles. Pédicelles en grappes ou en cymules. Segments-calicinaux li-néaires - lancéolés, pointus. Capsule subglobuleuse, nerveuse, profondément 5-sulquée. — Plante très-glabre et lisse, haute de 3 à 5 pieds. Racine bisannuelle ou subperenne, pivotante, co-nique, 1-caule ou pauci-caule. Tige cylindrique, striée, feuillée, quelquefois très - simple. Ramules-florifères grêles, subaphylles, dressés. Feuilles luisantes, d'un vert gai. Inflorescences axillai-res, plus ou moins rapprochées, 3-7-flores : la plupart cymeuses. Cymules subsessiles. Segments-calicinaux beaucoup plus courts que la corolle, étalés lors de la floraison. Corolle d'un bleu clair, ou d'un |violet pâle, ou blanche, longue de près de 1 pouce, très-évasée, partagée jusqu'au delà du milieu en 5 lobes ovales ou ovales-triangulaires, pointus. Étamines longues d'environ 6 lignes. Style tantôt à peine aussi long que la corolle, tantôt plus ou moins saillant. Graines petites, brunâtres, finement scrobicu-lées, ovales ou oblongues. — Cette espèce, l'une des plus élégan-tes du genre, croît dans l'Europe méridionale; elle fleurit en été.

B. *Fleurs nutantes, disposées en panicules irrégulièrement. dichotomes. Segments-calicinaux dentelés.*

Campanule lactiflore. — *Campanula lactiflora* Bieb.

Flor. Taur. Cauc. — Bot. Reg. tab. 241. — Bot. Mag. tab. 1973.

Tiges dressées, multiflores, rameuses. Feuilles inégalement ou doublement dentelées, ovales, ou ovales-oblongues, ou ovales-lancéolées, pointues, sessiles, subamplexatiles. Panicules très-lâches, pauciflores. Segments-calicinaux ovales-lancéolés, pointus, 2 fois plus courts que la corolle.—Tige glabre, poilue, ou pubérule, ferme, dressée, anguleuse, sillonnée, feuillue. Rameaux plus ou moins divergents, grêles, en général subaphylles. Feuilles longues de 1 pouce à 3 pouces, glabres, ou pubescentes, d'un vert foncé en dessus, d'un vert pâle en dessous. Pédicelles plus ou moins allongés : les terminaux en général ternés; les dichotoméaires plus courts. Calice glabre ou poilu : segments plus longs que le tube. Corolle blanche ou d'un bleu clair, très-évasée, longue d'environ 8 lignes; lobes ovales ou ovales-triangulaires, pointus. Étamines et style courts. Filets peu élargis à la base. Capsule ovoïde. — Cette espèce croît dans les Alpes du Caucase ; elle fleurit en été.

SECTION IV.

Capsule dressée, déhiscente par des valvules subapicilaires. Fleurs pédicelléées.

A. *Feuilles (excepté les ramulaires et les florales) longuement pétiolées, cordiformes, dentelées. Tiges paniculées.*

CAMPANULE DES CARPATHES.—*Campanula carpathica* Jacq. Hort. Vindob. 1, tab. 57. —Bot. Mag. tab. 117.

Tiges ascendantes. Rameaux simples, subaphylles, 1-3-flores. Feuilles-florales et feuilles-raméaires en général très-petites, sessiles, subulées. Fleurs inclinées, longuement pédonculées, disposées en panicule très-lâche. Segments-calicinaux linéaires-lancéolés, ou oblongs-lancéolés, ou ovales-lancéolés, acuminés, acérés, très-entiers, ou subdenticulés, dressés et connivents après la floraison, 3 à 4 fois plus courts que la corolle. Corolle cyathiforme, à lobes courts, arrondis, acuminulés. Capsule subcylindracée ou obconique. — Plante vivace, touffue, très-glabre, haute de 1 pied à 2 pieds. Racine rampante. Tiges grêles, fragiles, feuillées, anguleuses, rameuses presque dès la base. Rameaux plus ou moins divergents, effilés, pédonculiformes. Feuilles larges de 1 pouce à 2 pouces, d'un vert gai, lisses; pétiole très-grêle, long de 1 à 3 pouces; dentelures obtuses ou mucronulées, inégales. Segments-calicinaux longs de 3 à 5 lignes, étalés pendant la floraison. Corolle d'un bleu clair, large de près de 1 pouce, moins longue que large. Étamines 2 fois plus courtes que la corolle. Style grêle, presque aussi long que la corolle, profondément 3-fide. Graines petites, ovales, comprimées, d'un jaune pâle. — Cette espèce croît dans les montagnes de la Transylvanie; elle fleurit durant une grande partie de l'été. .

B. *Feuilles-radicales spathulées ou obovales, rétrécies en pétiole non distinct du limbe. Feuilles caulinaires sessiles. Tiges simples ou presque simples.*

· CAMPANULE A FEUILLES DE PÊCHER. — *Campanula persicifolia* Linn. — Bull. Herb. tab. 367. — Flor. Dan. tab. 1087. — Flor. Græc. tab. 205. — Bot. Mag. tab. 397. — Jaume Saint-Hil. Flore et Pom. Franç. tab. 22. — Reichenb. Plant. Crit. 1, tab. 77 (var. *calycina*). — *Campanula dasycarpa* Kit. — *Campanula hispida* Lejeune.

Tige dressée, 1-10-flore. Feuilles fermes, légèrement dentelées : les radicales lancéolées-obovales ou oblongues-obovales; les caulinaires linéaires-lancéolées. Fleurs nutantes, en grappe terminale. Segments-calicinaux ovales-lancéolés, acuminés, en général 2 fois plus courts que la corolle. Capsule ovoïde.—Racine grêle, fibreuse, vivace. Tige haute de 1 pied à 2 pieds, médiocrement feuillée, grêle, effilée, légèrement anguleuse, très-glabre, ou moins souvent hispidule. Feuilles luisantes, d'un vert foncé, glabres, ou moins souvent pubescentes; dentelures cartilagineuses aux bords. Fleurs solitaires aux aisselles des feuilles supérieures, courtement pédonculées. Calice glabre ou poilu : segments longs d'environ 6 lignes. Corolle large de 1 pouce à 2 pouces, moins longue que large, bleue, ou blanche, cyathiforme, partagée presque jusqu'au milieu en 5 lobes arrondis, acuminés, dressés. Étamines à peu près aussi longues que les segments calicinaux. Style aussi long que la corolle. Capsule nerveuse, longue de 4 à 5 lignes. Graines brunes, luisantes, ovoïdes, irrégulièrement comprimées, petites.—Cette espèce est commune dans presque toute l'Europe, ainsi qu'en Sibérie; elle croît de préférence dans les localités pierreuses et découvertes; la floraison se fait en été. On cultive dans les parterres une variété de cette Campanule, à fleurs doubles.

CAMPANULE RAIPONCE. — *Campanula Rapunculus* Linn. — Flor. Dan. tab. 855. et 1326. — Engl. Bot. tab. 283. — Hook. Flor. Lond. tab. 80. — Jaume Saint-Hil. Flore et Pom. Franç. tab. 40. — *Campanula esculenta* Salisb. — *Campanula elatior* Link et Hoffm. Flor. Port. tab. 80.—*Campanula verruculosa* Link et Hoffm. l. c. tab. 81.

Tige dressée, multiflore, presque simple. Feuilles légèrement crénelées ou très-entières : les radicales obovales ou oblongues-obovales; les caulinaires linéaires-lancéolées. Fleurs dressées ou à peine inclinées, disposées en panicule racémiforme. Segments-calicinaux subulés, presque aussi longs que la corolle. —Plante glabre ou pubescente, bisannuelle, haute de 2 à 3 pieds. Racine conique ou fusiforme, pivotante, charnue, blanchâtre. Tige grêle, effilée, raide, sillonnée, ramulifère supérieurement, ou simple, en général poilue à la base. Ramules-florifères dressés, pauciflores. Fleurs courtement pédicellées. Segments-calicinaux longs de 2 à 3 lignes, dressés, ou étalés, ou réfléchis. Corolle bleue ou blanche, subinfondibuliforme, courtement lobée, longue de 6 à 12 lignes; lobes ovales, pointus, presque dressés. Étamines plus courtes que la corolle. Style à peu près aussi long que la corolle, courtement 3-fide. Capsule obconique, 3-sulquée, longue de 4 lignes. Graines très-petites, ovales, comprimées, luisantes, d'un brun jaunâtre. — Cette espèce est commune dans presque toute l'Europe, ainsi qu'en Orient et en Barbarie; elle fleurit en été; elle croît de préférence dans les pâturages secs et

autres localités découvertes. La plante se cultive fréquemment
pour l'usage alimentaire de sa racine.

Genre ADÉNOPHORE. — *Adenophora* Fisch.

Les *Adénophores* diffèrent des Campanules par un disque
tubuleux, engaînant la partie inférieure du style, qui est
décliné, claviforme au sommet, et couronné de 3 stigmates
très-courts. — Toutes les espèces sont des herbes vivaces,
à tiges multiflores; les feuilles sont éparses ou verticillées, en général dentelées : les radicales plus larges,
pétiolées; les caulinaires pétiolées ou sessiles; les fleurs,
en général odorantes, sont nutantes et disposées en
grappe ou en panicule terminale. La capsule s'ouvre par
3 valvules basilaires.

ADÉNOPHORE COMMUNE. — *Adenophora communis* Fisch.,
— *Campanula liliïfolia* Linn. — Jacq. Hort. Schœnbr. 3,
tab. 335. — Bot. Reg. tab. 236. — Wald. et Kit. Plant.
Hungar. tab. 247.— *Campanula Alpini* Linn. — *Campanula
rhomboidea* : 6 Willd. Spec.—*Campanula suaveolens* Willd.
Enum. — *Campanula stylosa*, *C. periplocœfolia* et *C. lili-
folia* Lamk. Dict. — *Campanula pereskiœfolia*, *C. intermedia*, *C. Fischeri* et *C. spreta* R. et S. Syst. — *Campanula
peirescifolia* Spreng. Syst. — *Adenophora latifolia*, *A. La-
markii*, *A. denticulata*, et *A. stylosa* Fisch.—*Adenophora denticulata* Reichb. Hort. Bot. tab. 2. — *Adenophora suaveolens*
Reichb. Hort. Bot. tab. 32. — *Adenophora stylosa* Reichb.
l. c. tab. 45. — *Adenophora intermedia* Sweet, Brit. Flow.
Gard. ser. 2, tab. 108.

Feuilles inégalement dentées, ou dentelées, ou crénelées : les
caulinaires-inférieures pétiolées. Panicule pyramidale ou subracémiforme, lâche. Segments-calicinaux très-entiers ou denticulés, triangulaires-lancéolés, ou ovales-lancéolés, ou linéaires-
lancéolés. Corolle cyathiforme, ou subinfondibuliforme, ou ventrue au milieu, très-évasée, plus courte que le style. — Plante

haute de 1 pied à 4 pieds, glabre, ou rarement pubescente, très-variable quant à la forme et la dimension de presque tous ses organes. Racine grosse, pivotante, charnue, atteignant jusqu'à 1 pied de long, tantôt simple et subfusiforme, tantôt partagée en plusieurs branches coniques. Tiges dressées ou ascendantes, presque simples, ou paniculées, anguleuses, glabres ou pubescentes (surtout vers le haut), feuillues inférieurement. Rameaux dressés ou plus ou moins divergents, en général subaphylles ou médiocrement feuillés. Feuilles glabres ou pubescentes, tantôt luisantes en dessus et assez fermes, tantôt opaques et flasques, ordinairement d'un vert foncé en dessus, d'un vert pâle ou glauque en dessous : les radicales (nulles sur les plantes adultes) peu nombreuses, cordiformes, ou cordiformes-orbiculaires, ou réniformes, ou suborbiculaires, ou subrhomboïdales, subacuminées, on très-obtuses, profondément crénelées ou incisées-dentées, en général décurrentes sur le pétiole, larges de 1 pouce à 3 pouces ; pétiole long de 2 à 4 pouces. Feuilles caulinaires ovales, ou ovales-oblongues, ou ovales-lancéolées, ou oblongues-lancéolées, ou oblongues, ou elliptiques, ou lancéolées-oblongues, ou sublancéolées, ou lancéolées-obovales, acuminées, ou pointues, ou subobtuses, en général éparses : les inférieures plus ou moins longuement pétiolées ; les supérieures sessiles ; dentelures pointues, ou obtuses, ou mucronées, de forme très-variable, plus ou moins rapprochées, souvent subcartilagineuses aux bords ; base cunéiforme, ou arrondie, ou tronquée, ou subcordiforme. Feuilles florales et feuilles raméaires en général petites, très-entières, lancéolées-linéaires, ou lancéolées. Panicule simple ou plus ou moins rameuse. Pédicelles (disposés tantôt en grappes, tantôt en corymbes ou en cymules) longs de 3 à 6 lignes, filiformes, inclinés avant et pendant la floraison, puis dressés ou ascendants. Bractées linéaires ou subulées, petites. Calice glabre ou rarement hispide : tube globuleux, ou turbiné, ou ovoïde ; segments tantôt plus courts que le tube, tantôt aussi longs ou plus longs, beaucoup plus courts que la corolle, réfléchis ou étalés ou presque dressés durant la floraison, puis dressés et connivents. Corolle longue de 4 lignes à 1 pouce, tantôt aussi large que longue, tantôt moins large, d'un bleu soit clair, soit plus ou moins foncé, ou moins souvent blanche, tantôt à peine débordée par le style, tantôt jusqu'à 2 fois plus courte, ordinairement rétrécie vers sa base; lobes courts, ovales, acuminulés. Étamines en général presque aussi longues que la corolle. Filets élargis et laineux à leur base. Anthères jaunes, filiformes. Disque de longueur variable. Capsule longue de 3 à 5 lignes, subglobuleuse, ou obovée, ou pyriforme, ou ovoïde. Graines longues d'environ 1 ligne, d'un brun jaunâtre ou rougeâtre, ovales, comprimées, apiculées aux 2 bouts, marginés à l'un des bords. — Cette espèce croît en Sibérie et dans l'Europe orientale; elle vient de préférence dans les localités ombragées; la floraison se fait en été. La racine de cette plante est mangeable et très-recherchée dans les contrées où elle abonde. Les fleurs exhalent une odeur très-suave, analogue à celle de la Vanille.

ADÉNOPHORE VERTICILLÉE. — *Adenophora verticillata* Fisch. — Sweet, Brit. Flow. Gard. ser. 2, tab. 160. — *Campanula verticillata* Pallas, Reis. 3, p. 719, tab. G, fig. 1. — *Campanula tetraphylla* Thunb. Jap. (ex De Cand. fil.)

Feuilles dentelées, ou crénelées, ou inégalement dentées : les caulinaires verticillées ou subverticillées; les inférieures pétiolées. Panicule simple, verticillée, aphylle. Segments-calicinaux subulés, très-entiers. Corolle campanulée, évasée, plus courte que le style. — Plante haute de 1 pied à 3 pieds, en général glabre. Racine semblable à celle de l'espèce précédente. Tiges dressées ou ascendantes, grêles, anguleuses, striées, feuillues, très-simples; entre-nœuds en général plus courts que les feuilles. Feuilles fermes, d'un vert foncé et quelquefois luisantes en dessus, d'un vert pâle en dessous : les radicales offrant les mêmes variations de formes que celles de l'espèce précédente; les caulinaires (au nombre de 3 à 7 par verticille) inférieures ovales, ou obovales, ou lancéolées-obovales, ou subrhomboïdales, plus ou moins longuement pétiolées; les supérieures sessiles ou subsessiles, lancéolées-oblongues, ou oblongues, ou oblongues-lancéolées, ou lancéolées, pointues. Panicule multiflore, interrom-

pue, composée de cymules ou de corymbes subsessiles, en
général verticillés-ternés (sur les individus les plus élancés, les
inflorescences inférieures de la panicule sont racémiformes et
plus ou moins longuement pédonculées). Segments-calicinaux au
moins 4 fois plus courts que la corolle, en général presque dressés. Corolle longue de 4 à 8 lignes, d'un bleu vif ; lobes courts,
ovales, pointus. Étamines et style comme dans l'espèce précédente. Capsule ovoïde ou subglobuleuse. — Cette espèce croît
en Daourie et au Japon ; elle fleurit en été ; on la cultive comme
plante d'ornement.

ADÉNOPHORE COURONNÉE. — *Adenophora coronata* De
Cand. fil. Monogr. Camp. p. 363. — *Campanula coronata*
Ker, Bot. Reg. tab. 149. — *Campanula marsupiiflora* et C.
Gmelini Rœm. et Schult. Syst. — *Adenophora marsupiiflora*
Fisch. — Reichb. Hort. Bot. tab. 15. — *Flœrkea marsupii-*
flora Spreng.

Feuilles caulinaires très-entières ou subdenticulées, la plupart
sessiles, sublancéolées. Fleurs en grappe très-lâche ou en panicule diffuse. Segments-calicinaux subulés, très-entiers. Corolle
campanulée, urcéolée, plus courte que le style.—Plante haute de
1 pied à 3 pieds, en général glabre. Racine semblable à celle des
2 espèces précédentes. Tiges ascendantes ou dressées, grêles, feuillues inférieurement, le plus souvent paniculées. Feuilles un
peu scabres, minces, d'un vert foncé en dessus, d'un vert pâle
en dessous : les radicales variant de forme comme celles des
2 espèces précédentes ; les caulinaires lancéolées, ou linéaires-
lancéolées, ou lancéolées-linéaires, pointues, ou acuminées : les
inférieures pétiolées, plus ou moins profondément dentées ou denticulées, quelquefois lancéolées-elliptiques ou lancéolées-obovales ; les autres sessiles ou subsessiles ; les raméaires en général
très-étroites ou subulées. Panicule feuillée, subpyramidale, composée de grappes très-lâches, pauciflores, en général très-simples. Pédicelles longs, filiformes, dressés après la floraison.
Bractées petites, subulées. Calice glabre : tube ovoïde ou turbiné ; segments à peu près aussi longs que le tube, 2 à 3 fois

plus courts que la corolle. Corolle longue de 4 à 8 lignes, d'un
bleu violet; lobes courts, pointus. Étamines presque aussi longues
que la corolle, du reste semblables à celles des 2 espèces précédentes. Style de moitié à 1 fois plus long que la corolle. Capsule ovoïde ou turbinée. — Cette espèce croît dans la Daourie et
dans les montagnes de la Sibérie méridionale; elle fleurit en
été; on la cultive comme plante d'ornement.

Genre MÉDIUM. — *Medium* Tourn.

Ce genre diffère des *Campanules* par la conformation du
limbe calicinal, dont les sinus se prolongent chacun en un
appendice foliacé, ordinairement réfléchi.'— La capsule est
à 3 ou 5 loges, s'ouvrant chacune par une valvule basilaire.

Section I.
Ovaire et capsule 5-loculaires. Stigmates 5.

MÉDIUM A GRANDES FLEURS. — *Medium grandiflorum*
Lamk. (sub *Campanula.*) — *Campanula Medium* Linn. —
Jaume Saint-Hil. Plantes de France, tab. 72.

Plante bisannuelle, hispide sur toutes ses parties herbacées,
en général rameuse. Racine pivotante, charnue, subcylindrique,
ou conique. Tige haute de 1 pied à 3 pieds, dressée, cylindrique, feuillue, tantôt paniculée, tantôt peu rameuse ou simple;
rameaux disposés en panicule pyramidale. Feuilles crénelées, ou
dentelées, pubescentes aux bords et en dessous aux nervures,
minces, d'un vert gai, subobtuses; les radicales (nulles sur la
plante florifère) spathulées; les caulinaires inférieures oblongues, rétrécies en court pétiole; les autres ovales, ou ovales-lancéolées, ou oblongues-lancéolées, ou oblongues, sessiles, subamplexatiles. Fleurs axillaires et terminales, solitaires, pédonculées, dressées, disposées en grappe feuillée. Pédoncules 2-ou
3-bractéolés, dressés, hispides, ramuliformes : les inférieurs
longs; les supérieurs graduellement plus courts. Bractées oppo-

sées ou éparses, foliacées, grandes, oblongues, très-entières, ou crénelées. Calice poilu : tube hémisphérique ou turbiné ; segments ovales-triangulaires, dressés, longs d'environ 6 lignes ; appendices ovales, obtus, un peu plus longs que le tube (lequel en est complétement recouvert). Corolle bleue, ou violette, ou blanche, campanulée, longue de 1 ¹/₂ pouce à 2 pouces, très-évasée, ventrue, courtement 5-lobée ; lobes arrondis, acuminulés, presque réfléchis. Étamines 2 à 3 fois plus courtes que la corolle ; filets ciliés. Style cylindrique, un peu plus court que la corolle. Stigmates filiformes, longs de 2 à 3 lignes. Capsule 5-nervée, ovoïde, nutante, longue d'environ 6 lignes, complétement recouverte par les appendices du calice. Graines petites, luisantes, brunâtres, oblongues, comprimées, à peine marginées. — Cette plante, connue sous le nom vulgaire de *Carillon*, et fréquemment cultivée dans les parterres, croît spontanément dans l'Europe méridionale.

SECTION II.

Ovaire et capsule 3-loculaires. Stigmates 3.

A. *Tube-calicinal et capsule recouverts par les appendices. — Fleurs et fruits nutants. Feuilles inférieures subspathulées, non-pétiolées.*

à) Plante bisannuelle, paniculée.

MÉDIUM DE SIBÉRIE.—*Medium sibiricum* Linn. (sub *Campanula*.)—Bot. Mag. tab. 659.—Jacq. Flor. Austr. tab. 200. — *Campanula undulata* Mœnch, Meth. — *Campanula paniculata* Pohl.—*Campanula divergens* Willd.—*Campanula spathulata* Wald. et Kit. Hungar. tab. 258. — *Campanula nutans* Horn. Hort. Hafn.

Plante hispide, haute de 1 pied à 2 pieds. Racine pivotante, conique. Tige dressée, paniculée supérieurement, ou rameuse dès la base ; rameaux plus ou moins divergents. Feuilles scabres aux 2 faces, ondulées ou crépues aux bords, crénelées ou dentées : les radicales et les caulinaires-inférieures oblongues-spathulées, obtuses ; les autres oblongues, ou oblongues-lancéolées, ou linéaires-lancéolées, ou lancéolées, pointues, sessiles. Pédicelles à peu près aussi longs que le calice, axillaires et terminaux, solitaires, disposés en grappes subunilatérales. Calice hispide : segments triangulaires-lancéolés, acérés, dressés, plus longs que le tube, 3 à 4 fois plus courts que la corolle ; appendices ovales, très-obtus, réfléchis, aussi longs que le tube. Corolle longue de 8 à 15 lignes, d'un violet clair, campanulée, évasée, pubérule aux nervures, poilue à la surface interne, partagée jusque vers le tiers en 5 lobes pointus. Étamines 1 fois plus courtes que la corolle ; filets ciliés vers leur base. Style presque aussi long que la corolle. Capsule ovoïde ou turbinée. Graines petites, comprimées, brunes. — Cette espèce, indigène dans l'Europe orientale et en Sibérie, se cultive comme plante de parterre ; elle fleurit en mai.

b) Plante vivace, très-simple, pauciflore. Corolle à gorge fortement barbue.

Médium barbu. — *Medium barbatum* Linn. (sub *Campanula*.) — Jacq. Obs. 1, tab. 37. — Bot. Cab. tab. 788. — Bot. Mag. tab. 1258.

Racine pivotante, rameuse, presque ligneuse. Tige haute de quelques pouces à 1 pied, hispide (de même que les feuilles, les pédoncules et les calices), obscurément anguleuse, dressée, effilée, médiocrement feuillée. Feuilles très-entières ou subdenticulées, lancéolées, ou lancéolées-oblongues : les radicales roselées, subobtuses, rétrécies vers leur base ; les caulinaires pointues. Fleurs en grappe terminale, unilatérale, quelquefois paniculée à la base. Pédoncules longs de 12 à 18 lignes, solitaires, axillaires, 2-bractéolés. Segments-calicinaux triangulaires-lancéolés, acérés, dressés, plus longs que le tube, 2 à 3 fois plus courts que la corolle ; appendices oblongs, obtus, presque aussi longs que le tube. Corolle longue de 9 à 12 lignes, d'un bleu clair, campanulée, très-évasée, glabre à la surface externe ou pubérule aux nervures ; lobes courts, ovales, pointus, laineux

en dessus. Étamines et style presque aussi longs que la corolle.
Capsule subglobuleuse. — Cette espèce élégante croît dans les
prairies des Alpes ; elle fleurit en été.

B. *Calice à appendices beaucoup plus courts que la capsule.
— Fleurs et fruits nutants. Feuilles inférieures longuement pétiolées.*

MÉDIUM GUMMIFÈRE. — *Medium gummiferum* Willd. (sub
Campanula.) — *Campanula betonicæfolia* Bieb. Flor. Taur.
Cauc. (non Sibth. et Smith.) — *Campanula sarmatica* Sims,
Bot. Mag. tab. 2019. — Lodd. Bot. Cab. tab. 581.

Tiges simples. Feuilles crenelées ou dentées : les radicales
subhastiformes ou cordiformes-bilobées, obtuses ; les caulinaires
ovales, ou ovales-lancéolées, ou oblongues-lancéolées, pointues,
la plupart pétiolées ; les florales sessiles, courtes, sublancéolées.
Fleurs en grappe unilatérale, feuillée, assez lâche. Segments-calicinaux triangulaires-lancéolés, dressés, pointus, 2 à 3 fois plus
courts que la corolle ; appendices beaucoup plus courts que les
segments, pointus, dentiformes, presque dressés, ou subhorizontaux. Graines largement marginées. — Racine oblique, presque
ligneuse. Tiges ascendantes ou dressées, grêles, flexueuses, cylindriques, pubescentes, subincanes, hautes de 1 pied à 2 pieds.
Feuilles rugueuses, fermes, subincanes (du moins en dessous),
pubescentes aux 2 faces : les radicales très-longuement pétiolées.
Fleurs axillaires et terminales, solitaires. Pédicelles grêles, 2-ou
3-bractéolés : les inférieurs longs de 4 lignes à 1 pouce ; les supérieurs graduellement plus courts. Bractées linéaires - lancéolées, ou subulées, petites. Tube calicinal court, turbiné, laineux ; segments pubescents ou veloutés, longs de 3 à 4 lignes.
Corolle longue de 5 à 10 lignes, d'un bleu clair, campanulée,
très-évasée, presque glabre, partagée jusque vers son tiers en
5 lobes ovales, pointus. Étamines 2 fois plus courtes que la corolle ; filets ciliés vers leur base. Style un peu plus court que
la corolle. Capsule cotonneuse ou laineuse, nerveuse, subglobuleuse, profondément 3-sulquée. Graines elliptiques ou ovales,

comprimées, jaunâtres, longues de 1 ligne. — Cette espèce croît au Caucase ; elle fleurit en été ; on la cultive dans les parterres.

Médium a feuilles d'Alliaire. — *Medium alliariæfolium* Willd. (sub *Campanula.*) — Salisb. Parad. Lond. tab. 26. — *Campanula lamiifolia* Bieb. Flor. Taur. Cauc. — *Campanula macrophylla* Sims, Bot. Mag. tab. 912.

Tiges simples ou rameuses, multiflores. Feuilles inégalement crénelées ou dentées, pubescentes ou cotonneuses-blanchâtres en dessous : les radicales subréniformes, ou subhastiformes, ou cordiformes-triangulaires ; les caulinaires ovales ou ovales - oblongues, cordiformes - bilobées à leur base, en général décurrentes sur le pétiole ; les florales subsessiles, en général non-cordiformes. Fleurs en grappes simples ou rameuses à la base, unilatérales, assez lâches ; pédicelles très-courts. Segments-calicinaux linéaires - lancéolés ou triangulaires-lancéolés, pointus, dressés, incanes, de moitié à 3 fois plus courts que la corolle ; appendices ovales, pointus, réfléchis, presque aussi longs que le tube. — Tiges hautes de 1 à 3 pieds, dressées, ou ascendantes, feuillues inférieurement, cylindriques, pubescentes ; rameaux dressés ou ascendants, effilés, médiocrement feuillés. Feuilles glabres ou pubérules et d'un vert foncé en dessus : les radicales très-longuement pétiolées, larges de 2 à 5 pouces. Grappes multiflores, feuillées. Pédicelles solitaires, plus courts que le calice. Calice cotonneux - incane, long de 4 à 5 lignes ; tube turbiné, très-court. Corolle longue de 8 à 10 lignes, d'un blanc jaunâtre, subinfondibuliforme, pubérule à la surface externe, poilue à la surface interne, partagée presque jusqu'au milieu en 5 lobes oblongs, pointus. Étamines 2 fois plus courtes que la corolle ; filets ciliés vers leur base. Style un peu plus court que la corolle. Capsule longue de 4 à 5 lignes, subglobuleuse, cotonneuse. — Cette espèce, indigène du Caucase, se cultive comme plante d'ornement ; elle fleurit durant la plus grande partie de l'été.

Genre SPÉCULAIRE. — *Specularia* Heist.

Limbe-calicinal 5-parti, inappendiculé ; tube prismatique ou obconique. Corolle marcescente, rotacée, 5-lobée. Étamines 5, libres ; filets membranacés, subulés, peu élargis à leur base ; anthères plus longues que les filets, filiformes, réfléchies après l'anthèse. Ovaire infère, 3-loculaire. Style filiforme, inclus, poilu avant l'anthèse. Stigmates 3, filiformes, finalement révolutés. Capsule longue, prismatique, polysperme, s'ouvrant par 3 valvules apicilaires ou infra-apicilaires, pariétales. Graines ovoïdes ou lenticulaires, luisantes.

Herbes annuelles, basses. Feuilles petites, éparses : les inférieures à peu près conformes aux supérieures. Fleurs axillaires et terminales, sessiles, dressées. Corolle bleue, ou violette, ou panachée, épanouie seulement au soleil. — La plupart des espèces de ce genre sont indigènes.

SPÉCULAIRE DOUCETTE. — *Specularia Speculum* De Cand. fil. Monogr. Camp. p. 346. — *Campanula Speculum* Linn.— Bot. Mag. tab. 102 et 2733. — Flor. Græc. tab. 216.—*Prismatocarpus Speculum* L'hérit. Sert. — *Legouzia arvensis* Durand. Bourg. — *Campanula pulchella* Salisb. — *Campanula cordata* Visian. — *Prismatocarpus hirtus* Tenor. Flor. Nap. tab. 19 (var. pubescens.) — *Campanula hirta* R. et S.

Plante glabre ou pubescente, haute de 4 pouces à 1 pied. Racine fibreuse. Tige dressée, anguleuse, en général rameuse dès la base ; rameaux ascendants, divergents. Feuilles crénelées ou sinuolées, ondulées, ordinairement pubérules en dessous : les radicales et les caulinaires-inférieures longues de ¹/₂ pouce à 1 pouce, obovales, obtuses, rétrécies en court pétiole ; les autres sessiles, oblongues, subamplexatiles, pointues. Fleurs subterminales, solitaires, subsessiles, 3-bractéolées. Tube-calicinal long de 4 à 6 lignes, linéaire–prismatique ; segments linéaires-lancéolés, aussi longs que le tube, aussi longs ou un peu plus longs que la corolle, réfléchis lors de la floraison. Corolle d'un pourpre violet : tube blanchâtre, très-court; lobes elliptiques, obtus, mucronulés. Étamines longues de 2 à 3 lignes. Style un peu plus court que la corolle. Capsule longue de 6 à 7 lignes, grêle, subfusiforme, luisante, 10-nervée, déhiscente par des valvules subapicilaires. Graines ovoïdes, brunâtres, longues de ¹/₂ ligne. — Cette espèce, nommée vulgairement *Doucette*, ou *Miroir de Vénus*, est comuune dans les moissons; elle fleurit en été; on la cultive comme plante d'ornement et comme herbe à salade.

Genre ROÉLLA. — *Roella* Linn.

Tube-calicinal cylindracé; limbe 5-parti, inappendiculé. Corolle infondibuliforme ou tubuleuse, ample, 5-lobée. Étamines 5, libres; filets subulés, élargis vers leur base. Ovaire infère, 2-loculaire. Style court, persistant par la base. Stigmates 2, épais. Capsule cylindracée, 2-loculaire, polysperme, s'ouvrant par un opercule apicilaire continu avec la base du style. Graines anguleuses, scabres, petites, assez épaisses.

Herbes vivaces, ou sous-arbrisseaux. Feuilles éparses, rapprochées, en général étroites et coriaces. Fleurs sessiles, le plus souvent terminales. — Ce genre appartient au Cap de Bonne-Espérance. Les espèces suivantes se cultivent comme plantes d'ornement de serre.

ROÉLLA CILIÉ. — *Roella ciliata* Linn. — Bot. Mag. tab. 378. — Bot. Cab. tab. 1156. — Herb. de l'Amat. vol. 5, tab. 352.

Feuilles dressés, linéaires-subulées, ciliées (de soies raides) : les supérieures plus longues. Fleurs solitaires, terminales. Segments-calicinaux ciliés, denticulés-aristés, plus courts que la corolle. — Sous-arbrisseau haut de ¹/₂ pied à 1 ¹/₂ pied, très-feuillu, plus ou moins rameux. Tige grêle. Feuilles petites, coriaces, presque imbriquées. Aisselles des anciennes feuilles garnies de très-petites feuilles fasciculées. Tube calicinal recouvert

par les feuilles; segments longs d'environ 6 lignes, linéaires-lancéolés , acuminés. Corolle large de près de 1 pouce, panachée
de blanc, de bleu foncé et de violet; segments suboblongs, obtus. Étamines plus courtes que la corolle; filets ciliés, plus courts
que les anthères. Style un peu plus long que les étamines. Stigmates ovales, comprimés. Capsule grêle, longue d'environ
5 lignes.

RoÉLLA ÉCAILLEUX. — *Roella squarrosa* Thunb. Prodr.
Cap. — *Roella filiformis* Lamk. Ill. tab. 123, fig. 2.

Feuilles ovales, acuminées-cuspidées, décurrentes, recourbées au sommet, bordées de soies raides et de dents · sétacées. Bractées larges, ovales, acuminées. Segments-calicinaux
ciliés , conformes aux bractées, 2 fois plus courts que la corolle. — Sous-arbrisseau rameux, feuillu, haut de 1/2 pied à 1
pied. Feuilles longues de 1 ligne à 2 lignes. Fleurs solitaires ou
subfasciculées au sommet des ramules. Calice recouvert par les
bractées; tube très-court; segments longs de 1 1/2 ligne, dressés. Corolle blanchâtre, semi-5-fide. Étamines de moitié plus
courtes que la corolle. Stigmates filiformes. Capsule recouverte
par les bractées.

Genre PLATYCODON. — *Platycodon* De Cand.

Tube-calicinal turbiné, adhérent; limbe 5-parti. Corolle
grande, cyathiforme, 5-lobée. Étamines 5, libres; filets
élargis vers leur base; anthères linéaires – oblongues.
Ovaire 3-ou 5-loculaire, semi-supère. Style cylindrique.
Stigmates 3 ou 5. Capsule semi-supère, 3-ou 5-loculaire,
polysperme, 3-ou 5-valve au sommet : valves septifères au
milieu. Graines subovales, comprimées, luisantes, immarginées.

Herbes vivaces. Tiges simples ou paniculées, subaphylles
vers leur base. Feuilles tantôt éparses, tantôt opposées,
tantôt verticillées-ternées, sessiles, ou subsessiles , dentelées : les radicales et les caulinaires inférieures très-pe-

tites. Fleurs terminales ou axillaires et terminales, presque dressées, très-grandes. Pédoncules ou ramules 1-flores. Corolle d'un bleu vif. Capsule dressée. — Ce genre est propre à l'Asie septentrionale; on n'en connaît que 2 espèces.

PLATYCODON A GRANDES FLEURS. — *Platycodon grandiflorum* De Cand. fil. Monogr. Camp. p. 125. — Sweet, Brit. Flow. Gard. ser. 2, tab. 205. — *Campanula grandiflora* Jacq. Hort. Vindob. vol. 3, tab. 2. — Bot. Mag. tab. 252. — Herb. de l'Amat. fasc. 19, tab. 112. — *Campanula gentianoïdes* Lamk. Dict. — *Wahlenbergia grandiflora* Schrad. Hort. Gœtt.

Plante très-glabre, d'un vert glauque, haute de ½ pied à 1 ½ pied. Racine charnue, rameuse, pivotante. Tiges ascendantes ou dressées, grêles, flexueuses, cylindriques, très-lisses, tantôt très-simples et 1-3-flores, tantôt rameuses vers leur sommet et 3-5-flores; rameaux 1-3-phylles, pédonculiformes, très-grêles, plus ou moins divergents. Feuilles subcoriaces, d'un vert glauque et luisantes en dessus, très-glauques en dessous, inégalement dentelées ou denticulées, rétrécies en pétiole très-court, ou sessiles : les radicales (nulles chez les plantes florifères) et les caulinaires-inférieures petites, suborbiculaires, ou obovales, ou obovales-spathulées, obtuses; les autres ovales, ou subrhomboïdales, ou ovales-lancéolées, ou lancéolées-obovales, ou lancéolées-elliptiques, ou lancéolées-rhomboïdales, ou lancéolées, acuminées, en général entières vers leur base, longues de 1 pouce à 2 pouces : les supérieures graduellement plus petites; les ramulaires ordinairement petites et lancéolées. Pédoncules ou ramules-florifères longs de 1 pouce à 3 pouces. Calice glauque, ponctué; segments triangulaires-lancéolés, pointus, plus longs que le tube, beaucoup plus courts que la corolle, presque étalés pendant la floraison, puis dressés. Corolle longue de 1 pouce à 2 pouces, large de 1 ½ pouce à 2 ½ pouces, d'un bleu très-vif, partagée jusqu'au tiers en 5 lobes ovales ou ovales-triangulaires, pointus, ou acuminés, très-ouverts. Étamines 2 fois plus

courtes que la corolle; filets ovales-triangulaires et ciliés inférieurement, violets; anthères jaunes, apiculées, un peu plus longues que les filets. Ovaire 5-loculaire. Style court, gros. Stigmates 5, semi-cylindriques, finalement étalés en étoile. Calice
fructifère ovoïde ou subturbiné, 10-nervé, long de 5 à 6 lignes.
Portion inadhérente de la capsule conique, pointue, débordant
les segments calicinaux; valves courtes, opposées aux segments
calicinaux, finalement divergentes. Graines d'un brun noirâtre,
longues d'environ 1 ligne. — Cette espèce, indigène de la Sibérie
orientale, se cultive comme plante d'ornement; elle fleurit en été.

Genre CANARINE. — *Canarina* Juss.

Tube-calicinal turbiné; limbe 6-parti. Corolle grande,
campanulée, 5-lobée. Disque annulaire, périgyne. Étamines 6, libres; filets élargis à leur base; anthères linéaires-oblongues. Ovaire infère, 6-loculaire; loges
opposées aux segments-calicinaux. Style cylindrique. Stigmates 6, filiformes, finalement étalés. Péricarpe charnu,
indéhiscent, polysperme. Graines petites, anguleuses.

Herbe vivace, glauque, très-glabre. Racine grosse,
charnue, tubéreuse. Tiges très-rameuses, subarticulées.
Feuilles opposées ou verticillées-ternées, longuement
pétiolées, dentelées, subhastiformes. Pédoncules dichotoméaires et terminaux, solitaires, 1-flores, ébractéolés,
réclinés. Corolle grande, d'un jaune tirant sur le rouge.
— L'espèce que nous allons décrire est la seule qu'on
puisse rapporter avec certitude à ce genre.

CANARINE CAMPANULE. — *Canarina Campanula* Lamk.
Dict. — Bot. Mag. tab. 444. — Lodd. Bot. Cab. tab. 376. —
Herb. de l'Amat. vol. 3, tab. 142.—*Campanula canariensis*
et *Canaria campanulata* Linn.

Racine subfusiforme, lactescente. Tiges longues de 3 à 4
pieds, grimpantes, ou diffuses, débiles, grêles, fistuleuses, cylindriques, très-lisses, feuillées; entre-nœuds en général beaucoup

plus longs que les feuilles. Rameaux opposés ou verticillés, feuillés, dichotomes. Feuilles d'un vert gai et luisantes en dessus,
glauques en dessous, très-minces, longues de 1 pouce à 2 pouces, hastiformes, ou deltoïdes, ou triangulaires-lancéolées, ou
oblongues-lancéolées, pointues, inégalement dentées, ou sinuolées-denticulées, ou incisées-dentées, cordiformes ou arrondies à
leur base. Pédoncules longs de 1 pouce à 2 pouces, grêles, cylindriques, épaissis au sommet. Calice glauque : tube long de
5 lignes; segments linéaires - lancéolés, ou oblongs - lancéolés,
pointus, 3-nervés, 2 fois plus longs que le tube, réfléchis ou étalés pendant la floraison, ordinairement denticulés. Corolle longue
de 10 à 20 lignes, ventrue, très-évasée; lobes courts, ovales-
triangulaires, pointus, mucronés. Étamines 1 fois plus courtes
que la corolle; filets très-glabres; anthères jaunes. Style plus
court que la corolle. Fruit obové ou turbiné, jaunâtre.

Cette espèce, qu'on cultive comme plante d'ornement de serre,
habite les Canaries; son fruit est mangeable.

Genre MICHAUXIA. — *Michauxia* L'hérit.

Tube-calicinal turbiné; limbe 8-ou 10-parti; sinus
prolongés chacun en un appendice réfléchi. Corolle rotacée, partagée presque jusqu'à sa base en 8 ou 10 segments étroits, pointus, sublinéaires, finalement réfléchis.
Étamines 8 ou 10, libres; filets membranacés, ovales,
acuminés, connivents en forme de cône engaînant la partie
inférieure du style; anthères lineaires. Ovaire infère, 8-
ou 10-loculaire; loges opposées aux segments-calicinaux.
Style cylindrique. Stigmates 8 ou 10, filiformes. Capsule
nutante, polysperme, à 8 ou 10 loges s'ouvrant chacune
par une valvule basilaire.

Herbes bisannuelles. Feuilles radicales pétiolées, pennatifides. Feuilles-caulinaires éparses, sessiles, subamplexatiles. Fleurs en panicule terminale; pédoncules solitaires, 1-flores, inclinés, accompagnés chacun d'une bractée
foliacée. Corolle grande, blanchâtre. — Ce genre appar-

tient à l'Orient; les 2 espèces dont nous allons faire mention se cultivent comme plantes d'ornement.

a) *Tige hispide. Appendices du calice courts.*

MICHAUXIA FAUSSE-CAMPANULE. — *Michauxia campanuloides* L'hérit. Diss. (*cum icone.*) — Lamk. Ill. tab. 295. — Bot. Mag. tab. 219. — *Michauxia strigosa* Pers. — *Campanula lyræfolia* Salisb.

Plante haute de 1 pied à 3 pieds, hispide. Racine fusiforme. Tige grêle, cylindrique, effilée, dressée, médiocrement feuillée, paniculée au sommet. Feuilles radicales longues de 3 à 4 pouces, sublyrées, lancéolées, rétrécies en pétiole marginé. Feuilles caulinaires ovales ou ovales-lancéolées, pennatifides, ou incisées-dentées. Panicule peu rameuse, composée de grappes très-lâches, souvent pauciflores. Tube-calicinal court, obconique, glabre; segments ovales-lancéolés, ou triangulaires-lancéolés, pointus, réfléchis, ciliés, longs de 4 à 5 lignes. Corolle d'un blanc tirant sur le rose : segments linéaires-lancéolés, pointus, longs de 12 à 18 lignes. Étamines longues d'environ 6 lignes. Style presque aussi long que la corolle. Capsule turbinée.

b) *Tige glabre. Appendices du calice plus longs que les segments.*

MICHAUXIA A TIGE LISSE. — *Michauxia lævigata* Vent. Hort. Cels. tab. 81. — Bot. Reg. tab. 1451. — *Michauxia decandra* Fisch.

Plante semblable par le port à l'espèce précédente. Tige glauque, simple, feuillue inférieurement. Feuilles poilues, d'un vert glauque : les radicales longues de 2 à 3 pouces, larges de 1 pouce à 2 pouces, ovales-oblongues, inégalement dentées, rétrécies en long pétiole marginé; les caulinaires lancéolées-oblongues, dentées. Fleurs éparses, courtement pédonculées. Tube calicinal glabre, obconique; segments étalés, ciliés, ovales, pointus, longs de 3 lignes; appendices ovales-lancéolés, recouvrant le tube. Corolle blanchâtre : segments longs d'environ 9 lignes. Filets ciliés. Style long d'environ 1 pouce. Capsule turbinée, coriace. Graines minimes, brunes.

Genre PHYTEUMA. — *Phyteuma* Linn.

Tube-calicinal 5-ou 10-gone, adhérent; limbe supère , 5-parti. Corolle tubuleuse, profondément 5-fide : segments linéaires, obtus, élargis à la base, finalement étalés, avant la floraison cohérents en forme de corne ascendante. Étamines 5, insérées à la base de la corolle ; filets membranacés , larges et triangulaires vers leur base, subulés supérieurement; anthères filiformes , divergentes après l'anthèse. Ovaire 2-ou 3-loculaire , infère ; placentaires multi-ovulés , axiles ; ovules horizontaux. Style très-long, filiforme, poilu au sommet. Stigmate 2-ou 3-furqué. Capsule 2-ou 3-loculaire ; loges polyspermes , s'ouvrant chacune par un trou pariétal; cloisons et parois submembranacées; côtes cartilagineuses. Graines ovoïdes ou comprimées.

Herbes vivaces. Feuilles alternes; indivisées : les radicales plus grandes, pétiolées ; les caulinaires en général sessiles et étroites. Inflorescence terminale. Fleurs sessiles ou pédicellées, disposées en capitule, ou en épi, ou en grappe , ou en panicule. Corolle bleue ou blanche. Filets des étamines contigus par leur partie élargie, de manière à recouvrir le sommet de l'ovaire.

Ce genre appartient à l'ancien continent; la plupart des espèces sont indigènes.

PHYTEUMA RAIPONCE.—*Phyteuma spicatum* Linn.—Flor. Dan. tab. 362.—Bot. Mag. tab. 2347.—*Phyteuma Rapunculus* Pers. —*Rapunculus spicatus* Mœnch, Meth. —*Phyteuma nigrum* et *Phyteuma ovatum* Schmidt, Bohem.—*Phyteuma ovale* Hoppe. — *Phyteuma Halleri* All. Pedem.

Feuilles-radicales cordiformes ou subréniformes, dentelées, ou crénelées. Fleurs en capitule spiciforme. —Racine pivotante, charnue, conique. Tige haute de 1 pied à 2 ¹/₂ pieds, dressée , très - simple , glabre , anguleuse , cannelée. Feuilles glabres , ou moins souvent pubescentes : les radicales larges

de 2 à 2 ¹/₂ pouces ; les caulinaires-inférieures cordiformes-oblongues, pétiolées ; les suivantes lancéolées ; les supérieures sessiles, en général linéaires. Capitule solitaire, d'abord ovoïde ou
ellipsoïde, finalement cylindracé, long de 2 à 4 pouces, accompagné d'une longue bractée subulée. Fleurs sessiles, serrées,
1-bractéolées à la base. Bractées subulées, très-entières, les supérieures plus courtes que le calice. Tube-calicinal subglobuleux ou hémisphérique ; limbe à segments subûlés, plus longs
que le tube, en général étalés. Corolle blanche, ou bleue, ou
d'un violet très-foncé. Anthères verdâtres. Capsule 2-ou 3-locu-
laire, anguleuse, subhémisphérique.

Cette espèce est commune dans les bois |humides et dans les
prairies des montagnes ; elle fleurit en été. Sa racine est comestible, d'une saveur légèrement piquante et analogue à celle de
la Raiponce.

Genre PÉTROMARULA. — *Petromarula* Pers.

Tube-calicinal subturbiné, adhérent ; limbe supère, 5-
parti. Corolle rotacée, profondément 5-fide : segments
linéaires, réfléchis, avant la floraison connivents en forme
de cône obtus. Étamines 5, courtes, insérées à la base de
la corolle ; filets connivents, aplatis, ovales, subulés au
sommet ; anthères oblongues, finalement réfléchies. Ovaire
infère, 3-loculaire ; loges multi-ovulées. Style filiforme.
Stigmate gros, capitellé, 3-sulqué. Péricarpe et graines
comme dans les *Phyteuma*.

Herbe vivace, très-rameuse. Feuilles imparipennées.
Inflorescences terminales. Fleurs dressées, pédicellées,
1-bractéolées à la base, disposées en panicules racémiformes. Corolle bleue. Sommet de l'ovaire et moitié
inférieure du style engaînés par les filets des étamines. —
Ce genre n'est fondé que sur l'espèce suivante.

PÉTROMARULA PENNÉ. — *Petromarula pinnata* Pers. Ench.
1, p. 194. — Sweet, Brit. Flow. Gard. ser. 2, tab. 224. —

Phyteuma pinnatum Linn. — Vent. Hort. Cels. tab. 52. — Sibth. et Smith , Flor. Græc. tab. 224.

Racine grosse, fusiforme, charnue, pivotante, laiteuse. Tiges hautes de 2 à 4 pieds, dressées, fermes, anguleuses, glabres, vertes, rameuses dès la base ; rameaux dressés, effilés, formant une touffe pyramidale. Feuilles glabres, la plupart pétiolées : les radicales et les caulinaires inférieures longues de 1 pied ou plus. Folioles pétiolulées, alternes, d'un vert foncé, veineuses, ovalés, acuminées, inégalement dentées ou incisées-dentées, longues de 1 pouce à 2 pouces , souvent alternes avec d'autres folioles beaucoup plus petites, sublancéolées, très-entières ; pétiole blanchâtre, semi-cylindrique, canaliculé en dessus, marginé : celui des feuilles radicales long de 4 à 8 pouces. Panicules assez denses, multiflores, longues de 1/2 pied à 2 pieds, composées de grappes ou de cymules pauciflores. Pédicelles courts, glanduleux de même que les bractées et le calice. Bractées petites, subulées, en général un peu plus longues que les pédicelles. Segments-calicinaux subulés, dressés, plus longs que l'ovaire, 3 fois plus courts que la corolle. Corolle d'un bleu pâle : segments longs d'environ 6 lignes. Étamines plus courtes que la corolle ; filets raides, violets, papilleux à la base ; anthères jaunes, plus courtes que les filets. Ovaire couronné d'un disque plane. Style plus long que les étamines.

Cette plante croît en Orient, en Grèce, à l'île de Candie, et en Italie ; elle mérite d'être cultivée dans les parterres.

Genre TRACHÉLIUM. — *Trachelium* Linn.

Tube-calicinal subglobuleux ; limbe 5-parti. Corolle hypocratériforme ; tube long, filiforme ; limbe 5-parti. Étamines 5, libres, incluses, filiformes et glabres de même que les anthères. Style filiforme , glabre (excepté au sommet), longuement saillant, épaissi au sommet. Stigmate subcapitellé, petit, obscurément 3-lobé. Capsule subglobuleuse, profondément 3-sulquée, inéquilatérale , polysperme, à 3 loges s'ouvrant chacune (de bas en haut) à la base du sillon par une petite valvule recourbée. Graines minimes, oblongues, comprimées, lisses, luisantes.

Herbes vivaces, suffrutescentes à la base. Feuilles éparses, pétiolées, dentelées. Fleurs en cymes terminales, très-rameuses ; pédoncules-secondaires dichotomes ou trichotomes; pédicelles filiformes, dressés, dichotoméaires et terminaux. Corolle petite, bleue, ou blanchâtre.

TRACHÉLIUM A FLEURS BLEUES. — *Trachelium cœruleum* Linn. — Boissieu, Flore d'Eur. tab. 137. — Bot. Reg. tab. 72.

Plante haute de 1 pied à 3 pieds, très-glabre, ou pubérule, touffue. Tiges dressées ou ascendantes, anguleuses, flexueuses, feuillues à la base, simples ou rameuses; rameaux plus ou moins divergents, ordinairement grêles et subaphylles, souvent violets de même que la tige. Feuilles minces, d'un vert pâle en dessous : les caulinaires longues de 1 pouce à 4 pouces, ovales, ou ovales-lancéolées, ou oblongues-lancéolées, pointues, inégalement dentelées : les inférieures assez longuement pétiolées; les supérieures et les raméaires petites, subsessiles, très-entières. Cymes denses, multiflores, convexes, atteignant jusqu'à 5 pouces de large; pédoncules-secondaires plus ou moins divergents, grêles, 1-bractéolés à la base, 2-bractéolés aux bifurcations. Bractées petites, subulées, persistantes. Pédicelles longs de 1 ligne à 3 lignes. Calice minime : segments subulés, dressés. Corolle longue d'environ 3 lignes, d'un bleu violet; segments ovales, pointus, 3 fois plus courts que le tube. Étamines à peu près aussi longues que le tube de la corolle; anthères très-courtes, violettes. Style violet, 1 fois plus long que la corolle. Capsule du volume d'un grain de Moutarde, chartacée, 10-nervée. Graines jaunâtres. — Cette espèce, fréquemment cultivée comme plante d'ornement, croît en Italie, en Espagne et en Barbarie; elle fleurit en été.

Genre JASIONE. — *Jasione* Linn.

Tube-calicinal ovoïde; limbe 5-parti. Corolle rotacée,

5-partie : segments linéaires, valvaires en préfloraison. Étamines 5; filets subulés; anthères soudées par la base, d'abord conniventes en tube, finalement étalées au sommet. Ovaire infère, incomplétement 2-loculaire. Style filiforme, épaissi au sommet. Stigmate capitellé, 2-lobé. Capsule ovoïde ou subglobuleuse, incomplétement 2-loculaire, polysperme, courtement loculicide-bivalve au sommet. Graines minimes, ovales, lisses, luisantes.

Herbes vivaces ou bisannuelles. Feuilles sessiles : les radicales roselées; les caulinaires éparses, étroites, très-entières, ou dentées. Fleurs petites, agrégées en capitules terminaux, longuement pédonculés, dressés, involucrés. Corolle bleue ou blanche.

JASIONE COMMUNE. — *Jasione montana* Linn. — Flor. Dan. tab. 319. — Curt. Flor. Lond. fasc. 4, tab. 58. — Engl. Bot. tab. 882. — *Jasione undulata* Lamk. Fl. Fr.

Herbe annuelle, plus ou moins poilue, ou glabre, en général multicaule. Racine pivotante, rameuse. Tiges dressées, ou ascendantes, ou décombantes, longues de 1 pied à 2 pieds, simples, ou rameuses. Feuilles linéaires ou linéaires-lancéolées, très-entières, ou plus ou moins sinuolées et ondulées : les inférieures obtuses; les supérieures pointues. Pédoncules longs, nus, sillonnés. Capitules subhémisphériques, de 4 à 12 lignes de diamètre. Involucre composé de 12 à 20 bractées elliptiques, acuminées, très-entières, ou dentelées, glabres, subisomètres, imbriquées. Pédicelles plus longs que le calice. Segments-calicinaux linéaires-subulés, un peu plus longs que le tube. Corolle bleue ou blanche : segments linéaires-liguliformes, glabres, longs d'environ 2 lignes. Étamines un peu plus courtes que la corolle; anthères rougeâtres. Style bleu, finalement glabre et plus long que la corolle. Capsule ovoïde, pentagone, dressée, longue au plus de 2 lignes.

Cette espèce, qui mérite d'être cultivée dans les jardins, est commune dans les landes sablonneuses; elle fleurit en été.

CENT CINQUANTE-HUITIÈME FAMILLE.

LES LOBÉLIACÉES. — *LOBELIACEÆ.*

Lobeliaceæ (Campanulacearum sectio) R. Br. Prodr. — Bartl. Ord.
Nat. p. 150. — Lindl. Nat. Syst. p. 255. — Endl. Gen. Plant. p. 509.
— Presl, *Prodromus Monographiæ Lobeliacearum,* Prag. 1856. — *Campanulacearum* genn. Juss. Gen. — *Lobeliacearum* genn. Juss. in Ann.
du Mus. XVIII, p. 1. — *Campanulaceæ,* tribus I : *Lobeliariæ* Reichenb.
Syst. Nat. p. 186.

Ce groupe, qui ne renferme que peu d'espèces indigènes, ne diffère essentiellement des Campanulacées
que par des fleurs irrégulières. La plupart de Lobéliacées, à raison de l'extrême âcreté de leur suc laiteux,
sont très-vénéneuses. Beaucoup d'espèces sont ornées
de fleurs très-éclatantes.

Caractères de la Famille.

Herbes, ou *sous-arbrisseaux,* ou *arbrisseaux,* ou (peu
d'espèces) *arbres.* Suc-propre en général laiteux. Tiges
et rameaux cylindriques ou irrégulièrement anguleux.

Feuilles éparses (les radicales ordinairement roselées),
simples, non-stipulées, souvent laciniées ou pennatiparties.

Fleurs hermaphrodites (par exception dioïques), plus
ou moins irrégulières, solitaires, ou en grappes, ou en
épis, ou en corymbes, ou en capitules.

Calice à tube adhérent; limbe persistant ou non-
persistant, supère, ou semi-supère, 5-fide, ou 5-parti,
subrégulier, ou à 2 segments inférieurs beaucoup plus
petits que les 3 supérieurs.

Disque épigyne ou périgyne.

Corolle soit tubuleuse, ou spathacée, 1-ou 2-labiée, 5-lobée, soit composée d'une lèvre inférieure 3-lobée, et de 2 pétales supérieurs libres dès leur base ; segments valvaires en préfloraison, anisomètres (par exception presque égaux) : les 2 supérieurs en général plus petits, non-conformes aux 3 inférieurs.

Étamines au nombre de 5 , insérées au disque devant les segments-calicinaux. Filets en général libres vers leur base et soudés supérieurement en gaîne soit inadhérente, soit adhérant plus ou moins au tube de la corolle. Anthères dithèques, introrses, sublinéaires, dressées, adnées, souvent anisomètres (les 3 supérieures plus longues , imberbes ; les 2 inférieures plus courtes, barbues ou aristées au sommet) , cohérentes en tube le plus souvent courbé au sommet ; bourses juxtaposées antérieurement, déhiscentes chacune par une fente longitudinale. Pollen ovoïde.

Pistil : Ovaire adhérent (en général presque jusqu'au sommet), 2-ou 3-loculaire, à placentaires axiles, ou rarement 1-loculaire, à 2 placentaires pariétaux. Ovules très-nombreux , anatropes. Style terminal , indivisé, ordinairement plus court que les étamines. Stigmate échancré, ou à 2 lobes divariqués, ou rarement indivisé, en général barbu ou cilié.

Péricarpe baccien, ou carcérulaire, ou capsulaire, 1-3-loculaire, polysperme.

Graines lisses ou chagrinées, petites ; hile terminal, concave ; raphé et chalaze inapparents. Périsperme charnu. Embryon rectiligne, axile, souvent presque aussi long que le périsperme ; cotylédons courts, obtus ; radicule cylindrique, appointante.

Cette famille comprend les genres suivants :

Iʳᵉ TRIBU. **LES CLINTONIÉES.** — *CLINTONIEÆ* Presl.

Ovaire soit 1-loculaire à 2 placentaires pariétaux, soit incomplétement 2-loculaire par un placentaire-central septiforme. Péricarpe capsulaire.

Grammatotheca Presl. — *Clintonia* Dougl. — *Lysipomia* Kunth. — *Hypsela* Presl.

IIᶜ TRIBU. **LES LOBÉLIÉES.** — *LOBELIEÆ* Presl.

Ovaire 2-ou 3-loculaire; placentaires 2 ou 3, axiles, adnés. Péricarpe capsulaire.

Metzleria Presl. — *Dobrowskya* Presl. — *Monopsis* Salisb.—*Holostigma* Don. —*Lobelia* Linn. (Stenotium et Sphærangium Presl.)—*Parastranthus* Don. (Xanthomeria Presl.) — *Dortmanna* Rudb.— *Tupa* Don.—*Tylomium* Presl. — *Canonanthus* Don. — *Siphocampylus* Pohl.—*Laurentia* Neck. (Solenopsis Presl.)—*Enchysia* Presl. — *Isotoma* R. Br. — *Hippobroma* Don. — *Byrsanthes* Presl. — *Heterotoma* Zuccar. (Myopsia Presl.)

IIIᵉ TRIBU. **LES DÉLISSÉES.** — *DELISSEÆ* Presl.

Ovaire 2-loculaire, à 2 placentaires axiles, adnés. Péricarpe sec ou charnu, indéhiscent.

Pratia Gaudich. — *Bernonia* Endl. — *Delissea* Gaudich. — *Cyanea* Gaudich. (Kittelia Reichenb.) — *Macrochilus* Presl. — *Rollandia* Gaudich.— *Clermontia* Gaudich. — *Centropogon* Presl. — *Trinieris* Presl.

Genre CLINTONIA. — *Clintonia* Dougl.

Tube-calicinal linéaire-trièdre, très-long; limbe 5-parti, irrégulier. Corolle ringente, 2-labiée; tube très-court, non-fendu ; lèvre supérieure petite, redressée, à 2 segments divergents; lèvre inférieure cunéiforme, trilobée au sommet. Étamines 5, épigynes, cohérentes, déclinées; anthères courbées : les 2 inférieures un peu plus courtes, sétifères au sommet. Ovaire infère, 1-loculaire, à 2 placentaires linéaires, pariétaux. Style inclus, décliné. Stigmate saillant, conique, finement barbu à sa base. Capsule linéaire-trièdre, 1-loculaire, 3-valve : valves linéaires, révolutées, l'une d'elles dépourvue de placentaire, les 2 autres placentifères au milieu. Graines ponctiformes, très-nombreuses.

Herbes annuelles. Feuilles sessiles, très-entières. Fleurs solitaires, axillaires, sessiles. Corolle panachée de bleu et de blanc. — Ce genre est propre à l'Amérique.

CLINTONIA ÉLÉGANT. — *Clintonia elegans* Dougl. in Bot. Reg. tab. 1241.

Plante très-glabre, ordinairement pluri-caule, haute de quelques pouces à 1 pied. Racine très-grêle, fibreuse. Tiges dressées ou ascendantes, florifères presque dès la base, ordinairement simples. Feuilles oblongues ou oblongues-lancéolées, petites, subobtuses. Tube-calicinal 3 fois plus long que les feuilles, presque filiforme à l'époque de la floraison; segments linéaires, pointus, de moitié plus courts que la corolle, beaucoup plus courts que le tube, persistants. Corolle longue d'environ 3 lignes. Étamines un peu plus courtes que la corolle. — Cette plante, originaire de la Californie, mérite d'être cultivée dans les parterres; elle fleurit en été.

Genre LOBÉLIA. — *Lobelia* Linn.

Tube-calicinal obconique, ou ovoïde, subhémisphérique, ou turbiné, anguleux; limbe 5-parti, presque régulier, périgyne. Corolle tubuleuse, 2-labiée; tube rectiligne, fendu (en dessus) jusqu'à la base; lèvre supérieure 2-partie; segments sublinéaires, étroits, réfléchis; lèvre inférieure très-large, subcunéiforme, pendante, profondément trifide. Étamines 5, dressées, cohérentes; gaîne anthérale un peu décourbée; anthères barbues au sommet (soit toutes, soit seulement les 2 inférieures). Ovaire semi-supère on subsemi-supère, 2-loculaire. Style inclus, cylindrique. Stigmate 2-lobé, barbu, finalement saillant. Capsule 2-loculaire, polysperme, déhiscente du sommet jusque vers le milieu en 2 valves septifères au milieu. Graines minimes, scrobiculées.

Herbes annuelles ou vivaces. Feuilles très-entières ou dentelées, en général sessiles. Fleurs en grappe terminale : pédicelles filiformes, solitaires, dressés, naissant chacun à l'aisselle d'une feuille ou d'une bractée. Corolle bleue, ou rouge, ou violette, ou blanche.

A. *Feuilles-florales toutes réduites à de courtes bractées.*
Tube calicinal obconique, allongé. Corolle bleue.

LobÉLIA CAUSTIQUE. — *Lobelia urens* Linn. — Engl. Bot. tab. 953. — Bull. Herb. tab. 79. — *Stenotium urens* Presl.

Plante vivace, haute de ¹/₂ pied à 2 pieds. Racine fibreuse. Tige dressée, grêle, effilée, anguleuse, très-simple, ou rameuse peu au-dessus de la base, glabre et feuillue vers la base, finement pubérule et scabre supérieurement. Feuilles minces, scabres, d'un vert gai : les inférieures oblongues-spathulées, ou obovales, obtuses, subsinuolées ou crénelées, longues de 2 à 3 pouces, rétrécies en pétiole foliacé; les autres graduellement plus petites, sessiles, oblongues, ou lancéolées-oblongues, inégalement dentelées, ordinairement pointues. Grappes solitaires, multiflores, unilatérales. Bractées linéaires-lancéolées ou subulées : les inférieures plus longues que les pédicelles; les supérieures plus courtes. Pédicelles longs de 2 à 3 lignes, pubérules et scabres de même que le calice. Segments-calicinaux subulés, à l'époque de la floraison à peu près aussi longs que le tube. Corolle longue d'environ 5 lignes, pubérule à la surface externe; segments et lobes pointus. Étamines un peu plus longues que le

tube de la corolle. Capsule obconique, longue d'environ 4 lignes.
— Cette espèce, qui est du petit nombre des Lobéliacées indigènes, croît dans les prairies tourbeuses ; elle fleurit durant tout
l'été ; c'est une plante âcre et délétère.

B. *Grappes feuillues (du moins à leur base). Tube-calicinal
ovoïde ou subhémisphérique. Corolle bleue. Anthères supérieures imberbes.*

LOBÉLIA A FRUIT BOUFFI. — *Lobelia inflata* Linn. Act. Up-
sal. 1741, tab. 1. — Sweet, Brit. Flow. Gard. tab. 99.

Tige et rameaux à angles marginés. Feuilles érosées, ou sinuolées-crénelées, un peu scabres, obtuses, décurrentes. Grappes
lâches, multiflores. Pédicelles ordinairement plus longs que le
calice, glabres de même que le calice. Corolle (d'un bleu très-
pâle) à peine plus longue que les segments-calicinaux. Capsule
ovoïde ou obovée, inéquilatérale , bouffie. — Plante annuelle,
haute de $^1/_2$ pied à 2 pieds, parsemée de sétules. Tige simple
ou rameuse, effilée, dressée, feuillue inférieurement. Feuilles radicales obovales ou oblongues-obovales, rétrécies en pétiole
ailé. Feuilles-caulinaires sessiles ou subsessiles : les inférieures
conformes aux radicales ; les supérieures lancéolées-oblongues ;
les florales ovales ou ovales-lancéolées. Pédicelles presque capillaires, longs de 3 à 4 lignes. Segments-calicinaux subulés,
dressés. Corolle longue de 2 à 3 lignes. Étamines un peu plus
courtes que la corolle. Capsule chartacée, glabre, longue de 3 à
4 lignes.—Cette espèce habite les États-Unis ; toute la plante est
âcre et très-vénéneuse; les médecins américains l'emploient comme
remède drastique, et, à très-petite dose, comme sudorifique.

LOBÉLIA ANTISYPHILITIQUE. — *Lobelia syphilitica* Linn.—
Jacq. Ic. Rar. tab. 597.—Bot. Reg. tab. 735.

Tige simple , à angles immarginés. Feuilles érosées ou subdenticulées, lisses, obtuses, non-décurrentes. Pédicelles hispides
de même que le calice, plus courts que le tube calicinal. Corolle
2 fois plus longue que le tube calicinal, d'un bleu vif. Capsule

subglobuleuse. — Herbe vivace, haute de 1 pied à 2 pieds. Tige glabre ou hispidule, grêle, effilée, dressée, feuillue, très-simple. Feuilles glabres ou presque glabres, sessiles, non-décurrentes, d'un vert gai : les inférieures lancéolées-oblongues, ou lancéolées-elliptiques, ou oblongues, rétrécies vers leur base : les florales ovales ou ovales-lancéolées, pointues, passant graduellement à l'état de courtes bractées. Grappe assez dense, longue de ½ pied à 1 pied. Segments-calicinaux oblongs-lancéolés, acuminés, dressés, 2 fois plus longs que le tube. Corolle d'un bleu vif, longue de 5 à 6 lignes ; lèvre supérieure à segments linéaires, subobtus, hispide ; lèvre inférieure à lobes triangulaires-lancéolés, pointus.

Cette espèce, qu'on cultive comme plante d'ornement, croît aux États-Unis, où elle jouissait jadis d'une grande vogue à titre d'antisyphilitique. Toute la plante est très-âcre et d'une odeur vireuse ; à faible dose, sa décoction agit comme sudorifique ; à dose un peu plus forte, elle devient un drastique violent.

C. *Grappes feuillées inférieurement. Tube calicinal subhémisphérique. Corolle pourpre ou écarlate.*

LOBÉLIA BRILLANT. — *Lobelia fulgens* Willd. Hort. Berol. tab. 85. — Bot. Reg. tab. 165.

Feuilles très-entières ou subdenticulées, étroites, lancéolées, pointues, ou acuminées, pubérules de même que la tige et le calice. Segments-calicinaux linéaires-lancéolés, acérés, presque aussi longs que le tube de la corolle. Corolle plus longue que les étamines : lèvre inférieure à lobes lancéolés-elliptiques, acuminés. — Plante vivace, haute de 1 ½ pied à 3 pieds. Tige très-simple, effilée, dressée, feuillue inférieurement. Feuilles inférieures longues de 4 à 6 pouces, larges de 4 à 8 lignes, longuement rétrécies aux 2 bouts. Feuilles-florales lancéolées ou oblongues-lancéolées : les supérieures plus courtes que les fleurs. Grappe lâche, en général multiflore, longue de ½ pied à 2 ½ pieds. Pédicelles à peu près aussi longs que le calice. Tube calicinal hémisphérique, 3 fois plus court que les segments. Corolle d'un pourpre très-brillant ; segments de la lèvre supérieure subulés ; lèvre inférieure large de 12 à 15 lignes. Filets pourpres. Anthères d'un brun noirâtre, toutes barbues. — Cette espèce élégante, originaire du Mexique, se cultive fréquemment dans les parterres.

LOBÉLIA SPLENDIDE. — *Lobelia splendens* Willd. — Bot. Reg. tab. 69. — Cette espèce diffère de la précédente par sa glabreté, par des feuilles distinctement dentelées,. par des segments-calicinaux moins étroits et à peu près de moitié plus courts que le tube de la corolle, enfin par les étamines, dont les 3 anthères supérieures sont imberbes. Cette plante est indigène du Mexique, et se cultive aussi dans les jardins.

LOBÉLIA CARDINAL.—*Lobelia cardinalis* Linn.—Bot. Mag. tab. 320.

Feuilles lancéolées, acuminées, inégalement sinuolées-denticulées, presque glabres. Pédicelles à peu près aussi longs que le calice. Segments-calicinaux subulés, à peu près aussi longs que le tube de la corolle. Lèvre inférieure de la corolle à segments oblongs ou oblongs-obovales, subobtus. Étamines aussi longues ou plus longues que la corolle.—Plante vivace, haute de 1 $^1/_2$ pied à 3 pieds. Tige dressée, grêle, effilée, anguleuse, feuillue inférieurement, glabre, ou pubérule. Feuilles d'un vert gai, courtement rétrécies à leur base : les inférieures longues de 2 à 3 pouces ; les supérieures graduellement plus courtes ; les florales la plupart réduites à de petites bractées subulées, plus courtes que les pédicelles. Grappe assez dense, multiflore, longue de $^1/_2$ pied à 1 $^1/_2$ pied. Pédicelles presque capillaires, longs de 3 à 6 lignes. Corolle écarlate ; tube long de 6 à 9 lignes ; lèvre supérieure à segments lancéolés-linéaires; lèvre inférieure comme onguiculée, large de 6 à 9 lignes. Filets écarlates. Anthères d'un bleu noirâtre : les 3 anthères supérieures imberbes. — Cette espèce, indigène des États-Unis, se cultive comme plante de parterre.

Genre TUPA. — *Tupa* Don.

Tube-calicinal turbiné ou hémisphérique; limbe court, 5-denté. Corolle tubuleuse, 1-labiée, finalement arquée de haut en bas ; tube long, très-élargi vers sa base, fendu en dessus dans toute sa longueur, et de chaque côté de la base jusque vers le milieu; lèvre inégalement 5-fide : segments linéaires ou subulés, cohérents au sommet, les 3 inférieurs un peu plus courts. Étamines, pistil et fruit comme ceux des *Lobélia*.

Arbrisseaux. Feuilles dentelées ou denticulées, sessiles, éparses, coriaces, persistantes, très-rapprochées. Grappes solitaires, terminales, denses, multiflores; pédicelles filiformes, dressés, solitaires à l'aisselle d'une feuille ou d'une bractée. Corolle grande, pourpre.

a) *Feuilles-florales toutes réduites à des bractées plus courtes que les pédicelles. Pédicelles ébractéolés au-dessus de la base.*

TUPA DE FEUILLÉE. — *Tupa Fevillœi* Don, Syst. Gard. — *Lobelia Tupa* Linn. — Bot. Reg. tab. 1612. — Bot. Mag. tab. 2550. — Sweet, Brit. Flow. Gard. tab. 284.

Arbuste haut de 5 à 8 pieds. Jeunes pousses pubescentes; feuillues. Feuilles glabres et d'un vert foncé en dessus, mollement pubescentes en dessous, subdécurrentes, lancéolées, ou oblongues-lancéolées, acérées, très-finement denticulées : les inférieures longues d'environ 6 pouces; les supérieures graduellement plus courtes; denticules cartilagineuses, mucroniformes, très-rapprochées. Grappes longues de ½ pied à 1 pied, un peu lâches. Pédicelles longs de 6 à 12 lignes, pubescents. Bractées linéaires-lancéolées ou subulées. Calice pubescent : tube turbiné, long de 4 lignes; dents linéaires-lancéolées, dressées, un peu plus courtes que le tube. Corolle longue de 15 à 18 lignes, d'un pourpre foncé, pubérule à la surface externe; limbe à segments sublinéaires, pointus, beaucoup plus courts que le tube. Étamines presque aussi longues que la corolle; androphore pourpre, glabre; anthères bleuâtres : les 2 inférieures fortement barbues; les 3 supérieures glabres.

Cette espèce, remarquable par l'élégance de son feuillage et de ses fleurs, est indigène du Chili; du reste, c'est une plante très-vénéneuse.

b) *Feuilles-florales la plupart plus longues que les fleurs, conformes aux autres feuilles. Pédicelles 2-bractéolés au-dessus de la base.*

TUPA A FEUILLES DE SAULE. — *Tupa salicifolia* Sweet. — *Lobelia arguta* Bot. Reg. tab. 973. — *Lobelia gigantea* Bot. Mag. tab. 1325. (non Cavan.)

Arbuste semblable par le port à l'espèce précédente, très-glabre. Jeunes pousses feuillues, anguleuses : angles submarginés par la décurrence des feuilles. Feuilles d'un vert foncé en dessus, d'un vert glauque et réticulées en dessous, lancéolées, ou linéaires-lancéolées, distinctement dentelées ou sinuolées-crénelées, pointues, mucronées : les inférieures longues de 4 à 6 lignes; les supérieures graduellement plus courtes. Grappes assez denses, feuillues, longues de ¹/₂ pied à 1 pied. Pédicelles longs d'environ 1 pouce. Bractéoles petites, linéaires. Tube calicinal court, cupuliforme; dents linéaires-lancéolées, acérées, dressées, un peu plus courtes que le tube. Corolle longue d'environ 18 lignes, d'un pourpre foncé; segments du limbe linéaires, étroits, 4 fois plus courts que le tube. Étamines un peu plus courtes que la corolle; androphore glabre, jaunâtre; anthères bleuâtres : les 2 inférieures barbues; les 3 supérieures pubescentes au sommet. — Cette espèce, également indigène du Chili, et non moins délétère que la précédente, se cultive aussi comme plante d'ornement.

CENT CINQUANTE-NEUVIÈME FAMILLE.

LES STYLIDÉES. — *STYLIDEÆ*.

Stylideæ R. Br. Prodr. p. 565. — Juss. in Ann. du Mus. XVIII. — Bartl. Ord. Nat. p. 148. — *Stylidiaceæ* Lindl. Nat. Syst., p. 240. — *Campanulaceæ*, tribus II : *Stylidiariæ*, sectio I : *Stylidieæ* Reichenb. Syst. Nat. p. 186.

A l'exception de quelques espèces (indigènes de l'Asie équatoriale, de la Nouvelle-Zéelande, ou de l'Amérique antarctique), les *Stylidées* appartiennent à la Nouvelle-Hollande. Ce petit groupe est très-caractérisé par la structure des fleurs, mais d'ailleurs d'un intérêt purement scientifique.

Caractères de la Famille.

Herbes, ou *sous-arbrisseaux*. Sucs-propres non-laiteux. Tiges et rameaux cylindriques ou irrégulièrement anguleux. Pubescence simple ou nulle.

Feuilles éparses ou rarement verticillées , non-stipulées, très-entières, souvent ciliées.

Fleurs hermaphrodites, irrégulières (par exception régulières), terminales, ou rarement axillaires; pédicelles souvent 3-bractéolés.

Calice à tube adhérent; limbe supère, 2-6-parti, 2-labié, ou régulier, persistant.

Disque épigyne, réduit à une glandule solitaire (antérieure), ou à 2 glandules opposées.

Corolle épigyne, subpersistante, courtement tubuleuse, à limbe irrégulièrement 5-ou 6-fide; par exception la corolle est campanulée, à 5 lobes égaux; estivation imbricative.

Étamines 2, épigynes. Filets soudés au style. Anthères 1-thèques ou 2-thèques, recouvrant le stigmate; bourses finalement divariquées, déhiscentes chacune par une fente longitudinale. Pollen globuleux ou anguleux.

Pistil : Ovaire infère, 2-loculaire, ou incomplétement 2-loculaire par un placentaire - central septiforme ; ovules très-nombreux, anatropes, renversés, attachés de chaque côté de l'axe de la fausse-cloison. Style rectiligne, ou géniculé et décliné, cylindrique, irritable, quelquefois adné d'un côté à la base du tube de la corolle. Stigmate indivisé ou bifide, nu.

Péricarpe polysperme, capsulaire, ordinairement 2-valve; cloison parallèle aux valves, toujours libre après la déhiscence.

Graines lisses ou striées longitudinalement, petites, périspermées. Périsperme charnu, huileux. Embryon minime, intraire, niché à l'extrémité infère de la graine; radicule infère, appointante.

La famille des Stylidées ne comprend que 3 genres, savoir :

Stylidium Swartz. (Ventenatia Smith. Candollea Labill.)—*Leuwenhoekia* R. Br.—*Forstera* Linn. (Phyllachne Forst.)

CENT SOIXANTIÈME FAMILLE.

LES GOODÉNOVIÉES. — *GOODENOVIEÆ.*

Goodenovieæ R. Br. Prodr. p. 573. — Bartl. Ord. Nat. p. 147. — *Campanulacearum* genn. Juss. — *Goodeniaceæ* et *Scævolaceæ* Lindl. Nat. Syst. p. 241 et 242. — *Campanulaceæ*, tribus II : *Stylidiariæ*, sectio II (*Scævoleæ*) et III (*Goodenieæ*) Reichenb. Syst. Nat. p. 186.

Toutes les espèces de ce groupe croissent dans la Nouvelle-Hollande ou dans la Polynésie; les propriétés des *Goodénoviées* sont inconnues, mais plusieurs espèces se cultivent comme plantes d'ornement.

CARACTÈRES DE LA FAMILLE.

Herbes, ou *sous-arbrisseaux.* Sucs-propres non-laiteux. Tiges et rameaux cylindriques ou irrégulièrement anguleux. Pubescence simple (souvent glandulifère) ou nulle.

Feuilles éparses, non-stipulées, très-entières, ou dentées, ou rarement lobées.

Fleurs axillaires ou terminales, hermaphrodites, irrégulières.

Calice adhérent ou rarement inadhérent ; limbe 3-5-parti, ordinairement supère, quelquefois indivisé ou inapparent.

Corolle tubuleuse ou subcampanulée, non-persistante, ou marcescente, insérée à la gorge ou au fond du calice, irrégulière; tube spathacé (fendu en dessus), quelquefois 5-partible, adhérent inférieurement à l'ovaire; limbe 1-ou 2-labié, 5-parti (ou quelquefois indivisé) :

segments inégaux, indupliqués en préfloraison, amincis en rebord aliforme.

Étamines 5, périgynes, ou épigynes, interposées. Filets libres. Anthères libres ou cohérentes, 2-thèques, dressées, linéaires, introrses : bourses déhiscentes chacune par une fente longitudinale. Pollen simple ou composé.

Pistil : Ovaire adhérent ou rarement inadhérent, 1-2-ou 4-loculaire; loges 1-2-ou multi-ovulées; placentaires centraux, septiformes; ovules verticaux, ou obliquement imbriqués, renversés, anatropes, attachés à l'axe des placentaires. Style indivisé (rarement 2-ou 3-fide), dilaté au sommet en godet submembranacé souvent 1-ou 2-labié. Stigmate entier ou 2-lobé, situé au fond du godet.

Péricarpe soit polysperme et capsulaire (ordinairement 2-valve), soit oligosperme et drupacé, ou nucamentacé.

Graines à tégument coriace ou osseux. Périsperme charnu, conforme à la graine. Embryon rectiligne, axile, presque aussi long que le périsperme; cotylédons courts, souvent foliacés; radicule infère.

Cette famille comprend les genres suivants.

Ire TRIBU. **LES SCÉVOLÉES.** — *SCÆVOLEÆ* R. Br.

Péricarpe drupacé ou nucamentacé; loges 1-ou 2-spermes.

Scævola Linn. (Cerbera Loureir. non Linn.—Sarcocarpa Don.) — *Xerocarpa* Don.—*Pogonanthera* Don. — *Crossotoma* Don. (Pogonetes Lindl.)— *Diaspasis* R. Br.—*Dampiera* R. Br.

IIᵉ TRIBU. **LES GOODÉNIÉES.** — *GOODENIEÆ.*
R. Br.

Périçarpe capsulaire, polysperme.

Cyphia Berg. — *Cyphiella* Presl. — *Selliera* Cavan. — *Goodenia* Smith. (Ochrosanthus, Tetrathylax et Porphyranthus Don. — *Monochila* Don. — *Calogyne* R. Br. — *Distylis* Gaudich. — *Euthales* R. R. — *Velleja* Smith. — *Lechenaultia* R. Br. — *Anthotium* R. Br. — *Pentaphragma* Wallich.

GENRE ANOMALE (1). *Brunonia* R. Br.

Genre GOODÉNIA. — *Goodenia* Smith.

Tube-calicinal adhérent ; limbe 5-parti, régulier. Corolle bilabiée ; tube ventru, spathacé. Étamines 5, libres. Ovaire 1-2-ou 4-loculaire, supère au sommet ; loges multi-ovulées. Style indivisé, dilaté au sommet en godet 2-labié horizontalement, barbu. Capsule 1-2-ou 4-loculaire ; septifrage-bivalve, polysperme ; valves entières ou bifides. Graines obliquement imbriquées, comprimées, marginées : rebord membraneux.

Herbes ou sous-arbrisseaux. Feuilles très-entières, ou dentées, ou pennati-lobées, pétiolées. Pédoncules axillaires ou terminaux, 1-ou pluri-flores, nus, ou bractéolés. Corolle jaune.

GOODÉNIA A GRANDES FLEURS. — *Goodenia grandiflora* R. Br. — Bot. Mag. tab. 890.

Herbe vivace, anguleuse, pubescente, haute de 2 à 3 pieds.

---

(1) Considéré par M. R. Brown comme type d'une famille nouvelle : les *Brunoniacées.*

Tiges dressées, anguleuses, feuillées, ordinairement simples.
Feuilles ovales ou lyrées, pointues, inégalement dentées ou crénelées, longues de 4 à 6 pouces. Pédoncules axillaires, solitaires, 1-flores, dressés, 2-bracteolés vers leur milieu, plus courts
que les feuilles. Calice pubescent : tube obconique; limbe à segments linéaires - lancéolés, pointus, dressés, à peu près aussi
longs que le tube. Corolle longue d'environ 6 lignes ; limbe à
segments très-obtus. Étamines de moitié plus courtes que le
style. Style rectiligne, columnaire, un peu plus court que la
corolle : godet grand, cyathiforme. Capsule subcylindracée, nerveuse, longue d'environ 5 lignes. Graines jaunes, lenticulaires,
longues de 1 ligne. — Cette espèce se cultive comme plante d'ornement; elle fleurit tout l'été.

Genre LÉCHENAULTIA. — *Lechenaultia* R. Br.

Tube-calicinal linéaire ou oblong, adhérent; limbe 5-
parti, supère, régulier. Corolle 1-ou 2-labiée, tubuleuse ;
tube spathacé rectiligne; lèvres subisomètres : la supérieure indivisée ou 2-partie; l'inférieure 3-partie. Étamines 5 ; filets libres; anthères cohérentes lors de l'anthèse, finalement libres. Ovaire infère, 2-loculaire. Style
indivisé, dilaté au sommet en godet horizontalement 2-
labié. Stigmate peu apparent. Capsule 2-loculaire, 4-valve,
polysperme : 2 des valves septifères au milieu. Graines
cubiques ou cylindracées ; tégument osseux.

Arbustes ayant le port des *Erica*. Feuilles nombreuses ,
petites, étroites, très-entières, sessiles. Fleurs axillaires ou
terminales, subsolitaires, sessiles. Corolle rouge. Grains
polliniques composés chacun de 4 globules.

LÉCHENAULTIA ÉLÉGANT. — *Lechenaultia formosa* R. Br.
Prodr. — Bot. Reg. tab. 916.—Bot. Mag. tab. 2600.—Sweet,
Flor. Australas. tab. 26.

Arbuste touffu, très-rameux, glabre, haut de ¹/₂ pied à 1 pied.

Feuilles longues de 3 à 4 lignes, subfiliformes, linéaires, mucronulées. Ramules dichotomes. Fleurs dichotoméaires et terminales. Tube calicinal filiforme-linéaire (semblable à un pédicelle), rougeâtre, long de 3 lignes ; segments linéaires-lancéolés, 2 fois plus courts que le tube. Corolle écarlate, longue d'environ 6 lignes. — Cette espèce se cultive comme plante d'ornement.

FIN DU TOME NEUVIÈME DES PHANÉROGAMES.

COLLECTION DE MANUELS

FORMAT IN-18,

Formant une Encyclopédie des Sciences et des Arts, par une réunion de Savans et de Praticiens :

MM. **AMOROS**, directeur du Gymnase; **ARSENNE**, peintre; **BOISDUVAL**, naturaliste; **BOSC**, de l'Institut; **CHORON**, directeur de l'Institut royal de musique; **JULIA-FONTENELLE**, professeur de chimie; **LACROIX**, membre de l'Institut; **LAUNAY**, fondeur de la colonne de la place Vendôme; **SÉBASTIEN LENORMAND**, professeur de technologie; **LESSON**, correspondant de l'Institut; **RIFFAULT**, ancien directeur des poudres et salpêtres; **RICHARD**, professeur; **TERQUEM**, professeur aux écoles royales; **THILLAYE**, professeur de chimie; **TOUSSAINT**, architecte; **VERGNAUD**, etc., etc.

Tous les Traités se vendent séparément. Les suivans sont en vente; les autres paraîtront successivement. Pour les recevoir francs de port, on ajoutera 50 cent. par volume in-18. La plupart des volumes sont de 300 à 400 pages.

Manuel d'Astronomie, 2 fr. 50 c. — D'Arpentage et Art de lever les plans, 2 fr. 50 c. — Arithmétique, 2 fr. 50 c. — Algèbre, 3 fr. 50 c. — Géométrie, 3 fr. 50 c. — Chimie, 3 fr. 50 c. — Chimie amusante, 3 fr. — Mécanique, 3 fr. 50 c. — Mathématiques amusantes, 3 fr. — Produits chimiques, 2 vol., 7 fr. — Constructeur de Machines à vapeur, 2 fr. 50 c. — Optique, 2 vol., 6 fr. — Physique, 2 fr. 50 c. — Physique amusante, 3 fr. — Sorciers, ou Magie blanche dévoilée, 3 fr. — Météorologie, 3 fr. 50 c. — Électricité, Paratonnerres et Paragrêles, 2 fr. 50 c. — Écoles primaires, moyennes et normales, 2 fr. 50 c. — Dessinateur, 3 fr. — Perspective, 3 fr. — Constructeur de cartes, 3 fr. — Géographie, 3 fr. 50 c. — Géographie de la France, 2 fr. 50 c. — Voyageur dans Paris, 3 fr. 50 c. — Voyageur aux environs, 3 fr. — Bonne compagnie, 2 fr. 50 c. — Jeunes gens, ou Sciences et arts, et récréations qui leur conviennent, 2 vol., 6 fr. — Demoiselles, ou Arts et métiers qui leur conviennent, 3 fr. — Musique, 1 fr. 50 c. — Danse, 3 fr. 50 c. Gymnastique, 2 gros vol. et atlas, 10 fr. 50 c. — Jeux de société, 3 fr. — Jeux de calcul, ou Académie des jeux, 3 fr. — Calligraphie, ou l'Art d'écrire, 3 fr. — Style épistolaire, 3 fr. — Littérature, 1 fr. 75 c. — Philosophie expérimentale, 3 fr. 50 c. — De l'Orthographiste, 2 fr. 50 c. — Biographie, 2 vol., 6 fr. — Histoire naturelle, ou *Genera* complet, contenant les trois règnes de la nature, 2 vol., 7 fr. — Minéralogie, 3 fr. 50 c. — Botanique élémentaire, 3 fr. 50 c. — Flore française, 3 vol., 10 fr. 50 c. — Histoire des crustacés, 2 vol., 6 fr. — Entomologie, ou Histoire naturelle des insectes, 2 vol. 7 fr. — Mollusques et coquilles, 3 fr. 50 c. — Ornithologie, ou Histoire des oiseaux, 2 vol., 7 fr. — Mammalogie, ou Histoire naturelle des Mammifères, 3 fr. 50 c. — Histoire naturelle médicale, 2 vol. 5 fr. — Naturaliste, ou l'Art d'empailler les animaux, 3 fr. — Habitans de la campagne, 2 fr. 50 c. — Herboriste, Épicier, Droguiste et Grainetier-Pépiniériste, 2 vol. 7 fr. — Physiologie végétale, 3 fr. — Cultivateur français, 2 vol. 5 fr. — Cultivateur forestier, 2 vol., 5 fr. — Jardinier, 2 vol., 5 fr. — Jardinier des primeurs, 3 fr. — Abeilles, Vers à soie, 3 fr. — Zoophile, ou l'Art d'élever les animaux domestiques, 2 f. 50 c. — Destructeur des animaux nuisibles, 3 fr. — Chasseur, 3 fr. — Gardes-Champêtres, 2 fr. 50 c. — Propriétaire et Locataire, 2 fr. 50 c. — Praticien, ou Traité de la science du droit, 3 fr. 50 c. — Des Officiers municipaux, 3 fr. — Poids et mesures, 3 fr. — Contributions directes, 2 fr. 50 c. — Gardes nationaux, 1 fr. 25 c. — Sapeur-Pompier, 1 fr. 50 c. — Hygiène, ou l'art de conserver sa santé, 3 fr. — Dames, ou l'art de la toilette, 3 fr. — Maîtresse de maison et Parfaite ménagère, 2 fr. 50 c. — Économie domestique, 2 fr. 50 c. — Gardes-malades, ou l'Art de se soigner et de soigner les autres, 2 fr. 50 c. — Médecine et Chirurgie domestiques, 3 fr. 50 c. — Vétérinaire, 3 fr. — Amidonnier et Vermicellier, 3 fr. — Architecture, ou Traité de l'art de bâtir, 2 vol., 7 fr. — Toisé des bâtimens 1re partie, Maçonnerie, 2 fr. 50 c. — 2e partie, Menuiserie, Peinture, etc., 2 fr. 50 c. — Artificier, Salpêtrier, Poudrier, 3 fr. — Armurier-Fourbisseur, 3 fr. — Banquier, Agent de change et Courtier, 2 fr. 50 c. — Bijoutier, Joaillier et Orfévre, 2 vol. 7 fr. —

— Blanchiment et blanchissage, 5 fr. — Bonnetier et fabricant de bas, 3 fr. — Bottier et Cordonnier, 3 fr. — Boulanger et Meunier, 3 fr. 50 c. — Bourrelier et Sellier, 3 fr. — Brasseur, 2 fr. 50 c. — Cartonnier, Cartier et Fabricant de cartonnage, 3 fr. — Charpentier, 3 fr. 50 c. — Chamoiseur, Maroquinier, Peaussier et Parcheminier, 3 fr. — Chandelier et Cirier, 3 fr. — Charcutier, 2 fr. 50 c. — Charron et Carrossier, 2 vol., 6 fr. — Chaufournier, Art de faire les mortiers, cimens, etc., 3 fr. — Coiffeur, 2 fr. 50 c. — Cuisinier et Cuisinière, 2 fr. 50 c. — Distillateur, Liquoriste, 3 fr. — Fabricant de Cidre et de Poiré, 2 fr. 50 c. — Fabricant de draps, 3 fr. — Fabricant d'huiles, 3 fr. — Fabricant de chapeaux en tous genres, 3 fr. — Fabricant de papiers, 2 vol. et atlas, 10 fr. 50 c. — Fabricant de sucre, 3 fr. 50 c. — Ferblantier et Lampiste, 3 fr. — Fleuriste et Plumassier, 2 fr. 50 c. — Fondeur sur tous métaux, 2 vol., 7 fr. — Maître de forges, 2 vol., 6 fr. — Graveur en tous genres, 3 fr. — Horloger, 3 fr. 50 c. — Imprimeur en lettres, 3 fr. — Limonadier, Confiseur, 2 fr. 50 c. — Lithographie, 3 fr. — Marchand de bois et de Charbons, 3 fr. — Mécanicien, Fontainier, Plombier, 3 fr. — Menuisier et Ébéniste, 2 vol., 6 fr. — Mouleur en plâtre, 2 fr. 50 c. — Mouleur en médailles, 1 fr. 50 c. — Négociant et Manufacturier, 2 fr. 50 c. — Parfumeur, 2 fr. 50 c. — Pharmacie populaire, 2 vol., 6 fr. — Marchand Papetier et Régleur, 3 fr. — Pâtissier, 2 fr. 50 c. — Pêcheur, 3 fr. — Peintre en bâtimens, 2 fr. 50 c. — Peintre en miniature, Gouache, Lavis à la sepia et à l'aquarelle, 3 fr. — Peintre d'histoire et Sculpteur, 2 vol., 6 fr. — Poêlier-Fumiste, 3 fr. — Porcelainier, Faïencier, Potier de terre, 2 vol. 6 fr. — Relieur, 3 fr. — Savonnier, 3 fr. — Serrurier, 3 fr. — Tailleur d'habits, 2 fr. 50 c. — Tanneur-Corroyeur, 3 fr. 50 c. — Tapissier, Décorateur et Marchand de Meubles, 2 fr. 50 c. — Teinturier-Dégraisseur, 3 fr. — Teneur de Livres en partie simple et en partie double, 3 fr. — Tourneur, 2 vol. 6 fr. — Verrier, Fabricant de Glaces, Cristaux, 3 fr. — Vigneron et Art de faire le vin, 3 fr. — Jaugeage et Débitans de boissons, 3 fr. — Vinaigrier-Moutardier, 3 fr. — Fabricant d'étoffes imprimées et de papiers peints, 3 fr. — Fabricant d'indiennes, 3 fr. 50 c. — Luthier, 2 fr. 50 c. — Coloriste, 2 fr. 50 c. — Maçon-Plâtrier, Paveur, Carreleur et Couvreur, 3 fr. — Économie politique, 2 fr. 50 c. — Sténographie, 1 fr. 75 cent. — Équitation, 3 fr. — De la Correspondance commerciale, 2 fr. 50 cent. — Ornithologie domestique ou Guide des oiseaux de volière, 2 fr. 50 c. Constructeur des chemins de fer, 3 fr. — Accordeur 1 fr. 25 c. — L'architecture des jardins, orné de 120 pl., 15 fr. — Fabrication des métaux fer et acier, 6 fr. — Pureté du langage.

(Pour plus de détails, voir le catalogue qui se distribue gratis chez l'éditeur.)

Ouvrages sous presse.

Manuel du Bibliophile et de l'Amateur de livres. — du Coutelier. — de Chronologie. — du Facteur d'orgues. — du Filateur en général, et du Tisserand. — du Fabricant de soie. — de Géographie générale. — de Géologie. — de Musique vocale et instrumentale, par M. Choron. — de Mythologie.

VOYAGE AUTOUR DU MONDE

ET A LA RECHERCHE

DE LA PÉROUSE,

Par M. Dumont-Durville,

Exécuté sous son commandement et par ordre du gouvernement, sur la corvette L'ASTROLABE, pendant les années 1826, 1827, 1828 et 1829.

HISTOIRE DU VOYAGE.

Cinq gros volumes in-8º, divisés en 10 livraisons, avec des vignettes en bois, dessinées par MM. *Sainson* et *Tony Johannot*, accompagnés d'un atlas contenant 20 planches ou cartes grand in-folio.

CONDITIONS DE LA SOUSCRIPTION.

L'Histoire du Voyage formera 5 gros vol. in-8º, divisés en 10 livraisons, plus un atlas de 20 planches ou cartes, divisé en deux livraisons, *en tout douze livraisons.* Le prix de chaque livraison, pour Paris, sera de 5 fr, et de 6 fr. 50 c., franche de port, pour les départemens. La 11º livraison est en vente.

NOUVEL ATLAS NATIONAL

DE LA FRANCE,

Par départemens, divisés en arrondissemens et cantons, avec le tracé des routes royales et départementales; des canaux, rivières, cours d'eau navigables, des chemins de fer construits et projetés; indiquant par des signes particuliers les relais de poste aux chevaux et aux lettres, et donnant un précis statistique, sur chaque département, dressé à l'échelle de 1/850000 par CHARLE, géographe, attaché au dépôt général de la guerre, membre de la Société de géographie, avec des augmentations, par DARMET, chargé des travaux topographiques au ministère des affaires étrangères, et GRANGEZ, au dépôt des ponts-et-chaussées, chargé des dernières rectifications et des cartes particulières des *Colonies françaises*, qui devront paraître en 1835; imprimé sur format in-folio, grand-raisin des Vosges, de 25 pouces en largeur, et de 17 pouces en hauteur.

PRIX :

Chaque carte séparée, en noir. . . . . 0 40 c.
Idem, coloriée. 0 60
L'atlas complet, avec titre et table, noir, cart. 40 00
Idem, colorié et cartonné. 56 00

FRANCE HISTORIQUE,

Par départemens, ses vues, ses monumens, ses costumes et ses grands hommes, dessinés *d'après nature* et lithographiés par nos premiers artistes, tels que DEROY, J. DAVID, VILLENEUVE, TIPENE, SORRIEU, MONTHELIER, BICHEBOIS, DESMAISONS, etc.

Chaque feuille imprimée sur demi-jésus vélin, ne contiendra qu'un même département; la vue du chef-lieu, et trois autres points les plus pittoresques; les costumes formant sujet historié, et le portrait de l'homme qui a le plus illustré son pays. Il sera donné aux souscripteurs la carte routière de France par SIMENCOURT, imprimée sur grand-aigle, et le texte et table en sus. 96 feuilles compléteront l'ouvrage, qui seront publiées en 16 livraisons de chacune 6 feuilles à 6 fr.   96 fr.
Chaque département séparé.   1 fr.

ATLAS

Des différentes Parties

DE

L'HISTOIRE NATURELLE,

Et qui se vendent séparément.

ATLAS POUR LA BOTANIQUE, composé de 120 planches, fig. noires.   18 fr., fig. col. 36 f.
ATLAS POUR LES MOLLUSQUES, représentant les Mollusques et les Coquilles; 51 planch., fig. noires.   7 f. col. 14 f.
ATLAS POUR LES CRUSTACÉS, 18 planch. fig. noires, 3 f.
col.   6 f.
ATLAS POUR LES INSECTES, 110 planch. fig. noires, 17 f.
col.   34 f.
ATLAS POUR LES MAMMIFÈRES, 30 pl. fig. noires, 12 f.
col.   24 f.
ATLAS POUR LES MINÉRAUX; 40 plan., fig. noires, 6 f.
col.   12 f.
ATLAS POUR LES OISEAUX, 120 planch., fig. noires, 20 f.
col.   40 f.
ATLAS POUR LES POISSONS, 155 pl., fig. noires, 24 f.
col.   48 f.
ATLAS POUR LES REPTILES, 54 pl., fig. noires, 9 f.
col.   18 f.
ATLAS POUR LES ZOOPHYTES, représentant la plupart des vers et des animaux-plantes; 25 pl., fig. noires, 6 f., fig.
col.   12 f.

L'ART DE COMPOSER ET DE DÉCORER LES JARDINS, par M. BOITARD, ouvrage entièrement neuf, orné de 120 planches gravées sur acier. 12 livraisons ornées de 10 planches; paraissant tous les samedis, prix : 1 fr. 25 cent. la livraison, l'ouvrage complet, 15 fr.

MANUEL MUNICIPAL, ou Répertoire des maires, adjoints, conseillers municipaux, juges de paix, commissaires de police, et des citoyens français, dans leurs rapports avec l'ordre administratif et l'ordre judiciaire, les colléges électoraux, la garde nationale, l'armée, l'administration forestière, l'instruction publique et le clergé; contenant l'exposé complet des droits et des devoirs des officiers municipaux et de leurs administrés, selon la législation nouvelle; suivi d'un appendice dans lequel se trouvent des formules d'arrêts, délibérations, procès-verbaux et autres actes d'administration ou de police municipale; par M. BOYARD, président à la cour royale d'Orléans, ci-devant à celle de Nancy. Deux volumes in-8º. Prix : 10 fr., et franc de port, 13 fr.

MANUEL DES OFFICIERS MUNICIPAUX. Nouveau Guide des maires, adjoints et conseillers municipaux, dans leurs rapports avec l'ordre administratif et l'ordre judiciaire, les colléges électoraux, la garde nationale, l'armée, l'administration forestière, l'instruction publique et le clergé; contenant l'exposé des droits et des devoirs des officiers municipaux et de leurs administrés, selon la législation nouvelle; suivi d'un formulaire de tous les actes d'administration et de police administrative et judiciaire par M. BOYARD. Un gros vol. in-18. Prix : 3 fr., et franc de port, 4 fr.

Ce *Nouveau Guide*, qui est extrait de l'important ouvrage indiqué ci-dessus, obtient le plus brillant succès.

FAUNA JAPONICA, sive descriptio animalium quæ in itinere per Japoniam, jussu et auspiciis superiorum qui summum in India Batava imperium tenent, suscepto, annis 1823-1830 collegit, notis observationibus et adumbrationibus illustravit Ph. Fr. de Siebold. Prix de chaque livraison. **26 fr.**

SCHOENHERR, *Synonymia insectorum* (CURCULIONIDES). Ouvrage comprenant la synonymie et la description de tous les Curculionites connus, par M. SCHOENHERR, 4 vol. in-8°. (Ouvrage latin.) Prix : 9 fr. chaque partie.

On trouve chez le même éditeur un petit nombre d'exemplaires restant de la *Synonymia insectorum*, du même auteur. Chacun des trois volumes qui composent cet ouvrage est accompagné de planches coloriées, dans lesquelles l'auteur a fait représenter des espèces nouvelles. Un demi-volume, consacré à des descriptions d'espèces inédites est annexé au troisième tome, sous forme d'appendice. Le prix de ces trois volumes et demi est de 30 fr. pris à Paris.

ICONES HISTORIQUES DES LÉPIDOPTÈRES d'Europe nouveaux ou peu connus; par le docteur *Boisduval*.

Cet ouvrage, en faisant connaître les nouvelles découvertes, forme un supplément indispensable à tous les auteurs iconographes. Il contiendra environ trente-six livraisons. Chaque livraison se compose de deux planches coloriées et du texte correspondant, imprimé sur papier vélin. Prix de la livraison pour les souscripteurs. **3 fr.**

COLLECTION ICONOGRAPHIQUE ET HISTORIQUE DES CHENILLES D'EUROPE, avec des applications à l'agriculture. Par MM. *Boisduval, Rambur* et *Graslin*.

Cet ouvrage, dans lequel toutes les chenilles seront peintes d'après la nature vivante, à leurs différens âges, par les premiers artistes ou par les auteurs, sur les plantes dont elles se nourrissent, formera environ soixante à soixante-dix livraisons, composées chacune de trois planches coloriées, et du texte correspondant imprimé sur papier vélin. Prix de chaque livraison pour les souscripteurs, **3 fr.**

Ces ouvrages sont parvenus à la 30ᵉ livraison; et MM. les souscripteurs ont été à même de comparer avec ce qui avait été fait jusqu'à présent, et de juger par la haute perfection de la partie iconographique, que nous ne sommes pas restés au-dessous des promesses faites dans notre prospectus.

ENTOMOLOGIE de Madagascar, Bourbon et Maurice. — LÉPIDOPTÈRES, par le docteur *Boisduval*, avec des notes sur les métamorphoses, par M. *Sganzin*.

Cet ouvrage, traité avec la même perfection et le même soin que les deux précédens, contient un grand nombre d'espèces nouvelles, la plupart fort remarquables, ainsi que la description des espèces anciennement connues. Il se compose de 8 livraisons grand in-8° vélin, et chaque livraison contient deux feuilles de texte et deux planches coloriées représentant un grand nombre d'individus.

Le prix de la livraison est de 4 francs. Toutes les livraisons sont en vente.

ICONOGRAPHIE ET HISTOIRE DES LÉPIDOPTÈRES ET DES CHENILLES de l'Amérique septentrionale; par le docteur *Boisduval* et par le major *John Leconte*, de New-York.

Cet ouvrage, dont il n'avait paru que huit livraisons, et interrompu par suite de la révolution de 1830, va être continué avec rapidité. Les livraisons 9 et 10 sont en vente, et les suivantes paraîtront à des intervalles très-rapprochés.

L'ouvrage comprendra environ quarante livraisons. Chaque livraison contient trois planches coloriées, et le texte correspondant. Prix pour les souscripteurs, 3 francs la livraison.

FAUNE DE L'OCÉANIE; par le docteur *Boisduval*. Un gros volume in-8° imprimé sur grand papier vélin.

COURS D'ENTOMOLOGIE, ou de l'Histoire naturelle des Crustacés, des Arachnides et des insectes, par M. *Latreille*. — Première année. Un gros vol. in-8° avec un Atlas composé de vingt-quatre planches. Prix 15 fr.

Cet ouvrage est le dernier qu'ait publié M. Latreille.

NOUVELLES ANNALES DU MUSÉUM D'HISTOIRE NATURELLE. Recueil des mémoires de MM. les professeurs de cet établissement et autres naturalistes célèbres, sur les branches des sciences naturelles qui y sont enseignées. — L'année 1832 commence la série et forme un volume. Le prix est de 30 fr. pour Paris, et 33 francs pour les départemens. — Quatre cahiers composent l'année; ils

paraissent tous les trois mois, et forment à la fin de l'année un vol. in-4° d'environ soixante feuilles, orné de vingt planches au moins.

MÉMOIRES DE LA SOCIÉTÉ D'HISTOIRE NATURELLE DE PARIS, in-4° avec planches. Prix 20 fr. chaque volume. Cinq volumes sont en vente.

HISTOIRE DES PROGRÈS DES SCIENCES NATURELLES, depuis 1789 jusqu'à ce jour, par M. le baron G. CUVIER, 4 vol. in-8°.

CHOIX (NOUVEAU) D'ANECDOTES ANCIENNES ET MODERNES, tirées des meilleurs auteurs, contenant les traits les plus intéressans de l'histoire en général, les exploits des héros, traits d'esprit, saillies ingénieuses, bons mots, etc., etc. : suivi d'un PRÉCIS SUR LA RÉVOLUTION FRANÇAISE, par M. *Bailly*, 5ᵉ édit., revue, corrigée et augmentée, par madame *Celnart*. 4 vol. in-18, ornés de jolies vignettes. **7 fr.**

HISTOIRE GÉNÉRALE DE POLOGNE, d'après les historiens polonais *Narussewicz*, *Albertrandy*, *Czacki*, *Lelewel*, *Bandtkie*, *Niemcewscz*, *Zielinski*, *Kollontay*, *Oginski*, *Chodzko*, *Padczaszynski*, *Mochnacki*, et autres écrivains nationaux.

Cet ouvrage, composé d'environ 12 livraisons de 80 pag., formera 2 gros vol. in-8°. Prix : 60 cent. la livraison, paraissant tous les samedis.

HISTOIRES DES LÉGIONS POLONAISES EN ITALIE, sous le commandement du général Dombrowski, par *Léonard Chodzko*, 2 vol. in-8°. **17 fr.**

POÉSIES D'ADAM MICKIEWICZ; 3 vol. in-18, papier vélin superfin d'Annonay. **13 fr.**

STATISTIQUE DE LA SUISSE, par M. *Picot*, de Genève, 1 gros vol. in-12 de plus de 600 pages, 7 fr., et franco, **8 fr. 50 c.**

La Suisse a éprouvé tant de changemens, que ce tableau, conforme à son état actuel, doit obtenir un grand succès.

NOTES SUR LES PRISONS DE LA SUISSE et sur quelques-unes du continent de l'Europe : moyens de les améliorer; par M. Fr. Cuningham; suivies de la description des prisons améliorées de Gand, Philadelphie, Ilchester et Milband, par M. Buxton, in-8°, 4 fr. franco. 5 fr. 50 c.

EXTRAIT D'UN DISCOURS SUR L'ORIGINE DU CLERGÉ, les progrès et la décadence du pouvoir temporel, par l'ancien archevêque de T..... Broch. in-8°, 2 francs ; franco, **2 fr. 50 c.**

GÉOMÉTRIE PERSPECTIVE, avec ses applications à la recherche des ombres, par G. H. Dufour, colonel du génie, membre de la Légion-d'Honneur, et secrétaire de la Société des Arts de Genève; in-8°, avec un atlas de 22 planches in-4°, 4 fr., franco, **5 fr.**

RECUEIL GÉNÉRAL ET RAISONNÉ DE LA JURISPRUDENCE et des attributions des justices de paix, en toutes matières, civiles, criminelles, de police, de commerce, d'octroi, de douanes, de brevets d'invention, contentieuses et non contentieuses, etc., etc., par M. *Biret*. Cet ouvrage, honoré d'un accueil distingué par les magistrats et les jurisconsultes, vient d'être totalement refondu dans une troisième édition ; c'est à présent une véritable encyclopédie où l'on trouve tout, absolument tout ce que l'on peut désirer sur ces matières. Toutes les questions de droit, de compétence, de procédure, y sont traitées, et des lacunes, des controverses très-nombreuses y sont examinées et aplanies; troisième édition. 2 forts vol. in-8°. **14 fr.**

MANUEL DES EXPERTS EN MATIÈRES CIVILES, ou Traités, d'après les Codes civil, de procédure et de commerce : 1° des experts, de leur choix, de leurs devoirs, de leurs rapports, de leur nomination, de leur nombre, de leur récusation, de leurs vacations, et des principaux cas où il y a lieu d'en nommer ; 2° des biens et des différentes espèces de modifications de la propriété; 3° de l'usufruit, de l'usage et de l'habitation ; 4° des servitudes et services fonciers ; 5° des réparations locatives, de la garantie des défauts de la chose vendue, de la vérification des écritures, du faux incident civil, des mines, relativement aux indemnités auxquelles elles peuvent donner lieu entre les propriétaires de terrains et les concessionnaires, et de l'estimation ou fixation de la valeur des différentes espèces de biens, notamment de ceux qui sont expropriés pour cause d'utilité publique ; 6° des bois taillis, des futaies et forêts, de leur séparation, délimitation et arpentage, le tout d'après les règles établies par le Code forestier.

Cet ouvrage, indispensable aux architectes, entrepreneurs, propriétaires, fermiers, locataires, experts et autres, est terminé par des modèles de procès-verbaux, ou rapports des principales opérations d'experts en matières contentieuses et non-contentieuses, par M. Ch., ancien jurisconsulte, auteur du *Manuel des arbitres*, 6° édit. 6 fr.

MANUEL DES ARBITRES, ou Traité des principales connaissances nécessaires pour instruire et juger les affaires soumises aux décisions arbitrales, en matières civiles ou commerciales, contenant les principes, les lois nouvelles, les décisions intervenues depuis la publication de nos Codes, et les formules qui concernent l'arbitrage; ouvrage indispensable aux personnes qui consentent à être nommées arbitres ou qui sont attachées à l'ordre judiciaire, ainsi qu'aux notaires, négocians, propriétaires, etc.; par M. Ch., ancien jurisconsulte, auteur du *Manuel des Experts*. Nouvelle édition. 8 fr.

VOYAGE MÉDICAL AUTOUR DU MONDE, exécuté sur la corvette du roi *la Coquille*, commandée par le capitaine *Duperrey*, pendant les années 1822, 1823, 1824 et 1825, suivi d'un MÉMOIRE SUR LES RACES HUMAINES RÉPANDUES DANS L'OCÉANIE, LA MALAISIE ET L'AUSTRALIE; par M. *Lesson*, 1 vol. in-8°. 4 fr. 50 c.

CARTE TOPOGRAPHIQUE DE SAINTE-HÉLÈNE, très-bien gravée. 1 fr. 50 c.

CHIMIE APPLIQUÉE AUX ARTS, par *Chaptal*, membre de l'Institut. Nouvelle édition avec les additions de M. *Guillery*. 5 liv. en un seul gros volume in-8°, grand papier. 20 fr.

NOSOGRAPHIE GÉNÉRALE ÉLÉMENTAIRE, ou Description et Traitement rationel de toutes les maladies; par M. *Seigneur-Gens*, docteur de la Faculté de Paris. Nouvelle édition. 4 vol. in-8°. 20 fr.

CODE DES MAITRES DE POSTE, *des Entrepreneurs de diligences et de roulage, et des Voituriers en général par terre et par eau*, ou Recueil général des Arrêts du Conseil, Arrêts de réglement, Lois, Décrets, Arrêtés, Ordonnances du roi et autres actes de l'autorité publique, concernant les Maîtres de postes, les Entrepreneurs de diligences et voitures publiques en général, les Entrepreneurs et Commissionnaires de roulage, les Maîtres de coches et de bateaux, etc.; par M. *Lanoë*, avocat à la Cour royale de Paris. 2 vol. in-8°. 12 fr.

GALERIE DE RUBENS, dite du Luxembourg, faisant suite aux Galeries de Florence et du Palais-Royal, par MM. *Mathei et Castel*, 15 livraisons contenant 25 planches, 1 gros vol. in-folio (ouvrage terminé.)

    Prix de chaque livraison, figures noires. 6 fr.

    Avec figures coloriées. 10 fr.

MÉMOIRES SUR LA GUERRE DE 1809 EN ALLEMAGNE, avec les opérations particulières des corps d'Italie, de Pologne, de Saxe, de Naples et de Walcheren; par le général *Pelet*, d'après son journal fort détaillé de la campagne d'Allemagne, ses reconnaissances et ses divers travaux, la correspondance de Napoléon avec le major-général, les maréchaux, les commandans en chef; accompagnés de pièces justificatives et inédites. 4 vol. in-8°. 28 fr.

PRÉCIS HISTORIQUE SUR LES RÉVOLUTIONS DES ROYAUMES DE NAPLES ET DE PIÉMONT en 1820 et 1821, suivi de documens authentiques sur ces événemens; par le comte D... 2° édition. 1 vol. in-8°. 4 f. 50 c.

PROCÈS DES EX-MINISTRES, Relation exacte et détaillée, contenant tous les débats et plaidoyers recueillis par les meilleurs sténographes. 5° édit. 3 gros vol. in-18, ornés de quatre portraits gravés sur acier. 7 fr. 50 c.

    Rien n'a été négligé pour que cette relation soit la plus complète. Les séances du procès ont été collationnées sur le *Moniteur*.

L'ART DE CONSERVER ET D'AUGMENTER LA BEAUTÉ, de corriger et déguiser les imperfections de la nature; par *Lamy*. 2 jolis vol. in-18, ornés de gravures. 6 f.

ORDONNANCE SUR L'EXERCICE ET LES MANOEUVRES D'INFANTERIE, du 4 mars 1831. (École du soldat et de peloton). 1 vol. in-18, orné de figures. 75 c.

NOUVEAU COURS DE THÈMES pour les sixième, cinquième, quatrième, troisième et deuxième classes, à l'usage des colléges; par M. *Planche*, professeur de rhétorique au collége royal de Bourbon, et M. *Carpentier*. Ouvrage recommandé pour les colléges par le Conseil royal de l'Université. 2° édit., entièrement refondue et augmentée, 5 vol. in-12. 10 fr.

    Les mêmes avec les corrigés à l'usage des maitres. 10 vol. in-12. 22 fr. 50 c.

On vend séparément.

Cours de sixième à l'usage des élèves. 2 fr.
Le corrigé à l'usage des maitres. 2 fr. 50 c.
Cours de cinquième à l'usage des élèves. 2 fr.
Le corrigé. 2 fr. 50 c.
Cours de quatrième à l'usage des élèves. 2 fr.
Le corrigé. 2 fr. 50 c.
Cours de troisième à l'usage des élèves. 2 fr.
Le corrigé. 2 fr. 50 c.
Cours de seconde à l'usage des élèves. 2 fr.
Le corrigé. 2 fr. 50 c.

OEUVRES POÉTIQUES DE BOILEAU, nouvelle édition, accompagnée de notes faites sur Boileau par les commentateurs ou littérateurs les plus distingués; par M. J. *Planche*, professeur de rhétorique au Collége royal de Bourbon, et M. *Noël*, inspecteur-général de l'Université. Un gros vol. in-12. 1 fr. 50 c.

MANUEL DE LITTÉRATURE A L'USAGE DES DEUX SEXES, contenant un précis de rhétorique, un traité de la versification française, la définition de tous les différens genres de composition en prose et en vers, avec des exemples tirés des prosateurs et des poëtes les plus célèbres, et des préceptes sur l'art de lire à haute voix; par M. *Vigée*, 3° édit., revue par madame la comtesse *d'Hautpoul*, 1 vol. in-18. 1 fr. 75 c.

ART DE BRODER, ou Recueil de modèles coloriés analogues aux différentes parties de cet art, à l'usage des demoiselles; par *Augustin Legrand*. 1 vol. obl. 7 fr.

LA SCIENCE ENSEIGNÉE PAR LES JEUX, ou Théorie scientifique des jeux les plus usuels, accompagnée de recherches historiques sur leur origine, servant d'introduction à l'étude de la mécanique, de la physique, etc.; imité de l'anglais, par M. *Richard*, professeur de mathématiques. Ouvrage orné d'un grand nombre de vignettes gravées sur bois par M. *Godard fils*. 2 jolis vol. in-18. 7 f.

LES BEAUTÉS DE LA NATURE, ou Description des arbres, plantes, cataractes, fontaines, volcans, montagnes, mines, etc., les plus extraordinaires et les plus admirables, qui se trouvent dans les quatre parties du monde; par M. *Antoine*. 1 vol., orné de six gravures, 2 fr. 50 c.

LA BOTANIQUE DE J.-J. ROUSSEAU, contenant tout ce qu'il a écrit sur cette science, augmentée de l'exposition de la méthode de Tournefort et de Linné, suivie d'un Dictionnaire de botanique et de notes historiques; par M. *Deville*. 2° édit. 1 gros vol., orné de 8 planches. 4 fr.

    Figures coloriées. 5 fr.

LES CHIENS CÉLÈBRES, 5° édition, augmentée de traits nouveaux et curieux sur l'instinct, les services, le courage, la reconnaissance et la fidélité de ces animaux; par M. *Fréville*. 1 gros vol. in-12, orné de planches. 3 fr.

LES ANIMAUX CÉLÈBRES, anecdotes historiques sur les traits d'intelligence, d'adresse, de courage, de bonté, d'attachement, de reconnaissance, etc., des animaux de toute espèce, ornés de gravures; par M. *Antoine*, 2 vol. in-12. 6 fr.

M. GRAISSINET, ou Qu'est-il donc? Histoire comique, satirique et véridique, publiée par *Duval*. 4 vol. in-12. 10 fr.

    Ce roman, écrit dans le genre de ceux de *Pigault*, est un des plus amusans que nous ayons.

PENSÉES ET MAXIMES DE FÉNELON, 2 vol. in-18. Portrait. 3 fr.

    —— DE J.-J. ROUSSEAU, 2 vol. in-18. Portrait. 3 fr.

    —— DE VOLTAIRE. 2 vol. in-18. Portrait 3 fr.

Tous ces ouvrages se trouvent chez RORET, *libraire, rue Hautefeuille, n° 10 bis.*

ÉVERAT, imprimeur, rue du Cadran, n° 16.

COLLABORATEURS.

MM.

AUDINET-SERVILLE, ex président de la Société Entomologique, Membre de plusieurs Sociétés savantes, nationales et étrangères. (ORTHOPTÈRES, NÉVROPTÈRES ET HÉMIPTÈRES).

AUDOUIN, Professeur-Administrateur du Muséum, Membre de plusieurs Sociétés savantes nationales et étrangères. (ANNELIDES).

BIBRON, Aide-Naturaliste au Muséum, collaborateur de M. Duméril pour les Reptiles

BOISDUVAL, Membre de plusieurs Sociétés savantes, nationales et étrangères, auteur de l'Entomologie de l'Astrolabe, de l'Icones des Lépidoptères d'Europe, de la Faune de Madagascar, etc. etc. (LÉPIDOPTÈRES).

DE BLAINVILLE, Membre de l'Institut, Professeur-Administrateur du Muséum d'Histoire Naturelle, Professeur à la Faculté des Sciences, etc. (MOLLUSQUES).

DE BREBISSON, Membre de plusieurs Sociétés savantes, auteur des Mousses et de la Flore de Normandie. (PLANTES CRYPTOGAMES).

A. DE CANDOLLE, de Genève. (BOTANIQUE)

CUVIER (Fr.) Membre de l'Institut. (CÉTACÉS)

DEJEAN (le comte) Lieut.t général, Pair de France. (COLÉOPTÈRES).

DESMAREST, Membre correspondant de l'Institut, Professeur de Zoologie à l'École vétérinaire d'Alfort. (POISSONS).

MM.

DUMÉRIL, Membre de l'Institut, Professeur Administrateur du Muséum d'Histoire Naturelle, Professeur à l'École de Médecine, etc. etc. (REPTILES).

LACORDAIRE, Naturaliste-voyageur, Membre de la Société Entomologique, etc. (INTRODUCTION A L'ENTOMOLOGIE).

HUOT, GÉOLOGIE.

*** BRONGNIART**
DELAFOSSE MINÉRALOGIE.

LESSON, Membre correspondant de l'Institut, Professeur à Rochefort, etc. (ZOOPHYTES ET VERS).

MACQUART, Directeur du Muséum de Lille, auteur des Diptères du Nord de la France, etc. etc. (DIPTÈRES).

MILNE-EDWARS, Professeur d'Histoire Naturelle, Membre de diverses Sociétés savantes, etc. etc. (CRUSTACÉS).

LE PELETIER DE SAINT-FARGEAU, Président de la Société Entomologique, auteur de la Monographie des Tenthrédines, etc. etc. (HYMÉNOPTÈRES)

SPACH, Aide-Naturaliste au Muséum. (PLANTES PHANÉROGAMES).

WALCKENAER, Membre de l'Institut, travaux sur les Arachnides, etc. etc. (ARACHNIDES ET INSECTES APTÈRES).

CONDITIONS DE LA SOUSCRIPTION.

Les Suites à Buffon formeront 55 volumes in-8 environ, imprimés avec le plus grand soin et sur beau papier; ce nombre paraît suffisant pour donner à cet ensemble toute l'étendue convenable. Chaque auteur s'occupant depuis longtemps de la partie qui lui est confiée, l'éditeur sera à même de publier en peu de temps la totalité des traités dont se composera cette utile collection.

A partir de janvier 1834, il paraîtra à peu près tous les mois un volume in-8°, accompagné de livraisons d'environ 10 planches noires ou coloriées.

Prix du texte, chaque volume (1),   5

Prix de chaque livraison { noire.   3.
{ coloriée.   6.

N.B. Les personnes qui souscriront pour des parties séparées paieront chaque volume 6 fr. 50

Un petit nombre d'exemplaires seront imprimés sur grand papier vélin, dont le prix sera double.

ON SOUSCRIT, SANS RIEN PAYER D'AVANCE,

A LA LIBRAIRIE ENCYCLOPÉDIQUE DE RORET,

RUE HAUTEFEUILLE, N° 10 bis,   A PARIS,

AU COIN DE CELLE DU BATTOIR.

(1) L'Éditeur ayant à payer pour cette collection des honoraires aux auteurs, le prix des volumes ne peut être comparé à celui des réimpressions d'ouvrages appartenant au domaine public et exempts de droits d'auteur, tels que Buffon, Voltaire, etc. etc.

— N'ont pas été compris dans la première souscription les ouvrages de MM. BRONGNIART, DELAFOSSE, HUOT.